DER VULCAN IN STETTIN UND HAMBURG
BAND III

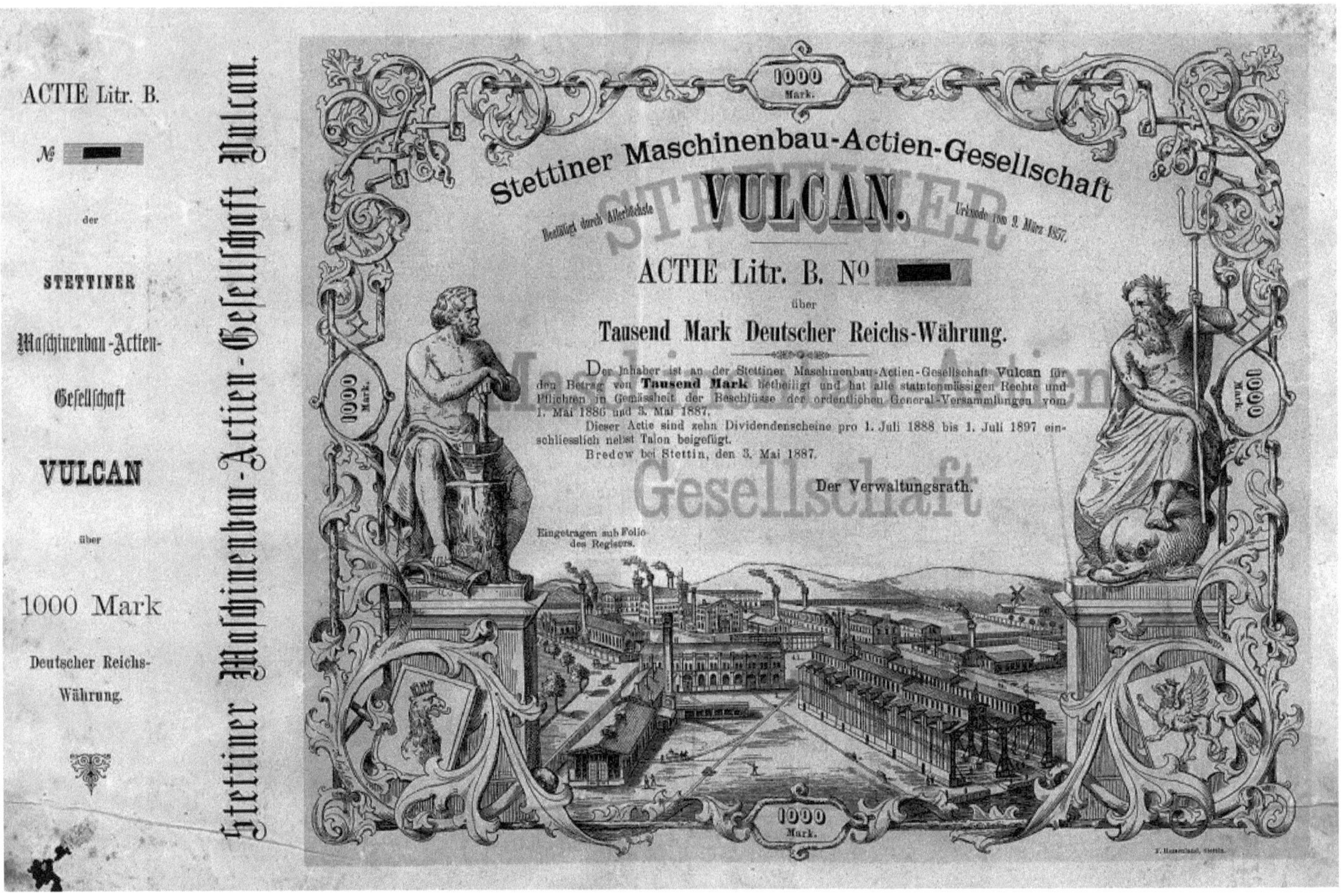

ACTIE Litr. B.

№ [redacted]

der

STETTINER

Maschinenbau-Actien-

Gesellschaft

VULCAN

über

1000 Mark

Deutscher Reichs-

Währung.

Stettiner Maschinenbau-Actien-Gesellschaft Vulcan.

1000 Mark.

Stettiner Maschinenbau-Actien-Gesellschaft VULCAN.

Bestätigt durch Allerhöchste Urkunde vom 9. März 1857.

ACTIE Litr. B. № [redacted]

über

Tausend Mark Deutscher Reichs-Währung.

Der Inhaber ist an der Stettiner Maschinenbau-Actien-Gesellschaft **Vulcan** für den Betrag von **Tausend Mark** betheiligt und hat alle statutenmässigen Rechte und Pflichten in Gemässheit der Beschlüsse der ordentlichen General-Versammlungen vom 1. Mai 1886 und 3. Mai 1887.

Dieser Actie sind zehn Dividendenscheine pro 1. Juli 1888 bis 1. Juli 1897 einschliesslich nebst Talon beigefügt.

Bredow bei Stettin, den 3. Mai 1887.

Der Verwaltungsrath.

Eingetragen sub Folio
des Registers.

1000 Mark.

Manfred Höft

Der Vulcan in Stettin und Hamburg

Schiffswerft – Lokomotivfabrik – Maschinenfabrik
1851 – 1929
in drei Bänden

Band III: Der Stettiner Vulkan 1938
Der Kriegsschiff-, Lokomotiv- und Eisenbahnbau

Mit 163 Abbildungen

Edition Falkenberg

Inhalt

Der Kriegsschiffbau für Deutschland

Inhalt

Der U-Bootbau

Inhalt

Hilfskreuzer und andere Hilfsschiffe im Ersten und Zweiten Weltkrieg

Der Kriegsschiffbau für das Ausland

Der Lokomotivbau

Inhalt

An alter Stätte entsteht ein neues Werk

Anhang

Vorwort

Seit jeher wurden die Regionen im Nordosten Deutschlands vorwiegend als landwirtschaftlich geprägt wahrgenommen. Das galt insbesondere für Pommern, der einst preußischen Provinz zu beiden Seiten der Odermündung. Diese Wahrnehmung wurde gestützt durch die Überschüsse an landwirtschaftlichen Produkten, die mindestens seit der Industrialisierung Mittel- und vor allem Westdeutschlands erheblich zu deren Versorgung beitrugen. Es waren im Wesentlichen Getreide und Hackfrüchte, die den Ruf der ehemals ostdeutschen Provinzen als die Kornkammern Deutschlands begründeten. Auf diesen Gebieten gab es wirtschaftliche Entwicklungen, die zu den Spitzenleistungen zählten. So ist beispielsweise wenig bekannt, dass allein aus Pommern etwa ein Drittel aller erfolgreichen Züchtungen von Saatkartoffeln stammten, deren international anerkannte Qualität bis heute eine unverzichtbare Voraussetzung für eine nachhaltig erfolgreiche Kartoffelproduktion ist.

Um so überraschender mag es erscheinen, dass ausgerechnet in einer so stark landwirtschaftlich bestimmten Region wie Pommern sich auch ein technisch-industrielles Unternehmen entwickeln konnte, das für acht Jahrzehnte die Entwicklung einer ganzen Wirtschaftsbranche mitbestimmen und vorantreiben sollte: der Schiffbau. Zwar boten die geografische Lage der pommerschen Hauptstadt an der Mündung des Oderstromes, deren großräumiges Einzugsgebiet mit dem oberschlesischen Industrieraum und der Hauptstadt Berlin sowie ein in Stettin schon immer ansässiger, ausgeprägter Handels- und Kaufmannsgeist gute Voraussetzungen für Schiffs- und Hafenwirtschaft. Doch es gehört eben auch das glückliche Zusammentreffen mit Erfindergeist und Unternehmertum dazu, die Epoche der Dampf- und Eisenschifffahrt durch die Schaffung einer in ihrer Zeit modernen, fortschrittlichen Großwerft auf sehr deutliche Weise mitzubestimmen.

Die Unternehmensmonografie »Der Vulcan in Stettin und Hamburg« ermöglicht auf instruktive Weise, Risiken und Erfolge der Gründung und Entwicklung des Unternehmens aus kleinsten Anfängen nachzuverfolgen. Sie führt zu den Höhepunkten bahnbrechender technischer Erfindungen und zum Bau von Schnelldampfern für die Transatlantik-Route zwischen Europa und den USA bis in eine Zeit, in der der Vulcan an seinen beiden Werftstandorten bis 22.000 Mitarbeiter beschäftigen konnte. Es ist mehr als eine Unternehmensgeschichte, wenn Geschäftspolitik und deren Umsetzung aus der Sicht zeitgenössischer Quellen und Pressedarstellungen beleuchtet und kommentiert werden. Erst wenn die Geschäftspolitik und daraus folgenden Geschäftentwicklungen in die politisch-wirtschaftlichen Verhältnisse eingebettet werden und auch der Konfliktbereich der gesellschaftlich-sozialen Kräfte einbezogen wird, ergibt sich daraus ein Gesamtbild, aus dem sich beispielhaft erkennen lässt, dass Unternehmensschicksale eben nicht nur von Marktkräften und den Fähigkeiten von Unternehmern allein, sondern auch von der auf sie einwirkenden Politik und Gesellschaft abhängen und in erheblichem Maße mitbestimmt werden.

Als weitere Komponente im Fall Vulcan kam hinzu, dass als Folge des Ersten Weltkrieges dem Deutschen Reich von den Siegermächten in Versailles auferlegten Beschränkungen einen wesentlichen Teil des Schiffbaugeschäftes – den Bau von Kriegsschiffen – nahezu unmöglich machten. Auch China und Russland waren zuvor bedeutsame Auftraggeber im Militärbereich, in dem der Vulcan – auf die Schiffstechnik bezogen – einen international für damalige Zeiten hohen Standard erfüllte. Es wird deutlich, dass Unternehmen, die sich an diesem hochriskanten, nahezu ausschließlich von der Politik abhängigen Markt militärischer Ausrüstung beteiligen, mit hohen finanziellen Sicherheitsmargen operieren müssten, wenn sie ihren wirtschaftlichen Fortbestand nicht über Gebühr gefährden wollten.

Die vorliegende Geschichte des Vulcan dokumentiert das Schicksal eines deutschen Großunternehmens, dessen lange Zeit erfolgreiche Entwicklung nach über einem halben Jahrhundert in eine von Politik, Gesellschaft und Wettbewerb verursachte Krise geriet, um schließlich in einem anderen Unternehmen aufzugehen und damit aus dem Markt auszuscheiden. Die umfassende, stark quellengestützte Darstellung kann nahezu lexikalische Ansprüche erfüllen. Es ist dem Autor zu danken, dass er eine Unternehmensgeschichte, die nicht zuletzt wegen ihres ostdeutschen Ursprungs und dadurch bedingter Quellenverluste in Kriegs- und Nachkriegszeit in Vergessenheit zu geraten drohte, aufbereitet und für die Nachwelt erhalten hat. Der Vulcan war ein Unternehmen, dessen bis in unsere Gegenwart hinein bekannter Name noch heute – nicht nur unter Mitbürgern Stettiner und pommerscher Herkunft – einen guten Klang behalten hat.

Hamburg, im Januar 2010
Klaus Moerler

Gesamtansicht der Stettiner Werke um 1914
[aus: Vulcan Werke Hamburg u. Stetin AG,
Deutsche Verlagsges.m.b.H, Berlin 1920]

Gesamtansicht der Hamburger Werke um 1914
[aus: Vulcan Werke Hamburg u. Stettin AG,
Deutsche Verlagsges.m.b.H, Berlin 1920]

Einleitung

Der Stettiner Vulcan am Ufer der Oder und in unmittelbarer Nachbarschaft des größten deutschen Ostseehafens Stettin gelegen, war bis zum Ersten Weltkrieg nicht nur die größte der deutschen Werften, er war auch eines von fünf weltweit führenden Schiffbauunternehmen. Hervorgegangen aus der ersten in Deutschland 1851 gegründeten Maschinen- und Schiffbauwerkstätte für den Bau eiserner Dampschiffe, welche 1857 in eine Aktiengesellschaft umgewandelt wurde, entwickelte sich das Werk nach neun schwierigen Anfangsjahren zu einem hervorragenden Leistungsträger der deutschen Industrie. Hier entstand nicht nur das erste in Deutschland gebaute eiserne Panzerschiff für die deutsche Marine, sondern auch die größten und leistungsfähigsten Schiffe der deutschen Handelsmarine, von denen einige sogar für längere Zeit das »Blaue Band« von England nach Deutschland holen konnten. Ausgangspunkt dieser Erfolge war das Jahr 1888 mit dem Eintritt in den Bau der ersten großen transatlantischen Schnelldampfer in Deutschland. Das 1901 fertiggestellte Krangerüst für vier neue Hellinge war das erste seiner Art im Deutschen Reich. Die Bedeutung dieser Anlage lag in einer erheblichen Vereinfachung, Kostenreduzierung und Beschleunigung des Zusammenbaues des Schiffskörpers. Bereits vorher hatte der Vulcan als erste deutsche Werft den Maschinenbetrieb eingeführt. Ebenso schritt das Unternehmen im Maschinenbau voran. Durch die Einführung des Turbinenantriebs im Schiffbau konnte ein erheblicher Fortschritt gegenüber der bisher alleinherrschenden Kolbenmaschine erzielt werden.

Der 1858 eingeführte Lokomotivbau war neben dem Schiffbau und dem allgemeinen Maschinenbau die zweite Entwicklungsstufe des Unternehmens. Dieser Betriebszweig kam zeitweise in die Lage, infolge ungünstiger Verhältnisse in der Handelsschiffahrt, die ihre Rückwirkungen naturgemäß auf den Schiffbau ausübte, eine Hauptstütze des Vulcan zu werden.

Neben der technischen Entwicklung ist besonders die volkswirtschaftliche Bedeutung der Aktiengesellschaft in Bezug auf die Stadt Stettin, die preußische Provinz Pommern und darüber hinaus hervorzuheben. Durch die ungeheuren Mengen der verarbeiteten Materialien sind sehr viele andere Industriezweige günstig beeinflusst worden. Während im Jahre 1857 lediglich Schiffsbauten im Wert von 441.535 Mark fertiggestellt worden sind, betrug der Wert der abgelieferten Schiffe zehn Jahre später bereits 3 Millionen Mark und stieg dann weiter 1877 auf nahezu 6 Millionen, 1887 auf 13,2 Millionen, 1897 auf 19,8 Millionen und 1906 auf 29 Millionen Mark. 1857 sind im Jahresdurchschnitt 641 Arbeiter und Angestellte beschäftigt worden, 1867 waren es bereits 1.100, 1877: 2.300, 1887: 3.200, 1897: 5.090, 1906: 6.300 und einige Jahre später über 16.000. Die Gesamtsumme der gezahlten Löhne und Gehälter betrug 1857 nur 200.000 Mark, dagegen 1867: 600.000, 1877: 1,9 Millionen, 1887: 5,1 Millionen und 1906: 7,5 Millionen. Vor dem Ersten Weltkrieg hatte das Stettiner Werk den größten Umfang im Jahre 1900, in dem Schiffsbauten im Wert von 40 Millionen Mark zur Ablieferung kamen, die Zahl der Beschäftigten sich auf 7.250 belief und die Höhe der gezahlten Löhne und Gehälter 8,4 Millionen betrug.

Bei den zur Verarbeitung gekommenen Materialien war in erster Linie die Stahl- und Eisenindustrie beteiligt. Aber auch andere Industrien, namentlich im Maschinen- und Holzbereich und der deutsche Bergbau standen mit dem Vulcan in reger Geschäftsverbindung. Hinzu kamen Erzeugnisse, welche bevorzugt im Innenausbau und hier besonders bei den Passagierschiffen Verwendung fanden.

Der Bau von Kriegsschiffen begann mit den Jahren 1866 und 1869, als die Königlich Preußische Kriegsmarine einige kleinere Aufträge erteilte. Der Durchbruch in diesem Geschäftsbreich erfolgte allerdings erst 1871 mit der Inbaugabe eines Panzerschiffes für die Kaiserlich Deutsche Kriegsmarine, dem in den nächsten zehn Jahren weitere Aufträge für gepanzerte Ausfallkorvetten und Kreuzerfregatten folgten. Die erfolgreiche Tätigkeit für die deutsche Kriegsmarine führte direkt zu Auftragserteilungen aus China und Russland, denen später solche aus weiteren Staaten folgten.

Von den an der Verwaltungsspitze des Unternehmens stehenden Männern sind zunächst die beiden Gründer des Vorgängerbetriebes zu nennen, Franz Friedrich Dietrich Früchtenicht und Franz Wilhelm Brock, denn ohne deren Firma hätte es vermutlich keine Aktiengesellschaft Vulcan gegeben. Sie müssen wir als besonders wagemutig einstufen, denn es gehörte schon eine gehörige Portion Mut dazu, in der Mitte des 19. Jahrhunderts auf der grünen Wiese eine Schiffbaustätte für den Bau eiserner Dampfschiffe entstehen zu lassen, schließlich waren Schiffe aus dem Werkstoff Eisen in deutsche Landen keineswegs eine Selbstverständlichkeit. Als die beiden aus Berlin gekommenen Maschinenbauer dann finanziell nicht mehr weiter konnten und es als Rettung zur Gründung der Aktiengesellschaft kam, bildeten sie den ersten Vortstand, Früchtenicht für den technischen, Brock für den kaufmännischen Bereich.

Die Gründer der AG, es waren sechs bisher bereits recht erfolgreiche Kaufleute aus Stettin und ein Techniker und Unternehmer aus Berlin, schafften es, in verhältnismäßig kurzer Zeit das benötigte Kapital über Aktienemissionen zu beschaffen. Was den Aufsichtsratsmitgliedern in den folgenden Jahren allerdings nicht gelang, war, den Aktionären eine entsprechenden Verzinsung ihres Kapitals zu gewähren. Während die Erzeugnisse des Unternehmens technisch gesehen kaum Anlass zur Kritik boten, waren die Reingewinne derart gering bzw. blieben gänzlich aus, dass es für eine ganze Reihe von Jahren nicht für eine Dividende reichte. Verantwortlich für diesen Missstand war allerdings nicht die Unternehmensleitung, sondern u.a. eine aus verschiedenen Gründen geringe Inlandsnachfrage, aber auch internationale politische Verhältnisse, unter denen der Export litt. Beispielsweise hatte England zeitweise die Ausfuhr von Schiffsbaumaterialien eingestellt, in Russland waren es die »schwierigen Geldverhältnisse« und auf Polen bezogen werden 1860 die dortigen »politischen Bewegungen« genannt. Erst im Geschäftsjahr 1863 konnte eine Dividende von 1½ % gezahlt werden.

Unter den im Laufe der Jahre im Stettiner und ab 1909/10 im Hamburger Werk tätigen leitenden Personen ragten besonders heraus: Schiffbaudirektor Rudolph Haack, der mit Früchtenicht & Brock übernommen wurde und als seine größte Einzeltat das Panzerschiff PREUSSEN schuf; der kaufmännische Direktor Franz Eduard Hermsdorf, vorher Prokurist der Chemnitzer Maschinenfabrik Richard Hartmann, in der auch Lokomotiven gebaut wurden, und Hermann Josef Stahl, Vorsitzender des Direktoriums, unter dessen bestimmendem Einfluss das Unternehmen aus sehr schwierigen finiziellen Verhältnissen zu einer glänzenden Entwicklung emporgeführt wurde; der Leiter der Entwicklungsabteilung Dr. Hermann Föttinger, der Erfinder des Föttinger Transformators; der Maschinenbauer Dr. Gustav Bauer, u.a. verantwortlich für die Maschinenanlage des 52.000-t-Vierschraubenschnelldampfers IMPERATOR mit einer Turbinenanlage von 80.000 WPS. Ebenfalls verantwortlich war er beim Vucan und später bei der Deschimag für den Entwurf und den Bau der Maschinananlagen von nicht weniger als vierhundert Kriegsschiffen aller Klassen, darunter auch die Turbinenanlage für den russischen Torpedokreuzer NOWIK, der mit einer Geschwindigkeit von 36 Knoten zu damaliger Zeit das schnellste Schiff der Welt war.

Dass das Ende dieses Unternehmens 1928/29 ausgerechnet von Bremen aus diktiert worden ist, muss man schon als Ironie des Schicksals bezeichnen, denn in dieser Stadt an der Weser war mit dem Norddeutschen Lloyd jene Reederei beheimatet, welche den Aufstieg der Schiffbauschmiede an der Oder mit den Aufträgen für die ersten in Deutschland gebauten Reichspostdampfer auf den Weg gebracht hatte. Da das Archiv des Vulcan seit dem Zweiten Weltkrieg als verschollen anzusehen ist und auch von den übrigen beteiligten Unternehmen keine zusammenhängenden Unterlagen mehr vorhanden sind, wird es eine endgültige Klärung der Schuldfrage nicht geben. Es bleibt aber festzustellen, dass die Bremer Schröderbank, die A.G. »Weser« und vermutlich auch politische Kreise in Bremen ein großes Interesse daran hatten, die damals größte und modernste Werft Deutschlands als Konkurrenzbetrieb im Interesse eigener Arbeitsplätze auszuschalten.

Trotz des fehlenden Firmenarchivs gelangs es, so viel Material zusammenzutragen, dass daraus drei Bände werden mussten. Während der erste und zweite Band den Handelsschiff- und Maschinenbau zum Inhalt hat, enthält der dritte Band die Kapitel Kriegsschiff- und Lokomotiv- bzw. Eisenbahnbau und eine kurze Abhandlung über das 1938 gegründete neue Unternehmen Vulkan. Dieses hatte, um den Unterschied zur Vorgängerfirma deutlich zu machen, kein c, sondern ein k im Namen.

Das sehr weit gestreute Material zusammenfassend, kam es mir im Wesentlichen darauf an, auf der Grundlage zeitgemäßer Informationen das vorliegende Thema zu bearbeiten. Hierzu habe ich insbesondere einige Zeitungen aus damaliger Zeit ausgewertet. Während vor allem die Ostsee-Zeitung zahlreiche Auftragserteilungen, Berichte über Stapelläufe und Geschäftsberichte mit ihren Deatilinformationen zum jährlichen Geschäftsablauf einschließlich Personalien lieferte, waren der sozialdemokratische Stettiner Volks-Bote und die Arbeiterzeitung Hamburger Echo die sehr informativen Quellen für den sozialen Teil, ebenfalls zahlreiche Personalangaben enthaltend. Ein besonderer Glücksfall war ein Zufallsfund im Altbestand der Bibliothek der Hochschule für Nautik in Bremen. In diesem »Journal« sind für den Zeitraum von 1852 bis 1912 sämtliche gebauten Handelsschiffe mit den entsprechenden Angaben verzeichnet.

Eine Schiffsliste, das Personenregister und weitere Angaben zur besseren Nutzung des Textes sind selbstverständlich ebenso vorhanden wie zahlreiche Schiffs- und Lokomotivabbildungen sowie sonstige bildliche Darstellungen. Dort, wo es mir nötig erschien, sind Textergänzungen in Klammern gesetzt, zitierte Passagen hinzugefügt.

Um die in 80 Ordnern abgelegte Materialsammlung zusammenzutragen, habe ich beginnend 1998 etwa acht Jahre benötigt. In dieser Zeit wurden das Landesarchiv Greifswald und, weil ich schon mal in dieser Gegend war, auch das Stadtarchiv Stralsund aufgesucht, und zwar mit Erfolg. Zu einem späteren Zeitpunkt dann nochmals in Greifswald folgte eine Recherche in der Bibliothek des Pommerschen Museums. Auch die Bibliothek und das Archiv der Handelskammer Bremen waren ergiebige Quellen, ebenso die Staatsarchive Hamburg und Stade. Ein Teil der entsprechenden Unterlagen vor allem bezüglich des Kriegsschiffsbaues fand sich im Militärarchiv Freiburg. Sehr viel Zeit beanspruchte auch die Auswertung der genannten Zeitungen im Mikrofilmarchiv der Staats- und Universitätsbibliothek Bremen. Selbstverständlich war auch das Deutsche Schiffahrtsmuseum Bremerhaven in die Quellensuche einbezogen. Den Damen und Herren dieser Institutionen mein herzlichster Dank für die gewährte Unterstützung. Ein Wort des Dankes an dieser Stelle auch dem Leitenden Redakteur der Pommerschen Zeitung, Herrn Micheal Hammermeister, Greifswald, der es mir durch die Veröffentlichung einer ganzen Reihe von Beiträgen mit ermöglicht hat, in weit entfernten Orten zu recherchieren. Ebenso gilt mein Dank den Herren Eckhard Wendt, Remagen, und Reinhold Thiel, Bremen, die mich mit Material aus ihren Sammlungen und manchem guten Rat tatkräftig unterstützt haben. Herrn Professor Kurt Bergunde, Lilienthal, ein besonderes Dankeschön für das Überlassen eines wertvollen mehrbändigen technischen Werkes zur zeitlich unbegrenzten Auswertung. Ein herzlicher Dank auch meiner Tochter, Angelika Schilder, sie hat als Fotografin einen großen Teil der Abbildungen des zweiten und dritten Bandes digitalisiert. Mein ganz besonderer Dank aber gilt Frau und Herrn Falkenberg, haben sie es doch übernommen, nachdem der Hauschild-Verlag seine Geschäftstätigkeit eingestellt hatte, den zweiten und dritten Band in ihrem Hause herauszubringen.

Bremen, im September 2017
Manfred Höft

Der Kriegsschiffbau für Deutschland

Geschichtliches

Schon Robert Fulton hatte nach der erfolgreichen Fahrt seines CLERMONT [s.Bd.1] den Gedanken, Dampfschiffe für Kriegszwecke zu benutzen. Dem Präsidenten der Vereinigten Staaten reichte er 1813 Pläne zu einem mit Dampf betriebenen Kriegsfahrzeug ein, dessen Bau im folgenden Jahr beschlossen und der Schiffswerft von Adam und Noah Brown in New York übertragen wurde. Dieser erste Kriegsdampfer lief bereits am 29.10.1814 unter dem Namen DEMOLOGUS vom Stapel. Er wird als ein aus Holz gebauter und sehr plumper, pontonähnlicher Kasten geschildert, der sich höchstens zur Hafenverteidigung eignete. Der eigentlich aus 2 Teilen bestehende Rumpf, war durch Balken und Planken verbunden, seine Länge betrug 26,8 m, die Breite 16,8 m und die Tiefe 6 m. Die einzylindrige Dampfmaschine lag an Steuerbord, der Dampfkessel – ein Kofferkessel aus Kupfer – auf der Backbordseite. Die Dampfmaschine trieb ein zwischen Maschine und Kessel mittschiffs gelagertes Schaufelrad an. In der Batterie standen 20 verhältnismäßig schwere Geschütze. Außerdem war eine Einrichtung zum Versprühen von siedendem Kesselwasser vorhanden, um Enterungen abzuwehren. Die erste Probefahrt fand im Juni 1815 statt, wobei eine Geschwindigkeit von 2,5 Meilen erreicht wurde. Wie mitgeteilt wird, »gibt die Quelle Scientific American leider nicht an, ob Seemeilen oder englische Meilen gemeint sind.« In dem Krieg gegen England konnte dieser erste Kriegsdampfer nicht mehr eingesetzt werden. Er wurde auf der Werft in Brooklyn vertäut und diente als Magazinschiff. In den 1820er Jahren ging er durch eine Explosion der an Bord befindlichen Pulverfässer verloren. Fulton hatte die Vollendung seiner Erfindung – auch als »Fulton I« bekannt – nicht mehr erlebt, er starb noch vor dem Stapellauf, am 24.2.1815.[1]

In England, als Seemacht führend im Seekriegswesen, wurde das erste mit Dampf angetriebene Kriegsschiff 1833 erbaut. Die MEDEA war noch mit Schaufeln ausgerüstet, da die Versuche mit der Schiffsschraube noch keine rechte Verwendbarkeit ergeben hatten. Erst als der Schraubenantrieb mit dem Smith'schen Propeller als Antrieb der ARCHIMEDE 1839 und in den folgenden Jahren zu günstigen Resultaten führte, kam die Schiffsschraube bei der Kriegsmarine zur Einführung. Infolge ihrer geschützten Lage und der Aufstellung der Maschinen- und Kesselanlage unterhalb der Wasserlinie hatte die Schraube gegenüber den empfindlichen Schaufelrädern mit ihren hochragenden Maschinen viele Vorteile. Auch konnte die Breitseite der gedeckten Batterien bei dieser neuen Antriebsart erhalten bleiben. Für die Linienschiffe mit ihrem großen Freibord waren die Schaufelräder ungeeignet. Die Raddampfer fanden daher vorzugsweise als Avisos und Dampfkorvetten Verwendung. Es bedurfte allerdings noch weiterer eingehender Versuche, ehe mit der ARROGANT, der erste als gelungen zu bezeichnende Schraubendampfer der englischen Kriegsmarine, die erste Versuchsfahrt im April 1849 unternommen wurde. Das Schiff mit einer Länge von 200 Fuß, war mit einer Penn'schen Dampfmaschine von 360 nominellen Pferdestärken ausgerüstet.

Bereits 1843 hatte man erstmals eine Segelfregatte in ein Dampfschiff umgebaut. Die PENELOPE war in der Mitte durchgeschnitten und um 63 Fuß verlängert worden. Die 700 Pferdestärken leistenden Maschinen waren die größten bisher gebauten.

In den Vereinigten Staaten entstand der erste Schraubenkriegsdampfer 1843. Dieses durch die Propellerversuche mit der Ericsson'schen Schraube bekannt gewordene Kriegsschiff hieß PRINCETON und hatte eine unterhalb der Wasserlinie eingebaute Maschinenanlage.

In Frankreich wurde das Kriegsschiff NAPOLEON als erstes Linienschiff mit Schraubenantrieb in den Jahren 1848–1852 von dem berühmten Schiffbaumeister Dupuy de Lòme gebaut. Dieses schnellste der französischen Kriegsschiffe hatte bei 7,24 m Tiefgang in der Schwimmebene, eine Länge von 71,37 m und eine Breite von 16,80 m. Es trug etwa 100 Kanonen in 2 Batterien nebeneinander und hatte 850 Mann Besatzung. Die liegende Maschine mit rückkehrender Pleuelstange erbrachte die enorme Leistung von etwa 900 PS, während die bisherigen Schiffsmaschinen es lediglich auf 550 nominelle Pferdestärken brachten. Sie bewegte eine vierflügelige Schraube mit einem Durchmesser von 5,80 m und erreichte eine Höchstgeschwindigkeit von 13,5 kn. Im Übrigen trug das Schiff zunächst den Namen LEVINGT-

QUATRE FEVRIER. Beim Stapellauf 1850, also in der republikanischen Zeit, wurde der Name in LE PRESIDENT geändert, bis schließlich 1852 NAPOLÉON als endgültiger Name festgesetzt wurde. Nach diesem Vorbild sind noch 9 gleiche und 1 größeres Linienschiff gebaut worden. Bei diesen ließ man jedoch bereits die bei der Maschine des NAPOLÉON noch angewandte Zahnradtransmission zwischen Kurbel- und Schraubenwelle fallen und schuf eine direkte Übertragung der Kurbelwelle auf die Schraubenwelle.

Ferner erhielten 25 alte Segellinienschiffe, 20 Fregatten, 30 Korvetten und 60 kleinere Schiffe Maschinen eingebaut. Neben den im Großen und Ganzen beibehaltenen Schiffsformen waren alle Dampfschiffe weiterhin als Segler getakelt. Der durch die Kohlen sehr kostspielige Dampfbetrieb wurde im Allgemeinen nur im Gefecht und in besonderen Fällen eingesetzt, außerdem sorgte der Segelbetrieb für eine erheblich größere Einsatzstrecke. Beim Segeln waren die Schrauben außerhalb des Wassers in sogenannten Schraubenbrunnen gelagert. Diese Vorichtung zum Heissen [Hinaufziehen] bestand bei hölzernen Schiffen aus Eichenholz, bei den späteren eisernen Schiffen aus Eisenblech. Im Übrigen blieb man in den Kriegsmarinen noch längere Zeit bei den einfachen Expansionsmaschinen mit Oberflächenkondensation, als die Kompoundmaschinen bei der Handelsschiffahrt bereits eingeführt waren.[2]

Die Entwicklung der gepanzerten Kriegsschiffe

Als erstes gepanzertes Linienschiff lief die französische Panzerfregatte LA GLOIRE am 24.11.1859 im Arsenal von Toulon vom Stapel. Die Fregatte war auf Empfehlung von Napoleon III. gebaut worden und hatte ein Deplacement von 5.600 Tonnen. Der hölzerne Rumpf war vom Oberdeck bis 2 m unterhalb der Wasserlinie mit einer Panzerung von 12 cm starken Eisenplatten versehen, die ein Gewicht von 900 Tonnen ergaben. Die Maschine von 900 nominellen Pferdestärken verlieh dem Panzerschiff eine Fahrt von 13 kn. Dieses Schiff war der Ausgangspunkt der Entwicklung des gesamten damaligen Seekriegsmaterials. Auslöser war zum einen die Zerstörung einer türkischen Flotte durch ein russisches Geschwader im Hafen von Sinope am 30.11.1853, zum anderen im Krimkrieg der verlustreiche und erfolglose Angriff einer englisch-französischen Flotte auf die Seefestungsanlagen von Sewastopol am 17.10.1854. Hier hatte sich erneut gezeigt, wie wenig wiederstandsfähig ungeschützte Schiffswände gegen Geschützfeuer und insbesondere die verheerende Wirkung der Explosivgeschosse der vom französischen General Paixhans 1822 erfundenen Bombenkanone waren. Diese Erfahrungen und der Bedarf der Verbündeten an flachgehenden, widerstandsfähigen und gut armierten Fahrzeugen zur Bekämpfung der russischen Ostseefestungen führten zuerst in der französischen und dann auch in der englischen Marine zum Bau schwimmender Batterien, deren Wände mit eisernen Platten von 10 Millimeter Stärke geschützt waren.

In den Vereinigten Staaten von Nordamerika hatte man bereits 1842 nach Plänen von Stevens eine schwimmende Batterie in Bau genommen, wegen zu hoher Kosten allerdings wieder eingestellt. Dort hatte sich dann 1862, bei den Kämpfen zwischen den Nord- und Südstaaten, das Panzerschiff im Gefecht als praktisch brauchbar erwiesen und sogar als einen neuen Schiffstyp, das Panzerturmschiff hervorgebracht. In veränderter Form sollte dieser Typ auch bald in den europäischen Flotten zur Einführung kommen. Nachdem die Franzosen in der Entwicklung des gepanzerten Linienschiffes vorangegangen waren, konnten die Engländer natürlich nicht zurückstehen und begannen 1859 den WARRIOR mit einem Deplacement von 9.200 t zu bauen. Die englische Eisenindustrie hatte sich sehr schnell den Bedürfnissen des Eisenschiffbaues angepasst und auch die inneren Teile des Panzerschiffs, wie Decksbalken, Spanten usw. aus Eisen gefertigt. Frankreich folgte 1861 mit den beiden eisernen Panzerfregatten L'INVINCIBLE und LA COURONNE. Diesem Beispiel folgend ließen auch Spanien und Italien ihre ersten derartigen Kriegsschiffe in Frankreich bauen. Österreich hatte im Herbst 1860 seine ersten beiden Panzerschiffe DRACHE und SALAMANDER in Auftrag gegeben und 1862 das Panzerschiff KAISER MAX zu Wasser gebracht.[3]

Bei der Marine Preußens bzw. des Norddeutschen Bundes hatte man sich erst später dem Bau von Panzerschiffen zugewandt. Die ersten derartigen Marineschiffe bezog man allerdings noch aus dem Ausland, in Deutschland gab es noch keine entsprechend eingerichteten Werften. Die Marinewerft in Danzig war nur für den Bau von Holzschiffen ausgerüstet und die beiden anderen in Kiel und Wilhelmshaven befanden sich noch im Aufbau, Letztere wurde 1869 eingeweiht. Das erste preußische Panzerschiff, der eiserne Monitor ARMINIUS, war zum Preis von 1,887 Mill. Mk. bei der Samudawerft in London 1864 zu Wasser gebracht worden. Das Deplacement betrug 1.583 t, die Geschwindigkeit 10,5 kn.

Da man Musterschiffe brauchte, wurden die 3 ersten Hochseepanzerschiffe für die damalige Bundesmarine, FRIEDRICH CARL, KRONPRINZ und KÖNIG WILHELM im Ausland beschafft. Ein Auftrag, der auf eigene Verantwortung der Marine erfolgte, weil die planmäßige Flottenerweiterung vom preußischen Parlament abgelehnt worden war. Man sah zwar die Vergrößerung der Marine ein, wollte sich aber nicht das Bewilligungsrecht aus der Hand nehmen lassen. FRIEDRICH CARL war am 16.1.1867 in Frankreich, in der Nähe von Toulon, mit einem Deplacement von 6.800 t zu Wasser gebracht worden, lief 13 kn, hatte 16 Geschütze und 6.453.296 Mk. gekostet. KRONPRINZ wurde bei Samuda in Poplar bei London gebaut, lief nach einer Bauzeit von 1 ¾ Jahren mit 5.568 t im Mai 1867 vom Stapel, hatte 16 Geschütze und kostete 6.296.271 Mk. KÖNIG WILHELM wurde am 6.2.1867 in London angekauft. Das Schiff war von der Türkei bestellt worden, konnte aber nicht bezahlt werden. Das seinerzeit stärkste Kriegsschiff war nach Plänen des Chefkonstrukteurs der englischen Marine, Reed, gebaut worden und lief im April 1868 vom Stapel. Das Deplacement betrug 9.760 t, die Geschwindigkeit 14 kn und der Preis 10.102.829 Mk. Alle diese Schiffe waren, ebenso wie die bereits früher im Ausland gebauten, mit Hinterladern von Krupp armiert. In England hatte man die 1860 eingeführten Hinterlader bereits 1863 wieder abgeschafft. Bei den dortigen Geschützen war es wegen des Fehlens einer Sicherung gegen Abfeuern bei nicht geschlossenem Verschluss, zu zahlreichen Unfällen gekommen. Man kam erst 1881 wieder auf sie zurück.[4]

Die Marineentwicklung und der Bau von Kriegsschiffen in Deutschland

In der Zeit, in welcher die anderen Mächte den Übergang vom Segel- zum Dampfschiff vollzogen, war Deutschland politisch zerrissen und daher nicht in der Lage, diesen Weg ebenfalls erfolgreich zu gehen. Es lässt sich daher nicht sehr viel über diese Periode berichten: Auf deutschem Boden fand zu dieser Zeit anfangs gar kein Kriegsschiffsbau statt und später nur vereinzelt. Der erste Versuch, eine deutsche Reichsmarine zu schaffen, ist im Zusammenhang mit den Vorgängen um das Jahr 1848 zu sehen. Insbesondere, nachdem dänische Schiffe im Zuge der militärischen Auseinandersetzungen wegen Schleswig-Holstein ohne jede Gegenwehr deutsche Häfen erfolgreich blockieren konnten. Die Nationalversammlung als erste gesamtdeutsche Volksvertretung bewilligte für das Vorhaben insgesamt 6 Mill. Taler. Die damalige deutsche Reichsflotte bestand neben 2 Segelfregatten und 27 Ruderkanonenbooten, aus den Raddampfschiffen: BARBAROSSA, BREMEN, DER KÖNIGLICHE ERNST AUGUST, ERZHERZOG JOHANN, FRANKFURT, GROSSHERZOG VON OLDENBURG, HAMBURG, HANSA, LÜBECK und GEFION. Allerdings war im April 1849 von dieser Flotte kein einziges Schiff für Kampfhandlungen sofort einsetzbar. Sie waren entweder untauglich, in Reparatur oder noch im Bau. Da über die Finanzierung der Flotte keine Einigung erreichbar war und ein Vermittlungsvorschlag Preußens am Wiederstand Hannovers scheiterte, wurde am 2.4.1852 die Auflösung beschlossen. Am 18. August desselben Jahres erfolgte im Auftrag des Bundesrates durch den Oldenburger Staatsrat Dr. Hannibal Fischer die öffentliche Versteigerung der Flotte. Bereits am 6.3.1852 waren GEFION für 262.500 fl. und BARBAROSSA für 451.200 fl. von Preußen angekauft worden. Zu den Gründen des Scheiterns schreibt Veit Valentin: »Die deutsche Flotte ist eine Frage der Geldbeschaffung, mehr aber noch eine Frage der Menschen- und Materialbeschaffung gewesen. Auch wenn man noch schneller Geldsummen hätte flüssig machen können, wäre der Aufbau einer Flotte nicht wesentlich zu beschleunigen gewesen. Man kann das Schicksal der deutschen Flotte nicht nur auf den Mangel der Bereitschaft der Einzelstaaten zurückführen, ihre Matrikularumlagen zu zahlen.« Genannt werden muss in diesem Zusammenhang auch das Fehlen einer kompetenten ausführenden Gewalt, die nicht vorhandenen Kriegshafeneinrichtungen und insbesondere keine nach außen, den anderen Seemächten gegenüber einflussreiche politische Macht. Besonders durch das Fehlen Letzterer wurde es möglich, dass England in einer Note an den Bremer Senat erklären konnte, »daß es die deutsche Flagge nicht kenne und solche unbekannten Flaggen in See wie die von Seeräuberschiffen behandeln würde.« Ein Vorgang, der im Zusammenhang mit dem Seegefecht im Juni 1849 vor Helgoland zu sehen ist. Da außer den Norddeutschen Küstenstaaten, weder Österreich noch Preußen und demzufolge auch die übrigen deutschen Teilstaaten kein sonderlich großes Interesse an einer deutschen Marine hatten, musste das Vorhaben scheitern. Die mit sehr viel Opferfreudigkeit ins Leben gerufene Schöpfung versank im Nichts.[5]

Was zur Verteidigung der Nord- und Ostseeküste blieb, war die kleine Schleswig-Holsteiner Flotte und die praktisch nur auf dem Papier stehende preußische Marine. Erstere bestand 1849 aus 17 Ruderkanonenbooten, dem dampfgetriebenen Schraubenkanonenboot Nr. 1, dem Dampfboot BONIN, dem Dampfschlepper LÖWE, dem als Kadettenschulschiff dienende Schoner ELBE und der von den Dänen eroberten Segelfregatte GEFION, mit ihren 52 Kanonen das kampfkräftigste Schiff. Diese und einige weitere Einheiten wurden später in die preußische Marine eingefügt, die zu dieser Zeit lediglich über eine »Küstenflottille« verfügte.[6]

Die königlich preußische Kriegsmarine

Abgesehen von Österreich, das bereits über eine kampfkräftige Marine verfügte, war um die Mitte des 19. Jahrhun[illegible]s auf deutschem Boden nur Preußen willens un[illegible] der Lage, eine Kriegsmarine aufzubauen. D[illegible]önigreich konnte als größter Teilstaat die nötig[illegible]inanzmittel aufbringen und verfügte an der Osts[illegible]nit Stralsund, Swinemünde, Stettin und Danzig [illegible]r die erforderlichen Hafenplätze. Hinzu kam no[illegible] dass durch eine nicht unbedeutende Handelssch[illegible]hrt seemännisch geschultes heimisches Persor[illegible]zur Verfügung stand. Erste Anfänge einer preuß[illegible]en Marine datieren vom 23.10.1815 mit der Über[illegible]e der schwedischen Kanonenschaluppen Nr. 10, 1[illegible]5, 48, 51 und 116 in Stralsund auf Grund der Wie[illegible] Kongressakte.[7] Hinzu kam der am 13.9.1816 bei [illegible] Stralsunder Werft J. A. Meyer vom Stapel gelau[illegible] Schoner STRALSUND. Er war 71 Fuß lang, 21 [illegible]uß breit und hatte einen Tiefgang von 6¾ Fuß, tr[illegible] vorn und achtern je einen 24-Pfünder und auf j[illegible] Seite vier 12-Pfünder. War Windstille, konn[illegible] Ruder eingesetzt werden. Sein Bau, den der erste [illegible]ußische Marinebaumeister Gaede leitete, kostete [illegible].400 Taler. Am 21.5.1825 lief das nach Plänen von [illegible]ongè gebaute Kanonenboot DANZIG vom Stapel. [illegible]uch dieses Schiff ließ sich nicht nur segeln, sondern ebenfalls durch Rudern fortbewegen. Armiert war es mit zwei 24-pfündigen Kanonen, zwei 12-pfündigen Karronaden und einem 25-pfündigen Mörser. Danach liefen noch einige Schaluppen vom Stapel, denen 1840 als »lokale Armierungsmaßregel« zwei Kanonenjollen folgten, die als Muster vorgesehen waren, falls die Notwendigkeit bestehen sollte, schnell eine größere Zahl solcher Boote zu bauen.[8]

Erst sehr viel später, am 24.6.1843, fand mit dem Stapellauf der bereits 1835 projektierten AMAZONE auf der Werft Carmesin in Grabow bei Stettin ein weiterer größerer Neubau für königliche Rechnung statt. Hierzu lesen wir in der Ostsee-Zeitung: »Das erste Marine-Schiff Preußens und des Zollvereins, die Kriegs-Corvette ›Amazone‹, ist hier ehegestern, unter dem Hurrahruf einer Menge von Zuschauern, glücklich vom Stapel gelaufen. Zum Commandeur dieses Schiffes, das 14 Kanonen (zwei 32-Pfünder und zwölf 18-Pfünder) und eine Besatzung von 100 Mann und darüber führen kann, ist, wie man vernimt, der frühere Dänische Marine-Offizier Baron von Dirkinck-Holmfeld [gebürtig aus Westphalen] designirt. Das Brustbild des Schiffes ist nach der Kiß'schen Amazone gebildet und vortrefflich gelungen, wie überhaupt das ganze Schiff ein sehr gelungenes Werk zu seyn scheint.« Die nur 34 m lange Segelkorvette war als Schulschiff für Nautiker mit dem Hauptzweck gebaut worden, Marineschiffbaumeister im Bau von Kriegsschiffen zu unterweisen. Sie war dem Finanzministerium zugeordnet, mit der Berechtigung, die Kriegsflagge zu führen. Das Schiff war anfänglich auch mit einer Riemeneinrichtung zur Ruderfortbewegung versehen. Am 1.3.1849 wurde die Korvette vom Kriegsministerium übernommen, einschließlich des Kommandanten Schröder – dem bisherigen Direktor der Danziger Navigationsschule – sowie einigen auf dem Schiff ausgebildeten jungen Seeoffizieren. Auf dem Schulschiff – auch bezeichnet als die »Großmutter der preußischen Marine« –, erhielten n. a. Seeoffizieren auch die späteren Admirale Jachmann und R. Werner ihre allererste Ausbildung. 1861 ging die AMAZONE mit 150 Mann in einem Wirbelsturm an der holländischen Küste verloren. An Land gespülte Wrackstücke waren die einzigen Anzeichen des Untergangs, gerettet wurde niemand.[9]

Die eigentliche Gründung der preußischen Kriegsmarine fand 1848 statt. Dazu veranlasst, eigene Wege zu gehen und seine Flotte unter eigener Flagge fahren zu lassen, wurde Preußen, als die Ausweglosigkeit der Nationalbestrebungen nach Schaffung einer deutschen Flotte – zu der es zum großen Teil selbst beigetragen hatte – klar zu Tage trat. Bereits im April 1848 trat auf königlichen Befehl unter dem Vorsitz des damaligen Generalinspekteurs der Artillerie, Prinz Adalbert von Preußen, eine Kommission zusammen mit dem Auftrag, sich gutachterlich über Verteidigungsmöglichkeiten der Ostseeküste zu äußern. In dem Bericht an das Staatsministerium hieß es u.a.: »Es handle sich nicht mehr lediglich um maritime Angelegenheiten zur Verteidigung der preußischen Häfen und Küsten, sie müssen auch auf Norddeutschlands Häfen und Küsten ausgedehnt werden; es genüge nicht mehr, das Landen an der Küste, das Einlaufen feindlicher Schiffe in die Häfen und Binnengewässer zu verwehren, es müsse deren Blockade auch offensiv tentgegengetreten und endlich durch eine deutsche Kriegsmarine auf offenem Meere dem deutschen Seehandel Schutz gewährt, der deutschen Flagge Achtung geschaffen werden. Aber Preußen müsse sich auch in dieser Angelegenheit von vornherein an die Spitze Deutschlands stellen. An mehreren Orten seien bereits Comitès zusammengetreten, welche sich die Aufgabe gestellt, mit allen Kräften das von der Regierung unternommene Werk fördern zu helfen, und somit möchte es nun notwendig werden

Prinz Adalbert von Preußen [aus: Deutschland zur See, Leipzig 1914]

mit den norddeutschen Uferstaaten in bestimmte Verhandlungen zu treten. Es komme jetzt weniger darauf an, daß das Beste geschehe, als nur darauf, daß kriegsbrauchbares Material in möglichst kurzer Zeit und mit nicht unerschwinglichem Geldaufwande fertig gestellt werde.« Damit war klar zum Ausdruck gebracht, dass als Marine mehr als nur eine Küstenflottille benötigt wird.

Dass die Schiffe möglichst im Inland gebaut werden sollten, ergibt sich aus dem Folgenden: Anfang 1848 waren nur die beiden bereits erwähnten, versuchsweise nach dänischem Muster gebauten Kanonenjollen mit einer 25-pfündigen Bombenkanone, das eiserne Postdampfschiff PREUẞISCHER ADLER mit 4 Kanonen und AMAZONE vorhanden. Außerdem erfolgte am 23.5.1848 durch eine Kabinettsorder die Anordnung zum Bau von 18 Ruderkanonenjollen, um möglichst schnell wenigstens eine defensive Seestreitmacht zur Verfügung zu haben. Diese Kanonenjollen sind dann allerdings erst 1864 außer Dienst gestellt worden, wie einer kurzen Mitteilung der Osteezeitung vom 16.6.1864 zu entnehmen ist: »Stralsund, 10. Juni [1864]. Im Laufe der künftigen Wochen wird die 4. Flotillen-Division, Commandant Lieut. z. S. 1. Kl. Krausnick, bestehend aus dem Tender ›Tartar‹ und 12 Schaluppen [Ruderkanonenbooten] außer Dienst gestellt werden, da sich die Unzweckmäßigket derselben klar bewiesen hat und die Mannschaften anderweitig besser verwendet werden können und giebt die Division in Folge dessen bereits ihr Material, Inventar, Geschütze und Munition ab. Sobald die Außerdienststellung beendigt ist, beginnt dieselbe bei der 5. Flotillen-Division, Commandant Lieut. z. S. Beyer, bestehend aus dem Tender ›Uecker‹, 8 Schaluppen und 4 Jollen.«

Die erwähnten Komitees, sie bestanden in Stralsund, Greifswald, Danzig und Stettin, an dessen Spitze Prinz Adalbert mit königlicher Genehmigung getreten war, hatten sich bereits recht erfolgreich im Sinne einer deutschen Flotte bemüht. Von den Stralsundern z.B. war im Namen der Ostseeküste ein offener Brief an die Frankfurter Nationalversammlung gerichtet worden, um die allgemeinen Vorstellungen auch auf spezielle Wünsche zu richten, und überall wurde Geld gesammelt. Eine in Stralsund im Bau befindliche Ruderkanonenjolle konnte bereits am 10.8.1848 in Gegenwart von Prinz Adalbert zu Wasser gelassen werden und hatte von diesem den Namen STRELASUND erhalten. Es war das erste von 10 Booten, deren Bau auf Vorschlag des Prinzen angeordnet worden war. Die damals veröffentlichte Denkschrift: »Das erste preußische See=Kanonenboot für die deutsche Kriegsflotte,« enthält eine kurze Darstellung über die Feierlichkeiten.

»Am 5. September 1848 wurde durch eine als eigentliche Gründungsakte der Marine anzusehende Cabinetsordre die sämmtlichen, bisher nur in Einzelmaßnahmen bestehenden Bestrebungen nach Schaffung einer Kriegsmarine [Preußens] dem Kriegsministerium überwiesen und innerhalb desselben eine besondere Marinecommission errichtet.« Dort erfolgte die Bildung einer besonderen Marinekommission mit Prinz Adalbert an der Spitze, der u.a. auch der Navigationsdirektor Schröder angehörte. Die Kommission begann sofort ihre Arbeit mit der Erstellung eines Flottengründungsplans zur Küstenverteidigung, der die Schaffung von 6 Segelfregatten, 12 großen und 2 kleinen Dampfschiffen sowie 80 Kanonenbooten vorsah. Im Dezember 1848, nach beendeter Erprobung im Rahmen einer Übung der bis dahin fertiggestellten Kanonenboote, wurde der Bau von 33 weiteren Booten befohlen, fertigzustellen bis März 1849.

Als nach beendetem Waffenstillstand am 18.4.1849 die Feindseligkeiten mit Dänemark erneut begannen, waren einsatzbereit: die Segelkorvette AMAZONE, das eiserne Dampfschiff PREUSSICHER ADLER, 21 Schaluppen und 6 Jollen mit einer Armierung von 67 Geschützen, 37 Offizieren und 1.521 Mann Diese wenigen Kriegsschiffe reichten bereits aus, die Dänen daran zu hindern, die erneut erklärte Hafenblockade genauso erfolgreich durchzusetzen wie bei Kriegsbeginn 7 Monate zuvor. »Der mit einigen Bombenkanonen armirte Post-Dampfer ›Preußischer Adler‹ bestand am 27. Juni [...] ein Gefecht mit der Dänischen, 16 Geschütze führende Brigg ›St. Croir‹ auf der Höhe von Swinemünde, welches er erst abbrach, als die Dänische Corvette ›Galathea‹ [...] zu Hülfe eilte und es verhinderte, daß die Brigg von dem ›Preussischen Adler‹ geentert wurde. Das war die Feuertaufe unserer Marine.«

Nach dem Frieden wurde bis 1852 die Flotte um das angekaufte Handelsschiff MERKUR, die Avisos SALAMANDER und Nix, die Dampfcorvette DANZIG, die vom Reich an Preußen abgegebene Fregatte GEFION und die Dampfercorvette BARBAROSSA sowie um den vom Frauenverein [in Berlin 1848 gegründet] mit freiwilligen Gaben (23.000 Thaler) erbauten Schoner FRAUENLOB vergrößert. Prinz Adalbert war zum Admiral der gesamten Seestreitkräfte ernannt worden, die »Küstenflottille« wurde unter das Kommando des Kommodore Schröder gestellt.[10]

1850 beliefen sich die Marinekosten nach dem Staatshaushalt im Ordinarium auf 282.448 Taler und extraordinär, nämlich zur Herrichtung eines Marine-Etablissements [Dänholm] und zum Bau von Kriegsschiffen auf 717.550 Taler. Die Privatkomitees hatten ihre Tätigkeit eingestellt, nachdem ein Marineetat in den Staatshaushalt aufgenommen und die beabsichtigte Größe der Küstenflottille erreicht war. Außerdem fehlten den Vereinen die für größere Schiffsbauten erforderlichen Mittel. Der Schoner FRAUENLOB war in Wolgast bei Ehrichs & Lübke gebaut worden, an dem auch der spätere Schiffbaudirektor des Vulcan, Rudolph Haack, mitgearbeitet haben soll. Der Bauplan nach holländischem Vorbild und die Detailanweisungen zum Bau des Schiffes hatte der Schiffbaumeister Friedrich Schüler erarbeitet, der bereits die Bauleitung bei den bereits erwähnten zwei versuchsweise gebauten Kanonenjollen hatte und später mit Kapitän z. S. Reinhold Werner die Technische Kommission des Germanischen Lloyd bildete.[11]

Von der Preußischen Seehandels-Gesellschaft wurde 1850 das 1847 bei Klawitter in Danzig gebaute Handelsschiff MERCUR angekauft. Das anfangs unbewaffnete Schulschiff hat eine gewisse Bedeutung in der deutschen Marinegeschichte, da es als erstes Kriegsschiff aus Deutschland nach 1848/49 die deutsche Kriegsflagge auf dem Atlantik zeigte. Der Segler war in Swinemünde am 4.11.1850 mit Seekadetten und einer jungen Mannschaft an Bord mit dem Ziel Rio de Janeiro ausgelaufen. Weiter ist dem Bericht zu entnehmen: »Kapitän Donner führt das Schiff, man hofft in 4 Monaten am Cap der guten Hoffnung zu sein. Glückliche Reise!« [12]

Im gleichen Jahr wurde der Bau zweier eiserner Dampfavisos der englischen Firma Russel & Robinson in Auftrag gegeben. Die beiden RD. NIX und SALAMANDER waren Schwesterschiffe, hatten eine Länge von ca. 50 m, liefen 11 kn und waren mit 6 bzw. 8 Geschützen armiert. Konstruiert wurden sie von Scott Russel, dem Konstrukteur des Riesendampfers GREAT EASTERN, der Kaufpreis soll 270.000 Taler betragen haben. Sie wurden allerdings sehr bald gegen die mit 38 Kanonen armierte englische Segelfregatte THETIS umgetauscht, wozu beide Avisos am 14.12.1854 von Bremerhaven nach Devenport gingen. »Die Indienststellung erfolgte beim Stettiner Marinedepot für SALAMANDER am 1. und NIX am 29.7.1851; unter dem Kommando von Lt. z. S. Schirrmacher und mit deutscher Besatzung war ersteres Schiff im April von London nach Swinemünde gelaufen; für beide Schiffe wird als Bauort Deptfort genannt.« Über NIX ist zu entnehmen, dass das Schiff »aus Eisen mit 9 Zoll dicken Holzwänden [...] ist, von 2 Dampfmaschinen zu je 80 Pferde-Kraft getrieben wird und vier 68-pfündige und zwei 32-pfündige Bombenkanonen auf neuen sehr bequem konstruirten Lafetten an Bord führt. Das Boot, das schlank gebaut und außerdem zum Segeln eingerichtet ist, fährt ohne Anstrengung fünfzehn englische Meilen in der Stunde; da es besonders zum plötzlichen Angriffe, und raschen Rückzuge bestimmt, können die Geschütze sämmtlich mit leichter Mühe parallel mit dem Schiffe gerichtet und mit großer Präzision abgefeuert werden. Alle Versuche der Fahrt und des Schießens mit Vollkugeln sind sehr befriedigend ausgefallen.« [13]

Wie der Stand der Preußischen Marine um 1852 war, entnehmen wir erneut einem Zeitungsbericht. Daraus nachstehend einige interessante Einzelheiten: »Der Staatshaushalts-Etat wirft für die Marine pro 1852 [...] an persönlichen Ausgaben (Sold) 229.032 Rt. 29 Sgr. 2 Pf., an sachlichen Ausgaben [Anschaffung, Unterhaltung der Schiffe usw.] 182.683 Rt. 4 Sgr. 5 Pf. aus, zusammen 411.716 Rt. 3 Sgr. 7 Pf., also um 77.681 Rt. mehr als für das Jahr 1851, von welchem Mehrbetrage, der größere Theil auf die Einstellung und Ausrüstung der neuen Dampfkorvette DANZIG kommt. [...] Die Königl. Marine besitzt gegenwärtig an größeren Schiffen: Die Dampfkorvette DANZIG (in der Ausrüstung begriffen), 1.200 Tons groß, armirt mit 12 achtzölligen Bombenkanonen und mit Maschinen von 400 bis 450 Pferdekraft bei einer Besatzung von ca. 170 Mann. Es wird dies Fahrzeug in baulicher Beziehung ein Musterschiff, da selbst Autoritäten Englands sich darüber lobend ausgedrückt und ihre Verwunderung an den Tag gelegt haben, wie es in Preußen möglich war, zum Kriegsschiffsbau zu schreiten, ohne ein jahrelang für diese Bauten im Ausland gebildetes größeres Personal zu besitzen. [...] und erwartet man von der ihrer Bauart [Wave-liner-System des Engländers Russell] eine Geschwindigkeit von 14-15 Engl. Meilen bei gewöhnlichem Druck in der Maschine [von Robertson & Russell in Whitewall bei London]. Die Baukosten [...] werden ca. 450.000 Rt. betragen, eine allerdings hohe Summe, die aber dadurch so hinaufgetrieben ist, weil die Maschine und ein großer Teil der sonstigen Ausrüstungs-Gegenstände, wenngleich sie einem ernormen Zoll unterliegen, doch eben weil es das größte Schiff Preußens ist, welches gebaut wird, von England als Muster für künftige Bauten nebst mancherlei anderen Proben bezogen haben werden müssen. Die Maschine allein ist mit 30.000 Rt. besteuert worden. Es fließt also ein bedeutender Teil dieser nur für preußisches Kriegsmaterial verausgabten Steuer durch das Schutzzollsystem an alle Staaten des Zollvereins, obgleich manche darunter kaum eine Kanone haben und nie einer eine Kriegs-Dampfschiffs-Maschine von 450 Pferdekraft beschaffen wird. Es ist unrecht, daß nicht wenigstens das Kriegsmaterial, das in Preußen eine so große Rolle spielt, und die kleinen Staaten mit zu schützen hat, von dieser Besteuerung ausgeschlossen ist. Für die gewöhnlichen Unterhaltungskosten der DANZIG sind ca. 9–10.000 Rt. angesetzt und verbraucht dieses Schiff bei einer nur vierteljährlichen Reise an Kohlen (pro Pferdekraft und Stunde 13 Zentner gerechnet) ca. 2.000–2.200 Last Kohlen, die Last zu 20 Rt.= 40 – 40.000 Rt. Die Ausrüstungskosten für Kriegs-Munition, 100 Schuß pro Geschütz, werden die Summe von 2.283 Rt. erreichen. Für den Bau [...] incl. Ausrüstung war ursprünglich die Summe von 373.000 Rt. ausgeworfen. Da jedoch die Maschine allein 30.000 Rt. absorbirt hat, so ist zur kriegsmäßigen Ausstattung [...], unter Anrechnung sämmtlicher Steuern usw. noch ein Zuschuß von 85.000 Rt. erforderlich, der pro 1852 nur mit 50.000 Rt. im Etat aufgenommen ist. Wenn daher das Schiff im nächsten Sommer zur Ablegung der Probefahrt völlig kriegsmäßig ausgerüstet und mit den nöthigen Reservemaschinen-Theilen versehen werden soll die [...] an 18-20.000 Rt. kosten werden, so müssen mehr als 35.000 Rt. aus kleinen Ersparnissen gedeckt werden. [...]«

Unter 2. wird mitgeteilt, dass die AMAZONE einer Hauptreparatur hat unterzogen werden müssen, deren Kosten mit ca. 25.000 Rt. angegeben werden, sie 12 Stück Achtzehnpfünder führt und eine Besatzung von 96 bis 98 Mann hat. Als nächstes wird das Transportschiff MERCUR genannt, welches später die leichten Achtzehnpfünder der AMAZONE erhalten soll. Das Schiff »dient nur zur Ausbildung der jungen Mannschaft in den unteren Zweigen des Seewesens und erhält als Bemannung 50 bis 60 Mann, wobei durch eine große Zahl Cadetten und Schiffsjungen der eigentliche Seedienst verrichtet wird. Es ist daher nur ein geringer Theil geübter Matrosen an Bord zur Aushülfe bei schweren Arbeiten nöthig.« Bezüglich SALAMANDER und NIX ist u.a. vermerkt, dass sie 580 Tons [engl.] groß sind, 60 Mann Besatzung haben und beide aus Eisen sind, »jedoch innerhalb mit doppelter Holzbekleidung versehen« [beide Schiffe wurden am 12.1.1855 in Devonport gegen die Segelfregatte THETIS ausgetauscht].

»6. Der ›Preußische Adler‹ von Eisen erbaut und mit 2 Bombenkanonen und 4 Zweiunddreißigpfündern armirt, ist mit Maschinen von ca. 300 Pferdekraft versehen und führt eine Besatzung von 70 Mann, wenn er als Kriegsdampfschiff benutzt wird. Gegenwärtig [Januar 1851] versieht das Schiff den Postdienst zwischen Stettin und Petersburg und ist der Postverwaltung zur Disposition gestellt. 1853 hatten dieses und das Postschiff NAGLER auf Veranlassung des Handelsministers und mit Bewilligung des Kriegsministers, von jetzt an zwei Stabsärzte auf ihren Reisen zur Hülfleistung für Passagiere und Mannschaft bei vorkommenden Erkrankungen.«

»7. Außer diesen größeren Fahrzeugen besitzt die Marine: 36 Kanonenschaluppen, von denen jede mit 1 Bombenkanone und 1 Vierundzwanzigpfünder armirt ist und eine Equipage von 60 Mann führt, und 8. sechs Kanonenjollen, armirt mit einer Bombenkanone und 21 Mann führend. Die Geschützzahl sämmtlicher Kriegsfahrzeuge beträgt [...] 124 Stück, für die eine doppelte Chargirung pro Geschütz mit 200 Schuß bereit liegt. Außer diesen durch den Staat beschafften Fahrzeugen ist die Herstellung eines Kriegsschooners aus den gesammelten Beiträgen bei Gelegenheit der Wahlen zur Kammer im Gesammt=Ertrage von 37.000 Rt. beschlossen und da dieser Summe kein besonderer Zuschuß aus der Staatskasse gegeben werden kann, so wird das herzustellende Fahrzeug nur die Größe erhalten, um 1 Bombenkanone und 2–4 kurze Zweiunddreißigpfünder tragen zu können. Ein ähnliches Fahrzeug wird zu Wolgast durch die Mittel des Frauen=Vereins hergestellt; ein drittes, Schooner mit 2 Bombenkanonen und 2 Zweiunddreißigpfündern ist in Stettin von einem Privat-Comitè in Angriff genommen worden, doch da leider die Mittel nicht in dem erwarteten Maaße zugeflossen sind hat man sich genöthigt gesehen, den gegenwärtig in den Rippen vollendeten Bau einzustellen und durch Überdachung dem Verderben zu entziehen.« Die Bauleitung hatte man dem Schiffbaumeister Schüler übertragen, der schon die 1840 versuchsweise hergestellten beiden Kanonenjollen gebaut hatte. Aus dem halbfertigen Kriegsschiff wurde später der sich durch große Schnelligkeit auszeichnende Handelssegler FREYA.

Das im Bau begriffene Marine-Etablissement auf der Insel Dänholm bei Stralsund, war vorläufig nur für die Aufnahme der Küsten-Flotille und zugehörigen Dampfschiffen bestimmt »und wird schon in diesem Jahre zu deren Unterbringung benutzt. Der ganze Bau ist auf 560.000 Rt. veranschlagt, von denen exclusive der für 1852 ausgesetzten 50.000 Rt. bereits 235.000 Rt. verwendet sind.« Nach einer weiteren Quelle wurde die Anlage am 14.11.1851 seiner Bestimmung übergeben, hatte das Areal voll ausgebaut eine Größe von beinahe 12 Magdeburger Morgen und waren die Arbeiten im Juni 1850 begonnen worden, bei denen 500 bis 600 Menschen beschäftigt waren. »[...] Der Danziger Werftplatz ist bereits mit allen den Vorrichtungen versehen, um große Schiffe zu bauen, wie Stapel, Krähne, Schleusen für den Ablauf und Gebäude verschiedener Art. Zu Swinemünde befinden sich bereits bedeutende Vorräthe Königlichen Schiffbauholzes, und werden dieselben durch contractliche Lieferungen jährlich vermehrt. Viele Vorräthe von Schiffs=Bauholz abzulagern, ist das erste Erfordernis zur Bildung einer großen Marine, da die Hölzer jahrelang trocknen müssen, ehe sie zum Kriegsschiffbau verwendet werden können. [...]«

Woraus zu entnehmen ist, daß man den Bau eiserner Kriegsschiffe nicht in der Planung hatte. Zur Vervollständigung abschließend noch einige Angaben zur Löhnung in der Marine. »[...] Die Marine=Lieutnants 1. Klasse beziehen einen Sold von 800 Rt., die Lieutnants 2. Kl. von 480 Rt.; die Unteroffiziere 1.Kl. von 223½ Rt., 2. Kl. von 161½ Rt.; die Matrosen 1. Kl. 117½ Rt., 2. Kl. von 75½ Rt., 3. Kl. von 43½ Rt.; die Schiffsjungen erhalten nach einjähriger Dienstzeit 12-24 Rt.; die Maschinisten 1. Kl. erhalten 800 Rt., die 2. Kl. 525 Rt., 3. Kl. 350 Rt.; die Heizer 192 Rt. Auf den gegenwärtig vorhandenen Schiffen sind 7 Assistenz=Ärzte mit diversen Gehältern angestellt. – Außer den kleinen Montirungsgeldern [die Unteroffiziere und Maschinisten jährlich 5 Rt. 21 Sgr. 8 Pf.], erhalten die Mannschaften für die Zeit ihres Landaufenthalts Viktualienzulage. Während des Dienstes zur See fällt diese weg und treten die Mannschaften in den Genuß der Schiffskost, pro Kopf täglich 7 Sgr. 6 Pf. Die Mariniermannschaften erhalten analog den Landtruppen pro Mann monatlich 15 Sgr. Viktualienzulage und 18 Sgr. 9 Pf. Brodvergütung während des Landaufenthalts.«

Der Beitrag schließt mit der Feststellung, »Friedrich der Große hat geäußert, hätte ich Danzig, so schaffte ich mir eine Marine an. Jetzt hat Preußen Danzig und noch mehr, aber noch lange keine Marine. Zur Beschaffung von 10 schweren Fregatten a. 60 Kanonen und 10 schweren Dampfschiffen a. 12–18 Kanonen und um den Sund zu forciren, und den sonstigen kleineren zur Küstenflottille gehörigen Dampfschiffen währen jährlich incl. der Hafenbauten, Dockanlagen u.s.w. bei einer Bildungsperiode von 10 Jahren – 1½ Millionen Thaler erforderlich, und demnächst zu Erhaltung des Bestehenden jährlich nur 1-2 Millionen. Sollten Preußens Finanzen dies nicht gestatten?«[14]

»Nach dem Etat für die Marine beabsichtigt die Regierung in diesem Jahr [1853] im Ganzen nur 100.000 Rt als außerordentliche und einmalige Ausgabe zur Deckung von Bedürfnissen der Königlichen Marine zu verwenden. Außer dem schwimmenden Dock, welches zu Danzig errichtet werden soll, und dessen Kosten nur auf 48.000 Rt veranschlagt sind, verdienen die bereits seit längerer Zeit in Angriff genommenen Bauten auf der Insel Dänholm [...] Erwähnung, welche die Herstellung eines Marine=Etablissements für die Küstenflotille bezwecken. Die Kosten [...] sind auf 600.000 Rt veranschlagt. Mit Einschluß der auf den diesjährigen Etat dazu ausgesetzen Summe, ist bis jetzt etwa die Hälfte des Bedarfs zur Verwendung gekommen. Die Schiffswerft, welche in Danzig einerichtet wird, erfordert nur einen Kostenaufwand von 13.480 Rt. Für den Ersatz des Abgangs im Offizierkorps der Marine waren bisher nur 15 Kadetten erster und ebenso viele zweiter Klasse vorhanden. Vorläufig soll nun die letztere Kategorie stets aus 25 bestehen und diese Zahl immer vollständig erhalten werden.«[15]

Das die Marine dringend ein Dock benötigte, macht eine Meldung der Ostsee-Zeitung aus Stralsund vom 23.9.1852 deutlich: »Das Dampfboot ›Nix‹ liegt noch immer im hiesigen Hafen und ist bereit, jeden Augenblick in See zu gehen [...] um nach Karlskrona hinüber zu laufen, wo in einem Drydock der Boden gereinigt werden soll. Sobald ›Nix‹ zurückgekehrt sein wird, beabsichtigt man durch dieselbe Besatzung den ›Salamander‹ hinüber zu schicken.«

Der erste bedeutende Marineauftrag für den Vulcan

Ehe dieser Auftrag erteilt wurde, vergab die Marine noch für längere Zeit anderweitig die meisten ihrer Bauaufträge. So u.a. für die Segelbrigg HELA, die Avisos LORELEY und GRILLE, das Transportschiff ELBE. Für die in Danzig von 1859 bis 1869 entstandenen Dampfkorvetten ARCONA, VINETA, HERTHA und MEDUSA wurden die Kessel und Maschinen aus England und Belgien bezogen. Für die Maschinenanlagen der GAZELLE und drei der Kanonenboote, erhielt der Vulcan den Zuschlag. Die in Danzig, Elbing, Wolgast und Stettin im Bau befindlichen 19 Boote erhielten ihre Namen am 18.10.1859. »Stettin, 5. Januar [1860]. Von den bei hiesigen Schiffsbaumeistern [...] im Bau befindlichen [...] Kanonnboten sind zwei bei Domcke, zwei bei Zieske, zwei Nüske und eins bei Liegniß in Ausführung. Die Maschinen für die ersten beiden liefern Möller & Holberg, hier, für die beiden folgenden Borsig [...]. Der

Bau der Boote ist schon so weit fortgeschritten, daß sie binnen Kurzem von Stapel laufen können.« Der Stapellauf für 5 der Stettiner Kanonenboote fand am Nachmittag des 19.3.1860 statt. »Stettin, 13. August [1860]. Die Probefahrten der hier erbauten Kanonenboote haben am Sonnabend [dem 11.] begonnen. Der ›Salamander‹ [gebaut bei Nüske] ging nach Swinemünde, und von da gestern Mittag nach Stralsund. Der Admiral Prinz Adalbert ist heute mit der Schwalbe [gebaut von Nüske, Maschine vom Vulcan] bis ins Papenwasser gefahren. In den nächsten Tagen findet die eigentliche Probefahrt dieses Bootes statt, der dann die Probefahrten der übrigen 5 Boote in kurzen Zwischenräumen folgen werden. Prinz Adalbert wird heute Abend nach Berlin zurückkehren.[16]

»Stettin, 9. Octbr. [1865]. Die große Gallionsfigur Vineta für die Dampfercorvette dieses Namens, welche der hiesige Bildhauer Pietschmann angefertigt hat, ist vollendet und nach Danzig verladen.« »Stettin, 14. Febr. [1868]. Der [...] Bildhauer Pietschmann ist mit der Anfertigung der Gallionsfigur für Sr. Maj. Schiff ›Elisabeth‹ beauftragt.« Sie »wird das Brustbild der Königin-Witwe Elisabeth in einer Größe von 8 Fuß und mit Portrait ähnlichkeit aus jüngeren Jahren darstellen. Die Figur hält in der Hand einen Lorberkranz.« [17]

Bezüglich ARCONA und GAZELLE dürfte von Interesse sein, dass beide Korvetten die ersten auf einer preußischen Marinewerft [in Danzig] in Bau genommene Schraubenkriegsschiffe waren. Erbaut wurden sie nach einer »A. C. O.« vom 2.11.1855[18] von dem königlichen Schiffbaumeister Elbertshagen nach Plänen von Victor Gjerling. Über den Bau der Maschinenanlagen für GAZELLE enthält der Geschäftsbericht[19] für das Jahr 1857, vorgetragen auf der Generalversammlung am 17.5.1858, einige Angaben: »Unter den vorhandenen Aufträgen befindet sich ein bedeutender von der Königl. Admiralität, die Maschinen für eine Dampfcorvette, und steht zu hoffen, daß dies der Anfang zu mehreren und umfangreicheren Bestellungen von dieser Seite sein wird.« Der Auftragswert einschließlich aller Nebenkosten betrug 125.250 Taler.

Die im folgenden Jahr erfolgte Fertigstellung der Maschinen wird im Jahresbericht[20] der Stettiner Kaufmannschaft neben Angaben zu den Maschinenanlagen für 7 Kanonenboote genannt: »[...] Zu den hervorragenden Arbeiten gehörten ein Paar Schiffs-Dampfmaschinen für die Kön. Dampf-Corvette Gazelle von 375 Pferdekraft (wohl die größte bisher in Deutschland ausgeführte Maschine). [...] Endlich erhielt die Fabrik noch von der Kön. Marine den Auftrag auf 3 kleine und 4 große Maschinen zu Dampfkanonenbooten. [...]«

»Wie das Danziger Dampfboot meldet, soll, sobald das Wasser vom Eis frei ist, das Dampfkanonenboot ›Cyklop‹ von Danzig nach Stettin dirigiert werden, damit die Maschinenbaugesellschaft Vulcan die noch nicht fehlerfrei arbeitende Maschine in Reparatur nehmen kann. Die Maschinen für die im Neubau begriffenen Corvetten und Kanonenboote sind teils in England, teils bei der genannten Gesellschaft in Bestellung gegeben.«[21]

»Stettin, 8. April [1862]. Vorgestern traf unter Commando des Lieutenant zur See 1. Cl. Herrn Grapow das Kanonenboot I. Cl. ›Camaeleon‹ hier ein, um in der Fabrik der Maschinenbau-Actien-Gesellschaft Vulcan, aus welcher die Maschienen desselben (80 Pferdekraft) hervorgegangen, mit einem Überhitzungsapparat (Patent des Directors der Gesellschaft Herrn Früchtenicht) versehen zu werden. Wie wir hören sollen auch die anderen Kanonenboote solche Apparate erhalten.«[22]

Bezüglich der Maschinenanlage für GAZELLE bleibt noch nachzutragen, dass diese zumindest anfangs, nicht das hielt, was man sich davon versprochen hatte. Konteradmiral a.D. Reinhold Werner schreibt in diesem Zusammenhang: »Sie wurde von einer deutschen Eisenbaugesellschaft geliefert, zeigte jedoch, daß damals unsere heimische Industrie den Anforderungen, welche man an sie machen zu können glaubte, noch nicht gewachsen war. Die Marine sah sich deshalb gezwungen, vorläufig wieder ihre Zuflucht zu ausländischen, namentlich zu englischen bewährten Maschinenfabriken zu nehmen.«[23] Trotzdem konnte GAZELLE von der Indienststellung am 15.5.1862 bis zur Außerdienststellung am 20.5.1878, insgesamt 6 Auslandsreisen ohne Beanstandungen durchführen.

Von besonderem Interesse dürfte ihre letzte zweijährige Weltumsegelung von 1874 bis 1876 sein, da es sich um die bisher größte wissenschaftliche Reise eines deutschen Kriegsschiffes gehandelt hatte. Sie führte unter dem Kommando des damaligen Kapitäns z. S. von Schleinitz in die Südsee, zum Atlantik, in den Indischen und Stillen Ozean und bis zur großen Eismauer des Südpolargebietes. 1872 hatte die englische Regierung die Fregatte CHALLENGER auf eine dreijährige Reise geschickt, um Tiefen und Strömungen der verschiedenen Ozeane festzustellen, den Meeresgrund zu untersuchen und Vermessungen von geografisch noch nicht genau festgelegten Küsten durchzuführen. Eine Aufgabe, die im Großen und Ganzen als von Erfolg gekrönt beurteilt wurde, bei der Größe des Arbeitsfeldes aber von einem einzelnen Schiff nicht abschließend durchzuführen war. Dies nun war einer der Aufträge der GAZELLE. Das Schiff war mit Messvorrichtungen aller Art zur Bestimmung der größten Meerestiefen, der Wasserwärme in verschiedenen Tiefen, des Luftdrucks, der Regenmenge, des Salzgehalts des Meerwassers, mit Geräten zum Fischen in großen Tiefen sowie mit astronomischen und magnetischen Instrumenten für physikalische Messungen ausgerüstet. Man suchte u.a. forschend und beobachtend, die von den Engländern offen gelassenen Wege auf, kreuzte an verschiedenen Punkten dessen Wege und prüfte vergleichend die beiderseitigen Erfolge. Eine weitere Aufgabe war die Beobachtung des »Venusdurchgangs« zur genaueren Bestimmung der Entfernung der Erde von der Sonne, auf einer Station im südlichen Indischen Ozean, die ebenfalls vollständig gelang.[24]

Den Namen GREIF erhielt das beim Vulcan »im Bau befindliche Dampfbugsierboot für die Marinehafenbauten im Jasmunder Bodden« am 17.4.1860[25], die Probefahrt[26] fand am 14.10.1860 statt. Das »Journal«[27] enthält folgende Konstruktionsangaben: [Bau-]No.: 21, Name: Greif / Besteller: Kgl. Preuß. Regierung / Schiffsart: Bugsierdampfer / Kutter, Antrieb: Rad m. 12 fest. Schaufeln / Baujahr u. Bauzeit: 11.5.60–24.9.60 / Lp: 24,48 m / B. a. Spt.: 5,179 m / H: 2.655 m / Tfg. beladen: mittl. 1,608 m, gleichlastig / L x B x CT: 335,44 / Lp : B: 4,727 / Raumgeh.: BRTs.: 86 t / Gewicht d. Masch.-Anlage: 11,95 T incl. Rohrleitung / PSi: 200. »Stettin, 22. März [1862]. Heute Nachmittag 5 Uhr sind hier die ersten Bugsierschiffe (Greif und Pfeil) mit den Schiffen Rudolph, Callies [=Kapitän] und Louise, Eichmann [=Kapitän], von Swinemünde herauf gekommen. Im Haff ist kein Eis mehr zu sehen gewesen.«[28] »Swinemünde, 8. October [1870]. Das für die Stolpmünder Hafen-Verwaltung in Stettin gebaute Bugsierdampfschiff ›Pfeil‹ und sechs Baggerprähme, welche Letztere von den Bugsierschiffen ›Pfeil‹ und ›Tartar‹ geschleppt wurden, gingen heute früh nach ihrem Bestimmungsorte von hier in See. – Das erste Schiff der Hafensperre ist heute in den [Swinemünder] Hafen gebracht« [29] Dieser letzte Satz weist auf den Krieg 1870/71 gegen Frankreich hin. 1874 ist der RD in einem Marinejahrbuch unter Dampffahrzeuge mit 105 Tons und 150 PS verzeichnet.[30] 1892 wird er nach einer weiteren Quelle als eines von 12 Fahrzeugen zum Hafendienst mit der Station Ostsee genannt und war demnach in Kiel stationiert.[31]

Weitere für die preußische Marine vom Vulcan gebaute Arbeitsschiffe waren die 1861 abgelieferten RD. ODER und SWINE. Auch über sie sind durch das »Journal«[32] die technischen Daten bekannt. Die Besteller und die Schiffsart entsprechen für beide Schiffe denen der GREIF. Weitere Konstruktionsdaten der ODER sind: (Bau-)No.: 22, Antrieb: Rad m. 11 bewegl. Schaufeln, Baujahr u. Bauzeit: 1861 / Lp: 26,8 m / B. a. Spt.: 5,022 / H: 2,746 m / Tfg., beladen: mittl. 1,569 m, gleichlastig / L x B x CT: 352,69 / Lp:B: 4,923 / BRTs.: 86 t, Gewicht d. Masch.-Anlage: 27,78 T inkl. Rohrleitung / PSi: 200. [33]

SWINE: [Bau-]No.: 23 / Antrieb: Rad m. bewegl. Schaufeln / Baujahr: 1861/ Lp: 25,110 m / B. a. Spt.: 5,100 m / H: 2,759 m / Tfg. beladen: mittl. 1.569 m, gleichlastig / L x B x CT: 352,69 / Lp:B: 4,923 / Raumgeh.: Brutto Reg. Ts.: 86 Tonnen / Gewicht d. Masch.-Anlage: 27,78 T inkl. Rohrleitung / PSi: 200.[34] In einem Verzeichnis der deutschen Kriegsschiffe zu Ende des Jahres 1875, wird der RD. unter Transportdampfer, zugehörig zur Ostseestation [Kiel], mit 75 (indic.), 11 Mann Besatzung und der Fußnote: SWINE noch nicht vermessen, daher Registertonnen nicht angegeben, genannt. In einer Auflistung von 1892 erscheint der RD. als Fahrzeug zum Hafendienst mit der Station N = Nordsee und demnach Wilhelmshaven. [35]

»Berlin, 29. April [1862]. Um Erfahrungen über den Bau und die Zweckmäßigkeit von Panzerschiffen zu sammeln, ist eine Commission, bestehend aus dem Corvetten-Capitain Henck und den Admiralitäts-Räthen, Schiffbau-Director Elbertshagen und Maschinenbau-Director Coupet nach England gereist, dieselbe soll sich, falls die gemachten Erfahrungen nicht ausreichen, auch nach Frankreich und Amerika begeben.[36]

Die ersten privaten Sammlungen für die preußische Flotte

Zur Bündelung der überall in den deutschen Teilstaaten vorhandenen Bestrebungen, die Einigung Deutschlands zu einem einheitlichen, verfassungsmäßigen Gesamtstaat voranzubringen, wurde am 16.9.1859 der »Deutsche Nationalverein« gegründet, der sich unter Einbeziehung von Deutsch-Österreich auf die Reichsverfassung von 1849 stützte. Dessen Programm sah u.a. auch Sammlungen für die von Preußen zu schaffende deutsche Flotte vor. Der entsprechende Beschluss erfolgte in Heidelberg am 24.8.1861, während bereits ein Jahr zuvor, am 30.8.1860, die erste Sammelbüchse in Magdeburg aufgestellt wurde.

Welchen Erfolg diese Aktion schon nach wenigen Wochen überall in Deutschland hatte, ist zwei Zeitungsmitteilungen zu entnehmen: »Berlin, 28. September. Der Geschäftsführer des Nationalvereins, F. Streit, zeigt an, daß er in der Lage ist, eine zweite Sendung von abermals 10.000 fl. noch mit Ablauf dieses Monats an das Preuß. Marineministerium abgehen zu lassen. Es sind nämlich bisher ferner baar eingegangen: 12.511 fl. Die bedeutendsten Beiträge darunter sind: 400 fl. Ertrag einer Sammlung in Bockenheim, 100 fl. von Herrn Pentzel in Bockenheim als persönlicher Beitrag, 1.000 fl. durch Herrn Banker Kohn in Nürnberg für die Herren Kreitmayer und Platner je 500 fl., 180 fl von der Versammlung deutscher Land- und Forstwirte, 1.400 fl. Sammlungsgelder von Lüdenscheid, 600 fl. desgleichen von Wiesbaden, 503 fl. von Rüdesheim (»Ertrag einer daselbst von Männern aller Parteischattirungen bewilligten Sammlung«) nebst je 87 fl. 30 kr. als besondere Gabe von den Herren Ewald und Dilthey daselbst, 155 fl. Sammelgelder Bernburg, desgleichen von Stettin, 325 fl. durch die Redaktion der ›Zeit‹ in Frankfurt.

Breslau. Am 26. September 1859 fand eine Generalversammlung der constitutionellen Bürgerressource in Liebich statt, welche beschloß, aus der Gesellschaftskasse 200 Rs. [...] beizusteuern. – Die Breslauer Zeitungen enthalten einen von 24 Damen unterzeichneten ›Aufruf an Schlesiens Jungfrauen‹ zur Flotte beizusteuern. – In Burg haben die städtischen Behörden 500 Rs. bewilligt, ein Comitee ist in der Bildung. – Magdeburg. Von Corporationsmitgliedern der Kaufmannschaft sind bis jetzt 4.255 Rs. gezeichnet. – Wiesbaden. Bei dem [...] Comitee sind bis jetzt mehr als 2.300 fl. eingegangen. In der preußischen Provinz Pommern hatte ein Flottencomitee der Städte Gollnow und Massow, dem sich Gutsbesitzer der Umgebung angeschlossen haben (v. Petersdorf, Mühlenbeck, Flügge), die Bewohner des Kreises zu Beiträgen aufgefordert, welche an die Central=Sammelstelle der Provinz Pommern, die Kämmereikasse in Stettin abgeliefert werden sollen. – Ein zweites Comitee (Landr. v. Bismarck, M. v. Voß, Dr. Fanninger) in Naugard fordert gleichfalls die Kreisbewohner zu Beiträgen für den Flottenverein auf. Am 27. Oktober wurde mitgeteilt: »Nach einer Veröffentlichung des Geschäftsführers des Deutschen Nationalvereins vertritt jetzt der Flottenfonds des Letzteren, die in der Höhe von 40.000 fl. Rheinisch an das Preußische Marine=Ministerien übermittelten Sendungen hinzugerechnet, bis 21. d. M. ein Baarergebniß von 61.500 fl. 42 kr. – Für die Deutsche Flotte unter Preußens Führung sind laut einer am 21. d. M. veröffentlichten Bekanntmachung in Lübeck bisher 1.440 Rs. 21 Sgr. eingegangen. – Die zum Krönungsdonativ von der Stadt Aschersleben aus den zur dortigen Gerichtsbarkeit gehörigen Ortschaften veranlassten Sammlungen [...] sind geschlossen, und haben die Summe von 1.033 Rs. 12 Sgr. ergeben. Der Beitrag der Stadt [...] beträgt incl. der von über 14 Rs. von dem dortigen Husarenregimente 655 Rs. 27 Sgr., und von sieben Dörfern des platten Landes 377 Rs. 15 Sgr., von der Stadt Kochstedt aber gar nichts gezahlt worden. – In Schwedt sind bisher meist vom Turn=Verein circa 90 Rs. gesammelt. – In Sagard a. R. 25 Rs.« Das am 10.6.1865 veröffentlichte Resultat der Sammlungen nennt 438.000 Taler, welche zur Anschaffung des Monitor ARMINIUS mitverwendet wurden.[37] Insgesamt kostete das erste Panzerschiff der preußischen Marine 1.887 Mill. Mk.

Die Jahre, in denen für die Flotte Sammlungen durchgeführt wurden, bestand in Preußen von 1862 bis 1965 ein budgetloser Zustand mit folgendem Hintergrund. Aus Anlaß des österreichisch-französischen Krieges in Italien 1859, fand in Preußen eine teilweise Mobilmachung des Heeres statt. Die hierbei gemachten Erfahrungen veranlassten die Regierung, zunächst 1860 eine Reform der Bundeskriegsverfassung beim Bundesrat zu beantragen. Als diese abgelehnt wurde, erfolgte die energisch durchgeführte Reorganisation des preußischen Heeres, obgleich der Landtag die erforderlichen Mehrkosten nur verübergehend bewilligen wollte. Die am 11.3.1862 stattgefundene Auflösung des Abgeordnetenhauses ist in diesem Zusammenhang zu sehen. Der preußische Kriegs- und Marineminister Albert Graf von Roon hatte einen entsprechenden Gesetzesentwurf dem preußischen Abgeordneten vorgelegt. Dessen außerordentliche Marineanforderungen enthielten u.a. erstmals 600.000 Taler als erste Rate für den Bau von 3 Panzerbooten und 380.000 Taler für den Kriegshafen auf Rügen. »Einen vollständigen Gründungsplan könne er wegen der neuen merkwürdigen Erfindungen im Schiffbau nicht geben.« Dieser wurde der Marinekommission dann am 12.8.1862 vorgelegt, aber vom Abgeordnetenhaus am 9.10.1862 abgelehnt. Der komplette Plan sah für einen Betrag von 42½ Mill. Taler und einen Zeitraum von 7 Jahren vor, 4 eiserne Panzerfregatten, 16 eiserne Panzerkanonenboote, 8 hölzerne gedeckte Korvetten, 6 Glattdeckskorvetten, 8 eiserne Radavisos, 4 eiserne Transportdampfer, 8 große und 15 kleine Schraubenkanonenboote zu beschaffen. Bewilligt wurden lediglich 200.000 Taler zur Anschaffung der Schulschiffe NIOBE, ROVER und MUSQUITO, nachdem der Minister ausdrücklich um Indemnität wegen der bereits gemachten Ausgaben hat nachsuchen müssen. Die wiederholte Verweigerung der Gelder steigerte den ursprünglich auf die Heeresreform beschränkten Konflikt zu einem Verfassungsstreit mit erneuter Auflösung des Abgeordnetenhauses am 22.5.1863.

Die Auseinandersetzungen wurden auch nicht durch die erfolgreiche Außenpolitik und den Krieg Preußens und Österreichs gegen Dänemark beendet. Auch für 1864 und 1865 wurde das beantragte Budget verworfen. In einem dem König am 4.7.1865 vorgelegten Bericht begründete das Staatsministerium 2 größere Beträge, von denen 750.000 Taler für den Bau von Panzerschiffen und 500.000 Taler für den Ausbau des Kieler Kriegshafens vorgesehen waren, der genehmigt wurde. Vorangegangen war ein dem Abgeordnetenhaus am 5.4.1865 durch den Minister vorgelegter Plan zur Weiterentwicklung der Flotte, der ebenfalls abgelehnt wurde. Erst der 1866 erfolgreich geführte Feldzug gegen Österreich, als dessen wichtigstes Ergebnis sich der »Norddeutsche Bund« bildete, führte zu einem grundlegenden Wandel. Im preußischen

Landtag fand nunmehr die nationale Politik Graf Bismarcks volle Anerkennung. Der Konflikt wurde beendet und am 5.8.1866 von beiden Häusern des Landtags das Indemnitätsgesetz [nachträgliche Billigung verfassungswidriger Maßnahmen d. Reg. durch d. Parlament] angenommen, nach welchem bezüglich der Führung des Staatshaushaltes von 1862 bis 1865 alle Ausgaben des Marineministeriums [...] mit bestimmten jährlichen Summen genehmigt wurden, ebenso die 1866 durch den Krieg entstandenen Ausgaben der Marineverwaltung. Das Staatshaushaltsgesetz vom 22.12.1866 enthielt u.a. 4,12 Mill. Thaler zur Bezahlung der Schiffe KÖNIG WILHELM und FRIEDRICH CARL sowie zur Anschaffung einer dritten Panzerfregatte, ferner 500.000 Thaler für den Kieler Kriegshafen und 1,543 Mill. Thaler für den dritten preußischen Hafen an der Jade [Wilhelmshaven]. Für 1867 betrug der gesetzlich festgelegte Marineetat einschließlich eines Extraordinarium 8.457.737 Thaler.

Die Kriegsmarine des Norddeutschen Bundes

Die am 1.7.1867 in Kraft getretene Verfassung, enthielt in den Artikeln 53, 54 und 55 Angaben zu Schiffahrt und Marine, wobei Artikel 53 sich speziell mit der Kriegsmarine befasste. Es hieß darin u.a.: »Die Bundes-Kriegsmarine ist eine einheitliche unter preußischem Oberbefehl. [...] Der Kieler Hafen und der Jahdehafen sind Bundes-Kriegshäfen. Der zur Gründung und Erhaltung der Kriegsflotte und der damit zusammenhängenden Anstalten erforderliche Aufwand wird aus der Bundeskasse bestritten.« Offiziere und Beamte ernannte der preußische König, auf den sie und die Mannschaften auch den Eid ablegten. Die schwarz-weiß-rote Kriegsflagge wurde am 1.10.1867 gehisst.

Um die bisherige Kriegsmarine Preußens entsprechend der größeren Aufgabenstellung als Marine des Norddeutschen Bundes ausbauen zu können, war bereits im Herbst 1867 durch Bundesrat und Reichstag ein Flottengründungsplan und dessen Finanzierung beschlossen worden. Dieser sah folgende Aufgaben vor: 1. Schutz und Vertretung des Seehandels auf allen Meeren, 2. Verteidigung der vaterländischen Küsten, 3. Entwicklung eines eigenen Offensiv-Vermögens. Die Ausführung war auf einen Zeitraum von 10 Jahren verteilt, an dessen Schluss die Flotte umfassen sollte: 16 Panzerschiffe, 20 Korvetten, 22 Kanonenboote, 8 Avisos, 2 Artillerie- und 8 Spezialschiffe. Dazu kam eine erhebliche Zahl von Ersatzbauten für einen Teil der vorhandenen, aber nicht mehr brauchbaren Fahrzeuge. Außerdem waren genügend Gelder bereitgestellt worden, um die Kriegshäfen von Wilhelmshaven und Kiel zügig ausbauen zu können.[38]

Wie noch mitzuteilen sein wird, war der Vulcan sowohl bei den Schiffsbauten als auch an den Hafenbauten durch entsprechende Lieferungen beteiligt. Seitens der Volksvertretung wurde bereits damals in der »Resolution Graf Frankenberg« die Erwartung ausgesprochen, »daß der Marineminister bei der in Aussicht genommenen Entwicklung der Bundesmarine, die vaterländische Schiffbauindustrie, sofern dieselbe gleich Tüchtiges und Preiswürdiges wie das Ausland leiste, vorzugsweise mit Aufträgen betrauen werde«. Worauf Minister von Roon erklärte, »dass er mit der größten Ungeduld die Entwicklung derartiger Etablissements in Deutschland erwarte.« Woraus zu entnehmen ist, daß die Voraussetzungen der Resolution bis dahin noch von keiner deutschen Werft erfüllt wurden. Für den Vulcan muß allerdings festgestellt werden, dass die Werft zu diesem Zeitpunkt nach Kapazität und Qualität durchaus in der Lage gewesen wäre, Marineaufträge auszuführen. Als Beweis mag die Tatsache dienen, dass im Geschäftbericht für 1867 mitgeteilt wird, dass die Anlagen zweckmäßig erweitert und arbeitssparende Hilfsmaschinen angeschafft wurden, vermutlich auch mit Blick auf zu erwartende Marineaufträge. Außerdem kann man davon ausgehen, dass eine Werft, die größere Handelsschiffe, wie den ORPHEUS und GRAND DUC ALEXIS zu verlängern in der Lage ist, zwar noch keine Panzerschiffe, wohl aber mittlere Kriegsschiffe bauen kann. Nicht zuletzt wegen der 1867 getätigten Investitionen, war das Unternehmen dann wenig später in der Lage, Marineaufträge in steigendem Umfang und zur Zufriedenheit der Marine auszuführen.

Der Transportdampfer DER RHEIN

Als ein erster Schritt in dieser Richtung kann der Auftrag zum Bau eines Schiffes gesehen werden, das ursprünglich vorgesehen war zum Transport von Ablösemannschaften für Einheiten, die in Übersee stationiert waren. Der entsprechende Entwurf war geändert worden und der Vulcan baute einen Minentransporter, der später als Minenleger und Minenschulschiff zum Einsatz kam. Über den Bauauftrag wurden die Leser der Ostsee-Zeitung im April 1867 unterrichtet: »Stettin, 2. April. Wie uns von zuverlässiger Seite mitgetheilt wird, ist bei der Stettiner Maschinenbau-Actien-Gesellschaft Vulcan für die Königliche Marine ein eiserner Transport-Schrauben-Dampfer in Auftrag gegeben.« Bestätigt wurde diese Meldung wenig später auf der ordentlichen Generalversammlung am 24. April: »Vom Königlichen Marine-Ministerium ist gegenwärtig der Bau eines Transportdampfers in Auftrag gegeben«. Gut 5 Monate nach der vermutlich Ende März erfolgten Auftragserteilung, fand bereits der Stapellauf statt, über den die Ostsee-Zeitung mitteilte: »Stettin, 9. Septbr. [1867] Von der Werft des Vulcan lief vorgestern Nachmittag der für Rechnung der Königl. Regierung erbaute Marine-Transport-Dampfer Rhein vom Stapel«.

Das Journal enthält folgende Angaben: (Bau-) No.: 55 / Name: Der Rhein / Besteller: Kaiserl. ? [Königl.] Marine Kiel / Schiffsart: Schraubendampfer, 3 Masten, Schoner / Antrieb: 1 Schraube m. 3 Flügeln (2,5 m) / Baujahr u. Bauzeit: 1867 / Lp: 42,527 m / B. a. Spt.: 5,963 m / H: 3,348 m / Tfg., beladen v.: 2,354 m, h.: 2,668 m, m: 2,511 m / L X B X H u. L x B x C.T.: 848,02 / Lp:B: 7.132 / Raumgeh.: Brutto Reg.Ts.: 210 Tonnen / Psi : 200.[39]

Der am 17.10.1867 zunächst unbewaffnet in Dienst gestellte Transporter mit einer Besatzung von 23 Mann, trug als Streuminenschiff zwei Revolverkanonen und hatte 100 Minen an Bord. Als Minenschulschiff um 1901, wird die Besatzung mit 80 Mann angegeben. Der Schraubendampfer wurde am 24.6.1911 aus der Liste der Kriegsschiffe getrischen, diente zuletzt als Schul- und Werstatthulk für Minensucher in Cuxhaven und wurde am 11.8.1920 nach Rönnebeck verkauft und zum Prahm umgebaut.[40]

Daß die königliche Marine ihre Maschinenbauaufträge jetzt auch im Inland vergab, erfuhren die Aktionäre des Vulcan anläßlich der Generalversammlung am 29.4.1869.[41] Womit neben der Maschinenanlage für das Panzerschiff HANSA auch die eingegangenen Bestellungen auf »diverse Maschinen für die Werkstätten in Heppens [Wilhelmshaven] und Kiel gemeint waren. Hierbei handelte es sich im Einzelnen um 3 große »Nasmythdampframmen« für erstere Werft und 4 dieser Rammen für Kiel, außerdem wurden 2 davon für den Hafen von Libau geliefert. Ein weiterer Marineauftrag lautete auf den Bau eines Schwimmkrans mit einer Hebekraft von 40 Tonnen. Dieser dreibeinige Auslegekran fand als Model auf der Weltausstellung in Wien die eingehendste Beachtung und Würdigung der Fachleute. Ein besonderes Interesse soll die brasilianische Admiralität an der Erwerbung des Models gezeigt haben. Auch wird von deren großem Interesse an der Lieferung eines solchen Krans durch den Vulcan berichtet.[42] Das »Journal« enthält folgende Angaben: (Bau-)No.: 57/ Name: Schwimmkran, Kiel / Besteller: Kaiserl.[?] Werft Kiel / Art des Schiffes: 3 bein. Auslegekran v. 40 Tonnen Hebekraft / Baujahr: 1868/69 / B. a. Spt.: 31.39 m / H.: 15,69 m / H[1] verteilte Aufbauten v.: 1.282 m / h.: 0.379 m / m.: 0.8305 m / 64 PSi. Weitere 2 Kräne mit je 20 PS, waren im Libauer Hafen im Einsatz. [43]

Minenschulschiff RHEIN und Minenprahm bei einer Übung [aus: Deutschlands Seemacht [...], Leipzig 1901, Zeichnung vom Marinemaler Willy Stöwer]

Der Aviso POMMERANIA, vom Postschiff zum Fischereischutz

Der RD. war 1863 in Bau gegangen und war vorgesehen für die Postverbindung von Stralsund nach Malmö in Schweden, beim Vulcan zum Preis von 311.400 Mark bzw. 90.000 Reichstaler beauftragt[44] und wird von der Ostsee-Ztg. am 6.9.1863 als in Arbeit befindlich genannt. Am Stapellauf, der am 30.3.1864 stattfand, nahmen auch der preußische Generalpostdirektor Philipsborn und der Admiralitätsrat C. A. Elbertshagen teil[45], nach dessen Plänen das Zweischornsteinschiff gebaut wurde. Wenige Monate später, im Juni, war »der neuerbaute Postdampfer [...] vom Postfiscus leihweise dem Marineministerium überwiesen und wird bereits für Kriegszwecke eingerichtet. Die Armierung wird aus 6 gezogenen Geschützen bestehen«, teilt die Zeitung Danziger Dampfboot mit. Nach Beendigung des Krieges gegen Dänemark war der RD. wie vorgesehen im Postdienst eingesetzt. Er hat 1868 in Stettin überwintert, wobei in diesem Zusammenhang 159 Last sowie der Name des Kapitäns mit Steffen angegeben wird.[46] 1870 war das Postschiff erneut von der Marine übernommen worden, um als Aviso im deutsch-französischen Krieg Verwendung zu finden, die Indienststellung fand am 27.4.1871 in Stralsund statt. In der Marine um 1887 geführt als »Vermessungs-Fahrzeug in der Ostsee«, bestand die Bewaffnung aus 2 Geschützen, hatte das Deplacement 400 t, die indizierte Pferdestärke 700 und die Besatzung eine Stärke von 66 Mann.[47] Der RD. war als Schoner getakelt, die je 12 Schaufeln der beiden Räder waren beweglich; weitere Angaben im »Journal«[48] sind: (Bau-)No.: 40 / Besteller: Kgl. Preuß. Regierung / Art des Schiffes: Postdampfer für Küstenfahrt / Baujahr: 1863-64 / L. a.: 54,91 m / Lp.: 50,23 m / B. a. Spt.: 6.905 m / H: 3.688 m / Tfg. beladen: 3.353 m mittl. Tiefgang / Depl. beladen: 385.3 t / L x B x H u. L x B x C.T.:1278.02 / Lp:B: 7.273 / BRT:

309 t / Gewicht des Schiffskörpers: 238,77 t / Gewicht der Masch.-Anlage einschl. Röhrenleitungen: 49,57 t / V. beladen: 13 kn / PSi: 597. Die Maschine war eine stehende Zweizylinder einfach wirkende Expansionsmaschine, der Kohlenvorrat wird mit 70 t angegeben. Nach Einsätzen als Forschungs- und Vermessungsschiff sowie im Fischereischutz diente der Aviso 1887 als Kaiserliche Yacht. Das für 3,114 Mill. Mk. gebaute Schiff wurde am 10.10.1890 aus der Liste der Kriegsschiffe gestrichen, 1892 an eine Hamburger Firma verkauft und für Paulsen & Ivers in Kiel zum Segelschoner ADLER umgebaut. Bereits auf der ersten Reise ging er am 20.1.1894 in einem Sturm verloren, nachdem die Besatzung das Schiff verlassen hatte.[49]

Zur ersten Forschungsreise 1871 in der Ostsee teilt ein kurzer Zeitungsbericht[50] einige interessante Einzelheiten mit, die so bisher noch nicht allgemein bekannt waren:. »Stettin, 8. Juli. [1871]. Die Danziger Zeitung meldet: Der Cours, welchen die zur Untersuchung der Ostseefischerei ausgesandte ›Pommerania‹ nehmen wird, ist folgende: Von Kiel aus an der Nordküste Bornholms vorbei durch Calmar Sund nach Stockholm, von dort durch die tiefen Rinnen nördlich Gothland und – über die Sände im Osten, Südosten und Südwesten dieser Insel entweder auf Memel und von dort nach Neufahrwasser (Danzig), oder je nach der Witterung und der bereits verstrichenen Zeit direct nach Neufahrwasser. Wo möglich soll diese Expedition Ausgangs Juli in Neufahrwasser eintreffen und sich alsdann nach kurzem Aufenthalte durch die Danziger Bucht, um die Halbinsel Hela herum, nach den Sänden unweit der Preußischen und Pommerschen Küste richten, sich dann nach der Südküste Bornholms und zurück nach Swinemünde wenden. Weiter geht die Fahrt um die Insel Rügen nach Darßerort und von dort nächst der Mecklenburgischen und Holsteinischen Küste nach Kiel zurück. Was die Aufgaben der Commission betrifft, so handelt es sich um Hebung der Seefischerei, indem der Küstenfischerei die Möglichkeit verschafft werden soll, ihren Betrieb in die offene See auszudehnen und damit ein größeres Revier zu beherrschen. Dazu bedarf es mancher Vorarbeiten, namentlich einer Untersuchung des Meeres zur Bestimmung geeigneter Fischgründe. Es sollen die Fischgründe aufgesucht werden, wo ein lohnender Fischfang vorzunehmen ist, um den Fischern zu zeigen, wohin sie sich zu wenden haben, wenn sie auf der hoher See fischen wollen; ferner wird zu Anschaffung besserer Fahrzeuge und Geräthe Anregung gegeben und durch Gründung von Fischereischulen dahin gewirkt werden, daß die Bewohner der Küsten mit den zu einem schwungvollen Betriebe der Seefischerei erforderlichen nautischen und ichthylogischen Kenntnissen ausgestattet werden.« 1872 war das Schiff erneut in dieser Mission unterwegs, dieses Mal allerdings in der Nordsee. Mit einer wissenschaftlichen »Commission zur Erforschung der Nordsee an Bord«, lief POMMERANIA am 18.8.1872 in Yarmouth ein und kehrte am 28. d. M. nach Wilhelmshaven zurück.[51]

Im Juni 1885 war der Aviso im Fischereischutz in der Nordsee im Einsatz: »Wilhelmshaven, 6. Juni. [...] Der Aviso ›Pommerania‹ ist bereits heute Morgen wieder nach Norderney in See gegangen. Der von demselben hier in Arrest abgelieferte Englische Fischkutter ›Scheme‹ aus Yarmouth ist heute Morgen wieder in Freiheit gesetzt und geht heute Nachmittag in See. Dem Fahrzeug sind sämmtliche Fischgeräthe abgenommen, während sich der Capitän desselben noch in Untersuchungshaft befindet.«[52]

Von 1886 bis 1888, fanden mit dem Aviso erneut Vermessungsfahrten statt, bei denen insgesamt 1.531 Quadratseemeilen aufgenommen wurden. Hierzu einige kurze Anmerkungen. Als 1871 nach Beendigung des deutsch-französischen Krieges der nun Kaiserlich Deutschen Marine die Aufgabe zur Neuvermessung der deutschen Küste übertragen wurde, waren dafür an deutschen Seekarten vorhanden: Preußens Seeatlas von 1841 mit Karten vom Darß bis Memel und für die Nordsee 7 Karten von der Deutschen Bucht, aufgenommen von 1867 bis 1869, ferner 4 Kartenblätter von Amelung bis zur Elbe, aufgenommen von 1859 bis 1863, von der westlichen Ostsee waren nur dänische Karten vorhanden. Die 1872 in Angriff genommenen Aufgaben, zu denen auch die erwähnte Nordseereise der POMMERANIA gehört, sollten zunächst eine Lücke schließen und wurden bis 1879 mit einem, in 3 Jahren sogar mit 3 Fahrzeugen ausgeführt. In der Nordsee begannen die Neuvermessungen 1876 und waren 1884 beendet. Daneben wurden namentlich 1881 bis 1889 physikalische Untersuchungen des Meerwassers und des Meeresbodens sowie der Strömungen angestellt und einige Lotungslinien durch die Nordsee gelegt. Inzwischen waren die Anforderungen der Marine bezüglich der bisher zur Verfügung stehenden Karten größer geworden. Bei Manövern mit den flachgehenden Panzerkanonenbooten und Torpedobooten hatte sich herausgestellt, dass die Kommandanten außerhalb der bekannten Fahrwasser auf Lotsenhilfe angewiesen waren. Die Karten für diese Gebiete waren auf alten topografischen Grundlagen erstellt, die sich inzwischen stark verändert hatten. 1884 wurden daher Grundsätze für die Revisions- und Neuvermessungen aufgestellt, nach denen die nautischen Vermessungen im Auftrag des »Nautischen Departement« im RMA durchgeführt wurden. In der Ostsee begann man mit der Neuvermessung der östlichen Teile und beschränkte die Revisionsarbeiten, sodass das Gebiet dort nur etwa alle 8 bis 10 Jahre neu aufzunehmen war. In der Nordsee, deren engere Fahrwasser an den Küsten dauernden Änderungen unterworfen sind, begann man mit jährlichen Neu- und Revisionsvermessungen. Hierzu eingesetzt waren neben POMMERANIA die für diesen Sonderzweck hergerichteten Kriegsschiffe DRACHE, GRILLE, NAUTILUS, ALBATROS, HYÄNE und MÖVE; später der ab 1902 gecharterte Handelsdampfer NATIONAL sowie die ab 1888 gebauten Peilboote Nr. 1 bis Nr 7. Letztere waren kleine, mit Wohnraum für 13 Mann eingerichtete Fahrzeuge für die Küstenvermessung, die von den 1893 geschaffenen Küstenbezirksämtern geleitet wurde.

Da im Fischereischutz neben dem Aviso POMMERANIA auch die ebenfalls vom Vulcan gebaute Korvette OLGA eingesetzt wurde, sollen zu diesem Thema ebenfalls einige Erläuterungen folgen. Im 19. Jh. begann Anfang der 80er Jahre eine Hebung der Hochseefischerei, da man erkannt hatte, dass der nahrhafte Seefisch ein vorzüglicher und billiger Ersatz für das teure Fleisch war. Auch wurde sehr bald gesehen, dass eine zahlreiche Fischereiflotte neben dem bald eintretenden volkswirtschaftlichen Nutzen auch für die immer größer werdende Marine von Wert sein würde. Diese sah in den Fischern, die im dauernden Kampf mit den Elementen standen, den besten Mannschaftsersatz. Welch großes Gewicht schon damals auf den Schutz der Hochseefischerei gelegt wurde, beweist die bereits 1881 erfolgte Indienststellung SMS DELPHIN als erstes deutsches Schiff für den Fischereischutz. Bis dahin waren die Fischer auf hoher See gegenseitiger Willkür, die oft an Seeräuberei grenzte, ausgesetzt. Im selben Jahr fand die polizeiliche Regelung der Hochseefischerei in der Nordsee außerhalb der Küstengewässer in einem internationalen Vertrag ihre Grundlage [Reichsgesetzbl. Nr. 11 f. 1884 S. 25 u. f.]. Unterzeichnerstaaten waren: Deutschland, England, Belgien, Dänemark, Frankreich und die Niederlande. Bis 1897 waren DRACHE, CYKLOP, BREMSE, BRUMMER, HAY, METEOR und POMMERANIA im Fischereischutz eingesetzt. 1898 stellte die ältere Fregatte OLGA als Fischereikreuzer in Dienst. Das Schiff erhielt Anweisung, in der Nordsee nach neuen Fischgründen zu suchen und die bisher bekannten zu erweitern. Auch wurde Material gesammelt für die mit Hilfe des Deutschen Seefischereivereins von der Nautischen Abteilung herausgegebenen Fischereikarte, erschienen 1898. Hierzu wurden die Reisen bis nach den Bäreninseln, Spitzbergen und Island ausgedehnt. Da es sich bereits 1899 erwiesen hatte, dass ein Fischereikreuzer nicht ausreicht, wurde von nun an für die 3 Hauptmonate des Heringsfangs, Juli bis September, ein zweites Fahrzeug in Dienst gehalten.

Ständiger Fischereikreuzer seit 1899 war SMS ZIETEN. Zeitweise kamen BLITZ, PFEIL und JAGD, bei Bedarf noch BREMSE, hinzu. Seit 1902 wurden außerdem noch einzelne Torpedoboote eingesetzt. Ab 1907 war der Fischereischutz in der Weise organisiert, daß ZIETEN 9 Monate im Jahr die volle Besatzung behielt, während der Hauptfangzeit 1 Torpedodivisionsboot als zweiter Fischereikreuzer 3 Monate Dienst tat und außerdem 2 kleine Torpedoboote je 8 Monate in Dienst blieben. Der Fischereikreuzer stand in dauernder enger Verbindung mit den Fischereikreisen und trug in jeder Weise zur Hebung des Fischereigewerbes bei. Einem besonders ausgewählten Offizier des Schiffes waren die Fischereiangelegenheiten übertragen, er war Leiter einer Fischereischule an Bord, in welcher die hauptsächlich aus Hochseefischern bestehende Besatzung in Navigation und Fischereiangelegenheiten weitergebildet wurde. Auf See übermittelte der Kreuzer den Fahrzeugen Wetter- und Sturmsignale, gewährter ärztliche Hilfe und half, wenn nötig, mit Personal aus, besonders für die Maschine. Der bis 1911 nur in der Nordsee ausgeübte Schutz wurde im Sommer dieses Jahres auch auf die Ostsee ausgedehnt. Auf Wunsch der preußischen Regierung waren Torpedoboote zur Unterstützung der preußischen Aufsichtsbehörde in den Gewässern an Schleswig-Holsteins Ostseeküste hinzugezogen worden. Sie sollten das dort nicht erlaubte Fischen mit Schleppnetzen durch pommersche und Mecklenburger Fischer unterbinden.[53]

Die Korvette HANSA erhält die Maschine, den eisernen Oberbau und die Panzerung beim Vulcan

Zunächst erhielt der Vulcan 1869 – vermutlich im März – nur den Auftrag zum Bau der Maschinenanlage, für das erste im Inland zu bauende Panzerschiff für die Norddeutsche Bundesmarine, deren Preis mit 240.000 Reichstalern angegeben wird. Der hölzerne Rumpf war nach englischem Vorbild in Danzig gebaut worden. Zu einem späteren Zeitpunkt kam die Fertigung des eisernen Oberbaus und das Anbringen der aus England bezogenen Panzerung hinzu, da die Danziger Marinewerft nur Holzbauten ausführen konnte. Hierzu traf der Schiffsrumpf, geschleppt vom Bugsierdampfer BOREAS, am 22.3.1872 bei der Werft ein, »um […] im Bau vollendet, gepanzert und mit Maschinen versehen zu werden.«[54]

Die Panzerplatten und Bolzen wurden noch aus Sheffield bezogen, die Arbeiten des Anpassens, des Fertigbiegens mittels einer hierzu angeschafften

Panzerplatten-Biegemaschine, des Bohrens, Kantenschneidens und die Befestigung wurden zwar erstmals beim Vulcan, aber dennoch fehlerfrei ausgeführt. Zumindest ist in dieser Hinsicht keinerlei Kritik bekannt geworden. Die komplett vom Vulcan gefertigte Maschinenanlage hatte 3 horizontale Dampfzylinder von 73 Zoll Durchmesser, 39 Zoll Hub mit angegossenen Dampfmänteln, 31 Zoll Durchmesser der Trunks, 2 je nach Bedarf auch als Einspritzkondensatoren zu benutzende Röhrenoberflächen-Kondensatoren mit je einer Luftpumpe sowie 2 Speise- und 2 Lenzpumpen. Zur Herstellung der Kühlwasserzirkulation für die Oberflächenkondensatoren dienten 2 Zentrifugalpumpen, die von 2 kleinen gekuppelten Dampfmaschinen angetrieben wurden. Die 3 Schiffsmaschinen konnten einzeln außer Betrieb gesetzt werden. Die Dampfpumpe, die das erforderliche Speisewasser aus der See in die Kessel beförderte, war auch als Feuerspritze einsetzbar. Die Dampfkessel waren Röhrenkessel mit einem Dampfüberdruck von 2 Atmosphären. Die 4 Kessel mit 16 Feuerungen waren sowohl gemeinsam wie getrennt benutzbar und arbeiteten mit überhitztem wie gesättigtem Dampf, die Überhitzungsapparate konnten der Einwirkung der Heizgase entzogen werden. Die Maschinenleistung betrug 3.275 PSi [gemessen nach der am 1.8.1872 offiziell eingeführten Maßeinheit »indizierte Pferdekraft« PSi], mit der eine Geschwindigkeit von 12 kn erreicht wurde. Die aus Bronze gefertigte dreiflügelige Schraube hatte einen Durchmesser von 17 Fuss [6 m], auch das Wellenrohr war aus Bronze, die Schraubenwelle mit Bronze verkleidet. Das Gesamtgewicht der kompletten Maschinenanlage sollte lt. Ausschreibung 9.200 Zentner nicht übersteigen.[55] Als Panzerkorvette am 26.10.1872 in Dienst gestellt, war das Schiff bis Mai 1875 im Auslandsdienst eingesetzt. Es wurde 1880 als Wachtschiff Kiel geführt, am 6.9.1888 aus der Liste der Kriegsschiffe gestrichen und diente nunmehr als Hulk für die Heizerausbildung, wurde 1906 für 96.000 M. verkauft und in Swinemünde abgebrochen.[56]

Auf der am 22.9.1873 stattgefundenen außerordentlichen Generalversammlung kam auch der Kriegsschiffbau zur Sprache. Geheimrat Brumm teilte den anwesenden 38 Aktionären – sie vertraten 315 Stimmen – hierzu mit: »Die Übernahme von Panzerungs-Arbeiten für die Kaiserliche Marine war durch mehrfache Erwägungen geboten; es ist für die Zukunft des Instituts von größter Wichtigkeit, daß der in raschem Aufschwunge begriffenen Marine Seitens des Vulcan die nützlichsten Dienste geleistet werden. Um so sicherer ist zu hoffen, daß die Marine-Behörde bei fernerer Vergebung von Arbeiten den Vulcan vorzugsweise berücksichtigen werde. Zunächst ist die Panzerung der in Danzig erbauten Panzer-Corvette HANSA in Arbeit genommen; die Übertragung mehrerer anderer Panzerungen stehe in gewisser Aussicht. Hierdurch sind mehrfache Neuanschaffungen u.s.w. bedingt.« Der Geheimrat erwähnte dann einen Grundstückskauf, der mit 55.000 Reichstaler »nicht gerade billig«, aber zur Verlängerung der Wasserfront erforderlich war und die zur Panzerung von Schiffen für 68.000 Taler anzuschaffenden Maschinen. »Außerdem würden zu verbesserten Einrichtungen am Wasser behufs Entladens usw. von Schiffen, sowie zu billigerem Transport der Materialien innerhalb des Etablissements Krähne und eine schmalspurige Locomotivbahn mit einem Aufwande von 15.000 Thaler zu beschaffen sein.« Als Ersatz für die abgebrannte Werfttischlerei sollte ein neues Gebäude auf der neu erworbenen Parzelle errichtet werden, wofür einschließlich der maschinellen Einrichtung 28.000 Taler vorgesehen waren sowie weitere 38.000 Taler für die Beschaffung einer bisher nicht vorhandenen Werkstatt

Das Anbringen einer 400 Zentner schweren Panzerplatte
[aus: Das Buch der Erfindungen u. Industrien, Leipzig 1892]

für Holzbearbeitung, ebenfalls einschließlich der nötigen Maschinen, treibende Kraft usw. Dann beantragte der Verwaltungsrat die Genehmigung zur Vornahme von Neubauten und Anschaffung der Maschinen, Werkzeuge und Utensilien für 324.000 Taler. Ein Teil dieser Summe sei durch die Brandentschädigung gedeckt. »Auch sei zu hoffen, daß die Erträgnisse der Geschäftsjahre 1873–1874 es zulassen werden, daß bei den nächsten Abschlüssen, wie in früheren Jahren, ein ansehnlicher Theil der Neuaufwendungen durch reichliche Abschreibungen auf die älteren Objecte bilancirt werde. [...] Auch habe man die Hoffnung, daß aus dem Zuwachs in den der Gesellschaft gestellten Aufgaben – durch die Panzerung – der Ertrag [...] einer annehmbaren Vermehrung entgegengehe.« Nach weiteren positiven Schilderungen des Geschäftsganges, u.a. mit dem Hinweis auf das Panzerschiff »Borussia« [PREUSSEN (1)] genehmigten die Aktionäre einstimmig die beantragten Ausgaben.[57]

HANSA war das erste für die deutsche Marine auf einer deutschen Werft gebaute Panzerschiff und für den Auslandsdienst vorgesehen. Die Konstruktion stammte noch aus einer Zeit, in der man mit größerem Erfolg als ungepanzerte Schiffe gegen feindliche Landbefestigungen oder die schwachen Panzerschiffe der überseeischen Staaten vorgehen wollte. Diesem Verwendungszweck entsprechend, wurden die Pläne von der Admiralität geschaffen und der Bau auf der Danziger Werft angeordnet. Das Unterschiff in Krawelbauweise aus Holz war gekupfert, die ungepanzerten Teile des Oberschiffes zwecks Gewichtsverringerung und zur größeren Sicherheit gegen In-Brand-Schießen aus Eisen. Das Breitseit-Panzerschiff hatte in der ganzen Schiffslänge einen in der Wasserlinie angebrachten Panzergürtel aus Schmiedeeisen auf Teakholz und eine gepanzerte Kasematte für die Geschütze in 2 Decks. Der Vordersteven war als Ramme entsprechend geformt und mit einem unterhalb des Panzers angebrachten Sporn aus Bronze versehen. Die Maschine war eine liegende, 3-Zylinder einfach wirkende Expansionsmaschine mit 3.275 PSi, die auf eine dreiflügelige Schraube mit einem Durchmesser von 6 m wirkte. Die 4 Kofferkessel mit 1.085 Quadratmetern Heizfläche, hatten 16 Feuer und 2 atü Dampfdruck, Maschinen- und Kesselanlage befanden sich in je einem Raum, der Schornstein war versenkbar [62] Die vom Vulcan durchzuführenden Arbeiten waren im Dezember 1874 abgeschlossen, sodass die Fregatte am 31.12.1874 von Swinemünde zur ersten Fahrt nach Kiel in See gehen konnte, wo das Schiff zur endgültigen Fertigstellung am 21.2.1875 in das Dock ging.[58] Nach dem Einsatz im Ausland, als Wachtschiff Kiel sowie Maschinisten- u. Heizerschulschiff, erfolgte am 6.9.1888 die Ausmusterung. Danach als Kasernenschiff Kiel und 1905 als Hulk für Heizerausbildung aufgebraucht, wurde der Veteran im März 1906 für 96.000 Mk. zum Abbruch nach Swinemünde verkauft.[59]

Mit dem Panzerturmschiff PREUSSEN [1] beginnt der dritte Geschäftsbereich

»Stettin, 21. Januar [1870]. Die Weser-Zeitung schreibt: Auf Grund der unzweifelhaften Superiorität des Thurmsystems über das Breitseitesystem im Unterhalten eines ununterbrochenen Feuers selbst bei mäßgem Seegang hat die Englische Admiralität den Bau einer ganzen Reihe von Schiffen nach dem Muster des ›Monarch‹ beschlossen. Die Norddeutsche Marineverwaltung hat sich diesem Beispiel angeschlossen und den Bau dreier Thurmschiffe dieser Art in Aussicht genommen. Der Bau zweier Schiffe ist bereits durch Königl. Ordre befohlen; ›König Friedrich der Große‹ soll in Kiel gebaut und anstatt des an der Jade zu erbauenden Breitseitschiffes ›Großer Kurfürst soll ebenfalls ein Thurmschiff gebaut werden. Über den Bau eines dritten [PREUSSEN] Verhandlungen mit [...] ›Vulcan‹ in Stettin.«[60]

Eine wesentlich frühere Information über die Verhandlungen zum Bau der PREUSSEN [1] enthält der Geschäftsbericht für das Jahr 1867, vorgetragen von Kommerzienrat Brumm auf der ordentlichen Generalversammlung am 27.4.1868. Es heißt dort: »Wegen des Baues eines großen Marinedampfers von 900 Pferdestärken sind die Verhandlungen noch in dem ersten Stadium.«[61]

Diese waren im Juli desselben Jahres wieder abgebrochen worden, weil zu diesem Zeitpunkt die erforderlichen technischen Einrichtungen zum Bau eines so großen und schweren Schiffes noch nicht vorhanden waren. In der Schrift Schiffbau No.17., Seite 726, 14.6.1905, ist eine andere Begründung zum Verhandlungsabbruch nachzulesen: »Von einem Auftrag an deutsche Privatunternehmen mußte damals noch abgesehen werden, da ein großer Teil derselben noch immer nicht über den Bau von Holzschiffen hinausgekommen war und der Eisenschiffbau zwar Fortschritte gemacht, aber noch nicht diejenige Stufe der Leistungsfähigkeit erreicht hatte, die für die Ausführung eines dampfgetriebenen Panzerschiffes, des Kriegsschiffes der Zukunft, erforderlich war.« Und als Fußnote wird angeführt: »Nur hieraus erklärt sich der Umstand, daß die Seitens des Marineministeriums mit dem Vulcan im April 1868 wegen des Baues einer Panzerfregatte angeknüpften Verhandlungen im Juli desselben Jahres wieder abgebrochen wurden.«

Die »Allerhöchste« Anordnung zum Bau des Schiffes erfolgte am 11.6.1870.[62] Wenige Tage später erfuhren die Leser der Ostsee-Zeitung einige Einzelheiten zum Bau des Panzerschiffes: »Stettin, 23. Juni [1870]. Die seit längerem schwebenden Verhandlungen zwischen der hiesigen Machinenbauanstalt ›Vulcan‹ und dem Marine-Ministerium über den Bau einer Panzerfregatte sind, wie die ›N. Stett. Ztg.‹ hört, soweit vorgeschritten, daß der Contract binnen Kurzem abgeschlossen werden wird. Die Fregatte mit zwei drehbaren Thürmen zu sechs Geschützen soll Maschinen von 900 Pferdekraft erhalten und 1,4 Mill. Taler kosten, 24 Fuß tief gehen [...] und die Panzerung des zu geringen Tiefganges unseres Fahrwassers wegen erst in Kiel vollständig ausgeführt werden.«[63]

Über die Unterzeichnung des Bauvertrages wurden die Aktionäre des Unternehmens offiziell anläßlich der ordentlichen Generalversammlung am 2.5.1872 unterrichtet. »[...] es ist dem Etablissement [...] gegen den Herbst der Bau des Panzerschiffes ›Borussia‹ für die Deutsche Reichsmarine übertragen worden, wofür eine Bauzeit von 2½ Jahren in Aussicht genommen.«[64] Genauer gesagt fand die Inbaugabe bereits am 9.8.1871 statt, dieses Datum wird gleichzeitig auch als Baubeginn angegeben.[65] Die erforderlichen Ausgaben für Baumaßnahmen, neue Maschinen usw. hatte eine außerordentliche Generalversammlung am 29.7.1871 genehmigt. In der Ankündigung der Versammlung, wird der Wert des Panzerschiffes mit »ca. 1,3 Mill. Reichsthaler« beziffert.[66] An den vorangegangenen Verhandlungen mit der Admiralität in Berlin hatte seitens des Vulcan auch der spätere Gründer der bekannten Papenburger Meyer-Werft, Joseph Lambert Meyer, mehrere Male teilgenommen, auch am Bau hat er mitgearbeitet. M. war nach seiner Lehrzeit als Schiffbauer auf der väterlichen Werft in Papenburg, einem längeren Aufenthalt in den USA und dem Abschluss der Ausbildung zum Schiffbaumeister an der Schiffbauschule [Stettin-] Grabow, beim Vulcan eingetreten. 1872 gründete er eine Eisenschiffswerft und Maschinenfabrik in Papenburg. Die ersten Meister und Facharbeiter brachte er von Stettin mit, da man in Papenburg keine im Eisenschiffbau erfahrene Schiffbauer hatte.[67]

Die lange Dauer der Verhandlungen hatte ihre Ursache nicht nur in den erst noch zu schaffenden technischen Voraussetzungen und der Kriegszeit 1870/71. Eine Rolle spielte auch, dass die »Admiralität im Ganzen dem Experiment nicht geneigt war. Es wurde dem Vulcan bedeutet, er habe nicht etwa noch weitere Aufträge zu erwarten, er solle lieber von der Übernahme dieses Auftrages absehen. Es war der damalige Direktor Haack, der es bei der Leitung durchsetzte, daß trotzdem der Auftrag übernommen wurde. Sein Befürworter ist wahrscheinlich Koch [August, Geheimer Admiralitätsrat] gewesen, denn dieser war auch später unter Stosch der alleinige und beste Freund des Vulcan in der Admiralität.«[68] Schließlich galten damals allgemein England und vielleicht noch Frankreich als die einzigen Länder, welche solche Kriegsschiffe bauen konnten. Wie schwerwiegend die Bedenken waren, ist auch daran erkennbar, dass es erst der gewichtigen Fürsprache des Kronprinzen gelang, die letzten Schwierigkeiten aus dem Weg zu räumen.[69]

Auch ein Teil der Presse war in diesem Zusammenhang gegen das Marineministerium und den Vulcan eingestellt. Hierzu schreibt die Ostsee-Zeitung u.a.: »Mehrere Deutsche Zeitungen ergehen sich in Angriffen gegen das Marine-Ministerium«, weil es nicht den [...] vom Reichstag genehmigten Plan, [...] unsere Flotte binnen zehnjähriger Frist auf eine bestimmte Höhe zu bringen, in energischer Weise ausgeführt habe, [...] weil es im Inlande Schiffe bauet und weil es nicht aus Seeleuten bestehe.« Die A.A.Z, wird dann in einer längeren Passage zitiert, in

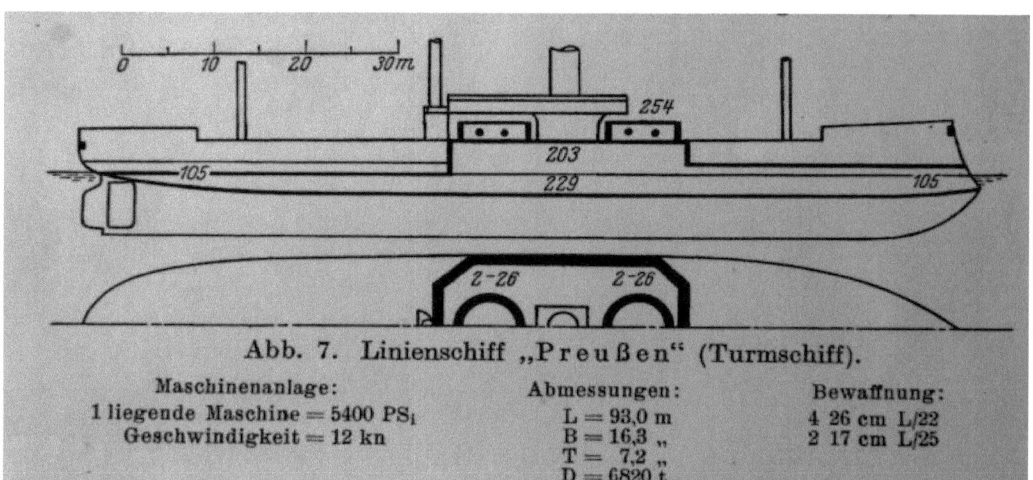

Panzerturmschiff PREUSSEN [1] [aus: 50 Jahre Schiffbau 1857–1907 [...] Jubiläumsschrift des Vulcan]

der neben dem noch nicht ganz ausgebauten Kriegshafen Wilhelmshaven der Vulcan mit dem Folgenden Erwähnung findet: »Die Stettiner Schiff- und Maschinenbaugesellschaft Vulcan [...] hat bisher immer nur kleine Dampfschiffe bis zu 200 Pferdekraft gebaut, mit Ausnahme eines einzelnen größeren Experiments, das aber mißglückte. Mit welchem Vertrauen kann man sie denn nun die ›Borussia‹ von 900 Pferdekraft bauen sehen, da auf See und vollends im Kampfe von der Zuverlässigkeit der Maschinen geradezu alles abhängt?« Man schreibt dann von dem ›eingerissenen Schlendrian‹, ohne den auswärtige Werften ausgiebig genutzt worden wären. Auch die Industrie findet Erwähnung: »[...] denn wenn auch im Reichstage der brave alte Vertreter der Rheinisch-Westphälischen Eisenindustrie darüber jammern möchte, so würde doch die patriotische Mehrheit sicher das Heil der Flotte, als einen der Pfeiler, auf welchem die nationale Sicherheit ruht, höher stellen als unbegründete Ansprüche einer sich selbst überschätzenden Industrie.«

Bezüglich der Kritik am Vulcan lautete die Antwort der Ostsee-Zeitung: »Ob der Vulcan im Stande sein wird, ein ebenso gutes Schiff zu liefern wie das Ausland, muß die A.A.Z. abwarten; wenn er bisher auch nicht so große Schiffe gebaut hat, als die jetzt in Auftrag gegebene ›Borussia‹, so wissen wir doch, daß er bisher gute Schiffe baute, und wir wüßten nicht, auf welche Weise es ihr möglich sein könnte, den Beweis zu liefern, daß er auch große Schiffe bauen kann, als dadurch daß ihm ein solcher Bau anvertraut wird. Von dem mißlungenen größeren Experiment ist hier nichts bekannt, es scheint nur in der Phantasie der A.A.Z. zu existiren. [...]« Soweit einige kurze Auszüge aus einem längeren Beitrag, der recht anschaulich die damalige Lage des Marinebaues schildert, wie er sich den Zeitungen und damit der Öffentlichkeit darstellte.[70]

Linienschiff PREUSSEN [1]
Turmschiff
[aus: Leitfaden f. d. Unterricht a.D. Marineschule, H. Evers, Berlin 1931]

Der eiserne Hintersteven für PREUSSEN [1] mit einem Gewicht von 600 Zentnern, war im Juni 1873 von England per Segelschiff zum Vulcan unterwegs. Um dieses Riesenteil an Bord nehmen zu können, musste das Deck aufgeschnitten werden, was beim Entladen nochmals geschah. Weiter wird mitgeteilt, dass dieses Schiff schon einige Mal in ähnlicher Weise solch kolossale Teile nach Wilhelmshaven transportierte.[71]

Technische und sonstige Angaben über das Schiff trug Schiffbaumeister Haack in einem Vortrag im Pommerschen Bezirksverein des VDI vor: »Die Inbaugabe erfolgte im Juni 1871. Es ist fünfmal so groß an Tonnengehalt wie das größte bis dahin von der Gesellschaft gebaute Schiff und musste deshalb eine neue Helling, die das enorme Gewicht tragen konnte und zugleich auf ein günstiges Ablaufen [...] konstruiert war, sowie eine neue Werkstelle für den Schiffbau mit den nötigen Glühöfen und Werkzeugmaschinen angelegt werden. Ferner konnte wegen der geringen Wassertiefe der Oder die Panzerung [...] in Stettin nicht übernommen werden, so daß das Schiff, wenn es von der Werft [...] nach Swinemünde gebracht wird, nur einen Tiefgang von 15 Fuß hat, wobei die Überführung möglich ist. Neuerdings ist dem Vulcan auch die Panzerung, welche früher in Kiel beabsichtigt war, übertragen und wird sie teils hier, teils in Swinemünde übernommen werden, je nach dem die Wassertiefe der Oder es gestattet. Zur Biegung der Panzerplatten wird eine Panzerplattenbiegemaschine aufgestellt, welche am Donnerstag [22.11.1873] mit dem Dampfer SAXON von London angekommen ist, (sie ist auf 64.000 Zentner Druck probirt. D. Red.) Die Konstruktions- und Einrichtungszeichnungen sowie die Bauvorschriften [...] sind von der Königl. Admiralität [dem Dezernenten für Schiffbau Elbertzhagen] [...] entworfen. Die 3 Schiffe [neben PREUSSEN, GROSSER KURFÜRST in Wilhelmshaven und FRIEDRICH DER GROSSE in Kiel] sind nach demselben Muster gebaut, was die Ausbildung der Besatzungen sehr erleichtert.

Das Panzerturmschiff hat zwischen den Perpendikeln eine Länge von 298 Fuß 2 Zoll, größte Länge 309 Fuß, bei 52 Fuß Breite und 34¼ Fuß Tiefe vom Oberdeck bis zum Kiel. Vollständig ausgerüstet und armiert beträgt das Gewicht 6.663 Tonnen oder 133.260 Zentner. Der Tiefgang im seefertigen Zustand ist auf 23 Fuß im Mittel festgestellt. In der Mitte umschließt eine gepanzerte Kasematte die beiden Türme, welche 6 Fuß über dem Oberdeck vorstehen werden. Die Kasematte ist durch gepanzerte Querwände von dem vorderen und dem hinteren Schiffsteil getrennt, welche beide nur zwischen Wind und Wasser durch Panzergürtel, der von 6 Fuß unter Wasser bis zum Batteriedeck reicht, geschützt ist.

Das Deck wird mit Ausnahme einer leichten Plattform zwischen dem Turm zur Aufnahme des Kartenhauses, eines Steuerrades und als Kommandobrücke dienend, sowie einer erhöhten Back in welcher ein Geschütz aufgestellt wird, ganz glatt, um den Geschützen im Turm einen möglichst großen zu bestreichenden Raum zu lassen. Das leichte Schanzkleid [...] wird bis auf kurze Stücke vorn und hinten, zum Herunterklappen nach außenbords eingerichtet, [...] (damit die nur 0,50 Meter über Deck ragenden Geschützrohre freies Schussfeld haben). Die Türme werden [...] entweder durch eigene Dampfmaschinen die im Zwischendeck liegen oder durch Handbetrieb gedreht. Die hinter und vor dem Kesselraum befindlichen Pulver- und Granatenkammer, können [...] unter Wasser gesetzt werden ohne die [...] Munition unbrauchbar zu machen. Der innere Raum ist in viele [zwölf] kleine wasserdichte Abteilungen eingeteilt [...].

Die Steinhauser Hütte, welche für die 3 Panzerschiffe das sämtliche Winkeleisen liefert, hat mit gutem Erfolg die Bedingungen erfüllt, obgleich die Profile und Längendimensionen vielfach ganz ungewöhnlich sind. Nach dem Wunsch der Admiralität sind die Materialien zum Bau möglichst aus dem Inland bezogen, die meisten Platten lieferte die Dillinger Hütte, das Balkeneisen die Barbecker Hütte. Die Vorder- und Hintersteven für die drei Schiffe mußten aber bei dem großen Gewicht und der eigentümlichen Form der Schmiedestücke den Thames Iron & Ship Building Works in London übertragen werden. Der Vordersteven mit dem Sporn in zwei Stücken, die durch ein Lasch verbunden werden, wiegt 360, der Hintersteven 600 Zentner. Unter den Panzerplatten befindet sich eine Unterlage aus Teakholz von 10 Zoll Dicke und stärker, je nach der Dicke der Panzerplatten. Diese werden im Bereich der Wasserlinie 9 Zoll, darunter 7 Zoll und über Wasser 8 Zoll stark, die nach hinten und vorne bis 4 Zoll abnehmen. Die Panzerplatten der Türme sind 8 Zoll, an den Stellen, wo Geschützpforten durchgehen, 10 Zoll stark.

Die ›Borussia‹ erhält die Takelage einer vollgetakelten Fregatte. An Rohmaterialien kommen für den Schiffskörper, die Masten und Platten zur Verwendung: 27.500 Zentner Platten, 12.000 Zentner Winkel- und Faconeisen, 6.600 Zentner Stabeisen und große Schmiedestücke, 2.300 Zentner Nieteisen, 2.000 Zentner Gußeisen. An Teakholz werden 27.000 Kubikfuß verbraucht.« Diesen Mitteilungen fügte die Redaktion der Ostsee-Zeitung weitere Angaben hinzu: »Die Dampfmaschinen [...] sind 3 Zylinder-Expansionsmaschinen nach den neuesten Verbesserungen konstruiert, von 5.400 Pferdekräften mit 6 Kesseln von je 5 Feuerungen. Die Steuerung des Schiffes und die Umsteuerung der Maschinen erfolgt

Fahrt zum Stapelablauf
der „Borussia“
[7853]
per Dampfer „Neuwarp“
Abfahrt präcise 2 Uhr Mittags von der Steuercontrole am Unterbaum. Entré à Person 10 Sgr.

Inserat in der Ostsee-Ztg., datiert: 11. Nov. 1873

durch besondere Dampfmaschinen. Für die Grundierungsarbeiten wurden bisher 200 Zentner Farbe verbraucht, mindesten ebensoviel werden noch gebraucht. Das Ablaufen erfordert besondere Vorrichtungen, weil die Oder vor dem Vulcan mit 450 Fuß nur wenig breiter als das Schiff lang ist. Deshalb ist vor dem Schiff eine unter dem Niveau des Stromes liegende Vorhelling von 100 Fuß Länge gebaut, welche am Ufer durch ein Schwimmtor [Caisson] geschlossen ist. Kurz vor dem Ablauf wird das Wasser durch eine Toröffnung eingelassen, sodass das Schiff bevor es noch in die Oder kommt, ins Wasser gelangt und so der Vorstoß des 60.000 Zentner schweren Schiffskörpers erheblich abgeschwächt wird. Beim Ablauf geht das Schiff nicht auf dem Kiel, sondern auf 2 miteinander durch Taue verbundenen Schlitten, jeder von vier 14zölligen Balken zusammen gesetzt. Die Schlitten sind länger als sonst hier üblich, damit auch Vor- und Hinterteil des Schiffes getragen werden. Zum stoppen dienen 2 starke am Schiff befestigte Ketten. Diese sind auf der Werft an kielartigen nach vorn verzapften, zwischen je 2 14zölligen Balken eingeklemmten Balken befestigt. Beim Aufstoppen sind diese am Schiff befestigt. Die Ketten haben eine Länge, daß sie, nachdem das Schiff im Wasser ist, straff gezogen werden und die Keile allmählich durch die Einklemmungen ziehen, wodurch ein plötzliches Stoppen verhindert wird. Eine der Ketten, befestigt am Heck – zuerst ins Wasser gelangt – bewirkt zugleich die Drehung des Schiffes, durch ihre seitliche Befestigung auf der Werft.«[72]

Im Übrigen hatte der Konstrukteur bereits 1862 Gelegenheit gehabt, Erfahrungen im Bau und der Zweckmäßigkeit von Panzerschiffen im Ausland zu sammeln. Vermutlich im April dieses Jahres nämlich war eine Kommission, bestehend aus den Admiralitätsräten Schiffbaudirektor Elbertzhagen, Maschinenbaudirektor Croupet und dem Korvettenkapitän Henck, nach England gereist. Sie sollten sich, falls die gemachten Erfahrungen nicht ausreichen, auch nach Frankreich und Amerika begeben.[73] Die Beschaffung der ersten gepanzerten Schiffe im Ausland hatte durchaus auch vorteilhafte Folgen für den deutschen Schiffbau. So konnten die zur Bauaufsicht kommandierten Ingenieure und technischen Beamten die Arbeitsmethoden studieren und Werkzeuge, Maschinen sowie die Eigenschaften des neuen Materials kennen lernen. Damit wurden nicht nur Zeit und Geld ge-

Panzerturmschiff PREUSSEN [1] Oder aufwärts ankernd, im Hintergrund der Vulcan [aus: Vulcan Werke Hamburg u. Stettin AG, Deutsche Verlagsges.m.b.H, Berlin 1920]

spart, sondern in einem gewissen Umfang auch eigene Versuche unnötig.

Zur Vervollständigung der technischen Angaben nachfolgend weitere Details aus einer zeitgenössischen Veröffentlichung.[74] Die größte Breite wird angegeben mit 52 Fuß, die Tiefe von Unterkante Oberdeck bis Oberkante Vertikalkiel mit 30 Fuß 7½ Zoll und das Deplacement mit 213.600 Kubikfuß. »Die Türme stehen mit dem unteren Ende in einer gepanzerten Kasematte, die auf dem Batteriedeck ruht. Die Konstruktion der Spanten ist nach dem Longitudinal-System ausgeführt. Das Gewicht des Vorderstevens beträg 320 Zentner, der Hintersteven mit dem Rudersteven ist zu einem Rahmenstück zusammengeschweißt und wiegt 628 Zentner. Der ebenfalls aus Schmiedeeisen bestehende Ruderrahmen hat ein Gewicht von 109 Zentner.«

Während die Maschinenanlagen von GROSSER KURFÜRST und FRIEDRICH DER GROSSE nach Entwürfen von Carl Jüngermann – in den 1860er Jahren in England bei John Pen & Son und Humphrys & Kannel tätig – von der Märkisch-Schlesischen Maschinenbau AG vorm. Egells in Berlin geliefert wurden, baute für PREUSSEN [1] der Vulcan auch die Maschinenanlage, ausgelegt für eine Höchstgeschwindigkeit von 14 kn. »Die Schiffsmaschinen sind Trunk-Maschinen von mindestens 5.400 Indicator-Pferdekräfte, welche mit hoher Expansion arbeiten können, mit 3 horizontalen Dampfzylindern von 88 Zoll lichtem Durchmesser, 36 Zoll Durchmesser der Trunks, 44 Zoll Hub und 2, nach Erfordernis auch als Einspritzcondensatoren zu benutzenden Röhren-Oberflächen-Condensatoren mit je einer Luftpumpe, sowie je 2 Speise- und Lenz-Pumpen. Zur Herstellung der Kühlwasser-Circulation dienen zwei von 2 kleinen gekuppelten Dampfmaschinen getriebene Centrifugal-Pumpen. Die Schiffsmaschinen, deren Dampfzylinder sich auf der Backbordseite befinden, sind so eingerichtet, daß je nach Bedarf, jede für sich abgeschaltet und mit den beiden anderen weiter gearbeitet werden kann. Die Dampfzylinder nebst Böden und Deckeln sind mit Dampfmänteln versehen. Die doppelt wirkenden Luftpumpen, sowie die Speise- und Lenz-Pumpen werden direct von den Dampfkolben der beiden äusseren Cylindern betrieben. Die Kaltwasser-Circulations-Centrifugalpumpen liefern, von einer kleinen Betriebs-Dampfpumpe getrieben, das erforderliche Kühlwasser für die Oberflächen-Condensatoren bei vollem Gange der Maschinen. Der von den Dampfcylindern abgehende Dampf, geht durch die kupfernen Kühlröhren der Oberflächen-Condensatoren, deren Röhren eine Gesammt – Oberfläche von 12.100 II F. beträgt, und welche auch wie gewöhnliche Condensatoren benutzt werden können. 2 Dampfpumpen liefern jede für sich allein, das erforderliche Speisewasser in die Kessel und können auch als Feuerspritzen benutz werden. Im Uebrigen sind noch 10 kleinere Hülfs-Dampfmaschinen für Spezialzwecke aufzustellen.

Die Dampf-Kessel sind Röhrenkessel von 17' 4" Länge, oben 11' 9", unten 9' 9" Breite und 11' 8"

Höhe und haben jeder 5 Feuerungen. Die Feuerröhren sind von Messing mit 2½" engl. Durchmesser. Die Maschinen können sowohl mit überhitztem, wie mit gesättigtem oder gemischtem Dampf arbeiten. Die Propeller-Schraube ist linksgängig nach Griffith-System mit 4 eingesetzten Bronce-Flügeln von 21 Fuss Durchmesser. Das Wellenrohr geht durch den Hintersteven mit 28 Zoll Durchmesser, ist aus Bronce und die Schraubenwelle ist in demselben mit Bronce bekleidet. Das Gesammtgewicht der Maschine mit allem Zubehör, einschließlich Kesselwasser, wird 16.250 Centner nicht übersteigen.« Die ausführliche Beschreibung endet mit der Feststellung: »Deutschland besitzt nun eine Privat-Werft, welche die Concurrenz mit den Privat-Werften Englands zu bestehen vermag.«

Schiffbaumeister Haack war zum Festessen nicht eingeladen

Zur Taufe waren am 22.11.1873 um 2¼ Uhr nachmittags aus Berlin der Kronprinz und die Kronprinzessin nebst ihren Kindern, den Prinzen Friedrich Wilhelm und Heinrich, auf dem Hof des Vulcan eingetroffen, um dem Ablauf des Panzerschiffs mit der Bau-Nr. 66 beizuwohnen. Der Marineminister von Stosch begleitete nebst mehreren Offizieren der Marine und des Heeres die kronprinzlichen Herrschaften. Trotz des starken Schneegestöbers, welches heute früh begann und den ganzen Tag fortdauerte, war die Chaussee mit einer fast ununterbrochenen Wagenreihe bedeckt und Tausende waren zu Fuß hinaus gewandert, um den Stapellauf des größten Kriegsschiffes, welches bis jetzt auf deutschen Werften gebaut ist, zu sehen. Sie begrüßten die kronprinzlichen Herrschaften mit lautem Hurra und die beiden Militärkapellen, postiert in der Nähe des Eingangs des Vulcan, intonierten die Nationalhymne.

Die hohen Herrschaften nebst Gefolge begaben sich zu dem für sie errichteten Pavillon und um 2½ Uhr vollzog die Kronprinzessin die Taufe, indem sie von einer kleinen Tribüne aus eine Flasche Champagner gegen den Sporn der Panzerfregatte warf. Darauf wurden Keile unter den Schiffskörper getrieben, um ihn auf die mit Talg und Seife beschmierten Schlitten zu heben. 150 Arbeiter schlugen mit mächtigen eisernen Hämmern die Keile los und die kolossale, 60.000 Zentner schwere Last, hob sich alsbald sichtbar. Nachdem die Stützen entfernt waren, gab dem Programm gemäß genau 3 Uhr nachmittags Schiffbaumeister Haack den Befehl, das letzte Tau zu durchhauen und sofort setzte sich der Koloss in Bewegung. Unter den Jubelrufen von Tausenden eilte das Schiff erst langsam, dann immer schneller ins Wasser. Die Ketten zur Hemmung und zur Drehung bewährten sich vollständig, der Ablauf fand ohne Zwischenfall statt. Wenige Minuten nach 3 Uhr lag das Schiff längsseit vor der Werft. An Bord waren entgegen sonstiger Geflogenheiten keine Gäste, die Besatzung bestand nur aus 50 Mann, welche zum Ankerherablassen nötig waren.

Im Übrigen war das Schiff einige Tage zuvor von den Marineschiffbaumeistern aus Wilhelmshaven und weiteren Herren inspiziert worden, die ihre größte Hochachtung ausgesprochen hatten. Nach dem Stapellauf fand in einem entsprechend hergerichteten Raum auf dem Betriebsgelände ein Diner statt, zu dem 60 Personen eingeladen waren. Den Erbauer zum Festessen einzuladen war aber übersehen worden. Eine erst am Vormittag erfolgte verspätete Einladung nahm er nicht an und ebenso hatte er auch eine während der Feier an ihn und seine Gattin durch eine Karte des Geh. Kommerzienrat Brumm ergangene Aufforderung zurückgewiesen. Nach Beendigung seiner schweren Pflichten, bei denen ihm seit 8 Tagen aus Freundschaft der Stettiner Werftbesitzer Schiffbaumeister Nüske assistierte, hatte er sich in seine Wohnung zurückbegeben. Während der Tafel äußerte der Kronprinz den Wunsch, den Baumeister des Schiffes zu sprechen. Haack wurde davon in Kenntnis gesetzt und erschien nach einiger Zeit, um die Glückwünsche der Königlichen Hoheit entgegenzunehmen. Auch die Ostsee-Zeitung war nur beim Stapellauf, nicht aber beim Bankett vertreten. Die hierfür erforderliche Eintrittskarte war auf den Namen des Redakteurs Dr. Wolff ausgestellt, der aber wegen einer Erkrankung nicht teilnehmen konnte, und sein Vertreter erhielt keinen Einlass. Den über die Taufe erschienene Bericht[75] hatte man daher von der Oder-Zeitung übernommen. Allerdings wurden auch nicht die vergessen, die das Schiff mit ihrer Hände Arbeit gebaut haben: »[...] Auch sämtlichen Arbeitern und deren Frauen beabsichtigt man kalte Küche und Getränke zu verabreichen,« war der Ostsee-Zeitung am 15. Oktober d. J. zu entnehmen.[75]

Im Juli sah die Fregatte schon recht stattlich aus. Die beiden Drehtürme, jeder zur Aufnahme von zwei 26 cm Geschützen von Krupp bestimmt, waren nahezu fertig. Aus Stabilitätsgründen waren die Türme soweit versenkt, dass sich die Geschützrohre nur 12" über Deck befanden. Vorn und hinten war der hochbordige Schiffskörper durch eine Back und eine Kampanje erhöht, wo die mittlere Artillerie aus zwei 17 cm Geschützen und die leichte aus vier 8,7 cm Geschützen bestehend, stand. Die Kosten der Artillerieausrüstung werden im Jahrbuch der Marine für 1874 mit 216.320 Taler angegeben, während von den Gesamtbaukosten in Höhe von

General Albrecht von Stosch [aus: Geschichte der deutschen Marine, Frankfurt/M. 1936]

2.757.620 Taler als Restkosten 1.587.870 Taler verzeichnet sind.

»Auch die inneren Einrichtungen waren schon weit fortgeschritten, die Lazarette fertig und bei den Kajüten wurde letzte Hand angelegt. Die Masten, Rohre von bedeutendem Durchmesser, aus schmiedeeisernen Platten gewalzt und innen verstärkt, sahen gleichfalls ihrer baldigen Vollendung entgegen. Die 6 Dampfkessel standen fertig auf der Werft, um demnächst eingesetzt zu werden. Die mächtige Maschine wurde bereits montiert. Die sämtlichen aus Mahagoni gebauten eleganten Boote, darunter eine Dampfpinasse, welche bereits ihre Probefahrt gemacht hat, sind fertig. Da die Kaiserfahrt als Begradigung und Vertiefung des Schiffahrtsweges Stettin–Swinemünde gerade erst in Angriff genommen war, muß die Anbringung der Panzerplatten an dem schon seit längerem bestehenden Werftliegeplatz Osternothafen erfolgen.« Soweit der Bericht der Weser-Zeitung über einen Werftbesuch, veröffentlicht am 26.7.1874. Die Schiffsglocke mit der Nummer 735 und einem Gewicht von 65,5 kg hatte die Stettiner Glockengießerei Carl Voss & Sohn geliefert.

Nach der Ablieferung am 1.7.1876, erfolgte die Indienststellung des eisernen Einschraubenschiffes mit Vollschifftakelage am 7.5.1877. Die Besatzungsstärke wird bei Erich Gröner mit 46.454, später mit 34.509 Mann angegeben. Nach einer Anzahl von Auslandsfahrten wurde das Panzerturmschiff II. Ranges umgebaut, bzw. der Versuch unternommen, den Gefechtswert auf den Stand der damaligen Zeit zu bringen. Dazu wurden 10 Schnellladekanonen aufgestellt, 4 Torpedorohre eingebaut und Torpedonetze angebracht. Nachdem auch bei äußerster Kraftanstrengung nur 13 bis 14 Knoten erreicht werden konnten und der Gefechtswert nur noch minimal war, wurde PREUSSEN [1] Wachtschiff, war ab 16.11.1896 Hafenschiff in Wilhelmshaven und trug ab dem 12.11.1903 den Namen SATURN. Am 21.5.1906 aus der Liste der Kriegsschiffe gestrichen und 1907 Kohlenhulk [5.000 t] für Torpedoboote, erfolgte der Verkauf zum Abbruch in Wilhelmshaven am 27.6.1919. Die Galionsfigur erhielt das Armeemuseum Dresden, die Bugzier das Deutsche Museum München.[76]

General Albrecht von Stosch und sein Flottengründungsplan

Nach der Proklamation des deutschen Kaiserreiches am 18.1.1871 und der Eröffnung des Reichstages am 21. März d. J., erschien bereits am 20. April das vom 16. d. M. datierte Gesetz zur Verfassung des deutschen Reiches. Im hierin enthaltenen Abschnitt IX behandelt der Artikel 53 die Kriegsmarine: »Der zur Gründung und Erhaltung der Kriegsflotte und der damit zusammenhängenden Anstalten erforderliche Aufwand, wird aus der Reichskasse bestritten« heißt es hier u.a. Die nunmehrige Weiterentwicklung der Marine war bestimmt durch die steigenden Anforderungen, was zu einer neuen Kommandostruktur führte.

Die Grundlage der Reorganisation der oberen Marinebehörden war der Kabinettsbeschluß vom 15.6.1871. In dessen Ausführung wurde dass bisherige Marineoberkommando, als gesonderte Behörde aufgehoben und die Funktion des früheren Oberbefehlshabers und des Oberkommandos der Marine auf den Marineminister bzw. das Marineministerium übergeben. Damit hatte der Minister nunmehr die Geschäfte des Oberkommandos und der Verwaltung, nach Maßgabe einer vom Kaiser genehmigten Ausführungsbestimmung zu leiten. Das Regulativ bestimmte den Wirkungskreis des Generalinspekteurs und die Zusammensetzung eines zu schaffenden Admiralitätsrates. Dieser sollte aus erfahrenen Seeoffizieren, Beamten und Technikern bestehen und war vom Minister zur Lösung schwieriger Fragen zu berufen. Generalinspekteur wurde Admiral Prinz Adalbert, während die Geschäfte des stellvertretenden Marineministers vorübergehend Vizeadmiral Jachmann führte.

Eine Änderung erfolgte mit der Kabinettsorder vom 1.1.1872. Unter Beibehaltung der Anordnungen vom 15.6.1871, führte die Marinebehörde nunmehr den Namen »Kaiserliche Admiralität« und erhielt zum Vorstand einen Chef, der die Verwaltung unter der Verantwortlichkeit des Reichskanzler und den Oberbefehl nach den Anordnungen des Kaisers zu führen hatte. Gleichzeitig wurde durch Allerhöchsten Befehl der Kriegs- und Marineminister General der Infanterie Graf von Roon, auf sein Ersuchen von der Leitung des Marineministeriums entbunden. Generalleutnant Albrecht von Stosch, bisher zur Disposition des Kriegs- und Marineministers, wurde zum Chef der Admiralität ernannt. Seine Beförderung zum Admiral war am 22.9.1875 erfolgt. Die Vergabe von Marineaufträgen erfolgte auf der Grundlage eines Flottengründungsplanes mit einer bestimmten Laufzeit. In diesem waren u.a. die Gesammtzahl, die Art der Schiffe und deren jeweilige Anzahl festgelegt. Im November 1871, bei den Beratungen des Reichshaushaltsetats der Marine für 1872, hatte der Reichstag per Beschluß den Reichskanzler aufgefordert, ausführlich darzulegen, wie weit der 1867 vorgelegte Plan bereits ausgeführt und welche Mittel noch erforderlich sind. Eine daraufhin von General von Stosch ausgearbeitete Denkschrift, wurde dem Reichstag am 6.5.1872 durch den Reichskanzler vorgelegt. Nach entsprechenden Beratungen, beschloß der Bundesrat seine Zustimmung zu erteilen und genehmigte für den Zeitraum von 1873 bis 1882 Gesamtausgaben in Höhe von 72.812.500 Taler bzw. 212.437.55 Mk.[77]

Nach der Denkschrift reichten die 1867 bewilligten Mittel nicht mehr aus, um die damals gesteckten Ziele, Schutz und Verteidigung des Seehandels, Verteidigung der vaterländischen Küsten und Entwicklung des Offensivvermögens zu erreichen. Für die Nordsee verlangte von Stosch ein starkes Ausfallgeschwader, für die Verteidigung der Ostsee beschränkte er sich auf kleinere Schiffe. Danach sollte die Flotte in den nächsten 10 Jahren auf 8 Linienschiffe, 6 Panzerkorvetten, 2 Panzerbatterien, 7 Monitors, 20 Korvetten und eine größere Anzahl von Kanonenbooten, Avisos, Torpedofahrzeugen und Schulschiffen gebracht werden. Zum Vergleich betrug das Marinebudget Englands im Jahr 1872 ca. 63 Mill. Taler, Frankreichs ca. 39 Mill. Taler, Rußlands über 29 Mill. Taler, das Deutschlands dagegen lediglich etwa 9,422 Mill. Taler, in welches ein bedeutendes Extra-Ordinarium einbegriffen war, das bei Veranschlagung der übrigen nicht in Rechnung gezogen wurde. Das Programm – eine formelle Bindung des Reichstages hatte übrigens nicht stattgefunden – wurde im Großen und Ganzen in der vorgegebenen Zeitspanne durchgeführt, wobei auf die Monitors zugunsten der Kanonenboote der Wespeklasse verzichtet wurde.[78]

Der Vulcan hatte in dieser Zeit einschließlich der Torpedoboote, 23 Neubauten ausgeführt und blieb auch weiterhin das einzige deutsche Privatunternehmen zur Ausführung größerer Aufträge der deutschen Marine. Mit der Ablieferung der PREUßEN [1], als dem bisher größten auf einer deutschen Werft gebauten Kriegsschiff, hatte der Vulcan den Beweis erbracht, dass er als erste deutsche Privatwerft in der Lage war, erfolgreich in Konkurrenz zu den englischen Werften zu treten. Der durchaus als gewagt anzusehende Versuch der Marineverwaltung, einen solchen Bauauftrag einem Privatunternehmen zu geben, war gelungen und für die Marine damit der erste Schritt zur beabsichtigten Unabhängigkeit vom Ausland getan. Allerdings blieb das Unternehmen an der Oder auch deshalb für längere Zeit die einzige deutsche Privatwerft für den Bau von Panzerschiffen, weil die Entwicklung der übrigen deutschen Unternehmen nur langsam vorankam. Den Eigentümern mangelte es zumeist an ausreichendem Kapital, um die zum großen Teil nur handwerksmäßig eingerichteten Betriebe zu größeren industriellen Unternehmen umzugestalten. Hinzu kam, dass das deutsche Großkapital nur dann die nötige Unterstützung dieses neuen Industriezweiges zu gewähren bereit war, wenn seine Rentabilität völlig übersehen werden konnte; was Anfang der 70er Jahre aber noch nicht gegeben war. Im Übrigen konnte der deutsche Schiffbau nach der Resolution Graf Fred Frankenbergs [Reichstagsabgeordneter u. Mitbegründer der Deutschen Reichspartei] nur dann auf eine Übertragung von Kriegsschiffbauten rechnen, wenn seine Leistungen ebenso tüchtig und preiswert zu werden versprachen, wie die englischen.

Eine Konkurrenz mit dem Ausland schien damals jedoch ziemlich ausgeschlossen, weil bei der Verwendung des billigen englischen Materials für die deutschen Werften noch die erheblichen Transportkosten und der Eingangzoll zum Kaufpreis hinzukamen. Die Preise des deutschen Materials hingegen waren bedeutend höher als die des Auslandes und wurden durch die beträchtlichen Gütertarifsätze der Eisenbahn noch gesteigert. Diese Schwierigkeiten verringerten sich, als um 1873 die Fortschritte in der Technik des Schiffbaues und der Artillerie sowie der Wechsel der politischen Verhältnisse die Aufstellung eines neuen, größeren Flottenprogramms veranlassten. Da der erforderliche Schiffsbedarf nunmehr auf 10 Jahre festgelegt war, musste dies für die deutsche Industrie zu einem neuen Ansporn werden, zumal die amtliche Denkschrift vom 21.4.1873 den ausdrücklichen Hinweis enthielt, »daß der Bau der noch fehlenden Schiffe ausschließlich im Inlande unter möglichster Ausnutzung der Marinewerften und tunlichster Heranziehung der konkurrenzfähigen Privatunternehmen erfolgen sollte.«

Außerdem war in einer besonderen Anlage die Herstellung von nicht weniger als 3 Panzerkorvetten [von 5], 4 Panzerfahrzeugen [von 6], 2 schwimmenden Batterien [von 2], 4 Korvetten [von 18], 5 Avisos [von 8], 4 großen und 12 kleinen Torpedobooten [von 10] und mehreren Kanonenbooten auf deutschen Privatwerften vorgesehen. Noch wichtiger als diese Erklärungen und die vom Reichstag angenommene »Resolution Mosle«, welche mit der früheren Entschließung Graf Frankenbergs im Wesentlichen übereinstimmte, war für die deutschen Schiffbauunternehmen die amtliche Äußerung des Marineministers von Stosch: »Ohne deutschen Schiffbau keine deutsche Marine!« Hiermit hatte er in den Reichstagsverhandlungen den obersten Grundsatz aufgestellt, dass deutsche Schiffe auf deutschen Werften gebaut werden müssen. Interessanterweise hatte hierzu der Abgeordnete Mosle ausdrücklich betont, dass es hauptsächlich darauf ankomme, die Resolution nach außen hin zu verlautbaren, damit die Werften sich auf ihre Aufgaben vorbereiten und die erforderlichen Einrichtungen für den Bau großer Kriegsschiffe treffen könnten. Bezüglich der Resolution Graf Frankenbergs ist noch darauf hinzuweisen, dass sich dieser Gedanke bereits in dem Bericht der »Marinekommission deutscher Küstenstaaten zu Hamburg« von 1848 findet.

Mit dieser Festlegung des Marineministers war nunmehr für den privaten deutschen Schiffbau endlich die Grundlage geschaffen, auf der das Großkapital eine Beteiligung wagen konnte. Nicht zuletzt auch deshalb, weil die Erklärung des Ministers nur als eine verbindliche Zusage für die künftige Vergabepraxis der Marineverwaltung aufzufassen war und damit außerdem die einschränkenden Voraussetzungen der Resolution Graf Frankenbergs nicht mehr galten. Die Festlegung einer erheblichen Flottenverstärkung in bestimmten Zahlen und für einen bestimmten Zeitraum gab den Aussichten des deutschen Schiffbaues zwar für die Zukunft eine festere Gestalt, bedeutete aber nicht zwangsläufig, dass die weitere Ausgestaltung der deutschen Werften sofort vor sich gehen konnte. Mit einem erheblichen Abstand zum Vulcan hatten von den übrigen Privatwerften gegen Mitte und Ende der 1870er Jahre einzelne ihre Betriebe wenigsten soweit ausgebaut, dass sie mit dem Bau kleiner und mittlerer Kriegsschiffe beauftragt werden konnten. In der Entwicklungsperiode von 1873 bis 1884 lieferte z.B. die »Norddeutsche Schiffbaugesellschaft« [die spätere Germaniawerft] eine Korvette, 2 Avisos und 1 Schulschiff, die »Weserwerft« in Bremen 13 Kanonenboote und 14 kleine Torpedoboote, Schichau in Elbing 1 kleines Kanonenboot und 2 Avisos; die beiden Werften Moeller & Holberg [die späteren Oderwerke] in Stettin und die Reiherstieg Werft in Hamburg führten in dem genannten Zeitraum je einen Einzelauftrag aus. Die 3 Kaiserlichen Werften ließen in dem genannten Zeitraum zusammen zu Wasser 4 Panzerschiffe, 7 Korvetten, einen Aviso, 5 Kanonenboote, 1 Artillerieschiff und einen Schleppdampfer.

Der Vulcan hingegen lieferte in dem angegebenen Zeitraum an die Marine nicht weniger als 4 Panzerschiffe: PREUßEN [1], SACHSEN, WÜRTTEMBERG, OLDENBURG; 6 Korvetten: PRINZ ADALBERT, LEIPZIG, STOSCH, STEIN, CAROLA und OLGA; 10 Torpedoboote: V1 bis V10 und 3 Torpedo- bzw. Schleppdampfer: NOTUS, ZEPHYR, RIVAL. Womit das Unternehmen sich unter den Privatwerften in Deutschland zur Nummer Eins im Kriegsschiffbau entwickelt hatte.[79] Dass auch die Marineleitung dieses so sah, mag folgendes Schriftstück belegen. »Der Stettiner Maschinenbau-Aktien-Gesellschaft Vulcan bescheinige ich hierdurch gern, daß dieselbe für die Kaiserlich Deutsche Marine eine Anzahl von Kriegsschiffen, darunter eine Kreuzerfregatte, eine Panzerfregatte und zwei große gedeckte Korvetten mit Maschinen erbaut und sämmtliche Bauten zur vollen Zufriedenheit ausgeführt hat, so daß das Werk zur Übernahme von Kriegsschiffsbauten jeder Größe vollständig im Stande ist und empfohlen werden kann. Berlin, den 8. Mai 1879, Der Chef der Admiralität, gez. von Stosch«.[85]

Eine Betriebsbesichtigung der Weser-Zeitung im Sommer 1874

Die Entwicklung des Vulcan von einer kleinen Maschinenfabrik mit dem anfangs mehr oder weniger nebenbei betriebenem Bau von Schiffen zum später führenden Schiffbauunternehmen in Deutschland wird in den auszugsweise veröffentlichten Direktions- bzw. Geschäftsberichten nur unvollkommen dargestellt. Da auch das Firmenarchiv nicht mehr zur Verfügung steht, haben Zeitungsberichte und andere zu damaliger Zeit veröffentlichte Mitteilungen, wegen der darin enthaltenen Detailangaben als zeitgenössische Schilderungen einen erheblichen Informationswert und werden daher möglichst ungekürzt mitgeteilt, wie beispielsweise der folgende Beitrag: »Das allgemeine Interesse, welches von der deutschen Bevölkerung für die Einrichtungen der nationalen Wehrkraft jederzeit an den Tag gelegt wurde, ist noch ein erhöhtes, wenn es einer der jüngsten aber vielversprechenden Frucht, der in den letzten Jahren erfolgten Einigung Deutschlands, der in der Entwicklung begriffenen deutschen Kriegsmarine entgegengetragen wird. Mit Teilnahme verfolgt das Publikum das Wachstum derselben und hört besonders, seitdem die deutschen Kriegsschiffe auf deutschen Werften gebaut werden, über den Fortgang der Arbeiten gern erzählen.«

Mit dieser Einführung beginnt der Besichtigungsbericht, aus dem in Auszügen einige interessante Details mitgeteilt werden sollen: »[...] Das erste, der [...] für die Torpedoabteilung der deutschen Reichsmarine bestimmten Schiffe, der Raddampfer NOTUS, ist bereits vor einigen Wochen abgeliefert und fungiert zur Zufriedenheit der Auftraggeber. Das zweite, ähnlich gebaute Schiff, ZEPHYR, harrt seiner Abnahme und der Überführung nach Kiel. Das dritte Torpedoschiff, welches RIVAL getauft werden soll, wird in wenigen Tagen ablaufen. Dem Sachverständigen flößt dieses Schiff das größte Interesse ein. Die Maschine wird hier nämlich nicht Schaufelräder zu treiben haben, vielmehr wird das Schiff durch eine Turbine in Bewegung gesetzt werden, und will man dadurch bei fast gleicher Geschwindigkeit, möglichst geräuschloses Arbeiten des Motors und große Lenkbarkeit des Schiffes erzielen.

Noch vor Ende des vorigen Jahres wurde dem Vulcan [...] der Bau von zwei neuen Glattdeckskorvetten übertragen. Auf derselben Helling, wo die PREUßEN [1] gebaut worden ist, herrschst jetzt wieder große Rührigkeit. Die Korvette THUSNELDA ist dort im Entstehen begriffen. Die Rippen [...] werden aufgestellt und auf dem Rückgrat des Schiffes, dem Kiel, befestigt. Unmittelbar daneben wird auf einer neu angelegten Helling, bei welcher die Dampframmen noch unausgesetzt arbeiten, das Schwesterschiff, [...] die Korvette A in derselben Weise angefangen, ist dieser Bau ziemlich ebenso weit gefördert.« Es folgen dann einige recht informative Angaben zu den Werkstätten der Werft. »Wer noch vor wenigen Jahren die Werft zu sehen Gelegenheit hatte und sie heute betritt, erkennt sie kaum wieder. Wie bescheiden waren damals die einzelnen Werkstätten und ihre Einrichtungen im Vergleich zu den heutigen, und doch genügten sie, um aus ihnen fast ¾ Hundert meist größere Schiffe hervorgehen zu lassen, die heute alle Meere der Welt befahren und dem Vulcan einen Ruf begründeten, der ihm in der Folge auch das Vertrauen der Marine des deutschen Reiches zuwandte.

[...] Betreten wir nunmehr die geschlossenen Räume der Werkstätten. [...] Hier werden z.B. die großen Rippen aus Winkeleisen von der enormen Länge bis zu 50 Fuß in eigens dazu eingerichteten mächtigen Öfen gleichmäßig glühend gemacht und in diesem Zustand genau nach der vorgeschriebenen Kurve gebogen. In unmittelbarer Nähe ist ein ähnlicher Ofen, bestimmt zum Durchglühen der schwersten Eisenplatten. Die Länge der einzelnen Platten beträgt oft über 30 Fuß und sind solche, zur Ehre der deutschen Industrie sei es gesagt, aus inländischen Hüttenwerken hervorgegangen. Dicht vor dem Ofen befindet sich eine riesige hydraulische Presse, unter welcher die Eisenplatten nach bestimmten Formen gepreßt werden und nicht weit davon steht ein Walzwerk, mit dem man die glühenden Platten nach jeder Krümmung zu biegen im Stande ist. Überall sind in den Werkstätten Bearbeitungsmaschinen aufgestellt, die unaufhörlich und scheinbar, als ob sie gar keinen Widerstand fänden, Löcher von großem Durchmesser durch dicke Eisenplatten pressen; ferner solche, die Platten nach genau vorgeschriebenen Linien zerschneiden und noch andere, welche die so vorgeschnittenen Flächen glatt hobeln und sogar eine Kreissäge findet man, welche Platten und Winkeleisen in jeder Dimension sauber durch schneidet.

Interessanter noch ist die Bearbeitung der Panzerplatten. In der betreffenden Werkstatt finden wir eine hydraulische Presse, die an Leistungsfähigkeit nicht ihresgleichen hat. Sie übt einen Druck von nahe an 4.000 Tons aus. Mit Hilfe derselben werden die Panzerplatten in kaltem Zustand genau nach der Form ihrer Modelle gebogen. Von der immensen Wirkung dieser Maschine kann man sich erst annähernd einen Begriff machen, wenn man sieht, wie sie Platten von einer Dicke bis zu 10 Zoll zwingt, irgend eine Form anzunehmen. Um die Platten, von denen manche über 400 Zentner wiegt, nach jeder Richtung hin bequem transportieren zu können, sind Laufkräne vorhanden, mit deren Hilfe auch die fertig bearbeiteten Platten auf schwere Wagen geladen werden. Letztere werden auf Schienen bis an den Transportdampfer des Vulcan, PIKAS gefahren, welcher sie entweder selbst an ihren Bestimmungsort oder bis unter den schweren Uferkran schafft. Dieser Kran, welcher Lasten bis zu 600 Zentner heben kann, soll künftig zur Arbeitserleichterung auf einen Ponton gesetzt werden. Auf den Besuch der Kesselschmiede wurde verzichtet, da das Pochen unzähliger Hämmer Erklärungen des Führers unmöglich machte. Aus Zeitgründen fand auch kein Besuch der Werkstätten für die Holzbearbeitung und der neuen, rationell angelegten Tischlerei, an Stelle der im vorigen Jahr abgebrannten, statt.«[80]

Die Torpedodampfer NOTUS, ZEPHYR, RIVAL

Alle 3 Schiffe waren Versuchsbauten für Spierentorpedos. Sie sind im Geschäftsbericht für 1872, der in der Generalversammlung am 30.4.1873 verlesen wurde[81], als für das folgende Jahr übernommener Bauauftrag enthalten. Baubeginn nach Werftplänen, für die auch als Torpedodampfer bezeichneten Schiffe, war der Januar 1873.[82] Während NOTUS und ZEPHYR Schwesterschiffe mit Radantrieb waren, hatte man bei RIVAL als Versuch mit der »Wasserschwallturbine«, eine Antriebsart gewählt, die bei der deutschen Marine erstmals zur Anwendung kam. Bezüglich der drei Torpedodampfer wurde anlässlich der, im Zusammenhang mit PREUẞEN [1] bereits erwähnten ausserordentlichen Generalversammlung am 22.9.1873 mitgeteilt, dass in diesem Herbst ein Torpedoschiff zur Ablieferung kommt und zwei andere solcher Schiffe zum nächsten Frühjahr fertiggestellt werden. Die veranschlagten Kosten werden mit je 450.000 Taler pro Schiff angegeben,[83] während eine Fußnote die Mitteilung enthält: »Durch Verfügung des Chefs der Admiralität vom 16. August 1873 haben die drei beim Vulcan erbauten Torpedoboote die Namen Notus, Zephyr, Rival erhalten«, mit dem in Klammern gesetzten Zusatz »(siehe Mar.-Ver.-Bl. 1873, No. 18).«

NOTUS lief am 29.10.1873 in Gegenwart des Konteradmirals Henck vom Stapel.[84] Die Probefahrt fand am 13. Juni des folgenden Jahres statt, wobei sich »das Schiff in jeder Beziehung vorzüglich bewährt hat«.[85] Das »Journal«[86] enthält neben dem Namen folgende Angaben: [Bau-]No.: 68 / Besteller: Kaiserl. Marine, Kiel / Art des Schiffes: Torpedo-Aviso, Schoner [Schleppdampfer] / Antrieb: Rad mit 10 bewegl. Schaufeln / Baujahr: 1873–74 / Lp: 40,0 m / B. a. Spt.: 6,70 m / H: 3,75 m / Tfg. beladen: 2,50 m, gleichlastig / Raumgeh. Brutto Reg. Ts.: 247 Tonnen / Psi: 480. Für 1875 ist eine Besatzungsstärke von 13 Mann und der Tonnengehalt mit 303 vermerkt.[87] Um 1878 wird NOTUS als »Dampf-Fahrzeug zum Hafendienst« geführt.[88] Am 11.6.1883 meldet die Ostsee-Zeitung: »Swinemünde, 9. Juni [1883]. Der Kaiserliche Schlepp-Dampfer ›Notus‹, [Kapitän] Lüdtke, mit dem Bagger ›Kiel‹ im Schlepptau, von Kiel nach Danzig bestimmt, kam heute wegen Kohlenmangels hier für Nothhafen ein.« Mit dem Stand 1.10.1899 ist das Schiff als Werft-, Schlepp- und Pumpendampfer in Danzig eingesetzt.[89] Eine weitere Quelle enthält u.a. diese Angaben: Deplacement: 303 t–308 BRT / Länge über Alles: 30,50 m / Breite: 6,70 m / PSi: 500 / kn: 10 / Räderdurchmesser: 4,20 m / Bunkerkohle: 30 t / Besatzung: 25 Mann. Ab dem 20.6.1874 fanden Spierentorpedoversuche statt und ab 15.12.1875 war der Raddampfer als Schlepper und Tonnenleger eingesetzt. Er wurde am 17.4.1909 aus der Liste der Kriegsschiffe gestrichen und abgebrochen.[90]

Über ZEPHYR informierte zunächst ebenfalls die Ostsee-Zeitung in der Ausgabe vom 16.7.1874[91]: »Der zweite von den dem Vulcan in Arbeit gegebenen Transportdampfern für die Kaiserl. Marine, deren Bau hauptsächlich darauf eingerichtet ist, daß sie zum Legen von Torpedos [die damalige Bezeichnung für Minen] verwandt werden, macht heute seine Probefahrt nach Swinemünde. [...] In der Bauart und dem Aeßeren ist es dem unlängst abgelieferten NOTUS, welcher zur vollständigen Zufriedenheit der Auftraggeber im Marinedienst bereits verwandt wird, vollkommen gleich; die Maschine hat 60 Pferdekraft und zeichnet sich dadurch aus, daß sie vermittels ihrer vier Cylinder leichte und schnelle Bewegungen und Umwendungen des Schiffes in den Kriegshäfen bewirken kann. Das Schiff hat dementsprechend einen nur geringen Tiefgang.« Das »Journal«[92] enthält folgende Angaben: (Bau-)No.: 69 / Name: [...], Besteller: Kaiserl. Marine Kiel / Art des Schiffes: Torpedo-Aviso / Antrieb: Rad m. 10 bewegl. Schaufeln / Baujahr: 1873-74 / Lp: 28,00 m / B.: a. Spt. 5,25 m / H: 2,88 m / Raumgeh.: Brutto-Reg.Ts.: 106 Tonnen / Psi: 240.

1892 wird der RD. in einer Auflistung als Fahrzeug zum Hafendienst mit 250 PS und der Station N = Nordsee, Wilhelmshaven angegeben.[93] Einer weiteren Quelle entnehmen wir folgende Angaben: Deplacement: 129 t–131 BRT / Länge über Alles: 30,50 m / Breite: 5,25 m / Tiefgang: 1,98 m/ PSi: 250 / kn: 9,5 / Räderdurchmesser: 3,80 m / Bunkerkohle 14 t / Besatzung: 10 Mann / Stapellauf: 22.6.1874. Am 13.10.1874 fanden Spierentorpedo-Versuche statt, die Bugspiere hatten Sprengkörper von 41 kg. 1875 war der RD. als Schlepper in Wilhelmshaven eingesetz, wo er 1907 abgebrochen wurde.[94]

RIVAL hatte eine Antriebsart, die nach Alexander Seydell als Reaktionsantrieb zu bezeichnen ist. Am 10.12. Als Deplacement sind 129 t für 1875 und 1913[95] angegeben, die PSi-Zahl im letzteren Jahr mit 250. Das »Journal« enthält diese Angaben: (Bau-) No.: 71 / Besteller: Kaiserl. Marine Kiel / Schiffsart: Torpedo-Aviso, Schoner, Turbinendampfer, Schleppd. / Antrieb: Rad mit bewegl. Schaufeln / Baujahr u. Bauzeit: 1873–74 / BRTs.: 97 / PSi: 200.[96] Eine weitere Quelle enthält u.a. folgende Angaben: Baukosten: 38.000 Taler. / Deplacement BRT 129.131 t / Länge ü. A.: 30,5 m / Breite: 5,25 m / Tiefgang: 1,98 m / PSi: 225 / kn: 10.[97] Wegen ungenügender Antriebsleistung wurde 1879/80 das Re-

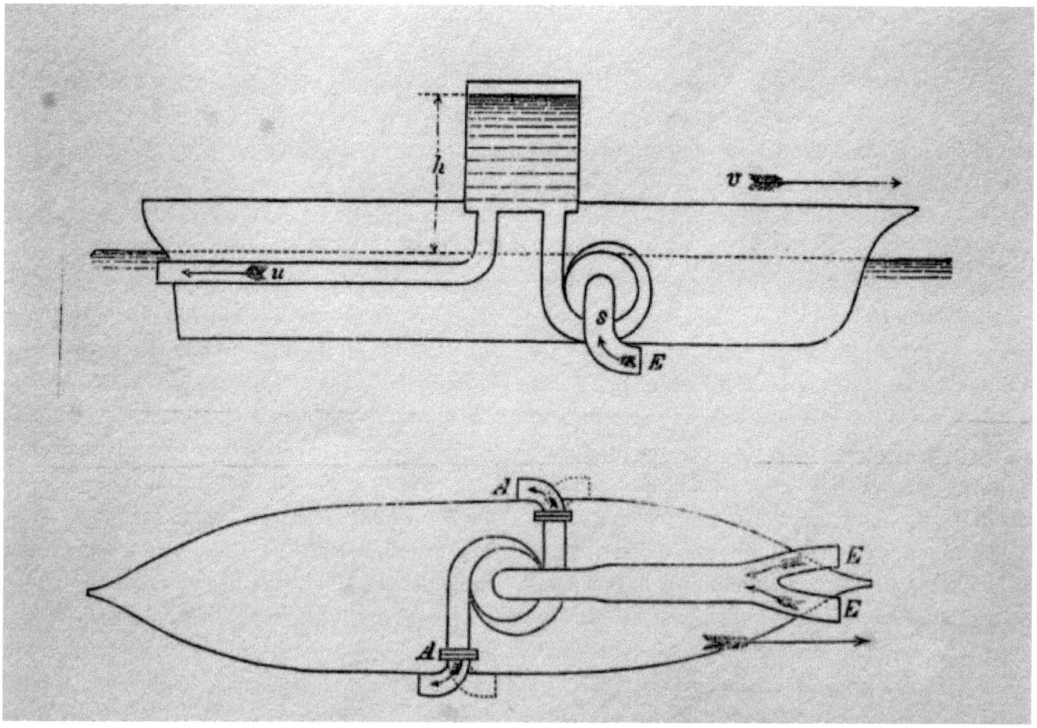

Das Reaktionssystem der Wasserprallschiffe nach A. Syedel [aus: VDI Bd. 19, 1875]

aktionssystem durch Seitenräder ersetzt. Nunmehr betrug das Deplacement 146 t, die Maschinenleistung 250 PSi, die Geschwindigkeit 9,5 kn und die Bunkerkapazität 14 t Kohle. Nach dem Umbau gehörte das Schiff als Minenleger W 4 zur Hafenverteidigung Wilhelmshaven, wurde dort bis 15.1.1916 als Werft- und Schleppdampfer geführt und nach 1916 in Wilhelmshaven[98] abgebrochen.

Alle 3 Schiffe waren nach Werftplänen als Schleppdampfertyp in Querspant-Eisenbau hergestellt worden. Als Antriebsart dienten 2 geneigte oszillierende Zweizylinder einfach wirkende Expansionsmaschinen. Bei ZEPHYR und RIVAL stand je ein Lokomotivkessel im Maschinenraum vor der Maschine, bei NOTUS zwei im Kesselraum; der Kesseldruck betrug 1,8 bzw. 2 atü, die Heizfläche 130 bzw. 256 m². Es gab 2 Rettungsboote und keine elektrische Anlage.[99]

Das Reaktionssystem als Rivale der Schraube

Wie Konteradmiral a.D. Reinhold Werner hierzu u.a. schreibt, »[...] haben die Schwächen der Schraube Anlaß zur Erfindung einer neuen bewegenden Kraft für Schiffe gegeben, die bis jetzt zwar erst in wenigen Fällen zur Anwendung gekommen, aber gleich bei seinem ersten Auftreten sich verhältnismäßig so vollkommen gezeigt hat, daß sie der Beachtung wert ist und möglicherweise, wenn auch in verbesserter Form als ›Rival‹ der Schraube, wenigstens für gewisse Schiffsklassen sich Geltung verschaffen wird.« Dies ist die hydraulische Reaktion, oder der »Wasserprall«, als deren Erfinder er den englischen Ingenieur Ruthen und den deutschen Schiffbaumeister A. Seydell nennt.[100] Der Engländer hatte 1851 erste praktische Versuche mit einem zu diesem Zweck gebauten Dampfboot gemacht, über die ein Beitrag in der Ostsee-Zeitung zum Thema Hydraulische Reaktion einige interessante Einzelheiten enthält: [...] »In Verbindung mit dem Ingenieur Ruthen in Edienburgh, machte der Verfasser [Alexander Seydell] im vorigen Jahr auf dem Firth of Forth Probefahrten mit einem zu seinem Zweck erbauten Dampfschiffe. Dasselbe ist 30 Fuß [englisch] lang, 5 Fuß breit und geht 13 Zoll tief; es ist aus 1/16 Zoll dicken galvanisirten Eisenblechen gebaut, hat eine schlanke und gefällige Form und trägt 8 bis 9 Personen. Das Schiffchen wurde am 13. Mai zu Granton Pier in der Nähe von Edinburgh zuerst aufs Wasser gebracht und erhielt [...] den Namen Phenomenon. Die Probefahrten [...] ergaben eine Geschwindigkeit von acht englischen Meilen in der Stunde«, mit einer Maschine, für die R. Werner eine Leistung von 2½-3 PS angibt.

Bereits über ein Jahr vor diesem Versuch, am 5.2.1850 und ebenfalls in der Ostsee-Zeitung, war eine Anzeige von Seydell erschienen, unter der Überschrift: »Verbesserte Dampfschiffahrt: In dem Wesen der Dampfschiffahrt bereitet sich eine wohlthätige Umgestaltung vor, aber das konservative Element in demselben findet es anständiger sie eher zurückzuhalten, als wie zu befördern, es handelt sich darum, an Stelle der unvollkommenen und schädlichen Schaufelräder ein bei Weitem nutzbareres und unschädlicheres Mittel zu setzen, welches auf Grund der Hydraulischen Kraft einfach eine mechanische Substitutien der natürlichen Gesetze vom freien Falle ist. Gleich dem Ei des Kolumbus: leicht und sicher bei muthiger Ausführung. Ein neues, bei der Schiffahrt bis jetzt noch nicht angewandtes Prinzip liegt der Sache zum Grunde; denn nach dem selben Gesetze, wonach die Rakete die Luft durchschneidet, wird auch das schlanke Schiff das Wasser durchtheilen. Da indeß jede neue Sache Misstrauen bei der Mehrheit findet, oder auch Furcht. Eines ist so schlimm wie das Andere, so kommt es darauf an einen thatsächlichen Beweis offen zu legen, und stelle ich deswegen öffentlich die Frage, ob sich Jemand geneigt finden möchte, diese wichtige und gewinnreiche Sache zu unterstützen, in welchem Falle ich bereit sein werde, die Elemente derselben offen zu legen. – Oder, ob es vielleicht jemanden erwünscht sein möchte, eine kleine Dampfgondel dieser Art, schlank wie ein Fisch, von 30 Fuß Länge, 8 bis 9 Personen tragend, 12 Zoll tiefgehend und 10 Englische Meilen pro Stunde fahrend, vergnügungshalber zu besitzen. Der selbstkostende Preis würde 300 Pfund Sterling in Deutschland sein, wofür die Gondel zu erhalten ist, da es nur darauf ankommt, einer wichtigen und großen Sache die Grundlage zu bereiten. A. Seydell, Schiffbaumeister und Ingenieur in Ruhrort am Rhein.«

Das von Seydell in Deutschland publik gemachte neue Antriebssystem stieß auf großes Interesse bei dem »Verein zur Förderung des Gewerbefleißes in Preußen«. Als Ergebnis der Verhandlungen über diesen neuen Antrieb wurde eine bei J. Petsch in Berlin 1852 gedruckte Schrift veröffentlicht, in der »streng wissenschaftlich« die rückwirkende hydraulische Kraft dargestellt wird.[102] Vermutlich haben diese Schrift, die Anzeige und die anschließenden Berichte über dieses neue System mit dazu beigetragen, das einige Zeit später erstmals in Deutschland ein Reaktionsdampfer, der ALBERT, für Rechnung der Stettiner Dampfschleppschiffahrts-Gesellschaft gebaut wurde. Das Schiff war Ende Oktober 1854 unter Seydells Leitung in Stettin noch im Bau, da Stockungen bei der in England konstruierten Maschine eingetreten waren, deren Kosten die preußische Regierung übernommen hatte.[103] Das Schiff, dessen Maschine 30 PS leistete, ist eine Reihe von Jahren auf der Oder zwischen Stettin und Schwedt zur vollen Zufriedenheit gefahren.[104] 1865 musste ALBERT in Stettin auf der Regierungswerft repariert werden und ging anschließend nach Berlin. Im Juli d. J. machte das Schiff dort Extrafahrten und schien, wie in diesem Zusammenhang berichtet wird, »an seinem neuen Bestimmungsorte ebenfalls keine rechten Erfolge zu erzielen. »Bei einer vorgestern [6.7.1865] stattgefundenen Fahrt auf dem Müggelsee verstopften sich durch das Schlingkraut mehrmals die Turbinen und dadurch wurde die Fahrt unterbrochen.«[105]

In Belgien wurden 1862 zwei eiserne Reaktionsschiffe gebaut, von denen die SERAING auf Anregung von Seydell entstanden war. Das Schiff mit einer Länge von 44 m war für die Fahrt zwischen Seraing und Lüttich vorgesehen. Es entsprach allen Anforderungen und »stand an mäßiger Geschwindigkeit einem derselben Gesellschaft gehörenden sehr gutem Raddampfer nicht nach«.[106] Mit beiden Schiffen fanden zum Vergleich Versuchsfahrten statt, bei denen am Versuchsschiff genaue Messungen von Seydell vorgenommen wurden. In dieser Zeit beschäftigte man sich auch wieder in England mit diesem System. Die günstigen Ergebnisse, welche Versuche im April 1866 mit dem kleinen Versuchsboot NAUTILUS ergeben hatten, führten zur Anwendung des Systems auf einem größeren Schiff, dem eisernen Kanonenboot WATERWITSCH. Dessen Länge betrug etwas mehr als 50 m, die Breite 10 m und die Tragkraft 778 t, die 3 Maschinen leisteten zusammen 160 PS. Der Leistungsvergleich mit einem Schraubenkanonenboot von gleicher Größe, Bauart und Maschinenkraft ergab ein fast gleiches Ergebnis, denn beide Schiffe erreichten etwa 9 Seemeilen in der Stunde.[107]

Einige Jahre später scheint Schiffbaumeister Seydell in Stettin einen weiteren, aber offenbar fehlgeschlagenen Versuch mit dem Reaktionsantrieb unternommen zu haben: »Zum Bau eines Segelschiffes von etwa 200 Normal-Lasten mit einer nach dem Princip der hydraulischen Reaction wirkenden Hülfsmaschine von etwa 25 Pferdekraft wird, wie die Neue Stett. Ztg. hört, das hier bestehende Flotten-Comitè einen Zuschuß gewähren, in der Erwägung, daß auf unseren Schiffswerften der erste gemeinnützige Versuch gemacht werden soll, den Dampf zu Gemeingut aller Segelschiffe zu machen, und letzteren den Dampfschiffen gegenüber eine bessere Concurrenzfähigkeit zu geben. Das Schiff soll in Swinemünde, die Maschine in einer hiesigen Maschinen-Werkstätte gebaut werden.«[108]

Das Triebwerk der Reaktionsschiffe bestand aus einer im Schiff aufgestellten und durch Dampfkraft betriebenen Kreiselpumpe, welche stetig Wasser aus dem Fahrwasser aufnahm und durch Röhren wieder in die der Schiffsbewegung entgegengesetzten Richtung hinausdrückte. Diese Röhren traten beidseitig aus der Schiffswand aus und waren zur Ausführung von Richtungsänderungen drehbar ausgeführt oder hatten ein entsprechendes Ventil. Als besondere Vorzüge dieser Antriebsart nennt Prof. R. R. Werner die Fähigkeit, das Schiff auf der Stelle zu drehen, das geförderte Wasser gleichzeitig zur Oberflächenkondensation zu nutzen und so eine besondere Kühlpumpe zu sparen. Auch kann die Pumpe als Feuerlöschpumpe und bei Wassereinbrüchen eingesetzt werden. Da durch die treibenden Wasserstrahlen kein Wellenschlag entsteht, kommt es bei Kanal- und Flussfahrten weder zu Uferbeschädigungen noch wird die Fischbrut gestört.« Er führt dann weiter aus: »Trotz aller dieser Vorzüge sind die Turbinenschiffe bisher hauptsächlich nur versuchsweise gebaut worden. Ihrer weiteren Verbreitung steht in erster Linie der geringe Grad der bisher erzielten Nutzwirkung im Wege; dann aber auch der Uebelstand, dass die Kreiselpumpe mit den Sauge- und Druckröhren nicht nur einen Theil des wertvollen Schiffsraumes in Anspruch nimmt, sondern auch noch die todte Last vermehrt.«[109] Abschließend zu diesem Thema sei noch mitgeteilt, dass Seydell sein System der »Wasserprall- oder Prallschiffe« sehr ausführlich schriftlich und mündlich erläutert hat. In der Ostsee-Zeitung schon sehr früh und fünfundzwanzig Jahre später, nämlich 1875, als Vortrag in der Sitzung des Pommerschen Bezirksvereins des VDI am 1. März. Er erklärt zu Anfang den Ein- und Austritt des Wassers und stellt dann fest: »Die hier zum Ausdruck kommende Kraft ist lediglich die Zentrifugalkraft des Wassers und die absolute Geschwindigkeit, die dasselbe bei seinem Austritt aus dem Schiff erhalten muß, soll der doppelten Fallhöhe, die der Geschwindigkeit des Wurfrades, oder der vierfachen, die der Geschwindigkeit des Schiffes proportional ist, entsprechen. Dies ist der leitende Grundsatz; wird dagegen gefehlt, so wird auch der erwartete Effekt nicht erreicht [...].«[110]

1874 beginnt der Aufstieg zur führenden deutschen Privatwerft im Kriegsschiffbau

Wie zuvor bereits angeführt hatte ein Teil der Presse sich dagegen ausgesprochen, dass deutsche Unternehmen Bauaufträge für große Kriegsschiffe erhielten. Die vorhandene Gegnerschaft in der Admiralität war allerdings sehr viel schwerwiegender. Nur wenige der militärischen und technischen Mitarbeiter des Chefs der Admiralität teilten dessen Anschauungen. Im Wesentlichen konnte er sich nur auf den Geheimen Admiralitätsrat August Koch stützen, der als Nachfolger von Elbertzhagen, seit dem 5.2.1870 Chef der Schiffbauabteilung im RMA war und u.a. die ersten auf deutschen Werften gebauten Panzerschiffe konstruiert hatte.[111] Das Vertrauen, welches von Stosch in den privaten Schiffbau von Anfang an gesetzt hatte, schien sich bereits während der Bauzeit der PREUSSEN [1] für die Schiffbauabteilung der Marine zu bestätigen. Innerhalb weniger Jahre, war das Vertrauen vor allem durch die Qualität der abgelieferten Arbeit des Vulcan glänzend gerechtfertigt. Wäre es anders gewesen, hätte es die direkten Folgeaufträge LEIPZIG [1], PRINZ ADALBERT, SACHSEN [1], WÜRTTEMBERG [1] und STOSCH schwerlich gegeben. Damit konnte nach 1874 der Bau von Kriegsschiffen für den Vulcan die gewinnbringende Quelle werden, die den Lokomotivbau in den für diesen schlechter werdenden Zeiten über Wasser hielt, so wie zuvor der Bau von Lokomotiven eine Stütze des Schiffbaues gewesen ist. Mit der beginnenden Tätigkeit im Marineschiffbau großen Stils kann man die Entwicklungsgeschichte der deutschen Marine an den Kriegsschiffbauten des Vulcan verfolgen, weil fast von jedem Typ ein oder mehrere Schiffe auf den Helgen der Werft standen.

LEIPZIG [1] und SEDAN aus Eisen, aber ohne Panzerschutz gebaut, waren Gedeckte Korvetten und nach dem Flottengründungsplan als THUSNELDA und Schiff »A« dem Vulcan in Auftrag gegeben worden. Es waren die ersten eisernen Kreuzer der deutschen Marine. Man hatte sich sehr lange gegen Eisen als Baumaterial für ungepanzerte Schiffe gesträubt. Ein Hauptargument war, dass man nicht wie bei einer hölzernen Bordwand durch Beschuss entstandene Löcher leicht abdichten kann, weil im Eisen unregelmäßige und damit schwer zu schließende Öffnungen gerissen werden. Die großen Vorzüge des Eisens hat man dann aber doch anerkennen müssen. Diese bestanden hauptsächlich in der bedeutend größeren Haltbarkeit, denn unter gleichen Umständen hatte ein eisernes Schiff die doppelte Lebensdauer eines hölzernen, in der besseren Stabilität besonders bei großen Schiffslängen, ferner in der leichteren Reparaturfähigkeit, in geringerem Gewicht, in Gewinnung von wertvollem Raum, weil man bei gleichen Abmessungen statt 30 Zentimeter starken Holzwänden nur 3 Zentimeter bei Eisenwänden braucht, bei dem später verwendeten Stahl dann noch weniger und nicht zuletzt wegen der größeren Billigkeit, da gutes Holz immer seltener und damit teurer wurde.[112]

Die Schwesterschiffe waren lt. Geschäftsbericht[113] 1873 als Bauaufträge übernommen worden:

»Die Fabrik [...] übernahm [...] insbesondere auch den Auftrag zum Bau von zwei Corvetten nach dem Compositsystem mit je 4.800 indicirten Pferdekräften für die Deutsche Kriegsmarine.« Erste Vertragsverhandlungen führte die Marineverwaltung bereits unmittelbar nach dem Stapellauf der PREUßEN [1]. Zum einen, weil die Marinewerften damals reichlich und für längere Zeit ausgelastet waren, aber auch wegen der günstigen Resultate der bisher ausgeführten Arbeiten an HANSA und PREUßEN [1]. Als Baubeginn wird der Dezember 1873 für beide Korvetten genannt[114], die nach dem englischen Vorbild »Inconstant« konstruiert waren, allerdings nicht dessen Geschwindigkeit erreichten, die bei der offiziellen Probefahrt 18 kn betrug.

Für LEIPZIG [1] wurde der Kiel am 1.4.1873 gestreckt,[115] Stapellauf der Bau-Nr. 72 war am 13.9.1875,[116] die Indienststellung fand am 1.7.1877 statt und im Oktober desselben Jahres begann die erste Reise als Seekadettenschulschiff nach Ostasien.[117] Der Besatzungs-Etat wird für Mitte 1888 mit 434 angegeben. Das unmittelbar nach dem Ablauf der PREUßEN [1] in Arbeit genommene Schiff war zwar in allen Teilen kleiner, aber da es nach einem ganz anderen System zu erbauen war, erforderte es kaum weniger Aufmerksamkeit und Sorgfalt. In mancher Hinsicht war es sogar komplizierter und machte daher ein besonders enges und ständiges Ineinandergreifen der Tätigkeiten von Zimmerleuten und Eisenarbeitern nötig. Hierbei zeigte sich, welch gute Schule die Leute durch den vorangegangenen Bau der Panzerfregatte genossen hatten, denn von der Kiellegung bis zum Stapellauf waren nur 16 Monate vergangen. Eine weitere Besonderheit dieses Kriegsschiffes ist darin zu sehen, dass es sich um einen Typ handelte, der bisher in der deutschen Marine nicht vorhanden war. Diesen Schiffen war die Hauptaufgabe gestellt, vor feindlichen Küsten zu erscheinen und neben Handelsschiffen auch schwächere Kriegsschiffe durch ihre größere Schnelligkeit einzuholen, zu nehmen bzw. zu versenken; größeren Kriegsschiffen sollten sie davonlaufen. Da England bereits 8 dieser gut bewaffneten und schnellen Schiffe besaß, musste die deutsche Marine nachziehen.

Die im Folgenden enthaltenen zahlreichen Detailangaben sind als exemplarisches Beispiel dafür anzusehen, welche Aufgaben die Werft zu lösen hatte und wie zu damaliger Zeit Marineschiffe dieser Klasse gebaut wurden. Wie geschildert wird, war das Schiff für eine schnelle Fahrt mit äußerst eleganten Linien konstruiert. Da auch die Gewichtsverteilung zur Erzielung einer möglichst hohen Geschwindigkeit ausgerichtet war, hatte man in dieser Hinsicht große Erwartungen, die sich mit der dann erreichten tatsächlichen Geschwindigkeit allerdings nicht ganz erfüllten. Die Spanten bestanden aus 2 Rücken an Rücken genieteten Winkeleisen von ungleicher Größe. Im Schiffsboden lagen aus an die Spanten und Bodenstücke genieteten Platten und Winkeleisen bestehende Längsspanten. Auf die Spanten war eine Eisenhaut von 9-16 mm genietet und darauf eine Beplankung aus Teak befestigt, gehalten durch verzinkte eiserne Schaubenbolzen. Auf dieser Haut hatte man eine weitere aus Eichenplanken mittels Kupferschrauben festgemacht, die mit Kupferplatten abgedeckt war. Die Zwischenlage aus Holz war erforderlich, um die Bildung galvanischer Ströme, die das Eisen zerstören, zu verhindern. Das Ganze wurde als Kompositbau bezeichnet und hatte den Zweck, den besonders in tropischen Gewässern sich rasch bildenden Bewuchs des Schiffsbodens zu verhindern oder zumindest einzuschränken. Bei längeren Reisen war dieser oft so stark, dass es zu erheblichen Geschwindigkeitseinbußen kam und das Schiff zur Bodenreinigung gedockt werden musste, was zu damaliger Zeit in den Tropen kaum möglich war.

Die Takelung war die eines Vollschiffs. Die drei Untermasten waren Rohre aus Schmiedeeisen, innen durch T-Eisen verstärkt, mit einem Durchmesser von 0,81 m und einer Wandstärke von 11 bzw. 9 mm, sie hatten Gesamtlängen von 30, 90, 29, 70 und 22,60 m. Die Antriebsmaschinen waren dreizylindrige Trunkmaschinen, der Zylinderdurchmesser betrug 2.200 mm, der Trunkdurchmesser 940 mm, die Hubhöhe 1.150 mm, die Kolbengeschwindigkeit wird mit 2.300 mm per Sekunde angegeben. Die Umsteuerung der Maschine erfolgte entweder durch Handbetrieb oder eine eigene Dampfmaschine von 180 mm Zylinderdurchmesser und gleichem Hub. Es waren zwei Oberflächenkondensatoren vorhanden, die je nach Bedarf auch als Einspritzkondensatoren benutz werden konnten. In jedem dieser Kondensatoren befanden sich 4.968 Kupferrohre von 17,5 mm Durchmesser und 1.930 mm Länge, was eine Gesamtlänge von etwas über 19 km ergab. Zwei Zentrifugalpumpen, angetrieben von je einer Dampfmaschine, sorgten für die Zuführung der benötigten Wassermengen der Kondensatoren. Es waren dann noch 3 Dampfpumpen im Maschinenraum aufgestellt, von denen 2 die Betriebskessel mit Seewasser versorgten, während die dritte als Spül- und Lenzwasserpumpe diente. Die Maschinen trieben über eine Welle von 410 mm Durchmesser eine zweiflügelige, aus Bronze gegossene Schraube des System Hirsch, die in einer Steigung von 6.6 bis 8.1 m verstellbar war. Sollte gesegelt werden, wurde die Schraube mittels

Schraubenbrunnen an Deck gehoben. Das Gewicht der Schraube einschließlich Schraubenbrunnen betrug 374 Zentner.

Der benötigte Dampf wurde in 6 Kesseln mit rückkehrendem Zug – neuster Konstruktion – erzeugt. 4 der Kessel hatten je 5, 2 je 4 Feuerungen und arbeiteten mit 2 atü. Überdruck, die Gesamtheizfläche betrug 1.315 m^2. In der vorderen Rauchkammer jedes Kessels war ein Überhitzungsapparat eingesetzt, welcher aus einem System von abgeflachten, von den Heizgasen umspülten Rohren bestand. Die Gase hatten eine Berührungsfläche von 168 m^2. Das Ganze war so eingerichtet, dass man entweder mit überhitztem, gesättigtem oder gemischtem Dampf arbeiten konnte. Das Gesamtgewicht der Kessel betrug ohne Speisewasser 2.420 Zentner. Oberhalb vereinigten sich die Rauchkammern aller Kessel zu einem Schornstein, der teleskopartig zum Heben und Senken eingerichtet war und einen ovalen Querschnitt von 2.690 mm Durchmesser hatte. An sonstigen Einrichtungen war ein Destillierapparat – System Normandy – vorhanden, der aus Seewasser in der Stunde 100 Liter Trinkwasser herstellen konnte. Der Hintersteven, Rudersteven und die beiden an ihren unteren Enden in der Verlängerung des Kiels verbindenden Sohle waren aus Bronze, deren Guss – im Gesamtgewicht von 800 Zentnern – ganz besondere Mühe und Sorgfalt erfordert hatte.

Das gesamte Material zu diesem Schiff ist nach den Vorschriften der Admiralität vor seiner Verwendung einer genauen Prüfung unterzogen worden, die keinerlei Beanstandungen ergab. Ein für die deutschen Hüttenwerke erfreuliches Ergebnis auch deshalb, weil ein Teil der Platten und Winkeleisen von bedeutenden Dimensionen war. Die Dillinger Hütte war Lieferant der Platten, die Völklinger Hütte lieferte die Winkeleisen und von der Burbacher Hütte kam das Bulbeisen. Zur Ermittlung der absoluten Festigkeit und Dehnbarkeit des Eisens waren aus je 50 Platten und anderen Teilen der Lieferanten je ein Stück für Proben längst und quer der Faser ausgewählt worden. Diese wurden nach einer entsprechenden Vorbereitung auf einer extra zu diesem Zweck konstruierten hydraulischen Maschine auf Druck und Zug geprüft. Insgesamt wurden 309 Zugproben gemacht, 198 längst der Faser, welche eine mittlere Bruchbelastung von 71,79 Pfd. pro mm^2 des Querschnitts und eine mittlere Dehnbarkeit = 8,31%, und 111 Proben quer zur Faser, welche eine mittlere Bruchbelastung von 58,66 Pfd., bei einer mittleren Dehnbarkeit von 2,73% ergaben. Aus allen Proben, längst und quer der Faser, war die mittlere Bruchbelastung = 65,225 Pfd. pro mm^2 bei 5,52% Ausdehnung. Dagegen waren diese Werte aus der gleichen Anzahl [111] von Proben längst und quer der Faser = 64,10 Pfd. u. 5,30%. Die größte Bruchbelastung längst der Faser war 99,39 Pfd, quer der Faser 79,5 Pfd., die größte Dehnung längst der Faser = 19%, quer der Faser = 9%. Die Admiralität hatte als Mindestforderung für die Bruchbelastung pro mm^2 des Querschnitts längst der Faser 70 Pfd. bei 7% Dehnung, quer zur Faser 57 Pfd. bei 5% Dehnung für I. Qualität als Norm vorgeschrieben.

Bis zum Stapellauf waren insgesamt 19.671 Zentner Eisen, geliefert von den genannten 3 Werken, verarbeitet worden, bei einem Gesamtgewicht des Schiffes von 30.456 Zentnern beim Stapellauf. Die Helling, auf der die Korvette bis zum Tag der Taufe gestanden hatte, war 125 Meter lang, die Breite der Oder vor der Helling betrug 129 Meter. Der Ablauf der LEIPZIG von der Helling begann damit, dass Generalleutnant von Stosch mittels Hammer und Meißel das Seil durchtrennte, worauf die Fallbeile zu gleicher Zeit fielen und der problemlos ablaufende Stapellauf begann.[125] Armiert war die Korvette mit zehn 17-cm Kanonen kurz, in Breitseitpforten in der Batterie und zwei 17-cm Kanonen lang als Oberdeckgeschütze. Ebenfalls auf Oberdeck befand sich die leichte Artillerie, bestehend aus vier 8-cm Kanonen und 6 Revolverkanonen. Nach einer Breitseite konnten 7 Geschosse von zusammen 374,5 kg Gewicht mit 3.605 Metertonnen Arbeitsleistung abgefeuert werden. Das war für diese Zeit keine schlechte Leistung, die aber durch die ungünstige Geschützaufstellung stark eingeschränkt war.[117]

Die Hauptdimensionen des Schiffes waren: Länge zwischen den Perpendikeln 86 m, größte Breite auf den Planken 14, auf den Spanten 13,678 m, Tiefgang vorn 5,76 m, achtern 6,65 m.[118] Beide Schiffe hatten ein Deplacement von 3.925 t und Einschraubenmaschinen mit je 4.800 PSi.[119]

Der Baupreis wird für LEIPZIG [1] mit 4.061 Mill. Mk. angegeben, für PRINZ ADALBERT ex SEDAN mit 4.130 Mill. Mk.[120] Beide Schiffe hatten unter dem Maschinenraum einen Doppelboden, eine Seitenhöhe von 9,87 m und einen Dynamo für 55 Volt mit 9,1 kW. LEIPZIG [1] war ab dem 6.10.1877[121] bis 1893[122] überwiegend als Auslandskreuzer und Kadettenschulschiff eingesetzt. Das Schiff wurde am 27.8.1894 aus der Liste der Kriegsschiffe gestrichen, als Maschinenhulk in Wilhelmshaven genutzt und ist dort am 5.11.1919 gesunken. Nach der Bergung 1921 wurde es nach Hattingen verkauft und in Wilhelmshaven abgebrochen.[123]

Bleibt abschließend noch der Name THUSNELDA zu klären. Nach dem Flottengründungsplan war eine weitere Korvette teilweise in Holzbauweise als Schwesterschiff der FREYA geplant, die ebenso wie diese von der Marinewerft in Danzig gebaut werden sollte. Da man inzwischen vom Holz abgerückt war und die Danziger zu dieser Zeit noch keine Erfahrungen im Bau von eisernen Dampfschiffen hatten, wurde ihnen der Auftrag entzogen und dem Vulcan unter dem Namen THUSNELDA übertragen.[124]

Die zweite Gedeckte Korvette erhielt der Vulcan mit der Marinebaubezeichnung »A« in Auftrag. [125] Die Bau-Nr. 73 war ein Ersatzbau für einen 1864 in Frankreich angekauften Kreuzer, der bereits nach 11 Jahren außer Dienst gestellt werden musste.[126] Das Schiff lief als SEDAN am 17.6.1874 vom Stapel[127] und trug ab dem 1.9.1878 den Namen PRINZ ADALBERT. Es war als Amtsentwurf in Quer- und Längsspant-Eisenbau mit 7 wasserdichten Abteilungen gebaut worden und hatte 7 Rettungsboote.[128] Die Indienststellung zur ersten Auslandsreise nach Ostasien erfolge am 1.10.1878.[129] Sie war mit LEIPZIG nahezu baugleich einschließlich Bewaffnung. Der Besatzungs-Etat wird für Mitte 1888 mit 434 angegeben. Nach überwiegendem Auslandsdienst von 1878 bis 1880 und 1883 bis 1888 wurde die Kreuzerfregatte am 6.5.1890 aus der Liste der aktiven Kriegsschiffe getrichen und diente als Kasernenschiff der I. Torpedoabteilung in Kiel. Es wurde am 7.6.1907 für 131.000 Mk. zum Abbruch nach Holland verkauft. Die Gallionsfigur kam in die Marineschule Mürwick.[130]

Die Panzerausfallkorvetten der Sachsenklasse SACHSEN [1], WÜRTTEMBERG [1], OLDENBURG

Die weiteren Schiffe dieser Klasse, BAYERN und BADEN, waren an die Marinewerft Kiel vergeben worden. Um nach dem Flottengründungsplan von 1873 Panzerschiffe möglichst schnell zu erhalten, musste man bei der damals geringen Leistungsfähigkeit der deutschen Werften ins Ausland gehen. In England wurden nach Entwürfen von Sir Edward Reed bei Samuda die beiden Schiffe KAISER und DEUTSCHLAND gebaut, die 1879 vom Stapel liefen. Nach diesen ist kein größeres deutsches Kriegsschiff mehr im Ausland bestellt worden, da die heimische Schiffbauindustrie inzwischen leistungsstark genug war, um allen Anforderungen der deutschen Marine gerecht zu werden. Die Korvetten der Sachsenklasse waren dem Typ nach Zitadellschiffe, die sich in Bezug auf die Geschützaufstellung von den englischen und italienischen Schiffen wesentlich unterschieden. Anstatt in Drehtürmen standen die Kruppgeschütze auf Drehscheiben innerhalb fester, geschlossener Brustwehren, sogenannten Barbetten, über welche nur die Geschützrohre hinweg ragten. Die beiden vorderen Geschütze standen in einer birnenförmigen Barbette, die 4 hinteren in einer solchen von rechteckiger Form. Für diese nur zur Küstenverteidigung bestimmten Schiffe gab es eine sehr erschwerende Konstruktionsbestimmung. Sie durften bei schwerster Panzerung von 16" nach Sandwich-System und bestückt mit einer schweren Artillerie von sechs 26-cm Krupp-Geschützen nur einen Tiefgang von 6 Metern haben. Überwiegend für den Einsatz in der Ostsee vorgesehen, sollten sie ungehindert die Häfen Swinemünde und Danzig anlaufen sowie den Belt passieren können. Diese Schiffe waren nicht nur nach deutschem Entwurf, sondern erstmals vollständig aus deutschem Material gebaut worden. Neben dem Zitadellsystem waren die weggefallene Takelage, die Aufstellung der Artillerie sowie die zweite Schraube weitere Neuerungen. Wobei Letzteres nach R. Werner im Wesentlichen eingeführt worden ist, um den Schiffen im Gefecht eine bessere Manövrierfähigkeit zu geben.

Zwei der 26 cm Geschütze standen in einem vorn befindlichen Barbetteturm und 4 weitere in einer quadratischen Panzerkasematte von 254 x 152 mm Stärke hinter den 4 Schornsteinen. Geschützturm und Kasematte waren oben offen. Das durchlaufende Panzerdeck war unter Wasser 75 und über Wasser 40 mm stark. An den Enden fehlte der Seitenpanzer. Hier war ein stark gewölbtes Panzerdeck eingebaut, dessen Scheitel etwas unter Wasser lag. Die Räume über diesem Deck waren durch wasserdichte Längs- und Querschotten in zahlreiche Zellen eingeteilt. Zur weiteren Erhaltung der Schwimmfähigkeit war ein Korkgürtel vorhanden. Die Aufbauten vor und hinter der Panzerkasematte waren so schmal gehalten, dass die 4 Geschütze an den Aufbauten entlang recht achteraus und voraus feuern konnten. Die Schiffe gehörten zu denen mit niedrigem Freibord, ihr Oberdeck lag nur 2 Meter über der Wasserlinie. Die Mündungen der vier 26 cm Ringkanonen lagen in der Kasematte 4 Meter über der Wasserlinie und die der beiden anderen im vorderen Panzerturm einen Meter höher.[131] Die Armierung der Sachsenklasse war je Schiff mit 855.000 Mk. veranschlagt, bei einem Gesamtpreis von 2,645 Mill. Talern je Schiff nach dem Flottengründungsplan von 1873.[132]

In den Jahren 1896 bis 1898 waren die Schiffe einer umfangreichen Modernisierung unterzogen worden, von der die schwere Artillerie mit ihren langsam feuernden 26 cm Kanonen, die zudem eine

Das Linienschiff SACHSEN [1] ankert nach dem Umbau vor Rügens Küste bei Arkona [aus: Überall, Dt. Flotten-Verein, 2. Jg. 1900, Zeichnung vom Marinemaler Willy Stöwer]

geringe Durchschlagskraft hatten, ausgenommen war. An leichten Geschützen wurden aufgestellt je 8 SK 8,8 cm, 3,7 cm Maschinen- oder Revolverkanonen und 8 mm Maschinengewehre. Die 8,8 cm Geschütze standen hinter Stahlschilden. Eine mittlere Artillerie fehlte. Die Torpedoausrüstung bestand aus zwei 35 cm Unterwasserbugrohren, zwei 45 cm Unterwasserbreitseitrohren und einem 35 cm Überwasserheckrohr. Als bemerkenswert wird die Konstruktion der Ramme bezeichnet. »Ihre weit vorspringende Spitze ist als besonderes Stück vor den Steven gesetzt und kann beim Stoß abbrechen, ohne daß der Steven und die Dichtheit der Schiffsverbände leiden muß.« Die 4 Schiffe erhielten auch eine stärkere Panzerung.

An Stelle der alten Mitteldruck-Kofferkessel wurden Wasserrohrkessel System Dürr eingebaut, die Trunkmaschinen durch stehende dreifach Expansionsmaschinen ersetzt und statt 4 hatten sie nur noch einen Schornstein. Während die alten Maschinen 5.600 PSi leisteten und damit wenig mehr als 13 kn erreicht wurden, brachten die neuen bei 6.000 PSi etwas mehr als 14 kn. Die beiden Vierflügelschrauben hatten einen Durchmesser von 4,60 m. Auch wurden wegen der Brandgefahr alle entbehrlichen Holzteile entfernt und durch Stahl ersetzt. Der neue Gefechtsmast war aus Nickelstahl. Unverändert blieb nur der Gefechtsmast. Die beiden Scheinwerfer hatten ihre Plätze vor dem Schornstein und achtern auf dem Schutzdeck. Den nötigen Strom mit 65 Volt lieferten drei Dynamos mit 69 kW. Die Kohlenbunker fassten 600 t, mit denen bei 10 kn Fahrt eine Strecke von 3.000 Seemeilen zurückgelegt werden konnte. Die Schiffsabmessungen waren: Länge zwischen den Perpendikeln 91 m, größte Breite 18,4 m, Seitenhöhe 9,286 m, Konstruktionstiefgang 6 m. Die Besatzungsstärke betrug 436 Mann, davon 19 Offiziere und Beamte, 16 Fähnriche z. S. und 14 Deckoffiziere.[133]

Vier Schiffe dieser Klasse waren nach einem Amtsentwurf in Quer- und Längsspant-Eisenbau mit 16 wasserdichten Abteilungen und 60% Doppenboden gebaut worden, es gab 7 Rettungsboote. Während OLDENBURG aus bestimmten Gründen erst sehr viel später in Angriff genommen werden konnte, begann der Bau des Typschiffs SACHSEN [1] im Dezember 1874, der Stapellauf fand am 21.7.1877 statt und die Ablieferung erfolgte im Juli 1878. Von der Indienststellung am 20.10.1878 bis 1902 gehörte das Panzerschiff zur Flotte, wurde am 19.2.1910 aus der Liste der Kriegsschiffe gestrichen, 1910 zum stationären Zielschiff umgebaut und diente diesem Zweck bis 1919. Am 5. 5.1919 erfolgte der Verkauf zum Abbruch in Wilhelmshaven.[134]

Baubeginn[135] der WÜRTTEMBERG [1] war 1876, der Stapellauf[136] fand am 9.11.1878 statt, die Übernahme[137] in die Flotte am 9.5.1881. Als Schwesterschiff war es mit SACHSEN [1] bezüglich der Konstruktionsangaben nahezu baugleich, ebenso bei der Bewaffnung, dem Kohlenvorrat, der Mannschaftsstärke und der Panzerung, die 1881 zum Teil von der Dillinger Hütte geliefert wurde. Im Sommer 1911 schied das Linienschiff aus dem I. Geschwader der Hochseeflotte aus. Es wurde Schulschiff und der Inspektion des Torpedowesens in Kiel unterstellt.[138] Die Besatzung zu dieser Zeit in der Gesamtstärke von 372 Mann bestand aus 10 Seeoffizieren, 3 Marineingenieuren, 2 Sanitätsoffizieren, einem Zahlmeister, 17 Deckoffizieren und 339 Unteroffizieren und Mannschaften.[139] 1919 als Fboot-Begleitschiff geführt, erfolgte am 20.10.1920 die Streichung aus der Liste der Kriegsschiffe und der Verkauf nach Hattingen.[140] Trotzdem sie dafür nicht vorgesehen waren, mussten die relativ kleinen und inzwischen veralteten Schiffe einschließlich OLDENBURG Anfang 1901 als vollwertige Linienschiffe in der ersten Division des ersten Geschwaders eingesetzt werden. Zu dieser Zeit ein Notbehelf, der seine Begründung darin hatte, dass nach dem Flottengesetz von 1900 mit den Ersatzbauten erst 1906 begonnen werden sollte, die damit nicht vor 1910 zur Verfügung stehen konnten.[141]

Nachdem für die deutsche Marine längere Zeit kein Panzerschiff mehr gebaut worden war, erhielt der Vulcan 1883 – vermutlich im Januar –[142] den Auftrag zum Bau des Linienschiffes OLDENBURG. Dessen Baukosten werden mit 8,885 Mill. Mk. beziffert. Es sollte eine Weiterentwicklung der Sachsenklasse werden, was es nach den Bauplänen auch geworden wäre, wenn das Parlament von der vorgesehenen Bausumme nicht mehrere Millionen gestrichen hätte. So musste das Schiff um »drei Millionen zu kurz gebaut werden«, wie es der Marinehumor ausdrückte[152], während der Volksmund es »Bügeleisen« nannte. Obgleich ein Panzerschiff mit hauptsächlich auf die Ostsee beschränktem Wirkungskreis, ist es dennoch kein Schwesterschiff der Sachsenklasse geworden. Es musste auf Grund der nachträglich gekürzten Gelder nach gänzlich anderen Plänen gebaut werden. Für den Marineoffizier R. Werner war es nach seiner Beschreibung dennoch ein gutes Kriegsschiff geworden. Positiv hebt er u.a. hervor, dass das günstige Verhältnis von Länge zu Breite mit 4:1 für die Drehfähigkeit des Schiffes das geeignetste sei, während es bei den 4 Schiffen der Sachsenklasse 5:1 war. Da man bei der Panzerung wegen der geringen Schiffsgröße nicht die 40,6 Zentimeter der anderen Panzerschiffe erreichen konnte, wählte man dafür den neuerfundenen Verbundpanzer, der aus Stahl und Eisen bestand. Beides wurde im Verhältnis von 1/3:2/3 aufeinander geschweißt, womit dieselbe Panzerwirkung erreicht wurde, wie bei den vorher gebauten Schiffen. Die Stärke des Gürtelpanzers betrug 30 cm in der Mitte und nahm nach den Enden bis auf 20 cm ab. Dieser sogenannte Compound-Panzerschutz – Verbundstahl auf Teakholz – war der erste, welcher von einem deutschen Hüttenwerk, der Dillinger-Hütte, für die Marine geliefert wurde, nachdem das Unternehmen 1880 das englische Patent von Wilson erworben hatte.[143]

Linienschiff OLDENBURG war die letzte Panzerkorvette, die nach dem alten Flottenprogramm gebaut wurde [aus: Leitfaden f. d. Unterricht im Schiffbau, herausgegeben v. d. Inspektion, d. Bildungswesen der Marine, Berlin 1902]

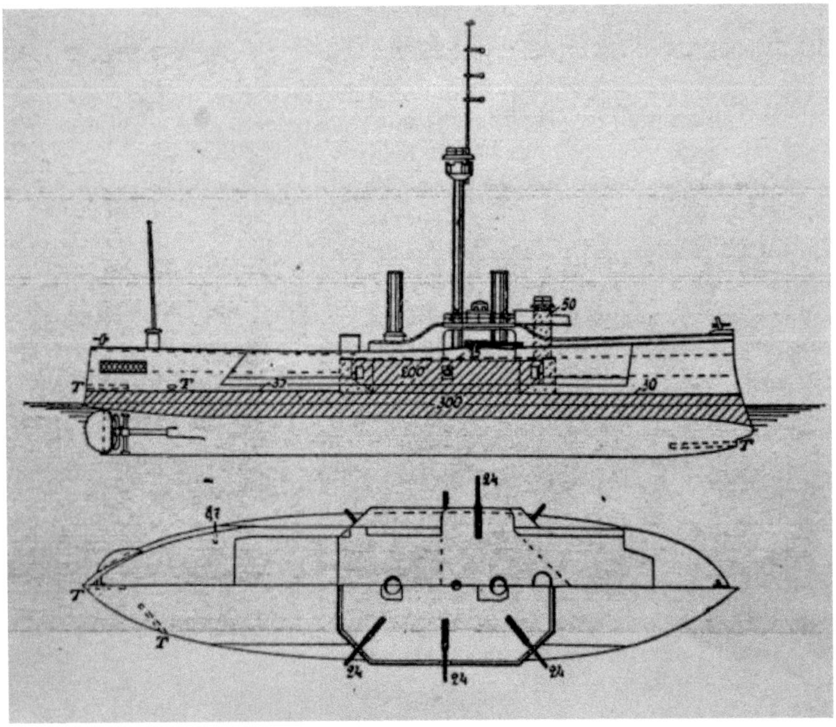

Als weitere Besonderheit ist festzuhalten, dass OLDENBURG das erste aus Stahl gebaute deutsche Panzerschiff war. Auch die Maschine musste natürlich kleiner ausfallen, allerdings ohne, dass dadurch die Geschwindigkeit eingeschränkt wurde. Durch die Gewichtsersparnis bei Maschine und Panzer konnte die Artillerie und damit die Angriffskraft der Korvette bedeutend erhöht werden. Abschließend stellt Werner fest: »Sie ist mithin sowohl für die Verteidigung, wie für den Angriff, das stärkste unserer Panzerschiffe von hohem Gefechtswert und bilden die fünf Ausfallkorvetten überhaupt eine gewaltige Macht.«

Der Stapellauf der Bau-Nr. 132 am 20.12.1884 war ein großes Ereignis, »welchem Tausende von Menschen beiwohnten. Punkt ¾12 Uhr betrat der Erbgroßherzog von Oldenburg, in der Majorsuniform der Oldenburger Dragoner die Tribüne, [...] mit ihm die Directoren und der Aufsichtsrat des Vulcan. Unter den Gästen befanden sich Admiral v. d. Goltz, Admiral Kühne, Admiralitätsrath Brix, Corvetten-Kapitän Böters, Admiralitätsrat Dietrich, der Commandirende des zweiten Armeecorps, von Dannenberg, Polizei-Präsident Hue de Grais, Oberbürgermeister Haken. Den Taufact vollzog der Erbgroßherzog [Taufrede s. Anhang]. An den Stapellauf schloß sich um 12¾ Uhr im Hotel de Prusse [dem späteren Preußenhof] ein Frühstück von über 90 Gedecken an, wozu an die Spitzen der städtischen Zivil- und Militärbehörden Einladungen ergangen waren. Neben den bereits genannten Herren, waren der Oberpräsident von Pommern, Graf Behr-Negendank, Kommerzienrat Dr. Delbrück und R. Grunow anwesend, letzterer als Vertreter der Firma Krupp. Der Geh. Kommerzienrat Brumm würdigte als Vorsitzender des Verwaltungsrates in seinem Trinkspruch u.a., die Bedeutung dieses Tages für den Vulcan, die darin lag, daß mit der Korvette OLDENBURG das zehnte größere Fahrzeug für die Deutsche Marine geliefert worden ist.«[154] Bereits am Tag des Stapellaufs erhielten einige Persönlichkeiten Orden und Ehrenzeichen. »Dem Direktor Haack, ist [...] vom Großherzog von Oldenburg das Ehren-Ritterkreuz I. Klasse des Oldenburger Haus- und Verdienst-Ordens verliehen worden. Außerdem erhielten der Director der Admiralität, Admiral Kühne und der Geh. Admiralitäts-Rath Dietrich, Orden und Auszeichnungen, welche sämtlich [...] von dem Erbgroßherzog überreicht wurden.«[144]

Am 8.10.1885 fand eine Besichtigung des fast fertigen Kriegsschiffes durch 3 hohe Marineangehörige statt. Der Werftdirektor v. Werner aus Kiel und die Admiralitätsräte Rotter und Schulz waren mit dem Expresszug aus Berlin angereist.[145] Wenig später, am 17. d. M., trat die Korvette die Fahrt nach Swinemünde an, »nachdem gegen 1 Uhr ein günstiger Wasserstand eingetreten war.« Der Schleppzug mit dem Bugsierdampfer LOTHAR BUCHER und dem Personendampfer PRINßES ROYAL VICTORIA »ist am Nachmittag kurz nach 3 Uhr in der Nähe der Crampemündung zu Anker gegangen, von wo die Fahrt [...] mit Tagesanbruch fortgesetzt werden soll.« Die Ankunft in Swinemünde 9 Uhr morgens am 18. November wurde der Redaktion der Ostsee-Zeitung per Telegramm mitgeteilt, sodass die Meldung noch in der Abendausgabe erscheinen konnte.[146] Knapp zwei Monate später, am 16.2.1886, teilt die Zeitung in der Rubrik »Deutsche Marine« mit: »Nach der Danz.[iger] Ztg. soll das Panzerschiff [...] zum 1. April in Dienst gestellt werden. Es soll dem genannten Blatt zufolge der Capitän zur See Heusner zum Commandanten und Prinz Heinrich zum ersten Offizier des Schiffes designirt sein.« Den Bau betreffend, erschien die letzte Meldung dieser Zeitung am 7.6.1886 und ebenfalls in der Rubrik Deutsche Marine: »Der Magdeb.[urger] Ztg. wird geschrieben: Der neue [...] Panzer [...] hat nach den betreffenden Mittheilungen bei seinen gegenwärtig stattfindenden Probefahrten eine Fahrgeschwindigkeit von mehr als 15 Seemeilen in der Stunde ausgewiesen. Auch sonst soll die Bauconstruktion des Schiffes die von demselben gehegten günstigen Erwartungen noch übertroffen haben. [...]«

Das Schiff war als Amtsentwurf in Quer- und Längsspant-Stahlbau mit Eisensteven, 12 wasserdichten Abteilungen und einem 60% Doppelboden gebaut worden. Die Länge über alles betrug 79,80 m, die Breite 18 m, der Tiefgang vorne 6,28 m, achtern 6,30 m, die Seitenhöhe 11 m.[147] Auf dem Gürtelpanzer war ein Panzerdeck angeordnet, unter dem die Maschinen und Kessel, die Munitionskammern und andere wichtige Teile untergebracht waren. Alle Luken des Panzerdecks konnten während des Gefechts verschlossen werden, teilweise durch feste Stahldeckel, teilweise, wie z.B. über den Maschinenluken, durch Panzergrätinge.[148]

Das Deplacement betrug 5.223 t. Die 2 liegenden Verbundmaschinen mit je 2 Hochdruck- und Niederdruckzylindern leisteten 3.900 PSi für eine Konstruktionsgeschwindigkeit von 13,5 kn, den Dampf lieferten 8 Zylinderkessel mit rückkehrender Flamme. Mit dem Kohlenvorrat von 350 Tonnen konnte eine Dampfstrecke von 1.500 Seemeilen bei einer Fahrt von 10 kn zurückgelegt werden.[149] Als schwere Artillerie waren acht 24 cm Geschütze vorhanden, eine mittlere fehlte, und die leichte bestand aus zwei 8,7-cm, 6 SK 5 cm und sieben 8 mm MGs. An Torpedorohren waren ein 35-cm Unterwasserbugrohr, 2 Überwasserbreitseitrohre und ein Überwasserheckrohr vorhanden. An Kosten werden für die in Kiel erfolgte artilleristische Armierung 1,427 Mill. Mk. genannt.[150] Das Schiff hatte elektrische Beleuchtung und 2 Scheinwerfer, aufgestellt auf der Back und einem kleinen Gerüst am Heck, den Strom mit 25 Volt lieferten 3 Dynamos mit 29 kW. Die Besatzung belief sich auf 389 Köpfe, davon 18 Offiziere und Beamte, 16 Fähnriche z. S. und 14 Deckoffiziere. Da man das Schiff als verfehlte Konstruktion ansah, wurde eine spätere Modernisierung aus Kostengründen nicht durchgeführt.[151] Die Schiffsglocke mit der Nummer 983 und 94 kg Gewicht war von der Stettiner Glockengießerei C.(arl) Voß & Sohn geliefert worden. Das Schiff wurde 1900 Wacht- und später Hafenschiff, am 13.1.1912 aus der Liste der Kriegsschiffe gestrichen, Zielschiff und 1919 in Wilhelmshaven abgebrochen.[152]

Schwere Geschütze gegen stärkste Panzer

Der Kampf zwischen Panzer und Kanone, der mit dem ersten in Frankreich gebautem Panzerschiff einsetzte, entwickelte sich insbesondere nach dem Krimkrieg zu einem steten Wettstreit. In diesem ist die Panzerung immer im Nachteil gewesen, da sie bereits bei der Inbaugabe des Schiffes bestellt werden musste. Wenn dann das Schiff nach einer mehrjährigen Bauzeit zur Flotte kam, hatte die Artillerie gewöhnlich wieder so große Fortschritte gemacht, dass der Panzer nicht mehr den ursprünglich geplanten Schutz gewähren konnte. Als 1863 die Palliser-Granate aus gehärtetem Grauguss erfunden war, begann eine lange Reihe von Verbesserungen zur Steigerung der artilleristischen Schlagkraft. Bereits 1865 durchschlug der 20,3-Vorderlader von 15 Kaliber Seelenlänge mit 100 kg Geschossgewicht auf 900 Metern einen 25 cm dicken Panzer aus Walzeisen. Die Mündungsgeschwindigkeit und damit die Mündungsenergie der Geschütze wuchs zunächst nur sehr langsam an, da entscheidende Verbesserungen an den Treibmitteln vorerst nicht eintraten. Eine wesentliche Steigerung der Durchschlagsleistung konnte daher zunächst nur durch eine Steigerung des Geschossgewichtes, also eine Kalibersteigerung, angestrebt werden. So wuchs bei annähernd gleichbleibender Mündungsgeschwindigkeit und Rohrlänge das Kaliber bis 1876 auf 40,6 und sogar 45,7 cm an. Deren Geschossgewichte betrugen 700 bis 1.000 kg, die Durchschlagsleistung stieg auf etwa 60 cm Walzeisen bei 900 Metern Entfernung, das Rohrgewicht auf 110 Tonnen.

Auch die Qualität des Panzers wurde in diesem Zeitraum nicht wesentlich verbessert, als Material diente nach wie vor Walzeisen. Der zunehmenden Geschützleistung konnte daher nur durch immer größere Panzerstärken – bis zu 60 cm – begegnet werden. Das Deplacement, welches bereits 1865 bei einigen Schiffen auf über 11.000 Tonnen gestiegen war, wurde nur unwesentlich und zögernd vergrößert. Eine Vergrößerung des Panzergewichts und damit des Deplacements konnte nur durch die Einschränkung der gepanzerten Fläche in tragbaren Grenzen gehalten werden. Um dieses Ziel zu erreichen, wurden zwei verschiedene Wege eingeschlagen. Die französische Marine beschränkte die Panzerung auf einen schmalen Gürtel in der gesamten Wasserlinie, die Geschützstände und Munitionsaufzüge. Die englische und deutsche Marine hatten nach italienischem Vorbild den Typ des Zitadellschiffes eingeführt. Bei diesem waren die vitalen Teile und die mittschiffs untergebrachte schwere Artillerie in einem gemeinsamen Panzerkasten von großem Freibord zusammengezogen. Die ungepanzerten Teile des Vor- und Achterschiffs – zusammen etwa 2 Drittel der ganzen Länge – waren nur durch ein Unterwasserpanzerdeck, Kork- und Kofferdämme, Kohlenschutz und enge Schottenunterteilung geschützt. Der gepanzerte Mittelteil sollte selbst bei völliger Zerstörung und Überflutung der Schiffsenden noch ausreichende Schwimmfähigkeit und Stabilität bewahren. Bei den Linienschiffen der Sachsenklasse waren nur 34% der Wasserlinie durch eine 40 cm gepanzerte Zitadelle von 3 Meter Freibord geschützt. Diese umschloss eine Kasematte und die Barbette für die schwere Artillerie, die Munitionsaufzüge, Schornstein- und Luftschächte und die Niedergänge zum Unterwasserschiff.

Die Panzerherstellung hatte eine lange Entwicklungsgeschichte. Die ersten Panzerplatten waren nichts weiter als verstärkte Eisenbleche. Auch das Verfahren Ericsons, den Monitor durch eine Lage doppelter, ineinandergreifender Eisenbahnschienen zu panzern, wurde nicht aufgegriffen. Es war lediglich ein Versuch, mit möglichst einfachen Hilfsmitteln in kurzer Zeit das gesteckte Ziel zu erreichen. Im Laufe der Zeit nahm die Stärke der Panzerung immer mehr zu. Anfang der 1870er Jahre war man in England bereits bei einem Panzer von 24" angelangt, der auf einer Holzunterlage von 11" befestigt war. Das Holz sollte im Wesentlichen eine elastische Unterlage bilden, um die Wirkung des Panzers zu verbessern. Dadurch wurde aber das Gewicht so hoch, dass der Gefechtswert der Schiffe nur noch sehr gering war. Zum einen wegen des sehr eingeschränkten Aktionsradius, bedingt durch den geringen Kohlenvorrat, zum anderen wegen des wenigen Deplacements für die Aufstellung der Artillerie. Auch bot der Panzer, trotz seiner gewaltigen Stärke, nach der Einführung der Stahlgeschosse und der Vergrößerung der Mündungsenergie nur noch einen geringen Schutz. Die Geschosse drangen infolge ihrer größeren Härte leicht ein und schlugen durch. Auch der Ausweg, 2 Platten zu verwenden, zwischen denen eine Lage Holz kam, wie z.B. bei der Sachsenklasse, führte zu keinem wesentlichen günstigerem Ergebnis.

Man musste daher versuchen, die Schussfestigkeit zu erhöhen, was dazu führte, dass der 1877 von dem Engländer Wilson entwickelte sogenannten Verbundpanzer sehr schnell Einführung fand. Bei diesem wurde auf die Stirnseite einer Walzeisenplatte eine dünnere Stahlplatte geschweißt. Die Festigkeit verhielt sich zu der einer gewöhnlichen Eisenplatte wie 1:0,75. Dieses durch ein Patent geschützte Material war 1880 von der Dillinger Hütte erworben worden und wurde nach entsprechenden Verhandlungen mit Krupp von beiden Werken hergestellt. Allerdings genügten sie keineswegs höheren Ansprüchen. Ihr größter Fehler war, dass sie sich beim Geschossaufprall in ihre Bestandteile zerlegten, da die Schweißung der stoßweisen Beanspruchung nicht gewachsen war. Musste für die deutschen Marineschiffe die Panzerung anfangs noch von den englischen Firmen Charles Cammel

& Co. und John Brown, beide in Sheffild, bezogen werden, änderte sich das 1876, als die Hütte in Dillingen a.D. Saar, sich für die Produktion von Panzerplatten eingerichtet hatte. Als die Hütte die Lieferung der Panzerung für die erste PREUßEN [1] anbot, zog die Marine es noch vor, dieses Material ebenso wie die Schiffssteven in England zu bestellen. Das Werk Dillingen lieferte zuerst die Platten von 8" = 203 Millimeter Stärke für eine Anzahl von Panzerkanonenbooten, dann 1879/80 beim Umbau der KÖNIG WILHELM die 12" = 305 Millimeter dicken Panzerplatten aus Walzeisen sowie 1881 für BADEN und teilweise für WÜRTTEMBERG. 1880 erwarben dieselben Werke das englische Patent von Wilson für die Herstellung von Verbundpanzern und lieferten zuerst für OLDENBURG, dann für alle deutschen Schiffe solche Panzer. Als 1890 an die Stelle des Walzeisen der gehärtete Nickelstahl trat, der ebenfalls von dieser Hütte hergestellt wurde, schien der Panzer endgültig gesiegt zu haben, denn auf der gehärteten Oberfläche zerbrachen die Geschosse und ihre Sprengwirkung blieb erfolglos. Seit 1891 hatte auch Friedrich Krupp in Essen große Einrichtungen zur Herstellung von Panzermaterial geschaffen. Beide Werke arbeiteten damals gemeinschaftlich und waren so Leistungsfähig, dass sie nicht nur den Panzerbedarf Deutschlands vollkommen decken konnten, sondern auch nach dem Ausland lieferten.

Die neuesten an der Oberfläche gehärteten Panzerplatten beider Werke waren das Beste, was um 1895 weltweit hergestellt wurde. Damit hatte die deutsche Eisenindustrie mit wesentlicher Unterstützung der Marine die völlige Unabhängigkeit von England erreicht. Ein großer Fortschritt waren die nach dem Harvey'schen Verfahren hergestellten Platten. Diese bestanden aus weichem Stahl, der an seiner Oberfläche durch Zementieren mit Kohlenstoff härtbar gemacht wurde. Die harte Oberfläche bot dem Eindringen der Geschosse ausreichend Widerstand, während die weiche und dehnbare Rückwand Schutz gegen Zerspringen und abbröckeln gab. Diese Panzerung war allen bisherigen weit überlegen und wurde in großem Umfang bei vielen Marinen eingeführt. Sie ist als Vorläufer des nach Krupp'schen Patenten hergestellten Panzers anzusehen, von dem sie allerdings weit übertroffen wurde. 100 Millimeter Krupp-Panzer schützten etwa ebenso gut wie 125 Millimeter Harvey-, 200 Millimeter Verbund- und 300 Millimeter Eisenpanzer. Durch bestimmte Bearbeitungsverfahren wurde erreicht, dass bei dieser Panzerung das Geschoss wohl in den Panzer eindringen, ihn aber nicht zertrümmern konnte, sondern ohne Schaden anzurichten in ihm stecken blieb. Dieses Material wurde ebenfalls in beiden deutschen Panzerwerken hergestellt.

Auch in der Formgebung der einzelnen Platten waren große Fortschritte gemacht worden. Sie wurden aus großen Stahlgussblöcken ausgewalzt, allerdings ohne, dass es anfangs möglich gewesen wäre, den Platten eine doppelte Krümmung zu geben. Was zur Folge hatte, dass bei den älteren Schiffen im Hinterschiff an der Unterkante des Panzergürtels die Schiffsform einen scharfen Knick bekam. Da die Platten nicht gebogen waren, konnten sie der Schiffsform nicht angepasst werden. Das Durchschleppen dieses Knicks durch das Wasser verursachte erhebliche Wirbel, damit einen vergrößerten Schiffswiderstand, der sich ungünstig auf die Geschwindigkeit auswirkte. Erst in den 1890er Jahren gelang es, Platten in fast jeder gewünschten Form herzustellen, sodass eine vollständig glatte und für den Widerstand günstige Form des Schiffskörpers erreicht wurde. Die hohe Entwicklungsstufe in der Erzeugung des Panzermaterials war zum größten Teil ein Verdienst der Firma Krupp.[153]

Die Gedeckten Korvetten der Moltkeklasse, STEIN und STOSCH

Wie dem Geschäftsbericht über 1879 – enthalten im Jahresbericht der Stettiner Kaufmannschaft – zu entnehmen ist, waren u.a. 14 eiserne Baggerprähme ohne Bau-Nrn. für die »kaiserliche Werft geliefert worden,« wobei es sich vermutlich um die Werft in Kiel gehandelt haben wird. Die Taufe der Korvette STEIN fand am 14.4.1880 durch den Kaiser statt.[154] Das Schiff mit der Bau-Nr. 83 war nach Amtsentwurf 1873/75 in Querspant-Eisenbau, 9 wasserdichten Abteilungen und einem Doppelboden unter dem Maschinenboden gebaut wor-

SMS STOSCH als Kadettenschulschiff in Kiel, 1894 [gemeinfrei]

Frühere Kreuzerfregatte STOSCH als Kadettenschulschiff [aus: Überal, Zeitschr. d. Deutschen Flotten-Vereins, 2.Jg. 1900]

den. Es hatte ein Deplacement von 2.850 Tonnen und folgende Konstruktionsdaten: Länge zwischen den Perpendikeln 74,50 m, größte Breite 13,80 m, Tiefgang 5,70 m. Es war als Vollschiff getakelt, die zweiflügelige Schraube mit einem Durchmesser von 5,20 m war heißbar. Mit dem Kohlenvorrat von 365 Tonnen und 10 Knoten Geschwindigkeit konnte das ungepanzerte Schiff 3.500 Seemeilen zurücklegen. Die Maschinenleistung betrug 2.500 PSi, die Höchstgeschwindigkeit 14 kn. Die Maschine war eine liegende 3-zylindrige einfach wirkende Expansionsmaschine, den Dampf erzeugten 4 Niederdruck-Kofferkessel, der Schornstein war versenkbar. Die Baukosten werden mit 2,721 Mill. Mk angegeben. Die Besatzung hatte eine Stärke von 452 Mann, darunter 17 Seeoffiziere und Beamte sowie 8 Deckoffiziere.[155] Die Schiffsglocke mit der Nummer 774 und 42,5 kg Gewicht, lieferte die Stettiner Glockengießerei C. (arl) Voss & Sohn. Am 1.7.1883 erfolgte die Indienststellung zur ersten Auslandsreise nach Ostasien. Um 1888 ist die Kreuzerfregatte als noch im Dienst befindlich verzeichnet mit den Angaben Westindien, Ostamerika, Mittelmeer, Atlantik.[156]

Die Bewaffnung bestand 1886 aus sechzehn 15 cm, 2 leichte und 6 Revolvergeschütze, Letztere verteilt an der Reeling.[157] Als Kadettenschulschiff bestand sie aus 10 bis vierzehn 15 cm Kanonen in der Batterie, zwei 8,8 cm Schnellladekanonen auf dem Oberdeck als Buggeschütze in eingezogenen Pforten, sechs 3,7 cm Maschinenkanonen und zwei 0,8 cm Maschinengewehren. Eine Torpedoausrüstung war nicht vorhanden. Das Schiff hatte elektrische Beleuchtung und einen Scheinwerfer.[158] Ab 1888 bis zur Streichung aus der Liste der Kriegsschiffe am 21.5.1908 diente die Kreuzerfregatte als Schulschiff für Kadetten und Schiffsjungen, danach als Wohnhulk in Wilhelmshaven, wo 1920 der Abbruch erfolgte.[159]

Das Schwesterschiff STOSCH, ebenfalls als Amtsentwurf und 1876 mit der Bau-Nr. 77 in Bau genommen, lief am 8.10.1877 vom Stapel und war im März 1878 fertiggestellt.[160] Die Baukosten werden mit 2,521 Mill. Mk. angegeben.[161] Die Konstruktionsdaten entsprachen denen der STEIN, ebenso die Bewaffnung, die auch bei diesem Schulschiff wechselte. Es gab ebenfalls eine elektrische Anlage und einen Scheinwerfer. Die Indienststellung zur ersten Auslandsreise nach Ostasien erfolgte am 1.4.1883, am 31.12.1885 die Außerdienststellung.[162] 1888 wurde die Fregatte Schulschiff für Seekadetten und Schiffsjungen.[163] Die Zahl der Kadetten betrug anfangs 40 und wurde um 1890 verdoppelt, als der Bedarf an Seeoffizieren durch die steigende Zahl der Marineschiffe sich stark erhöhte.[164] Ab dem 2.5.1891 fungierte STOSCH als Wachtschiff des Kieler Kriegshafens und hatte die Flagge des Chefs der Marinestation der Ostsee gesetzt.[165] Am 21.5.1908 aus der Liste der Kriegsschiffe gestrichen, diente auch dieses Schiff als Wohnhulk in Wilhelmshaven, wo es ebenfalls 1920 abgebrochen wurde.[166]

Die Gedeckten Korvetten dieser Klasse gehörten einer neuen, ganz aus Eisen gebauten Art an, hatten Doppelboden und mehrere Querschotte. In einer Beschreibung[167] werden sie als »ebensolche Zwitterbildungen wie LEIPZIG [1] und PRINZ ADALBERT« geschildert, »sie segelten nur mäßig gut und dampften nicht schnell genug.« Der Boden dieser Schiffe stellte eine Besonderheit dar. Um den störenden Bewuchs zu verhindern, hatte man statt der sonst üblichen Kupferplatten solche aus Zink verwendet. Durch die offenen Nähte der Platten hatte das Seewasser freien Zutritt, was zum oxidieren der Zinkplatten führte, diese sollten dadurch glatt erhalten und so der Bewuchs verhindert werden. Da sich dieser Beschlag nicht bewährte, mußte wieder zum Reinigen und Streichen zurückgekehrt werden.[168]

Die Glattdeckskorvetten CAROLA und OLGA

Im Geschäftsjahr 1881 lieferte die Werft nach dem Verwaltungsbericht[169] neben den beiden Korvetten u.a. auch »verschiedene Arbeiten für den Kriegshafen Kiel.« Es waren einige Signalbojen, eine spitze Fahrwassertonne, eine Bootsheißmachine und ein Dreibeinkran, die nach dem Bericht der Stettiner Kaufmannschaft für das Jahr 1881, »für die Kaiserliche Werft in Kiel« bestimmt waren. Bei dem Kran handelte es sich aller Wahrscheinlichkeit nach um den als Modell auf der Wiener Ausstellung gezeigten.

Baubeginn der Korvetten war 1879.[170] Sie wurden als Amtsentwurf 1875 in Ober- und Längsspant-Eisen-Stahlbau gebaut, mit Holzbeplankung und Zinkbeschlag und erhielten einen Eisensteven. Es gab 9 wasserdichte Abteilungen und einen Doppelboden unter dem Maschinenraum. Das Deplacement betrug 2.147 t, die Länge über alles 76,35 m, die Breite 12,5 m, der Tiefgang vorn 4,98 m, achtern 6 m, die Seitenhöhe 6,98 m.

Die liegende 3-zylindrige 2-fach-Expansionsmaschine in einem Maschinenraum, hatte bei CAROLA eine Leistung von 2.367 PSi, bei OLGA eine solche von 2.399 PSi. Die 8 Zylinderkessel in 2 Kesselräumen arbeiteten mit 5 atü. Die Zweiflügelschraube bis 1895, hatte einen Durchmesser von 5,02 m, die Höchstgeschwindigkeit betrug bei CAROLA 13,7, bei OLGA 13,9 kn. Die Bunker der CAROLA fassten 218 t Kohle. Beide Schiffe waren anfangs ohne Scheinwerfer, später erhielten sie je zwei. CAROLA hatte 2 Dynamos mit 25 kW und 67 Volt, OLGA einen mit 12 kW und ebenfalls 67 Volt. Es gab ein Ruder. An Rettungsbooten hatten beide je 2 große Dampfboote, Kutter und Jollen sowie ein Dingi. Die Besatzungsstärke wird bei CAROLA mit 10.246, bei OLGA mit 10.265 Offizieren und Mannschaften angegeben, CAROLA kostete 2.192, OLGA 2.276 Mill. Mk.[171]

Die Korvette mit der Marinebaubezeichnung »E« lief als CAROLA mit der Bau-Nr. 87 am 27.11.1880 vom Stapel. Die anfängliche Bewaffnung bestand aus acht 15 cm Kanonen, zwei 8,7 cm Kanonen, einer leichten [vermutlich 5 cm] und 4 Revolverkanonen [vermutlich 3,7 cm]; als Schulschiff für Schnellladeschützen – stationiert in Kiel – zeitweise aus zehn 15 cm, zwei 10,5 cm, sechs 8,8 cm, zwei 5 cm Schnellladekanonen.[172] Nach der Fertigstellung ist die Korvette am 19.7.1881 »im Schlepptau der Dampfer LOTHAR BUCHER, WOLLINER GREIF und EXELLENZ STEPHAN nach Swinemünde gebracht worden, wo der Schleppzug um 11,30 Uhr glücklich eintraf.«[173] Unter dem Kommando des Stettiner Kapitäns Wilke ging das Schiff am nächsten Tag um 11 Uhr vormittags in See, »um die Maschinen zu probieren und die Compasse zu reguliren.« Um 5 Uhr nachmittags wurde auf der Reede geankert und um 8 Uhr abends die Fahrt nach Kiel angetreten.[174] Dort geht das Schiff »behufs allgemeiner Abnahme zunächst in ein Trockendock der Ellerbecker [Marine-] Werft und soll dann mit den programmäßigen Probefahrten beginnen.« Das Schiff hat, wie der Neuen Preuß. Ztg. aus Kiel geschrieben wird, 2.169 Tons Deplacement und soll mit seiner dreizylindrigen Compoundmaschine 2.100 Pferdekraft entwickeln, wobei man auf eine Geschwindigkeit von 11–15 kn rechnet. Es waren 8 Zylinderkessel mit rückkehrender Flamme vorhanden. Die Corvette erhielt eine Bestückung von zehn 15 cm Krupp-Kanonen.[175] Die Indienststellung der als Bark getakelten CAROLA zur ersten Auslandsreise nach Australien, erfolgte am 1.10.1881. Die »Kreuzer-Corvette« wurde mit Datum 1.11.1885 als »noch im Dienst« geführt, mit den Angaben »Australien ›Ostasien, Ostafrika, Australien.«[176] Als Auslandskreuzer ausgemustert, diente das

Schiff seit 1893 als Artillerieschulschiff, wurde am 4.10.1905 aus der Liste der Kriegsschiffe gestrichen, 1906 für 136.000 Mark verkauft und in Hamburg abgebrochen.[177]

OLGA, deren Namensgeberin die Königin von Württemberg war, lief mit der Bau-Nr. 88 am 11.12.1880 vom Stapel.[178] Fünf Jahre später, in der letzten Juliwoche 1885, erhielt der Kommandant der in Kiel liegenden Korvette von der Königin »4 silberne Remontoiruhren mit auf dem Deckel eingravirtem Namenszug mit dem Auftrage, dieselben vier Angehörigen der Schiffsmannschaft, welche sich durch treue Diensterfüllung und untadelhafte Führung im Dienste ausgezeichnet haben, als Geschenk zu übergeben.«[179] Nach der Fertigstellung ging »am 4. September 1881, früh 5 Uhr die Corvette [...] vom Vulcan aus im Schlepptau der Dampfer LOTHAR BUCHER, DIE DIEVENOW und PRINCESS ROYAL VICTORIA nach Swinemünde ab und [...] ist hier um 11 Uhr 45 Min. glücklich angekommen.«[180] Am folgenden Tag, um 10[30] Uhr, ging die Korvette unter Assistenz der Bugsierdampfer OTTO und LOTHAR BUCHER in See. Die »demnächst abgehaltene Probefahrt fiel, wie verlautet, sowohl in Bezug auf die Schnelligkeit als auf die Steuerfähigkeit [...] zur vollständigen Zufriedenheit aus. Nachmittags 5¾ Uhr dampfte darauf die Corvette von der Rhede nach ihrem Bestimmungsort Kiel weiter.«[181] Das Kommando hatte Kapitän Buchholz von der Neuen Dampfer-Companie Stettin, die Mannschaft stellte der Vulcan.[182] Die Konstruktionsdaten entsprachen denen der CAROLA, ebenso die erste Bewaffnung. Als Schiffsjungenschulschiff – stationiert in Wilhelmshaven – gab es zehn 15 cm Schnellfeuergeschütze, zwei 8,8 cm Schnellfeuergeschütze und 8 leichte Geschütze. Die Indienststellung[183] zur ersten Auslandsreise nach Ostamerika erfolgte am 1.3.1882.

Um 1900 wurde OLGA Artillerieschulschiff und zwar ausschließlich für die Ausbildung an Maschinenwaffen, die zunehmend wichtiger wurden. Auf den Artillerieschulschiffen wurden für alle in der Marine vorkommenden Geschützarten Geschützführer ausgebildet. Ferner waren Fähnriche z. S. und Offiziere unterschiedlicher Dienstgrade zu Ausbildungskursen an Bord kommandiert. Sie wurden mit allen Details der Geschütze vertraut gemacht, sollten sich im Schießen mit allen Kalibern vervollkommnen sowie selbstständig und sachgemäß Schießübungen leiten können.[184] Am 22.6.1905 wurde das Schiff aus der Liste die Kriegsschiffe gestrichen, im März 1906 für 136.000 Mark verkauft und 1906 in Hamburg abgebrochen.[185]

Ein Ausflug des VDI Berlin mit dem Hauptziel Stettiner Vulcan

Am 16. und 17.7.1881 unternahm der »Verein deutscher Maschinen-Ingenieure« einen Ausflug an die Ostsee mit dem Hauptziel Stettiner Vulcan, dem ein längerer Besuch abgestattet wurde. Der darüber erstellte ausführliche Bericht[186] des Königl. Eisenbahn- Maschinenmeisters Garbe enthält u.a. auch einige interessante Angaben über die damals in Betrieb befindlichen Maschinen zum Schiffbau einschließlich der Marinebauten. Die Führung fand unter der Leitung der Direktoren Haack, Stahl und des Oberingenieurs Wegner statt. Man sah ein im Bau befindliches Panzerschiff für die chinesische Regierung, die ein weiteres Schiff dieser Art bestellt hatte, zwei Torpedoboote von je 450 PSi und 18 kn laufend in Arbeit; einen Schleppdampfer für russische Rechnung, der für Fahrten auf der Wolga bestimmt war, zwei Frachtdampfer für Stettiner Rechnung und im Schwimmdock ein großes Schiff, bei dem die Kupferhaut aufgebracht wurde. Weiter ist zu entnehmen, dass nach dem Frühstück, bei welchem die 3 Herren zahlreiche Erklärungen gaben und Fragen beantworteten, die Korvette CAROLA besichtigt wurde. »S.M. Schiffe CAROLA und OLGA sind die nach dem Flottengründungsplan zu erbauende Korvetten »E« und Ersatz Augusta. Die Schiffskörper [...] aus Eisen [...] sind vom Kiel bis zum Oberdeck mit einer Bekleidung von 75 mm dicken Teakplanken versehen, auf welchen zum Schutz gegen das Bewachsen ein Zinkbelag befestigt wird. Die Vordersteven wie [...] Hinter- und Rudersteven sind aus Eisen und von Krupp geliefert. Ebenso sind Fock- und Großmast aus Eisen [...] während Bugspriet und Besansmast aus Holz bestehen.«

Da keine zeitgenössischen wesentlichen Details über die Maschinenanlage der Kreuzer ermittelt werden konnten, sind die hierzu in diesem Bericht enthaltenen Angaben von einigem Wert, besonders auch deshalb, weil sie offensichtlich von Haack oder Wegner stammen. So wird mitgeteilt, dass die Maschine auf eine Leistung von 2.100 PSi konstruiert ist und diese Arbeit als Mittelwert während einer sechsstündigen Probefahrt zu leisten ist. »Die liegende Compound-Maschine hat 3 Zylinder, der mittlere mit 1.250 mm, die seitlichen mit je 1.500 mm Durchmesser und alle 3 mit einem Kolbenhub von 700 mm. Sie soll mit einem Dampfdruck von 5 kg pro qcm Überdruck arbeiten, der mittlere Zylinder soll hierbei als Hochdruck-, die beiden daneben liegenden als Niederdruckzylinder arbeiten. Bei einer nur gering benötigter Leistung kann die Maschine als zweizylindrige Expansionsmaschine mit reduzierter Dampfspannung von 3 kg pro qcm Überdruck arbeiten – was Kohlen spart – hierzu wird der Hochdruckzylinder ausgeschaltet und der Dampf gelangt direkt in die Niederdruckzylinder. Der abgehende Dampf wird in zwei Röhren-Oberflächenkondensatoren von zusammen 450 m^2 Kühlfläche kondensiert. Die Röhren haben einen Durchmesser von 17,5 mm und eine Wandstärke von 0,8 mm. Das erforderliche Kühlwasser liefern zwei Zentrifugalpumpen, die durch je eine kleine Dampfmaschine angetrieben werden. Außerdem sind Vorrichtungen zum Einspritzen von Seewasser vorhanden. Von den Schiffsdampfmaschinen werden direkt angetrieben je zwei Luft-, Speise- und Lenzpumpen. Außerdem gibt es eine unabhängige Dampfpumpe, einen Dampf-Lenzejektor und eine Handspeisepumpe. Der erforderliche Dampf wird in acht zylindrischen Kesseln mit je drei Feuerungen erzeugt. Jeder hat 100 m^2 Heizfläche, 3,6 m^2 Rostfläche, einen äußeren Durchmesser von 3,20 m und ist 2,55 m lang, die Feuerungen haben einen lichten Durchmesser von 800 mm. Die Feuerrohre mit einem äußeren Durchmesser von 76 mm haben eine Wandstärke von 3 mm und sind zwischen den Rohrwänden 1,80 m lang. Von dem Kohlenvorrat von 370 Tonnen sind 70 im Zwischendeck unterzubringen. Die Segelfläche wird mit über 1.300 m^2 angegeben. Die mittels der dreifach gekröpften Kurbelwelle und der Wellenleitung von der Maschine gedrehte Schraube hat einen Durchmesser von 5 m. Sie ist aus Bronze hergestellt, zweiflügelig, linksgängig und in einen Heberahmen aus Metall gelagert, um ohne den Schraubenwiderstand segeln zu können. Als Armierung wird eine Stückzahl von acht 15 cm Geschütze und zwei 8 cm Stahlkanonen angegeben. Für 250 Mann Besatzung werden für 16 Wochen Proviant und für 30 Tage Trinkwasser mitgeführt. Weiteres Trinkwasser kann durch einen Meerwasser-Destillierapparat gewonnen werden.

Bei dem weiteren Rundgang fesselten die kolossalen Hobelmaschinen, die hydraulischen Vorrichtungen zum Biegen der Panzerplatten, die Kümpelungswerke, verschiedene Bohreinrichtungen für die Kesselbleche, deren Löcher erfreulicherweise nicht gelocht werden […] Auch eine Vorrichtung zum Kaltabschneiden von Eisen vermittels einer schnell rotierenden Blechscheibe, die noch nicht allgemein und hier wohl schon vor der Reese'schen Erfindung angewendet worden ist, sei hier erwähnt. Interessant dabei ist, daß die rotierende Scheibe mit dem abzuschneidenden Stücke (vor den Augen der Vereinsgenossen wurde ein Siederohr durchschnitten) gar nicht in Berührung kommt, sondern absolut unverletzt und beinahe ganz kalt bleibt, während vom Arbeitsstück weißglühende Partikelchen an der Schnittstelle abgeschleudert werden. Es kann somit nur die durch die Rotation der Scheibe verdichtete Luft die äußerste Oberfläche der Schnittstelle derartig erhitzen, daß die kleinsten vorderen Theilchen schmelzen und durch den erzeugten Luftstrom verbrennen und fortgeschleudert werden. Ob die Einrichtung zu allgemeiner Einführung zu empfehlen ist, möchten wir noch dahin gestellt sein lassen, da es uns scheinen wollte, als gehöre große Übung im langsamen und vorsichtigen Transportieren des Arbeitsstückes gegen die Scheibe dazu, um einen verhältnismäßig langsamen Schnitt zu erzeugen.

Besondere Erwähnung verdienen in erster Linie die vorzügliche Eisen- und Metallgießerei. Objekte, wie die großen Dampfzylinder für die Maschinen von 3.000 Pferdekräften der chinesischen Korvette, an welchen selbst die eingehendste Besichtigung nicht die kleinsten Fehler entdecken konnte, sowie kolossale, absolut dichte und glatte Rothgüsse erfreuten in großer Zahl das Auge des Fachmannes. Die größten Dampfzylinder, welche hier gegossen wurden, waren für Maschinen mit bis zu 5.400 Pferdestärken. Weiter fesselten die Produkte der Kesselschmiede. […] So geschehen z.B. die Kümpelungen mittels mächtiger hydraulischer Pressen, unter Verwendung von größten Platten und dadurch vorteilhaftester Ausnutzung jeder möglichen Kümpelungsform, welche mit der Hand gar nicht herzustellen wäre. Nur das beste Material erster deutscher Walzwerke wird verwendet und jede einzelne Kesselplatte vor der Verwendung einer genauen Untersuchung unterzogen. So ist es nicht zu verwundern, daß an stationären, an Lokomotiv- und Schiffskesseln, seit bestehen der Fabrik, mehr als 3.000 schon geliefert sind, und das die Kesselschmiede in allen Theilen auch gegenwärtig wieder stark beschäftigt schien. Wegen der unbedeutenden Bestellungen der Eisenbahnen war die Lokomotivabteilung augenblicklich nicht so schwunghaft im Betriebe, in Arbeit waren diverse Maschinentypen für Sekundär-Eisenbahnen. Drei volle Stunden waren im Betrachten und Erörtern bald verschwunden und trotz Staub und Hitze und Kohlendunst kam manchem Fachmann der Augenblick der Wiedereinschiffung auf dem Dampfer zu früh.«

Die erste deutsche Ausstellung maritimer Gegenstände

Die Eröffnung fiel zusammen mit der Einweihung des neuen Dienstgebäudes der deutschen Seewarte zu Hamburg, welche am 14.9.1881 in Gegenwart Sr. Majestät des Kaisers vor sich ging und unter den

Ausstellern selbstverständlich auch den Vulcan sah. Mit dieser Ausstellung verfolgte man zum einen den Zweck, eine Anregung zur Gründung eines Museums für das Seewesen zu geben, und zum anderen sollte ein Überblick über die derzeitige und vergangene Technik auf dem Gebiet des Seewesens und der Schiffbaukunst gegeben werden. In letzterer Beziehung sollten namentlich deutsche Erzeugnisse oder solche Gegenstände, die, wenn auch ausländischen Fabrikats, sich in deutschem Besitz befanden und für deutsche Zwecke verwendet wurden, wie beispielsweise Maschinen. Die Ausstellungsgegenstände waren in 10 Gruppen geteilt und befanden sich in den Erdgeschossräumen, teilweise auch im ersten Stock des neuen Dienstgebäudes der Seewarte. Darunter befanden sich in jeder Gruppe Gegenstände und Konstruktionen auch aus vergangenen Zeiten. Zu besichtigen waren u.a. nautisch-astronomische und geografische Instrumente, Uhren für Schiffszwecke, besonders Chronometer; »in dieser Gruppe verdienten namentlich die Chronometer des bekannten Herrn Petersen in Altona lobende Erwähnung«, Kompasse und nautisch-magnetische Apparate, hydrografische Apparate, besonders Tiefsee-Thermometer und Instrumente für Tiefseemessungen, ein Apparat zur Verdeutlichung der bei atmosphärischen Ereignissen wie Wirbelstürmen entstehenden Vorgänge, Nebelhörner für komprimierte Luft und Dampf, Signallaternen, Wetterkarten und Wetterberichte, Apparate für Seerettungswesen, insbesondere Modelle von Raketenapparaten, Rettungsboote und Schwimmgürtel.

Die für uns sicherlich interessanteste Gruppe war jene, welche die Modelle von Schiffen und Schiffsteilen umfasste. Die ältesten Objekte dieser Gruppe zeigten Schiffe der früheren Hansaflotte, Erinnerungsstücke an die alte Brandenburgische Flotte des Großen Kurfürsten, desgleichen an die deutsche Flotte des Jahres 1848; die alte preußische Marine war durch den Rad-Aviso PREUZISCHER ADLER, die Schraubenkorvette ARCONA und eines der frühen Ruder-Kanonenbooten vertreten. Der Vulcan zeigte an Modellen das Hochseeturmschiff PREUßEN [1], die Panzerkorvetten SACHSEN [1] und WÜRTTEMBERG [1], ein für China gebautes Panzerschiff, die Kreuzerkorvetten LEIPZIG [1] und PRINZ ADALBERT, die Gedeckte Korvette STOSCH, die Glattdeckskorvetten CAROLA und OLGA sowie eine Maschine der vom Vulcan gelieferten Korvetten. Weitere Aussteller mit Modellen von Kriegs- und Hanldelsschiffen waren: Schichau in Elbing, J. C. Tecklenborg in Geestemünde-Bremerhaven, AG Weser in Bremen, H.F. Ulrichs in [Bremen-] Vegesack, Norddeutsche Werft in Gaarden bei Kiel, Flensburger Schiffbau-AG, aus Hamburg die Reiherstieg-Schiffswerft, Blohm & Voss und Jansen & Schmilinsky sowie die Rostocker AG für Schiff- und Maschinenbau mit Modellen eiserner Seedampfer aus dem Jahre 1851.[187]

General von Stosch geht, General von Caprivi kommt

In der ordentlichen Generalversammlung des Vulcan am 26.4.1882,[188] äußerte sich der Aufsichtsratsvorsitzende, Geh. Kommerzienrat Brumm, bezüglich der weiteren Aussichten im Marineschiffbau dahingehend, dass der Vulcan zwar bisher für die deutsche Marine lohnende Beschäftigung gehabt hat, da aber der Flottengründungsplan meist ausgeführt ist, sei eine Fortsetzung in der bisherigen Ausdehnung keineswegs zu erwarten. Womit er Recht hatte, denn in den folgenden 6 Jahren baute der Vulcan für die deutsche Marine lediglich eine geringe Anzahl Torpedoboote und einen geschützten Kreuzer. Etwa 1883 hatte die Flotte die 10 Jahre zuvor festgelegte Zahl von Schiffen erreicht. Womit die Marine den ersten Entwicklungsabschnitt hinter sich hatte und nunmehr auf eine weitere Stärkung ihrer Kraft rechnen konnte. Aber daraus wurde zunächst nicht viel. Im Frühjahr 1883 trat ziemlich überraschend General von Stosch als Chef der Admiralität zurück, vermutlich wegen Meinungsverschiedenheiten mit dem Reichskanzler. Das Abschiedsgesuch war vom Kaiser am 20.3.1883 genehmigt worden. Ebenso überraschend wurde ein jüngerer, aber sehr bewährter General, Georg Leo von Caprivi, an seine Stelle gesetzt. Eine Personalentscheidung, die für die aufstrebende Flotte eine erneute Enttäuschung bedeutete, denn der allgemeine Wunsch nach einem Seeoffizier als Chef der Flotte blieb unerfüllt. Ein tüchtiger Heeresoffizier war gegangen und durch einen ebenso tüchtigen Heeresoffizier ersetzt worden, der bezüglich des Baus neuer großer Schiffe eine abwartende Haltung einnahm. Die Hauptaufgabe einer Marine sah er in der Küstenverteidigung, ohne allerdings die Schlachtflotte gänzlich aus dem Blick zu verlieren. Jedenfalls weist die von Caprivi verfasste Denkschrift vom 1.7.1883 in einigen Passagen darauf hin. In der aber auch ausgeführt ist, dass es noch so lange unentschieden ist, wie der notwendige Ersatz auszuführen sei, bis ausgedehnte Versuche ein abschließendes Urteil über die schon vorhandenen Panzerkorvetten und Kanonenboote zuließen; »eine Marine wie die unsrige könne sich den Luxus fehlgeschlagener Experimente nicht gestatten.« Außerdem war die Division der Sachsenklasse damals gerade in Dienst gestellt worden, OLDENBURG noch im Bau und in keiner Marine eine endgültige Klarheit über den richtigen Typ vorhanden.

Nach der Denkschrift waren die Schiffe, abgesehen von denen für Transport- und Arbeitsdienste, ihrer Bestimmung nach in 4 Gattungen getrennt: 1. Schulschiffe, 2. Schiffe für den politischen Dienst, 3. Schlachtschiffe. 4. Schiffe für die Küstenverteidigung. Für die Aufgaben des diplomatischen und handelspolitischen Dienstes waren nicht weniger als 20 Korvetten, 10 Kanonenboote und 4 Avisos vorgesehen; wobei zu beachten ist, daß die Kolonialpolitik noch nicht begonnen hatte. Welche Rolle den Panzerschiffen zugedacht war, machen folgende Ausführungen deutlich: »Ohne den Hintergrund von gepanzerten Schlachtschiffen, ohne die Sicherheit, in einer gesammelten, kampfbereiten Hochseeflotte nötigenfalls ausgiebige Unterstützung finden zu können, würde in der Weltstellung des deutschen Kaiserreichs angemessenes Auftreten jener Schiffe des politischen Dienstes auf Dauer nicht gewährleistet sein.« An anderer Stelle heißt es: »Das die Seeschlacht entscheidende Kampfmittel bleibt in erster Linie immer die Artillerie […], man kann gepanzerte Schiffe und schwere Artillerie da nicht entbehren, wo um die Beherrschung eines Meeresteils gekämpft werden soll. Solchen Kampf muß indes jede europäische Flotte im Auge haben, für ihn muß sie einen Teil ihrer Streitmittel zurichten, wenn sie überhaupt eine Flotte bleiben will. Eine Marine, die ihren Schwerpunkt auf oder am Lande suchte, verdiente den Namen nicht mehr.«

In weiteren Ausführungen wird u.a. darauf hingewiesen, dass bereits der Angriff auf »ein dürftiges Küstenfort« der Panzerschiffe bedarf. Auch im Zusammenhang mit der Bündnisfähigkeit des Reiches finden diese Schiffe Erwähnung: »Und wenn sich in einem größeren Kriege gegen zur See überlegene Mächte die deutsche Flagge allein auf dem Meere nicht behaupten könnte, so würde sie ohne Panzerschiffe für maritime Bundesgenossen keinen Wert haben.« Ebenfalls der Ersatz für nicht mehr vollwertige sowie unbrauchbar gewordene Panzerschiffe – es werden KRONPRINZ, PRINZ ADALBERT, FRIEDRICH KARL und der gesunkene GROSSER KURFÜRST genannt – wird nicht ausgelassen.

Trotzdem wurden fast nur für die Küstenverteidigung neue Finanzmittel gefordert. Einer der Gründe dafür ist darin zu sehen, das die neue Torpedowaffe in dieser Zeit gerade einen Höhepunkt der Entwicklung erreicht hatte und die teuren Panzerschiffe überflüssig zu machen schien. Man wollte mit den kleinen und schnellen Booten bei Nacht und Nebel die großen Schiffe angreifen und sie durch einzelne Torpedotreffer aus kurzen Entfernungen von 400 bis 500 Metern versenken. Die entsprechenden Erfahrungen waren allerdings nur bei Flottenmanövern gemacht worden und noch nie in einem größeren Ernstfall. Die kühnen Angriffe russischer Torpedoboote 1878 im Schwarzen Meer, durch die die türkischen Panzerschiffe an der Entfaltung ihrer Kraft gehindert wurden, sind wohl eher der seemännischen Unerfahrenheit der Türken als den wenigen Treffern der russischen Torpedos zuzuschreiben. Entscheidend für die Einführung der Torpedowaffe wird deren billige Herstellung gewesen sein. Ein zu damaliger Zeit für etwa 250.000 Mk. herzustellendes Torpedoboot konnte unter günstigen Umständen – ruhige See, Dunkelheit, schlechte Sicht – und etwas Glück Schlachtschiffe vom achtzigfachen Wert vernichten. Hinzu kam, dass es damals nur sehr kleine und noch unvollkommene Schnellfeuergeschütze gab, die großen Schiffe also als mehr oder weniger wehrlos gegen solche Angriffe angesehen wurden. Die Denkschrift forderte etwa 150 Torpedoboote für die Küstenverteidigung und als Begleitung der großen Kampfschiffe. Davon waren 35 bereits fertig und die restlichen 115 sollten noch gebaut werden. Dadurch musste für die »unscheinbaren Aufgaben des Küstenkrieges« – wie in der Denkschrift steht – soviel Geld ausgegeben werden, dass für den Seekrieg nichts mehr übrig blieb.

General Leo von Caprivi [CC BY-SA 3.0]

Die Entwicklung der Torpedowaffe überließ von Caprivi dem jungen Kapitän z. S. Alfred Tirpitz, der entgegen allen gegensätzlichen Meinungen durchsetzte, dass die Boote auch auf hoher See einsetzbar wurden.[190] Zu Beginn der Torpedowaffe wurde zunächst der sogenannte Spierentorpedo eingesetzt. Dieser bestand aus einer Sprengladung, die an einer langen Stange befestigt war und über den Bug des Bootes hinausragte. Damit wurde das gegnerische Schiff gerammt, die Ladung explodierte mittels Stoßzünder oder elektrisch und das Schiff wurde vernichtet, oft auch das eigene. Als Whitehead den sich selbst bewegenden Fischtorpedo einführte, verschwand der Spierentorpedo.

Das Jahr 1881 ist als Ausgangspunkt der Entwicklung schnelllaufender Torpedoboote in Deutschland zu betrachten. Am Ende dieses Jahres wurde mit einer von Ferdinand Schichau für die deutsche Marine gebauten Torpedoschaluppe eine längere Probefahrt gemacht, bei der das Boot eine Geschwindigkeit von etwas über 11 kn erreichte. Die Maschine leistete bei einem Gesamtgewicht einschließlich der betriebsfähigen Kesselanlage von 4.491 kg 170 PSi, bei einem Verbrauch von 0,8 kg Kohle pro PSi Stunde. Das außerordentlich geringe Gewicht der Kessel- und Maschinenanlage war durch Anwendung vorzüglichsten Materials und eines Unterwindgebläses erzielt worden. Trotzdem dies damals erst alles erprobt werden musste, arbeiteten Kessel und Maschine fehlerfrei. Da die Geschwindigkeit jedoch nicht wie erhofft war, wurde das Ergebnis als unbefriedigend eingestuft. Schließlich hatte der Engländer Thornycroft bereits 1872 mit der 15 m langen MIRANDA 17,5 Knoten erreicht.

F. Schichau, der schon früher für die russische Marine ähnliche Boote gebaut hatte, stellte auf eigene Rechnung ein neues Versuchsboot her. Bei den im Sommer 1882 gemachten Probefahrten wurden dann 19 Knoten erreicht. Die Maschine war nach dem damals eben erst in Anwendung gekommenen Dreifach-Expansionssystem gebaut und leistete bei 12 atü und 400 bis 440 Umdrehungen pro Minute 220 PSi. Das Unterwindgebläse war so konstruiert, dass beim öffnen der Feuertür der Luftzuführkanal durch eine Klappe abgesperrt und so bei geöffneter Feuertür keine Luft mehr unter den Rost kommen konnte. Die früheren Einrichtungen dieser Art waren ungünstiger gebaut. Da der Kesselraum luftdicht verschlossen war und Pressluft zugeführt wurde, hatte dies zur Folge, dass eine große Menge kalter Luft bei jedem Öffnen der Feuertür an die vordere Rohrwand kam. Der Kessel war nach Art der Lokomotivkessel gebaut.[191] Anfang des Jahres 1882 waren beim Vulcan ohne Bau-Nr. für die deutsche Marine lediglich »10 MODDER- und ein KOHLENPRAHM für die kaiserliche Werft in Wilhelmshaven« im Bau, die im Laufe des Jahres geliefert worden sind, wie der Ostsee-Zeitung vom 19.1.1882 zu entnehmen ist.

Der erste große Torpedobootsauftrag, V1 bis V10

Der eigentliche Bau von Torpedobooten begann in Deutschland, nachdem 1873 durch den Torpedo von Whitehead diese Waffe in England zu einer selbstständigen gemacht worden war. Die Boote waren wegen ihrer geringen Größe ein schwieriges Ziel und konnten sich durch ihre Schnelligkeit dem feindlichen Feuer ebenso schnell entziehen, wie sie aufgetaucht waren. Bereits Stosch hatte für diese neu aufkommende Waffe, die in den Auseinandersetzungen zwischen den Nord- und Südstaaten Amerikas als Spierentorpedos eingesetzt wurden, Interesse gezeigt. Auch wenn diese für ihn nur von sekundärer Bedeutung war, so hatte er doch den Vulcan 1872 mit dem Bau von 3 Torpedodampfern [s. NOTUS, ZEPHYR, RIVAL] zu Versuchszwecken beauftragt. In Deutschland waren die ersten Torpedoboote 1881 als Schütze-Klasse nach französischem Muster gebaut worden.

Eine zweite Inbaugabe fand 1883 statt, als die Marine einen Torpedoboot-Wettbewerb ausschrieb, bei dem je 6 Boote bei Ferdinand Schichau, der Weser-Werft und dem Vulcan bestellt wurden, der etwas später noch 4 weitere Boote in Auftrag erhielt. Die Konstruktion, die Abmessung und alle weiteren Einzelheiten waren den Werften überlassen. Anfang 1884 wurden dann noch 2 Boote bei J. Thornykroft in London bestellt. Auf diese Weise wollte die Admiralität den deutschen Firmen Gelegenheit geben, ihre Leistungsfähigkeit unter Beweis zu stellen, indem sie in einen Wettstreit untereinander und mit dem berühmten englischen Erfinder dieser schnellen Boote eintraten.

Zwar nicht direkt über dieses Vorhaben, wohl aber über den Bauauftrag, unterrichtete die Ostsee-Zeitung ihre Leser erstmals in der Ausgabe vom 10.1.1883: »Dem Vulcan sind für die Deutsche Marine eine Anzahl Torpedofahrzeuge in Auftrag gegeben.« In einer weiteren Mitteilung vom 14. d. M. ist die Information enthalten, dass sie ihre Größe »ungefähr in der Mitte zwischen den beim Vulcan für China gebauten großen und kleinen Fahrzeugen dieser Gattung halten sollen.« Bereits am 25.4.1884,[192] einem Sonnabend, wurde »nachmittags mit einem von den 10 Torpedobooten, welche für die Deutsche Marine [...] bestellt sind, nach dem Papenwasser eine Versuchsprobefahrt unternommen, die nach jeder Richtung hin ein günstiges Resultat lieferte. Am Montag wird ein zweites Torpedoboot von Stapel laufen.« Am Mittwochvormittag des 21.5.1884 [193] traf »zur Überführung der vom Vulcan [...] erbauten Torpedoboote ein Marine-Commando von 11 Mann unter Führung eines Offiziers hier ein. Der erste Transport soll [...] am Sonnabend nach Kiel abgehen.« Im September wurden 2 weitere Boote von der Werft direkt nach Kiel überführt. Kommandanten waren Leutnant z. S. Gülich und Unterleutnant z. S. Bachmann.[194]

Die Kommission zur Prüfung der neuen Torpedoboote, laut Verfügung der Admiralität aus den Offizieren des Torpedoversuchsschiffes BLÜCHER bestehend, trat im August 1884 zusammen. »Der Wettkampf der Boote, von denen 6 der Actien-Gesellschaft Vulcan und 6 der Firma Schichau in Elbing gehören, während die Englischen Boote, ein Torpedoboot erster Classe und eines [...] zweiter Classe, von der Thornycroft'schen Werft stammen, wird drei Monate, soweit bis jetzt bestimmt ist, in Anspruch nehmen. Die Bemannung der Fahrzeuge (je 15 bezw. 11 Mann ...) stellt die 1. Werft-Division in Kiel. Bisher sind Einzelprobefahrten vorgenommen worden und nach diesen hat sich, ohne das wir dem Endergebnis vorgreifen wollen, ergeben, daß die Deutschen Boote die Fahrgeschwindigkeit der Englischen vollauf erreicht, auch ferner die vorläufige gleiche Manövrirfähigkeit gezeigt haben, daß aber das Thornyckroft zweiter Classe eine so geringe Seetüchtigkeit gezeigt hat, daß es wahrscheinlich nur auf Flüssen zu gebrauchen sein wird. Aeußerlich haben die Englischen Boote ein sehr elegantes Aussehen und führen auch zum gelegentlichen Gebrauch eine Segelage.«[195] Das Ergebnis des Wettbewerbs war, dass die SchichaU-Boote die höchste Geschwindigkeit erzielten, im Wesentlichen wegen der leichten und kräftigen Dreifach-Expansionsmaschinen. Sie waren eine Konstruktion von Dr. Ing. Carl Ziese, der auch das Patent für das benutzte Unterwindgebläse für die Lokomotivkessel besaß. Wegen der guten Ergebnisse deckte die Marine ihren gesamten Bedarf an Torpedobooten bis 1896 bei dieser Firma, die 9 Divisions- und 87 kleine Boote lieferte.[196]

Der im März 1885 auszugsweise veröffentlichte Direktionsbericht des Vulcan für 1884 enthält über den Torpedobootsbau folgende Angaben: »Über den Betrieb der Fabrik haben wir im Speziellen zu berichten, daß im verflossenen Jahre an größeren Objekten nachfolgende fertiggestellt wurden. [...] Im Schiffsbau [...] 10 Torpedoboote I. Klasse für die Kaiserlich Deutsche Admiralität. In Arbeit befindlich sind im neuen Jahr [...] 6 Torpedoboote I. Klasse für die Kaiserliche Deutsche Admiralität.«[197] Diese Boote wurden wegen der nicht eingehaltenen verlängerten Lieferfrist von der Marine nicht abgenommen und nach Griechenland verkauft [s. Kriegsschiffbau Ausland]. Im Juli 1885 erfolgte beim Vulcan eine Inspektion der Torpedoboote durch den Admiral v. d. Golz [späterer Chef der Admiralität] und den beiden Admiralitätsräten Rotter und Schultz. »Die Herren reisten nachmittags mit dem Kurierzuge nach Berlin zurück.«[198] »Die am Morgen des 23. Juli von Kiel mit der Eisenbahn in Stettin eingetroffene Überführungsmannschaft, bestehend aus einem Maschinisten und elf Matrosen unter Führung des Leutnant z. S. Nissen hatte den Auftrag, das Boot VULCAN 1 nach Beendigung einer Probefahrt nach Kiel zu bringen.«[199]

Im Juni 1885 bot sich den Besuchern von Saßnitz ein interessantes Schauspiel durch die auf der dortigen Reede stattfindenden Geschwaderübungen der Marine. Diese sind im Zusammenhang mit dem ausgeschriebenen Wettbewerb zu sehen, ebenso die Manöver im September, in deren Verlauf V 3 gesunken ist. Vor Saßnitz waren neben 15 Torpedobooten, 2 Korvetten und 1 Kanonenboot I. Klasse beteiligt. Zwei der Torpedoboote unter Führung des Leutnants z. S. Schach mussten am 23. Juni d. J. den Vulcan zur Vornahme einer Reparatur anlaufen.[200]

Die 10 Vulcan-Boote waren mit den Marinebaubezeichnungen Nr. XVIII–XXVII in Auftrag gegeben, hatten die Bau-Nrn. 140–149 und trugen später die Marinebezeichnungen V 1–V 10. Die Torpedoboote 1. Klasse waren in Querspant-Stahlbau und verzinkt, mit 7 wasserdichten Abteilungen zum Einzelpreis von 156.000 Mark gebaut worden. Das Deplacement betrug 53 t, der Schornstein war nach Backbord versetzt. Die Maschine, eine stehende dreizylindrige Dreifach-Expansionsmaschine, leistete 590 PSi, 1 Lokomotivkessel lieferte den Dampf mit 10 atü. Die Geschwindigkeit betrug 17,9 kn. Der Kohlenvorrat von 8,5 t reichte für 800 Seemeilen bei 10 Knoten Marschfahrt, für 120 Semeilen bei 16 Knoten. Die dreiflügelige Schraube hatte einen Durchmesser von 1,70 m. Die vorhandene Segelfäche betrug 12 m^2. Die Länge über alles wird mit 32,75 m, die Breite mit 3,76 m, der Tiefgang vorn 0,76 m und achtern mit 1,84 m angegeben. 1 Dynamo mit 2,5 kW erzeugte den Bordstrom von 67 Volt. Es gab 1 Heckruder, später zusätzlich 1 einziehbares Bugruder, als Rettungsboot ein Spitzgatt-Dinge, die Besatzung bestand aus 1 Offizier und 13 Mann. Die Boote hatten 2 Revolverkanonen, zwei 35-cm Deckstorpedorohre und 1 Bugrohr auf der Steuerbordseite.

V 1 lief am 1.4.1884 vom Stapel, wurde am 11.8. in Dienst gestellt, war zuletzt Hafentorpedoboot und ist 1910 auf der kaiserlichen Werft Kiel abgebrochen worden.

V 2 lief am 28.4.1884 vom Stapel, wurde am 3.9.1884 in Dienst gestellt, war zuletzt Hafentorpedoboot und wurde 1910 auf der Kaiserlichen Werft Kiel abgebrochen.

V 3 lief am 5.5.1884 vom Stapel, wurde am 5.9.1884 in Dienst gestellt und sank am 7.9.1885 nach einer Kollision.[212]

Über dieses Vorkommnis informiert uns folgender Zeitungsbericht: »Kiel, 11. September. Über die unglückliche Collision der beiden Torpedoboote, erfährt man bis jetzt folgendes Nähere: Die beiden Boote (auf der Werft des Vulcan zu Stettin erbaut) gehörten zur zweiten Torpedobootsdivision (bestehend aus dem Panzerfahrzeug ›Brummer‹ als Divisionsschiff, dem großen Thornycroftboot und acht Vulcanbooten) und kamen von der Eder. Am 7. d. Nachmittags, passirten 7 zur zweiten Division gehörige Torpedoboote diese Wasserstraße. Die behufs Forcirung der Einfahrt von Wilhelmshaven erschienene und zurückgewiesene Flotten-Angriffs-Colonne hatte nämlich plötzlich ihren Curs um die Nordspitze von Jütland nach dem Kattegat genommen. Nach der Gefechtsidee hegte das Vertheidigungsgeschwader die Vermuthung, daß ein Angriff des Kieler oder Danziger Hafens geplant sei und dirigirte daher einen Theil ihrer Streitkräfte durch die Eiderstraße, um dem Feinde den Eingang nach der Ostsee zu versperren, während das Gros den feindlichen Schiffen auf den Versen folgte. Durch Nebel in der Nordsee am Montag Morgen verhindert, trafen die sieben Torpedoboote verspätet vor dem Eidercanal ein, setzten jedoch ihre Weiterfahrt bis Holtenau so eilig wie möglich fort, um alsdann weiter nach dem Großen Belt zu gehen. Diese Torpedoboote waren es, welche in der Nacht von Dienstag auf Mittwoch vor Omoesund im Langelandsbelt manövrirten und bei welcher Gelegenheit das Unglück sich ereignete, daß das Torpedoboot V.III vom Boot V.VIII angerannt wurde und versank. Vier Torpedoboote verblieben auf der Unglücksstätte, während zwei Boote sofort gestern Morgen nordwärts steuernd durch den Großen Belt gingen, um den Feind aufzusuchen. – Der Unfall ereignete sich vorgestern bei Tagesanbruch in der Nähe der kleinen Insel Omoe im Langelandsbelt. Das Boot V. III wurde [...] mittschiffs zwischen Maschine und Heizerraum getroffen. Das im Hafen von Korsör befindliche Dampfschiff ›Skandinavien‹ der ›Switzer Bergungs-Gesellschaft‹ gehörig, lag unter Dampf und ging um 9¼ Uhr nach der Unglücksstätte. Das Boot liegt ca. 17 Meter tief auf Grund.«[213] Es wurde im Oktober 1885 gehoben, abgebrochen und die Maschine weiterverwendet im Torpedoboot A.

V 4 lief am 12.5.1884 vom Stapel, wurde am 7.9. in Dienst gestellt, war zuletzt Hafentorpedoboot und wurde 1900 in Hamburg abgebrochen.

V 5 lief am 19.5.1884 vom Stapel, wurde am 28.7. in Dienst gestellt, war zuletzt Hafentorpedoboot und wurde 1910 auf der Kaiserlichen Werft Kiel abgebrochen.

V 6 lief am 23.5.1884 vom Stapel, wurde am 31.10. in Dienst gestellt, war zuletzt Hafentorpedoboot und wurde 1900 aus der Liste der Kriegsschiffe gestrichen. Es diente 1904 als Getreidetransportschute in Hameln, wurde 1908 Anleger der Oberweser-Personenschiffahrt, 1924 umgebaut zum Motorfährschiff FORELLE, nach Untergang auf der Weser am 1.7.1955 und Bergung, 1966 abgebrochen.

V 7 lief am 29.5.1884 vom Stapel, wurde am 16.9. in Dienst gestellt, war zuletzt Hafentorpedoboot und wurde 1910 in Hamburg abgebrochen.

V 8 lief am 6.6.1884 vom Stapel, wurde am 16.9. in Dienst gestellt, war zuletzt Tender und wurde 1910 in Hamburg abgebrochen.

V 9 lief am 12.6.1884 vom Stapel, wurde am 24.10. in Dienst gestellt, war zuletzt Hafentorpedoboot und wurde 1910 auf der Kaiserlichen Werft Kiel abgebrochen.

V 10 lief am 10.7.1884 vom Stapel, wurde am 24.10. in Dienst gestellt, in V 3 umbenannt und am 30.1.1899 aus der Liste der Kriegsschiffe gestrichen, um anschließend im Einsatz als Zielboot für Torpedoboote und die Küstenartillerie aufgebraucht zu werden. 1910 erfolgte der Abbruch in Hamburg.[201]

Am 4.2.1884 fand im Beisein eines Marineoffiziers auf dem Vulcangelände ein Schießversuch mit einem Hotschkiss-Geschütz statt »und wurden dabei als Projektile kleine Granaten benutzt. Selbstverständlich waren dabei die weitgehendsten Vorsichtsmaßregeln getroffen, und der vollkommen eingedeckte Kugelfang war aus Panzerplatten construirt. Die mit Blech beschlagenen Scheiben wurden total zerstört, und zeigten die Panzerplatten deutliche Spuren der eingeschlagenen Granaten.«[202]

Möglicherweise mit diesem Versuch im Zusammenhang steht eine 1886, vermutlich mit der Bau-Nr. 166 gebaute schwimmende Vorrichtung, über welche die folgende Meldung der Ostsee-Zeitung informiert: »Stettin, 19. Juni [1886]. Die Direktion des Vulcan wird morgen, Sonntag Vormittag von 8 bis 12 Uhr auf dem Dammschen See, die schon seit längerer Zeit projectirten Schießversuche mit einem für das Königliche Ingenieur-Comitee in Berlin erbauten, mit Revolverkanonen armirten PONTON veranstalten. Von Seiten der Schiffahrtspolizei wird das Terrain während dieser Zeit in entsprechender Weise abgesperrt.« Eine Meldung, die in der Sonnabendausgabe der Zeitung erschien. Der Misserfolg dieses Versuchs wurde von der Zeitung in der Morgenausgabe des 30.12.1887 mitgeteilt: »Das auf der Werft des Vulcan für das Königl. Ingenieur-Comitee in Berlin erbaute eiserne PONTON, welches im letzten Sommer auf dem Dammschen See zu Schießversuchen mit Revolverkanonen verwandt wurde, scheint den Erwartungen, die man sich von einem solchen Fahrzeug gemacht, nicht entsprochen zu haben; in einer hier kürzlich vom Militär-Fiscus abgehaltenen öffentlichen Auction wurde dasselbe für den Preis von 100 M. an einen hiesigen Handelsmann zum Abbruch verkauft.«

Die Kreuzerkorvette IRENE

Da, wie wir bereits wissen, in der Mitte der 1880er Jahre der Schwerpunkt im Marinebau anders gesetzt war, hatte eine weitere Verstärkung des Flottenbestandes nicht stattgefunden. Die durch den Abgang alter Schiffe entstehenden Lücken mussten aber geschlossen werden, was bedeutete, dass der Bau größerer Einheiten nicht gänzlich ins Stocken geriet. So sind in den Jahren 1885 bis 1889 immerhin 9 Schiffe für die deutsche Marine vom Stapel gelaufen. Hiervon kamen auf die 3 kaiserlichen Werften 1 Schulschiff, 2 kleine Kreuzer und 1 Kanonenboot auf die Germaniawerft, 1 Geschützter Kreuzer und 1 Aviso auf die AG Weser, 2 Avisos und die Kreuzerkorvette IRENE auf den Vulcan als Ersatz für die Kreuzerkorvette ELISABETH. Außerdem erhielt der Vulcan von der Marinewerft in Kiel den Bauauftrag für einen kleinen STATIONSDAMPFER zur Verfügung des dortigen Chefs der Marinestation Ostsee.

IRENE war für den Kriegsschiffbau von einiger Bedeutung, handelte es sich doch um einen der beiden ersten deutschen Kreuzer, die mit einem Panzerdeck und ohne Takelage gebaut wurden. Im Zusammenhang mit dem Auftrag zum Bau des Schiffes dürfte ein Vorgang von Interesse sein, an dem 1886 drei Zeitungen beteiligt waren. Die hierzu in der Ostsee-Zeitung gefundenen beiden Beiträge enthalten zumindest andeutungsweise einiges, was unter Konkurrenzkampf einzuordnen ist: »Stettin, 22. März [1886]. Wir haben in voriger Nummer unseres Blattes schon kurz Notiz genommen von einer in Nr. 134 der ›Berliner-Börsen-Zeitung‹ enthaltenen Nachricht, nach welcher der Schiffsbau-Gesellschaft ›Germania‹ von Seiten der Kaiserlichen Admiralität der Bau einer großen Panzer-Corvette übertragen worden ist. Da von dem Berliner Blatt in dieser Mittheilung gleichzeitig des Stettiner Vulcan Erwähnung geschieth, mit dem Bemerken, der der ›Germania‹ gewordene Auftrag sei insofern für dieselbe von besonderer Bedeutung, als damit das Monopol, welches bisher für derartige große Schiffsconstructionen die Maschinenbau-Actien-Gesellschaft Vulcan besessen, durchbrochen erscheine, so haben wir geglaubt, die Direction des letzteren um gefällige Aufklärung in der Angelegenheit bitten zu sollen. Dieselbe schreibt uns darauf wie folgt: Nach den uns eingegangenen Mittheilungen ist der ›Germania‹ in den jüngsten Tagen der Bau von ›Ersatz Ariadne‹ von Seiten der Kaiserlichen Admiralität in Auftrag gegeben worden. Das Schiff gehört wie das beim ›Vulcan‹ im Bau begriffene Schwesterschiff, ›Ersatz Elisabeth‹, zur Classe der schnellen Kreuzer. Diese erhalten ein gepanzertes Deck aus Stahl- und Compound-Platte hergestellt, auf welche zum Schutze der Oeffnungen über Maschinen- und Kesselräume gepanzerte Sülle angebracht sind. Für die Ausführung des Baues Ersatz Elisabeth, hat der Vulcan mit concurrirt; dessen Offerte von annähernd 4.350.000 Mk. ist aber von Seiten der ›Germania‹ um ca. M. 400.000 unterboten worden. Der von dem Vulcan geforderte Preis ist ein durchaus angemessener und gegenüber früher gezahlten und gegenwärtig auch im Auslande maßgebenden Preisen sogar ein sehr niedriger zu nennen. Daß dies zutreffend ist, geht auch daraus hervor, daß die Vulcan-Offerte sich innerhalb der Etatsziffer bewegt. Objecte dieser Art, deren Bau im Hinblick auf die hochgespannten Ansprüche an Schiff und Maschine (die beiden Schiffe sollen 18 kn laufen) ein erhebliches Risico involvirt, können nicht mit ganz geringem oder gar ohne Nutzen zur Ausführung übernommen werden. Eine solche Maxime würde bald die Solidität der Gesellschaft erschüttern und trägt deshalb die Dirction des Vulcan Bedenken einer solchen zu folgen. Von dem Durchbrechen eines bestehenden Monopols, von dem die Berliner-Börsen-Zeitung‹ schreibt, kann im vorliegenden Falle gar nicht die Rede sein. Wer die Verhältnisse kennt, weiß, daß der Vulcan sich einer solchen Ausnahmestellung nicht erfreut, sondern die ihm zufallenden Aufträge stets im Concurrenzkampfe erwerben muß.«

Und am 29.3.1886 teilt die Ostsee-Zeitung mit: »Die ›Kieler Zeitung‹ veröffentlicht in Nr. 11150 vom 26. d. M. einen längeren Artikel, in welchem sie dem ›Vulcan‹ vorwirft, mit Bezug auf die jüngst in Stettiner Blättern gegebenen Daten unrichtige Angaben gemacht zu haben. Dem gegenüber wird uns von zustehender Seite mitgetheilt, daß die Offerte des ›Vulcan‹ für den Bau ›Ersatz Ariadne‹ combinirt gestellt worden ist mit der für den Bau der ›Ersatz Elisabeth‹ – und daß als Gesammtpreis für beide Schiffe M. 8.705.000 offerirt worden ist. Hiernach sind die von uns gemachten Angaben als vollständig correct zu betrachten und ist keine Veranlassung auf weiteren Auslassungen der ›Kieler Zeitung‹ näher einzugehen.«

Da die Bezeichnung der Schiffe der Kreuzerklasse mehrfach wechselte, während die Schiffe dieselben blieben, nachstehend die Jahre mit den jeweiligen Benennungen: 1871 Gedeckte Korvette; ab 1884 Kreuzerfregatte; ab 1893 Kreuzer 1. Kl.; ab 1900 Gr. Kreuzer; 1871 Glattdeckskorvette; ab 1884 Kreuzerkorvette; ab 1893 Kreuzer 2. Kl.; Kreuzer 3. Kl.; ab 1900 Kl. Kreuzer; 1871 Kanonenboot d. Albatrosklasse; ab 1884 Kreuzer; ab 1893 Kreuzer; ab 1900 Kl. Kreuzer; 1871 Kanonenboot 1. u. 2. Kl.; ab 1884 bis 1900 Kanonenboot.

Die Kreuzerkorvette IRENE war ein nach damaligen modernen Ansprüchen gebautes Schiff, gehörte zur Klasse der schnellen Kreuzer, war am 26.7.1885 in Auftrag gegeben worden und mit der Bau-Nr. 175 im März 1886 im Bau.[203] Zum Stapellauf, der am 23.7.1887 stattfand, waren die preußischen Prinzen Wilhelm [der spätere Kaiser

Wilhelm II.] und Heinrich erschienen, zu deren Begleitung »Kontre-Admiral v. d. Goltz, Kapitän zur See v. Werner, die Korvetten-Kapitäne Freiherr v. Seckendorff und Dantvitz, Kapitän-Lieutenant v. Usedom und der Geh. Admiralitätsrath Rotter gehörten. Den Taufakt vollzog Prinz Heinrich, der das Schiff auf den Vornamen seiner Braut taufte. Anschließend besichtigten die Ehrengäste auf dem Schnürboden das Modell des Schiffes, »bei welcher Gelegenheit Herr Kommerzienrath Schlutow folgenden Toast ausbrachte: Eure königl. Hoheit haben huldvollst gestattet, daß wir nach altem guten Seemannsbrauch ein erstes vollen Glas unserm jungen Täufling, Sr. Majestät Korvette ›Irene‹ weihen dürfen! Wie wir durch die erlauchte Trägerin dieses Namens, Ihre königl. Hoheit die Prinzessin-Braut Irene, Glück, Heil, reichsten Segen für Eure königl. Hoheit und unser gesammtes geliebtes Herrscherhaus vom Himmel erflehen und zuversichtlich erhoffen, so möge auch der helle Klang dieses Namens für unsern Täufling glückbringend sich erweisen! Möchte Sr. Majestät Korvette Irene als feste Wehr und Waffe würdig sich erweisen, der schönen Schiffe unserer stolzen Flotte, die zum Schirm und Schutz unseres theuren Vaterlandes dereinst zu führen Se. königl. Hoheit von der Vorsehung berufen sind. M. H.! Ich fordere Sie auf, diese unsere aufrichtigen Wünschen zu bekräftigen durch ein dreifaches Hoch auf unsern jungen Täufling, Se. Majestät Korvette Irene.«[204]

Zu diesem Schiff sind Detailangaben beachtenswert, die aus einer zeitgenössischen Beschreibung stammen.[205] »Den Dampf liefern vier doppellendige Kessel, jeder mit acht Feuerungen, hergestellt von der in Tegel etablierten Maschinenfabrik der Schiffs- und Maschinenbau-AG ›Germania‹, welche solche Kessel als erste in Deutschland gebaut hat. Ein Torpedorohr ist etwa 4 Meter unterhalb der Wasserlinie und noch unter dem 3 Meter langen Rammsporn angebracht, im Schiff ist Raum für 8 bis 10 Torpedos.« Über die Armierung wird mitgeteilt, dass diese aus sechs 35-Kaliber langen 15 cm Geschützen besteht, die in sogenannten Schwalbennestern stehen; 4 können direkt nach vorn und 2 direkt nach achtern feuern, sie beherrschen außerdem die ganze Breitseite; ferner aus 8 kurzen 15 cm Kruppgeschützen, 4 auf jeder Seite und 6 Revolverkanonen.

Anfang der neunziger Jahre wurde eine umfangreiche Modernisierung durchgeführt, die hauptsächlich den Einbau einer Schnellladearmierung betraf, einschließlich der entsprechenden Munitionsräume. Es handelte sich um vier 15 cm, acht 10,5 cm und sechs 5 cm Schnellladegeschütze/SK. Die acht 0,8 cm Maschinengewehre fanden auf der Brücke und in den Gefechtsmarsen der beiden kurzen Masten Aufstellung. Die Torpedoarmierung bestand aus einem 35 cm Unterwasserbugrohr und zwei 35 cm Unterwasserbreitseitrohren. Es gab eine elektrische Beleuchtungsanlage und 2 Scheinwerfer, die auf dem Vor- und Achterschiff auf kleinen Gerüsten aufgestellt waren. Der Bug war eingezogen mit einem 3 m langen Sporn, der Rumpf aus Stahl, mit einer doppelten Holzbeplankung versehen und mit Gelbmetall beschlagen. Es gab einen Doppelboden, mehrere Längs- und viele Querschotten. Die Panzerung in Compound-Stahl bestand aus dem 75 mm starken Panzerdeck, welches mittschiffs in der Höhe der Wasserlinie nur schwach nach den Seiten gewölbt war, nach vorn und achtern bis auf 50 mm abnahm und fast 2 m unter die Wasserlinie reichte. Die wenigen Lucken waren mit 40 mm gepanzert, der Kommandoturm mit 80 mm. Von dort ging ein gepanzerter Schacht bis unter das Panzerdeck, in dem die Leitungen für das Dampfruder, die Maschinentelegrafen und die Sprachrohre beschusssicher untergebracht waren. Die Kofferdämme mit dem Korkgürtel entlang der Schiffswände waren etwa 2,50 m breit.

Die Besatzung bestand aus 365 Mann, davon 16 Offiziere und Beamte, 17 Deckoffiziere und 12 Fähnriche. Die beiden liegenden Woolfschen Maschinen arbeiteten mit je 2 Hochdruck- und Niederdruckzylinder, die Leistung betrug 9.000 PSi, die Geschwindigkeit 18 Knoten, die beiden dreiflügeligen Schrauben hatten einen Durchmesser von 4,50 m. Die 4 Zylinderdoppelkessel standen in 2 Heizräumen. Die Bunker fassten 800 Tonnen Kohle, ausreichend für 3.000 Seemeilen bei 10 kn Fahrt. Die Länge zwischen den Perpendikeln betrug 94 m, die größte Breite 14 m, der Konstruktionstiefgang 6,40 m und das Deplacement 4.300 Tonnen. Eine Besonderheit war das an Deck befindliche kleine Dampfboot. Es war mit einem Torpedorohr bewaffnet und konnte, vor dem Gefecht ausgesetzt, als Torpedoboot selbständig mitkämpfen.[206] Für den Einbau der Maschinenanlage war seitens des Vulcan der Konstrukteur und Maschinenbauingenieur Franz Heberer zuständig.[207] Gebaut worden ist das Schiff nach einem Amtsentwurf in Quer- und Längsspant-Stahlbau, die Seitenhöhe betrug 5,42 m. Die Baukosten beliefen sich auf 5,115 Mill. Mk. Der Kreuzer wurde am 25.8.1888 in Dienst gestellt, war von 1894 bis 1901 im Ausland eingesetzt, wurde am 17.2.1914 aus der Liste der Kriegsschiffe gestrichen und als Beischiff für U-Boote in Kiel und Wilhelmshaven eingesetzt. 1921 erfolgte der Verkauf zum Abbruch in Rüstringen. [208]

1885 war laut Direktionsbericht, für die Marine »eine Dampfbarkasse für Kamerun fertig gestellt und abgeliefert worden«,[209] die nach Gröner den Namen PFEIL hatte. Das »Journal« enthält weitere Angaben: (Bau-)No.: 165 / Besteller: Kaiserl. Deutsche Marine / Art des Schiffes: Marinebarkasse / Antrieb: Schraube / Baujahr u. Bauzeit: 1886 / Lp: 15,71 m / B. a. Sp.: 3,15 m / H: 1,44 m / Tfg., beladen: 0.90 m mittl. Tiefg./ L x B x H u. L x B x CT: 71.215 / Lp : B: 4,984 / Raumgeh.: Brutto-Reg.Ts.: 5 Tonnen. Eine dritte Quelle nennt neben der Bau-Nr., 15 Brutto Register-Tons / 50 indicirte Pferdekräfte und in der Spalte Rhederei: Boot für den Gouverneur von Kamerun. Weitere Angaben liefert die Weser-Zeitung:[210] »Als Baumaterial ist [...] Stahl verwendet, welcher, um ihn gegen Oxydation [...] zu schützen, verzinkt worden ist. Der innere Raum wird durch drei wasserdichte Querschotten in vier Theile getheilt, von denen der hinterste zur Aufnahme von Proviant, der vorderste dagegen nur als Sicherung gegen Sinken [...] dient. Der vordere der beiden mittleren Räume dient als Kajüte für den Gouverneur und seine Begleitung und wird als solche, um genügende Höhe zu erhalten, nach oben durch das Deck so hindurchgebaut, daß rund um diesen Salon auf dem Oberdeck noch eine schmale Passage verbleibt, um, ohne über das Deck der Kajüte zu gehen, nach dem Oberdeck gelangen zu können. Der durch das Deck hindurchreichende Theil der Kajüte erhält große, aufklappbare, mit Jalousien versehene Glasfenster. An der Kajüte schließt sich an der Backbordseite eine mit den nöthigen Schränken, Kästen, Haken, Regalen und einem kleinen verzinkten eisernen Wasserkasten versehene Pantry an; an Steuerbordseite befindet sich ein Raum mit Waschtisch und Toilette. Die ganze Kajütseinrichtung besteht aus Teakholz, ebenso sind beide vom Oberdeck aus auf das Kajütsdeck führende Treppen aus diesem Material. [...] gegen die Sonne wird ein über das ganze Schiff ausspannbares Sonnenzelt angebracht. Um den durch einen Querbunker von dem Kajütsraum getrennten Maschinen- und Kesselraum, ist auf dem Oberdeck ein Haus aus Stahlplatten mit seitlichem Niedergang gebaut. Die Maschine von ca, 50 indicirten Pferdekräften ist eine Compoundmaschine mit Oberflächencondensation, sie erhält ihren Dampf von einem nach dem Locomotivsystem gebauten Kessel. Die Geschwindigkeit [...] soll 9 Knoten betragen.«

1886 sind für die Marine weitere 2 kleine Fahrzeuge fertiggestellt worden, die als Ellerbeck und RADAUNE für Kiel und Danzig bestimmt waren. Über Ersteres enthalten 2 Zeitungsmeldungen einige Informationen. »Stettin, 7. Januar [1886]. Die auf der Werft des Vulcan erbaute, für den Dienst des Chefs der Marine-Station der Ostsee in Kiel bestimmte Dampf-Yacht ist gestern Vormittag behufs Überführung nach ihrem Bestimmungsort, von hier nach Swinemünde abgegangen. Das Schiff ist aus Stahlblech in einer Stärke von 2½ bis 3 Millimeter erbaut.« Die zweite Meldung vom 16. Januar teilt aus Kiel mit, »daß am 14. d. Mts. von der Kaiserlichen Werft [...] eine Abnahmeprobefahrt unternommen« wurde. »Das Boot war voll ausgerüstet, an Bord befanden sich im ganzen 14 Personen. Nachdem zunächst eine Stunde lang unter Volldampf gefahren war, wurde die gemessene Meile in der Kieler Bucht vier mal forcirt durchfahren, wobei im Mittel 360 Umdrehungen per Stunde erzielt wurden. Kessel und Maschine (Compound-System) functionirten gut. Das Dampfboot ist recht solid gebaut und hübsch eingerichtet. In der Kajüte, welche vorn vor der Maschine sich befindet, können 10–12 Personen Platz finden.« Soweit die Hamburger Börsen-Halle.

Eine im Januar 1886 veröffentlichte Liste über Stettins Schiffbau enthält über RADAUNE diese Angaben: Tonnen-Deplacement: 23 / indicirte Pferdekräfte 75 / Rhederei: Boot für den Chef der Ostseestattion / Heimathsort: Kiel.[211] Das »Journal« enthält die Angaben: (Bau-)No.: 174 / Besteller: Stations-Chef-Kiel / Art des Schiffes: Dampfkutter / Baujahr u. Bauzeit: 1886 / Lp: 18.00 m / B. a. Spt: 3.25 m / H: 1.80 m / Tfg., beladen: v = 0.85 m, h = 1.20 m / LxBxCT: 108.54 / Lp : B: 5.273 / BRTs: 10 t / PSi: 70. Bei Gröner, Bd. 6, ist die ELLERBECK 1904 Bereisungsboot, Kommissar Kaiser-Wilhelm-Kanal /RMA; 1914 noch vorhanden. Das Boot RADAUNE wird im »Journal« mit der Bau-Nr. 178 und 120 PSi geführt, die weiteren Angaben entsprechen denen der ELLERBECK. Nach E. Gröner, Bd. 6, 1989, war RADAUNE Verkehrsboot der Kaiserlichen Werft Danzig und 1914 noch vorhanden.[212]

Über das Geschäftsjahr 1886 hatte der Vulcan im neuen Jahr, also 1887, u.a. für die deutsche Marine in Arbeit, bzw. waren neu hinzugekommen, »zwei neue Compound Maschinen nebst Kesseln für die Schiffe Ersatz Albatroß und Grille.« Das Kanonenboot EBER [Esatz Albatroß] war zum Zeitpunkt der Bestellung noch auf der Kaiserlichen Werft Kiel im Bau. Die vom Vulcan zu liefernde Maschine war eine liegende, Dreizylinder zweifach wirkende Expansionsmaschine mit 760 PSi. Die Zweizylinderkessel hatten 4 Feuer, 6 atü Überdruck und 310 m² Feuerfläche. Die Zweiflügelschraube mit einem Durchmesser von 2,80 m war heißbar. Der Aviso GRILLE, bekannt als das langlebigste Schiff der deutschen Marine, war 1858 in Frankreich als königliche Yacht gebaut und erst 1920 aus der Liste der Kriegsschiffe gestrichen worden. Für den Umbau 1885 bis 1888 in Danzig lieferte der Vulcan eine liegende Zweizylinder zweifach wirkende Expansionsmaschine mit 760 PSi.[213] Mit der Ablieferung dieser Arbeiten sowie des Kreuzers IRENE kam es beim Vulcan zu einer längeren Pause im Bau von deutschen Marineschiffen, die lediglich 1890 mit dem Baubeginn des Aviso COMET unterbrochen wurde.

Die Arbeiterentlassungen beim Vulcan dauern noch immer fort

Damit beginnt im Juli 1887 ein Bericht, in dem Klage darüber geführt wird, dass wegen der zahlreichen Entlassungen seit 1886 immer mehr Arbeiterfamilien in [Stettin-]Bredow und [Stettin-] Zülchow in Not geraten sind. Ursache für diesen Zustand waren die ausgebliebenen Neubauaufträge der Reedereien und der Marine. Eine nicht unwesentliche Rolle spielte auch das Verlustgeschäft beim Bau der ersten Reichspostdampfer in Höhe von 1,5 Mill. Mk. [s. Bd. 1]. Außerdem waren die flüssigen Mittel des Unternehmens bereits vorher in Erweiterungsbauten und die Beschaffung von zahlreichen Maschinen gegangen. Jetzt hatte man keinerlei Reserven mehr, um, wie in früheren Zeiten, zumindest einen größeren Stamm an Facharbeitern halten zu können. Die nun eingetretenen misslichen Verhältnisse betrafen nicht nur die Aktionäre und die Arbeiterschaft des Unternehmens, sondern erstmals auch die betroffenen Kommunalverbände, was letztlich wohl zum Eingreifen des Oberpräsidenten der Provinz führte.

Die Gemeinden Bredow und Züllchow waren Arbeiterortschaften, deren Emporblühen und Gedeihen wesentlich von dem Verdienst der Arbeiter abhing. Wobei Zülchow sich noch etwas besser stellte, denn die dort befindlichen Fabriken beschäftigten zahlreiche Arbeiter. In Bredow hingegen war fast die gesamte Arbeiterbevölkerung auf den Vulcan angewiesen. Was dazu führte, dass durch die dort herrschenden ungünstigen Beschäftigungsverhältnisse die Gemeinde sehr stark belastet wurde. Deren Gesamtausgaben betrugen im Etatjahr 1886/87 nicht weniger als 129.768 Mk., denen Einnahmen von 133.732 Mark gegenüberstanden. Womit am Beginn des Etatjahres 1887/88 zwar ein Überschuss vorhanden war, der aber keinesfalls ausreichen würde, die zu erwartenden Mindereinnahmen auszugleichen. Durch die starke Belastung der Bevölkerung mit Steuern verblieb auch in dieser Richtung keinerlei Spielraum für die Gemeinde. Zur 2. bis 12. Stufe der Klassen- und Einkommensteuer wurden 200%, zur 1. Stufe der Klassensteuer 120% und zur Grund-, Gebäude- und Gewerbesteuer je 100% Kommunalzuschlag erhoben, welcher im Etatjahr 1886/87 insgesamt 62.964 Mk. betrug. Bei der Veranlagung zur Klassensteuer für 1887/88 im November 1887 waren zwar 4.649 Personen mit einem Steuerbetrag von 22.398 Mk. veranlagt worden, bei den Verhältnissen war aber klar, dass nicht die geringste Aussicht bestand, diesen Betrag einziehen zu können. Infolge der Entlassungen waren in der Zeit vom 1.12.1886 bis 1.4.1887 aus Bredow bereits 1.172 Steuerzahler mit einem veranschlagten Steuerbetrag von 5.177 Mk. verzogen, während der Zuzug nur 582 Steuerzahler mit einem Steuerbetrag von 2.375 Mk. ausmachte. Von 1.4. bis 30.7.1887 waren weitere 883 Steuerzahler verzogen, für die der Steuerbetrag auf ca. 4.225 Mk. veranschlagt war. Der Zuzug betrug nur 282 Steuerzahler mit ca. 928 Mk. Steuerbetrag. Unter dem Strich ergab das zur Jahresmitte bereits einen Steuerausfall von ca. 3.300 Mk.

Hinzu kam noch, »daß auch die Aenderung in der Direktion des Vulcan nicht ohne Einfluß auf die Steuerverhältnisse Bredows blieb, denn durch die Übersiedelung des Herrn Direktors Haack nach Berlin, verlor die Kommune Bredow einen Steuerzahler mit einem Steuerbetrag von 1.008 Mk. pro Jahr, für welchen kein Ersatz geschaffen werden kann, denn auch der neu gewählte Direktor, Herr Jüngermann, hat seinen Wohnsitz nicht in Bredow genommen.« In Anbetracht dieser Verhältnisse hatte die Gemeindevertretung bereits gegen die Kreis- und Provinzialsteuer, die für 1887/88 einen Betrag von 15.102 Mk. ausmachte, erfolgreich Einspruch erhoben, denn es wurden 4.110 Mk. erlassen. Aber auch dieser Steuererlass wurde nicht als wirkliche Entlastung gesehen gegenüber den Steuerausfällen bei weiteren befürchteten Arbeiterentlassungen beim Vulcan.

Da bei den andauernden Fortzügen der Arbeiter auch der Verdienst der übrigen Bewohner, der Handwerker, Kaufleute, Händler, Gastwirte usw. geringer wurde, schmälerte sich auch deren Steuerlast. Ebenso wurde die ständig steigende Armenlast der Gemeinde als eine direkte Folge der Entlassungen gesehen. Da in der Gemeinde überwiegend Arbeiter wohnten, fielen diese nach der damaligen Gesetzeslage bei eintretender Erwerbslosigkeit der Gemeinde zur Last, »denn die Arbeiterverdienste der letzten Jahre waren kaum so erheblich, um davon Ersparnisse machen zu können und eine Altersversorgung für Arbeiter besteht leider noch nicht.« Eine weitere Belastung der Gemeindekasse waren die Ortsarmen. »Auch durch die Unglücksfälle in den Fabriken – und der Vulcan hatte darin gleichfalls eine ganze Reihe zu verzeichnen – sind dem Orte viele Arme geschaffen worden, welche noch heute Armenunterstützung von der Gemeinde erhalten und so ist es kaum zu verwundern, daß die Gemeinde [...] im Etatjahr 1886/87 für die Armenpflege 36.815 Mk. auszahlen musste. Dazu kommt für 537 Kinder freie Schule und 8 freie Wohnungen im Armenhaus, so daß die Gesammtausgabe für Armenpflege 43.318 Mk. betrug. Von dieser Summe wurden der Armenkasse durch andere Kommunen oder dergl. nur 8.898 Mk. wieder erstattet. Man sieht aus alledem, daß die Aussichten der Kommune für die Zukunft nicht sehr rosig liegen und daß sie wesentlich im Zusammenhang stehen mit den Arbeiterentlassungen im Vulcan.«[214]

Zum Teil waren es diese Verhältnisse, die den Oberpräsidenten von Pommern veranlasst hatten, sich 1887 direkt an den Reichskanzer zu wenden. Bismarck richtete daraufhin von Varzin aus am 3.8.1887 ein vertrauliches Schreiben an den Chef der Admiralität von Caprivi: »Es ist mir mitgeteilt worden, daß die Schiffbaugesellschaft Vulcan in Stettin ohne Bestellungen sei, und das eine Reduktion ihrer Arbeiter und Einrichtungen, vielleicht auch die Gefährdung der ganzen Gesellschaft bevorstehe. Ein solches Ergebnis würde wirtschaftlich und politisch bedauerlich sein.« An anderer Stelle erwähnt Bismarck, dass man ihm Mitteilung darüber gemacht habe, dass der Norddeutsche Lloyd entgegen einer Verpflichtung, die im Postdienst eingesetzten Schiffe, die aus anderen Linien hergenommen worden waren, durch Neubauten in England ersetzt habe. Außerdem teilt er mit: »Nach einer Mitteilung des Ober-Präsidenten der Provinz Pommern hätte der Vulcan bei der Lieferung von Postdampfern, hauptsächlich in Folge eigener Rechenfehler, Verluste von 1.5 Mill. Mk. erlitten.«

Bismarck fragt dann an, welche Aussichten der Vulcan hat, von Seiten der Marine Neubauaufträge zu erhalten, insbesondere von den für das Etatjahr 1888/89 in Aussicht genommenen. »Nach den von mir in Stettin eingezogenen Erkundigungen, darf ich nun annehmen, daß bei der Herstellung der gegenwärtig für die Marine in Bau begriffenen 26 Fahrzeuge ausschließlich der Torpedoboote, der Vulcan beteiligt wird. Meiner Ansicht nach hat die Erhaltung eines bisher leistungsfähigen Unternehmens, [...] nicht nur für die deutsche Industrie und Arbeiterbevölkerung eine wirtschaftliche, sondern für unsere Stellung dem Ausland gegenüber auch eine politische Tragweite, [...] Ich würde mich freuen, wenn die Verwaltung der Kaiserlichen Marine in der Lage wäre, dem Vulcan Beschäftigung zuzuwenden. Bismarck.«[215]

Vermutlich eine direkte Folge dieses Schreibens wird die Vergabe der beiden Linienschiffe »A« und »C«, BRANDENBURG und WEISSENBURG gewesen sein, denn anlässlich der ordentlichen Generalversammlung am 11.5.1889 teilte Direktor Stahl u.a. im Zusammenhang mit bereits erfolgten Veränderungen mit: »Weitere erhöhte Anforderungen an die Fabrik stehen noch bevor durch die in Aussicht stehenden Bauten von großen Panzerschiffen. Sollte bei etwaigen Aufträgen die Fabrik nicht ins Stocken gerathen, so werden noch verschiedene andere Erweiterungsbauten an einzelnen Werkstätten notwendig sein, so bezüglich der Werkstätten für Panzerbearbeitungen und Spantenbiegungen, der Gießerei und Dreherei, der mechanischen Werkstätten, sowie bezüglich mehrerer Hellinge.«[216]

Auch der bereits im April 1889 veröffentlichte Direktionsbericht enthält einen Hinweis auf mögliche Marineaufträge, in dem festgestellt wird, »daß der als nothwendig erachtete Ausbau der [...] Marine den dabei betheiligten Werften ein lohnendes Feld für weitere Arbeiten bietet.«[217] Anfang Oktober 1889 wurde bekannt, »[...] daß je ein Panzerschiff auf den Kaiserlichen Werften Kiel und Wilhelmshaven, die beiden anderen von der Schiffsbau-Gesellschaft Vulcan erbaut werden. Für jedes Schiff ist eine Summe von 9,3 Mill. Mk. in Anschlag gebracht. Die Baufrist ist auf ein Jahr berechnet, doch werden in diesem Jahre nur die ersten vorbereitenden Arbeiten ins Werk gesetzt so daß als eigentliche Baujahre [...] 1890-1893 zu betrachten sind. [...]«[218] Konkret wird es dann am 14.10.1889: »Der Contract zwischen Regierung und dem Vulcan bezügl. des Baues zweier Panzerschiffe ist definitiv abgeschlossen.[219]

Nach 40 Jahren der erste Marineoffizier an der Spitze der Seestreitkräfte

Inzwischen hatte es im Juli 1888 mit der Ernennung des Vizeadmirals Graf von Monts zum Chef der Admiralität durch Kaiser Wilhelm II. einen Wechsel gegeben, durch den erstmals ein Marineoffizier an die Spitze rückte. Als von Monts am 19.1.1889 starb, wurde Vizeadmiral von der Goltz sein Nachfolger. Während seiner Amtsführung ist die Admiralität am 30.3.1889 in die beiden Behörden, Oberkommando der Marine und Reichsmarineamt / RMA geteilt worden. Das Oberkommando war für die Ausbildung der Offiziere und Mannschaften, die Verwendung der Schiffe und die Durchführung der Manöver als Vorbereitung für den Ernstfall zuständig. Das RMA leitete die Einrichtung, Erhaltung und Entwicklung der Marine sowie den Bau und die Ausrüstung der Kriegsschiffe und führte die Verwaltung über alle Ausgaben für die Flotte, die Kriegshäfen mit den Werften und Küstenbefestigungen an Jade, Weser, Elbe und in Kiel. Die übrigen Befestigungsanlagen in Swinemünde, Pillau, Neufahrwasser, Memel usw. gehörten damals noch zum Heer.

An die Spitze des Marineoberkommandos wurde als kommandierender Admiral Vizeadmiral v. d. Goltz gestellt, der unmittelbar unter dem Oberbefehl des Kaisers stand. Zum Vorstand des RMA wurde als Staatssekretär der Konteradmiral Heusner ernannt. Er führte sein Amt unter der Verantwortung des Reichskanzlers, verbunden mit der Aufgabe, die Marine im Bundesrat und im Reichstag zu vertreten. Der kommandierende Admiral und der Staatssekretär hatten sich gegenseitig zu ergänzen. Beide Behörden hatten ihren Dienstsitz in Berlin. Das gleichzeitig gebildete Marinekabinett unter Kapitän z. S. Freiherr von Senden-Bibran war die dritte Spitzenbehörde mit dem Aufgabenbereich Personalangelegenheiten des Offizierkorps. Konteradmiral Heusner musste sein Amt krankheitshalber im Frühjahr 1890 aufgeben, er starb wenig später an einem Herzleiden. Neuer Staatssekretär mit Wirkung vom 22. April d. J. wurde Vizeadmiral Hollmann. Diesen Fachleuten fiel die schwierige Aufgabe zu, die in eine falsche Richtung gedrängte Entwicklung der Flotte zu ändern. Anfangs allerdings ohne großen Erfolg, offensichtlich hatten sie nicht energisch genug auf die Vernachlässigung im Bau großer Panzerschiffe für den Kampf auf hoher See hingewiesen. Denn der Reichstag bewilligte 1889 zunächst nur als Ersatz für die Panzerfregatten KRONPRINZ, HANSA, FRIEDRICH CARL und GROßER KURFÜRST, die vier großen Linienschiffe der Brandenburg-Klasse. Diese bestand aus WÖRTH, gebaut von der Germaniawerft, KURFÜRST FRIEDRICH WILHELM, gebaut in Wilhelmshaven sowie den beiden bereits genannten BRANDENBURG und WEISSENBURG. Bemerkenswert an diesen Schiffen ist, dass sie erstmals einen selbständigen deutschen Linienschiffstyp darstellen, während bisher nach fremden Vorbildern gearbeitet wurde. Alle 4 waren ziemlich gleichzeitig im Frühjahr 1890 auf Stapel gesetzt. Man wollte mit einem Schlag eine Division gleichen Typs schaffen, da entsprechende Manöver in verschiedenen Marinen den großen taktischen Wert solcher Schiffsgruppen deutlich gemacht hatten.[220] Die Schiffe galten mehrere Jahre hindurch als die modernen Repräsentanten des deutschen Schlachtschiffstyps.

Das Linienschiff BRANDENBURG

Im Zusammenhang mit den Vorbereitungen zum Stapellauf am 21.9.1891 wurde in der Presse u.a. darauf hingewiesen, dass im Gegensatz zur sonst geübten Praxis die Werft nur 300 Karten wegen des beschränkten Platzes ausgeben kann. Am Tag des festlichen Ereignisses herrschte das »prächtigste Kaiserwetter«. Ein längerer Beitrag in der Morgenausgabe der Ostsee-Zeitung endet mit den Sätzen: »Daß Kaiser Wilhelm II. der Deutschen Seewehr ein Interesse entgegenbringt, wie vor ihm kein Preußischer, kein anderer Deutscher Herrscher, hat von jeher und besonders seit seiner Thronbesteigung bei jeder sich bietenden Gelegenheit aufs Unzweideutigste bekundet, und er hat, wohl im theilweisen Zusammenhange damit, auch der Werft des ›Vulcan‹ sein Kaiserliches Wohlwollen im hohen Grade geschenkt und oft genug bethätigt. Dafür ist ihm außer dem Vulcan selbst, auch Stettin zu großem Dank verpflichtet und dieser Dank klingt mit in den Jubelrufen, die dem Kaiser auf seinen Wegen aus so vielen treuen Pommernherzen entgegentönen. Stettins Bevölkerung dankt Se. Majestät für die landesväterlich Huld, die er unserer Stadt durch seinen Besuch heute von Neuem erweist, und ruft ihm aus voller Seele zu ein freudiges: Glück und Heil dem Kaiser heut und immerdar!«

Es wird dann darüber berichtet, dass »ein milder Spätsommersonnenschein herabstrahlt auf die mancherlei festlichen Zurüstungen, die zum Empfange des Kaisers getroffen sind. [...] Stadt und Schiffe [...] prangen in reichem Flaggenglanz. Ganz besonders sind der Bahnhof sowie die Ostfront des Rathauses, an welcher der Kaiser [...] vorbeifährt, mit Flaggen, Wimpeln, Tannengrün, Laubgewinden, Wappenschildern und Draperien in den Pommerschen und Stettiner Stadtfarben prächtig geschmückt.« Auf dem weiteren Wege »zeichnet sich die Kaserne des Königsregiments durch ein reiches Festgewand aus. In unserer Nachbarstadt Grabow ziehen sich über die Straßen blumendurchflochtene Girlanden, manche mit einem Willkommensgruß geziert. An der Grenze des Bredower Gebiets, unmittelbar an der Brücke bei der Bredower Cement-Fabrik, erhebt sich eine mächtige Ehrenpforte, welche in riesigen Lettern die Inschrift Willkommen trägt. [...] Auf der Werft [...] führt ein mit Kies bestreuter, zu beiden Seiten mit hochragenden, laub- und fahnengeschmückten Flaggenstangen begrenzter Weg zu der festlich hergerichteten Kaisertribüne, die sich am Vordersteven [...] des [...] Täuflings erhebt. An der Steuerbordseite des Fahrzeugs ist die größere Tribüne für die Zuschauer errichtet. Die Ehrenkompanie [...] ist 150 Mann stark, aus Mannschaften des 1. und 2. Bataillons des Königsregiments zusammengesetzt, und wird vom Hauptmann der 2. Compagnie v. d. Linde geführt. Die Musik stellt die Capelle des 9. Infanterieregiments aus Stargard.[221]

Zu den geladenen Gästen gehörten die Spitzen der städtischen und hiesigen Staatlichen Behörden, Oberbürgermeister Haken und Stadtverordnetenvorsteher Dr. Scharlau mit Amtsketten, Geh. Finanzrath und Provinzial-Steuerdirector Meersmann, Oberpostdirector Cunio, zahlreiche Militärs, darunter Divisionscommandeur General Frhr. v. Falkenstein, Regimentscommandeur Oberst Frankenberg u. Proschlitz. Von der Marine waren erschienen, der commandierende Admiral Frhr. v. d. Goltz, der Chef der Marinestation der Ostsee Viceadmiral Knorr, der Director des Marinedepartements im RMA Contreadmiral Frhr. v. Hollen, der Chef des Stabes des Obercommandos der Marine Contreadmiral Karcher, der Oberwerftdirector in Kiel Capitän z. S. v. Diedrichsen, der Flügeladjutant des Kaisers Capitän z. S. Frhr. v. Senden-Bibran, Capitän-Lieutenant Pohl, der Schiffbaudirector in Kiel Marine-Oberbaurath Gebhardt und der Maschinenbau-Director in Kiel Marine-Oberbaurath Meyer. Die Ankunft des Kaisers erfolgte etwa 10 Minuten vor 5 Uhr nachmittags, am Werfteingang empfangen von den Spitzen des Unternehmens.

Nach Abschreiten der Ehrenkompanie – die Kapelle spielte den Präsentiermarsch – begaben Majestät sich zur Kaisertribüne, die von außen mit Fahnendraperien, Wappenschildern und grünem Gezweig geschmückt war, während darüber sich ein prächtiger Baldachin aus vielfarbigem Flaggentuch wölbte. Oben angelangt, schritt Se. Majestät alsbald an die Brüstung und nahm das Wort zu der Taufrede, deren einzelne Sätze er langsam und mit deutlicher, weithin vernehmlicher Stimme sprach [Text s. Anhang Taufreden]. Nach dem letzten Satz ließ er die Champagnerflasche an dem weit vorstehenden Rammsporn zerschellen und begab sich, gefolgt von den Ehrengästen, zu einer zweiten, unweit des Ufers befindlichen Tribüne. Als die Gruppe hier angekommen war, gab Direktor Jüngermann mit einer weißen Fahne dem Schiffbaumeister Steck, der von einer kleinen Laufbrücke am Vordersteven aus den Stapellauf leitete, das Zeichen zum Ablauf. Herr Steck ergriff ein Stemmeisen mit polirtem Heft und einen Schlägel aus polirtem Holz und durchstemmte mit kräftigen Schlägen das weiße Manilatau, durch welches die Fallbeile gehalten wurden. Die letzteren sausten herab und lösten die Fesseln des gewaltigen Schiffscolosses, der sich in [...] Bewegung setzte und unter dem Hurrahgeschrei der Menge und den Klängen der Volkshymne [...] den Schlipp entlang glitt, hinab in die Fluten der Oder, wo er in der Mitte [...] durch eine mächtige Kette am Hintersteven gehalten, langsam beidrehte. Das Backbordanker [...] verhinderte ihn mit der Strömung rückwärts zu treiben.«

Anschließend begaben sich der Kaiser und die Ehrengäste nach dem »festlich hergerichteten Schnürboden, wo stehenden Fußes ein kleiner Imbiß eingenommen wurde.« Neben den dortigen Schiffsmodellen besichtigte der Kaiser »mit besonderem Interesse u.a. auch das Modell einer Koje.« Etwa 20 Minuten vor sechs Uhr bestieg er wieder seinen Wagen, in welchem auch Viceadmiral Hollmann Platz nahm und es »ging in raschem trabe zum [...] Bahnhof. [...] In der Grünen Schanze warf ein einarmiger, dürftig gekleideter Mann dem Kaiser eine Bittschrift in den Wagen, die Se. Majestät aufhob und einem Lakai übergab. Auf dem Perron verabschiedete sich Se. Majestät kurz von den hier zurückbleibenden Herren und bestieg den

Linienschiff Brandenburg im Kaiser Wilhelm-Kanal [gemeinfrei]

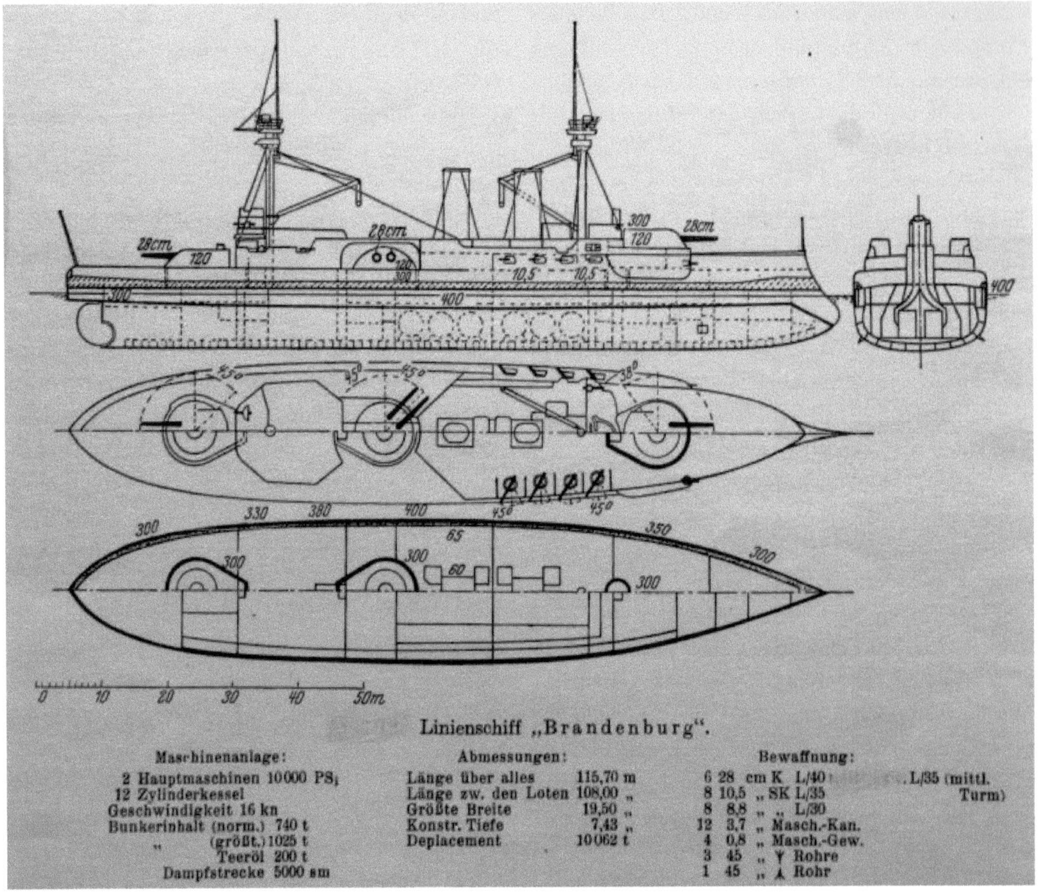

Linienschiff BRANDENBURG [aus: Kriegsschiffbau, Leitfaden f. d. Unterricht a.D. Marineschule, Marinebaurat H. Evers, Berlin 1931]

Zug, der pünktlich um 6 Uhr zum Bahnhof hinausdampfte um […] den Kaiser nach Ostpreußen zur Jagd zu bringen.« Am anschließenden üblichen Essen, nahmen die Herren von der Marine einer Einladung des Vulcan folgend, im Hotel de Prusse [der spätere Preußenhof] teil »und traten dann um 9.45 Minuten die Rückreise nach Berlin an.«[222]

Am 22.9.1893 war das Schiff auf der Werft soweit fertiggestellt, dass die Überführung nach Swinemünde hätte durchgeführt werden können, wenn der niedrige Wasserstand in Oder und Haff nicht gewesen wäre. Zur Gewichtserleichterung waren bereits soweit wie möglich die beweglichen Gegenstände abgenommen und 6 der Regierung gehörende Hebeprähme angebracht worden. Der Tiefgang betrug aber immer noch 19 Fuß, während die Wassertiefe im Revier mit 17½ Fuß angegeben wird. Erst mit dem Anbringen eines weiteren Hebeprahms konnte der Tiefgang auf 18 Fuß 6 Zoll verringert und bei einer Revierwassertiefe von 19 Fuß, am 29. September die Fahrt angetreten werden. Geschleppt wurde mit den 3 Eisbrechern SWINEMÜNDE, BERLIN und STETTIN, die Steuerung unterstützte der Schleppdampfer OTTO. Das werfteigene Trajektschiff PIKAS begleitete den Schleppzug, der kurz nach 6 Uhr die Fahrt begonnen hatte und mittags um 12 Uhr laut Drahtnachricht bereits das Feuerschiff bei Ziegenort passierte. Am 28. Oktober traf in Swinemünde der Inspekteur der Marineartillerie zu Wilhelmshaven, Konteradmiral Thomsen zur Inspizierung der Arbeiten ein.

»Der größere Theil […] ist jetzt bewältigt und nur die Armirungsarbeiten durch Krupp […] erfordern noch einige Zeit.« »Swinemünde, 6. November [1893]. Die Arbeiten […] sind, wie das ›Amtl. Krbl.‹ meldet, jetzt soweit beendet, daß der Übernahme […] nach Beendigung der ordnungsgemäßigen Probefahrten nichts mehr im Wege steht. Die Abnahme-Commission […], bestehend aus den Herren Capitän z. S. Foß, Ressortdirector für Ausrüstung, Marine-Oberbaurath und Maschinenbau-Director Meyer, Marine-Oberbaurath und Schiffsbau-Director Gebhardt, sämmtlich von der Kaiserlichen Werft zu Kiel sowie den Herren Baurath Lehmann aus Berlin und Bau-Inspector Schroedter aus Stettin, traf gestern […] hier ein. Die Herren begaben sich heute früh mittels des Dampfers FRITZ nach dem abzunehmenden Schiff. Die leitenden Persönlichkeiten vom Vulcan waren gestern bereits hier angelangt.«[223]

Ende November schrieb man aus Kiel der Weser-Zeitung: »Am 17. d. Mts. lief im Kriegshafen

[…] S.M.S. ›Brandenburg‹ ein, eins der vier seiner Zeit im Reichstag viel umstrittenen […] Panzerschiffe […] und als erstes mit seinen schweren und leichten Geschützen vollständig armirt. Man wird sich erinnern wie bei den Verhandlungen […] gezweifelt wurde, ob unsere heimische Industrie im Stande sein würde, in angemessener Zeit eine so hohe Leistung zu vollbringen, wie sie der Bau dieses Schlachtschiffes darstellt. Um so stolzer kann unsere Industrie jetzt sein, wo der volle Erfolg ihr Werk krönt, denn die ›Brandenburg‹ hat ihre erste Probe geradezu glänzend bestanden. Das im Reichsmarineamt construirte […] im Sommer 1890 angefangene Schiff, war schon im Frühjahr 1892 soweit im Bau vorgeschritten, daß die im schwimmenden Schiff fertig montirte Maschine unter Dampf probirt werden konnte. Die Fertigstellung wurde […] verzögert durch verspätete Anlieferung des neuartigen Panzers aus Nickelstahl. Nach dem die Panzerung vollendet und die gesammte Artillerie aufgestellt war, wurde vor der Überführung […] in den Hafen von Swinemünde, die Maschine noch einmal in langsamer Gangart probirt, dann der Weg nach Kiel angetreten und während der Reise die Maschine gleich auf nahezu höchste Leistung getrieben. Ohne den geringsten Anstand arbeitete sie mit dieser während der vorgeschriebenen längeren Dauer. […] Die Maschinen sollten kontractlich mindestens 8.000 Pferdestärken indiciren, aber bei dieser ersten Probe in See, stiegen die Pferdekräfte bis auf 9.640. Der […] erhebliche Überschuß wurde noch dazu ohne besondere Forcirung erreicht, in einer Weise, die man in England »mit natürlichem Zuge« bezeichnet.« Es wird dann weiter berichtet, daß die »12 großen Kessel in 4 wasserdichten Abtheilungen« und die »beiden dreizylindrigen, stehenden Maschinen, […] in 2 durch ein wasserdichtes Längsschott von einander getrennten Räumen untergebracht sind, […] die Schraubenwellen mit etwa 110 Umdrehungen in der Minute herumgedreht werden. […] das Schiff lief dabei ruhig, man merkte kaum, daß die Maschinen im Gange waren. […] Die Luftzuführung in den Maschinenraum, über den anderwärts […] geklagt wird, ist hier so gut, daß die Räume beinahe kühl zu nennen sind. Die Geschwindigkeit […] bei dieser nicht forcirten Maschinenleistung […] betrug 16½ Knoten. […] alle die Befürchtungen über unzureichende Geschwindigkeit, die in Reichstag und Presse seiner Zeit laut wurden, dürften nunmehr widerlegt sein. Ganz besonders hervorzuheben ist noch die außerordentliche Drehfähigkeit welche die ›Brandenburg‹ besitzt. Sie steuert wie ein Boot […]. Das zeigte sich […] als das Schiff in dem Kieler Hafen angekommen, unter eigenem Dampf und ohne irgend welche Beihilfe von Böten und Trossen in die enge Werfteinfahrt einlief, lediglich durch Vor- und Rückwärtsarbeiten mit den Schrauben, im Ausrüstungsbassin drehte, trotzdem dasselbe durch Schiffe und Werftfahrzeuge besonders beengt war und sich mit dem Bug nach außen an den Quai legte. Das Schiff gibt wegen seiner guten Verhältnisse und seines unauffälligen grauen Anstrichs von außen nicht den vollen Endruck seiner Größe, gewährt aber doch mit seinen drei Panzerthürmen und daraus hervorragenden Doppelgeschützen, den beiden hohen und kräftigen Stahlgefechtsmasten, den beiden dicken Schornsteinen einen mächtigen, achtunggebietenden Anblick.«[224]

Die Armierung der Brandenburgklasse bestand aus sechs 28-cm Kanonen, paarweise in 3 Kuppeltürmen, von denen einer vorn auf der Back, einer ungefähr in der Schiffsmitte auf Oberdeck und der 3 hinter dem Kreuzmast auf dem Oberdeck stand. Zur Mittelartillerie gehörten sechs SK 10,5-cm. Aufgestellt im vorderen Aufbau in einem zusammenhängenden Raum, waren sie nur durch dünne Splittertraversen getrennt und nach außen durch eine leichte Panzerwand geschützt. Die leichte Artillerie bildeten 8 SK 8,8-cm, die auf den oberen Aufbauten verteilt waren und 12 MK 3,7-cm, von denen einige auf den Aufbauten, andere in den Marsen standen. Vervollständigt wurde die artilleristische Ausrüstung durch 8 Maschinengewehre 0,8-cm. Zur Torpedoausrüstung gehörten 2 Bugrohre und 4 Breitseitrohre. Die schwenkbaren Überwasserrohre hatten ein Kaliber von 45-cm.

Die Panzerung bestand bei BRANDENBURG noch aus Verbundstahl, während bei WEIßENBURG bereits der widerstandfähigere Nickelstahl zur Anwendung kam. Der Grund hierfür war, dass der Bau der Schiffe in eine Übergangszeit fiel, in welcher die Panzerfabrikation sich in einer schnellen Entwicklung befand. Der Panzergürtel erstreckte sich über die ganze Länge des Schiffes, hatte mittschiffs eine Stärke von 400 mm und nahm nach den Enden bis auf 300 mm ab. Das Panzerdeck war 50 bis 75 mm und der Kommandoturm 300 mm stark gepanzert, die Geschütztürme mit 300 mm. Die Schiffe hatten 2 Scheinwerfer, die in halber Höhe an den beiden Masten in besonderen Scheinwerfermarsen aufgestellt waren. Beide Masten waren aus Stahl und hatten Wendeltreppen zu den Gefechtsmarsen, in denen sich Maschinenkanonen und Maschinengewehre befanden.

Die Besatzung belief sich auf 568 Köpfe, davon 22 Offiziere und Beamte, 16 Fähnriche zur See und 19 Deckoffiziere. Bei KURFÜRST FRIEDRICH WILHELM kam der Geschwaderstab hinzu. Die Unterkünfte befanden sich in eisernen Aufbauten zwischen den Türmen, vorne für die Mannschaften, achtern für die Offiziere.[225] Als Kessel waren Einenderzylinderkessel in Betrieb, die beiden Dreifach-Expansionsmaschinen standen in getrennten Räumen und leisteten 10.000 PSi, die Geschwindigkeit betrug 17 kn; der Kohlenvorrat 640 t normal, der bei 10 kn Fahrt für 4.500 sm reichte, maximal 1.050 t, außerdem konnten 200 t Teeröl gebunkert werden. Die Schiffe hatten eine Länge zwischen den Perpendikeln von 108 m, eine größte Breite von 19,50 m, einen Konstruktionstiefgang von 7,40 m, einer Seitenhöhe von 11 m, das Deplacement betrug 10.013 t.[226] Die Baukosten für das Schiff mit der Bau-Nr. 198 betrugen 15,832 Mill. Mk.

Alle Schiffe waren als Amtsentwurf in Quer- und Längsspant-Stahlbau mit 13 wasserdichten Abteilungen und 48% Doppelboden gebaut worden. Es gab 3 Dynamos mit 72,6 kW / 67 Volt und 11 Rettungsboote. Die Schiffsglocke mit der Nummer 1336 und einem Gewicht von 160,5 kg war von der Stettiner Glockengießerei C.(arl) Voss & Sohn geliefert worden. BRANDENBURG war am 19.11.1893 in die Flotte übernommen worden, 1915 im Küstenschutz eingesetzt und 1916 bis 1918 Wohn- und Destillierschiff in Libau. Es wurde nach nicht vollendetem Umbau zum Zielschiff, am 13.5. 1919 aus der Liste der Kriegsschiffe gestrichen, an die Norddeutsche Tiefbauges. Berlin verkauft und 1920 in Danzig abgebrochen. Eine Besonderheit aller vier Schiffe ist darin zu sehen, dass sie als erste Marineschiffe vor der Ausreise nach Ostasien im Zusammenhang mit dem Boxeraufstand 1900 Funkentelegrafie eingebaut erhielten.[227] Außerdem war der Bau der Brandenburg-Klasse für die deutsche Industrie insofern von besonderer Bedeutung, als die Firma Friedrich Krupp dadurch zur Errichtung eines Panzerplattenwerkes veranlasst wurde, nachdem die Dillinger Hütte bereits seit Mitte der 1870er Jahre die Fabrikation von Panzerplatten aufgenommen hatte.

Die Katastrophe am 16. Februar 1894

Seit dem Morgen befand sich die BRANDENBURG auf einer der forcierten Probefahrten, der jedes neue Kriegsschiff unterworfen wurde, um seine volle Leistungsfähigkeit betreffend Maschine und Schiff zu prüfen. Gegen 11 Uhr vormittags wurde mit Höchstfahrt in der Kieler Förde hinter dem Stoller Grund gefahren, als das Hauptdampfrohr der Steuerbordmaschine platzte. Zum Zeitpunkt des Unglücks befanden sich 41 Mann in diesem Raum, darunter Arbeiter der Kieler Marinewerft und vom Vulcan. Nur einer von ihnen konnte sich retten, da er an der Treppe stand, um nach oben zu gelangen. In einem der Räume, in die sich der Dampf sofort verbreitete, befand sich Oberingenieur Flohr. Er hatte sich im Augenblick der Explosion sofort auf den Boden geworfen und kriechend den Ausgang erreicht. Nach einer Verlustliste vom 16. Februar kamen ums Leben: Maschineningenieur Merks, Reserve-Unteringenieur Schulz, Obermaschinist Kirsch, Obermaschinistenmaats Bank, Kistenseger, Linderhans; Maschinistenmaats Meyer 5, Hampel, Jansen 2; Obermaschinistenapplicant Petri, Oberheizer Glanthier, Heizer Blankenbach, Batt, Schröder, Ullrich, Ost, Witte, See; Matrosen Henser, Ziegenmeyer, Trewes; Maschinenbaumeister Ofers, Maschinenbauer Dietrich, Schüler, Müller; Werkmeister Stützer, Werkführer Kernol, die Vorarbeiter Jung, Husfeldt und Hansohm; die Maschinenschlosser Hollhof und Schreck, der Kupferschmied Freiberg [Sohn des Kupferschmiedemeister F., Vulcan], die Arbeiter Weigandt, Lebus und Oppermann; Ingenieur Mielke [Vertreter des Vulcan in Kiel], Maschinen-Oberingenieur Jantzen vom Vulcan, der während der Probefahrten die Oberleitung in der Maschine hatte, wurde vermisst. Sieben Verletzte überlebten.[228] Eine für die Hinterbliebenen veranstaltete Sammlung hatte bis zum 11.3.1894 »etwas über 150.000 Mk. ergeben, woran der Vulcan mit 5.000 Mk. beteiligt war.«

»Durch allerhöchste Ordre d.d. an Bord ›S.M.S. König Wilhelm‹, Wilhelmshaven, den 20. Februar 1894, ist folgendes bestimmt: Ich will an die nachbezeichneten Personen, welche sich bei dem Unglücksfall an Bord meines Panzerschiffes ›Brandenburg‹ am 16. Februar d. J. durch Unerschrockenheit besonders ausgezeichnet und durch ihr Verhalten dazu beigetragen haben, einen noch größeren Verlust an Menschenleben zu verhüten, folgende Auszeichnungen verleihen. Den königl. Kronen-Orden vierter Klasse: dem Masch.-Unt.-Ing.-Krause, dem Masch.-Unt.-Ing. Weber, dem Civil-Oberingenieur von der Schiffbau-Gesellschaft Vulcan, Blumenthal; die Rettungsmedaille am Bande: dem Masch.-Unt.-Ing. Möhmking; das Allgemeine Ehrenzeichen: dem Obermaschinisten Eckerlein, dem Maschinisten Zimmermann, dem Feuermeister Fischer, dem Feuermeister Höpfner, dem Oberfeuermeistersmaaten Preisigke, dem Oberfeuermeistersmaaten Tjaden, dem Oberfeuersmeistersmaaten Schmidt, dem Oberfeuermeistersmaaten Görnandt, dem Feuermeistersmaaten Kutscher, dem Obermaschinisten-Applicanten Thäns. Der Chef des Manövergeschwaders, Viceadmiral Koester wird in Gegenwart des gesammten Maschinenpersonals des Geschwaders, die Decorationen den Beliehenen auf dem Flaggschiff ›Baden‹ am 11. überreichen.« Soweit die Ostsee-Zeitung vom 12.3.1894 nach einer Meldung aus Kiel vom Tag zuvor. Das Marineverordnungsblatt vom 19.2.1894 brachte »einen Allerhöchsten Erlaß betreffend die Ehrung der [...] in Ausübung ihres Dienstes Verbliebenen«. [...] Um das Andenken zu ehren, bestimmte der Kaiser »daß allen die gleichen Ehrenbezeugungen erwiesen werden, wie den vor dem Feinde gefallenen Combattanten.«[229]

»Kolberg, 21. Februar [1894]. Unter den am 6. d. M. [...] auf so jämmerliche Weise ums Leben gekommenen Personen befindet sich auch der Obermaschinistenmaat Carl Bauck, Sohn des Kataster-Controlleurs Rechnungsrats Bauck hierselbst. Seine Leiche ist von dem Vater nach hier geholt und heute Nachmittag unter voller militärischer Ehrenbezeugung, sowie unter Betheiligung einer außerordentlich großen Zahl hiesiger Einwohner auf dem Militärfriedhof hierselbst begraben.« Soweit eine weitere Meldung der Ostsee-Zeitung.[230] Von der Direktion des Vulcan war den Hinterbliebenen der verunglückten Angestellten der Fabrik für jede Familie 1.500 Mk. ausgezahlt worden. Außerdem erhielten die einzelnen Angehörigen für die Reise zur Beerdigung nach Kiel je 100 Mk.[231]

Der Unglücksfall, der damals in der Presse sehr ausführlich behandelt wurde und auch im Reichstag mehrmals zur Sprache kam, führte 1896 zu einer dreitägigen Gerichtsverhandlung. Diese begann am 17. Juni vor der 5. Strafkammer des Stettiner Landgerichts. Anklage wurde erhoben gegen die Beamten des Vulcan: Betriebsingenieur Karl Julius Nicolaus aus Roslau, 38 J. und Ingenieur Otto Herm. Friedr. Alb. Schubart aus Stettin, 42 J., die Kupferschmiedemeister Joh. Eduard Krüger, 74 J. und Friedr. Herm. Freiberg, 58 J., beide aus [Stettin]-Bredow, in Diensten des Vulcan und zur Zeit der Katastrophe Vorarbeiter. Gegen den ebenfalls Angeklagten Ingenieur Blumenthal war die Eröffnung des Hauptverfahrens vom Gericht abgelehnt worden. Das Gericht hatte zunächst die Frage zu klären, ob die 3 Angeklagten bei den Konstruktionsausführungen sich genau nach den vorliegenden Zeichnungen gerichtet haben. Die Zeichnungen sind mehrfach auf Anordnung des RMA abgeändert worden, wodurch eine gewisse Unsicherheit in die Ausführungen kam, besonders in Bezug auf den Sicherungsring des Kupferkrümmers, dessen Fehlen hauptsächlich die Explosion verursacht haben soll. Die erste Originalzeichnung ist auf nicht aufgeklärte Weise abhanden gekommen.

Ein weiterer Angeklagter war der Marinebaurat Martin Johannes Benjamin Lehmann aus Kiel, 46 Jahre, Beamter der Kaiserlichen Werft Kiel, der beauftragt worden war, ab dem 1.4.1890 die Marineschiffsbauten auf dem Vulcan zu beaufsichtigen. Wobei es sich sich um die Linienschiffe BRANDENBURG und WEIßENBURG, die Avisos HOHENZOLLERN [1], COMET und KAISERADLER sowie 4 Torpedoboote handelte. Zu seinen Aufgaben gehörte es, die genaue Ausführung der Konstruktionsarbeiten wie die Montage und auch die Druckproben zu überwachen. Außerdem hatte er die Übereinstimmung der die genauen Ausführungen enthaltenden Werkstattzeichnungen mit den an das RMA zu sendenden Zeichnungen zu prüfen und zu beglaubigen. Zur Unterstützung hatte er am 14.4.1890 den Marinewerkmeister Schlüter und für eine kurze Zeit vom Vulcan den Werkmeister Rogatzky erhalten. Die Anklage legte dem Marinebaurat zur Last, die Übereinstimmungen der einzelnen Zeichnungen nicht genügend beglaubigt zu haben, jedoch mit der Einschränkung, dass er von der unrichtigen Ventilzeichnung keine Kenntnis gehabt haben könne. Außerdem wurde ihm eine mangelnde Kontrolle der Bauausführungen zum Vorwurf gemacht. Zu seiner Verteidigung führte der Angeklagte an, dass er bei dem Umfang seiner Arbeiten – er habe allein gegen 3.000 Zeichnungen zu beglaubigen gehabt – keine Möglichkeit gehabt habe, alle Konstruktionsarbeiten genau zu verfolgen. Auch unterläge dies nicht seiner Pflicht, die Verantwortung habe allein die Werft zu tragen. Diese Angaben wurden u.a. durch Verlesung aus den Akten bestätigt. Hierbei waren besonders Schreiben des Staatssekretärs des RMA und des Maschinenbaudirektors Meyer maßgebend.

Zur Beweisaufnahme waren 34 Zeugen geladen sowie als Sachverständige der Geh. Regierungsrat Professor Riedler-Berlin, Wirkl. Admiralitäts-

Auch diese moderne Schiffskombüse in einem Linienschiff, war ein Produkt der Firma A. Voss Sen., Hannover

rat a.D. Professor Goerris-Berlin, Direktor der AG Weser, Overbeck-Bremen, Wirkl. Admiralitätsrat Langner-Berlin, königl. Schiffbaudirektor Meyer-Wiesbaden, Marine-Bauinspektor Köhn v. Jaski-Wilhelmshavem, Marine-Bauinspektor Schlüter-Düsseldorf. Dem Gericht lagen vor: Maschinenteile, Modelle, Karten, eine große Anzahl von Plänen und Werkstattzeichnungen, eine beglaubigte Abschrift der Korrespondenz zwischen dem Vulcan und dem RMA, Änderungen in der Rohrkonstruktion betreffend, Bauvorschriften für die Panzerschiffe »A« und »C«, sowie ein Protokoll über die Besichtigung nach dem Unglück.

Vor Eintritt in die Verhandlungen wurde zunächst u.a. festgestellt: »Brandenburg wurde nach seiner Fertigstellung am 16. November 1893 nach Kiel überführt, machte dort mehrere Probefahrten und ging dann zwecks Nachbesserungen in die Germaniawerft. Am 14. Februar 1894 war das Schiff in der Kieler Marinewerft und anschließend begannen die forcierten Probefahrten, bei denen [...] der [...] Unglücksfall sich ereignete. [...] Der plötzlich ausbrechende Dampf entstammte der Hauptrohrleitung der Steuerbord-Maschine und wurde dadurch frei, daß diese Leitung durch Herausreißen eines Verbindungsrohres des sogenannten Kupferkrümmers nebst dem daran befestigten Manöverventil unterbrochen wurde. Der [...] Dampf nahm seinen Weg durch die etwa 30 Meter lange Haupt-Dampfrohrleitung (30 Meter pro Sek.), ferner durch das Hauptventil in das Manöverventil über dem Wassersammler, von wo er durch den Kupferkrümmer zum Absperrventil des Hauptdruckzylinders gelangte. Es brach nun die Stelle, an der das Manöverventil mit dem Wassersammler in Verbindung stand. Der Kupferkrümmer wurde aus der Stopfbuchse des Absperrventils, in die er mündete, herausgerissen. Als Ursachen dieses Unfalles werden nun angesehen 1. das Fehlen der Sicherung am Kupferkrümmer [...]; 2. die mangelhafte Dichtung des zur Verbindung des Manöverventils mit dem Wassersammler dienenden Flansches.«

Am Schluss der dreitägigen Verhandlung forderte der Vertreter der Anklage für jeden der Angeklagten eine Gefängnisstrafe von 3 Monaten. Die Verteidiger hingegen beantragten Freispruch. Das Urteil wegen fahrlässiger Tötung lautete auf einen Monat Gefängnis für den Ingenieur Nicolaus und je 3 Monate für den Ingenieur Schubart und den Kupferschmiedemeister Freiberg. Im März 1897 wurde die Strafe im Festungshaft umgewandelt. Der Marinebaurat wurde freigesprochen. In der Urteilsbegründung stellte das Gericht in Übereinstimmung mit der Untersuchungskommission fest, dass das Unglück durch ein Zusammenwirken zweier Umstände entstanden sei: den nicht passenden Lechlerring und das Fehlen des Sicherungsrings am Manöverventil. Wobei das Letztere als die Hauptursache anzusehen sei. Es sei kein Zweifel, dass das Unglück mit Versehen der Angeklagten im Zusammenhang stehe. Zur Begründung des Freispruch des mitangeklagten Marinebaurats wurde angeführt, dass dieser sich einer Pflichtverletzung in Bezug auf die Beaufsichtigung nicht schuldig gemacht habe. Es konnte auch nicht von ihm verlangt werden, jede Einzelheit bei der Montage genau nachzuprüfen.[232]

Im Mai 1898 lief ein Zivilprozess auf Schadenersatz gegen den Vulcan, dessen Ausgang nicht zu ermitteln war. Einer Zeitungsnotiz konnte nur entnommen werden, dass ein Jahr zuvor der Stettiner sozialdemokratische Reichstagsabgeordnete, der Redakteur des Stettiner Volks-Boten, Herbert, in einer Reichstagssitzung den Strafprozess zur Sprache brachte. In der Erwiderung teilte Konteradmiral Büchsel mit, das ein Prozess auf Schadenersatz gegen den Vulcan anhängig gemacht werde.[233]

Der Bericht über den Strafprozess enthält einige Namen im Zusammenhang mit Tätigkeiten beim Bau der BRANDENBURG bzw. beim Vulcan, die deshalb genannt werden sollen. So ist zu entnehmen, dass der Oberingenieur Flohr als Leiter der Maschinenbauabteilung Oberleiter des Konstruktionsbüros war, sein Bürochef und Vertreter war der Ingenieur Schubart. Weitere dort Tätige waren die Ingenieure Wegner und Nicolaus. Oberingenieur Oscar Brennhausen, Beamter des Vulcan, hatte seit 1891 als Betriebsingenieur außer dem Lokomotivbau auch die Verwaltung der Kupferschmiede unter sich, während für die Ausführung der Arbeiten und deren Überwachung der Werkmeister Krüger zuständig war. Oberingenieur Blumenthal hatte die Oberleitung der Rohrleitungsmontage. Das Anpassen und Ansetzen der einzelnen Teile war dem damaligen Vorarbeiter Freiberg übertragen worden. Auch der Kupferschmiedevorarbeiter Ludewig und der Kupferschmied Brandenburg waren an Bord bei Rohrleitungsarbeiten eingesetzt. Der Kupferschmied Heinrich Schultz hatte den bewussten Rohrkrümmer eingesetzt. Der Werkmeister Schneider wird als Leiter der Dreherei genannt, in der auch Vorarbeiter Sonntag tätig war. Der Werkmeister Friedemann hat Stutzen und Ventile angefertigt. Der Oberingenieur Hoffert war Leiter der Tischlerei, der Gießerei und der Schmiedewerkstatt. Der Werkmeister Kösting war bei der Maschinenmontage eingesetzt und hatte vor Gericht als Zeuge ausgesagt, »es sei beim Vulcan bestehendes Gesetz, daß unbedingt nur nach den Zeichnungen gearbeitet werde.«

Das Marine-Postbureau

Über diese Einrichtung berichtet Hansa am 19.5.1894: »Einzig in seiner Art dastehend, blickt es bereits auf eine 25jährige Thätigkeit zurück. In den ersten Jahren bestand es als preussisches Marine-Postbureau. Dasselbe soll vor allen Dingen eine sicherere postalische Verbindung zwischen den Angehörigen der Flotte und deren Angehörigen zu Hause vermitteln. Der Kapitän eines Schiffes oder der Geschwaderchef, macht stets dem Auswärtigen Amte Mittheilung wo er sich befindet oder in der nächsten Zeit befinden wird. Von der Admiralität erhält das Marine-Postbureau die Stationsliste der Schiffe die unterwegs sind, und sämmtliche Briefe, die im Deutschen Reiche an Mannschaften oder Officiere der Flotte, die sich mit Schiffen unterwegs befinden, aufgegeben werden, gelangen nach Berlin und werden hier im Marine-Postbureau angesammelt. Die Briefe werden in große Pakete gesteckt und direkt an den Kapitän des Schiffes adressirt und abgeschickt, ebenso die Zeitungspackete; umgekehrt sammelt der Zahlmeister auf dem Schiffe die Briefe der Mannschaften auf, welche an deren Angehörige in der Heimath bestimmt sind. Er übergibt sie dem Kapitän, frankiert sie und schickt sie an das Marine-Postbureau in Berlin. Hier werden auf Reichskosten die Briefe frankirt und versendet. Die Kouverttaschen, die meist mit seltenen Briefmarken beklebt sind, müssen an das Reichspostmuseum abgeliefert werden. Der Marinesoldat und Matrose geniest nicht die Portofreiheit wie der Landsoldat; er muss für jeden Brief, den er durch das Schiff versenden lässt, 10 Pfennig zahlen. Diese fließen jedoch in die Schiffskasse und nicht in die Kasse der Reichpost. Auch Anweisungen vermittelt das Marine-Postbureau. Die Postanweisungen werden in Berlin als quittirt betrachtet, dem Zahlmeister des betreffenden Schiffes aber eine Liste der Anweisungen eingeschickt, welche für Angehörige des Schiffes aufgegeben sind. Den Adressaten zahlt der Zahlmeister das Geld heraus. Schicken Mannschaften Geld nach Europa, leisten sie sogenannte Heimathsleistungen, so zieht von ihnen der Zahlmeister das Geld ein, legt es in die Schiffskasse und schickt dem Hauptpostamt in Berlin bezw. dem Marine-Postbureau ein Verzeichnis.«

Das Linienschiff WEISSENBURG

Auch an dessen Stapellauf hatte Kaiser Wilhelm II. teilgenommen und das Schiff mit der Bau-Nr. 199 am 14.12.1891 getauft [s. Taufreden]. Auf der Fahrt des Kaisers vom Bahnhof zur Werft war es zu einem kleinen Zwischenfall gekommen. Zwischen Rathaus und Post drängte sich durch das Publikum ein Mann, eine Bittschrift hochhaltend. Einen Polizisten, der ihn zurückhalten wollte, wehrte er ab und erreichte den Wagen. »Se Majestät streckte die Hand aus und nahm die Schrift in Empfang.« Neben anderen Ehrengästen, nahm an dem feierlichen Akt mit dem Staatssekretär im RMA Hollmann, dem kommandierenden Admiral, Vizeadmiral v. d. Goltz und Kapitän z. S. Freiherr von Senden-Bibran auch die Spitze der deutschen Marine teil. Nach der Besichtigung des an der Ausrüstungspier liegenden Schwesterschiffes BRANDENBURG ließ der Kaiser dorthin die Oberingenieure Justus Flohr und Louis Schwarz vom Schiffbau sowie den Meister der Schiffsschmiede, Hermann Lange, und den Dreher Franz Hagemann kommen. Den Ersteren überreichte er den Kronenorden 4. Klasse, den beiden Anderen das allgemeine Ehrenzeichen. Dem Vorsitzenden des Aufsichtsrats, Geh. Kommerzienrat Schlutow, war der Rote Adlerorden III. Klasse verliehen worden, wie der Reichsanzeiger einige Tage später meldete. Nach der Ehrung folgte die Besichtigung des in den Spanten stehenden Avisos St., der Maschinenhalle und die Kesselschmiede. Nach einer Regimentsbesichtigung fand ein Frühstück im Kasino statt, »bei welchem nur Fleischbrühe, Hammelbraten, Bier und leichte Weine verabreicht wurden und zwar auf besondere Anordnung des Kaisers, der von dem ihm zuvor eingereichten Menu alle feineren Speisen und Getränke eigenhändig gestrichen hatte.« Das auf Befehl des Kaisers im Herzogssaal des Schlosses hergerichtete Mahl sah etwa 50 Gäste. »Die Tafel war in Hufeisenform gedeckt, die äußerlich sehr einfach gehaltene Speisekarte trug die Überschrift Königliche Mittagstafel und enthielt: Austern, Kraftbrühe mit Spargel, Seezungen mit Edelpilzen, Kalbsmus mit Gemüsen, Salmi von Wachteln, Hummern in der Schale, Rehrücken, Früchte, Salate, Artischocken mit Mark, Punschkuchen, Käsestangen, gefrorenes, Nachtisch.« Um 8¼ Uhr fuhren Se. Majestät und Gefolge zum Bahnhof und um 8½ Uhr setzte sich der Zug nach Berlin in Bewegung.[234]

Im Juni 1894 war das Linienschiff soweit fertiggestellt, dass es zur Ausführung der Restarbeiten nach Swinemünde gebracht werden konnte. Allerdings war es auch dieses Mal wieder erforderlich, das Schiff durch Entfernen aller schweren Gegenstände und Anbringen von Hebeprähmen, auf einen möglichstst geringen Tiefgang zu bringen. Am Morgen des 15. Juni, als der Pegel 18 Fuß 3 Zoll Reviertiefe anzeigte, war es dann soweit. »Das Panzerschiff […] hat heute Morgen 4½ Uhr mit Unterstützung der Eisbrecher SWINEMÜNDE,

Linienschiff WEISSENBURG auf der Ausreise nach China im Kaiser Wilhelm-Kanal [aus: Überall, Zeitschr. d. Dt. Flotten-Vereins 2. Jg. 1900]

BERLIN und STETTIN, des Werftdampfers PIKAS und des Bugsierdampfers OTTO die Fahrt [...] nach Swinemünde angetreten,« 9½ Uhr wurde Ziegenort passiert und um 3 Uhr 15 war Swinemünde erreicht.[235]

Ziemlich genau 4 Wochen später, am 13. Juli, besichtigte der Chefkonstrukteur der Marine, Wirkl. Geh. Admiralitäsrat Dietrich, im Beisein des Vulcan-Direktors Jüngermann und des Oberingenieur Steck das Kriegsschiff in Swinemünde. Man hatte gerade mit dem Einbau des hinteren und letzten Panzerturms angefangen und in den nächsten Tagen sollten die ersten Dampf- und Maschinenproben beginnen. Nach deren Beendigung waren die üblichen Probefahrten in See vorgesehen. Diese wurden also – ebenso wie bei BRANDENBURG – im Gegensatz zu den Probefahrten von WÖRTH und HEIMDALL –, mit der kompletten Armierung durchgeführt.[236] Am 30. Juli war das Linienschiff so gut wie fertiggestellt. Er könnte, »wenn die Nothwendigkeit einträte, jeden Augenblick in See stechen.«

Allerdings waren noch immer etwa 200 Handwerker und Arbeiter auf und neben dem Schiff tätig. »Die am Lande beschäftigten Handwerker handhaben ihre Werkzeuge unter freiem Himmel, tritt Regen ein, dann stehen einige private und event. auch der auf der Insel Wollin [Osternothafen] befindliche fiscalische Schuppen zur Verfügung.« Weiter wird mitgeteilt, dass bei einer Drehprobe mit Dampfantrieb der schweren Türme, diese sich innerhalb von zwei Minuten um sich selbst drehen. »Der Maschinenraum ist mit besonderen Nothausgängen versehen, ein Vorzug, der namentlich bei etwa eintretenden Katastrophen, Dampfausströmungen in Folge von Mißgriffen seitens des bedienenden Personals u.s.w. von großer Bedeutung wäre.«[237] Die Schiffsglocke mit der Nummer 1364 und einem Gewicht von 160,5 kg war von der Stettiner Glockengießerei C.[arl] Voss & Sohn geliefert worden.

Aus einer sehr detailierten Beschreibung[238] der Brandenburgklasse noch einige technische Angaben. Die sechs 28-cm Kanonen konnten alle 3 Minuten je einen Schuss abfeuern, die in den Aufbauten unterhalb der beiden Schornsteine stehenden sechs 10,5-cm Schnellladekanonen je 10 Schuss und die acht 8,8-cm Schnellladekanonen 15 Schuss. Für die Steuerung waren 5 Dampfsteuerapparate vorhanden, von denen 3 hinter Panzerschutz standen. Das wichtigste Ruder stand im 30 cm stark gepanzerten Kommandoturm. 2 von den 12 Rettungsbooten hatten Dampfantrieb. Das grösste war 16 m lang, mit einem Torpedorohr und einer Revolverkanone bewaffnet und sollte als bordeigenes Torpedoboot eingesetzt werden. Die Linienschiffe der Brandenburgklasse waren Amtsentwürfe und in Quer- und Längsspant-Stahlbau hergestellt. Sie hatten Doppelschrauben mit einem Durchmesser von 2,50 m, einen Doppelboden und wurden in den Jahren 1901 bis 1905 auf der kaiserlichen Werft Wilhelmshaven umgebaut. BRANDENBURG 1903/04 für 1,318 Mill. Mk. und WEISSENBURG 1902/04. Letzteres wurde am 14.10.1894 von der Marine übernommen, war von 1900 bis 1901 im Ausland und am 12.9.1910 für 9 Mill. Mk. an die Türkei verkauft worden. Es erhielt den Namen TORGUT REIS, wurde 1924 Schulschiff, war danach bis 1938 Hulk am Bosporus und wurde an einem unbekannten Ort abgebrochen.[239]

Durch den gegen alles Erwarten hinausgezögerten Bau beider Schiffe wurde der gesamte Schiffbaubetrieb so stark behindert, dass diese Tatsache im Geschäftsbericht[240] für das Jahr 1893 Eingang fand. Es heißt hierzu: »Ungünstig beeinflußt worden ist das letzte Geschäftsjahr insbesondere durch den gegen alles Erwarten hinausgezögerten Bau der beiden Panzerschiffe [...] Ein Verschulden [...] trifft unsere Gesellschaft aber nicht, dieselben sind lediglich eine Folge der sehr verspäteten Fertigstellung der Panzerplatten, wie auch der sämmtlicher für diese Schiffe bestimmten Geschütze, deren Aufstellung an Bord uns laut Contract auferlegt worden ist.« Es wird dann weiter mitgeteilt, dass zwar keine Konventionalstrafe zu erwarten ist, die Nachteile aber als »sehr bedeutend« bezeichnet.

Der Aviso COMET [2]

1890 erhielt der Vulcan einen Aviso mit der Marinebaubezeichnung »G« in Auftrag. Bei dieser Klasse handelte es sich um Kriegsschiffe, die in der deutschen Marine eine Besonderheit darstellten. Als Augen der Flotte gedacht, waren sie 1885 mit 19 kn zwar schnell, hatten aber anfangs nur einen geringen Gefechtswert. Mit Einführung der Torpedowaffe wurden sie stärker bewaffnet und bestimmte Schiffsteile erhielten Panzerschutz. Der Aviso »G« war als Amtsentwurf in Querspant-Stahlbau mit 6 wasserdichten Abteilungen über und 10 unter Wasser mit der Bau-Nr. 203 noch im Jahr der Auftragserteilung[241] in Arbeit genommen worden. Der Stapellauf fand am 15.11.1892 statt, bei dem das Schiff auf den Namen COMET getauft wurde. Dem feierlichen Akt wohnten n. a. bei: Der Kieler Oberwerftdirektor Konteradmiral v. Diederichsen, der Chefkonstrukteur der deutschen Marine Geh. Admiralitätsrat Dietrich aus Berlin, der Attaché der Brasilianischen Gesandschaft zu Berlin Oberst de Medeiros und die leitenden Herren des Vulcan. »Wenige Minuten vor 11½ Uhr betrat, von Herrn Director Stahl begleitet, Herr Contreadmiral von Diederichs die am Vordersteven [...] errichtete [...] Taufkanzel« und vollzog die Taufe [...][242] Besonders hervorzuheben ist, daß dieses Schiff complet fertig, mit eingebauten Maschinen, Hilfsmaschinen, Kesseln vom Stapel läuft [...] Ein sonst auf deutschen Werften damals unübliches Verfahren, welches aber den Vorteil hatte, daß sehr bald mit den Probefahrten begonnen werden konnte. Vorher waren allerdings noch verschiedene Aenderungen an der Maschine vorgenommen worden. Diese Arbeiten sind jetzt beendet, das Schiff ist bereits mit Kohlen versehen und wird an den nächsten Tagen, sobald die Besatzung hier eingetroffen sein wird, die Werft verlassen, um seine Probefahrten anzutreten.« Soweit die Ostsee-Zeitung vom 11. und 31.3.1893.

Am 8. April verlegte der Aviso nach Swinemünde und ging am 9. d. M. 11 Uhr vormittags zur ersten Probefahrt in See, »von der er nach einigen Stunden wieder [...] zurückkehrte und alsbald die Rückfahrt nach Stettin antrat.« Eine am 14. April »stattgehabte Probefahrt des [...] Torpedojägers [...] ist gut vonstatten gegangen. Das Schiff ist von der kaiserlichen Marineverwaltung übernommen worden und soll demnächst nach Kiel in See gehen«, teilte Hansa am 22.4.1893 mit. Und am 20. Mai ist dieser Zeitschrift zu entnehmen: »Auf der Kaiserlichen Werft zu Kiel ist am 8. Mai unter dem Commando des Corvettenkapitäns Jaeckel, der neue [...] Aviso [...] zunächst zu Probefahrtszwecken in Dienst gestellt worden. Der COMET, wie das [...] Schwesterschiff METEOR, sind neue Erscheinungen in unserer Marine und haben auch in Schiffen fremder Marinen keine ähnlichen Vorbilder. Charakteristisch für beide ist ihre im Verhältnis zum Deplacement kolossale Maschinenkraft. Dieselbe beträgt [...] beim COMET 5.000 PSi, während das Deplacement [...] nur 947 Tons beträgt. Wir haben hier also ein Verhältnis zwischen fortzubewegender Masse und Maschinenstärke von 1:5. Zur Dampferzeugung [...] dienen vier grosse Lokomotivkessel, welche mit 12 Athmosphärendruck arbeiten und zwei verticale dreizylindrige Expansionsmaschinen treiben. Die garantirte Schiffsgeschwindigkeit beträgt 21 Knoten. Unsere Marine erhält durch diese Avisos einen sehr wünschenswerthen und geradezu nothwendigen Zuwachs. [...]« Das Panzerdeck aus Stahl hatte eine Stärke von 2,5 cm, auch war ein Korkdamm nebst Wallgang vorhanden. Vor dem gepanzerten Kommandoturm befand sich ein Wellenbrecher, der Signalmast stand zwischen den beiden Schornsteinen. Die 4 Decksboote waren in neigbaren Kränen, sogenannten Barkunen, aufgehängt. Die beiden Scheinwerfer standen auf einem Gestell über der Brücke und auf dem Achterdeck. Sämmtliche Schiffsräume waren mit elektrischer Beleuchtung versehen. Die Bewaffnung bestand aus 4 Sk 8,8-cm mit Panzerschilden, die in Ausbauten aufgestellt waren und zwei 0,8-cm Maschinengewehren. Die von der Berliner Maschinenbau AG vorm. L. Schwartzkopff gelieferte Torpedoausrüstung bestand aus einem Unterwasserbugrohr und 2 Breitseitrohren auf Oberdeck mit je 35-cm. Die beiden dreiflügeligen Bronzeschrauben hatten einen Durchmesser von 2,80 m, die beiden hintersten Wellenenden waren je 14 m lang. Die Länge zwischen den Perpendikeln betrug 71,4 m, die größte Breite 9,6 m und der Konstruktionstiefgang bis Unterkante Ruder 4,2 m. Die Besatzung zählte 115 Köpfe, darunter 7 Offiziere und 8 Deckoffiziere.[243] Nur kurze Zeit in Dienst, wurde der Aviso am 3.5.1904 als Hafenschutz in Danzig eingesetzt, am 24.6.1911 aus der Liste der Kriegsschiffe gestrichen, war ab 1913 Minenhulk in Emden und wurde 1921 in Hamburg abgebrochen.[244]

Am 9.12.1890 trat die Kaiserliche Yacht HOHENZOLLERN – im Juni 1892 umbenannt in KAISERADLER – von Kiel aus die Fahrt nach der Vulcan-Werft an, um hier einer größeren Reparatur unterzogen zu werden. Im Wesentlichen handelte es sich um Umbauarbeiten der Kajüten, die am 2.6.1891 beendet waren. Nach dem Eintreffen der Besatzung aus Kiel am 1.6.1891 begann die Rückreise zwei Tage später um 9 Uhr morgens.[245]

Der Vulcan kritisiert den Reichstag

Der am 7.5.1894 in Auszügen veröffentlichte Bericht[246] über das zurückliegende Geschäftsjahr enthält u.a. auch einige kritische Anmerkungen zu Marineaufträgen. »Die Aussichten im Schiffbau haben sich während des letzten Jahres nicht gebessert. Von Seiten der deutschen Marine werden fürs erste Neubauten nur in sehr beschränktem Umfange in Angriff genommen werden, weil der Reichstag die Vorlagen des Reichsmarineamtes sehr beschnitten hat. Die demselben bewilligten wenigen Bauten werden, nach den Verhandlungen im Reichstage zu schließen, fast ausschließlich auf kaiserlichen Werften zur Ausführung gelangen, und die Privat-Industrie wohl gänzlich leer dabei ausgehen. Es ist dies um so bedauerlicher, als der Privat-Schiffbau dadurch in eine gewisse Nothlage hineingeräth. Unsere Gesellschaft hat, den wachsenden Anforderungen der deutschen Marine entsprechend, ihre Leistungsfähigkeit stetig erhöht und ganz bedeutende Summen zur Verbesserung der Einrichtungen auf der Werft und in der Maschinenfabrik verwendet. Die Anlagenwerthe sind von 6.416.668 Mk. im Jahre 1873 auf 16.076.624 Mk. im Jahre 1893 gestiegen und wurde diese Entwicklung nur dadurch ermöglicht, daß die Actionäre stets mit voller Hingabe für die Unterstützung des deutschen Schiffbaues eingetreten sind. Wir wollen mit diesem Hinweis nicht das Recht für uns in Anspruch nehmen, daß der Ausbau unseres Werkes dem Reich die Verpflichtung auferlegt habe, für hinreichende Beschäftigung desselben zu sorgen, wir möchten aber nicht unausgesprochen lassen, daß der deutsche Schiffbau nur dann wirthschaftlich sicher gestellt erscheint, wenn eine größere Stetigkeit in den Anforderungen zum Ausdruck gelangt, welche von Seiten der Reichsmarine an denselben herantreten. Hierzu die Hand zu bieten, dürfte unser Reichstag gewiß an erster Stelle berufen sein. Wenn die Entwicklung der deutschen Marine sich durch Ersatz- und Neubauten stetig vollziehen soll, müssen die Mittel hierfür alljährlich in möglichst gleichmäßiger Weise bewilligt werden, und dann wird dem Privat-Schiffbau auch fortlaufend derjenige Antheil von diesen Bauten zufallen, welcher notwendig ist, um seinen Wettbewerb auf dem Gebiete des Handelsschiffbaues zu erhalten und sicher zu stellen.«

Als die Unternehmensleitung die im vorstehenden enthaltenen Feststellungen und Forderungen der Öffentlichkeit und ihren Aktionären mitteilte, tat sie das zu einem Zeitpunkt, als weitere Konkurrenten begonnen hatten, sich auch im Panzerschiffbau zu etablieren. Der Anfang zu dieser Entwicklung war 1888 gemacht worden, als von den 8 kleinen Panzerschiffen der AG Weser 2 und der Germaniawerft eines in Auftrag gegeben wurden. Damit war beabsichtigt, neben dem Vulcan weiteren Privatwerften Gelegenheit zu geben, ihre Leistungsfähigkeit auch im Bau von Panzerschiffen zu beweisen. Als die Marineverwaltung 1890 mit dem Bau der größeren Panzerschiffe der Brandenburg-Klasse begann, hatten diese beiden Werften ihre Anlagen bereits soweit vergrößert, dass sie in der Lage waren, WÖRTH und die Kreuzerkorvette KAISERIN AUGUSTA zu übernehmen. Die übrigen größeren Bauaufträge fielen wiederum dem Vulcan zu. Neben BRANDENBURG und WEISSENBURG waren es die neue Kaiseryacht HOHENZOLLERN [1] und der Aviso COMET [2].

Im Zusammenhang mit den Werftvergrößerungen dürfte interessieren, was der Aufsichtsratsvorsitzende der Kieler Germaniawerft, Vizeadmiral von Livonius, hierzu anläßlich der Generalversammlung am 17.3.1891 geäußert hat. Er wies darauf hin, dass »die bedeutenden Erweiterungen der Werft in Gaarden durch die in Aussicht genommene beträchtliche Vermehrung des Flottenmaterials [...] hervorgerufen [...] wurde. Die Aussichten auf neue Bestellungen, welche der Gesellschaft eröffnet waren durch die im Etat der [...] Marine pro 1891/92 geplanten Schiffsneubauten, seien durch die vom Reichstage vorgenommenen Abstriche keineswegs geschwunden, da aus dem vorjährigen Etat noch verschiedene größere Kriegsschiffbauten im ungefähren Wert von 12 Mill. Mk. zu vergeben seien [...]. Die stetigen Fortschritte in dem Bau von Kriegsschiffen bezüglich der Maschinentechnik, der Panzerung, Armirung usw. bringe es mit sich, daß das vorhandene Schiffsmaterial [...] schneller veralte, als es der Dauerhaftigkeit [...] des Materials entspreche. Dieser Umstand sowie das Bestreben [...], sich das jeweilig constructiv vollendetste Schiffsmaterial zu sichern oder doch zum Wenigsten gegen mögliche Gegner nicht in Rückstand zu gerathen, zwinge [...] zu vielfachen Neubauten und Ergänzungen und eröffne dadurch den auf den Bau von Kriegsschiffen eingerichteten privaten Etablissemets günstige Aussichten auf dauernde Beschäftigung.«[247]

Zu dieser Zeit traten neu in den Kreis der Kriegsschiffbau betreibenden Werften: Blohm & Voß in Hamburg und die neu geschaffene Schichauwerft in Danzig. In Hamburg war 1891 mit dem Bau eines Kleinen Kreuzers begonnen worden und Schichau hatte 1893 ebenfalls einen Kleinen Kreuzer gebaut. In der Mitte der 1890er Jahre auf Stapel gelegten Kriegsschiffen waren neben den Kaiserlichen Werften Wilhelmshaven, Kiel und Danzig auch wieder die beiden Privatwerften in Kiel-Gaarden und Bremen beteiligt. Der Vulcan erhielt den Bauauftrag für 2 große Kreuzer eines neuen Typs. Die vom Vulcan geforderte gleichmäßige Mittelvergabe und damit eine regelmäßige Auftragsvergabe an die Privatwerften war in der Entwicklungsperiode der Kriegsmarine zwischen 1889 und 1898 aber nicht erfolgt. Erst 10 Jahre später, im April 1898, kam es zu einer Änderung, über die noch zu berichten sein wird.

Um 1895 war die Verteilung von Kriegsschiffsneubauten auf kaiserliche und Privatwerften Gegenstand der öffentlichen Diskussion gewesen. In welchem Verhältnis die Vergabe seit 1885 erfolgte, machen nachstehende Zahlen deutlich.[248] Von den insgesamt erbauten 38 Schiffen waren 20 auf fiskalischen und 18 auf Privatwerften gebaut worden: in Kiel 6, in Wilhelmshaven 8, in Danzig 6. Auf den Privatwerften: Germania-Kiel 6, AG Weser-Bremen 5, Schichau-Danzig 1, Blohm & Voß-Hamburg 1 und Vulcan-Stettin 5.

Nach der Schiffsart wurden erbaut:
Panzerschiffe 1. Kl. auf fiskalischen Werften 2, privat 3.
Panzerschiffe 3. Kl. auf fiskalischen Werften 3, privat 4.
Panzerschffe 4. Kl. auf fiskalischen Werften 5, privat 3.
Kreuzer 2. Kl. auf fiskalischen Werften 0, privat 3.
Kreuzer 3. Kl. auf fiskalischen Werften 4, privat 3.
Kreuzer 4. Kl. auf fiskalischen Werften 7, privat 1.
Avisos auf fiskalischen Werften 8, privat 8.

Eine Benachteiligung der Privatwerften hat demnach nicht stattgefunden. Die nicht mit aufgeführten Panzerschiffe 2. Klasse sind in den siebziger Jahren sämtlich im Ausland gebaut worden. Kreuzer 1. Klasse besaß die deutsche Marine 1896 noch nicht. Außerdem sind alle Torpedoboote und Divisionsboote – etwa 90 – auf Privatwerften gebaut worden. Damit hatte die Marine nicht nur dem privaten Kriegsschiffbau den Vorrang gelassen, sie setzte ihn so auch in den Stand, mit Erfolg dem englischen Handelsschiffbau Konkurrenz zu machen auf Grund der sehr hohen Leistungsanforderungen der Marine an die deutschen Schiffbauer. Eine weitere Folge der gesteigerten Leistungsfähigkeit waren die Zuweisungen von Bauaufträgen fremder Kriegsmarinen.

Der Aviso HOHENZOLLERN [1], kaiserliche Yacht und eines der schnellsten Schiffe seiner Zeit

Mit diesem Schiff hatte der Vulcan die inzwischen beim Schnelldampferbau gemachten Erfahrungen so hervorragend umsetzen können, dass der Aviso mit über 22 Knoten das zu damaliger Zeit schnellste Schiff der Flotte war. Der Bauauftrag des Aviso mit der Marinebaubezeichnung »ST« war vermutlich Ende März 1892 erteilt worden, denn Hansa berichtet bereits am 4. April d. Js.:

»Wie verlautet, ist der Auftrag zum Bau des zur kaiserlichen Yacht bestimmten Avisos dem Stettiner Vulcan überwiesen.« Der Neubau mit der Bau-Nr. 202 lief am 27.6.1892 vom Stapel. Zu diesem Anlass war die Werft, wie bei derartigen Anlässen üblich und bereits bei vorgegangenen Gelegenheiten geschildert, festlich geschmückt worden. Der Kaiser war, dieses Mal von Kiel kommend, mit seiner Jacht HOHENZOLLERN [sie wurde sofort nach der Taufe der neuen HOHENZOLLERN [1] umbenannt in KAISERADLER] angereist, die um 10 Uhr 45 gegenüber der Werft angelegt hatte. Wilhelm II. stand in Admiralsuniform auf der Kommandobrücke, von »Hochrufen der längst der Ufer aufgestellten Menschenmenge begrüßt.« Auf der Werft hatten sich an der errichteten Landungsbrücke die Mitglieder des Aufsichtsrats und die Spitzen des Vulcan sowie zahlreiche geladene bzw. kommandierte Gäste versammelt. U. a. der kommandierende Admiral v. d. Goltz, der Chef des Marine-Departements Konteradmiral Köster, der Chefkonstrukteur der Marine Geh. Admiralitätsrat Dietrich, der Staatssekretär im RMA Vizeadmiral Hollmann, Marineoberbaurat Langner sowie die Spitzen der Landes- und städtischen Behörden.

»Pünktlich um 12 Uhr landete der Kaiser mit einem von 10 Matrosen geruderten Boot an der Brücke.« Nach Abschreiten der Ehrenkompanie bestieg er »alsdann die Taufkanzel, wo er mit klarer, weithin vernehmbaren Stimme die [...] Taufrede [Text s. Anhang] hielt, die mit den Worten endete: Ich taufe Dich Hohenzollern! Nachdem die Seile gekappt waren, setzte sich das Schiff langsam in Bewegung, stand jedoch, als es zur Hälfte im Wasser war, wieder still und bewegte sich trotz aller Bemühungen nicht mehr von der Stelle. »Der Kaiser verharrte fast eine volle Stunde auf der Tribüne, im eifrigen Gespräch mit seiner Begleitung den Erfolg der Bemühungen abwartend. Um 1 Uhr stieg er herab und besichtigte die in den Werkstätten in Arbeit befindlichen Maschinen seiner neuen Yacht. Wieder an Bord der Hohenzollern »verkündete der Kaiser zunächst den Offizieren und Mannschaften, daß, nachdem der neue Aviso den Namen Hohenzollern erhalten habe, die Yacht nunmehr den Namen KAISERADLER führen werde. Die Matrosen [...] wechselten darauf sofort die seidenen Bänder ihrer Mützen [...].« Während des anschließenden Frühstücks wurden die Direktoren Stahl und Jüngermann durch die Verleihung des Kronenordens III. Klasse ausgezeichnet. »Gleichzeitig beauftragte Se. Majestät Herrn Geh. Commercienrath Schlutow, dem Meister Overbeck von der Werft, dem Meister Däge vom Oberhof [Maschinenfabrik], dem Eisenarbeiter Laabs und dem Maschinenbauer Kliewe, die ihnen verliehene Auszeichnung, das allgemeine Ehrenzeichen, zu überreichen. [...] Um 4 Uhr trat Se. Majestät mit dem ›Kaiseradler‹ die Rückfahrt über Swinemünde nach Kiel an.«[249]

Die Arbeiten zum Abbringen des Schiffes waren am Tag des Stapellaufs noch bis Mitternacht fortgesetzt worden mit einem Erfolg von etwa 20 Fuß. Die am nächsten Morgen erneut begonnenen Arbeiten hatten bis Mittag wiederum nur einige Fuß gebracht und erst gegen 2 Uhr nachmittags, war das Schiff endlich vollständig in seinem Element. Am 30. März 1893 verließ der Aviso die Werft, um in Begleitung der Bugsierdampfer LOTHAR BUCHER und OTTO nach Swinemünde zu laufen. »Das Schiff ist durch Trimmen von 19 Fuß 2 Zoll auf einen Tiefgang von 18 Fuß 2 Zoll gebracht worden.« Die von dort aus vorgesehenen Probefahrten sollten fünf Tage dauern. Die in Swinemünde eingetroffene Abnahmekommission bestand aus Konteradmiral von Dietrichs, Korvettenkapitän Voß und Marineoberbaurat Gebhardt. Die Abnahmeprobefahrten begannen am 1. April nachmittags um 3 Uhr und waren bereits am Nachmittag des folgendes Tages beendet. »Das Ergebnis [...] soll [...] ein ganz vorzügliches gewesen sein. Der Viceadmiral Hollmann, der sich an Bord [...] befand, hat sich in anerkennender Weise über die Leistungen von Schiff und Maschine geäußert und von einer weiteren Ausdehnung der Probefahrten Abstand genommen. Die erzielte Fahrgeschwindigkeit betrug ohne forcirten Zug $21^{7}/10$ Knoten.«[250] Am 5.4.1893 waren noch fehlende Ausrüstungsgegenstände mit dem Marinetransporter EIDER von Kiel eingetroffen. Der Kommandant,

Kaiser Wilhelm II.
[aus: Überall, Zeitschr. des Deutschen Flotten-Vereins, 2. Jg., 1.Heft]

Kapitän z. S. von Arnim und die Mannschaft, aus Wilhelmshaven und Kiel kommend, insgesamt 276 Mann, war am 7. April an Bord, der Kaiser am Abend des 14. April. Am nächsten Morgen um 6 Uhr lief die Yacht in Swinemünde zur Fahrt nach Kiel aus.[251] Im Mai 1893 richtete der Kaiser »an die Gesellschaft Vulcan nachstehendes huldvolles Telegramm: Nachdem Mir gemeldet ist, daß die Probefahrten Meiner Yacht ›Hohenzollern‹ abgeschlossen sind, und das Schiff bei in jeder Hinsicht tadellos arbeitenden Maschinen, die bisher fast unerreichte Höhe von 22 Meilen gelaufen habe, nehme ich keinen Anstand, dem Vulcan meine Anerkennung und Königlichen Dank für seine hervorragende Leistung auszusprechen. Meine Marine sowohl wie Ich persönlich, sind dadurch in den Besitz des augenblicklich schnellsten Schiffes in Europa gekommen. Ein neuer Triumpf der altbewährten Leistungen des Vulcan und überhaupt des deutschen Schiffsbauwesens. Wilhelm J. R.«[252]

Die Probefahrten der für die deutsche Marine bestimmten Schiffe wurden nach sehr strengen Vorschriften durchgeführt. Die mehrstündigen Fahrten fanden stets mit voller Armierung, Munition und allen Vorräten an Bord, d. h. in kriegsbereitem Zustand mit normalem Tiefgang des Schiffes statt. Dabei wurde meist eine möglichst gerade Strecke abgedampft und währenddessen nur die Maschinenleistung, der Kohlenverbrauch und die mittlere Umdrehungszahl festgestellt. Mit dieser Umdrehungszahl, die möglichst einzuhalten war, dampfte das Schiff dann am nächsten oder einem der folgenden Tage viermal über die abgesteckte Meile. Die hierbei erzielte Geschwindigkeit galt als Durchschnittsfahrt. Bei der sechsstündigen forcierten Probefahrt am 1. Mai 1893 mit einer Wasserverdrängung von 4.180 t und 107 Umdr./Min. wurde eine mittlere Maschinenleistung von 9.635 PSi erzielt. Das waren 635 PSi mehr als vertraglich gefordert waren. Bei den am 13. Mai d. J. vorgenommenen Meilenfahrten in der Eckernförder Bucht erreichte die Kaiserliche Yacht mit durchschnittlich 110 Umdr./Min. eine mittlere Geschwindigkeit von 21,53 kn. Dabei stieg die größte, beim zweiten Ablauf erzielte Geschwindigkeit auf 21,82 kn. Die abgesteckte Strecke hatte eine Länge von 2 Seemeilen, wobei die Schleifen an den Enden nicht mit verminderter Geschwindigkeit gefahren werden durften. Somit entsprach der viermalige Ablauf der zwei Seemeilen einer geraden Strecke von 10 Seemeilen.[253]

Das ungepanzerte Schiff mit dem Aussehen eines Schnelldampfers war von dem Chefkonst-

Aviso und Kaiseryacht HOHENZOLLERN [1] hält Flottenschau ab [aus: Deutschlands Seemacht ... Leipzig 1901, gezeichnet vom Marinemaler Willy Stöwer] rukteur der Marine und nach den Vorstellungen des Kaisers entworfen worden. Es war aus Stahl gebaut mit Doppelboden und hatte eine Länge zwischen den Perpendikeln von 116,60 m, eine größte Breite von 14 m, einen Konstruktionstiefgang von 5,60 m, eine Seitenhöhe von 11,64 m, das Deplacement betrug 4.180 t. Die beiden stehenden Dreifach-Expansionsmaschinen leisteten 9.000 PSi und trieben 2 Bronzeschrauben mit einem Durchmesser von 4,50 m. Ein großer Querbunker trennte die beiden Heizräume, in denen je 2 Doppel- und Einfachkessel standen, die mit 12 atü Überdruck arbeiteten. Der Kohlenvorrat betrug 500 t, die für eine Dampfstrecke von 2.600 Seemeilen reichten, bei 10 kn Fahrt pro Stunde. Die Armierung im Kriegsfall bestand aus 3 SK 10,5-cm, 12 SK 5-cm und 6 Maschinengewehren 0,8-cm. Als Kaiserliche Yacht waren lediglich einige 5-cm Geschütze aufgestellt. Die Besatzung hatte eine Stärke von 310 Mann, davon 8 Offiziere, 2 Ingenieure, 1 Sanitätsoffizier und 1 Zahlmeister.[253]

Der Aviso diente in Friedenszeiten als kaiserliche Yacht und war in Kriegszeiten zur Aufnahme größerer Kommandobehörden bestimmt. Entsprechend diesen Ansprüchen waren die Räume und deren Einrichtung aufgeteilt. Diese im Detail zu beschreiben, würde zu weit führen. Daher sollen nur einige wenige Einzelheiten angeführt werden. Die Wände des im Promenadendeck befindlichen Rauchsalons waren mit Porzellanmalereien geschmückt. Sie stellten die denkwürdigsten Augenblicke der kurbrandenburgischen, preußischen und deutschen Marine dar, waren von der königlichen Porzellanmanufaktur Berlin ausgeführt worden und als Kunstblätter im Frühjahr 1894 bei Amaler & Ruthardt in Berlin erschienen. Im zweiten Wohndeck gab es Aufzüge, die aus den Garderobenräumen in die darüber liegenden Ankleidezimmer der Majestäten führten. Weiter hinten befanden sich die Wasch- und Baderäume der Heizer. Im großen Waschhaus gab es Waschmaschine und Trockenzentrifuge. Hinter der Maschineanlage befanden sich das Weinlager, Vorratskammern für die kaiserliche Küche und die Gepäckkammern für das Gefolge und die Dienerschaft. Zu den kaiserlichen Gemächern im ersten Wohndeck auf St. B. gehörten der von Bordwand zu Bordwand reichende Empfangssalon, das Arbeits-, Schlaf- und Ankleidezimmer des Kaisers nebst Baderaum; auf B. B. die entsprechenden Räumlichkeiten der Kaiserin. Der Speisesaal mit großen viereckigen Seitenfenstern und 44 Sitzplätzen war im Oberdeck. Kommandant, Offiziere, ein Teil der Mannschaft und das Lazarett waren im ersten Wohndeck untergebracht; der andere Mannschaftsteil wohnte unter der Back und im zweiten Wohndeck, wo auch die Deckoffiziere ihre Kammern und die Messe hatten. Die Salons und Wohnräume werden als von vornehmer Einfachheit geschildert, deren Einrichtung der Kaiser sämtlich persönlich bestimmt hatte.

Nachdem der Geh. Regierungsrat Professor C. Busley das erste Mal Gelegenheit hatte, die Kesselräume während des Betriebes zu besichtigen, fragte der Kaiser, wie es ihm denn gefallen habe. »Als ich darauf mein Erstaunen über die wahrhafte Raumverschwendung sowie meine Befriedigung über die bequeme Art äußerte, in der sich das Heizergeschäft verrichten lässt, meinte Se. Majestät: »Den Heizräumen hatte ich meine besondere Aufmerksamkeit zugewandt. Wenn ich zu meiner Erholung hier oben weile, will ich nicht unter dem Gefühl leiden, daß die Heizer dort unten fast vergehen. So wie es nun geworden ist, haben sie selbst bei heißer Witterung noch eine durchaus erträgliche Arbeitsstätte!«[254] Wenn die allerhöchsten Herrschaften nicht an Bord waren, konnte das Schiff mit allen Räumen und jederzeit unter Führung von Offizieren besichtigt werden. Der Aviso war am

Hohenzollern [1]
[Slg. Autor]

Großer Kreuzer HERTHA
German Second Class Cruiser
[aus: The Naval Annual 1899]

27.12.1920 aus der Liste der Kriegsschiffe gestrichen und 1923 zum Abbruch verkauft worden an Deutsche Werke Kiel. Die Bugzier und das Steuerrad befinden sich in der Historischen Sammlung der Marineschule Mürvick.[255]

Nach kaiserlichen Angaben gebaut, die Kreuzer II. Klasse HERTHA [2] und HANSA [2]

Von den zunächst 4 Schiffen dieser Klasse eines neuen Kreuzertyps hatte der Vulcan HERTHA [2] im September 1895 – dem Bewilligungsjahr – in Auftrag erhalten,[256] HANSA [2] einige Monate später. Wobei die Inbaugabe des Ersteren von der Marineverwaltung bereits sehr viel früher geplant war, wie aus Berichten über Reichstagsberatungen zum Marineetat 1892 hervorgeht. In der Sitzung am 28.2.1892 sah sich Reichskanzler von Caprivi veranlasst, zugunsten des Vulcan einzugreifen, indem er »[...] für die Bewilligung der Regierungsforderung [...] als ein neues Moment«, ein am Tag zuvor erhaltenes Schreiben des Oberpräsidenten der Provinz Pommern, den Abgeordneten vorlas. Es ging daraus hervor, dass durch die allgemeine schlechte Wirtschaftslage in Stettin, bereits »ca. 4.000 bis 5.000 Seelen« von Arbeitslosigkeit betroffen sind und diese Zahl durch Hunderte von entlassenen Arbeitern des Vulcan noch vergrößert wird, wenn die Werft den erneut im Etatentwurf 1892/93 von der Marineverwaltung, vorbehaltlich der Mittelbewilligung, angekündigten Kreuzer nicht erhält. Der Vulcan hatte die sonst im Herbst überflüssig werdenden Arbeiter mit dieser Aussicht »so gut es ging, wenn auch ohne allen Gewinn, weiterbeschäftigt.«

Zur Klärung der Frage, ob das RMA mit einer festen Zusage an den Vulcan seine Kompetenzen überschritten habe, hatte der Reichskanzler das Amt zu einer entsprechenden Äußerung aufgefordert, die wie folgt lautete: »Dem Vulcan wurde unter dem 20. October v. J. [1891] geschrieben, das ihm der Auftrag zur Erbauung [...] einschließlich Maschinen, Kessel, sämmtlicher Hilfsmaschinen, complett ertheilt würde, wenn er sich ausdrücklich damit einverstanden erklärte, daß dieser Auftrag als annullirt gelten solle, falls die für den Etat 1892/93 beantragten Mittel für die Kreuzerkorvette »K« [...] vom 1. April 1892 ab nicht zur Verfügung stehen sollten. Nachdem sich Vulcan hiermit einverstanden erklärt hatte, wurden ihm die Zeichnungen mit Bauvorschriften etc. zugestellt, damit er alle Vorbereitungen treffen könne um, sobald die Bewilligung [...] erfolgt sein würde, sofort [...] beginnen zu können. Der Vulcan hatte nun in sicherer Erwartung des Auftrags bereits damit begonnen, auf dem Schnürboden die Linien des Schiffes abzuschlagen und auch Modelle, z.B. für den Steven, zu bauen. Eine Verhaltensweise, die sich damit erklärt, dass man beim Vulcan in Kenntnis der Vorgeschichte davon ausgehen konnte, den Auftrag nunmehr zu erhalten. Schließlich war das Schiff bereits im Etat 1890/91 mit einer ersten Rate als ein Schwesterschiff von »J« eingestellt worden.

Da man zu dieser Zeit die Planung des neuen Typs Großer Kreuzer aber noch nicht abgeschlossen hatte, war keine Mittelvergabe erfolgt, wie sich bei den Etatberatungen herausgestellt hatte. Anschließend hatte das Parlament die Frage zu klären, ob Panzerfahrzeuge oder Große Kreuzer. Entgegen den Marine- und Regierungsvorstellungen, beide zu finanzieren, wurden die Panzerfahrzeuge vorgezogen und »K« noch ein Jahr fallen gelassen. Und auch für dieses Jahr hatte die Budgetkommission dem Reichstag die Absetzung der Korvette »K« empfohlen. Darüber entschieden wurde dann in 3 Lesungen. In der 2. Lesung am 1.3.1892 hatte der Abgeordnete der Reichspartei, von Stumm, als Begründung für seine Zustimmung zur Bewilligung ausdrücklich darauf hingewiesen, sie erfolge nicht mit Rücksicht auf den Vulcan. Für ihn stand vielmehr im Vordergrund »die Rücksicht auf die vielfach unterschätzte, in Wirklichkeit sehr bedeutsame Entwicklung der russischen Flotte und das Bedürfnis des deutschen Handels, im Kriegsfall gegen feindliche Kreuzer geschützt zu werden, was ohne mehrere deutsche Kreuzer stärkerer Konstruktion nicht möglich sei. Der Abgeordnete von Vollmer, als ein Vertreter der Gegenseite, »hielt jeden Vergleich mit Rußland für geradezu unwürdig und beschämend, denn unsere Finanzen sind von Natur aus gesund und erkranken nur durch eine namentlich durch die Überraschung mit stets neuen Forderungen für die Marine, weil getriebene Pumpwirthschaft, in die wir bis über die Ohren einzusinken im Begriff sind. [...]« Auch die Abgeordneten Barth und Richter von der »Deutschen Freisinnigen Partei« äußerten sich als sehr scharfe Kritiker. Sie nannten die Getreidezölle als wahren Grund des Notstandes. Schließlich wurde in dritter Lesung die erste Rate gegen die liberalen Fraktionen und das Zentrum abgelehnt.[257]

Kreuzer HANSA [Slg. Autor]

Im Zusammenhang mit diesem Vorgang dürfte von Interesse sein, welche Haltung die damalige Sozialdemokratie in Fragen der Militärausgaben einnahm. Diese wird sehr deutlich im ersten Absatz eines Artikels des in Stettin erscheinenden Volks-Boten vom November 1896. »In den letzten Tagen, bevor der Reichshaushaltsetat dem Reichstage zuging, liefen allerlei Gerüchte um über Schwierigkeiten, denen er schon im Bundesrathe begegne. Bei der dort im Allgemeinen herschenden Bewilligungslust ließ sich daraus schon vermuthen, daß man auf etwas Außergewöhnliches gefaßt sein konnte. Und das ist denn auch in der That eingetroffen. Mehr als je trägt der Etat das Gepräge, des immer riesiger wachsenden Militarismus. Nicht nur alle Überschüsse, die an irgend welchen Stellen gemacht werden, wandern in den ewig unersättlichen Rachen des Militarismus, auch neue, nach vielen Millionen zählende Anleihen, sollen abermals zu seiner Speisung aufgenommen und und verwendet werden.«[258]

Der Kreuzer »K«, am 1. Oktober 1895 mit der Bau-Nr. 233 auf Stapel gesetzt,[259] lief »bei hellem sonnigen Frühlingswetter pünktlich um 12 Uhr« am 14.4.1897 mit dem Namen HERTHA vom Stapel. Die vorangegangene Taufe [s. Anhang Taufreden] hatte Ludwig Prinz von Bayern, der am 7.1.1845 geborene älteste Sohn des Prinzregenten Luitpold, vollzogen. Das auf der Werft für die Gäste bereitgehaltene Frühstück hatte das Hotel de Prusse [der spätere Preußenhof] geliefert, wo um 2 Uhr ein Mittagsmahl für etwa 60 Gäste gereicht wurde, unter denen sich auch der französische Marineattaché Leutnant Burchard befand.[260]

Knapp ein Jahr später, am 24.4.1898, fand an der Werftpier die vermutlich erste Maschinenprobe statt, »die dem Vernehmen nach, ein durchaus günstiges Resultat ergab.«[261] Die Überführung nach Swinemünde begann am 12.6.1898 um 7 Uhr morgens. Sie war nach sechsstündiger gut verlaufener Fahrt, Mittags 1 Uhr mit dem Ankerwerfen an der Ostseite des Swinemünder Hafens beendet. Auf der Fahrt wurden nur die beiden Seitenschrauben benutzt, der Eisbrecher BERLIN unterstützte durch Schleppen und der Dampfer LANGENBERG half bei der Steuerung durch 2 zu beiden Seiten des Hecks befestigte Trossen.[262] Eine Woche zuvor, am 6. Juni, hatte Kaiser Wilhelm II. den noch am Ausrüstungspier der Werft liegenden Kreuzer eine dreiviertel Stunde lang »in allen seinen Einzelheiten eingehend besichtigt, wobei der Kaiser wiederholt seiner vollen Anerkennung über Bau und Einrichtung [...] Ausdruck gab.« Da beide Kreuzer zum Teil nach den eigensten Angaben des Kaisers erbaut waren, fanden sie dessen ganz besonderes Interesse.[263] Die Fertigstellung erfolgte im Juli 1898.[264]

Die Schiffe dieser Klasse waren u.a. dadurch bemerkenswert, das sie zu den ersten deutschen Kriegsschiffen zählten, die zu Versuchszwecken mit Wasserrohrkesseln verschiedener Systeme ausgerüstet wurden. FRYEA erhielt Niclausse-, VINETA und VICTORIA LUISE Dürr-, HERTHA [2] und HANSA [2] die geradrohrigen Bellevillekessel, ein französisches System. Wesentliche Vorteile der Wasserrohrkessel waren ihr geringes Gewicht, die Schnelligkeit des Dampfaufmachens, eine hohe Widerstandskraft gegen dauernde starke Beanspruchung und eine Vereinfachung und Verbilligung von Reparaturen. Alles Eigenschaften, die für Kriegschiffe der damaligen Zeit von besonderer Bedeutung waren. Als Nachteile werden angegeben: Neigung zum Überkochen, höhere Anforderungen an das Personal wegen größerer Aufmerksamkeit bei der Bedienung, Empfindlichkeit gegen Rost und Verfettung, die Unmöglichkeit, bei Rohrbeschädigungen den Kessel in Betrieb zu halten, sowie ein unökonomischer Kohlenverbrauch. Zur Einführung kamen die Wasserrohrkessel erst, nachdem günstige Ergebnisse aus anderen Marinen vorlagen. Erste Versuche in der deutschen Marine waren auf S.M. RHEIN unternommen worden, ehe diese Aufgabe in größerem Maßstab begonnen wurde.[265] Eine weitere Besonderheit war die neuartige Aufstellung der Scheinwerfer. Während diese bisher möglichst hoch standen, hatte man jetzt 4 der 5 Geräte hinter verschließbaren Klappen geschützt unter dem Oberdeck postiert. Damit konnte der Lichtkegel fast horizontal geworfen werden, wodurch das Sichtbarmachen angreifender Torpedoboote erheblich erleichterte wurde.

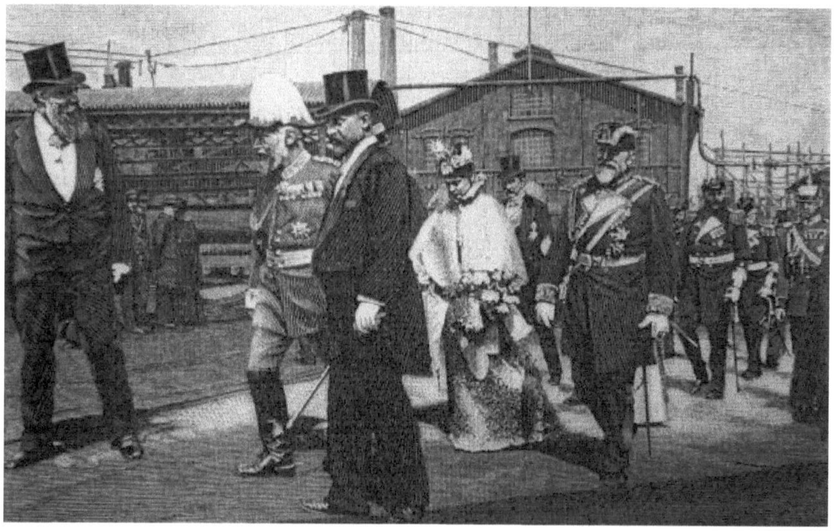

Oben:
Großer Kreuzer HERTHA
Vor dem Stapellauf

Unten:
Großer Kreuzer HERTHA
Rundgang vor dem Stapellauf: Prinz Ludwig, Prinzessin Marie, Admiral Knorr

[beide Bilder aus: Über Land und Meer, III. Bd. 1896/97 Stuttgart u. Leipzig, Dt. Verlags Anstalt]

Der Entwurf der Schiffe durch den Chefkonstrukteur der Marine, Geh. Admiralitätsrat Dietrich, stand bereits unter dem Einfluss der Erfahrungen aus der Seeschlacht am Jalufluss, während des japanisch-chinesischen Krieges 1894. Die Verwendung von Holz zu Decks, Kammerwänden, Einrichtungen usw. war soweit wie möglich eingeschränkt worden, um der Brandgefahr im Gefecht zu begegnen. Die Stahldecks waren teilweise mit Linoleum, Korkstein oder Xylolith belegt, die Kammerwände durchweg und die Möbel zum Teil aus dünnem Stahlblech hergestellt. Während die Panzerung, die Armierung und die Maschinenleistung gleich war, waren das Deplacement und die Abmessungen beider Schiffen unterschiedlich.

Die Baukosten für HERTHA [2] betrugen 9,932 Mill. Mk., der Umbau 1906 bis 1908 auf der Kaiserl. Werft Kiel, 2,527 Mill. Mk. Die Schiffe waren als Amtsentwurf in Quer- und Längsspant-

Oben und mitte:
Großer Kreuzer HERTHA
Der Stapellauf und nach dem Stapellauf
[aus: Über Land und Meer, III. Bd.1896/97
Stuttgart u. Leipzig, Dt. Verlags Anstalt]

Unten:
SMS HERTHA als Schulschiff
1909 in New York
[gemeinfrei]

Stahlbau, mit 12 wasserdichten Abteilungen und 60% Doppelboden gebaut worden. Sie hatten eine Länge über alles von 110,60 m, eine größte Breite von 17,4 m, der Tiefgang betrug vorn 6,58 m, achtern 6,78 m, die Seitenhöhe 11,4 m und das Deplacement 5.660 t. Die Armierung bestand aus zwei 21-cm Kanonen in 2 vorn und achtern stehenden gepanzerten Drehtürmen, 4 SK 15-cm in gepanzerten Einzellkasematten im Batteriedeck und 4 in Drehtürmen auf dem Oberdeck, je 10 SK 8,8-cm und 3,7-cm MK verteilt auf dem Oberdeck, den Brückenaufbauten und Marsen, wo auch die vier 0,8-cm Maschinengewehre standen. Die 45-cm Torpedobewaffnung bestand aus einem Unterwasserrohr am Bug und 2 Breitseitrohren vor dem vordersten Kesselraum.

Da man zu damaliger Zeit bei der Konstruktion der Kreuzer noch das Hauptgewicht auf Schnelligkeit und großen Aktionsradius legte, musste der Panzerschutz aus Nickelstahl aus Gewichtsgründen geringer ausfallen. Man begnügte sich mit einem durchlaufenden Panzerdeck und einigen sogenannten Panzersüllen. Ersteres war an den Enden 40 mm stark und stieg bis zur Mitte auf 100 mm. Die Geschütztürme hatten Stärken von 80 bis 100 mm und der Kommandoturm 150 mm. Die Panzersülle über den Maschinen, dem Steuerraum und den Munitionsschächten waren 100 mm stark. Ein Korkdamm auf beiden Seiten reichte über 2/3 der Schiffslänge. Von den 2 Gefechtsmasten mit Marsen hatte der vordere eine Scheinwerferplattform und im Innern eine Wendeltreppe.

Die Besatzung bestand aus 465 Mann, darunter 21 Offiziere und Beamte, sowie 20 Deckoffiziere. Die Unterkünfte waren mit Dampfheizung, elektrischer Beleuchtung und Vertilation versehen. Die große elektrische Primärstation versorgte die großen Scheinwerfer, die Munitionsaufzüge, die Beleuchtungsanlage und zahlreichen Ventilatoren mit Strom von 110 Volt, den 3 Dynamos mit insgesamt 169 kW lieferten. Die übrigen Hilfsmaschinen wie Steuerapparat, Ankerwinden, Spille, Bootsheißmaschinen, Pumpen usw. wurden mit Dampf betrieben. Die 3 stehenden Vierzylinder-Maschinen mit dreifacher Expansion standen in getrennten Räumen, leisteten 10.000 PSi und waren nach dem System Schlick ausbalanciert. Den Arbeitsdampft lieferten 18 Kessel mit einem Arbeitsdruck von 18 atü, die in 6 Räumen aufgestellt waren. Die 3 Schrauben mit je 3 Flügeln hatten einen Durchmesser von 3,50 m. Die Geschwindigkeit betrug

18,5 kn. Die Kohlenbunker, von denen einige zum Schutz der 3 Schornsteinschächte über dem Panzerdeck angeordnet waren, fassten normal 500 t, die bei 10 Knoten Fahrt für 5.500 Seemeilen reichten. Der Vorrat konnte bis auf 950 t erhöht werden. An Rettungsbooten gab es 3 Dampf- und 9 Ruderboote. Die Schiffsglocke mit der Nummer 1495 und einem Gewicht von 104,5 kg war von der Stettiner Glockengießerei C.(arl) Voss & Sohn geliefert worden. HERTHA [2] wurde am 23. Juli 1897 von der Marine übernommen und war bis 1905 im Auslandseinsatz. Seit 1908 Schulschiff für Seekadetten und Schiffsjungen, war das Schiff 1914 im Küstenschutz eingesetzt und 1915 Wohnschiff der Flugstation Flensburg. Es wurde am 6.12.1919 aus der Liste der Kriegsschiffe gestrichen und 1920 in Audorf-Rendsburg abgebrochen.[266]

Fortschritte bei der Seitenpanzerung und Bewaffnung

Im April 1896 war über eine Neuerung berichtet worden, die beim Vulcan allerdings erst in Anwendung kommen konnte, nachdem die E.-Zentrale 1902 betriebsfertig war. Es handelte sich um elektrische Bohrer für Panzerplatten. »Um in die Seitenpanzerung eines Schiffes eine Reihe Löcher zu bohren, wendet man neuerdings ein ungemein sinnreiches Verfahren an. Der Bohrer hängt an der Seite des Schiffes herunter und wird von einem Krahn getragen, die Neuerung besteht nun darin, daß man die beiden elektrischen Ströme durch die er in Bewegung gesetzt wird, gleichzeitig dazu benutzt, die Füße, mit denen der Apparat sich gegen die Schiffswand stützt, stark magnetisch zu machen und in Folge dessen sie fest an derselben haften zu lassen. Es geschieht dies durch Drehung eines Griffes, während vermittels eines kleineren Griffes der Bohrer selbst in Thätigkeit gesetzt wird, der in der Minute 60-70 Umdrehungen macht. Ist ein Loch fertig, bewirkt man durch Drehen des ersten Griffes das Aufhören der magnetischen Kraft und rückt den Apparat weiter bis zu der Stelle, wo das nächste Loch gebohrt werden soll. Das Interessante an der ganzen Einrichtung ist die Anordnung der Magnete. Früher war es schwer, die Pole eines gewöhnlichen Magneten so fest an der Schiffswand haften zu lassen, daß das Bohren mit der nöthigen Genauigkeit erfolgen konnte. Da kam man auf der Werft Porthmouth [England] auf den Gedanken, statt eines Magneten 3 anzuwenden, die in ihrer Stellung zu einander eine Art Dreifuß bilden und das bewährte sich vorzüglich. Panzer und Bohrapparat sind nun fest miteinander verbunden, und der Bohrer dringt nun genau so rechtwinklig in die Platte ein, als wenn diese auf der Richtplatte einer gewöhnlichen Bohrmaschine läge.«[267]

Eine weitere Neuerung betraf die Schiffsartillerie. Die entsprechende Nachricht vom Oktober 1896 war zu damaliger Zeit für die Marine von großer Bedeutung und ist in lakonischer Kürze amtlich mitgeteilt worden. Mit der am 24. d. M. datierten Allerhöchsten Kabinettsorder vom Schießplatz Meppen, war angeordnet worden, dass in die Marine die Einstellung der 24 cm, 21 cm und 15 cm Schnellladekanonen [SK] L/40 in die Marineartillerie einzuführen ist. Es handelte sich um nichts anderes, als die deutsche Marine mit einer Schiffsartillerie auszurüsten, die der Artillerie der fremden Marinen in ihrem Leistungsvermögen überlegen war. Ein Fortschritt, welcher seine besondere Bedeutung noch dadurch erhielt, dass Deutschland zu damaliger Zeit gerade 2 Schlachtschiffe und 6 große Kreuzer im Bau hatte. Diese konnten nun mit Geschützen ausgerüstet werden, die ungefähr das sechsfache dessen leisteten, wozu die größten Geschütze der englischen, französischen und russischen Schiffe in der Lage waren.

Schnellladekanonen = SK war das Zauberwort gewesen, das 10 Jahre zuvor schon einmal eine

Gefechtsmast
[aus: Deutschlands Seemacht [...], Leipzig 1901, Zeichnung vom Marinemaler Willy Stöver]

Übung an der Schnelllade-kanone = SK auf einem Kreuzer [aus: Deutschlands Seemacht, Leipzig 1901, gezeichnet vom Marinemaler Willy Stöver]

vollständige Wandlung in der Schiffsartillerie hervorgerufen hatte. An Stelle der alten Vorderlader waren Hinterlader gesetzt worden, die wiederum, soweit die Technik das zuließ, durch SK ersetzt wurden. Diese hatten sich in allen Marinen eingebürgert und wurden nach und nach größeren Kalibern angepasst, ohne allerdings über das Kaliber 15 cm hinauszukommen. Die für die Bedienung erforderlichen Einrichtungen ließen sich den großen Geschützen von 21, 24, und 28 Zentimetern nicht anpassen. Diese Aufgabe hatte Krupp damals gelöst und sowohl 21 wie auch 24 Zentimeter SK geschaffen, die je nach der vorgesehenen Armierung auf allen zu damaliger Zeit im Bau befindlichen deutschen Kriegsschiffen eingebaut wurden. Damit ging die deutsche Marine in einem wichtigen Bereich erneut voran. Wenige Jahre zuvor hatte sie schon einmal vor der russischen und französischen Marine mit der Einführung des Dreischraubensystems für größere Schiffe den ersten Schritt getan.[267]

Der Kreuzer HANSA [2], mit dem Schwesterschiff HERTHA [2] fast baugleich, war dem Vulcan vom RMA im Bewilligungsjahr 1896, vermutlich im April [268], zu einem Baupreis von je 10.270 Mill. Mk.[269] in Auftrag gegeben worden. Dass der Kiel zur Zeit gestreckt wird, konnten die Leser der Ostsee-Zeitung mit Datum 26.7.1896 lesen, während Lehmann-Felskowski in der Jubiläumsschrift »50 Jahre Schiffbau [...]« hierzu mitteilt: »[...] während für ›Hansa‹ am 4. April 1896 der Kiel gestreckt wurde [...]« Der Stapellauf der Bau-Nr. 235 fand am Sonnabend, dem 12.3.1898 statt. In Vertretung des Senats der Freien und Hansestadt Hamburg vollzog den Taufakt auf Wunsch des Kaisers, der Zweite Hamburger Bürgermeister Dr. Mönckeberg, da der Erste Bürgermeister, Dr. Lehmann, aus gesundheitlichen Gründen verhindert war.[270]

Das Schiff hatte eine Länge zwischen den Perpendikeln von 105,4 m, die größte Breite betrug 17,5 m, der Konstruktionstiefgang 6,6 m, die Seitenhöhe 11,40 m und das Deplacement bei normaler Kohlenlast und vollständig ausgerüstet, 5.885 t sowie das Ablaufgewicht 2.570 t. Nach Nauticus 1900 [m d.Std. 1.10.1899] betrug die Geschwindigkeit 18 kn und hatte die Besatzung eine Stärke von 460 Mann. Im Gegensatz zu HERTHA [2], die einen glatten Boden ohne Holzbeschlag hatte, war HANSA [2] mit einer einfachen Holzbeplankung und Kupferbeschlag versehen worden. Am 14.10.1898 fand eine Maschinenprobe am Werftliegeplatz statt, im Beisein höherer Marineoffiziere und Beamter, darunter der Direktor des Marinedepartements im RMA, Konteradmiral Büchsel, der Vorsteher der Nautischen Abteilung im RMA Kapitän z. S. Graf v. Baudissin und der Geh. Admiralitätsrat Langner. Einen Teil der Armierung hatte das Schiff in der Werft bekommen, der Rest wurde in Kiel eingebaut. Die Schiffsglocke mit der Nummer 1505 und einem Gewicht von 105,5 kg war von der Stettiner Glockengießerei C.(arl) Voss & Sohn geliefert worden. Am 16.11.1898 fand die Überführung nach Swinemünde statt, wo die vor der Abnahme üblichen Probefahrten am 19. d. M. begannen. Am Abend ging HANSA [2] in Saßnitz vor Anker, um die Fahrten am nächsten Tag fortzusetzen. »Im Laufe des Sonntags [20.11.] trifft die Abnahme-Kommission aus Kiel hier [in Swinemünde] ein, und findet dann die Überführung des Schlachtschiffes nach Kiel zu Anfang der nächsten Woche statt.«[271] Umbauten der HANSA [2] wurden 1907 bis 1909 und 1915 auf den kaiserlichen Werften Danzig und Kiel durchgeführt. Das Schiff war vom 20. April 1899 bis 1906 im Ausland, 1909 Schulschiff für Seekadetten und Schiffsjungen, 1914 im Küstenschutz eingesetzt und 1915 Wohnschiff der Kaiserlichen Werft Kiel. Am 6.12.1920 aus der Liste der Kriegsschiffe gestrichen, wurde das Schiff 1920 in Audorf-Rendsburg abgebrochen.[272]

Für den Vulcan begann das Jahr 1897 im Januar mit hohem Besuch. Am Vormittag des 5. Januar »stattete der Staatssekretär im Reichs-Marineamt,

Herr Vice-Admiral Hollmann in Begleitung mehrerer höherer Marine-Beamten der Werft [...] einen Besuch ab, um sich von dem Fortschritt [...] der für die Reichsmarine im Bau befindlichen Schiffe zu überzeugen. Der Staatssekretär äußerte sich befriedigt über die Arbeiten«, teilte die Ostsee-Zeitung am 7.1.1897 mit.

Konteradmiral Tirpitz und die Flottengesetze

Nachdem am 15.6.1897 Admiral Hollmann der erbetene Abschied bewilligt wurde, trat an seine Stelle als Staatssekretär im Reichsmarineamt Konteradmiral Tirpitz. Diesem gelang es, die Entwicklung der Marine durch Flottengesetze in geordnete Bahnen zu lenken. Bereits am 27.11.1897 veröffentlichte der Reichsanzeiger den Entwurf zu einem im RMA erarbeiteten Gesetz, nach dem der Sollbestand der Flotte zunächst für 6 Jahre festgeschrieben werden sollte. Bei der Einbringung dieses ersten Flottengesetzes war man von der Überzeugung ausgegangen, dass der deutsche Schiffbau im Stande sein würde, die ihm gestellten neuen Aufgaben leicht zu erfüllen. In der unmittelbaren Folgezeit schienen allerdings einige Anzeichen dafür zu sprechen, dass die zeitliche Ausführung des Gesetzes infolge von Verzögerungen bei der Materiallieferung sich möglicherweise verzögern könnte. Auch die Tatsache, dass Deutschland noch immer einen Teil seiner Handelsschiffe aus dem Ausland bezog, erschien als ein wirtschaftlicher Nachteil. Besonders angesichts des Umstandes, dass England trotz der großen Steigerung seiner Bauten für die eigene Kriegs- und Handelsflotte, wie seit Jahrzehnten, so noch immer, als großer Schiffslieferand dastand. In der Erkenntnis, dass der Kriegs- und Handelsschiffbau ein einheitliches Gewerbe sei und seine Leistungsfähigkeit auf beiden Gebieten in ständiger Wechselwirkung stehe, setzte der neue Staatssekretär des RMA im Juni 1899 eine Kommission zur Untersuchung der Lage des deutschen Schiffbaues ein. Ihr Auftrag war, die Frage auf möglichst breiter Basis und unter Berücksichtigung der ausländischen Konkurrenz zu prüfen und über die Ergebnisse in einer Weise zu berichten, welche dem deutschen Schiffbau durch Verbreitung von Kenntnissen und eventuell Anregung von Verbesserungen zu dienen geeignet sei. Die speziellen Interessen der Marine sollten geprüft, die Resultate hinsichtlich des deutschen und des ausländischen Schiffbaues vergleichend zusammengestellt, die Aufmerksamkeit der Nachbarländer, für welche Deutschland der natürliche Schiffsmarkt sein müßte, auf die Leistungen des deutschen Schiffbaues hingelenkt werden.

Das RMA und besonders der Deutsche Flottenverein, bemühten sich durch Schrift und Wort, die politische und wirtschaftliche Bedeutung der Marine nachzuweisen. Während die Sozialdemokratische Partei – dessen Mitglied, der Verleger und Redakteur Fritz Herbert, Stettiner Reichstagsabgeordneter war – als erbitterter Rüstungsgegner ebenso bemüht war, die Notwendigkeit einer starken deutschen Flotte infrage zu stellen. Zum Beispiel wurde auf die Schweiz verwiesen, die auch ohne eigene Flotte einen starken auswärtigen Handel hat. Bereits 1897 hatte der sozialdemokratische Stettiner Volks-Bote – Redakteur Fritz Herbert – in seiner Ausgabe vom 9. März anläßlich der Budgetberatungen zum Marineetat vorgerechnet, dass unter Hinzurechnung von Armeeforderungen, die Reichsschuld bis 1901 um 500 Mill. Mk. steigen wird, die bereits Ende 1894/95 2,231.237.800 Mk. betrug. »Das dann auch neue Steuern mit Naturnotwendigkeit kommen werden, bedarf keines Nachweises.«

Am 28.3.1898 wurde dem Gesetz nach langen und heftigen Debatten im Reichstag zugestimmt. Damit war die Möglichkeit geschaffen worden, den Vorsprung der anderen Seemächte, der die deutsche Marine von der dritten auf die sechste Stelle gerückt hatte, wieder einzuholen. Den Werften war nun-

Großadmiral [1911] Alfred von Tirpitz
[aus: Geschichte der deutschen Marine, Frankfurt/M. 1936]

mehr für einen Zeitraum von 6 Jahren der Bau von 9 Linienschiffen, 5 großen und 14 kleinen Kreuzern sowie einer entsprechenden Zahl von Kanonen- und Torpedobooten und unter Hinzurechnung der erforderlichen Ersatzbauten in sichere Aussicht gestellt. Bereits am 14.6.1900 nahm der Reichstag das zweite Flottengesetz an, das den Bestand auf 38 Linienschiffe, 14 große und 38 kleine Kreuzer festlegte. Eine weitere Forderung nach 6 Auslandskreuzern, deren Bau allerdings erst 1906 beginnen sollte, war zunächst noch vom Reichstag abgelehnt worden. Admiral Tirpitz war wegen seiner Verdienste um das Zustandekommen des ersten Flottengesetzes zum preußischen Staatsminister ernannt und in den erblichen Adelsstand erhoben worden. 1906 regelte eine Novelle die Schiffsgrößen in Übereinstimmung mit neueren Anschauungen und 1908 wurden die Termine für Ersatzbauten festgelegt.

Diese Bauprogramme hatten für die deutsche Industrie ihre besondere Bedeutung dadurch, dass sie erstmals eine Gewähr für zukünftige Arbeitsaufträge gaben, da sie auf einer gesetzlichen Grundlage beruhten. Die früheren Flottenpläne dagegen, erfuhren im Laufe der Jahre ständige Änderungen.[273] Die Gesamtbedeutung des Ausbaues der deutschen Flotte für die Entwicklung der Privatwerften wird am besten durch die ihnen aus dem Bau und der Ausrüstung zugeflossenen Einnahmen beleuchtet. Diese betrugen in der Entwicklungsperiode von 1871 bis 1896 beim Vulcan nicht weniger als 67½ Mill. Mk. und bei der Germaniawerft 40½ Mill. Mk.; es folgen die Schichau- und Weserwerft mit je 28½ Mill. Mk. und die Werft von Blohm & Voß mit 3,3 Mill. Mk., während die übrigen aus dem Bau von Kriegs- und Transportschiffen, Schlepp-, Bagger- und Wasserfahrzeugen, zusammen eine Einnahme von 2½ Mill. Mk. erzielten. Werden zu diesen Zahlen noch die Erträge der Jahre 1897 bis 1904 hinzugerechnet, ergeben sich folgende Gesamtbeträge: beim Vulcan ca. 97 Mill, der Germaniawerft 92 Mill., Firma Schichau 95 Mill., der Weserwerft 58 Mill., der Werft Blohm & Voß 28 Mill. und den übrigen zusammen 6 Mill. Mk., was einen Gesamtbetrag von 376 Mill. Mk. oder im Durchschnitt über 11 Mill. Mk. im Jahr ergibt. Welche Bedeutung diese Summen für die einzelnen Werften hatten, geht daraus hervor, dass die in der Entwicklungsperiode der Marine von 1871 bis 1898 erzielten Einnahmen zwischen 30 und 70% ihrer Gesamteinnahmen ausmachten.[274]

Natürlich hatten an den Marineetats auch die Unternehmen der Zulieferindustrie ihren Anteil. Hier sind an erster Stelle die Hüttenwerke an Rhein und Ruhr zu nennen. Von den rund 420 Mill. Mk., die in der Zeit von 1871 bis 1896 für Marinebauten aufgewendet wurden, ist ungefähr ein Viertel für Schiffs- und Kesselbleche sowie für Walzeisen bzw. Stahl aufgewendet worden. Diese Mittel trugen u.a. dazu bei, die Werke während der wirtschaftlichen Flaute Ende der 1870er Jahre über Wasser zu halten. Der nach und nach erlangte, weltweit gute Ruf der deutschen Hütten basierte im Wesentlichen auf den hohen Anforderungen der Marineverwaltung.[275] Da es nur sehr wenig Material über Zulieferfirmen des Vulcan gibt, dürfte es von einigem Interesse sein, dass die seit dem 1.5.1895 in Stettin ansässige Armaturenfabrik Gustav Mankenberg für den Vulcan Bronzearmaturen, Deckverschraubungen und Relingsverschraubungen fertigte. »Besonders hohe Güteanforderungen wurden für den Bau russischer und japanischer Kriegsschiffe gestellt.« Angaben betreffend dieser Firma im Stettiner Adressbuch 1943 lauten: Gustav Mankenberg, Armaturenfabrik, Eisen- u. Metallgießerei, Wiekenberg 12-14. Nach 1945 produzierte die Firma als GmbH in Lübeck.

Das Linienschiff MECKLENBURG [1]

Als die Linienschiffe der Kaiserklasse zur Ausschreibung kamen, konnte der Vulcan sich nicht beteiligen, da er durch Kriegsschiffbauten für das Ausland und den Bau der großen Schnelldampfer

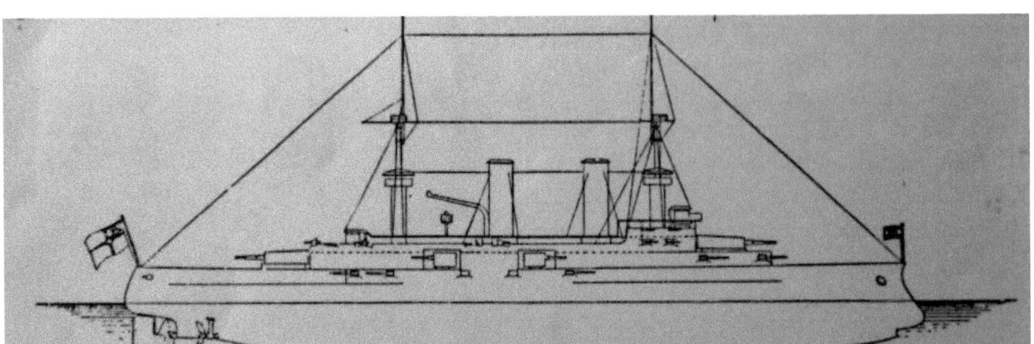

Linienschiff MECKLENBURG [aus: Die deutsche Kriegsflotte 1913, Mittler Berlin]

Linienschiff MECKLENBURG [gemeinfrei]

für einen längeren Zeitraum völlig ausgelastet war. Erst mit der Wittelsbach-Klasse begann die Teilnahme am Ausbau der deutschen Flotte auf Grund des Flottengesetzes von 1898. Als der Chefkonstrukteur der Marine, Dietrich, am 6. 9.1898 verstarb, waren zunächst nur die Grundzüge für die neuen Linienschiffe mit dem Marinedepartement vereinbart. Trotzdem gelang es, die Pläne so rechtzeitig fertigzustellen, dass der Bau der Schiffe mit Beginn des Etatjahres begonnen werden konnte. Die Ausarbeitung war dem Marinebaumeister Tjard Schwarz übertragen worden, der nach dem Tod von Dietrich zu diesem Zweck in die Konstruktionsabteilung des RMA zurückversetzt worden war.[276]

Die MECKLENBURG [1] war mit der Marinebaubezeichnung »F« im Frühjahr des Bewilligungsjahres[277] 1900 in Auftrag[278] gegeben und am 15. Mai mit der Bau-Nr. 248 auf Stapel[279] gesetzt worden. Für den inneren Ausbau und den Einbau der Maschinen- und Kesselanlage hatte die Werft »etwa siebzehn Monate in Aussicht« genommen. Der Termin der Fertigstellung war durch das RMA für den März 1903 festgesetzt worden.[280] Am 9.11.1901, einem Sonnabend, fand unter den üblichen Gebräuchen der Stapellauf statt. Die Taufrede hielt der Großherzog von Mecklenburg-Schwerin, die Taufe selbst vollzog die Großherzogin.[281] Die Ablieferung [282] des für 22,329 Mill. Mk. erbauten Schiffes erfolgte im Mai 1903, womit die Werft die vorgegebene Bauzeit nur wenig überschritten hatte. Es war als Amtsentwurf in Quer- und Längsspant-Stahlbau, mit 14 wasserdichten Abteilungen und einem 70% Doppenboden gebaut worden. Die Länge über alles betrug 126,80 m, die größte Breite 22,80 m, der Tiefgang vorn 7,95 m, achtern 8,04 m, die Seitenhöhe 12,77 m und das Deplacement 11.774 t. Die Panzerung bestand aus einem sich über die ganze Schiffslänge erstreckenden Gürtelpanzer aus einseitig gehärtetem Nickelstahl, der im mittleren Teil 225 mm stark war und an den Enden bis auf 100 mm abnahm. Das ebenfalls über die ganze Schiffslänge reichende geknickte Panzerdeck hatte eine Stärke von 40 bis 75 mm, der Zitadellpanzer 140 mm. Die Panzerung des vorderen Kommandoturms betrug 250 mm, die des hinteren 140 mm, Korkdämme waren ebenfalls vorhanden.

Die Armierung nach Nauticus 1905 bestand aus 4 SK 24-cm zu je 2 in einem vorn und achtern befindlichen Drehturm mit 250 mm Panzerrung und gepanzerten Barbetten bis zum Panzerdeck, 4 SK 15-cm in Drehtürmen mit 150 mm Panzerung, 14 SK 15-cm in gepanzerten Kasematten von 140 mm Stärke, je 12 SK 8,8-cm und 20 MK 3,7-cm sowie acht 0,8-mm Maschinengewehren; die Torpedobewaffnung bildeten je ein Bug- und Heckrohr sowie 4 Breitseitrohre, sämtlich unter Wasser und mit 45-cm. Die 3 stehenden dreizylindrigen Dreifach-Expansionsmaschinen leisteten 15.171 PSi und trieben 3 Schrauben mit einem Durchmesser von 4,50 m, von denen die mittlere 4-flügelig war, während die beiden äußeren 3 Flügel hatten. Die Kesselanlage war in 4 Räumen untergebracht und bestand aus je 6 Wasserkesseln des Systems Thornycroft und querstehenden Zylinderkesseln, mit 12 und 24 Feuern, bei einem Überdruck von 13,5 atü. Den 74-Volt Strom erzeugten 4 Dynamo-Maschinen mit 230 kW. Die Geschwindigkeit betrug 18,1 kn. Die Bunker fassten normal 650 t, maximal 1800 t, sowie 200 t Teeröl. Als maximale Dampfstrecke werden 5.000 Seemeilen angegeben. Es gab 12 Rettungsboote und 4 Scheinwerfer.[283] Die Besatzungsstärke[284] betrug 17 Seeoffiziere, 5 Marineingenieure, 2 Sanitätsoffiziere, 1 Zahlmeister, 8 Fähnriche z. S., 26 Deckoffiziere und 624 Unteroffiziere und Mannschaften. Am 25.6.1903 von der Flotte übernommen, war das Linienschiff im Herbst d. J. einsatzbereit. Es diente 1916 als Gefangenen-Wohnschiff in Kiel und war 1918 Wohnschiff in Kiel für U-Boote. Die Streichung aus der Liste der Kriegsschiffe erfolgte am 25.1.1920, der Verkauf zum Abbruch an Deutsche Werke Kiel-Nordmole für 1,750 Mill. Mk. am 16.1.1921.[285]

Der Kleine Kreuzer HAMBURG [2]

Im Geschäftsjahr 1902 erhielt der Vulcan vom RMA gleich 3 Schiffe in Auftrag. Einen Kleinen Kreuzer, das Linienschiff »K« und das Kanonenboot »B«. Der Kl. Kreuzer, dessen 1. Baurate 1902 bewilligt wurde, kam mit der Marinebaubezeichnung »K« und der Bau-Nr.[286] am 1. Juni d. J. auf Stapel[287] und wurde am 25.6.1903 auf den Namen HAMBURG getauft.[288] Die Übernahme des für 4.706 Mill. Mk. gebauten Schiffes erfolgte am 8.3.1904. Es zeichnete sich durch eine hohe Geschwindigkeit aus und ist u.a. auch aus diesem Grund zu Vergleichsfahrten mit dem Turbinenkreuzer LÜBECK [2] herangezogen worden.

Der Amtsentwurf 1901-02 war in Quer- und Längsspant-Stahlbau ausgeführt worden, mit 12 wasserdichten Abteilungen und einem Doppelboden von 56% der CWL-Länge des Schiffes. Das Panzerdeck hatte eine Stärke von 25 bis 50 mm, die Panzersülle 80 und 100 mm und der Kommandoturm 100 mm. Die Anfangsbewaffnung bestand lt. Nauticus 1907, aus 10 SK 10,5-cm und 14 MK 3,7-cm, die Torpedoarmierung aus zwei 45-cm Unterwassererohren. Die Schiffslänge in der CWL betrug 110,55 m, die Breite in der CWL 13,24 m und der Konstruktionstiefgang 5,00 m. Das Deplacement wird angegeben mit 3.250 t, die Geschwindigkeit mit 23,1 kn. Die beiden stehenden 3-zylindrigen 3-fach-Expansionsmaschinen leisteten auf 2 Wellen insgesamt 11.582 PSi. Die beiden 4-flügeligen Schrauben hatten einen Durchmesser von 3,90 m. Den Dampf erzeugten in 2 Räumen 10 Marinekessel mit 20 Feuern, der Dampfüberdruck betrug 15 atü. Den E-Strom lieferten mit 110 Volt

Kleiner Kreuzer HAMBURG [aus: Kriegsschiffbau, Leitfaden f.d. Unterricht a.d. Marineschule, Marinebaurat H. Evers, Berlin 1931]

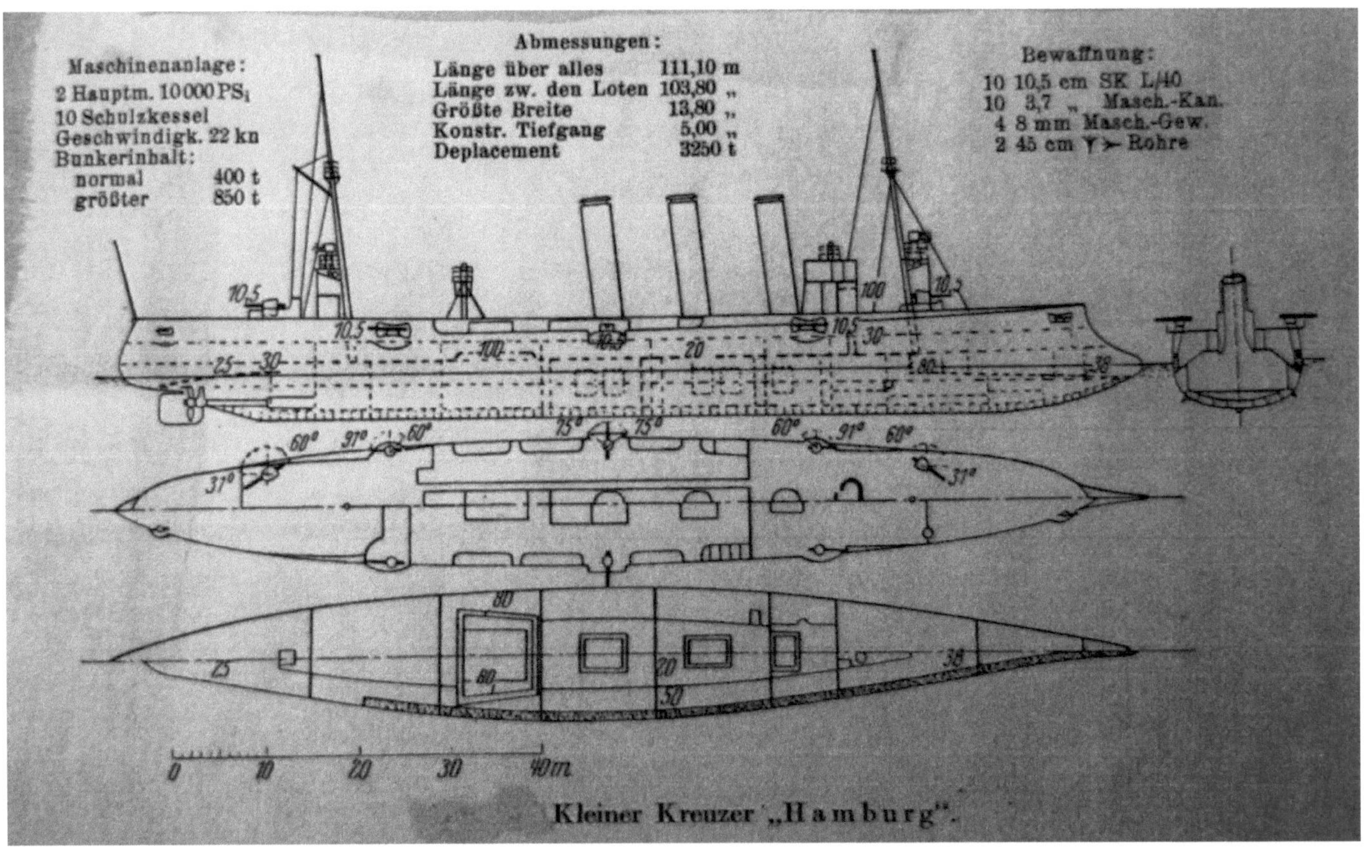

Kleiner Kreuzer HAMBURG [gemeinfrei]

3 Dynamos. Der Kohlenvorrat betrug zwischen 400 und 860 t, die Dampfstrecke bei 12 kn maximal 4.270 Seemeilen. Die Besatzung bestand aus 10 Seeoffizieren, 2 Marineingenieuren, 1 Sanitätsoffizier, 1 Zahlmeister, 2 Fähnrichen z. S., 14 Deckoffizieren und 273 Unteroffizieren und Mannschaften.

Über den Bau des Schiffes ist zu berichten, dass die sehr knapp bemessene Bauzeit nur durch Überstunden einzuhalten war, was am 28.11.1903 den Volks-Boten zu einigen kritischen Anmerkungen veranlasste. Wie man der Zeitung mitteilte, »wird auch gegenwärtig wieder in wahnsinniger Hast an der Fertigstellung des Regierungsdampfers [...] gearbeitet. Zu diesem Zweck ist die Arbeitszeit bis 10 Uhr abends ausgedehnt worden, sodaß die [...] Arbeiter täglich 13–14 Stunden zu schuften haben. Der Direktion ist [...] nicht einmal ein [...] Vorwurf zu machen, weil bei der Submission staatlicher D. die Herstellungszeit so kurz bemessen wird, daß sich die Arbeit nur mittels Überstunden [...] bewältigen läßt. Um so bedauerlicher ist es aber, daß der Staat durch sein Verhalten die Werften geradezu zwingt, das volkswirtschaftlich verwerfliche System der Überstunden-Arbeit zu einer dauernden Einrichtung zu machen. Bei der Submission erhält in der Regel diejenige Werft den Zuschlag, die verspricht, die Schiffe am schnellsten herzustellen. Kein Wunder, daß die Überzeitarbeit trotz der Extrabezahlung zur Regel geworden ist. Ist schon in Zeiten allgemeinen flotten Geschäftsganges die Überstundenarbeit nicht zu rechtfertigen, so wird sie vollends verwerflich zu einer Zeit flauen Geschäftsganges. Man kann sich in der Tat keinen größeren Widersinn vorstellen als den, der darin liegt, das gerade in Augenblicken, wenn die Gesellschaft von ihren Werftarbeitern vielleicht 10 Prozent weniger Arbeit braucht, eine große Anzahl von ihnen gezwungen wird, 20-30 Prozent mehr Arbeit zu verrichten, mit dem Resultat, daß vielleicht 30 Prozent der Werftarbeiter überhaupt keine Arbeit finden können. Das unsere Betrachtungsweise keine leere Spekulation ist, beweisen schlagend die umfangreichen Arbeiterentlassungen auf den Oderwerken [in Stettin], die gerade zu der Zeit vorgenommen wurden, als man auf dem Vulcan die Arbeitszeit bis in die Nacht hinein verlängerte«.

Im Sommer 1912 übernahm HAMBURG [2] den Dienst als Flottillenführerschiff der U-Boote und diente zuletzt als Geschwaderflagschiff der U-Boote und Wohnschiff für U-Boot-Kommandanten in Wilhelmshaven. Ab 1920 zur Reichsmarine gehörend, war das Schiff von 1924 bis 1927 Schulkreuzer und wurde am 31.3.1931 aus der Liste der Kriegsschiffe gestrichen. Ab 1936 Wohnhulk für U-Bootbesatzungen in Kiel und 1944 aus der Schiffsliste gestrichen, wurde das Schiff am 7. Juli d. J. nach Hamburg zum Abbruch geschleppt. In Hamburg-Harburg war es 1944 durch brititische Fliegerbomben versenkt, 1949 gehoben und 1956 abgebrochen worden.[289]

Das Linienschiff PREUSSEN [3]

Das Schiff war 1902 mit der ersten Baurate bewilligt worden, gehörte zur Braunschweig-Klasse und war mit der Marinebezeichnung »K« und der Bau-Nr. 256 in Auftrag genommen worden.[290] In Deplacement, Panzerung, Bewaffnung und Ge-

Linienschiff PREUSSEN [3] [gemeinfrei]

schwindigkeit bedeutete es eine Steigerung der Gefechtsstärke gegenüber der vorangegangenen Wittelsbach-Klasse.[291] Am 14. Juni auf Stapel gestellt[292], wurde der Amtsentwurf 1900-01, in Quer- und Längsspant-Stahlbau, mit 13 wasserdichten Abteilungen und einem 60%-Doppelboden gebaut.[293] Die Taufe fand am 30.10.1903 in Gegenwart des Kaiserpaares statt. In seiner Taufrede sagte Reichskanzler Bernhard von Bülow u.a.: »Es geht vorwärts mit der deutschen Flotte, durch die bahnbrechende kaiserliche Initiative, durch die Unterstützung der deutschen Bundesfürsten, die Opferwilligkeit des deutschen Reichstages und durch die patriotische Haltung des deutsche Volkes, das sich mit seiner parlamentarischen Vertretung, mit Fürsten und Kaiser im Klaren ist, daß es unmöglich erscheint, das nationale Leben in die Schranken des Binnenlandes zurückzudämmen. Es liegt in der allgemeinen Entwicklung der Verhältnisse des Erdballs, die Schiffe der seefahrenden Nationen zu vermehren, als völkerverbindendes Element. Auch die Marine hat die Aufgabe, die internationalen Verkehrsformen auszubauen, im Austausch von Grüßen und Erfüllung gemeinsamer Wünsche. Da unsere Schiffe nach der Rechtsauffassung ein Gebietsteil unseres Reiches sind, so gelten sie unseren Herzen als ein Stück Deutschland, und wie jeder vollendete Panzer mit Offizieren und Mannschaft eine Welt im Kleinen ist, so folgt ihm auch eine reiche Fülle dienstlicher und staatlicher Beziehungen, die Liebe von Eltern und Kindern, von Frauen und Bräuten, die Wünsche der Kameraden, die Befehle der Vorgesetzten, das Machtgebot des obersten Kriegsherren und die Ehre der Nation. Das Schiff ist deshalb nicht nur eine Nummer, sondern von dem Augenblick, in dem es zu Wasser gleitet, erscheint es als ein Stück Leben.« Der zu diesem Ereignis erschienene Artikel des Volks-Boten endete mit: »[...] Dann ging der übliche Ordensregen nieder, einige Untertanen fühlten sich durch Ansprachen beglückt, und nachmittags schafften die Arbeiter des Vulcan wieder von neuem.«[294]

Die Schiffe dieser Klasse waren in ihren Abmessungen der Wilhelmshavener Hafeneinfahrt angepasst. Die Länge über alles betrug 127,70 m, die größte Breite 25,60 m, der Tiefgang vorn 8,10, achtern 8,16 m. Die Krupp-Panzerung hatte im Gürtel eine Stärke von 225 mm, das Deck 75 mm, in der Wasserlinie 100/225 mm, die Kommandotürme vorn 30/140, achtern 30/140 mm, Kasematte und Zitadelle 150 mm und 140 mm. Die Türme der 28-cm Geschütze waren in einer Stärke von 50/250 mm, die der 17-cm mit 150 mm gepanzert und die Schutzschilde der 8,8-cm SK mit 70 mm.[295] Das Deplacement wird mit 13.200 t angegeben, die Besatzungsstärke mit 743 Mann; darunter 19 Seeoffiziere, 5 Marineingenieure, 2 Sanitätsoffiziere, 1 Zahlmeister, 8 Fähnriche z. S., 26 Deckoffiziere und 682 Unteroffiziere und Mannschaften.[296]

Die Bewaffnung bestand aus 4 SK 28-cm in zwei Türmen, 14 SK 17-cm, 4 in Drehtürmen und 10 in der Kasematte, 22 SK 8,8-cm, 4 Maschinenkanonen 3,7-cm und 8 Maschinengewehren 0,8-cm. Die sechs 45-cm Torpedorohre waren unter Wasser als Bug-, Heck- und Seitenrohre angeordnet. Es gab 5 Scheinwerfer. Der Dampf wurde in

6 Zylinder- und 8 Wasserohrkessel mit 13,5 atü für 3 stehende Dreifach-Expansionsmaschinen erzeugt, welche insgesamt 16.980 PSi leisteten. Den 74-Voltstrom erzeugten 4 Dynamomaschinen mit 230 kW. Die Geschwindigkeit betrug 18,5 kn. Auf der Probefahrt wurden mit 18.370 PSi 18,7 kn. bei verlangten 18 erreicht. Gebunkert werden konnten 700 bis 1.670 t Kohle und von 1908–1909 240 t Öl. Bei 10 kn. Marschfahrt betrug die Reichweite 5.200 Seemeilen. Von den 3 Schrauben hatte eine einen Durchmesser von 4,5 m und 4 Flügel, die anderen einen Durchmesser von 3,50 m und 3 Flügel. Die Kreiselkompassanlage war von Anschütz & Co. geliefert worden.

Am 12.7.1905 wurde das Linienschiff in die Flotte eingestellt, war Flaggschiff des II. Geschwaders, 1916 als Sundwache eingesetzt und 1917 Beischiff in Wilhelmshaven. In der RM 1919 Mutterschiff für Fboote wurde das Schiff am 5.4.1929 aus der Liste der Kriegsschiffe gestrichen. Am 25.2.1931 für 216.800 Mk verkauft, fand der Abbruch in Wilhelmshaven statt. Eine 63 m lange Mittschiffssektion blieb als Sprengziel für Torpedos, Minen usw. in Wilhelmshaven erhalten, erhielt dort im April 1945 Bombentreffer, wurde Ende 1954 gehoben und abgerwrakt.[297]

Die Maschine der EBER [aus: Der Schiffsmaschinenbau, 1. Bd. 1923, Dr. Gustav Bauer]

Das Kanonenboot EBER

Es war das letzte einer Serie von 6 Kanonenbooten für den Stationsdienst im Ausland und 1902 bewilligt worden, hatte die Marinebaubezeichnung »B«[298], beim Vulcan die Bau-Nr. 257[299] und wurde im Sommer 1902 auf Stapel gestellt.[300] Die Schiffstaufe und der Stapellauf fanden am 6.6.1903 statt.[301] Das nach Amtsentwurf 1897/98 in Querspant Stahl-Holz-[Muntzmetall-] Komposit, zum Preis von 1,632 Mill. Mk. gefertigte Kanonenboot mit Doppelboden unter dem Maschinenraum[302] war bereits im Herbst 1903 einsatzbereit.[303] Die technischen Daten waren: Deplacement 977 t, Länge über alles 66,90 m, größte Breite 9,70 m, Tiefgang vorn 3,54, achtern 3,62 m. Die beiden Schrauben mit 3 Flügeln von 2,40 m Durchmesser, wurden von 2 dreizylindrigen 3-fach-Expansionsmaschinen angetrieben. Den Dampf lieferten 4 Marinekessel, mit 13 atü Überdruck, die Höchstgeschwindigkeit betrug 14,3 kn. Gebunkert werden konnten zwischen 165 und 203 t Kohle, ausreichend bei 9 kn Marschfahrt für maximal 3.400 Seemeilen. 3 Dynamomaschinen mit 20 kW lieferten den 110-Volt Strom für Scheinwerfer und Beleuchtung.[304] Die Besatzung hatte eine Stärke von 130 Mann: 6 Seeoffiziere, 1 Marineingenieur, 1 Sanitätsoffizier, 4 Deckoffiziere und 117 Unteroffiziere und Mannschaften. Das Zweischornsteinboot hatte eine Bewaffnung von 2 SK 10,5-cm, 6 MK 3-cm und 2 Maschinengewehre.[305] Die komplette Bewaffnung war an den als Hilfskreuzer »B« eingesetzten Dampfer CAP

Zweischrauben-Kanonenboot EBER [aus: Taschenbuch der Kriegsflotten, 14.Jg.1913]

TRAFALGAR am 31.8.1914 abgegeben worden. Das Kanonenboot, anschließend unter Handelsflagge gestellt und am 14. September in Bahia interniert, wurde am 26.10.1914 von der Besatzung in Brand gesetzt und ging verloren.[306]

Der erste Turbinenkreuzer der deutschen Marine, LÜBECK [2]

Die Geschichte der Dampfturbine steht in enger Verbindung mit der Entwicklung der Dynamomaschinen. Der Wunsch nach einer schnelllaufenden Betriebsmaschine für Dynamos war es hauptsächlich, welcher zur Einführung mit Dampf betriebener Turbinen führte. Nach zahlreichen Versuchen entstand 1885 eine Modellturbine von 10 PS nach dem System Parsons, die direkt mit einem Dynamo gekoppelt war. Spätere Konstruktionen auch größerer Dampfturbinen und hauptsächlich für den stationären Betrieb, brachten nach und nach mehr Erfahrung in Konstruktion und Bau. Der hohe Dampfverbrauch gegenüber der Kolbenmaschine ließ sich aber nach wie vor nicht beheben. Erst 1892 wurde eine Hochdruck-Compound-Dampfturbine für die Cambridge Electric Supply gebaut, deren Dampfverbrauch 6,85 kg pro PSi und Stunde betrug, bei einer Kesselspannung von 7 kg/qcm. Die Weltausstellung 1893 in Chicago, brachte als Neuheit Dampfturbinen des Schweden de Laval. Diese waren ausschließlich zum Betrieb von Dynamos bestimmt und in verschiedenen Größen ausgestellt. Eine 20 PS-Turbine mit 22.000 Umdrehungen in der Minute war durch eine Schneckenübertragung von 1:10 auf 2.200 vermindert worden. Diese Turbinen zeichneten sich besonders durch eine geringe Größe und Gewichtsersparnis aus, was eine billigere Herstellungsmöglichkeit bedeutete.

Der erste Schritt zur Verwendung der Dampfturbine als Schiffsmaschine wurde im Januar 1994 gemacht. In England hatte sich eine Gesellschaft mit dem Zweck gebildet, zu untersuchen, in welchem Umfang Dampfturbinen für den Schiffsantrieb Anwendung finden könnten. Infrage stand hier die Parsonsturbine. Zur Erprobung wurde der Bau eines Versuchsbootes beschlossen, dessen Abmessungen aus finanziellen Gründen möglichst klein, zur Erreichung einer gewissen Geschwindigkeit aber groß genug sein sollte. Es entstand die TURBINIA. Nach zahlreichen Versuchsfahrten mit verschiedenen Schrauben und ungünstigen Ergebnissen, die erzielte Höchstgeschwindigkeit betrug nur 16 kn, wurde die Turbine entfernt und durch 3 neue ersetzt. Diese waren mit je einer Wellenleitung gekuppelt, die wiederum je 3 Schrauben von 0,45 m Durchmesser trugen. Die neuen Probefahrten begannen im Dezember 1896 und ergaben bei den Meilenfahrten ein Ergebnis von 29,6 Knoten bei 2.550 Umdrehungen in der Minute. Nach Auswechselung der Schrauben gegen solche mit größerer Steigung folgten neue Versuche am 1.4.1897. Hierbei wurde eine mittlere Geschwindigkeit von 31,01 kn erreicht. Diese konnte bei forcierten Meilenfahrten am 10. April auf 32,76 kn gesteigert werden. Der Kohlenverbrauch soll 0,9 kg pro ein PS betragen haben. Insgesamt wurden einige 20 Probefahrten unter den verschiedensten Bedingungen unternommen, die Geschwindigkeiten zwischen 6,5 und 32,76 kn ergaben, ohne dass es zu besonderen Schwierigkeiten gekommen war. Auf der Pariser Weltausstellung 1900 wurden die Leistungen mit der TURBINIA durch die Verleihung des Großen Preises und der Goldmedaille ausgezeichnet. Die günstigen Ergebnisse der TURBINIA veranlassten die englische Admiralität bereits 1898, der Parsons-Company den Torpedobootszerstörer VIPER mit Turbinenantrieb in Auftrag zu geben. Es folgten 4 weitere Marineschiffe, von denen mit dem Kleinen Kreuzer AMETYST eine Reihe von Vergleichsfahrten mit Schwesterschiffen, die Kolbenmaschinen hatten, durchgeführt wurden. Das wichtigste Ergebnis war, daß AMETYST bei Geschwindigkeiten über 14,5 kn bedeutend weniger Kohlen verbrauchte.[307]

Die deutsche Marine begann die Versuche mit dem neuen Antriebssystem 1903. Schichau hatte das Hochseetorpedoboot S 125 von 370 t Deplacement und der Vulcan den Kleinen Kreuzer Ersatz MERCUR in Auftrag erhalten, mit der Bestimmung, beide mit Parsons-Turbinen auszurüsten. Lieferant war als Patentinhaber die Firma »Turbinia, Deutsche Parsons Marine Actien-Gesellschaft«. Diese teilte in einem Schreiben, datiert, »Berlin W., den 7.11.1902« und gerichtet »An den Staatssekretär des Reichs-Marine-Amts, Berlin, W. mit: Ew. Excellenz! Nachdem uns seitens der Konstruktions-Abteilung des Reichs-Marine-Amts die Wünsche der Kaiserlichen Marine auf Abänderung unseres ersten Projektes der Turbinenanlage eines Kreuzers mitgetheilt worden sind, beehren wir uns heute, unter Annullirung unserer Offerte vom 19. September dieses Jahres Ew. Excellenz eine komplette Turbinenanlage für einen Kreuzer betriebsfertig nach einer Bauzeit von 21 Monaten, vom Tage der Auftragsertheilung gerechnet, zum Preise von 796.000 Mk [...] ergebenst zu offeriren. Voraussetzung ist hierbei, daß auf der Werft, auf welcher der Einbau zu erfolgen hat, die erforderlichen Krähne und Transportmittel zur Verfügung stehen.

Turbinenkreuzer LÜBECK [2] [aus: Nauticus, Jg. 1905]

Die Lieferung umfasst zwei komplette, unter sich unabhängige Maschinensätze inclusive Wellen und Propeller im Gesamtgewicht von 211 Tonnen, wie aus der Anlage [...] ersichtlich, aus welcher [...] die gesamte Beschreibung der [...] Anlage zu entnehmen belieben. [...] Schließlich beehren wir uns noch zu bemerken, daß der Preisunterschied von 46.000 Mk. gegen die erste Offerte durch Hinzufügen von zwei weiteren Rückwärtsturbinen, komplett mit den entsprechenden Rohrleitungen, sowie durch Aenderungen der Gewichte und der Konstruktion der Kondensatoren, der Dampf- und Rohrleitungern der Pumpen – infolge von Wünschen der Konstruktions-Abtheilung – bedingt ist.« Aus der genanten Beschreibung nachstehend die wichtigsten Einzelheiten. »Die [...]-Maschinenanlage besteht aus zwei [...] getrennten Maschinensätzen, [...]. Jeder [...] arbeitet auf zwei Schraubenwellen [...]. Der [...] Maschinenraum hat eine Ausdehnung von Spant 20 bis [...] 37, wovon Spant 20 bis 25 den Hülfs-Maschinenraum, [...] Spant 25 bis 37 den Haupt-Maschinenraum bilden. Er ist also um zwei Spant kürzer wie bei Kolbendampfmaschinen. [...]. der Maschinenraum [ist] durch einen Längst- und Querschott in vier [...] getrennte Räume eingetheilt. Jeder Maschinensatz besteht aus einer Hochdruck- und [...] Niederdruckturbine, welche je eine Schraubenwelle antreiben. In den Abdampfraum jeder Hoch – und Niederdruckturbine ist eine Rückwärtsturbine eingebaut. Außerdem ist an die Niederdruckturbine [...] eine [...] Marschturbine angekuppelt, welche speciell bei der Fahrt mit Marschgeschwindigkeit in Function tritt. [...] Wir heben ganz besonders hervor, dass [...] die Turbinenanlage so wenig Höhe beansprucht, dass sie mit Leichtigkeit unter dem Panzerdeck ohne [...] Erhöhung [...] untergebracht werden kann, [...] es könnte sogar [...] niedriger gelegt werden. Dabei verbleibt [...] außerdem eine [...] freie Plattform über den Turbinen, auf welcher die Manöverventile und das Bedienungspersonal ... ihren Platz finden.« Es wird dann weiter ausgeführt, dass die Turbinen »übersichtlich« angeordnet und »leicht zugänglich« sind und die Arbeitsweise der Turbinen erklärt. Auf weiteren eineinhalb Seiten ist die gesamte Lieferung in ihren Einzelteilen aufgeführt. Abschließend wird im Zusammenhang mit der Lieferzeit erwähnt, dass »auf die Montage im Schiff ca. 4 Monate entfallen.«[308] Inzwischen war die Fried. Krupp Germaniawerft Kiel als Mitbewerber um den Bau des Kreuzers ausgeschieden. Die Direktion hatte in einem Schreiben vom 15.10.1902 an den Staatssekretär des RMA mitgeteilt, dass der Preis von 3,123 Mill. Mk. zu niedrig sei. »Euerer Excellenz haben wir die Ehre ganz gehorsamst zu berichten, daß die angestellten genauen Calkulationen ergeben haben, daß dieser Preis – selbst bei mäßiger Veranschlagung der mit einem derartigen ersten Versuch nothwendig verknüpften besonderen Kosten – nicht unwesentlich unter unseren Selbstkosten bleibt. [...]«[309] Schichau dagegen hatte noch am 10.11.1902 sich erboten, den Kreuzer zu dem »angegebenen Preis sofort freihändig zu übernehmen.«[310]

Am 8.12.1902 hatte die Turbinia AG in einem Schreiben an den Staatssekretär mitgeteilt, »[...] daß wir nach Ausscheiden der Germaniawerft, den Kreuzer am liebsten bei obengenannter Firma gebaut sehen würden. Die Gründe, die Offerte des Vulcan zu berücksichtigen, liegen in erster Linie in dem Umstande, daß der Vulcan bereits den kleinen Kreuzer »K« [HAMBURG (2)] im Bau hat, also ein gleiches Schiff mit Kolbenmaschinen. Wenn zwischen den Leistungen des Turbinenkreuzers und eines Schwesterschiffes ein einwandfreier Vergleich angestellt werden soll, ist es nach unserem Dafürhalten sowohl für die [...] Marine als auch für uns von großem Vorteil, dieselbe Werft auch zum Bau dieses Turbinenkreuzers heranzuziehen, um so ein wirklich genaues Bild zu erhalten.« Man äußerte die Befürchtung, dass bei einer anderen Werft die Schiffslinien »doch nicht ganz gleich ausfallen.« Ähnliches sah man bei den Kesseln. »Infolgedessen ist es sehr leicht möglich, dass der Kreuzer, falls auf einer anderen Werft erbaut, in seiner Geschwindigkeit bis zu ½ Meile differirt. Ferner in Anbetracht des großen Risikos, welches wir durch Übernahme der Garantie des Einbaus einer Kolbenmaschine – im Falle der Verwerfung der Turbine – eingehen, eines Risikos, das den Wert unserer Lieferung wesentlich überschreitet, hoffen wir, daß Ew. Excellenz unter specieller Berücksichtigung dieser eventuellen finanziellen Leistung durch Acceptiren der Vulcan-Offerte uns möglichst ausgedehnte Chancen geben, diese erste große Maschine so vollkommen wie möglich zu liefern. [...]«[311] Vermutlich haben die in diesem Schreiben enthaltenen Argumente wesentlich dazu beigetragen, dass der Vulcan den Auftrag erhielt, der mit Datum vom 19.12.1902 bestätigt wurde. »Ew. Excellenz beehren wir uns den Empfang des geehrten Schreibens vom 16. d. Mts. [...] ganz ergebenst anzuzeigen und unseren verbindlichsten Dank für die Ertheilung des Auftrags auf den Bau und die Lieferung des Kreuzers Ersatz Merkur auszusprechen. [...]«[312]

Anordnung der Schraubenwellen der LÜBECK im Dock [aus: Stettiner Maschinenbau-Actien-Gesellschaft VULCAN, Stettin-Bredow]

LÜBECK [2] war 1903 bewilligt[313] und am 12. Mai d. J. mit der Marinebaubezeichnung »K« und der Bau-Nr.260 auf Stapel gestellt worden.[314] Taufe und Ablauf erfolgten am 26.3.1904, die Namensgebung vollzog der präsidierende Bürgermeister von Lübeck, Dr. Klug.[315] Bezüglich der neuartigen Maschinenanlage war der Kreuzer als Versuchsschiff gebaut worden, dessen Herstellungskosten 5,436 Mill. Mark betrugen. Die Länge über alles wird angegeben mit 111,10 m, die größte Breite mit 13,30 m und der Tiefgang vorn mit 5,40 und achtern mit 5,43 m, die Seitenhöhe mit 7,75 m und das Deplacement mit 3.265 t. Gebaut als Amtsentwurf in Quer- und Längsspant-Stahlbau und mit 12 wasserdichten Abteilungen, betrug der Doppelboden 56% der Länge des Schiffskörpers. Der Panzer bestand aus 2 Lagen Stahl und einer Lage Krupp. Das Deck war mit 20 bis 35 mm, die Sülle mit 50 bis 80 mm, der Kommandoturm mit 20 bis 100 mm und die Geschützschilde mit 50 mm gepanzert. Die Turbinen in 2 Räumen trieben 4 Wellen mit 8 vierflügeligen Schrauben. Den Dampf erzeugten in 3 Räumen, 10 Marinekessel mit einem Dampfdruck von 15 atü. Gebunkert werden konnten zwischen 400 und 860 Tonnen Kohle, ausreichend für 3.800 Seemeilen bei 12 kn Fahrt.[316] Die ersten von der AG Brown, Boveri & Co. 1904 gelieferten beiden Parsons Turbodynamos zu je 45 KW erzeugten den 110 Volt Gleichstrom für die an Bord benötigte elektrische Energie und 3 Scheinwerfer.[317] Es gab 8 Rettungsboote. Die Armierung bestand aus 10 SK 10,5- cm, 4 Maschinenkanonen sowie 2 seitlichen 45-cm Unterwassertorpedorohren.[318] Die Schiffsglocke mit der Nummer 1661 und einem Gewicht von 57 kg wurde von der Stettiner Glockengießerei C.(arl) Voss & Sohn geliefert.

Die Werft verließ der Kreuzer am 16.3.1905, um nach Swinemünde zu gehen, von wo aus die Probefahrten in See beginnen sollen. »Darauf wird der Kreuzer nach Kiel abdampfen, um seiner Bestimmung übergeben zu werden.«[319] Nach den Vertragsbedingungen sollte die Turbinenanlage dem Kreuzer während einer ununterbrochenen sechsstündigen forcierten Probefahrt eine Geschwindigkeit geben, die nicht geringer als die des Schwesterschiffes HAMBURG [2] sein durfte, welches mit Kolbenmaschinen und der gleichen Kesselanlage ausgerüstet war. Ferner sollte der Gesamtkohlenverbrauch für die beschleunigte Dauer- und die Marschfahrt nicht höher sein als 0,9 kg für 1 PSi/Std., wobei als indizierte Maschinenleistung diejenige gelten sollte, welche HAMBURG [2] bei gleicher Geschwindigkeit erreichte. Bei der beschleunigten Dauerfahrt und der Marschfahrt sollten Geschwindigkeiten eingehalten werden, die vom Schwesterschiff erreicht wurden.

Die 4 Schraubenwellen waren ursprünglich mit je 2 gleichen dreiflügeligen Schrauben vorgesehen, mit einem Durchmesser von 1,372 m, einer ebensolchen Steigung und einer abgewinkelten Fläche von 0,5922 m^2. Außerdem hatte die Turbinia AG zu Versuchszwecken noch 4 größere Schrauben mit 1,70 m, 1,499 m und 0,8823 m^2 mitgeliefert. Mit diesen beiden Schraubensätzen waren 3 Versuchsreihen vorgesehen. 1. Fahrten mit 8 kleinen, 2. mit 4 großen und 3. mit 4 großen und 4 kleinen Schrauben. Zur Bestimmung der Turbinenleistung waren auf jeder der 4 Schraubenwellen Föttinger Torsionsindikatoren angebracht, die vorher eingehend geprüft worden sind. Die Kohlen wurden in besonderen Messbunkern gemessen sowie vor und nach der Fahrt der in den Bunkern enthaltene Bestand gewogen. Als weitere Kontrollmaßmahme sind die Transporteimer gezählt und gewogen worden.

Die vertraglichen Probefahrten fanden mit 8 kleinen Schrauben statt. Während der sechsstündigen forcierten Fahrt durfte die mittlere Geschwindigkeit nicht kleiner ausfallen, als die der HAMBURG [2] Deren in der Eckernförder Bucht ausgeführte Meilenfahrt entsprach einer Maschinenleistung von 10.000 PSi und einer Geschwindigkeit von etwa 21,9 kn. LÜBECK [2] erreichte bei der 6-stündigen forcierten Fahrt eine Umdrehungszahl von 662,5 in der Minute, welche einer Geschwindigkeit, gemessen an der Eckernförder Meile, von 22,25 kn entsprach. Damit war eine um 0,35 Seemeilen größere Geschwindigkeit erzielt worden als vertraglich gefordert. Die Maschinen- und Kesselanlage arbeitete während der Fahrt ohne Störung. Bei der 24-stündigen Kohlenmessfahrt mit Marschgeschwindigkeit musste eine mittlere Geschwindigkeit gleich der der HAMBURG [2] bei einer Leistung von etwa 1.400 PSi eingehalten werden. Dabei sollte der Kohlenverbrauch, bezogen auf die indizierte Leistung der HAMBURG [2], von 0,9 kg für ein PSi nicht überschritten werden. Bei den Meilenfahrten wurde eine Maschinenleistung von 1.400 PSi und eine Geschwindigkeit von 22,4 Seemeilen erreicht. Nach den Meilenfahrtergebnissen der LÜBECK [2] waren zur Erzielung dieser Geschwindigkeit im Mittel 333 Umlaufminuten der Schraubenwellen erforderlich. Die Fahrt wurde mit Schaltung I mit im Mittel 333,5 Uml./min. gemacht. Der auf eine PSi-Std. der HAMBURG [2] bezogene Kohlenverbrauch wurde zu 1,00 kg ermittelt, war also um 0.1 kg größer als vertraglich zulässig. Die Maschinen- und Kesselanlage arbeitete während der Fahrt ohne Störung. Die Geschwindigkeit der LÜBECK [2] sollte bei der 24-stündigen beschleunigten Dauerfahrt 20,2 Seemeilen betragen. Sie sollte also die gleiche sein, die HAMBURG [2] mit etwa 7.000 PSi erzielt hatte. Der Kohlenverbrauch sollte wie bei der 24-stündigen Kohlenmessfahrt mit Marschgeschwindigkeit auf die entsprechende Maschinenleistung der HAMBURG [2] bezogen werden und durfte 0,9 kg/PSi-Std. nicht überschreiten. Bei einer Geschwindigkeit von 20,9 kn mussten die Turbinen 568 Uml/min. machen. Der Kohlenverbrauch stellte sich bei derselben Fahrt auf 0,967 kg, war also um 0,067 kg größer als vertraglich zulässig.

Diese Dauerfahrt wurde vom Vulcan und der Turbinia als nicht ganz einwandfrei angesehen, weil sie teilweise auf einer geringeren Wassertiefe als an der Eckernförder Meile ausgeführt worden ist. Die Fahrt wurde daher unter Berücksichtigung besonderer Bedingungen am 8. und 9.12.1905 wiederholt. Turbinen und Kessel arbeiteten während der Fahrten zufriedenstellend. Die Schrauben machten durchschnittlich 566,5 Uml/min., der Kohlenverbrauch betrug 0,87 kg/PSi-Std., war also um 0,03 kg geringer als vertraglich gefordert. HAMBURG [2] hatte bei der 24-stündigen Marschfahrt 0,868 kg, bei der 24-stündigen beschleunigten Dauerfahrt 0,803 kg Kohle für 1 PSi-Std. verbraucht. Außer den vertraglichen erfolgte noch eine größere Anzahl von Versuchsfahrten. Durch diese wurde der Einfluss verschiedener Turbinenschaltungen und Schraubenanordnungen auf die Geschwindigkeit, den Kohlenverbrauch und die Manövereigenschaften des Schiffes ermittelt. Die vor Neukrug im tiefsten Wasser erreichte Höchstgeschwindigkeit betrug 23,16 kn. Nach den Ergebnissen aller Fahrten wurde festgestellt, dass die Leistung der Turbinen bedeutend größer als die der Kolbenmaschinen war. Das LÜBECK [2] trotzdem keine größere Geschwindigkeit erreichte, lag in erster Linie an der ungünstigen Wirkung der Schrauben. Der Kohlenverbrauch stellte sich dagegen bei LÜBECK [2] höher. Havarien während der Probefahrten hat es zweimal gegeben. Die Reparaturzeit an den Turbinen betrug in beiden Fällen etwa 14 Tage. Das Schiff blieb jedoch mit den Hauptturbinen betriebsbereit. Nachdem die Spielräume zwischen den Schaufeln bzw. den Laufradmänteln etwas vergrößert wurden, sind Havarien nicht mehr vorgekommen.

Ein Vergleich der Maschinenanlagen beider Schiffe ergab eine Gewichtsersparnis von 16% zugunsten der Turbine. Hinzu kam als Gewichtserleichterung der Wegfall der Panzerglocke, da die niedrige Turbine die glatte Durchführung des Panzerdecks erlaubte. Weitere Vorteile waren die leichtere Beaufsichtigung der Turbinen im Betrieb, die geringen Instandhaltungs- und Reinigungsarbeiten, die sich wegen des ölfreien Dampfes auch auf die Kessel, Kondensatoren usw. erstreckten. Trotz einiger Mängel wurde die Turbinenanlage als durchaus gelungen angesehen.[320] Der Kleine Kreuzer kam am 26.4.1905 zur Flotte und wurde nach sechseinhalb Jahren, im Oktober 1911, aus dem aktiven Dienst genommen. Er war 1914 im Küstenschutz eingesetzt und 1917 Zielschiff der U-Bootschule. Aus der Liste der Kriegsschiffe am 5.11.1919 gestrichen, wurde das Schiff am 3.9.1920 britische Kriegsbeute und in den Jahren 1922/23 in Deutschland abgebrochen.[321]

Am 17.11.1929 waren die Torpedoboote T 196 und S 19 mit dem Chef der I. Torpedobootsflottille, Korvettenkapitän Lütjens, vom Chef der Marineleitung nach Lübeck beordert worden. Der Zweck war die Übergabe der Kriegsflagge des früheren Kleinen Kreuzers LÜBECK [2] an den Vorstand der Lübecker St. Marien-Kirchengemeinde. »Die Übergabe der Flagge erfolgte durch den Chef der Marinestation der Ostsee, Konteradmiral Hansen, unter Beteiligung aller in Lübeck liegenden Reichswehrtruppen und im Beisein von Vertretern des hohen Senats, der beiden Krieger- und Marinevereine, der Skagerrak-Gesellschaft, des Marine-Offiziersverbandes usw. Auch wohnten viele Offiziere unserer alten Wehrmacht zu Lande und zu Wasser der Feier bei. In der Sankt-Marienkirche erhielt die Flagge ihren Platz neben alten Feldzeichen und den Fahnen des ehemaligen Infanterie-Regiments Lübeck. [...] Während des [Ersten] Weltkrieges fand der Kreuzer in der Ostsee Verwendung im Kampf gegen russische Seestreitkräfte. Im Sommer 1915, bei einem Gefecht mit starken feindliche Torpedobootsstreitkräfte bei Lyserort, erhielt die Flagge einen Granatdurchschuß und im Januar 1916 wurde der Kreuzer bei Bornholm von einer russischen Mine stark beschädigt.«[322]

Das Linienschiff POMMERN

Die Vergabe dieses Auftrages an den Vulcan ist im Zusammenhang mit zwei Schreiben zu sehen, die im April und im Mai 1903 von Stettin nach Berlin gingen. Während der Vulcan sich an den Staatssekretär von Tirpitz wandte, schrieb der Oberpräsident von Pommern an den Reichskanzler von Bülow. Die Antwort auf diese beiden Brandbriefe war die im Juni 1903 durch das RMA in Aussicht gestellte Aufforderung zu einer Angebotsabgabe. Das Linienschiff des Bewilligungsjahres 1904 wurde mit der Marinebaunummer »O« und der Bau-Nr. 262[323] im April 1904 auf Stapel gestellt.[324] Das zur Deutschland-Klasse gehörende Schiff glich bis auf wenige Einzelheiten der Braunschweig-Klasse und lief am 2.12.1905 vom Stapel.[325] Die wichtigsten Daten, handschriftlich und vermutlich von der Werft stammend, für Schiff, Maschine und Kessel, sind: I. Schiff: Länge zwischen den Perpendikeln 121,500 m, größte Breite auf den Spanten 22,200 m, Konstruktionstiefgang vorne und hinten je 7,653 m [...]. II. Maschine: Anzahl der Maschinen 3, Anzahl der Dampfzylinder jeder Maschine 3; effective Druckflächen der Dampfzylinder jeder Maschine: Hochdruck [Durchschnitt 920,89 mm] 6.523 qcm, Mitteldruck [Durchschnitt 1.439, 73 mm] 16.153 qcm, Niederdruck [Durchschnitt 2.239,54 mm] 39.265 qcm; Kolbenhub 1,000 m. III. Kessel: 8 große, 4 kleine, Gesammtzahl der Feuerungen 16 + 8, gesammte Rostfläche 8x7,6 – 4x6,8 = m²; gesamte Heizfläche 8 x 400,5– 4 x 360 = 4.644 m²; Maximal-Überdruck des Dampfes in den Kesseln 15,0 kg; IV. Propeller: Anzahl der Flügel jeder Schraube B. B. u. St. B. 3, Mitte 4; Durchmesser der Seitenschrauben 4.800 mm, der mittleren Schrauben 4.500 mm; Höhe der Mitte über Unterkante Kiel 2,64 m.«[326] Die Seitenhöhe betrug 12,84 m, das Deplacement 13.191 t.

Das Schiff war für 24.624 Mill. Mk. nach einem Amtsentwurf in Quer- und Längsspant-Stahlbau mit 12 wasserdichten Abteilungen und einem Doppelboden von 84% der Schffslänge gebaut worden. Es hatte eine Krupp-Panzerung des Decks von 40 mm, der Böschungen von 97-67-97, der Kommandotürme von 80-300 und 30-140 mm, in der CWL 0-100-240 [170]-100 mm mit 80 mm Teakholz, der Kasematte mit 170 mm, der Zitadelle mit 170 mm, der Türme mit 50-280 mm und der Schilde der 8,8-

Linienschiff POMMERN [aus: Deutschlands Hochseeflotte im Weltkrieg, Berlin 1919/1937]

cm Geschütze mit 70 mm; es gab Korkdämme. Die Bunker fassten 850 bis 1.750 t Kohle, 200 t Öl von 1908–1909. Die Bunkerkohle war ausreichend für maximal 4.800 Seemeilen bei 10 kn Marschfahrt. Es gab 13 Rettungsboote, 4 Turbinen-Dynamos mit 260 kW /110 Volt für den Bordstrom und 5 Scheinwerfer.[327] Die Armierung bestand aus 4 SK 28-cm, 14 SK 17-cm, 20 SK 8,8 cm, 8 MK und sechs 45-cm Torpedorohren unter Wasser. Das Deplacement betrug 13.191 t.[347] Die Kreiselkompassanlage lieferte Anschütz & Co., die beiden Schiffsglocken mit den Nummern 1753-54 und einem Gesamtgewicht von 301 kg, die Stettiner Glockengießerei C.(arl) Voss & Sohn. Die Bauzeit, gerechnet vom Beginn des Rechnungsjahres der Bewilligung der ersten Rate bis zur Bereitstellung für Probefahrten, hatte 40 Monate betragen.

Die POMMERN, das damals schnellste Linienschiff unter deutscher Flagge, genügte den an sie gestellten Anforderungen nach jeder Richtung und zeichnete sich besonders durch ihre hohe, kontraktlich um über eine Seemeile übertreffende Geschwindigkeit aus. Die mittlere Höchstleistung an der Meile betrug 19,3 kn, der Durchschnitt der sechsstündigen forcierten Fahrt ca. 18,7 kn.[328] Aus Anlass der Resultate, die bei den am 14.9.1907 vorgenommenen Probefahrten erzielt wurden, hatte Kaiser Wilhelm II. dem Vulcan nachstehendes Handschreiben zukommen lassen: »Soeben erhalte ich von Admiral von Tirpitz die Meldung, daß ›Pommern‹ auf einer gemessenen Meile bei Neukrug im tiefen Wasser bei 122 Umdrehungen 19,21 Seemeilen gelaufen hat unter Indizierung von 20.400 PS. Das ist ein großartiges Resultat, zu dem ich den Vulcan herzlich beglückwünsche, ein schöner Beweis für die Zuverlässigkeit und das traditionelle Fortschreiten Ihres hervorragenden Maschinenbaues. Wilhelm I. R.«[329] Die Übernahme des Linienschiffes in die Flotte erfolgte am 6.8.1907. Es gehörte 1913 zur 3. Division des II. Geschwader der Hochseeflotte. Im Ersten Weltkrieg ist es während der Skagerrakschlacht am 1.6.1916, morgens um 3 Uhr 10, nach Torpedotreffer britischer Zerstörer mit der gesammten Besatzung von 839 Mann gesunken.[330]

Der Turbinenkreuzer STETTIN [4], das schnellstes Schiff seiner Klasse

Der zweite Kleine Kreuzer der deutschen Marine mit Turbinenantrieb, unterschied sich wesentlich von dem ersten. Die Turbine war bedeutend stärker, die Abmessungen des Schiffes größer und auch die Bewaffnung war gegenüber LÜBECK [2] verstärkt worden. Die aus den damaligen Vergleichsfahrten gewonnenen Erkenntnisse sind in den Neubau eingeflossen und bei der Turbinenanlage alle Mängel vermieden worden, welche der Erstausführung naturgemäß anhaften mussten. Der »Turbinia, Deutsche Parsons-Marine-A.-G., Berlin« war erneut die Lieferung der vollständigen Turbinenanlage übertragen worden. In diesem Zusammenhang dürfte von Interesse sein, dass es um die Mitte des Jahres 1905 zu erheblichen Auseinandersetzungen

Leichter Kreuzer STETTIN [Ansichtskarte, Slg. Verfasser]

der Turbinia AG mit der Schichau-Werft gekommen war, die auch den Vulcan betrafen. Im August d. J. sah sich die Turbinia AG veranlasst, über einige negative Geschäftspraktiken der Schichau-Werft und anderer Unternehmen ihr gegenüber, an den Marine-Staatssekretär zu berichten. Anlass war ein Schreiben des Vulcan vom 31. Juli d. J. an von Tirpitz, in dem dieser davon unterrichtet wird, »daß Schnitte durch die Dampfturbinen nicht beigefügt werden können«, da die Turbinenbaufirma die Aushändigung der Zeichnungen an den Vulcan abgelehnt hatte. Grund war der Beschluß des Aufsichtsrats der Turbinia, »bei Aufträgen der Kaiserlichen Marine sämtliche Detailzeichnungen [...], soweit sie nicht für die gemeinsame Montage vonnöten sind, [...] direkt an die zuständige Behörde abzuliefern.«

Zur Klärung dieser Verhaltensweise nachstehend einige Angaben, die in dem Schreiben der Turbinia vom 2.8.1905 enthalten sind. Danach hatte P. Schichau eine Klage auf Nichtigkeitserklärung des wichtigen Turbinia-Patents Nr. 99108 eingereicht. »Nachdem wir schon seit über einem Jahr [...] geschäftlichen Verkehr gepflogen hatten, in dessen Verlauf sie Kenntnis von vielen Detailzeichnungen unserer Turbinen erlangte und zwar gerade an dem Tage, an welchem die hierfür bestehende fünfjährige Frist ablief. Die sich hierin dokumentierende feindselige Haltung [...] äußerte sich auch noch in anderer Weise, indem [...] fortgesetzt gehässige und tendenziöse entstellte Artikel gegen uns und unsere Turbinen in die Presse lanciert wurden, was übrigens noch heutigen Tages geschieht.« Auf Grund dieses ungewöhnlichen, im geschäftlichen Verkehr [...] wenig gebräuchlichen Auftretens der Firma Schichau wurde beschlossen, in Zukunft Kontrakte mit Behörden abzulehnen, durch welche wir gezwungen wären, Zeichnungen der inneren Turbinenteile wieder Privatwerften auszuhändigen. Das dieser Beschluß angebracht war, zeigte sich bald darauf beim Angriff der Zoelly-Gruppe, der bekanntlich auch die Germaniawerft angehört und den Howaldtwerke nicht fern stehen, auf Nichtigkeitserklärung unseres Patentes Nr. 103559. Zu unserer größten Überraschung und zu unserm lebhaften Bedauern schloss sich dann sogar der Vulcan nicht nur diesem neuen Prozess, sondern im Verein mit den Zoelly-Interessenten auch der Aktion Schichau's gegen unser Patent 99108 an. [...] Das es uns jetzt nicht möglich ist, dem Vulcan unsere Detailzeichnungen auszuhändigen, bedauern wir ungemein und zwar umso mehr, als wir gerade mit dieser Werft sehr gern zusammen arbeiten und von deren Loyalität überzeugt sind.« Einem handschriftlichen Vermerk auf dem Turbinia-Schreiben ist zu entnehmen, dass das RMA beide Patente beim Kaiserlichen Patentamt am 16.8.1905 anforderte.[331]

STETTIN [4] war 1905 als Ersatz WACHT mit der ersten Rate bewilligt[332] und im Frühjahr 1906 mit der Bau-Nr. 270 auf Stapel[333] gestellt worden. Die Auftragserteilung war bereits am 9.12.1905 der Zeitschrift Hansa zu entnehmen. Seinen Namen erhielt der Kleine Kreuzer am 7.3.1907. Er war als Amtsentwurf in Quer- und Längsspante-Stahlbau gebaut worden, mit 8 wasserdichten Abteilungen und einem 47% Doppelboden. Den 100 Volt-Strom für 3 Scheinwerfer und die Bordbeleuchtung lieferten 3 Turbinen-Dynamos. Es gab 7 Rettungsboote. Das Deplacement betrug 3.480 t, die Herstellungskosten 6,398 Mill. Mk. Die Länge über alles betrug 117,40 m, die Breite 13,30 m, der Tiefgang vorn 5,14 und achtern 5,17 m, die Seitenhöhe 7,80 m. Der Panzer bestand aus zwei Lagen Stahl und einer Lage Krupp. Das Deck hatte 20 bis 30 mm, die Sülle 10 mm, der Kommandoturm 20 bis 100 mm und die Schutzschilde 50 mm Stärke.[334] Die Anfangsbewaffnung bestand aus 10 SK 10,5-cm, 8 SK 5,2-cm und zwei 45-cm Torpedorohren, das Deplacement hatte 3.450 t.[335] Zur Besatzung gehörten 10 Seeoffiziere, 4 Marineingenieure, je 1 Sanitätsoffizier und Zahlmeister, zwei Fähnrichen z. S., 13 Deckoffiziere und 330 Unteroffiziere und Mannschaften.[336] Nach einer Bauzeit von 30 Monaten erfolgte am 29.10.1907 die Indienststellung.

Die anschließend durchgeführten Probefahrten ergaben, obgleich sie während der Wintermonate unter den ungünstigsten Witterungsverhältnissen stattfanden, recht günstige Resultate. Bereits auf der Übergabefahrt wurden bei zweimaligem Durchlaufen einer 14 Seemeilenstrecke bei Bornholm eine

Geschwindigkeit von 25,77 kn erreicht. Allerdings ohne den vorgeschriebenen Probefahrtstiefgang, wie bei den anschließenden offiziellen Probefahrten. Bei einem viermaligen Durchlaufen der tiefen Doppelmeile bei Neukrug mit rund 21.600 ePS, 584 Umd/min. und 3.410 t Deplacement, wurden 25,17 Seemeilen erreicht. Vertraglich vorgeschrieben war eine Geschwindigkeit von 24 kn an der Neukruger Doppelmeile und von 23,3 kn als Durchschnitt einer sechsstündigen forcierten Fahrt, bei der 24,0 kn erreicht wurden. Der Kohlenverbrauch blieb insgesamt um etwa 7% unter der Garantie. Beendet waren die Probefahrten am 1.2.1908.[337] Zum Aufklärungsgeschwader gehörend, war der Kreuzer an dem Seegefecht bei Helgoland am 28.8.1914 beteiligt. Er erhielt einen Treffer und hatte 2 Tote und 5 Verwundete.[338] Ab 1917 gehörte STETTIN [4] zur U-Boot-Schule. Am 5.11.1919 aus der Liste der Kriegsschiffe gestrichen, wurde das Schiff am 15.9.1920 britische Kriegsbeute, verkauft und 1921 bis 1923 in Kopenhagen abgebrochen.[339]

V 150 bis V161, die ersten 30 Knoten und mehr laufenden Großen Torpedoboote

1907 hatte der Vulcan nach über 20 Jahren wieder einen Auftrag zum Bau von Torpedobooten erhalten, dessen »Geldwert« sich mit 17,9 Mill. Mk. bezifferte, wie B.B.-C. am 1.3.1907 mitzuteilen wusste. Die Doppelserie des Etatsjahres 1907/08, V 150 bis V 160 mit den Bau-Nr. 274–284 hatte Kolbenmaschinen, V 161, Bau-Nr. 285, erhielt A.E.G.-Turbinen.[340] Die ersten fertiggestellten Boote, V 150 bis V 152, hatten bei den Probefahrten die verlangten 30 kn erreicht und in einem Fall erheblich überschritten. V 150 erreichte 30,268 kn, V 151 30,12 kn und V 152 31,55 kn Höchstgeschwindigkeit. Das Turbinenboot hatte seine Probefahrten mit »bestem Gelingen« erledigt und die verlangte Höchstgeschwindigkeit »erheblich« überschritten. Fertiggestellt war die Serie im Laufe des Sommers 1908.[341]

Baubeaufsichtigender des RMA für den Marineschiffbau des Vulcan war von Juni 1907–1910 der Marinemaschinenbaumeister und spätere Marinebaurat Dr.-Ing. Paul Praetorius.[342] Die Boote bis einschließlich V 160 hatten eine Länge über alles von 72,50 m, eine größte Breite von 7,80 m und einen Tiefgang vorn von 2,84 und achtern von 3,03 m, die Seitenhöhe betrug 4,15 m, das Deplacement 553 t, die maximale Geschwindigkeit/Meilenfahrt 30,2 kn und die Baukosten je Boot 1,473 Mill. Mk. Die 2 stehenden dreizylindrigen Dreifach-Expansionsmaschinen waren für eine Konstruktionsleistung von 11.000 PSi gebaut, die 4 Marinekessel arbeiteten mit 19 atü Überdruck, die beiden Schrauben hatten einen Durchmesser von 2,40 m. Der Kohlenvorrat betrug 175 t, mit denen 895 Seemeilen bei 17 kn Fahrt und 430 Seemeilen bei 30 kn zurückgelegt werden konnten. An Rettungsbooten gab es ein Walboot oder ein bis 3 Kutter und ein Dingi. Die T-Boote hatten 2 Schornsteine. V 152, V 154 und V 155 verfügten über eine Vorrichtung zur Aufnahme eines Wasserflugzeugs. Die Besatzung je Boot bestand aus 85 Mann, darunter 4 Offiziere. Bewaffnet waren V 150 bis V 155 mit 2 SK 8.8-cm, ab V 156 mit 2 SK 8,8-cm in Torpedobootslafetten, alle Boote erhielten 2 bis vier 45-cm bis 50-cm Deckstorpedorohre.[343] Nach entsprechenden Erprobungen mit G 135, war beschlossen worden, den neuen Boote als Armierung 1 SK 8,8-cm und zwei halbautomatische SK 5,3-cm neuerer Konstruktion von 55 Kaliber zu geben.[344]

Das Turbinenboot V-161 hatte eine Länge über alles von 72,50 m, eine größte Breite von 7,80 m und einen Tiefgang vorn von 2,94 und achtern von 2,98 m. Der Baupreis wird mit 1,780 Mill. Mk., das Deplacement mit 596 t angegeben. Die Zweisatz AEG-Turbinen wirkten direkt und brachten eine Leistung von 14.800 wPS, die maximale Meilengeschwindigkeit betrug 33 kn. Mit dem Kohlenvorrat von 169 t konnten 1.520 Seemeilen bei 14 kn zurückgelegt werden. Die beiden dreiflügeligen Schrauben hatten einen Durchmesser von 2,10 m. Alle weiteren Konstruktionsdaten entsprechen denen der anderen Boote.[345] Das Boot war vorgesehen, mit dem etwa gleich großen Germania-Boot G 137, welches Parsonsturbinen hatte, Vergleichsfahrten durchzuführen. Man wollte sich ein Urteil über die Anpassungsfähigkeit der beiden Turbinenbauten an Torpedoboote bilden.[346]

Alle Boote bis einschließlich V 165/1918 wurden in Querspant-Stahlbau hergestellt und hatten 7 wasserdichte Abteilungen. Für V 161 hatte Hermann Föttinger eine Niederdruckzentrifugalpumpe entworfen, wie ebenfalls dem Jb. d. STG von 1910 zu entnehmen ist.

V 150 lief am 1.8.1907 vom Stapel, wurde am 20.11.1907 in Dienst gestellt und ist am 18.5.1915 nach einer Kollision mit V 157 um 00 Uhr 20 gesunken, es gab 60 Tote. Die Boote waren auf dem Rückmarsch von einem Minenunternehmen am Ostrand der Doggerbank.

V 151 lief am 14.9.1907 vom Stapel, wurde am 20.2.1908 in Dienst gestellt und gehörte nach dem Ersten Weltkrieg zur Reichs-, später Kriegsmarine. Das Boot wurde am 12.3.1937 Schnellschlepper COMET und ab April 1939 Torpedofangboot T–151. Es gehörte nach dem Zweiten Weltkrieg ab dem 20.11.1945 zum deutschen Minenräumverband, wurde am 4.1.1946 an die USA übergeben und 1948 beim Bremer Vulkan abgebrochen.

V 152 lief am 11.10.1907 vom Stapel und wurde am 10.4.1908 in Dienst gestellt. Das Boot gehörte nach dem Ersten Weltkrieg zur Reichsmarine, wurde am 31.3.1931 aus der Liste der Kriegsschiffe gestrichen und 1935 abgebrochen.

V 153 lief am 13.11.1907 vom Stapel und wurde am 9.5.1908 in Dienst gestellt. Das Boot war von 1916 bis 1918 Führerboot der U-Boot-Flottille. Es gehörte zur Reichs-, später Kriegsmarine und wurde am 29.8.1938 E-Messschulboot mit dem Namen EDUARD JUNGMANN. Ab dem 22.12.1945 stand das Boot der deutschen Mienenräumdienstleitung als Bojenboot unter amerikanischem Kommando zur Verfügung. Es wurde 1949 in Holland abgebrochen.

V 154 lief am 19.12.1907 vom Stapel und wurde am 5.6.1908 in Dienst gestellt. Das Boot gehörte nach dem Ersten Weltkrieg zur Reichsmarine, wurde am 8. 10. 1928 aus der Liste der Kriegsschiffe gestrichen und 1935 abgebrochen.

V 155 lief am 28.1.1908 vom Stapel und wurde am 25.6.1908 in Dienst gestellt. Das Boot gehörte zur Reichs-, später Kriegsmarine, war ab Oktober 1936 als Tender und Torpedofangboot eingesetzt. Es lief am 21.8.1944 bei Greifswalder Oie auf eine Mine, wurde nach Swinemünde eingeschleppt und ging dort am 22.4.1945 verloren.

V 156 lief am 29.2.1908 vom Stapel, wurde am 21.7.1908 in Dienst gestellt und war von 1916 bis 1918 Schulboot. Es gehörte zur Reichs-, später Kriegsmarine, wurde im Oktober 1936 Torpedofangboot und gehörte 1944 unter dem Namen BREMSE zum K-Verband Norwegen. Wrack am 3.5.1945 in Kiel, wurde das Boot am 10.6.1946 im Skagerrak zusammen mit Z 29 und T 21 versenkt.

V 157 lief am .5.1908 vom Stapel und wurde am 27.8.1908 in Dienst gestellt. Das Boot gehörte zur Reichs-, später Kriegsmarine und wurde 1936 Torpedofangboot. Es ging am 22.10.1943, 17 Uhr 25, bei Neufahrwasser durch Minentreffer verloren, wurde gehoben und abgebrochen.

V 158 lief am 23.6.1908 vom Stapel und wurde am 8.10.1908 in Dienst gestellt. Es gehörte zur Reichs-, später Kriegsmarine und wurde 1936 Torpedofangboot. Am 15.1.1946 in die sowjetischen Marine eingegliedert, erhielt das Boot am 15.2.1946 den Namen PROZORIVYL. Es war ab 22.10.1950 Schulhulk ARAKS, dann ab 22.2.1957 UTS-67, wurde am 31.5.1961 aus der Liste der Kriegschiffe gestrichen und abgebrochen.

V 159 lief am 18.7.1908 vom Stapel, wurde am 2.11.1908 in Dienst gestellt und war von 1916 bis 1918 Führerboot der U-Flottille. Es gehörte nach dem Ersten Weltkrieg zur Reichsmarine, wurde am 20.8.1920 britische Kriegsbeute und 1922 in Granton abgebrochen.

V 160 lief am 12.9.1908 vom Stapel, wurde am 15.12.1908 in Dienst gestellt und gehörte nach dem Ersten Weltkrieg zur Reichsmarine, wurde am 20.8.1920 britische Kriegsbeute und 1922 in Granton abgebrochen.

V 161 lief am 12.4.1908 vom Stapel, wurde am 17.9.1908 in Dienst gestellt und war von 1916 bis 1918 Führerboot der U-Flottille. Es gehörte nach dem Ersten Weltkrieg zur Reichsmarine, wurde am 3.9.1920 als britische Beute ausgeliefert und 1922 in Bo'ness abgebrochen. Am 24.9.1917 hatten alle Boote unter Beibehaltung der alten Nummer den davor gesetzten Buchstaben T erhalten.[347]

Turbinenboote V 162 bis V 164

Von den 12 Turbinenbooten der Doppelserie des Etatsjahres 1908/09 erhielt der Vulcan 3, die mit AEG-Turbinen – hervorgegangen aus dem amerikanischen Curtis-System – ausgerüstet wurden. Die übrigen Boote, verteilt auf 2 Werften, erhielten Turbinen von verschiedenen Herstellern. Alle Boote hatten ein Probefahrtsdeplacement von 616,5 t,[348] womit sie zwar nicht die größten, aber die schnellsten waren. V 162 und V 164 erhielten Turbinen wie V 161, V 163 wurde mit AEG-Vulcan-Turbinen ausgerüstet, die der Vulcan in seinen eigenen Werkstätten baute. Der Vulcan war damit nach Schichau die zweite deutsche Privatwerft, die den Bau von Schiffsturbinen selbstständig aufgenommen hatte.[349] Die Boote mit den Bau-Nr. 289–291 hatten eine Länge über alles von 73,90 m, eine größte Breite von 7,85 m und einen Tiefgang vorn von 3,02 und achtern von 3,12 m. Die Baukosten betrugen je Boot 1,801 Mill. Mk., die maximale Geschwindigkeit/Meilenfahrt 33,4 kn. Die beiden Turbinen leisteten 16.020 wPS, 3 Marinekessel und 1 Öl-Kessel lieferten den Dampf mit einem Überdruck von 18,5 atü. Die beiden dreiflügeligen Schrauben hatten einen Durchmesser von 2,25 m. Es konnten 166 t Kohle und 35 t Öl gebunkert werden, ausreichend für 2.140 Seemeilen bei 12 kn Fahrt. Die Anzahl der Besatzung und die Bewaffnung entsprach der vorhergehenden Serie. Ab September 1909 war auf Allerhöchste Order die drahtlose Telegrafie / FT ab V 162 eingeführt worden.

V 162 lief am 9.5.1909 vom Stapel und wurde am 25.5.1909 in Dienst gestellt. Im Ersten Welt-

V 161, das einzige Turbinenboot [System AEG] der Serie 1907/08
[Nauticus Jg. 1908]

krieg im Küstenschutz eingesetzt, ging das Boot in der Ostsee durch Minentreffer am 15.8.1916, 22 Uhr 20 mit 15 Toten verloren.

V 163 lief am 24.5.1909 vom Stapel, wurde am 22.7.1909 in Dienst gestellt, war von 1916 bis 1918 Schulboot und gehörte nach dem Ersten Weltkrieg zur Reichsmarine. Das Boot wurde als britische Kriegsbeute am 3.9.1920 ausgeliefert und 1921 in Dordrecht abgebrochen.

V 164 lief am 27.5.1909 vom Stapel, wurde am 20.8.1909 in Dienst gestellt und war von 1916 bis 1918 Führerboot der U-Flottille. Es gehörte zur Reichsmarine, wurde als britische Kriegsbeute am 5.8.1920 ausgeliefert und 1922 in Bo'ness abgebrochen. V 163 und V 164 erhielten am 24.9.1917 unter Beibehaltung der alten Nummer den davor gesetzten Buchstaben T.[350]

RHEINLAND [1], das letzte an der Oder gebaute Linienschiff

Das Schiff gehörte mit NASSAU, WESTFALEN und POSEN zur NASSAU-Klasse, deren Bau notwendig geworden war, nachdem England ein Linienschiff von 18.000 t und bewaffnet mit zehn 30,5-cm Geschützen in Dienst gestellt hatte. Maßgebend für die Konstruktion des britischen »Dreadnought« waren neue taktische Grundsätze. Das Schiff erhielt nur Geschütze schwersten Kalibers und kleinere zur Abwehr von Torpedobootsangriffen, die mittlere Artillerie wurde aufgegeben. Der Gegner sollte auf große Entfernung bekämpft und seine Mittelartillerie dadurch ausgeschaltet werden. Auch die seit einigen Jahren stark vergrößerte Schussweite der Torpedos spielte eine Rolle. Eine überlegene Geschwindigkeit von 21 kn bot die Möglichkeit, sich in beliebiger Entfernung vom Gegner zu halten. Dieselben Grundsätze kamen in England auch beim Bau der neuen Panzerkreuzer zur Anwendung, von denen 1907 zwei vom Stapel liefen. Sie hatten ein Deplacement von 127.500 t erhalten, liefen 25 kn und waren mit acht 30,5-cm Geschützen bewaffnet. Andere Staaten folgten diesem Beispiel oder hatten bereits damit begonnen, die schwere Artillerie ihrer neuen Schiffe in ähnlicher Weise zu verstärken.[351]

Wollte die deutsche Marine nicht in eine hoffnungslose Unterlegenheit zurückfallen, musste nachgezogen werden. 1906 bewilligte daher der Reichstag die Mittel für den Bau größerer Schiffe und auch für die bisher zurückgestellten 6 großen Auslandskreuzer sowie für die jetzt nötige Verbreiterung des Nordostsee-Kanals. 1908 wurde die Ersatzzeit neu geregelt und damit der Bau neuer Schiffe an Stelle der veralteten schneller ermöglicht. Bezüglich der Schiffsbauten wurden ab dieser Zeit Einzelheiten, dem Beispiel Englands folgend, von der Marineverwaltung endweder nicht mehr veröffentlicht oder nicht genau angegeben.[352] Zum Vergleich mit England, Frankreich und Russland, die dort 1905 vorhandenen bzw. im Bau befindlichen Linienschiffe und Große Kreuzer:

England: 60 Linienschiffe vorhanden, 6 im Bau, 71 Gr. Kreuzer vorhanden, 11 im Bau
Frankreich: 28 Linienschiffe vorhanden, 5 im Bau, 6 Gr. Kreuzer vorhanden, 25 im Bau
Rußland: 11 Linienschiffe vorhanden, 4 im Bau, 11 Gr. Kreuzer vorhanden, 11 im Bau
Deutschland: 20 Linienschiffe vorhanden, 5 im Bau, 12 Gr. Kreuzer vorhanden, 2 im Bau

Die deutschen Linienschiffe waren 1881 und später vom Stapel gelaufen, die Großen Kreuzer 1886 und danach mit einen Deplacement von mindestens 5.000 t nach Mitteilungen in: »Die Entwicklung der deutschen Seeinteressen im letzten Jahrzehnt«, zusammengestellt im RMA, Berlin 1905.

RHEINLAND [1] war als Ersatz WÜRTTEMBERG des Bewilligungsjahres 1907 mit der Bau-Nr. 287 im Sommer 1907 auf Stapel gestellt worden. Die Schiffstaufe und der Ablauf[353] fanden am 26.9.1908 statt, dienstbereit war das Schiff im Frühjahr 1910.[354] Die Probefahrten waren im Spätsommer 1910 beendet. Hierbei hatte die mittlere Höchstleistung an der Meile 20.031 kn. ergeben, bei 123,9 Umdrehungen pro Minute und einer Gesamtleistung von 27.403 PSi.[355] Das als Amtsentwurf in Quer- und Längsspant-Stahlbau gebaute Schiff mit einem 88% Doppelboden und 14 wasserdichten Abteilungen hatte ein Deplacement von 18.873 t und 36,916 Mill. Mk. gekostet. Die Länge über alles betrug 146,10 m, die größte Breite 26.10 m, der Tiefgang vorn 8,57 m, achtern 8,76 m, die Seitenhöhe 13,25 m. Die Maschinenanlage bestand aus 3 stehenden 3-zylindrigen 3-fach-Expansionsmaschinen in 3 Räumen. Die 3 vierflügeligen Schrauben hatten einen Durchmesser von 5 m. Die Kesselanlage bestand aus 12 Marinekesseln in 3 Räumen, die mit einem Druck von 16 atü arbeiteten. 8 Turbinendynamos mit 1.280 kW lieferten den 225 Volt-Strom für die Bordbeleuchtung und 4 Scheinwerfer. Neben 160 t Öl fassten die Bunker zwischen 950 und 2.700 t Kohle, mit denen bei 19 kn Fahrt 2.800 Seemeilen zurückgelegt werden konnten, bei 10 kn Marschfahrt waren es 8.380 Seemeilen.

Das Deck hatte eine Krupp-Panzerung mit 55 bis 80 mm Stärke von achtern nach vorn, der vordere Kommandoturm 80 bis 400 mm, der achtern befindliche 50 bis 200 mm, in der CWL von achtern nach vorne 0-90-300-80 bzw. 0-120-170-100 mm, die Türme 90 bis 280 mm, die Kasematte 160 mm. Die Armierung nach Nauticus 1912 bestand aus 12 Sk 28-cm und 12 Sk 15-cm sowie 16 Sk 8,8-cm und 6 Unterwasser-Torpedorohren.[356] Es fehlten die hohen Aufbauten. Die Gefechtsmarsen waren fortgefallen, die Masten dienten nur noch für Beobachtung und zur Signalgebung, es gab 10 Rettungsboote. Die Kreiselkompassanlage lieferte Anschütz & Co. Die Besatzung bestand aus 22 Seeoffizieren, 5 Marineingenieuren, 2 Sanitätsoffizieren, 2 Zahlmeistern, 9 Fähnrichen z. S., 30 Deckoffizieren und 896 Unteroffizieren und Mannschaften.[357] Für die Überführung von der Werft nach Swinemünde musste das Linienschiff mit Pontons geleichtert werden, da die Tiefenverhältnisse von Oder, Haff und Kaiserfahrt für diese Größenverhältnisse nicht mehr ausreichend waren. Der nächste große Neubau eines Linienschiffes wurde daher in der Hamburger Niederlassung auf Stapel gestellt.

1914 gehörte RHEINLAND [1] zur 2. Division des I. Geschwaders der Hochseeflotte,[358] 1918 zum im Februar gebildeten »Sonderverband Ostsee«. Dieser war zusammengestellt worden auf Ersuchen der finnischen Regierung zum Schutz der Bevölkerung vor dem russischen Bolschewismus und wegen der Gefahr der Einflussnahme der Kriegsgegner Frankreich und England. Er bestand aus einigen Linienschiffen, Kleinen Kreuzern, Torpedobooten, Transport- und Trossschiffen usw. Das Heer stellte die zu diesem Zweck gebildete »Ostseedivision« unter dem Kommando des Generalmajors Graf v.d. Goltz, zu der auch das finnische Freiwilligen-Bataillon »Königl. Preuß. Jägerbataillon Nr. 14« gehörte.[359] Im Rahmen der Besetzung aller russischen Befestigungen und militärischen Anlagen an der finnischen Südküste lief RHEINLAND am 11.4.1918 um 7 Uhr 30 im Nebel auf einen Felsen, wobei es zwei Tote gab. Nach starkem Leichtern wurde es abgebracht, auf eine Wiederherstellung aber verzichtet. Danach war das Linienschiff Wohnschiff in Kiel und am 5.11.1919 aus der Liste der Kriegsschiffe gestrichen worden. Am 28.6.1920 wurde es auf Auslieferungskonto verkauft, am 29.7.1920 nach Dordrecht geschleppt und dort bis 1921 abgebrochen. Die Bugzier erhielt das Armeemuseum Dresden.[360] Ein Schnittmodell im Maßstab 1:25, gestiftet von Kaiser Wilhelm II., befand sich im Deutschen Museum in München.

Im Bericht über das Geschäftjahr 1908 wurde bezüglich der Bauten von Kriegsschiffen für die deutsche Marine nicht nur die Fertigstellung der 10 Hochsee-Torpedoboote V 152 bis 161 mitgeteilt, sondern auch Klage über die niedrigen Preise für Kriegsschiffsbauten geführt. »Die Zahl der Werften, welche Großschiffbau betreiben, konnte in Anbetracht des immerhin nur beschränkten Absatzkreises bereits groß genannt werden; neuerdings sind nun noch zwei weitere deutsche Werften in den Wettbewerb um große Kriegs- und Handelsschiffe eingetreten und ist von diesen, in offenbarer Unkenntnis der mit solchen Bauten verbundenen Selbstkosten, für Schlachtschiffe zu Preisen submittiert worden, welche die Preisentwicklung auch dieser Objekte auf ein Niveau drücken, das der Schiffbauindustrie die an sich schon schweren Zeiten noch fühlbarer macht.«[361] Ähnliches war bereits einige Jahre zuvor festgestellt worden. Die Stettiner Kaufmannschaft schrieb in ihrem Bericht über das Schiffsbaujahr 1904: »Die Aufträge, welche seitens der Kaiserlichen Marine den Privatwerften zugeteilt wurden, sind so wenig umfangreich, daß durch dieselben nur ein kleiner Teil ihrer Leistungsfähigkeit in Anspruch genommen wird. Es sind nachgerade so viele Werften herangezogen worden, daß für das einzelne Werk verhältnismäßig wenig Arbeit übrig bleibt, zumal in erster Linie die Kaiserlichen Werften mit Neubauten bedacht werden. Es kommt noch hinzu, daß die Preise für die Marinebauten heute gar nicht mehr im Verhältnis stehen zu den hohen Anforderungen, welche an die Ausführung der Schiffe gestellt werden, und das Geschäft ist entgegen früherer Berücksichtigung dieses Umstandes nicht so lohnend wie vielfach angenommen wird.«

MAINZ, der schnellste Kleine Kreuzer der deutschen Marine

Der Kreuzer kam im Geschäftsjahr 1909 zur Ablieferung.[362] Das zur Kolberg-Klasse gehörende Kriegsschiff und die Schwesterschiffe CÖLN, AUGSBURG und KOLBERG waren eine Weiterentwicklung des bewährten deutschen Kleinen Kreuzers, dessen letzter Vertreter vor ihnen DRESDEN war. Die Vermehrung der Bewaffnung um 2 Sk 10-cm sowie die notwendige Steigerung der Höchstgeschwindigkeit und des Kohlenfassungsvermögens, führten zu einer Vergrößerung der Wasserverdrängung. Nachdem im September oder Oktober der Bauauftrag[363] erfolgte, wurde das Schiff als Ersatz Jagd, mit der Bau-Nr. 288[364] im Winter 1907 auf Stapel gestellt[365] Die auf zwei Wellen wirkenden Dampfturbinen waren im Berliner Werk der AEG nach deren eigenem System hergestellt worden. Das Unternehmen hatte den Schiffsturbinenbau 1904 aufgenommen und aus der Curtis-Turbine ein eigenes System entwickelt, woran der Konstrukteur für Schiffsmaschinen, Karl Voß, wesentlich beteiligt war, unter dessen Leitung schon die ersten deutschen Schiffsturbinen (s. KAISER Bd. II) gebaut worden sind.[366] Um 1909 waren bereits für 25 Schiffe AEG-Turbinen mit insgesamt 44.000 wPS hergestellt bzw. noch in Arbeit, wovon der AEG etwa 72.000 wPS und den Vulcan-Werken Stettin und Hamburg etwa 320.000 wPS zuzurechnen sind. Die Haupttätigkeit der AEG-Turbinenwerkstätten erstreckte sich allerdigs auf die Herstellung von Dynamo-Antriebsmaschinen, von denen zu dieser Zeit bereits einige mit Einzelleistungen bis zu 20.000 PS in Arbeit waren.[367]

Der Stapellauf des Kreuzers fand am 23.1.1909 statt, den Taufakt vollzog der Mainzer Oberbürgermeister Dr. Göttelmann.[368] Die nach der Fertigstellung erfolgten Probefahrten hatten die bereits nach den Prüffeldmessungen gehegten Erwartungen vollauf bestätigt. Das Schiff war während einer Ende August 1909 vorgenommenen Probefahrt auf einer rund 15 Seemeilen langen Messstrecke bei Bornholm 27,5 kn gelaufen und hatte bei der Überführungsfahrt von Swinemünde nach Kiel, Anfang September, sogar vorrübergehend eine Höchstgeschwindigkeit von 28 kn erreicht und damit 2 kn mehr als erwartet wurde. Das war die höchste Leistung, die ein deutscher Kreuzer bisher aufzuweisen hatte. Bei der amtlichen sechsstündigen Probefahrt wurde eine mittlere Geschwindigkeit von 26,5 kn bei den Meilenfahrten eine solche von 27,226 kn festgestellt. Hierbei wurde für die Meilen-Höchstgeschwindigkeit eine Durchschnittsleistung von 27.115 wPS bei 316,5 Um/min. erzielt. Garantiert worden waren vom Vulcan für die sechsstündige Probefahrt 25 und als Höchstgeschwindigkeit über die abgesteckte Meile 26 kn.[369] Ein Ergebnis, welches damals in Fachkreisen als ein großer Erfolg für den deutschen Schiffs- und Schiffsturbinenbau bezeichnet wurde.

Der Kleine Kreuzer war als Amtsentwurf in Quer- und Längsspant-Stahlbau mit 13 wasserdichten Abteilungen und 50 % Doppelboden gebaut worden. Er hatte ein Deplacement von 4.362 t, die Herstellungskosten betrugen 8,777 Mill. Mk. Die Länge über alles betrug 130,50 m, die größte Breite 14 m, der Tiefgang vorne 5,60 m und achtern 5,27 m, die Seitenhöhe 7,80 m. Die beiden Schrauben mit 3 Flügeln hatten einen Durchmesser von 3,45 m. Die Turbinen befanden sich in 4 hintereinander liegenden Räumen, den Dampf mit 16 atü Betriebsdruck, erzeugten 15 Marinekessel in 4 Räumen. Der Kohlenvorrat betrug 1.010 t, der bei einer Fahrt von 14 kn für 3.630 Seemeilen reichte. Das Deck hatte eine Krupp-Panzerung von 20, 40, 20/50 bis 80 mm [von achtern nach vorne], die Sülle 100 mm, der Kommandoturm 20/100 mm und die Schilde 50 mm. Die Bewaffnung bestand aus 12 Sk 10,5-cm, 4 Sk 5,2-cm und 2 seitlichen 45-cm Unterwasser-Torpedorohren.[370] Es gab 7 Rettungsboote und 3 Scheinwerfer. Den 220-Volt Strom lieferten 3 Turbinen-Dynamos mit 135 kW. Die Besatzung bestand aus 10 Seeoffizieren, 4 Marine-Ingenieuren, je 1 Sanitätsoffizier und Zahlmeister, 2 Fähnrichen z. S., 13 Deckoffizieren und 379 Unteroffizieren und Mannschaften.[371] Der 1914 zu den Aufklärungsstreitkräften gehörende Kleine Kreuzer wurde im Verlauf des ersten größeren Seegefechts im Ersten Weltkriegs, am 28.8.1914 um 14 Uhr 10 in der Nordsee durch überlegene englische Kriegsschiffe versenkt, es gab 89 Tote.[372]

Große Torpedoboote V 180 bis V 185

Diese 6 Boote der mit dem Etat 1909 bewilligten Flottille [11 Boote, 1 Reserveboot] erhielt der Vulcan im April 1909 in Auftrag,[373] sie bekamen die Bau-Nrn. 295–300.[374] Baubeaufsichtigender des RMA war Marinebaurat Dr.-Ing. Paul Praetorius, der in den Jahren 1906–1910 mit Rudermoment-

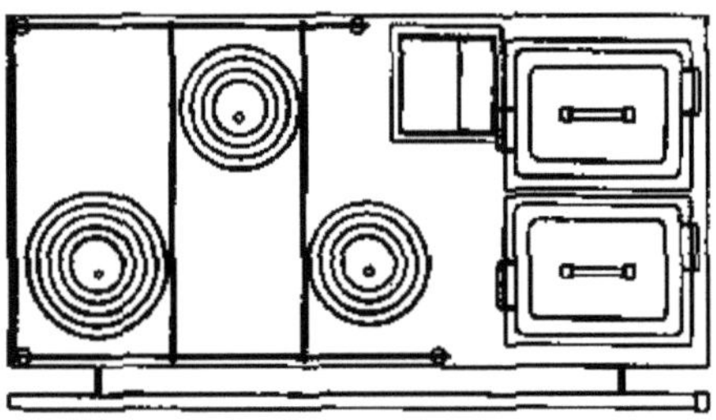

Der Torpedobootsherd war von der Firma A. Voss Sen. in Hannover entwickelt und geliefert worden, [aus: Vulcan Werke Hamburg u. Stettin AG, Dt. Verlagsges. m.b.H. Berlin 1920]

messungen u.a. auch beim Torpedoboot V 164 beauftragt war. Auch an den Versuchen mit Ölfeuerung unter Verwendung von Körting'schen Zentrifugal-Zerstäubern und der Entwicklung des Marine-Ölkessels von 1905–1910 war er wesentlich beteiligt.[375] Die Boote kosteten je 1,979 Mill. Mk. und hatten ein Deplacement von 650 t. Die Länge über alles betrug 73,90 m, die größte Breite 7,85 m, der Tiefgang vorne 3,12 m, achtern 3,22 m und die Seitenhöhe 4,15 m. Die beiden dreiflügeligen Schrauben hatten einen Durchmesser von 2,20 m. Die 2 Satz AEG-Vulcan-Turbinen, aufgestellt in 2 hintereinander liegenden Maschinenräumen, leisteten 17.640 wPS, den Dampf lieferten 3 Marine- und 1 Marine-Öl-Kessel, aufgestellt in 4 hintereinander liegenden Kesselräumen, der Dampfdruck betrug 18,5 atü, die Höchstgeschwindigkeit 33,2 kn. Die Bunker fassten 161 t Kohle und 40 t Öl, ausreichend für eine Fahrtstrecke von 2.360 Seemeilen bei 12 kn. Die Bewaffnung bestand aus 2 Sk 8,8-cm in Torpedobootslafetten, 4 Maschinengewehren und vier 50-cm Deckstorpedorohren. Die Besatzung hatte eine Stärke von 3 Offizieren und 77 Mann. Ab 1918 war bei den Booten am Heck eine Gleitbahn für Minenräumgeschirr und Spiere für ein vorderes Minensuchgerät vorhanden. An Rettungsbooten gab es 1 Walboot oder 1 bis 3 Kutter und 1 Dingi. Sämtliche Torpedoboote erhielten am 22.2.1918 unter Beibehaltung der alten Nummer den vorgestellten Buchstaben T.[376]

V 180 lief am 15.10.1909 vom Stapel und wurde am 4.1.1910 in Dienst gestellt. Nach dem Ersten Weltkrieg am 5.8.1920 als brasilianischer Beuteanteil ausgeliefert, wurde das Boot 1921 in Dordrecht abgebrochen.

V 181 lief am 6.11.1909 vom Stapel, wurde am 11.3.1910 in Dienst gestellt, gehörte 1918 zur Geleit-Flottille und nach Kriegsende zur Reichsmarine. Das Boot wurde am 20.8.1920 japanische Kriegsbeute.

V 182 lief am 1.12.1909 vom Stapel, wurde am 4.5.1910 in Dienst gestellt, gehörte 1918 zur Geleit-Flottille und nach Kriegsende zur Reichsmarine. Das Boot wurde am 5.5.1920 als britische Kriegsbeute ausgeliefert.

V 183 lief am 23.12.1909 vom Stapel, wurde am 12.5.1910 in Dienst gestellt und gehörte 1918 zur Geleit-Flottile.

V 184 lief am 26.2.1910 vom Stapel, wurde am 29.10.1910 in Dienst gestellt und war 1918 Führerboot der Minensuchflottille. Das Boot gehörte nach dem Ersten Weltkrieg zur Reichsmarine, wurde am 5.8.1920 als britische Kriegsbeute ausgeliefert. Das Boot V 180 wurde 1921, die Boote V 182–V 184 1922 in Dordrecht abgebrochen.

V 185 lief am 9.4.1910 vom Stapel und wurde am 20.9.1910 in Dienst gestellt. Das Boot gehörte 1918 zur Vorposten-Halbflottille Ems und nach dem Ersten Weltktrieg zur Reichsmarine. Am 4.10.1932 aus der Liste der Kriegsschiffe gestrichen, erfolgte 1932/33 der Umbau zum Schnellschlepper und Fernlenkboot BLITZ im 1. Fernlenkverband. Es wurde 1945 sowjetische Beute, erhielt am 3.6.1946 den Namen VYSTREL und ist 1960 aus der Liste der Kriegsschiffe gestrichen worden.[377]

Große Torpedoboote V 186 bis V 191

Sie gehörten mit den 6 Booten der Germaniawerft zur dritten Serie der mit Turbinen ausgerüsteten T-Boote, die mit dem Etat 1910/11 bewilligt und im April 1910 in Bau gegeben wurde.[378] Sie erhielten die Bau-Nrn. 304–309, kosteten je Boot 1,844 Mill. Mk. und hatten ein Deplacement von 666 t. Die Länge über alles betrug 73,90 m, die Breite 7,85 m, der Tiefgang vorn 3,07 m, achtern 3,17 m, die Seitenhöhe 4,15 m. Die beiden dreiflügeligen Schrauben hatten einen Durchmesser von 2,25 m. Turbinen, Kessel und Räume wie die vorhergehende Serie. Die Turbinenleistung betrug 18.060 wPS, die Höchstgeschwindigkeit 33,5 kn. Die Bunker fassten 136 t Kohle und 67 t Öl, ausreichend für 1.170 Seemeilen, bei 17 kn, Besatzung, Bewaffnung und

Boote wie die vorhergehende Serie. Sie hatten ab V 186 ein Heck- und ein einfahrbares Bugruder. Die Boote erhielten am 22.2.1918 unter Beibehaltung der alten Nummern den Buchstaben T.

V 186 lief am 28.11.1910 vom Stapel und wurde am 21.4.1910 in Dienst gestellt. Das Boot war 1914 im Küstenschutz eingesetzt und gehörte ab Juli 1917 zur Vorposten-Halbflottille Ems. Nach dem Ersten Weltkrieg zur Reichsmarine gehörend, wurde es am 5.8.1920 als britische Kriegsbeute ausgeliefert und 1922 in Dordrecht abgewrackt.

V 187 lief am 11.11.1911 vom Stapel und wurde am 4.5.1911 in Dienst gestellt. Das Boot ging als Flottillen-Führerboot am 28.8.1914 verloren, als es von überlegenen britischen Seestreitkräften in den frühen Morgenstunden vor Helgoland angriffen wurde. Nach dem Bericht des geretteten Wachoffiziers spielte sich Folgendes ab: »Am Morgen des 28.8. stand V 187 in einiger Entfernung von Helgoland auf Vorposten. Es erhielt das Signal von einem anderen Torpedoboot: ›Werde von feindlichen Torpedobootszerstörern gejagt.‹ V 187 versuchte dem Kameradenboot zu Hilfe zu kommen, fand sich aber nach kurzer Zeit auch 2 feindlichen Torpedobootszerstörern gegenüber. Bald darauf kamen noch 4 nicht genau bestimmbare feindliche Schiffe in Sicht. V 187 versuchte sich angesichts dieser Übermacht auf Helgoland zurückzuziehen, sah aber den Weg [...] durch 4 neu in Sicht kommende feindliche Torpedobootszerstörer verlegt. Diese eröffneten auf nahe Entfernung das Feuer auf V 187. Das Boot versuchte nunmehr, seitlich durch Kursänderung an den Feinden vorbeizukommen, fand aber auch diesen Kurs verlegt durch einen feindlichen Kreuzer, welcher V 187, ebenfalls auf nahe Entfernung, unter ein heftiges Feuer nahm. Von allen Seiten durch übermächtige Feinde gestellt, entschloß der Kommandant [...] sich, auf die verfolgenden Feinde zuzudrehen. Die feindlichen Zerstörer stutzten zunächst auf dieses unerwartete Manöver hin, dann eröffneten sie sämtlich – 10 an der Zahl und außerdem ein Kreuzer – ein konzentrisches Geschützfeuer auf das [...] Torpedoboot. Dieses erlitt schwere Beschädigungen, seine Geschütze wurden nacheinander außer Gefecht gesetzt, der Kommandant durch ein Sprengstück verletzt. In unabsehbarer Folge mehrten sich die Treffer, das Boot war vollständig in Rauch und Qualm gehüllt, ein großer Teil der Besatzung tot. V 187 konnte nur noch ganz geringe Fahrt laufen. Der schwerverwundete Kommandant befahl unter diesen Umständen, das Boot zu versenken. Eine mit Zeitzünder versehene Sprengpatrone wurde in einem der unteren Räume, weitere [...] vorne im Schiff untergebracht. Danach erging der Befehl, das Boot zu verlassen, der größte Teil der noch lebenden Besatzung sprang außenbords. Noch im Untergehen feuerte das hintere Geschütz unter Leitung des 2. Offiziers auf die Zerstörer, diese feuerten nur noch spärlich, setzten aber auch dieses Geschütz außer Gefecht. Der Rest der Bedienung sprang nunmehr auch über Bord, und beinahe unmittelbar darauf ging V 187 mit dem Bug zuerst unter. Es war niemand mehr an Deck zu sehen.

Von Interesse sind auch die folgenden Anmerkungen des Offiziers: »V 187 ist weit über eine Stunde von 4, später 10 Zerstörern und dann einige Zeit von einem Kleinen Kreuzer beschossen worden. In der ersten halben Stunde während des Verfolgungsgefechtses auf kurze Entfernung, hat das Boot nur ganz wenige unbedeutende Treffer erhalten. Erst in der zweiten Hälfte des Passiergefechtes sind schwere Beschädigungen eingetreten, so daß das Boot manövrierunfähig wurde. Durch Eingreifen der dann noch hinzukommenden Zerstörer, ist das Boot schließlich vernichtet worden.« Soweit das Hamburger Eche in der Sonntagsausgabe vom 13.9.1914. Besonders lobend erwähnt eine andere Quelle das Verhalten zweier Obermatrosen. Diese wurden von einem englischen Zerstörer aufgefischt, sprangen aber, als ein deutscher Kreuzer herankam, unter lebhaftem Pistolenfeuer der Engländer über Bord und entzogen sich so der Kriegsgefangenschaft. Gerettet wurden 44 Überlebende.

V 188 lief am 8.2.1911 vom Stapel und wurde am 20.5.1911 in Dienst genommen. Das Boot wurde am 26.7.1915 um 14 Uhr vor der Emsmündung von einem britischen U-Boot versenkt. Es gab 5 Tote.

V 189 lief am 14.3.1911 vom Stapel und wurde am 30.6.1911 in Dienst gestellt. Es gehörte nach dem Ersten Weltkrieg zur Reichsmarine, wurde am 28.4.1920 als britische Kriegsbeute ausgeliefert und strandete bei der Überführungsfahrt von Cherbourg im Dezember an der englischen Südküste.

V 190 lief am 12.4.1911 vom Stapel und wurde am 5.8.1911 in Dienst gestellt. Nach dem Ersten Weltkrieg gehörte das Boot zur Reichs- und späteren Kriegsmarine. Es wurde am 29.8.1938 in CLAUS VON BEVERN umbenannt, gehörte ab 28.9.1933 als Versuchsboot zum Sperrversuchs-Verband, wurde nach Ende des Zweiten Weltkriegs 1945 USA-Beute und 1946 im Skagerrak versenkt.

V 191 lief am 2.6.1911 vom Stapel und wurde am 28. 9.1911 in Dienst gestellt. Das Boot ging am 17.12.1915, um 17 Uhr 45 in der Ostsee vor Windau nach Minentreffer verloren. Es gab 25 Tote.[379]

Der Kleine Kreuzer BRESLAU

Der als Ersatz FALKE im Dezember 1909 an den Vulcan vergebene Kreuzer,[380] gehörte zur Magdeburg-Klasse, deren Schiffe als erste den neuen Kreuzerbug statt des bisherigen Rammbugs erhielten. Eine weitere Neuerung war das aus Gründen der Gewichtsersparnis eingeführte Längsspantensystem. Das Schiff wurde im Frühjahr 1910[381] mit der Bau-Nr 312 auf Stapel gestellt.[382] Der Ablauf erfolgte am 16.5.1911, den Taufakt vollzog der Oberbürgermeister von Breslau.[383] Die Probefahrten ergaben bei der sechsstündigen forcierten Fahrt 27,2 kn, bei 460 Umdr./min. und einer Gesamtleistung von 28.872 wPS, die mittlere Höchstleistung betrug 27.552 kn bei einer Gesamtleistung von 33.482 wPS.[384] Gebaut wurde der Kreuzer in Längsspant-Bänder-Stahlbau mit 13 wasserdichten Abteilungen und einem 45% Doppelboden nach den Plänen des Entwurfsdezernenten im RMA, Marineoberbaurat Bürkner.

Die Länge über alles betrug 138,70 m, die größte Breite 13,50 m, der Tiefgang vorne 4,93 m, achtern 5,73 m, die Seitenhöhe 8,20 m. Das Schiff mit einem Deplacement von 4.564 t kostete 7.961 Mill. Mk. Die 4 dreiflügeligen Schrauben mit einem Durchmesser von 2,47 Meter wurden angetrieben von 2 Satz AEG-Vulcan-Turbinen mit 33.482 wPS, den Dampf mit 16 atü Arbeitsdruck erzeugten 16 Marinekessel. Die Bunker fassten 450 bis 1.200 t Kohle und 106 t Öl, ausreichend für 5.820 Seemeilen bei 12 kn, bzw. 900 Seemeilen bei 25 kn. Für den 220 Volt Bordstrom waren 2 Turbinen-Dynamos mit 320 kW vorhanden. Die Krupp-Panzerung in Millimetern von achtern nach vorn betrug: Im Deck 020-040/40-60, Kollisionsschott 40, Munitionssülle 20, Kommandoturm 020-100, Bug 30, CWL 0-60-18, Geschützschilde 50. Die Anfangsbewaffnung bestand aus 12 Sk 10,5-cm und zwei 50-cm Unterwassertorpedorohren, die sich jeweils 1916 und 1917 änderten. Es waren 7 Rettungsboote vorhanden und 3 Scheinwerfer.[385] Die Besatzung bestand aus 10 Seeoffizieren, 4 Marine-Ingenieuren, 1 Sanitätsoffizier, 1 Zahlmeister, 2 Fähnriche z. S., 13 Deckoffizieren und 342 Unteroffizieren und Mannschaften.[386]

Die Indienststellung erfolgte am 10.5.1912. Der Kleine Kreuzer gehörte von Beginn an zur im Dezember 1912 gebildeten »Mittelmeer-Division«. Wegen der ständigen Spannungen, Unruhen und Kriege auf dem Balkan und in der Levante, wurde die ständige Anwesenheit von Kriegsschiffen zum Schutz der deutschen Interessen für erforderlich gehalten. Im Juni 1914 bildeten 10 Mann der Besatzung die Schutzwache der deutschen Gesandchaft, in dem neu gegründeten Staat Albanien. Im August 1914 gingen die Panzerkreuzer GOEBEN und BRESLAU vorläufig in türkischen Besitz über und führten die Namen SULTAN YAWUZ SELIM und MIDILLI. Der Kreuzer war überwiegend im

MIDILLI ex BRESLAU auf der Rede von Konstantinopel [aus: Deutschlands Hochseeflotte im Weltkrieg, 1919/1937]

Schwarzen Meer eingesetzt. Bei einem Vorstoß in die Ägäis mit GÖBEN, sank BRESLAU nach 5 Minentreffern am 20.1.1818 mit 330 Toten.[387]

Das Linienschiff FRIEDRICH DER GROSSE [2]

Als Ersatz für die veralteten, in den 1890er Jahren gebauten Küstenpanzerschiffe entstanden die Linienschiffe der Kaiserklasse. Sie waren als erste Linienschiffe der deutschen Marine mit einer Ölzusatzfeuerung und Turbinen ausgerüstet. Eine weitere Neuerung waren die beiden achtern übereinder gestuften Geschütztürme. Das bereits als Flottenflaggschiff im Etatsjahr 1909 geplante Linienschiff war als Ersatz HEIMDALL der erste Kriegsschiffbau der Zweigniederlassung Hamburg mit der Hamburger Bau-Nr. 1. Das erste Turbinen-Linienschiff der deutschen Marine unterschied sich äußerlich von den übrigen Großkampfschiffen durch eine andere Signalrah und die Admiralsbrücke. Baubeginn mit Kiellegung war im Dezember 1909.[388] Anlässlich der Generalversammlung am 4.6.1910 konnte Baurat Flohr berichten, dass bereits 1800 t Material eingebaut waren und der Bau infolge der erheblich günstigeren Verhältnisse in Hamburg wesentlich schneller vorwärts schreitet, wie BB-C am 4.6.1910 mitzuteilen wusste. Der Stapellauf fand am 10.6.1911. statt. Den hierfür ursprünglich vorgesehenen 27. Mai musste man fallen lassen, 2.700 Arbeiter waren wegen Beteiligung an der Maifeier bis zum 11. Mai ausgesperrt worden.[389] Über den Stapellauf berichtete das Hamburger Echo in der Sonntagsausgabe vom 11.6.1911: »Stapellauf eines großen Kriegsschiffes. Das erste auf der Vulcan-Werft in Hamburg im Bau befindliche große Linienschiff [...] wurde am Sonnabendnachmittag um 4 Uhr vom Stapel gelassen. An den beiden Seiten des Neubaues waren große Tribünen für die geladenen Gäste errichtet und eine kleine für den Generalfeldmarschall v. d. Goltz erbaut, der die Taufrede hielt, und die Prinzessin Auguste Wilhelm von Preußen, die das Schiff [...] taufte. Eine Ehrenkompanie des Regiments Hamburg Nr. 76 und die Regimentskapelle, waren seitwärts aufgestellt. Ruhig lief der [...] Koloß zu Wasser. Das Schiff bekommt Turbinenmaschinen und engrohrige Wasserkessel [...]. Die Armierung wird geheimgehalten.«

Über die angeordnete Arbeitseinstellung wegen des Stapellaufs teilt die Arbeiterzeitung mit: »Die Vulcanwerft will nobel sein! Die Direktion der Vulcanwerft verkündete ihren Arbeitern zu dem heutigen Stapellauf durch Anschlag folgendes: Wegen des Stapellaufs des Panzerkreuzers Ersatz HEIMDALL wird die Arbeit am Sonnabend mittag um 1 Uhr geschlossen, unter Fortfall der Mittagspause. Die Arbeiter mußten also die Arbeit ruhen lassen, weil die Direction es nicht gern sieht, daß die Arbeiter in schmutziger Arbeitsbluse bei solch festlicher Gelegenheit, wo hohe und höchste Herrschaften erscheinen, zwischen den Fracks und Zylindern umhergehen. Es wäre ja auch zu schrecklich, wenn so ein Herr oder eine Dame in Gesellschaftstoilette durch den Anblick eines rußigen Arbeiters erschreckt würde. Nein, die Arbeiter haben ihre Schuldigkeit getan, sie können gehen. Jetzt, wo das Werk ihrer Hände festlich bekränzt zum Stapellauf bereit liegt, will man sie nicht mehr sehen; jetzt gehört das Feld den salonfähig gekleideten Herrschaften, die noch nie durch Arbeit ihre sauberen Finger beschmutzt haben. – Oder fürchtet man, daß die Arbeiter, falls Wilhelm II. unter den allerhöchsten Herrschaften sein würde, nicht genügend Hurra schreien würden? Die Arbeiter sind gewiß für jeden Feiertag dankbar, den man ihnen zum Ausruhen gönnt, aber wie steht es denn, wenn sie selbst einmal einen Tag, etwa den 1. Mai, feiern? Dann werden sie rücksichtslos ausgesperrt, und wehe dem, der es dann wagt, einen Kollegen, der den Beschluß gebrochen hat, auch nur zur Rede zu stellen. Da möchte man am liebsten gleich die Strafe zur Anwendung bringen, die einst von allerhöchster Stelle jedem angedroht wurde, der einen andere an freiwilliger Arbeit hindert. Nun, hier werden auch Leute an freiwilliger Arbeit gehindert, aber Wilhelm II. wird schwerlich dazwischen fahren. Wollte die Firma wirklich nobel sein, dann hätte sie es nicht bei der Freigabe des halben Tages bewenden lassen dürfen, sondern den Arbeitern auch eine angemessene Entschädigung für die entgangene Arbeitszeit zahlen müssen. Davon ist aber nicht die Rede. Eigene Gedanken mußten den Arbeitern auch in den letzten Tagen vor dem Stapellauf beim Bau der Tribünen kommen. Wieviel Arbeiter sind schon im Betriebe der Vulcanwerft verunglückt infolge mangelhaft gebauter Stellagen. Da hat man sich kein Gewissen daraus gemacht. Jetzt aber, wo es sich um die Zuschauertribünen für die hohen und höchsten Herrschaften handelt, wird mit peinlichster Gewissenhaftigkeit gebaut, so daß wohl keiner dieser Zuschauer von der Vulcanwerft direkt ins Krankenhaus oder gar auf den Friedhof kommen wird, wie es so manchem Arbeiter ergangen ist.«

Im nächsten Jahr hatte die Zeitung Veranlassung über zwei Unfälle zu berichten, die sich auf dem Linienschiff ereignet hatten. Am 12. März 1912 erlitt der Maler Adolph Schröder Verbrennungen im Gesicht und an den Händen durch eine Benzinverpuffung, »so daß er sofort ins Hafenkrankenhaus gebracht werden mußte. Wie gewaltig der Druck gewesen sein muß, beweist der Umstand, daß das Deck etwa drei Zoll in die Höhe gegangen ist.« Am 20. April stürzte der Schiffbauer Paul Rößler 15 m tief in einen nicht abgedeckten Aufzugsschacht. »Er stieß mit den Füßen auf dem Boden auf, brach beide Knöchel und erlitt außerdem eine schwere Rückenverletzung. Der Verunglückte wurde ins Hafenkrankenhaus gebracht.« [390]

Anfang September 1912 erhielt das Linienschiff die Schrauben und den letzten Bodenanstrich.[391] Die Werftpier verließ es am 17. d. M. »und ist im Tau von vier Schleppdampfern aus den Kuhwerderhäfen auf den Strom verholt worden, worauf er elbabwärts dampfte. Die Schleppdampfer begleiteten das Schiff bis nach Neumühlen, worauf drei wieder umkehrten. Der vierte begleitete das Kriegschiff bis nach Cuxhaven. Von dort tritt es seine Probefahrten an.«[392] Nach Fertigstellung des Schiffes waren einige 100 Arbeiter entlassen und durch Neueinstellungen mit niedrigeren Löhnen ersetzt worden. Dieser Vorgang veranlasste die Hamburger Arbeiterzeitung erneut zu einem kritischen Beitrag unter der Überschrift: »Die Vulcan-Werft schießt wieder mal den Vogel ab. Heute ist merkwürdiger Weise über keinen Unfall zu berichten, dafür über allerlei andere Dinge, bei denen die Vulcan-Werft, gerade wie bei den Unfällen, jede andere Konkurrenz aus dem Felde schlägt. Es handelt sich um die Entlassung von etwa 500 Arbeitern aus Anlaß der Fertigstellung des Linienschiffes [...] und die dabei vorgenommene Sortierung sowie um die unerhörte Art und Weise der Entlassung.« Es wird dann u.a. mitgeteilt, dass die Arbeiter aller Branchen, die schon länger beschäftigt sind und höhere Löhne erhalten, entlassen wurden und die entstandenen Lücken in den einzelnen Kolonnen mit solchen Leuten aufgefüllt, die im niedrigeren Lohnsatz standen. Außerdem wurden etwa 300 Leute zum Anfangslohn neu eingestellt.[393]

Als Baubeaufsichtigender war 1909 der Marineschiffbaumeister Johannes Meyer direkt aus dem RMA zur Hamburger Werft kommandiert worden. Der 1911 zum Marinebaurat ernannte M. wurde Anfang 1914 mit dem Roten Adlerorden ausgezeichnet. Eine Anerkennung für die Leistung auf der noch im Aufbau befindlichen Werft und mit neuem Personal, ein modernes Linienschiff in allen Bauphasen erfolgreich begleitet zu haben.[394] Die Probefahrten ergaben bei der sechsstündigen forcierten Fahrt 21,4 kn bei 251 Umdr./min. und einer Gesamtleistung von 31.721 wPS. Die mittlere Höchstleistung ergab 22,449 kn und eine Gesamtleistung von 42.113 wPS.[395] Die Schiffsbesatzung hatte eine Gesamtstärke von 1.088 Mann und bestand aus 22 Seeoffizieren, 6 Marine-Ingenieuren, je 2 Sanitätsoffizieren und Zahlmeistern, 9 Fähnrichen z. S., 28 Deckoffizieren, 1.019 Unteroffizieren und Mannschaften sowie 94 Mann Stabspersonal.[396]

Gebaut wurde das Schiff als Amtsentwurf in Quer- und Längsspant-Stahlbau mit 18 wasserdichten Abteilungen und 88% Doppelboden. Die Länge über alles betrug 172,40 m, die Breite [ohne Torpedo-Schutznetze] 29 m, der Tiefgang vorne 9,10 m, achtern 8,80 m, die Seitenhöhe 12,80 bzw. 14,40 m. Das Schiff hatte ein Deplacement von 24.724 t, die Baukosten betrugen 45,173 Mill. Mk. Die Dreisatz AEG-Curtis-Turbinen wurden von der Werft gebaut, sie hatten 42.181 wPS. In den Kesselräumen standen 16 Marinekessel für Ölzusatzfeuerung, die mit einem Kesseldruck von 16 atü arbeiteten. Die 3 dreiflügeligen Schrauben hatten einen Durchmesser von 3,75 m. Die Bunker fassten 1.000 bis 3.600 t Kohle und 200 t Öl, mit denen 7.900 Seemeilen mit 12 kn. bzw. 3.900 Seemeilen mit 18 kn zurückgelegt werden konnten. Die Höchstgeschwindigkeit betrug 22,4 kn. Den 225 Volt-Strom für die Bordbeleuchtung und 4 Scheinwerfer lieferten 4 Doppel-Turbinen-Dynamos mit 180 kW. Es gab 2 Ruder und 10 Rettungsboote. Die Krupp-Panzerung in Millimetern von achtern nach vorn betrug: Deck 060 bis 100, Torpedoschott 40, Kommandoturm vorn 0150/400, Kommandoturm achtern 050/200, Geschütztürme 0110/300, Kasematte 170. Die Bewaffnung bestand aus 10 Sk 30,5-cm in Doppeltürmen, 14 Sk 15-cm in Kasematten, 8 Sk 8,8-cm, [später ersetzt durch vier 8,8-cm Flak], fünf 50-cm Torpedorohre als 4 Seiten- und 1 Bugunterwasserrohr. Die Kreiselkompassanlage hatte Anschütz & Co. in Kiel-Neumühlen geliefert. Die Indienststellung erfolgte am 15.10.1912 als Flotten-Flagschiff [bis zum 13.3.1917]. Es machte im Ersten Weltkrieg alle Flottenvorstöße gegen die englische Ostküste mit und war in der Ostsee ebenfalls eingesetzt. Seit dem 25.11.1918 als Flaggschiff des Konteradmirals von Reuter mit der Flotte in Scapa Fow interniert, kenterte das Schiff nach Selbstversenkung auf Befehl des Konteradmirals und ging mit gesetzter Kriegsflagge unter. Nach der Hebung von 1936 bis 29.4.1937, erfolgte der Abbruch in Scapa Flow. Die Schiffsglocke wurde am 30.8.1965 an Deutschland zurückgegeben und befindet sich im Flottenkommando Glücksburg-Mürwick.[397]

Millonenverluste im Marinebau

In der Aufsichtsratssitzung am 8.3.1913[398] berichtete der Vorstand über den Verlauf des Geschäftsjahres 1912 und teilte u.a. mit, »daß die zur Ablieferung gekommenen Bauten für die Kaiserlich Deutsche Marine, einen Verlust von etwa 2 Mill. Mk. gebracht haben.« Wobei es sich um die Schiffe

FRIEDRICH DER GROSSE [2], BRESLAU und 4 Hochseetorpedoboote handelte. Bereits im Geschäftsbericht für 1908 war auf die »sehr ungünstige Preisgestaltung im Bau von Schiffen für die Kaiserliche Marine« hingewiesen worden, was in einem der folgenden erneut wiederholt worden ist, mit der Feststellung, »daß die dem Schiffbau von der Kaiserlichen Marine [...] zugewiesenen Aufträge auf große Typen zu verlustbringenden Bedingungen erfolgten.« Wofür nicht zuletzt die vom RMA bewust geförderte Konkurrenzsituation der Privatwerften erheblich beigetragen hatte.

Auf Grund dieser Situation hatte der Vulcan den Versuch unternommen, mit anderen Werften ein Kartell zu bilden. Im erwähnten Geschäftsbericht heißt es hierzu: »Es hat sich aber leider ergeben, daß der Syndikatsgedanke einzelnen Werftgesellschaften noch zu fremd war und als ein Bewegungs- und Entwicklungshemnis empfunden wurde. Nach dem Scheitern dieser Verhandlungen, ist dann noch Anfang 1913 bei der Submission um ein deutsches Linienschiff von 4 Werften der Versuch gemacht worden, durch Abgabe eines durch Vergleich selbstständig aufgestellter Kalkulationen ermittelten Preises, die Inbaugabe eines solchen Schiffes mit einem sehr bescheidenen Gewinn anzustreben. Der Erfolg war negativ.[399]

Große Torpedoboote V 1 bis V 6

Sie gehörten mit den 6 Booten der Germaniawerft zu der Flottille, die im Etatjahr 1911 bewilligt und in Bau gegeben wurde.[400] Sie waren kleiner konstruiert als ihre Vorgänger und erhielten die Bau-Nrn. 317–320, 335 und 336, kosteten je Boot 1,664 Mill. Mk. und hatten ein Deplacement von 569 t. Die Länge über alles betrug 71,10 m, die Breite 7,60 m, der Tiefgang vorn 3,11 m, achtern 3,06 m, die Seitenhöhe 4,10 m. Die 2 Schrauben mit 3 Flügeln hatten einen Durchmesser von 2,08 m. Die Zweisatz AEG-Vulcan-Turbinen brachten eine Leistung von 17.000 wPS, die Höchstgeschwindigkeit betrug 32,9 kn. Den Dampf erzeugten 3 Marine- und 1 Marine-Öl-Kessel mit 18,5 atü Druck. Gebunkert werden konnten 107 t Kohle und 78 t Öl, ausreichend für 1.190 Seemeilen bei 17 kn und 490 Seemeilen bei 29 kn. 2 Turbinen-Dynamos mit 17 kW lieferten den Bordstrom mit 110 Volt. Es gab ein einfahrbares Bugruder und ein Dingi. Die Besatzung bestand aus 3 Offizieren und 71 Mann. Anfängliche gab es eine Bewaffnung von 2 Sk 8,8-cm in Torpedobootslafetten, 4 Maschinengewehre und vier 50-cm Deckstorpedorohren.

V 1 lief am 11.9.1912 vom Stapel und wurde am 12.11.1912 in Dienst gestellt. Am 8.9.1915 wurde das Boot vom Torpedoboot G 12 durch Ruderversager südlich Hornsriff gerammt. Die Bugtorpedos von V 1 detonierten und brachten G 12 zum Sinken. V 1 wurde nach Wilhelmshaven eingeschleppt. Nach Kriegsende gehörte das Boot zur Reichsmarine, wurde am 27.3.1929 aus der Liste der Kriegsschiffe gestrichen und in Wilhelmshaven abgebrochen.

V 2 lief am 14.10. 1911 vom Stapel und wurde am 28.3.1912 in Dienst gestellt. Das Boote kam in die 2. Halbflottille und gehörte damit zur Schulflottille der Ostseestation. Es nahm unter dem Kommandanten Kapitänleutnant Hoefer an der Skagerrak-Schlacht teil, kam 1918 in der Geleit-Flottille zum Einsatz und gehörte nach Kriegsende zur Reichsmarine. Am 18.11.1929 aus der Liste der Kriegsschiffe gestrichen, erfolgte am 25.3.1930 der Verkauf für 61.000 Mk. zum Abbruch in Wilhelmshaven.

V 3 lief am 15.11.1911 vom Stapel und wurde am 2.5.1912 in Dienst gestellt. Das Boot strandete am 11.4.1913 bei Misdroy auf der Insel Wollin. Hierzu nachstehend drei im Volks-Boten enthaltene Meldungen: »Misdroy [Freitag, 18.4.]. Das gestrandete Torpedoboot V 3 muß aus dem Sande, auf dem es aufgelaufen ist, ausgebaggert werden. Das ist das Resultat der Feststellungen einer Vorkommission, die aus Marineoffizieren bestand, sowie der eigentlichen Kommission, die gestern Vormittag das gestrandete Boot sowie die Unfallstelle besichtigt hat. Das Reichsmarineamt hat die beiden großen Bagger-Firmen ›Vereinigte Bugsier- und Frachtschiffahrts-Gesellschaft Hamburg‹ und ›Spruht‹ in Greifswald zur Abgabe von Kostenanschlägen aufgefordert. Die Baggerdampfer ›Diogenes‹ und ›Rügen‹ sind berereits an der Strandungsstelle eingetroffen.«

[Mittwoch,30.4.] »Das gestrandete Torpedoboot V 3 liegt noch immer an der Strandungstelle bei Misdroy. Zwar ist ein Teil des umliegenden Sandes weggebaggert worden, aber bei dem in den letzten Tagen herrschenden starken Ostwinde sind die freigewordenen Stellen wieder mit Sand angespült. Wahrscheinlich wird das gestrandete Torpedoboot eine Sehenswürdigkeit für die Badegäste werden.« [Sonntag, 6.7.] »Die Strandung des Torpedobootes V 3. Das Kriegsgericht in Wilhelmshaven verhandelte gestern gegen den Kapitänleutnant Siesz und den Obermaschinisten Berendt. Sie waren angeklagt, die Strandung des neuen Torpedobootes V 3 bei Misdroy am 12. April verschuldet zu haben. Beide wurden freigesprochen.« Das Boot ist später repariert worden, am 18.11.1929 aus der Liste der Kriegsschiffe gestrichen und am 25.3.1930 für 71.000 Mk. zum Abbruch in Wilhelmshaven verkauft.

V 4 lief am 23.12.1911 vom Stapel, wurde am 15.6.1912 in Dienst gestellt und ging während der Skagerrakschlacht am 1.6.1916 um 4 Uhr 20 durch Auflaufen auf eine Mine verloren, die Besatzung konnte geborgen werden.

V 5 lief am 25.4.1913 vom Stapel und wurde am 17.7.1913 in Dienst gestellt. Weiteres wie V 2.

V 6 lief am 28.2.1913 vom Stapel, wurde am 17.5.1913 in Dienst gestellt, am 27.3.1929 aus der Liste der Kriegsschiffe gestrichen und in Wilhelmshaven abgebrochen.[401]

Das Linienschiff GROSSER KURFÜRST

Das als Ersatz KURFÜRST FRIEDRICH WILHELM in Auftrag gegebene Großkampfschiff, gehörte zur 1911 bewilligten Königs-Klasse und wurde im Werk Hamburg gebaut. Die 4 Schiffe dieser Klasse hatten ein etwas größeres Deplacement als die Kaiser-Klasse und bedeuteten einen wesentlichen Fortschritt infolge der reinen Mittschiffsaufstellung ihrer Hauptarmierung aus 30,5-cm Geschützen. Da diese als gleichwertig gegenüber den von anderen Staaten eingeführten 34,3 und 35,6-cm Geschützen galten, konnte man an der eigenen Kalibergröße festhalten. Nachdem England das 38,1-cm Geschütz 1912 eingeführt hatte, war auch für die deutschen Linienschiffe ab dem Rechnungsjahr 1913 ein solches Geschütz vorgesehen, was aus Gewichtsgründen allerdings nur unter Verminderung der Anzahl von 10 auf 8 Geschütze möglich war.[402] Für den Ersatzbau HEIMDALL mit der Hamburger Bau-Nr. 4 und der allgemeinen Bau-Nr. 325 fand die Kiellegung im Oktober 1911 statt.[403] Über die Schiffstaufe berichtete das Hamburger Echo am Dienstag, dem 6.5.1913: »Stapellauf eines Kriegsschiffes. Am Montag nachmittag gegen 4½ Uhr wurde auf der Vulcanwerft ein für die deutsche Marine im Bau befindliches Linienschiff [...] vom Stapel gelassen. Das Schiff erhielt den Namen ›Großer Kurfürst‹. Den Taufakt vollzog Prinz Oskar von Preußen, der fünfte Sohn des Kaisers. Nach dem Stapellauf mit einem Ablaufgewicht von 24.000 t, der glatt von statten ging, wurde das Schiff zur weiteren Fertigstellung an der Werft festgelegt. Ende Mai kam es ins Dock, wo die Schrauben und das Ruder angesetzt wurden.«[404]

Während der Bauzeit kam es zu Arbeitsunfällen und sonstigen Vorkommnissen, über die das Arbeiterblatt einige Male berichtete. Wobei interessante Details wie Namen, Bau-Nrn. usw. mitgeteilt werden. So am Sonntag, dem 20. Oktober 1912: »Die üblichen Unfälle auf der Vulcanwerft. Am Sonnabendmorgen bei Arbeitsanfang begab sich der Stemmer Fischer auf die Stellage am Schiff 325, trat hierbei auf ein lose liegendes Brett, welches aufkippte, und Fischer stürzte tief hinunter. Der Bedauernswerte erlitt einen Beinbruch und innere Verletzungen. – Eine Stunde später verunglückte der Arbeiter Graetz dadurch, daß beim Transportieren von schweren Winkelteilen ein solches umschlug und ihm auf den linken Fuß fiel. Die große Zehe wurde hierbei gebrochen.« Oder am Freitag, dem 18.4.1913 in der Spalte »Hafen und Schiffahrt«, unter der Überschrift Unfallstatistik der Vulcanwerft: »Am 15. April stürzten im Lichtschacht am hinteren Schornstein die Maler Becker, Böse und Niemöller mit der Stellage ab. Die Stellage war unrichtig gebaut. Vor den Malern hatten schon andere Arbeiter darauf gearbeitet, ohne daß etwas passierte. Zwei Maler konnten sich auf der unteren Stellage halten, während der erste noch ein Deck tiefer fiel. Diesen fielen zum Überfluß noch die drei gefüllten Farbetöpfe auf den Kopf. Als ein Wunder ist es zu bezeichen, daß keiner verletzt wurde. Am 18. April fiel dem Stemmer Hermann Kröger, der am Hintersteven des Schiffes 325 beschäftigt war, zirka 3½ Meter tief ab. Er trug eine Beinverletzung davon. Der Maschinenbauer Hermann Hauser, wohnhaft Kastanienallee 13, verunglückte am 16. April dadurch, daß ihm ein Maschinenstück auf die Hand fiel. [...]« Über einen Brand wurde am Dienstag, dem 20.1.1914 berichtet: »Feuer an Bord des Kreuzers ›Großer Kurfürst‹: Am Montag nachmittag, bald nach 2½ Uhr, brach an Bord des bei der Vulcanwerft liegenden Kreuzers [...] ein Feuer aus, das die beiden Feuerwehrzüge 2 und 3, sowie das Feuerlöschboot 2 zum Ausrücken zwang. Die Feuerwehrleute fanden einen Brandherd im Turbinenraum vor. Dort brannten Gerüsthölzer. Gemeinsam mit der Werftfeuerwehr bekämpfte man das Feuer, das innerhalb einer Stunde gelöscht war.«

Die Probefahrt begann für das Linienschiff am 15.7.1914. Dabei geriet das Schiff bei Neumühlen auf Grund, kam mit der Flut aber wieder frei. Bei Altenbruch wurden Kohlen genommen und danach die eigentliche Probefahrt in See angetreten.[405] Nach deren Abschluss lief das Linienschiff zur Übernahme nach Kiel. Nicht ohne Interesse dürfte sein, welche Vorgeschichte der Bauauftrag hatte. Die offizielle Ausschreibung war am 22.5.1911 an die Werften Blohm & Voss, Germania, F. Schichau, AG Weser und den Vulcan gegangen, der gegenüber den Mitbewerbern zu dieser Zeit bereits im Vorteil war. Es hatte nämlich schon im Vorjahr eine Kontaktaufnahme mit dem RMA stattgefunden. Mit Datum vom 15.9.1910 berichte-

Linienschiff GROSSER KURFÜRST [aus: Vulcan Werke Hamburg u. Stettin AG, Deutsche Verlagsges.m.b.H. Berlin 1920]

te der Vulcan an den Staatssekretär des RMA über eine Vereinbarung mit der Machinenfabrik Augsburg-Mannheim AG, wodurch der Vulcan »in die Lage gekommen ist, sogenannte Nürnberger Oelmaschinen für Schiffe herzustellen, unter voller Ausnutzung der Erfahrungen der Maschinenfabrik.« Die Herstellung einfach wirkender Zweitakt-Ölmaschinen »kann sofort aufgenommen werden, doppelt wirkende ab 1. Juli 1911«. Weiter heißt es in dem Schreiben: »Da unserem Direktor, Herrn Geheimen Baurat Flohr im Reichs-Marine-Amt mitgeteilt worden ist, daß für die Linienschiffe des Etatjahres 1911 auch der Einbau derartiger Nürnberger Oelmaschinen als Mittelmaschine in Erwägung gezogen ist, bitten Ew. Excellenz wir ganz ergebenst, uns doch gütigst sämtliche Unterlagen für die Ausarbeitung einer Offerte auf ein Linienschiff [...] überlassen zu wollen, da wir den Wunsch haben, [...] in Kürze ein detailliertes Freiangebot vorzulegen.«[406] Wenig später, am 24.9.1910, bestätigt die Direktion den Erhalt eines Schreibens des Staatssekretärs vom 22. September. Darin wird mitgeteilt, dass der Werft die Unterlagen zur Abgabe eines Angebots auf ein Linienschiff des Etatjahres 1911, bei welchem als Mittelmaschine eine Großoelmaschine einzubauen ist, zugehen werden. Abschließend wird die Bitte geäußert, »die Übersendung der Unterlagen nach Möglichkeit beschleunigen lassen zu wollen, damit wir den Termin für die Einreichung unseres Angebots pünktlich einhalten können.«[407] Unter Bezug auf dieses Schreiben fragte die Direktion am 2.2.1911 beim Staatssekretär an, ob es möglich sei, den Ausschreibungstermin zu erfahren, »um unsere Bureau-Dispositionen für die Sommer-Beurlaubungen unserer Beamtenschaft eventuell so einrichten zu können, daß zurzeit der bezüglichen Projektirungs-Arbeiten unsere Bureaux komplett sind.«[408] Ob die gewünschte Auskunft erteilt wurde, konnte nicht ermittel werden.

Mit welchem Interesse Kaiser Wilhelm II. die Entwicklung der Marine verfolgte, macht eine Depesche deutlich, die am 23.7.1911 von Bord der HOHENZOLLERN [1] an das RMA ging: »Seine Majestät der Kaiser befehlen Drahtmeldung darüber, welche technischen Fragen bei der Linienschiffs-Vergebung schweben sowie darüber, in wieviel Tagen Entscheidung zu erwarten, möglichst auch darüber, welche Werften warscheinlich Zuschlag erhalten. v. Müller.«[409] Der zu dieser Zeit in St. Blasien weilende von Tirpitz wurde umgehend von Berlin aus von der kaiserlichen Anfrage unterrichtet unter Beifügung eines Antwortentwurfs, mit dem der Staatssekretär aber nicht einverstanden war, wie folgendem Telegramm vom 23. Juli zu entnehmen ist: »ss sanktblasien 98 5-50 s . antwort betreffend stand der vergebung scheint mir nicht eingehend genug um beruhigend zu wirken / erbitte drahtlich antwortsentwurf etwa in folgender form / offerten sind 19. juli eingegangen / hovald u. blohm scheiden aus wegen zu hoher preise blohm reflektirt auf grossen kreuzer / uebrigen werften preise fast gleich und annehmbar genaue technische pruefung der eingereichten offerten durchaus nothwendig / hier muessen einige gruende folgen / germania hat besondere eigene oelmaschinen angeboten / genehmigung zur vergebung wird telegraphisch erbeten werden /

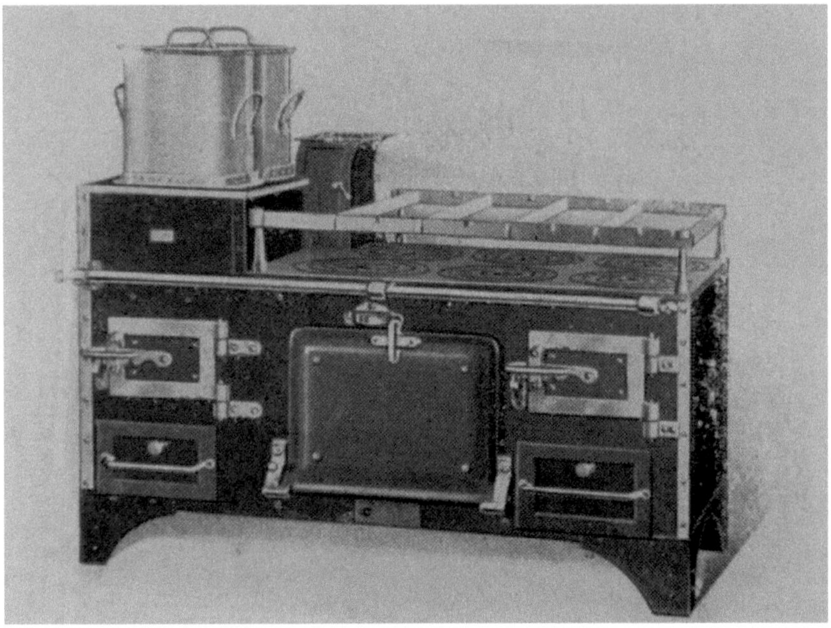

Torpedobootsherd mit Dampfbetrieb System Voss [aus: Vulcan Werke Hamburg u. Stettin AG, Deutsche Verlagsges.m.b.H, Berlin 1920]

kann mehr gesagt werden desto besser ich will telegramm von hier aus absenden erbitte daher gleicheitig hohenzollern adresse = tirpitz =«[410] Die daraufhin am 25. Juli von Berlin nach St. Blasien geschickte »Reichsdienstdepesche -Ganz geheim-« hatte folgenden Wortlaut: »Linienschiffsangebote sind 19. Juli eingegangen. Howaldt und Blohm scheiden aus wegen zu hoher Preise. Preise der übrigen Werften im ganzen annehmbar. Genaue Prüfung der Angebote und Verhandlungen aus folgenden Gründen durchaus notwendig. Keine Firma ist gleichzeitig für alle vertraglich festzulegenden Ausführungsarten Mindestfordernde, Gewichtsforderungen sind zu hoch, über wichtige Einzelheiten der Bauausführung wie Ölmaschinen, Turbinensyteme, elektische Anlagen, Geschützmontage, Torpedoschott-Nietung herrschen noch Unklarheiten in den Angeboten. Schichau-Angebot auch sonst unvollständig und unklar. Deshalb noch unbestimmt, wann und welchen Werften Zuschlag erteilt werden kann. Genehmigung zur Vergebung wird telegraphisch erbeten werden.«[411]

Am 10.8.1911 wies von Tirpitz das RMA an, die Bauzeiten zu drücken. Das entsprechende Telegramm hatte folgenden Wortlaut: »ss sanctblasien 24 9-10, ersuche wenn moeglich bauzeit linienschiffe bei vulcan und weserwerft noch zu kuerzen / bei grossem und kleinen kreuzer ebenfalls auf verkuerzung bauzeiten druecken = tirpitz.«[412] Die Auftragserteilung zum Bau eines Linienschiffes, teilte der Staatssekretär dem Vulcan telegrafisch mit Datum vom 11.8.1911 mit: »Sie erhalten hiermit den Zuschlag auf den Bau des Linienschiffes Ersatz Kurfürst Friedrich Wilhelm auf Grund Ihres Verdingungsangebotes und der im Reichs-Marine-Amt protokollirten, von Ihnen vollzogenen Verhandlungen. Eingehendes Zuschlagschreiben vom Marineamt folgt.«[414] Die Direktion reagierte umgehend und bedankte sich telegrafisch am 12. August beim RMA und dem Staatssekretär: »Stettin-Bredow, 12. August 1911. Seiner Excellenz, Staatssekretär von Tirpitz, St. Blasien. Eurer Excellenz danken wir ganz verbindlich für die Zuschlagserteilung für den Bau des Linienschiffes [...]. Wir empfinden diese uns von der Kaiserlichen Marine erwiesene Auszeichnung als ein besonderes Wohlwollen Eurer Exzellenz und bitten, die Versicherung entgegen zu nehmen, daß wir mit unserem ganzen Können dahin streben werden, durch die Art der Erledigung des Bauauftrages uns die volle Zufriedenheit Eurer Excellen zu erwerben. Direction Vulcan.[415]

Das ohne kaiserliche Genehmigung die Bauaufträge nicht vergeben werden konnten, geht aus nachfolgendem Telegramm an das RMA – mit Eingangsstempel Berlin 8.8.11. 7[30] – hervor: »nach eingang heutigen telegramms wonach verhandlungen geschlossen / nehme an dass genehmigung des kaisers eingeholt werden kann / dass linienschiffe an vulcan und weser vergeben werden / schichau werde dann eventuell kleine kreuzer erhalten / antwort = tirpitz +«[416] Den Erhalt der offiziellen Ausschreibungsunterlagen vom 22.5.1911, bestätigte die Direktion des Vulcan am 26. Mai d. J.[417] Und mit Schreiben vom 9. Juni teilt der Vulcan dem »Herrn Staatssekretär des Reichs-Marine-Amts« den Erhalt eines Schreibens vom 2. Juni mit und erwähnt, »daß wir die dortseits verfügten Aenderungen in den Vertragsentwürfen für ›Ersatz Kurfüst Friedrich Wilhelm‹ vorgenommen haben.«[418]

Auch Blohm & Voss erhielt die Ausschreibungsunterlagen mit Datum 22. Mai, in dessen Bestätigung vom 26. d. M. als »vorgeschriebener Termin« der 19. Juli d. J. genannt wird.[419] Die Elbinger Werft F. Schichau[420] und Blohm & Voss Hamburg[421] hatten die Unterlagen mit Datum 1. Juli erhalten und am 5. bzw. 6. Juli bestätigt. Die Actien-Gesellschaft »Weser« erhielt die Unterlagen erst mit einem Schreiben vom 11. Juli und teilt in der Bestätigung mit »und werden wunschgemäß in dem Angebot auf das Linienschiff [...] einen Einheitspreis von M 400,-- pro Tonne für das unbearbeitete Walzmaterial der Bauteile einsetzen, für die 100 mm dicke Platten aus niedrigprozentigem Nickelstahl No. 81 vorgeschrieben sind, und werden dies in dem Angebotsschreiben besonders vermerken.«[422]

Mit Datum vom 14.8.1911 bestätigte die Direktion des Vulcan das Schreiben des RMA vom 12.

d. M. und bedankte sich »nochmals ganz verbindlichst für den uns erteilten Zuschlag auf den Bau und die Lieferung des Linienschiffes Ersatz Kurfürst Friedrich Wilhelm. Mit dem Inhalt des Auftragsschreibens erklären wir uns in allen Punkten einverstanden.«[423] Einige interessante Detailangaben sind in einem Schreiben, datiert 21.8.1911, enthalten. Darin wird dem Staatssekretär mitgeteilt, »dass, wenn statt des Nickelstahls nach Nr. 81a der Materialvorschriften, Material nach 81 zur Verwendung gelangt, ein Minderpreis von M. 13.000 [...] entstehen wird.« Außerdem wurde darum gebeten, »als spätesten Termin für das Ausrichten der Geschützstände, den 12. Dezember 1912, für die Auslieferung der Lafettenteile pp. den 11. Februar 1913, für den Beginn der groben Bordmontage ebenfalls den 11. Februar 1913, für den Beginn der Elektromontage den 11. Mai 1913, für den Beginn der Erprobung und Einregulierung den 11. August 1913 und für die Lieferung von Strom den 1. September 1913 festlegen zu wollen.«

Auch hatte man davon Kenntnis genommen, »dass die Panzerplatten für die Drehtürme und die Schmiedestücke [...] bei der Firma Fried. Krupp [...] bestellt sind und bitten wir ganz ergebenst, tunlichst bald über die Lieferung des übrigen Panzermaterials Entscheidung zu treffen, damit die Loseinteilung pp. umgehend von uns vereinbart werden kann.« Abschließend wurde darum gebeten, falls die Ablieferung des Schiffes an die Kaiserliche Werft Kiel erfolgen sollte, spätestens am 1. Januar 1914 davon unterrichtet zu werden. Das RMA reichte das Schreiben an die Baubeaufsichtigung weiter, dessen Eingangstempel – Baubeaufsichtigung Vulcanwerft – das handschriftliche Datum 25.8.11 trägt.[424] Ein weiteres Schreiben vom 6.9.1911 enthält einige Teilbeträge für den Schiffskörper, die Turbinen- und Ölmaschinenanlage und die maschinenbaulichen Anlagen für Schiffszwecke. »Von dem vereinbarten Preise entfallen auf den Schiffskörper: 9.506.300,-- auf die Turbinenanlage 2.080.000,-- ›auf die Oelmaschinenanlage 2.088.600,--, auf die Kesselanlage 9.408.400,-- auf die maschinenbaulichen Einrichtungen für Schiffszwecke 2.527.700,-- davon für den maschinenbaulichen Teil der Lieferungen und Leistungen für die artilleristische Armierung: a) 72.000,--, b) 99.500,-- M.[425] - »Angebot auf ein Linienschiff«[426] - »Verdingungsangebote, ermäßigte Angebote für die 1911-Linienschiffe bzw. ersatzweiser Verwendung [...]«[427] - »Zeichnungen usw. Die Indienststellung zur Probefahrt in der Nordsee erfolgte im Sommer 1914. Während der Messfahrt betrug die Leistung der 3 Wellen je 12.030 PSe bei 251 Umdrehungen pro Minute.[428]

Der Amtsentwurf in Quer- und Längsspant-Stahlbau hatte 18 wasserdichte Abteilungen und einen 88 % Doppelboden. Für den Krupp-Panzer sind folgende Abmessungen in mm angegeben: Deck 060-100, Torpedoschott 40, Kommandoturm vorn 0150/300, achtern 050/200, CWL 0-180-350-120 bzw. 0-130-180-120, Geschütztürme 0110/300, Kasematte 170 (80). Die Armierung bestand aus 10 Sk 30,5-cm, 14 Sk 15-cm, 6 Sk 8,8-cm, 2–4 Flak 8,8-cm und fünf 50-cm Torpedorohren als 4 Unterwasserseiten- und einem Unterwasserbugrohr.[429]

Die Länge über alles betrug 175,4 m, die Breite 29,5 m, der Tiefgang vorn 9,19 m, achtern 9,00 m, die Seitenhöhe 12,18 bzw. 14,40 m. Das Deplacement betrug 5.796 t, die Baukosten werden mit 45 Mill. Mk. angegeben. Der Antrieb erfolgte über eine Mittelölmaschine MAN 6zylinder Zweitakt-Großdiesel von 12,000 wPS und 2 Seitenturbinen System AEG-Vulcan mit einer Gesamtleistung von 45.100 PS. Mit den 3 dreiflügeligen Schrauben wurde eine Höchstgeschwindigkeit von 21,2 kn. erreicht. In den Kesselräumen standen 3 Öl-Marinekessel und 12 Marinekessel, mit einem Arbeitsdruck von 16 atü. Gebunkert werden konnten 850 bis 3.000 t Kohle und 150 bis 600 t Öl. Damit wurden bei 12 kn Marschfahrt 8.000 Seemeilen und bei 18 kn 850 Seeemeilen zurückgelegt. Für die 4 Scheinwerfer und den Bordtsrom mit einer Spannung von 225 Volt sorgten 4 Turbinen- und 2 Dieseldynamos mit zusammen 2.040 kW. Es gab 2 Ruder und 10 Rettungsboote. Zu Letzteren gehörten gemäß Bauvorschrift S I 46, 2 Motorboote Kl. A, 1 Dampfbeiboot Kl. I, 1 Motorboot Kl. III und 1 Motorboot Kl. C als Chefboot. Außerdem war eine der beiden Barkassen mit einem Hilfsmotor versehen. Die Kreiselkompassanlage hatte Anschütz & Co. geliefert. Die Besatzung bestand aus 14 Offizieren und 1.095 Mannschaften. Das Linienschiff gehörte seit dem 30.7.1914 zur Flotte, hatte an der Skagerakschlacht teilgenommen, war seit dem 26.11.1918 in Scapa flow interniert und ist dort am 21.6.1919 durch Selbstversenkung gesunken. Das Wrack wurde am 29.4.1938 gehoben und in England verschrottet.[430]

Der Kleine Kreuzer WIESBADEN [1]

Nach dem Geschäftsbericht über das Jahr 1913 waren 1914 für die deutsche Marine neu hinzugekommen bzw. noch im Bau: Die Kaiserliche Yacht Ersatz HOHENZOLLERN [2], 12 Hochseetorpedoboote und der Kleine Kreuzer Ersatz GEFION [mit Föttinger Transformator].[431] Der

Föttinger Transformator mit Vorwärts- und Rückwärtskreislauf, eingebaut im Kl. Kreuzer WIESBADEN [1] [aus: Vulcan Werke Hamburg u. Stettin AG, Deutsche Verlagsges.m.b.H, Berlin 1920]

Kleine Kreuzer war im Sommer 1913 im Werk Hamburg mit der allgemeinen Bau-Nr. 357 auf Stapel gestellt und am 15.1.1915 zu Wasser gebracht worden.[432] Mit Schreiben vom 9.4.1913 und unter Bezug auf eine Besprechung des Direktors Dr. Bauer im Reichs-Marine-Amt mit dem Geheimen Admiralitätsrat von Cölln und Oberbaurat Reitz, bedankte sich der Vulcan »für die Aufforderung zur Einreichung eines Angebots auf einen kleinen Kreuzer mit Turbo-Transformator-Antrieb ganz verbindlichst.« Weiter wurde der Empfang entsprechender Unterlagen bestätigt, die Dr. Bauer aus Berlin mitgebracht hatte. Die Aufzählung enthält Inbaugabebedingungen, die Angebotsformulare A und F, mehrere Vertragsentwürfe für unterschiedliche Antriebsausführungen, 18 Verdingungszeichnungen, 4 Verdingungs-Bauvorschriften, 1 Geheimanlage zur Bauvorschrift, 1 Materialverteilung, je 1 Zeichnung 1913 C für die Maschinenanlage, die Kesselanlage, die Wasserrohrkessel.[433] Weitere Seiten des Schreibens sind anscheinend nicht mehr vorhanden.

Mit Datum Hamburg, 17.5.1913, wurden die Angebotsunterlagen, bestehend aus den unterschriebenen Bauvorschriften, Zeichnungen und Berechnungen, an das RMA geschickt. Die erhalten gebliebene erste Seite des Schreibens enthält in einer Aufzählung »berichtigte und unterschriebene Bauvorschriften für den Schiffskörper, für die Hauptmaschinen [2 Turbinensätze auf 2 Wellen], für die maschinenbaulichen Einrichtungen für Schiffszwecke und die Zeichnung der Hochdruck-Turbine, der Niederdruck- und Rückwärts-Turbine für direkten Turbinenantrieb.«[434] Eine weitere Besprechung im RMA hatte am 23. Mai d. J. stattgefunden, an der neben den oben genannten als weiterer Teilnehmer aus dem RMA Geheimrat Bürkner genannt wird. Unter Bezug auf dieses Treffen machte der Vulcan am 26. Mai eine sechsseitige Nachtragsofferte: »Wir sind bereit den Preis auf den kleinen Kreuzer [...] gegenüber unserer Offerte vom 17. Mai 1913 [...] zu ermäßigen unter den im Nachstehenden aufgeführten Bedingungen, wobei wir entsprechend dem von den Herren des Reichs-Marine-Amts geäusserten Wunsche, vier verschiedene Preise aufgeben, [...]«. Diese unterschieden sich dahingehend, ob der Kreuzer mit direktem Turbinenantrieb im Werk Hamburg oder Stettin oder mit Turbotransformatorantrieb in einem der beiden Werke gebaut wird. Für Hamburg und mit direktem Turbinenantrieb werden 7.335 Mill. Mk. angegeben, für die Alternative 7.125 Mill. Mk; für Stettin mit direktem Turbinenantrieb 7.150 Mill. bzw. 6.845 Mill. Mk.

Weitere interessante Einzelheiten sind der Hinweis darauf, dass man »als Liferantin der elektrischen Anlage sowie der Turboluft- und Turbospeisepumpen, die A.E.G. Berlin in Aussicht genommen«; bei der erstgenannten Preisreduzierung als Voraussetzung darum bat, die erste Rate um 500.000 auf 1.500.000 Mk. und die 2. und 3. Rate um je 250.000 auf 750.000 Mk. zu erhöhen und »dafür die 6, 7 und 8 Rate gleichmäßig entsprechend zu verringern«; beim Bau des Schiffes in Stettin, die auch für Hamburg geltende Lieferzeit von 23 Monaten, wegen der starken Beschäftigung »im jetzigen Zeitpunkt« auf mindestens 28 Monate erhöht wird«. Außerdem ist zweimal der Hinweis auf Probefahrt- bzw. Prüffeldergebnisse »des Seebäderdampfers« [KÖNIGIN LUISE] enthalten, dessen Ergebnisse das RMA als Maßstab für Zustimmung oder Ablehnung des Föttinger Transformators ansah.[435] Diese Offerte hatten die Direktoren Stahl und Dr. Bauer persönlich im RMA übergeben und dabei einige Vorbehalte gemacht, welche »wunschgemäß« in einem Schreiben vom 29.5.1913 formuliert wurden. Interessant ist der Schlussabsatz. »Sollten Ew. Exellenz nicht in der Lage sein unser [...] Angebot anzunehmen und mit einer anderen Werft [...] in Unterhandlungen treten, [...] so würden wir unsere Offerte als verfallen betrachten; wir bitten, diese Stellungnahme damit zu erklären, daß wir überzeugt sind, ein niedriges Angebot eingereicht zu haben und angesichts der ungünstigen Lage des deutschen Schiffbaues uns nicht den Vorwurf unserer Konkurrenz aussetzen möchten, durch Angebote dieser Art die Entschließungen unserer Kollegen in wirtschaftlich ungünstiger Weise beeinflusst zu haben.«[436]

Der definitive Zuschlag erfolgte am 29.6.1913, wofür die Direktion »für diesen erneuten Beweis des Vertrauens« ihren »verbindlichsten Dank« mit einem Schreiben vom 30. Juni d. J. übermittelte.[459] Ebenfalls mit diesem Datum wurde um Zahlung der ersten Rate in Höhe von 1,5 Mill. Mk. gebeten. Dieser Betrag sollte je zur Hälfte an die Berliner Bankhäuser Samuel Bleichröder und Berliner Handels-Gesellschaft überwiesen werden.[437] Außerden war ein Bürgschein[438] beigefügt, »[...] für die Erfüllung der sämtlichen von der Firma Vulcan [...] übernommenen Verbindlichkeiten verbürge ich mich [...] selbstschuldnerisch [...] bis zum Betrage von [...] Eine Million fünfhunderttausend Mark. Berlin, den 1. Juli 1913 gez. S. Bleichröder.«[439] Einem Schreiben vom 15.10.1913 nach setzten sich die »Zuschlagspreise« [...] zusammen für das Schiff mit Transformatorantrieb: Schiffskörper 3.048.300 Mk., Maschinenanlage 1.740.800 Mk., Kesselanlage 1.303.000 Mk. und maschinenbauliche Einrichtungen für Schiffszwecke 752.900 Mk., mit einem Gesamtbetrag von 6.845.000 Mark.[440]

Die günstigen Ergebnisse der ersten Bordanlagen des Übersetzungsgetriebes für Schiffsturbinen bei KÖNIGIN LUISE und FÖTTINGER TRANSFORMATOR hatten das RMA veranlasst, auf dem Kleinen Kreuzer diese Anlage einbauen zu lassen. Die 2 Transformator-Aggregate mit einem Wirkungsgrad von 91% leisteten je 20.000 Wellenpferde. Die Dampfturbine machte 1.200 Umdrehungen in der Minute, die Schrauben 315, sodaß die Anlage ein Übersetzungsverhältnis von 1: 3,8 hatte. Jeder Transformator besaß einen Vorwärts- und Rückwärtskreislauf, die in einem gemeinsamen Gehäuse untergebracht waren, sodaß der Einbau besonderer Rückwärtsturbinen unnötig war.[441] Die 1915 in der Ostsee durchgeführte Messfahrt ergab eine Leistung pro Welle von 19.765 PS bei 330 Umdrehungen pro Minute, womit eine Geschwindigkeit von 27,3 kn erreicht wurde. Die dreiflügelige Schraube hatte einen Durchmesser von 3,55 Meter. Der Amtsentwurf von 1912 hatte eine Länge über alles von 145,3 m und eine Breite von 13,9 m, einen Tiefgang vorn von 6,06 m, achtern von 5,76 m und eine Seitenhöhe von 8,62 m. Als Deplacement werden 5.180 t angegeben. Die Bunker fassten 350 bis 1.280 t Kohle und 150 bis 470 t Öl, mit denen 4.800 Seemeilen bei 12 kn Marschfahrt oder 1.200 Seemeilen mit Höchstfahrt zurückgelegt werden konnten. Der Diesel-Dynamo mit 300 kW lieferte 220 Volt für den Bordstrom und 3 Scheinwerfer. Es gab 1 großes Dampf- bzw. Motorbeiboot als Chefboot und 5 weitere Rettungsboote.

Die Armierung bestand aus 8 Sk 15-cm, 4 Flak 5,2-cm, vier 50-cm Torpedorohre, je 2 als Unterwasserseiten- und Decksrohre sowie 120 Minen. Die Besatzung hatte eine Stärke von 474 Mann. Der Kleine Kreuzer kam am 20. 8.1915 zur Flotte und wurde in der Skagerrakschlacht am 31. Mai 1916 gegen 17 Uhr manövrierunfähig geschossen. Das Schiff sank am nächsten Tag mit 589 Mann,[442] unter ihnen Johann Kinau, bekannt als »Gorch Fock«, der einmal schrieb: »Wir Toten sind nicht tot – ich gehe mit. Unsichtbar bin ich nur, unhörbar ist mein Schritt!«

Die Kaiserliche Yacht HOHENZOLLERN [2]

Die im Etatjahr 1912 für das Bauprogramm 1913/14 bewilligte neue Kaiseryacht [443] wurde mit der Bau-Nr. 352 als Ersatz HOHENZOLLERN [1] 1913 in Stettin auf Stapel gestellt. »Mit ihrer Fertigstellung kann zum Sommer 1915 gerechnet werden«, ist Nauticus 1913 zu entnehmen. Für die Bauaufsicht war der bisher bei der AG Weser eingesetzte Marinebauführer Martin Roellig kommandiert worden. Nach der kriegsbedingten Einstellung der Arbeiten übernahm er die maschinenbauliche Aufsicht für alle Marinebauten und Reparaturen in Stettin. 1921, nachdem R. inzwischen zum Marinebaurat befördert war, trat er bei der Verkleinerung der Marine und damit auch der Beamtenschaft zum Reichsausschuss für den Wiederaufbau der Handelsflotte über und erhielt die Bauaufsicht mit Sitz in Stettin für alle von Rostock bis Memel ausgeführten Neubauten und Reparationslieferungen.

Die Yacht lief am 29.9.1914 vom Stapel und sollte nach der Planung die erste Probefahrt am 1. Dezember d. J. absolvieren. Durch Streiks, die 1913 mehrere Wochen dauerten, kam es zu Bauverzögerungen. Man kann davon ausgehen, dass diese letztlich dazu führten, dass das Schiff nicht mehr fertig gestellt werden konnte, denn der Baustop erfolgte 8 Monate vor der Fertigstellung. Die Kessel und etwa 4.000 t Einrichtungsmaterial waren zu diesem Zeitpunkt bereits eingebaut, die Turbinenanlage allerdings noch nicht. Der Amtsentwurf mit 15 wasserdichten Abteilungen und einem 72% Doppelboden, hatte eine Länge von 137,40 m, eine Breite von 19,00 m, einen Tiefgang vorne von 6,40 m und Achtern von 6,10 m. Das Deplacement betrug 7.324 t. Als Antriebsmaschinen waren 3 Satz AEG-Turbinen mit Föttinger

Transformator vorgesehen. Die 3 Schrauben mit 3 Flügeln hatten einen Durchmesser von 2,20 m. In den Kesselräumen standen 8 Kohle-Marinekessel und 2 Öl-Marinekessel, der Arbeitsdruck wird mit 16 atü angegeben. Die Bunker waren für 1.000 t Kohle und 520 t Öl dimensioniert, ausreichend für 2.000 Seemeilen bei 19 kn Fahrt. Als Besatzung waren 15 Offiziere und 435 Mann vorgesehen. Die Bewaffnung sollte aus zwei 5,2-cm Flakgeschützen bestehen, die im Mobilmachungsfall durch 4 Sk 10,5-cm und zwei 5,2-cm Flakgeschütze verstärkt werden sollte.

Das Schiff wurde in Stettin am 9.3.1918 zum Union-Bollwerk verlegt und am 17.11.1919 aus der Liste der Kriegsschiffe gestrichen, am 15.4.1920 nach Kiel überführt und 1923 bei Deutsche Werke Kiel abgebrochen.[444] Hierzu stellte ein Zeitungsbericht am 7.4.1922 fest: »Hohenzollern auf Abbruch. [...] Der vor dem Kriege von Stapel gelassene Ersatzbau der Kaiseryacht Hohenzollern, der [...] auf dem toten Oderarm nahe der Stettiner Vulcanwerft ankerte, ist jetzt auf Abbruch nach Kiel verkauft. Das Schiff wird von einem Hamburger Schlepper [...] überführt. Lange genug hat das unvollendete Prunkschiff im Wasser gelegen. Da man nun aber einsieht, daß es mit der einstigen Hohenzollern-Herrlichkeit endgültig aus ist, hat dieses Symbol des verschwendungssüchtigen Wilhelm keinerlei Bedeutung mehr. Hoffentlich lassen sich die nationalistischen Blätter die Gelegenheit zu einem tränenduseligen Nekrolog nicht entgehen.« Und am 22. d. M. wird gemeldet: »Der Neubau Hohenzollern, der am 15. d. M. von hier nach Kiel geschleppt worden ist, hat seinen Bestimmungsort erreicht.«[445]

Große Torpedoboote V 25 bis V 30

Von der Flottille des Etats 1913 wurde je die Hälfte von Schichau und Vulcan-Stettin gebaut. Erstere erhielten Schichau-, Letztere direkt wirkende AEG-Vucan-Turbinen. Die Einstellung in die Front war zum Herbst 1914 vorgesehen.[446] Die Boote mit den Bau-Nrn. 346–351 waren 1913 auf Stapel gestellt und in Querspant-Stahlbau mit 10 bis 12 wasserdichten Abteilungen gebaut worden. Sie hatten ein Deplacement von 812 t, eine größte Länge von 78,74 m, eine Breite von 8,33 m, einen Tiefgang vorn von 3,33, achtern von 3,63 m, die Seitenhöhe betrug 4,6 m. Den Dampf erzeugten 3 Marine-Öl-Kessel mit einem Druck von 18,5 atü. Die 2 Schrauben hatten 3 Flügel und einen Durchmesser von 2,46 m. Die Maschinenhöchstleistung bei der Meilenfahrt betrug 24.800 wPS, die damit erzielte Höchstgeschwindigkeit 36,3 kn, während die normale Höchstgeschwindigkeit 32,5 kn betrug. Die 225 t Bunkeröl waren ausreichend für 1.180 Seemeilen bei einer Durchschnittsgeschwindigkeit von 20 kn. Die Bewaffnung bestand aus 3 Torpedoboots-Kanonen 8,8-cm, 4 MG und sechs 50-cm Torpedorohren. Für 12 mitgeführte Minen gab es eine Minenkippbühne. V 25 hatte vorrübergehend ein Schwimmerflugzeug auf der Plattform für die Sk. Das Ladegeschirr befand sich zwischen den beiden Schornsteinen, von denen der achtere einen ovalen Querschnitt hatte. Die Besatzungen bestanden aus 3 Offizieren und 80 Mann. An Rettungsbooten hatten alle Boote bis V 84 einen Kutter und ein Dingi, 2 Turbinen-Dynamos mit 110 Volt, 28 kW, 1 Heck- und 1 einfahrbares Bugruder.[447]

V 25 lief am 29.1.1914 vom Stapel, wurde am 27.6. d. J. in Dienst gestellt und war im Ersten Weltkrieg u.a. in der Nordsee im Küstenschutz eingesetzt. Das Führerboot der 18. Torpedobootsflottille sank am 13.2.1915 während der Sicherung einer Minenaufgabe südwestlich Amrum nach einem Torpedotreffer eines britischen U-Bootes, nach einer anderen Quelle durch Minentreffer und mit 79 Toten.

V 26 lief am 21.2.1914 vom Stapel, wurde am 1.8.1914 in Dienst gestellt und war ebenfalls u.a. im Küstenschutz eingesetzt. Die Auslieferung als britische Kriegsbeute erfolgte am 14.6.1920, der Abbruch 1922 in Portishead.

V 27 lief am 26.3.1914 vom Stapel und wurde am 2.9.1914 in Dienst gestellt. Das Boot wurde in der Skagerrakschlacht am 31.6.1916 durch Artilleriefeuer britischer Kreuzer versenkt, die Besatzung im feindlichen Feuer von V 26 geborgen.

V 28 lief am 9.5.1914 vom Stapel und wurde am 16.10.1914 in Dienst gestellt. Weiteres wie V 26.

V 29 lief am 18.9.1914 vom Stapel und wurde am 19.10.1914 in Dienst gestellt. Das Boot ging ebenfalls in der Skagerrakschlacht am 31.6.1916 unter, nach Torpedotreffer des britischen Zerstörers PETARD, wobei es 43 Tote gab.

V 30 lief am 18.9.1914 vom Stapel, wurde am 16.11.1914 in Dienst gestellt und sank auf Internierungsfahrt nach Scapa Flow, am 20.11.1918 in der Nordsee nach Minentreffer, wobei es zwei Tote gab.[448]

Große Torpedoboote V 43 bis V 48

Diese Boote gehörten zur Flottille des Etatjahres 1914, deren andere Hälfte an die Germaniawerft ging.[449] Sie waren mit den Bau-Nr. 358–363 im Jahre 1914 in Stettin auf Stapel gestellt und in Querspant-Stahlbau mit 10 bis 12 wasserdichten

Torpedoboot V 3 am 18. Juli 1912 auf Strand gesetzt [aus: Kalender d. Deutschen Flotten-Vereins f. d. Jahr 1914: Die Kriegs- u. Handelsmarinen im Jahre 1912/13]

Abteilungen gebaut worden. Der Mobilmachungs-Typ war zum Teil auf Stapel verlängert worden. V 43–V 46 hatten ein Deplacement von 852 t, V 47 und V 48 von 924 t. Bei V 43–V 46 betrug die größte Länge 79,65 m, die Breite 8,32 m, der Tiefgang vorne 3,96 m, achtern 3,61 m, die Seitenhöhe 4,60 m. Für V 47 und V 48 galten die Abmessungen: 83,10 m, 8,32 m, 3,40 m, 3,90 m, 4,60 m. Bis auf V 46 mit Föttinger Transformator hatten alle Boote zwei Satz AEG-Vulcan-Turbinen, direkt wirkend. Die beiden dreiflügeligen Schrauben hatten einen Durchmesser von 2,50 m. Die Kesselanlage bestand aus 2 Marine-Öl und 1 Marine-Öl-Doppelkessel mit 18,5 atü Arbeitsdruck.

Um den Fahrbereich zu vergrößern, waren im März 1915 V 47 und V 48 für den Einbau zusätzlicher Bunker um ca. 3,50 m verlängert worden. Bei den nicht verlängerten Booten waren zusätzliche Querbunker vor dem vorderen Ölbunker durch Verkleinerung der Mannschaftsräume eingebaut worden. Außerdem wurden Wallgangszellen für eine weitere Treibstofflagerung genutzt.

Bei V 43–V 48 erfolgte 1918 ein Umbau der oberen Brücke, der vordere Schornstein wurde erhöht und ein hinterer Scheinwerferpodest errichtet. Die Armierung war wie bei V 25–V 30. V 47 und V 48 erhielten ab Sommer/Winter 1916 drei Sk 8,8-cm in Torpedobootslafette; alle Boote hatten 24 Minen an Bord und eine Minenkippbühne. Bei V 43– V 46 betrug die Maschinenhöchstleistung bei der Meilenfahrt 24.700 wPS, die damit erzielte Höchstgeschwindigkeit 36,2 kn, mit 24.000 wPS wurden 34,5 kn erreicht. Die maximal 296 t Bunkeröl waren ausreichend für 1.750 Seemeilen bei 17 kn Fahrt und für 1.270 Seemeilen bei 20 kn. Bei V 47 und V 48 galten die Zahlen 25.200 wPS / 34,4 Kn, 24.000 wPS / 33,5 kn 338 t für 2.050 Seemeilen / 17 kn, 1810 Seemeilen bei 20 kn. Die Besatzungsstärke betrug 3 Offiziere und 82 Mann bei allen Booten, es gab einen Kutter und ein Dingi.

V 43 lief am 27.1.1915 vom Stapel und wurde am 28.5.1915 in Dienst gestellt. Seit dem 22.11.1918 in Scapa Flow interniert, misslang die Selbstversenkung am 21.6.1919, das Boot strandete. Abgeborgen im September 1919, war es ab 4.6.1920 Versuchsboot der US-Navy und wurde am 30. August d. J. aufgelegt. Nach Artilleriebeschuss durch das US-Schlachtschiff FLORIDA sank das Boot am 15.7.1921 vor Cape Henry, Virginia.

V 44 lief am 24.2.1915 vom Stapel und wurde am 22.7.1915 in Dienst gestellt. Seit dem 22.11.1918 in Scapa Flow interniert, wurde das Boot am 21.6.1919 von der Mannschaft versenkt, 1925 gehoben und von Cox & Danks abgebrochen.

V 45 lief am 29.3.1915 vom Stapel und wurde am 30.9.1915 in Dienst gestellt. Für Mitte November 1917 wird Kapitänleutnant Lassmann als Kommandant genannt. Seit dem 22.11.1918 in Scapa Flow interniert, wurde das Boot am 21.6.1919 von der Mannschaft versenkt, später gehoben und im September 1924 in Liverpool-Troon abgebrochen.

V 46 lief am 23.12.1915 vom Stapel und wurde am 31.10.1915 in Dienst gestellt. Weiteres Schicksal wie V 43, jedoch französische Kriegsbeute und 1824 in Cherbourg abgebrochen.

V 47 lief am 10.6.1915 vom Stapel und wurde am 20.11.1915 in Dienst gestellt. Das Boot ging am 2.11.1918 bei der Räumung Belgiens im Terneuzen-Kanal verloren.

V 48 lief am 6.8.1915 vom Stapel, ist am 10.12.1915 in Dienst gestellt worden und wurde am 31.5.1916 in der Skagerrak-Schlacht durch Artilleriefeuer britischer Zerstörer, Kreuzer und Schlachschiffe versenkt, es gab 87 Tote.[450]

Große Torpedoboote V 67 bis V 84

Die Umkonstruktion auf Kohlefeuerung wegen der unsicheren Ölversorgung, wurde noch während des Baues rückgängig gemacht. Die Boote V 72 und V 75 verfügten über eine Übernahmevorrichtung für ein Wasserflugzeug. Alle Boote hatten etwa ab 1917 den vorderen Schornstein mit höherer Kappe, geänderte Lüfter vor der Brücke und einen Scheinwerferpodest am vorderen Mast. V 71 – V 84 besaßen eine Gleitbahn für eine Minensucheinrichtung, wodurch sich die Länge über alles um 0,15 m vergrößert hatte. Alle Boote hatten 24 Minen an Bord und eine Minenkippbühne. Bei V 83 und V 84 bestand die Anfangsbewaffnung aus 3 Torpedobootsschnellladekanonen 8,8-cm in Torpedoboots-Lafette. Die Boote V 67–71, 73, 74 und 77–81 hatten ab Sommer bzw. Winter 1916 an Deck sechs 50-cm Torpedolanzierrohre. Die Besatzung der Flottillen-Führerboote erhöhte sich um 3 Offiziere und 13 bis 15 Mann.

Die Boote V 67, 68, 70, 75–77, 79, 83 und 84 wurden von 1914–1916 im Hamburger Werk mit den Hamburger Bau-Nrn. 11–19 gebaut. Sie hatten ein Deplacement von 924 t. Die größte Länge betrug 81,55 m, die Breite 8,32 m, der Tiefgang vorn 3,4 m, achtern 3,9 m, die Seitenhöhe 4,6 m. Bis auf V 83 und V 84 mit Föttinger Tranformator, hatten alle Boote AEG-Vulcan-Turbinen mit Direktantrieb. Die Kesselanlage bestand aus 1 Marine-Öl und 2 Marine-Öl-Doppelkessel mit 18,5 atü, V 67 mit 18 atü. Die Maschinenhöchstleistung bei der Meilenfahrt betrug 24.400 wPS, die Höchstgeschwindigkeit 36,6 kn, mit 23.500 wPS waren es 34 kn, die maximal 306 t Bunkeröl waren ausreichend für 2.050 Seemeilen bei 17 kn, für 1820 Seemeilen bei 20 kn.

Die Boote V 69, 71–74, 78, 80–82 wurden von 1914–1916 mit den Bau-Nrn. 370, 371, 373–375, 379 und 381–383 im Stettiner Werk auf Stapel gestellt. Bis auf die mit 335 t Bunkeröl etwas größere Bunkerkapazität, entprechen alle sonstigen Angaben denen der Hamburger Boote.

V 67 lief am 3.8.1915 vom Stapel und wurde am 20.11.1915 in Dienst gestellt. Das Flottillen-Führerboot ging am 2.11.1918 im Terneuzen-Kanal bei der Räumung Belgiens verloren.

V 68 lief am 24.8.1915 vom Stapel und wurde am 3.12.1915 in Dienst gestellt. Das Boot lief vor der Flandrischen Küste am 8.8.1918 auf eine Mine und sank mit 18 Toten.

V 69 lief am 18.8.1915 vom Stapel und wurde am 9.1.1916 in Dienst gestellt. Das Flandern-Boot ging am 2.11.1918 ebenfalls bei der Räumung Belgiens verloren.

V 70 lief am 14.10.1915 vom Stapel und wurde am 6.1.1916 in Dienst gestellt. Das Boot war seit dem 22.11.1918 in Scapa Flow interniert, wurde am 21.6.1919 von der Besatzung zum Sinken gebracht, am 21.8.1924 von Cox & Danks gehoben und als Bergungshulk verwendet. Der Abbruch erfolgte 1929 in Scapa.

V 71 lief am 1.9.1915 vom Stapel und wurde am 10.3.1916 in Dienst gestellt. Das Boot war 1918 vorübergehend in Stockholm interniert und wurde am 13.5.1920 als britische Kriegsbeute ausgeliefert. Der Abbruch erfolgte 1921 in Bo'ness.

V 72 lief am 30.12.1915 vom Stapel und wurde am 28.3.1916 in Dienst gestellt. Das Boot, zu damaliger Zeit zur X. Torpedoboots-Flottille gehörend, geriet bei einem Unternehmen im Finnischen Meerbusen am 11.11.1916 in eine Minensperre und sank.

V 73 lief am 24.9.1915 vom Stapel und wurde am 16.2.1916 in Dienst gestellt. Das weitere Schicksal s. V 43, wurde aber britische Kriegsbeute und 1922 in Grangemouth abgebrochen.

V 74 lief am 29.10.1915 vom Stapel und wurde am 28.3.1916 in Dienst gestellt. Das Boot ging am 25.5.1918 im Zeebrügge Hafen beim Minenlegen verloren, es gab 11 Tote. Am 17. Juli d. J. gehoben, erfolgte der endgültige Verlust am 3.10.1918 bei der Räumung Belgiens.

V 75 lief am 15.1.1916 vom Stapel und wurde am 29.4.1916 in Dienst gestellt. Das Boot zur X. Torpedoboots-Flottille gehörend, geriet bei einem Unternehmen im Finnischen Meerbusen am 10.11.918 in eine Minensperre und sank mit 3 Toten.

V 76 lief am 27. Februar 1916 vom Stapel und wurde am 8. Juni in Dienst gestellt. Weiteres wie V 72, es gab einen Toten.

V 77 lief am 28.2.1916 vom Stapel und wurde am 18.5.1916 in Dienst gestellt. Weiteres wie V 67.

V 78 lief am 19.2.1916 vom Stapel und wurde am 18.5.1916 in Dienst gestellt. Das Flottillen-Führerboot, seit dem 22.11.1918 in Scapa Flow interniert, wurde am 21.6.1919 von der Besatzung zum Sinken gebracht, am 7.9.1925 gehoben und in Granton abgebrochen.

V 79 lief am 18.4.1916 vom Stapel und wurde am 11.7.1916 in Dienst gestellt. Das Boot gehörte nach Ende des Ersten Weltkriegs zur Reichsmarine. Es wurde am 14.6.1920 als französische Kriegsbeute nach Cherbourg gebracht und als PIERRE DURAND bis zum Abbruch am 15.2.1933 in der französischen Marine verwendet.

V 80 lief am 28.4.1916 vom Stapel und wurde am 6.7.1916 in Dienst gestellt. Weiteres wie V 43, aber als japanische Kriegsbeute im Juni 1920 an eine britische Firma verkauft und 1922 in England abgebrochen.

V 81 lief am 27.5.1916 vom Stapel und wurde am 29.7.1916 in Dienst gestellt. Weiteres wie V 44, auf der Fahrt zum Abbruch gesunken.

V 82 lief am 5.7.1916 vom Stapel und wurde am 30.8.1916 in Dienst gestellt. Das Boot war vor Flandern im Einsatz und seit dem 22.11.1918 in Scapa Flow interniert. Die Selbstversenkung am 21.6.1919 misslang, das Boot strandete, war seit Juli 1919 britische Kriegbeute und wurde 1922 abgebrochen.

V 83 lief am 10.6.1916 vom Stapel und wurde am 3.10.1916 in Dienst gestellt. Seit dem 22.11.1918 in Scapa Flow interniert, konnte das am 21.6.1919 zum Sinken gebrachte Boot durch eine britische Rettungsmannschaft an der Ostküste Rysa Little auf Strand gesetzt werden. Das Wrack war 1989 noch vorhanden.

V 84 lief am 17.8.1916 vom Stapel und wurde am 6.11.1916 in Dienst gestellt. Das Boot lief am 26.5.1917 in der Nordsee auf eine Mine und sank mit fünf Toten.[451]

Torpedoboote A 1 bis A 25

Diese Boote wurden für die Verwendung an der Flanderküste nach einem Amtsentwurf von 1914 im Hamburger Werk 1914/15 gebaut. Sie hatten die Hamburger Bau-Nrn. 20–44 und waren in Querspant-Stahlbau mit 4 wasserdichten Abteilungen gebaut worden. Als Besonderheit dieses Typs ist anzumerken, dass für 13 Boote die Rümpfe von Fremdfirmen geliefert wurden und zwar von der Sachsenberg-Werft in Rosslau für die Bau.-Nrn. A 8, A 14, A 19, A 24; von R. Holz Schlosswerft in Harburg für die Bau.-Nrn. A 3, A 9, A 20, A 25; von den Stettiner Oderwerken für die Bau-Nrn. A 4, A 10, A 15 und von den Atlaswerken Bremen für die Bau.-Nr. A 5 und A 11. Die Einschornsteinboote hatten ein Deplacement von 106 t, die Länge über alles [nur im Bootskörper ohne Ruder] betrug 41,58 m, die Breite 4,60 m, der Tiefgang vorne 1,52 m, achtern 1,15 m, die Seitenhöhe 2,50 m. Die Maschinenanlage bestand aus einer stehenden dreizylindrigen Dreifach-Expansionsmaschine. Die Schraube mit 3 Flügeln hatte einen Durchmesser von 1,8 m. In den beiden hintereinander befindlichen Kesselräumen standen 2 Marine-Kessel, die mit 17 atü arbeiteten. Für den 110 Volt Bordstrom war 1 Turbinen-Dynamo mit 10 kW vorhanden. Die Maschine hatte eine Höchstleistung bei der Meilenfahrt von 1.200 PSi bei 20 kn und 1.093 PSi bei 19 kn. Gebunkert werden konnten 24,5 t Kohle, die ausreichend waren für 900 Seemeilen bei 12,5 kn und 440 Seemeilen bei 19 kn. Die Boote hatten eine Torpedobootskanone 5-cm, A 1, 2, 17, 18 und 21–25 eine solche mit 5,2-cm, zwei 45-cm Deckstorpedorohre, 2 Minen und ein Minnenräumgerät, es gab ein Dingi. Die Besatzung bestand aus 1 Offizier und 27 bzw. 28 Mann. A 2, 4–16, 19 und 20 wurden in zerlegtem Zustand per Eisenbahn nach Antwerpen-Hoboken gebracht und dort zusammengebaut. Die Boote bewährten sich nicht.

A 1 lief am 16.1.1915 vom Stapel und wurde am 29.1.1915 in Dienst gestellt. Es war T-Schulboot und als Wachtschiff eingesetzt. Am 22.5.1922 aus der Liste der Kriegsschiffe gestrichen, wurde das Boot 1922 für den Gegenwert von 1,9 Mill. Mk. in Kiel abgebrochen.

A 2 lief am 17.3.1915 vom Stapel und wurde am 23.3.1915 in Dienst gestellt. Das Boot ging durch Artilleriefeuer britischer Zerstörer am 1.5.1915 mit 12 Toten in der Nordsee verloren.

A 3 lief am 24.6.1915 vom Stapel und wurde am 13.7.1915 in Dienste gestellt. Das Boot gilt seit dem 7.11.1915 als verschollen in der Ostsee, es war auf dem Marsch von Kiel nach Danzig.

A 4 lief am 26.6.1915 vom Stapel und wurde am 30.6.1915 in Dienst gestellt. Das Boot ging bei der Aufgabe Belgiens am 11. November bei Antwerpen verloren. Es wurde am 25.6.1919 gehoben, belgisches T-Boot und 1931 zum Abbruch verkauft.

A 5 lief am 5.5.1915 vom Stapel und wurde am 10.5.1915 in Dienst gestellt. Das Boot wurde bei Aufgabe Belgiens am 15.11.1918 interniert, ging am 25.6.1919 an Belgien und wurde 1931 zum Abbruch verkauft.

A 6 lief am 3.4.1915 vom Stapel und wurde am 8.4.1915 in Dienst gestellt. Das Boot ging am 1.5.1915 in der Nordsee durch Artilleriefeuer britischer Zerstörer mit einem Toten verloren.

A 7 lief am 2.2.1915 vom Stapel und wurde am 19.4.1915 in Dienst gestellt. Das Boot sank am 21.3.1918 zwei Seemeilen nordwestlich der Hafeneinfahrt Ostende nach Torpedo- und Artillerietreffer eines französichen Zerstörers mit 23 Toten.

A 8 lief am 25.4.1915 vom Stapel und wurde am 21.5.1915 in Dienst gestellt. Das Boot wurde am 15.11.1918 nach Aufgabe Belgiens als unbrauchbar zurückgelassen und von dessen Marine übernommen. Es gehörte 1931 zur Staatsmarineschule Ostende und wurde 1939 verkauft.

A 9 lief am 4.8.1915 vom Stapel und wurde am 6.8.1915 in Dienst gestellt. Das Boot wurde am 15.11.1918 nach der Aufgabe Belgiens zurückgelassen und von dessen Marine übernommen.

A 10 lief am 16.8.1915 vom Stapel, wurde am 28.8.1915 in Dienst gestellt und ging vor der Küste Flanderns durch Minentreffer am 7.2.1918 mit 19 Toten verloren.

A 11 lief am 4.6.1915 vom Stapel und wurde am 7.6.1915 in Dienst gestellt. Das Boot wurde am 15.11.1918 nach der Aufgabe Belgiens zurückgelassen und von dessen Marine übernommen.

A 12 lief am 28.4.1915 vom Stapel und wurde am 2.5.1915 in Dienst gestellt. Weiteres wie A 11.

A 13 lief am 15.5.1915 vom Stapel und wurde am 21.5.1915 in Dienst gestellt. Das Boot wurde durch Fliegerbomben am 16.8.1917 vor Ostende versenkt, wobei es einen Toten gab, gehoben und nach Artillerietreffern am 22.11.1917 im November abgebrochen.

A 14 lief am 22.7.1915 vom Stapel und wurde am 27.7.1915 in Dienst gestellt. Weiteres wie A 11, als PRINCE CHARLES übernommen.

A 15 lief am 10.7.1915 vom Stapel und wurde am 15.7.1915 in Dienst gestellt. Das Boot ging vor der flandrischen Küste am 23.8.1915, durch Artilleriefeuer und Torpedotreffer der fanzösichen Zerstörer BARNLEBAS und ORIFLAMME mit 15 Toten verloren.

A 16 lief am 16.6.1915 vom Stapel und wurde am 15.11.1915 in Dienst gestellt. Weiteres wie A 11.

A 17 lief am 8.6.1915 vom Stapel, wurde am 6.7.1915 in Dienst gestellt und gehörte zur II. Marine-Schützendivision. Der Untergang des Bootes am 13.3.1920 im Kieler Hafen ist im Zusammenhang mit dem Kapp-Putsch zu sehen. Es wurde gehoben, am 6.1.1921 aus der Liste der Kriegsschiffe gestrichen und 1922 abgebrochen.

A 18 lief am 2.7.1915 vom Stapel, wurde am 20.7.1915 in Dienst gestellt und war im Küstenschutz eingesetzt. Das Boot wurde am 21.1.1922 aus der Liste der Kriegsschiffe gestrichen und in Kiel 1922 abgebrochen.

A 19 lief am 9.9.1915 vom Stapel und wurde am 15.10.1915 in Dienst gestellt. Das Boot ging am 21.3.1918 vor Flanderns Küste durch Rammen des britischen Zerstörers BOHTA mit 19 Toten verloren.

A 20 lief am 27.8.1915 vom Stapel, wurde am 1.9.1915 in Dienst gestellt und gehörte zur Flandernflottille. Das Boot ist am 15.11.1918 bei der Räumung Belgiens in Hellevoetsluis interniert worden, gehörte als WEST DIEP 1931 zur Staatsmarineschule Ostende und wurde dort am 30.5.1940 deutsche Beute. Vom 21.11.1941 bis März 1943 erfolgte in Ostende der Umbau zum Artillerieschulboot REIHER und gehörte ab April 1943 zur Flakschule I. Seit Oktober 1943 E-mess-Schulboot WARENDORP, wurde es 1945 USA-Beute und 1948 in Wilhelmshaven abgebrochen.

A 21 lief am 8.6.1915 vom Stapel und wurde am 6.7.1915 in Dienst gestellt. Weiteres wie A 11, der Abbruch erfolgte 1921.

A 22 lief am 22.5.1915 vom Stapel und wurde am 8.6.1915 in Dienst gestellt. Das Boot gehörte zur II. Marine-Schützendivision, war U-Schule, wurde am 15.2.1922 aus der Liste der Kriegsschiffe gestrichen und Heizboot im Arsenal Kiel.

A 23 lief am 5.5.1915 vom Stapel und wurde am 29.5.1915 in Dienst gestellt. Zugehörigkeit usw. wie A 22, das Boote wurde ab 1924 als Zielboot aufgebraucht.

A 24 lief am 12.6.1915 vom Stapel, wurde am 6.8.1915 in Dienst gestellt und gehörte ebenfalls zur U-Schule. Das Boot wurde am 15.2.1922 aus der Liste der Kriegsschiffe gestrichen, war Heizboot in Swinemünde und wurde ab 1924 als Zielboot aufgebraucht.

A 25 lief am 13.7.1915 vom Stapel und wurde am 27.7.1915 in Dienst gestellt. Das Boot wurde am 15.2.1922 aus der Liste der Kriegschiffe gestrichen und Heizboot im Arsenal Kiel.[452]

Bezüglich der Übernahme einiger Torpedoboote nach dem Ende des Ersten Weltkriegs in die belgische Marine dürften einige Fakten von Interesse sein. Insgesamt waren bei der Räumung Belgiens 14 kleine Boote von 100 bis 200 t als unbrauchbar zurückgelassen worden. Diese wurden 1919 bei Abschluss des Friedensvertrages in eine aufzubauende belgische Marine eingegliedert. Man wollte so nicht nur ein Gegengewicht gegen die holländische Nachbarflotte bilden, sondern auch die 70 Kilometer lange Küstenlinie Belgiens verteidigen. Die Boote stellten nach einer Bewertung von 1925 einen Wert von 45 Mill. Franken dar, jedes einzelne etwa 3 Mill. Franken [1 belg. Frank etwa 0,58 RM]. Als die Boote wegen der Auflösung der Torpedoboots-Flottille versteigert werden sollten, »erzielten sie nur lächerlich geringe Angebote. Für V 32 wurden nur 6.000, für V 2 14.500, für V 1 18.000 Franken geboten. Das höchste Einzelangebot betrug 33.000 Franken. Da das Gesamtangebot nicht höher als 200.000 Franken war, ist ein Zuschlag bisher nicht erteilt worden [...]«[453]

Zerstörer V 99 und V 100

Diese beiden Schiffe mit den Bau-Nrn. 384 und 385 wurden nach angepassten Werftentwürfen in Stettin gebaut, die in russischem Auftrag für die Zerstörer des 1912-Bauplans von der Werft entwickelt und geliefert worden sind. Sie wurden in Quer- und Längsspant-Stahlbau mit 12 wasserdichten Abteilungen und Doppelboden gebaut und hatten ein Deplacement von 1.350 t. Die Länge über alles betrug 99,45 m, die Breite 9,32 m, der Tiefgang vorn 3,60 m, achtern 4,05 m, die Seitenhöhe 5,62 m. Die Maschineanlage bestand aus 2 Sätzen direkt wirkender AEG-Vulcan-Turbinen. Die beiden Schrauben mit 3 Flügeln hatten einen Durchmesser von 2,60 bzw. 2,90 m. 4 Marine-Öl-Doppelkessel mit 17 atü standen in 2 Kesselräumen. Für den 110 Volt Bordstrom und 2 Scheinwerfer sorgten 2 Turbinen-Dynamos. Es gab 1 Ruder. Alle Maschinen waren bereits 1914 in Vorarbeit genommen worden. Die Maschine hatte eine Höchstleistung bei der Meilenfahrt von 42.104 wPS bei 37,2 kn und 40.000 wPS bei 36 kn. Es konnten 519 t Öl gebunkert werden, ausreichend für 2.250 Seemeilen bei 20 kn. Die Armierung bestand aus 4 TK 8,8-cm, ab Sommer 1916 aus 4 TK 10,5-cm sowie 6 Torpedorohre 50-cm, außerdem wurden 12 Minen und eine Minenkippbühne mitgeführt. V 100 verfügte über eine Einsetzvorrichtung für ein Wasserflugzeug. Die Besatzung je Schiff bestand aus 4 Offizieren und 110 Mann.

V 99 lief am 9.2.1915 vom Stapel und wurde am 20.4.1915 in Dienst gestellt. Der Zerstörer ging am 17.8.1915 in der Ostsee mit 21 Toten verloren.

V 100 lief am 8.3.1915 vom Stapel und wurde am 17.6.1915 in Dienst gestellt. Seit dem 22.11.1818 in Scapa Flow interniert, misslang die Selbstversenkung am 21.6.1919. Im August d. J. französische Kriegsbeute, 1921 erfolgte der Abbruch.[454]

Torpedoboote V 105 bis V 108

Diese Boote waren 1914 als Z 1 bis Z 4 für die Niederlande mit den Bau-Nrn. 353–356 in Stettin auf Stapel gestellt und am 10.8.1914 auf der Bauwerft für die deutsche Marine beschlagnahmt worden. Die Bauten in Querspant-Stahlbau hatten 6 wasserdichte Abteilungen und ein Deplacement von 340 t. Die Länge über alles betrug 62,60 m, die Breite 6,22 m, der Tiefgang vorn 2,54 m, achtern 2,07 m, die Seitenhöhe 3,50 m. Die Maschinenanlage bestand aus 2 Satz AEG-Vulcan-Turbinen, direkt wirkend, in 2 Maschinenräumen. In 2 Kesselräumen standen 2 Öl-Yarrow-Kessel mit 18,5 atü. Die Boote hatten je 1 Heck- und Bugruder, 1 T-Kutter und 1 Dingi.

17. Aug. 1915: Der Torpedoboot-Zerstörer V99 sinkt nach einem Minentreffer. [CC BY-SA 3.0 de]

Für die Bordbeleuchtung und die beiden Scheinwerfer waren 2 Turbinen-Dynamos mit 8 kW / 110 Volt vorhanden. Die Bewaffnung bestand bei V 105, V 107 und V 108 aus 2 Sk 8,8-cm auf Schnellbootslafette, V 106 hatte 2 Sk 5,2-cm, alle Boote erhielten zwei 45-cm Deckstorpedorohre. Die Besatzung hatte eine Stärke von 3 Offizieren und 57 Mann.

V 105 lief am 26.8.1914 vom Stapel und war am 5.1.1916 als Schulboot und Tender in Dienst gestellt worden. Das Boot wurde am 20.8.1920 brasilianischer Beuteanteil, von England gekauft und ging im Austausch gegen A 69 an Polen. Die nunmehrige MAZUR war 1931 Schulschiff, wurde am 1.9.1939 durch deutsche Fliegerbomben im Hafen von Gdynia versenkt, das Wrack abgebrochen.

V 106 lief am 26.8.1914 vom Stapel und wurde am 25.1.1915 in Dienst gestellt. Weiteres wie V 105, der Abbruch erfolgte 1920.

V 107 lief am 12.12.1914 vom Stapel, wurde am 3.3.1915 in Dienst gestellt und ging am 8.5.1915 durch Minentreffer vor Libau verloren, es gab einen Toten.

V 108 lief am 12.12.1914 vom Stapel, wurde am 23.3.1915 in Dienst gestellt und war 1916 Schulboot. Am 5.8.1920 polnischer Beuteanteil mit dem Namen KASZUB, das Boot sank am 20.7.1925 in Danzig-Neufahrwasser nach einer Kesselexplosion, es gab 13 Tote. Das Wrack wurde am 29.7.1925 gehoben und abgebrochen.[455]

Die Minenkreuzer C = BRUMMER und D = BREMSE

Der Amtsentwurf von 1914 war von dem Marineoberbaurat Horst Ahnhudt entwickelt worden. Die Dreischornsteinschiffe mit den Bau-Nrn. 422 und 423 waren in Stettin auf Stapel gestellt und in Längsspant-Bänder-Stahlbau, mit 21 wasserdichten Abteilungen und einem 44% Doppelboden gebaut worden. Die Krupp-Panzerung in mm von achtern nach vorn: Deck 015, Kommandoturm 029/100, CWL 0-40-0, Schutzschilde der Geschütze 050. Das

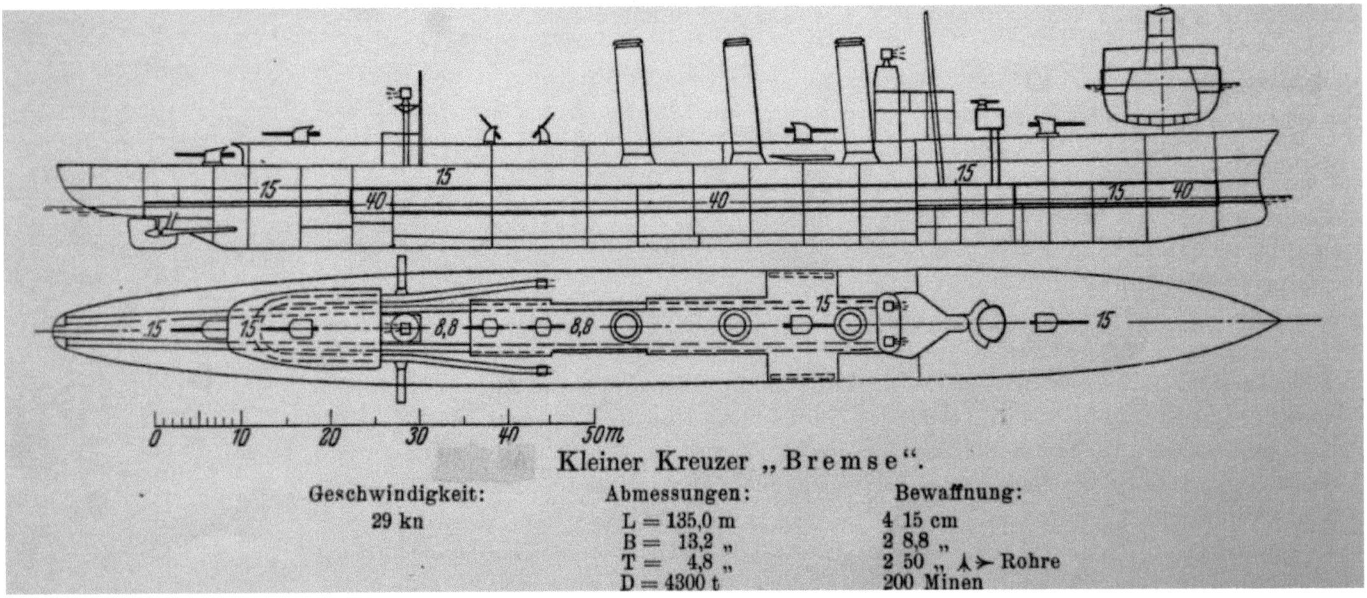

Kleiner Kreuzer BREMSE [aus: Kriegsschiffbau, Leitfaden f. d. Unterricht a.D. Marineschule, Marinebaurat H. Evers, Berlin 1931]

Deplacement betrug 4.835 t, die Länge über alles 140,4 m, die Breite 13,2 m, der Tiefgang vorn 6,00 m, achtern 5,88 m, die Seitenhöhe 8,9 m. In 2 Maschinenräumen standen 2 Satz Turbinen, ursprünglich vorgesehen für den russischen Schlachtkreuzer-Neubau NAVARIN. Die Kesselanlage bestand aus 2 Kohle-Marinekessel und 4 Öl-Marinekessel mit 18 atü, in 6 Kesselräumen. Die beiden Schrauben mit 3 Flügeln hatten einen Durchmesser von 3,2 m. Die Bunkerkapazität betrug 500 bis 1.000 t Öl und 300 bis 600 t Kohle, ausreichend für 5.800 Seemeilen bei 12 kn und 1.400 Seemeilen bei 25 kn. Die Maschinenhöchstleistung bei der Meilenfahrt betrug 4.774 wPS, die Höchstgeschwindigkeit 28,1 kn, mit 3.300 wPS waren es 28 kn. Es gab einen Diesel-Dynamo mit 180 kW für den 110 Volt-Bordstrom, ein Kreuzer-Normalruder und 1 Motorbeiboot, 1 Barkasse und 2 Dingis. Die Besatzung bestand aus 16 Offizieren und 293 Mann. Armiert waren die Schiffe mit 4 Sk 15-cm, 2 Flak 8,8-cm, zwei 50-cm Deckstorpedorohren, es konnten bis zu 400 Minen mitgeführt werden. Interessant ist, dass der zu gleicher Zeit auf der Werft im Umbau befindliche Kleine Kreuzer LÜBECK [2] im Aussehen an BRUMMER angeglichen wurde. Für beide Schiffe waren die Schiffsglocken von der Stettiner Glockengießerei E.(rnst) Voss & Sohn geliefert worden.

BRUMMER lief am 11.12.1915 vom Stapel, wurde am 2.4.1916 in Dienst gestellt und war seit dem 26.11.1918 in Scapa Flow interniert. Dort erfolgte die befohlene Selbstversenkung am 21.6.1919 um 13 Uhr 5. Das Wrack befindet sich noch heute auf dem Grund der Bucht.

BREMSE lief am 11.3.1916 vom Stapel und wurde am 1.7.1916 in Dienst gestellt. Seit dem 26.11.1918 in Scapa Flow interniert, ging auch dieses Schiff dort am 21.6.1919 um 14 Uhr 30 durch Selbstversenkung auf Grund. Es wurde am 27. November 1929 gehoben und 1932/33 in Lynes abgebrochen.[456]

Auf Stapel gestellt und nur zum Teil vollendet

Weitere in dieser Zeit in Stettin und Hamburg auf Stapel stehende Kriegsschiffe waren neben U- und Torpedobooten in Stettin die Kleinen Kreuzer WIESBADEN [2] und ROSTOCK, in Hamburg das Linienschiff Ersatz KAISER WILHELM II. und ab 1916 der Große Kreuzer Ersatz YORCK. Die beiden Kleinen Kreuzer gehörten zur CÖLN-Klasse, von denen die übrigen 8 Schiffe bei Blohm & Voss, den Howaldtsswerken, der AG Weser und der kaiserlichen Werft Kiel auf Stapel gestellt wurden. Fertiggestellt werden konnten allerdings nur CÖLN und DRESDEN.

WIESBADEN [2] und ROSTOCK waren 1915 nach einem Amtsentwurf von 1914 mit den Bau-Nrn. 433 und 434 in Bau gegangen. Die Schiffe in Längsspant-Bänder-Stahlbau erhielten 24 wasserdichte Abteilungen und einen 45% Doppelboden sowie eine Panzerung wie die Magdeburg-Klasse, s. BRESLAU. Das Deplacement betrug 5.620 t, die Länge über alles 155,5 m, die Breite 14,2 m, dier Tiefgang vorn 6,01 m, achtern 6.43 m, die Seitenhöhe 8,76 m. In den Maschinenräumen standen 2 Satz Marineturbinen, deren Hochdruckturbinen über Rädergetriebe arbeiteten. In 5 Kesselräumen stan-

den 8 Kohle-Marine-Kessel und 6 Öl-Marine-Kessel, die mit 16 atü arbeiteten. Wegen Nichtfertigstellung gibt es keine Angaben zu Maschinen- und Fahrleistungen für diese Schiffe. 2 Turbinen- und 1 Diesel-Dynamo waren für den 220 Volt Bordstrom und 4 Scheinwerfer vorhanden. Die beiden Schrauben hatten 3 Flügel und einen Durchmesser von 3,50 m. Als Bewaffnung waren 8 Sk 15-cm und 3 Flak 8,8-cm vorgesehen sowie vier 60-cm Deckstorpedorohre, außerdem konnten 200 Minen mitgeführt werden.

WIESBADEN [2] lief am 3.3.1917 vom Stapel. Im Dezember 1918, 5 Monate vor Fertigstellung, wurde der Bau eingestellt und das Schiff am 17.11.1919 aus der Liste der Kriegsschiffe gestrichen. Trotz vorhandener Umbaupläne erfolgte 1920 der Abbruch.

ROSTOCK lief am 6.4.1918 vom Stapel. Am 17.11.1919, 7 Monate vor Fertigstellung, wurde das Schiff aus der Liste der Kriegsschiffe gestrichen, 1921 verkauft und in Hamburg abgebrochen.[457]

Die finanzielle Abwicklung hatte sich aber noch weiter in die Nachkriegszeit hineingezogen, wie eine zum Teil erhaltene Aufrechnung aus dem Marine-Abwicklungsamt vom 20.1.1921 ausweist. Danach war eine Abgeltungssumme von insgesamt 104.485,40 Mk. festgesetzt worden. Davon hatte man für Lieferungen wie Isolationsmaterial seitens der »Reichsabwicklung« am 10.8.1920 einen Betrag in Höhe von 67.485,40 Mk. überwiesen, womit das Restguthaben 36.712,20 Mk. betrug. Diese Aufrechnung war für das »Marine-Abwicklungsamt« von Dipl.-Ing. Fröhlich und für die »Maffei-Schwarzkopff Werke« mit Dietrich unterzeichnet.[458]

Das Linienschiff WÜRTEMBERG [2] war als Ersatz KAISER WILHELM II. dem Hamburger Werk in Auftrag gegeben und 1915 mit der Hamburger Bau-Nr 19 auf Stapel gestellt worden Den Amtsentwurf 1910/12 hatte Marinebaurat Paech entwickelt. Der Quer-Längsspant-Stahlbau erhielt 17 wasserdichte Abteilungen und einen 88% Doppelboden. Die Krupp-Panzerung in Millimetern und von achtern nach vorn: Deck 060 – 0100, Torpedoschott 59, Kommandoturm vorn 0170/400, achtern 180/170, CWL 0 – 170 – 350 – 200 bzw. /0 – 170 – 250, Geschütztürme 0200 – 350, Kasematten 170 (80). Das Deplacement betrug 28.800 t, die Länge über alles 182,4 m, die Breite 30 m, der Tiefgang vorn 9,40 m, achtern 9,30 m, die Seitenhöhe 14,8 m. Die Maschinenanlage bestand aus 3 Satz AEG-Vulcan-Turbinen und einem MAN 6-zylinder-Zweitakt-Diesel. Die 3 Schrauben mit 3 Flügeln hatten einen Durchmesser von 3,87 m. In 9 Kesselräumen standen 9 Marinekessel mit 16 atü. Die Maschinenleistung wird mit 48.000 wPS, die Geschwindigkeit mit 22 kn angegeben, beide Angaben dürften Prüfstandergebnisse sein. Die Bunkerkapazität betrug 750–3.100 t Kohle und 360– 900 t Öl. Es gab 8 Diesel-Dynamos mit 2.400 kW für den 220 Volt Bordstrom und 4 Scheinwerfer. Die Artillerie-Armierung bestand aus 8 Sk 38-cm in 4 Türmen, 16 Sk-cm und 2 von 8 vorgesehenen Flak 8,8-cm. Von den fünf 60-cm Torpedorohren befanden sich unter Wasser 4 seitwärts und 1 Bugrohr. Als Besatzung waren vorgesehen 42 Offiziere und 1.129 Mann, es gab 1 Motor-Beiboot als Chefboot, 3 Barkassen, 2 Pinassen, 2 Jollen und 2 Dingis. Der Stapellauf fand am 20.6.1917 statt. 12 Monate vor Fertigstellung wurde der Baustop verfügt, am 3.11.1919 gemäß Artikel 186 des Versailler Vertrages das Schiff aus der Liste der Kriegsschiffe gestrichen und 1921 zum Abbruch in Hamburg verkauft.[459]

Der Große Kreuzer Ersatz Yorck, Amtsentwurf 1915, war 1916 mit der Hamburger Bau-Nr. 63 auf Stapel gestellt worden. Die Baukosten werden mit 75 Mill. Mk. angegeben, das Deplacement mit 33.500 t. Die Länge über alles betrug 227,8 m, die Breite 30,4 m, der Tiefgang 9,3 m. Als Maschinenanlage waren 4 Satz Marine-Turbinen mit 90.000 PSw für 27,3 kn vorgesehen, für die Kesselanlage 24 Kohle-Marine-Einenderkessel und 8 Öl-Marine-Doppelenderkessel. Die 4 Schrauben mit 3 Flügeln sollten einen Durchmesser von 4,2 m erhalten. Als Bunkerkapazität waren 250 bis 2.000 t Öl und 850 bis 4.000 t Kohle vorgesehen, ausreichend für 5.500 Seemeilen bei 14 kn Marschfahrt. An Artillerie waren vorgesehen: 8 Sk 38-cm, 12 Sk 15-cm und 8 Flak 8,8-cm, an Torpedorohren drei 60-cm Unterwasser-, 2 Seitwärtsrohre und 1 Bugrohr. Die Besatzung sollte bestehen aus: 47 Offiziere, 1.180 Deckoffiziere, Unteroffiziere und Mannschaften. Der Weiterbau ab 1917, wurde nur als Arbeitsausgleich betrieben und nach Ende des Ersten Weltkrieges auf dem Helgen abgebrochen.[460]

Torpedoboote A 56 bis A 67

Sie wurden als Amtsentwurf 1916 in Querspant-Stahlbau in Stettin mit den Bau-Nrn. 476–487 von 1916 bis 1917 gebaut. Die Rümpfe für A 64–A 67 lieferte Seebeck. Die Einschornsteinboote hatten 7 wasserdichte Abteilungen und ein Deplacement von 330 t. Die Länge über alles betrug 61,10 m, die Breite 6,30 m, der Tiefgang vorn 2,21 m, achtern 2,24 m, die Seitenhöhe 3,10 m. Die Höchstleistung der direkt wirkenden 2 Satz AEG-Vulcan-Turbinen betrug 6.008 wPS, die Höchstgeschwindigkeit 28,2 kn, 6.000 wPS bei 28 kn. Gebunkert werden konnten 92 t Öl, ausreichend für 800 Seemeilen bei 20 kn. 2 Öl-Marinekessel mit 18,5 atü standen

in 2 Kesselräumen. 2 Turbinen-Dynamos mit 12 kW lieferten den 110 Voltstrom für die Bordbeleuchtung und 2 Scheinwerfer. Es gab 1 Heck- und 1 ausfahrbares Bugruder, 1 Jolle und 1 Dingi. Die Besatzung bestand aus 2 Offizieren und 48 Mann, die Bewaffnung aus 2 Sk 8,8-cm in Torpedobootslafette und einem 45-cm Deckstorpedorohr. Die Boote hatten anfangs keinen Kompasspodest. Bei Einsatz als Minensuchboot ein Minensuchgerät an Stelle des Torpedorohrs, der Bojenboot-Einsatz erfolgte ohne Bewaffnung.

A 56 lief am 28.2.1917 vom Stapel und wurde am 14.4.1917 in Dienst gestellt. Das Boot ging am 12.3.1918 in der Nordsee bei einem Minenräumeinsatz durch Minentreffer verloren, es gab 16 Tote.

A 57 lief am 28.2.1917 vom Stapel und wurde am 28.4.1917 in Dienst gestellt. Das Boot ging am 2.3. 918 in der Nordsee ebenfalls bei einem Minenräumeinsatz durch Minentreffer verloren, es gab 12 Tote.

A 58 lief am 31.3.1917 vom Stapel und wurde am 19.5.1917 in Dienst gestellt. Das Boote ging am 15.8.1918 vor der fladrischen Küste durch Minentreffer verloren, es gab drei Tote.

A 59 lief am 13.4.1917 vom Stapel und wurde am 9.6.1917 in Dienst gestellt. Das Boot war vor Flandern als Minensucher im Einsatz. Es wurde am 30.9.1920 als polnische Beute ausgeliefert, 1921 in Rosyth umgebaut, wurde als Slazak 1937 aus der Liste der Kriegsschiffe getrichen und diente als Luftwaffenziel. Im September 1939 deutsche Beute, der Abbruch erfolgte 1941.

A 60 lief am 15.5.1917 vom Stapel und wurde am 23.6.1917 in Dienst gestellt. Das Boot ging am 23.11.1917 vor der Küste Flanderns durch Minentreffer verloren, es gab siebzehn Tote.

A 61 lief am 15.5.1917 vom Stapel und wurde am 11.7.1917 in Dienst gestellt. Das Boot war vor Flandern als Minensucher im Einsatz. Es wurde am 15.9.1920 als britische Beute ausgeliefert und 1923 in Bo'ness abgewrackt.

A 62 lief am 8.6.1917 vom Stapel und wurde am 25.7.1917 in Dienst gestellt. Das Boot war als Minensucher im Einsatz und wurde am 15.9.1920 ausgeliefert. Weiteres wie V 61.

V 63 lief am 16. Juni 1917 vom Stapel und wurde am 11. August in Dienst gestellt. Das Boot war in einer Minensuch- und Geleit-Flottille im Einsatz. Es wurde am 30. September 1920 als französische Kriegsbeute ausgeliefert und 1923 in Bo'ness abgebrochen.

V 64 lief am 30.3.1918 vom Stapel und wurde am 8.8.1918 in Dienst gestellt. Das Boot war in einer Geleit-Flottille im Einsatz. Es wurde am 30.9.1920 als polnischer Beuteanteil ausgeliefert, 1921 mit dem Namen ROSYTH umgebaut, als KRAKOWIAK am 27.11.1936 aus der Liste der Kriegsschiffe gestrichen und abgebrochen.

A 65 lief am 30.3.1918 vom Stapel und wurde am 24.8.1918 in Dienst gestellt. Das Boot war in einer Minensuch-Flottille im Einsatz. Es wurde am 3.9.1920 als brasilianischer Beuteanteil ausgeliefert, 1921 an England verkauft und 1922 in Queensferry abgebrochen.

A 66 lief am 23.6.1918 vom Stapel und wurde am 20.9.1918 in Dienst gestellt. Das Boot war in einer Minensuch-Flottille im Einsatz. Es wurde am 30.9.1920 ausgeliefert, weiteres wie A 63.

A 67 lief am 23.6.1918 vom Stapel. Das Boot war nur zu 75% fertig, als es am 3.11.1919 aus der Liste der Kriegsschiffe gestrichen und 1921 in Hamburg abgebrochen wurde.[461]

Torpedoboote A 80 bis A 82

Sie wurden von 1917 bis 1918 in Stettin mit den Bau-Nrn. 514–516 gebaut und waren in den Konstruktionsangaben mit den vorgenannten bis auf geringe Abweichungen identisch. Die Länge über alles betrug 60,37 m, der Tiefgang vorn 2,11 m, achtern 1,82 m. Die Turbinenhöchstleistung betrug 5.940 wPS, die Höchstgeschwindigkeit 26,6 kn, 5.700 wPS bei 26 kn. 91 t Bunkeröl waren ausreichend für 790 Seemeilen bei 20 kn, 92 t für 800 Seemeilen bei ebenfalls 20 kn.

A 80 lief am 24.10.1917 vom Stapel und wurde am 21.12.1917 in Dienst gestellt. Das Boot war vor Flandern in einer Minensuch-Flottille im Einsatz. Es wurde am 30.9.1920 polnischer Beuteanteil, erhielt den Namen GORAL und ab 1922 PODHALANIN. 1936 aus der Liste der Kriegsschiffe gestrichen, erfolgte die Weiterverwendung als Zielschiff und Tankbehälter. Am 1.9.1939 durch deutsche Fliegerbomben versenkt, wurde das Wrack 1939 von der Marinebergungsgruppe Gotenhafen gehoben und als unbrauchbar abgebrochen.

A 81 lief am 27.11.1917 vom Stapel und wurde am 10.1.1918 in Dienst gestellt. Das Boot war in einer Minensuch-Flottille eingesetzt und am 30.9.1920 ausgeliefert worden. Weiteres wie A 65, 1921 in Sunderland abgebrochen.

A 82 lief am 27.3.1918 vom Stapel und wurde am 1.6.1918 in Dienst gestellt. Das Boot war zerlegt und mit der Eisenbahn nach Pola gebracht worden, wo man es wieder zusammenbaute. Es war als Tender bei der U-Boot-Flottille Mittelmeer im Einsatz. Es ging am 29.10.1918 in Fiume verloren, wurde gehoben, 1920 an Italien ausgeliefert und abgebrochen.[462]

Torpedoboote A 86 bis A 91

Diese Boote waren von 1917 bis 1918 in Stettin mit den Bau-Nrn. 535–540 gebaut worden und mit den vorstehenden in allen Konstruktionsangaben, der Besatzungsstärke usw. identisch.

A 86 lief am 5.2.1918 vom Stapel und wurde am 16.3.1918 in Dienst gestellt. Das Boot war bei einer Geleit-Flottille eingesetzt und wurde am 30.9.1920 ausgeliefert. Weiteres wie A 63.

A 87 lief am 21.2.1918 vom Stapel und wurde am 8.4.1918 in Dienst gestellt. Das Boot war bei einer Minensuch-Flottille im Einsatz und wurde am 15.9.1920 ausgeliefert. Weiteres wie A 65, abgebrochen 1922 in Bo'ness.

A 88 lief am 2.3.1918 vom Stapel und wurde am 27.4.1918 in Dienst gestellt. Das Boot war bei einer Minensuch-Flottille im Einsatz. Es wurde am 30.9.1920 britische Kriegsbeute und 1923 in Bo'ness abgebrochen.

A 89 lief am 22.3.1918 vom Stapel und wurde am 14.5.1918 in Dienst gestellt. Das Boot war bei einer Geleit-Flottille im Einsatz. Weiteres wie A 88.

A 90 lief am 6.4.1918 vom Stapel und wurde am 6.6.1918 in Dienst gestellt. Weiteres wie A 89, 1922 abgebrochen.

A 91 lief am 27.4.1918 vom Stapel und wurde am 22.6.1918 in Dienst gestellt. Weiteres wie A 90.[463]

Torpedoboote A 96 bis A 113

Die Boote hatten nach der Auftragserteilung in Stettin die Bau-Nrn. 575–592 erhalten und waren in den Konstruktions- und sonstigen Angaben fast identisch mit den vorgenannten. Die Mannschaftsstärke betrug 53 Mann, es waren Wasserbomben und Wasserbombenrutschen an den Arbeitsplattformen am Heck vorgesehen. Die Boote, von denen einzelne bis zu 35% fertig waren, sind am 3.11.1919 aus der Liste der Kriegsschiffe gestrichen und auf den Helgen abgebrochen wurde.[464]

Große Torpedoboote V 125 bis V 130

Der 1916er Mobilmachungstyp wurde in Querspant-Stahlbau mit 10 bis 12 wasserdichten Abteilungen und Doppelboden gebaut. Die Boote mit den Bau-Nrn. 470–475 waren 1916/17 in Stettin auf Stapel gestellt worden und hatten ein Deplacement von 924 t. Die Länge über alles betrug 82,20 m, die Breite 8,32 m, der Tiefgang vorn 348 m, achtern 4,12 m, die Seitenhöhe 4,40 m. Die 2 Satz AEG-Vulcan-Turbinen standen in 2 hintereinander befindlichen Maschinenräumen. 1 Marine-Öl-Kessel und 2 Marine-Öl-Doppelkessel mit 18 bzw. 18,5 atü standen in 3 Kesselräumen. Die Maschinenhöchstleistung betrug 25.150 wPS, die Höchstgeschwindigkeit 34,6 kn, bei 23.500 wPS wurden 34 kn erreicht. Gebunkert werden konnten 307 t Öl, die für 1.625 Seemeilen bei 20 kn und für 2.050 Seemeilen bei 17 kn reichten. Die beiden Schrauben hatten einen Durchmesser von 2,6 m und 3 Flügel. 2 Turbinen-Dynamos mit 36 kW lieferten den 110 Volt-Strom für Bordbeleuchtung und 2 Scheinwerfer. Die Bewaffnung bestand aus 3 Sk 10,5-cm in Torpedobootslafetten, sechs 50-cm Deckstorpedorohre, es gab eine Minenkippbühne für 24 mitgeführte Minen. Die Besatzung bestand aus 4 Offizieren und 101 Mann, auf V 129 als Führerboot einer Halbflottille, zusätzliche 3 Offiziere und 14 Mann als Stab. Als Rettungsboote waren an Bord: 1 Kutter und 1 Dingi.

V 125 lief am 18.5.1917 vom Stapel und wurde am 29.8.1917 in Dienst gestellt. Seit dem 22.11.1918 in Scapa Flow interniert, die befehlsgemäße Versenkung am 21.6.1919 misslang. Das Boot wurde britische Kriegsbeute und 1922 in Newport abgebrochen.

V 126 lief am 30.6.1917 vom Stapel und wurde am 25.9.1917 in Dienst gestellt. Weiteres wie V 125, jedoch französische Kriegsbeute und 1925 in Lorient abgebrochen. Der Kessel wurde in INTRIPEDE weiterverwendet.

V 127 lief am 28.7.1917 vom Stapel und wurde am 23.10.1917 in Dienst gestellt. Weiteres wie V 125, jedoch japanische Kriegsbeute und 1922 in Dordrecht abgebrochen.

V 128 lief am 11.8.1917 vom Stapel und wurde am 15.11.1917 in Dienst gestellt. Weiteres wie V 125 jedoch in Grangemouth abgebrochen.

V 129 lief am 19.11.1917 vom Stapel und wurde am 20.12.1917 in Dienst gestellt. Seit dem 8.6.1919 in Scapa Flow interniert, wurde das Boot befehlsgemäß am 21.6.1919 selbstversenkt, am 18.8.1925 von Cox & Danks gehoben und in Inverkeithing abgebrochen.

V 130 lief am 20.11.1917 vom Stapel und wurde am 2.2.1918 in Dienst gestellt. Das Boot gehörte zur Reichsmarine, wurde am 3.8.1920 als französische Kriegsbeute nach Cherbourg ausgeliefert, erhielt den Namen BUINO und wurde am 15.2.1933 abgebrochen.[465]

Große Torpedoboote V 140 bis V 144

Die Boote mit den Bau-Nrn. 493–495 waren 1917 in Stettin und in Hamburg mit den Bau-Nrn. 99–100 auf Stapel gestellt worden und im Wesentlichen

Die italienische Premuda ex-V 116 der Kaiserlichen Marine [CC BY-SA 3.0]

mit den vorgenannten Booten baugleich. Auch alle weiteren Angaben wie dort. Lediglich die Bunkerkapazität war um 9 t Öl geringer, der Tiefgang betrug vorn 3,4 m, achtern 3,9 m, der Einbau der Marsch-Turbine fand auf Grund der Arbeitssituation auf der Werft zunächst nicht statt.

V 140 lief in Hamburg mit der Bau-Nr. 99 am 22.12.1917 vom Stapel und wurde am 18.11.1918 in Dienst gestellt. Am 3.11.1919 aus der Liste der Kriegsschiffe gestrichen, strandete das Boot am 8.12.1919 an der dänischen Küste im Schlepp des Dampfschleppers Faiplay XII und wurde abgebrochen.

V 141 lief in Hamburg mit der Bau-Nr. 100 am 26.3.1918 vom Stapel.

V 142 lief in Stettin mit der Bau-Nr. 493 am 25.9.1918 vom Stapel.

V 143 lief in Stettin mit der Bau-Nr. 494 am 25.9.1918 vom Stapel.

V 144 lief in Stettin mit der Bau-Nr. 495 am 10.10.1918 vom Stapel. Diese Boote, zu etwa 60 bis 40% fertig, wurden am 3.11.1919 aus der Liste der Kriegsschiffe gestrichen, am 27.10.1921 an eine süddeutsche Firma verkauft und in Kiel abgebrochen.[466]

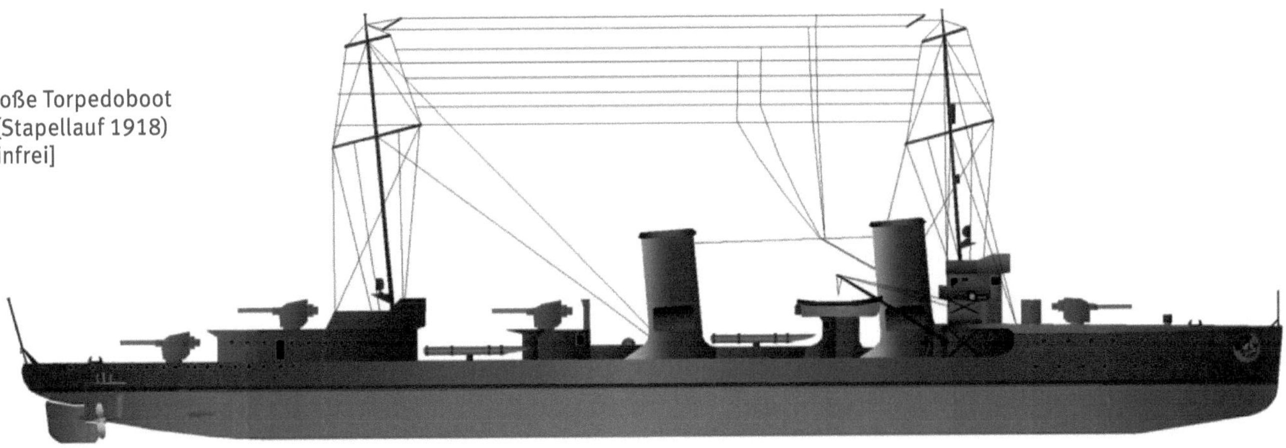

Das Große Torpedoboot V 116 (Stapellauf 1918) [gemeinfrei]

Große Torpedoboote V 158 bis V 165

In Stettin mit den Bau-Nrn. 541–548 1917 auf Stapel gestellt, hatten auch diese Boote nur geringfügig abweichende Konstruktionsdaten. Das Deplacemant betrug 1.030 t, der Tiefgang vorn 3,70 m, achtern 3,17 m, die Höchstgeschwindigkeit wird mit 32,5 kn angegeben, die Bunkerkapazität mit 360 t Öl, ausreichend für 1.675 Seemeilen bei 20 kn. Alle weiteren Angaben wie V 125–V 130. Die Boote waren am 1.11.1918 zu etwa 40 % und weniger fertig und wurde am 3.11.1919 aus der Liste der Kriegsschiffe gestrichen. Sie sind am 4.7.1921 verkauft und auf den Hellingen abgebrochen worden. Der unfertige Rumpf von V 160 wurde am 9.12.1920 durch die Reichstreuhandgesellschaft an die Reederei Hapag verkauft, in Hamburg zum 637 BRT Öltankleichter II umgebaut und am 29.8.1921 an M. Volpicelli, Neapel verkauft.[467]

Zerstörer V 116 bis V 118

Der Amtsentwurf 1916 in Quer- und Längsspant-Stahlbau mit 8 wasserdichten Abteilungen und Doppelboden, war in Stettin mit den Bau-Nrn. 456–458 auf Stapel gestellt worden. Das Deplacement betrug 2.060 t, die Länge über alles 107,5 m, die Breite 10,4 m, der Tiefgang vorn 4,52 m, achtern 3,33 m, die Seitenhöhe 6 m. Die direkt wirkenden 2 Satz EG-Vulcan-Turbinen standen in 2 Maschinenräumen, die 4 Marine-Öl-Doppelkessel mit 18,5 atü 4 Kesselräumen. Die Turbinenhöchstleistung betrug 55.300 wPS, die Höchstgeschwindigkeit 35,2 kn, mit 45.000 wPS waren es 34,5 kn. Die beiden Schrauben hatten je 3 Flügel und einen Durchmesser von 3,2 m. Es gab 1 Ruder. Die Bunkerkapazität betrug 660 t Öl, ausreichend für 2.500 Seemeilen bei 20 kn. 2 Turbinen-Dynamos mit 60 kW und 2 Diesel-Dynamos mit 12 kW erzeugten den 110 Voltstrom für die Bordbeleuchtung und die beiden Scheinwerfer. Die Bewaffnung bestand aus 4 Sk 15-cm in Torpedobootslafetten, 4 MG, acht maschinell betriebenen 60-cm Torpedorohren, es konnten 40 Minen mitgeführt werden. Die Besatzung hatte eine Stärke von 8 Offizieren und 168 Mann. Es gab an Rettungsbooten 1 Motorboot, 1 Kutter und 1 Dingi. Die Boote waren allen bisher gebauten Torpedofahrzeugen an Größe und Kampfkraft weit überlegen. Die beiden fertiggestellten Einheiten – das Vulcan-Boot V 116 und S 113 von Schichau – hatten sich in Frankreich und Italien ausgezeichnet bewährt.

V 116 lief am 2.3.1918 vom Stapel und wurde am 31.7.1918 in Dienst gestellt. Das Boot gehörte nach Ende des Weltkrieges zur Reichsmarine und wurde am 23.5.1920 nach Cherbourg ausgeliefert. Es erhielt als italienische Kriegsbeute am 1.6.1921 den Namen PREMUDA, wurde am 1.1.1939 aus der Liste der Kriegsschiffe gestrichen und in Spezia abgebrochen.

V 117 und V 118 waren zu etwa 75 bis 60 % fertig, als sie am 3.11.1919 aus der Liste der Kriegsschiffe gestrichen und am 4.7.1921 nach Hamburg zum Abbruch verkauft wurden.[468]

Divisionstorpedoboote V 170 bis V 177, V 203 bis V 210

Der 1918er Mobilmachungstyp war ein verbesserter Amtsentwurf 1917 als Querspant-Längstbänder Stahlbau mit 13 wasserdichten Abteilungen. Die Bau-Nrn. 567–574 und 623–630 waren in Stettin 1918 auf Stapel gestellt worden, mit den Konstruktionsdaten: Deplacement 1.268 t, Länge über alles 92,5 m, Breite 9,10 m, Tiefgang vorn 3,60 m, achtern 3,21 m, Seitenhöhe 5,75 m. Die Turbinenleistung betrug 36.000 wPS, für eine Geschwindigkeit von 35 kn, die Bunkerkapazität 330 bis 345 t Öl, ausreichend für 1.850/2.000 Seemeilen bei 20 kn. Als Maschinen waren 2 Satz AEG-Vulcan-Turbinen mit Rädergetriebe vorgesehen, 3 Marine-Öl-Doppelenderkessel mit 18,5 atü in 3 Kesselräumen, 2 Turbinen-Dynamos mit 54 kW für 110 Voltstrom, 2 Schrauben mit 3 Flügeln und 2,85 m Durchmesser sowie 1 Ruder. Als Bewaffnung waren vorgesehen: 4 Sk 10,5-cm in Torpedobootslafetten, 4 MG, zwei 50-cm Deckstorpedorohre und 2 Doppel-Decks-V-Rohre sowie 40 Minen; als Besatzung 5 Offizieren und 112 Mann, an Rettungsbooten 1 Kutter Klasse III und 1 Dingi. Die Boote V 170 bis V 177 kamen nicht über das erste Baustadium hinaus. Die Verträge wurden annulliert, die angefangenen Bauten auf den Hellingen abgebrochen. Bei V 203 bis V 210 waren die Verträge vor Baubeginn annulliert worden.[469]

Ölmotoren im Bau
[aus: Vulcan Werke Hamburg u. Stettin AG, Deutsche Verlagsges.m.b.H, Berlin 1920]

Während die Geschütze außschlieslich an Deck aufgestellt waren, befanden sich die Minen teilweise im Bootsinnern. War letzteres der Fall, sprach man von Trocken-, sonst von Nasslagerung. Da das Sehen unter Wasser nicht möglich ist, kommt bei der Unterwasserfahrt für die Navigation und Beobachtung der Wasseroberfläche nur das Sehrohr infrage. Davon sind gewöhnlich zwei für die Beobachtung vom Turm aus und ein drittes, das Notsehrohr, vorhanden. Andere, im weiteren Sinne ebenfalls der Navigation dienende Einrichtungen waren die drahtlose Telegrafie, das Unterwasserlot usw.

Für die Unterbringung der Mannschaft in einem U-Boot steht naturgemäß erheblich weniger Raum zur Verfügung als in einem Überwasserschiff. Gemildert wird dieser Übelstand allerdings dadurch, dass ein U-Boot im Verhältnis zu seiner Verdrängung nur eine geringe Besatzungsstärke hat. Bei kleinen und mittleren Booten waren die Mannschaftskojen zu je 2 übereinander an Steuerbord und Backbord mit einem dazwischen liegenden schmalen Gang angeordnet. Die Kammern der Offiziere gingen in diesem Fall von Bordseite zu Bordseite und dienten zugleich als Durchgang. Bei größeren Booten lagen die Offizierskammern zu beiden Seiten des Ganges. Es gab eine kleine Küche, in der auch bei Unterwasserfahrt gekocht werden konnte, eine genügende Zahl von Klosetts und auf den größeren Booten Wasch- und Baderäume.

Zum besseren Verständnis der Einrichtungen der Boote noch einige Angaben über die Ausführung des Tauch- und Auftauchmanövers sowie der Unterwasserfahrt. Soll getaucht werden, so werden zunächst alle Öffnungen für Zu- und Abluft, die Auspuffleitung und die Luken geschlossen und nach dem Abstellen der Dieselmotoren die E-Motoren in Betrieb gesetzt. Gleichzeitig werden die an der Unterseite der Tauchtanks befindlichen Tauchklappen geöffnet. Die zugehörigen Entlüftungsöffnungen werden jedoch, damit die Flutung möglichst gleichmäßig erfolgt, erst dann geöffnet, wenn alle Tauchklappen schon offen sind. Soll möglichst schnell getaucht werden, sind die Reglertanks schon vorher entsprechend gefüllt. Wenn die Tauchtanks voll oder annähernd voll sind, kann das Boot durch entsprechende Bedienung der Tauchruder in die gewünschte Tiefe gesteuert und darin gehalten werden. Falls nötig, werden durch Nachfluten oder Lenzen der Reglertanks und durch Trimmen des Wassers von einem Trimmtank in den anderen, Gewicht und Schwerpunktlage des Bootes korigiert. Soll aufgetaucht werden, wird das Boot mit den Tiefenrudern in Oberflächennähe gebracht und durch Druckluft einige Tauchtanks teilweise ausgeblasen. Der Auftrieb ist dann so groß, dass die Verbindung mit der Außenluft hergestellt und ein Kompressor in Betrieb gesetzt werden kann, der die Außenluft ansaugt. Mit der dabei auf etwa 0,5 atü Überdruck zusammengepresste Luft werden die Tauchtanks vollends leergeblasen. Dieser Vorgang kann auch mittels mitgeführtem Druckluftvorrat ausgeführt werden. Da seine Wiederauffüllung durch die an Bord vorhandenen Hochdruckverdichter aber sehr zeitraubend ist, lässt man den Druckluftvorrat unangetastet. Dieser ist das wichtigtste Mittel, um das Boot erforderlichen Falls schnell an die Oberfläche zu bringen.

Die in Deutschland kurz vor Beginn des Ersten Weltkriegs in Dienst gestellten U-Boote hatten etwa 650 t und waren ihrer Bauart nach auch gut geeignet für Fernunternehmen. Die Mobilmachungsboote [Ms] wurden während des Krieges in großer Stückzahl gebaut. Die BI-Boote mit nur 127 t Verdrängung waren die erste neue Bauweise des Krieges. Trotz ihrer Kleinheit – sie waren mit einem Dieselmotor von nur 60 PS ausgerüstet, der ursprünglich als Hilfsmotor für die Verwendung auf Kriegsschiffen entworfen war, haben sie gute Dienste geleistet. Die zur gleichen Bauweise gehörenden B II-Boote waren etwas größer. Die folgenden B III-Boote können ebenso gut als vergrößerte B II-Boote wie als verkleinerte Ms-Boote angesehen werden. Ein anderer im Krieg geschaffener und in großer Stückzahl gebauter Typ war der des Minen-U-Boots. Es wurden kleine und große Boote nach der Ein-Hüllen- und Zwei-Hüllen-Bauweise hergestellt, mit Größen von 168 bis 1.163 t. Die grössten hatten eine bedeutende Torpedobewaffnung.

Als Vorstufe der U-Kreuzer sind die Boote mit 1.250 t anzusehen, die mit je 2 Dieselmotoren von 1.650–1.750 PS und 2 Dieselmarschmaschinen ausgerüstet waren. Von diesen wurde während des Krieges nur eine sehr kleine Zahl in Dienst gestellt. Die eigentlichen U-Kreuzer hatten in ihrer größten Ausführung ca. 2.200 t Verdrängung, 1 Maschinenanlage von 6.000 PS und waren mit 2 bis drei 15-cm Kanonen bestückt. Von diesen Booten ist allerdings nur eines im Einsatz gewesen und hat sich dabei vollkommen bewährt. In größerer Zahl sind die Handelsboote des »Deutschland«-Typs in U-Kreuzer umgebaut worde, die mit ihrer starken Geschützarmierung trotz geringer Geschwindigkeit gute Erfolge hatten.

Abschließend und der Vollständigkeit halber noch einige Anmerkungen zu den U-Bootmotoren. Als das autonome U-Boot geschaffen wurde, hatte man für den Antrieb bei der Überwasserfahrt den Ottomotor und als Alternative die Dampfmaschine mit ölgeheiztem Kessel zur Verfügung. Da Ersterer weiter entwickelt war, wurde er trotz der Explosionsgefahr und den zahlreichen Unfällen, von vielen Konstrukteuren bevorzugt. Mit den Petroleummotoren war zwar eine größere Sicherheit gegen die Explosionsgefahr gegeben, diese hatten aber den Nachteil, durch den Auspuffqualm und eine starke Geräuschentwicklung die Boote zu verraten. Daher sah man diesen Motor nur als Notbehelf. Man hoffte, bald geeignete Dieselmotoren mit ihrer rauchlosen Verbrennung und dem sehr kleinen Brennstoffverbrauch zur Verfügung zu haben. Für die Verwendung in U-Booten musste dieser Motor in Gewicht und Raumbedarf im Vergleich zu den bisherigen Ausführungen erheblich verkleinert werden. Dieses gelang zuerst der deutschen Industrie. Bereits 1909 lieferte die MAN für U-Boote der französischen Marine Viertaktmotoren von ca. 350 PS. Die Germaniawerft folgte mit Zweitaktmotoren, die etwa die gleiche Leistung brachten. Diese wurden auf einem italienischen und 4 norwegischen U-Booten eingebaut. Von Letzteren war eines bei Kriegsbeginn noch nicht abgenommen und von der deutschen Marine übernommen worden. Etwa gleichzeitig mit dem Bau dieser Motoren endstanden auf Grund der Ausschreibung eines Wettbewerbs des RMA bei der MAN ein Viertaktmotor mit einer Leistung von 850 PS und bei der Germaniawerft ein Zweitaktmotor derselben Leistung. Die Leistung dieser 6-Zylinder-Motoren wurde nach und nach auf etwa 1.200 PS gesteigert. Mit neuen Bauarten erreichte man bei der MAN 1.750 PS und bei der Germaniawerft 1.650 PS, wieder in 6 Zylindern. Schließlich wurde von der MAN im Krieg durch Erhöhung der Zylinderzahl auf 10 und mit denselben Zylinderabmessungen, wie sie der 1.750 PS-Motor hatte, ein Motor von 3.000 PS geschaffen. Ein Beweis für die damalige hohe Leistungsfähigkeit der gesammten deutschen Dieselmotorenindustrie ist, dass außer den genannten Werken und ihren Lizenznehmern sehr bald auch andere Werke, wie z.B. Gebr. Körting, Benz und die Daimlerwerke, Dieselmotoren liefern konnten, die den harten Anforderungen des U-Bootdienstes in jeder Weise gewachsen waren.

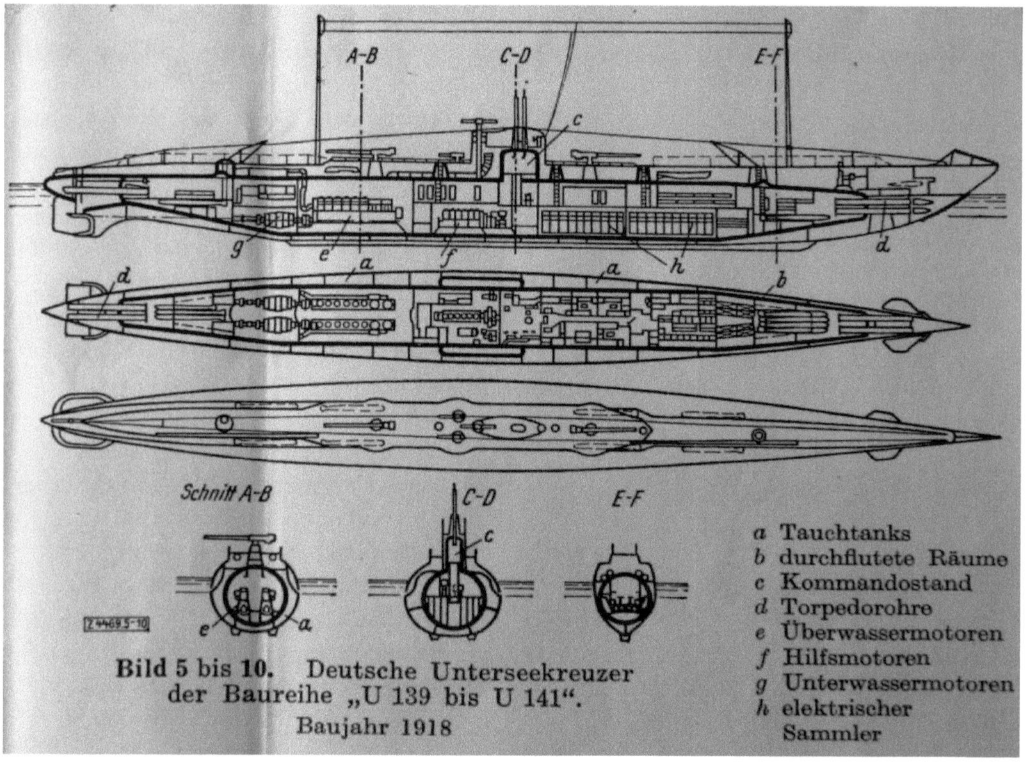

U-Kreuzer der Baureihe U 139 bis U 141, Baujahr 1918 [aus: VDI Zeitschr. 29.1.1938, Bd. 82]

Kleine Küsten-U-Bootminenleger UC 1 bis UC 10

Diese ersten vom Vulcan gebauten Tauchboote wurden 1914 in Hamburg mit den Bau-Nrn. 45–54 auf Stapel gestellt. Der Amtsentwurf Projekt 34 war ein Einhüllentyp mit 4 wasserdichten Abteilungen und für eine Tauchtiefe bis 50 m konstruiert. Das Deplacement betrug 168 t über Wasser, 183 t unter Wasser, die Länge über alles 33,99 m, des Druckkörpers 29,62 m, die größte Breite/größter Durchmesser des Schiffs- und des Druckkörpers 3,15 m, der größte Tiefgang vorn 3,08 m, in Höhe Turm über dem Kiel 6,30 m, die Höchstgeschwindigkeit bei Überwasserfahrt 6,20 kn, getaucht 5,22 kn. Die Tauchzeit betrug 36 Sekunden ab Tauchbefehl bis 8 m Oberkante Turm, 23 Sekunden im Schnelltauchen bei Fahrt.

Die Maschinenanlage bestand aus einem Daimler-Benz 6-Zylinder Viertakt-Beibootsdiesel, ein Siemens-Schuckert [SSW]-Doppelmodyn, 112 Massezellen-Akkus der Accumulatoren-Fabrik AG Berlin-Hagen/Afag. Die Motorenleistung betrug bei Überwasserfahrt 90 Pse, bei Unterwasserfahrt 175 Pse. Die Schraube mit 3 Flügeln hatte einen Durchmesser von 1,08 m. Es gab 1 Heckruder und 2 paar Tiefenruder, direkt über dem vorderen Ruderschutzbügel, paarweise übereinander, sechs 100-cm Minenschächte für 6 Minen, 1 MG, keine Torpedorohre und ein Turmsehrohr, kein Beiboot. Die Bunkerkapazität betrug 3 t Öl, ausreichend für 750 Seemeilen Überwasserfahrt mit 5 kn, Akkukapazität für 50 Seemeilen Unterwasserfahrt mit 4 kn. Diese Boote mit einer etatmäßigen Besatzung von 1 Offizier und 13 Mann waren nur im Küstenbereich einsetzbar.

UC 5 [gemeinfrei]

UC 1 lief mit der Bau-Nr. 45 am 26.4.1915 vom Stapel und wurde am 7.5.1915 in Dienst gestellt. Das Boot ging mit der gesamten Besatzung im Juli 1915 vor der Küste Flanderns durch Minentreffer verloren.

UC 2 lief am 12.5.1915 vom Stapel und wurde am 17.5.1915 in Dienst gestellt. Das Boot ging mit der gesamten Besatzung von 15 Mann am 2.7.1915 durch Rammstoß des britischen Schiffes S/S COTTIGHAM verloren. Es wurde 1915 durch britische Berger gehoben, auf der Themse und verschiedenen Orten gezeigt und später abgebrochen.

UC 3 lief am 28.5.1915 vom Stapel und am 1.6.1915 in Dienst gestellt. Das Boot ging mit der gesamten Besatzung von 18 Mann am 27.5.1915 durch Minentreffer in der Nordsee verloren.

UC 4 lief am 6.6.1915 vom Stapel, wurde am 10. 6.1915 in Dienst gestellt und war meist vor Flandern eingesetzt. Das Boot ging bei der Räumung Belgiens am 5.10.1918 verloren.

UC 5 lief am 13.6.1915 vom Stapel, wurde am 19.6.1915 in Dienst gestellt und vor Flandern eingesetzt. Das Boot strandete am 27.4.1916 durch Stromversetzung in der Themsemündung. Nach Einschleppen durch den britischen Zerstörer FIREDRAKE wurde es in britischen Häfen zur Schau gestellt und später abgebrochen.

UC 6 lief am 20.6.1915 vom Stapel und wurde am 24.6.1915 in Dienst gestellt. Das Boot ging mit der gesamten Besatzung von 16 Mann am 28.9.1917 in der Themse-Mündung in einem Minennetz verloren.

UC 7 lief am 6.7.1915 vom Stapel, wurde am 9.7.1915 in Dienst gestellt und war vor Flandern eingesetz. Das Boot ging mit der gesamten Besatzung von 18 Mann am 6.7.1916 in der Themse-Mündung durch Wasserbomben britischer U-Jäger verloren.

UC 8 lief am 6.7.1915 vom Stapel, wurde im Juli 1915 in Dienst gestellt und war Schulboot. Auf dem Marsch nach Flandern lief das Boot am 4.11.1915 an der niederländischen Küste auf, wurde interniert und am 13.3.1917 als Geschenk den Niederlanden überlassen. Als U-Boot M 1 ist es 1932 abgebrochen worden.

UC 9 lief am 11.7.1915 vom Stapel, wurde am 15.7.1915 als Schulboot in Dienst gestellt und war in Flandern eingesetzt. Das Boot ging mit der gesamten Besatzung von 16 Mann am 21.10.1915 in der Nordsee durch eigene Mine verloren.

UC 10 lief mit der Bau-Nr. 54 am 15.7. 1915 vom Stapel, wurde am 17.7.1915 in Dienst gestellt und war vor Flandern eingesetzt. Das Boot ging mit der gesamten Besatzung von 18 Mann am 21.8.1916 in der Nordsee durch Torpedotreffer des brischen U-Boots E 54 verloren.[471]

U-Minenleger UC 25 bis UC 33, UC 40 bis UC 45, UC 74 bis UC 79

Diese Boote wurden in Hamburg 1915–1916 mit den Bau-Nrn. 64–72 auf Stapel gestellt. Die Baukosten betrugen je Boot 1,729 Mill. Mk. Der Amtsentwurf Projekt 41 war als Einhüllentyp [ab UC 34 Zweihüllen-Typ] mit 7 wasserdichten Abteilungen und für eine Tauchtiefe von 50 m konstruiert. Das Deplacement über Wasser betrug 400 t, unter Wasser 480 t, die Länge über alles 49,45 m, des Druckkörpers 39,30 m, die größte Breite des Schiffskörpers 5,22 m, der größte Durchmesser des Druckköpers 3,65 m, der größte Tiefgang vorn 3,68 m, in Höhe Turm über Kiel 7,46 m. Die Höchstgeschwindigkeit betrug bei Überwasserfahrt 11.6 kn, getaucht 6,7 kn, die Tauchzeit 56 Sekunden ab Tauchbefehl bis 8 m Oberkante Turm, 48 Sekunden im Schnelltauchen bei Fahrt. Die Maschinenanlage bestand aus einem MAN 6-Zylinder Viertakt-Diesel, es gab 2 Doppelmodyn und 2 mal 62 Afag-Massezellen-Akkus. Die Motorenleistung betrug bei Überwasserfahrt 500 Pse, bei Unterwasserfahrt 460 Pse.

UC 28–30 und UC 31–33 mit 520 Pse bzw. 500 PSe. Die beiden Schrauben hatten je 3 Flügel, der Durchmesser ist nicht bekannt. Die höchste Bunkerkapazität betrug 25 t Öl, aureichend für 9.270 Seemeilen Überwasserfahrt bei 7 kn Fahrt, die Akkukapazität reichte für 53 Seemeilen bei 4 kn Fahrt.

UC 28–30 und UC 31–33 für 9.410 Seemeilen Überwasserfahrt. Es gab 2 Ruder nebeneinander und zweimal 2 Tiefenruder in Ruderschutzbügeln. Minen wie UC 1–10. Die Boote hatten drei 50-cm Torpedorohre in Bug- und Heckausführung, 1 Uk 8,8-cm, ein MG. Es gab ein Turm- und ein Zentralesehrohr und ein Dingi. Die Besatzung bestand aus 3 Offizieren und 23 Mann.

UC 25 lief mit der Bau-Nr. 64 am 10.6.1916 vom Stapel und wurde am 28.6.1916 in Dienst gestellt. Das Boot war ab 1917 im Mittelmeer eingesetzt und hatte die »k. u. k. Nummer U 89« erhalten. Eine Maßnahme, die für fast alle im Mittelmeer eingesetzten deutschen U-Boote galt, um Verwechslungen im Nachrichtenverkehr und im Nachschubwesen auszuschließen. Das Boot wurde bei Österreich-Ungarns Kapitulation, am 28.10.1918 bei Pola versenkt.

UC 26 lief am 22.6.1916 vom Stapel, wurde am 18.7.1916 in Dienst gestellt und war vor Flandern im Einsatz. Das Boot ging am 9.5.1917 in der Themse-Mündung durch Rammstoß und Wasserbomben der britischen Zerstörer MILNE, MENTOR und MIRANDA verloren, es gab 26 Tote.

UC 27 lief am 28.6.1916 vom Stapel und wurde am 25.7.1916 in Dienst gestellt. Das Boot war ab 1917 im Mittelmeer eingesetzt und hatte die k. u. k. Nummer U 90 erhalten. Es wurde am 3.2. 1919 als französische Beute ausgeliefert und im Juli 1921 in Landerneau abgebrochen.

UC 28 lief am 8. 77.1916 vom Stapel, wurde am 6.8.1916 als Schulboot in Dienst gestellt und am 12.9.1919 als französische Beute ausgeliefert und abgebrochen.

UC 29 lief am 15.7.1916 vom Stapel und wurde am 15.8.1916 in Dienst gestellt. Das Boot ging am 7.7.1917 im Atlantik durch Artilleriefeuer der britischen U-Bootfalle PARGUST verloren, es gab 25 Tote.

UC 30 lief am 27.7.1916 vom Stapel, wurde am 22.8.1916 in Dienst gestellt und ging mit der gesamten Besatzung von 27 Mann am 19.4.1917 in der Nordsee verloren.

UC 31 lief am 7.8.1916 vom Stapel, wurde am 2.9.1916 in Dienst gestellt, war am 26.11.1918 als britische Beute ausgeliefert worden und wurde 1922 in Canning Town abgebrochen.

UC 32 lief am 12.8.1916 vom Stapel und wurde am 13. 9.1916 in Dienst gestellt. Das Boot ging durch die Explosion einer Mine im Schacht am 23.3.1917 in der Nordsee verloren, es gab 22 Tote.

UC 33 lief mit der Bau-Nr. 72 am 26.8.1916 vom Stapel und wurde am 25.9.1916 in Dienst gestellt. Das Boot ging nach Artillerietreffer und Rammstoß des britischen Patroullienboots P 61 am 26.9.1917 vor der Irischen Seeküste verloren, es gab 27 Tote.[472]

Die Boote UC 40 bis UC 45 waren in Hamburg 1915–1916 als Zweihüllentyp mit den Bau-Nrn. 73–78 auf Stapel gestellt worden. Der Baupreis betrug je Boot 1,982 Mill. Mk. Ruder und Tiefenruder wie UC 25–33, die Dieselmotoren waren von Körting, sonst wie vor; ebenso Deplacement, Breite, Höchstgeschwindigkeit unter Wasser, Bunker- und Akkukapazität sowie Tauchzeit, Minen, Bewaffnung, Besatzung und Sehrohre; ein Dingi. Die Länge über alles betrug 51,11 m, die Länge des Druckkörpers 40,30 m, die PS-Leistung bei Überwasserfahrt 520e.

UC 40 lief mit der Bau-Nr. 73 am 5.9.1916 vom Stapel und wurde am 1.10.1916 in Dienst gestellt. Nach Kriegsende ging das Boot auf der Fahrt zur Auslieferung am 21.9.1919 in der Nordsee durch Unfall verloren, wobei es einen Toten gab.

UC 41 lief am 13.9.1916 vom Stapel und wurde am 1.10.1916 in Dienst gestellt. Das Boot ging am 21.8.1917 in der Nordsee mit der gesamten Besatzung verloren durch eigene Minen und Wasserbomben bewaffneter britischer Fischdampfer.

UC 42 lief am 21.9.1916 vom Stapel und wurde am 18.11.1916 in Dienst gestellt. Das Boot ging am 10.10.1917 vor der Küste der Irischen See mit der gesamten Besatzung von 27 Mann verloren. Es war in die kurz zuvor gelegte eigene Minensperre geraten.

UC 43 lief am 5.10.1916 vom Stapel wurde und am 25.10.1916 in Dienst gestellt. Das Boot ging am 10.3.1917 im Atlantik mit der gesamten Besatzung von 26 Mann verloren. Es war von dem britischen U-Boot G 13 torpediert worden.

UC 44 lief am 10.10.1916 vom Stapel und wurde am 4.11.1916 in Dienst gestellt. Das Boot ging am 5.8.1917 vor der Irischen Küste durch Minentreffer mit der gesamten Besatzung verloren.

UC 45 mit der Bau-Nr. 78 lief am 20.10.1916 vom Stapel und wurde am 18.11.1916 in Dienst gestellt. Das Boot ging am 17.9.1917 in der Nordsee mit der gesamten Besatzung von 30 Mann durch eine Tauchpanne verloren. Es wurde am 11.4.1918 duch das Bergungsschiff OBERELBE gehoben, am 24.10.1918 erneut in Dienst gestellt, am 24.11.1918 als britische Beute ausgeliefert und von 1919 bis 1920 in Preston abgebrochen.

Die Boote UC 74 bis UC 79 waren in Hamburg 1916 als Zweihüllentyp mit den Bau-Nrn. 79–84 auf Stapel gestellt worden. Sie erhielten ebenso wie die vorhergehenden Boote 7 wasserdichte Abteilungen. Der Baupreis betrug je Boot 2,086 Mill. Mk. UC 74 und UC 75 hatten Körting-Diesel, UC 76 Daimler-Diesel, für die Unterwasserfahrt 2 E-Motoren. Bewaffnung, Anzahl der Minen, der Besatzung, Sehrohre, Bunkerkapazität, Ruder und Tiefenruder wie vorgehende, ein Dingi. Das Deplacement über Wasser betrug 410 t, unter Wasser 493 t, die Länge über alles 50,45 m, die Länge des Druckkörpers 40,30 m, die größte Breite des Schiffskörpers 5,22 m, der größte Durchmesser des Druckkörpers 3,65 m, der größte Tiefgang vorn 3,65 m, in Höhe des Turms über dem Kiel 7,98 m; die Höchstgeschwindigkeit betrug bei Überwasserfahrt 11,8 kn, unter Wasser 7,3 kn, die Tauchzeit 33 Sekunden ab Tauchbefehl bis 8 m Oberkante Turm, 30 Sekunden im Schnelltauchen bei Fahrt. Die Reichweite bei Überwasserfahrt betrug 8.660 bis 10.230 Seemeilen mit 7 kn, bei Unterwasserfahrt 52 Seemeilen bei 4 kn.

Über die Messfahrt von UC 78 teilt Dr. G. Bauer folgende Ergebnisse mit: Geschwindigkeit unter Wasser: 7,5 kn, Leistung pro Welle 362 PSe, Umdrehungen/Min. 360; Geschwindigkeit über Wasser 12,15 PSe, Leistung pro Welle 302,5 PSe, Umdrehungen/Min. 459. Sonstige Angaben: Länge 50,35 m, Breite 5,20 m, Konstruktionstiefgang bei Überwasserfahrt 365 m, Wasserverdrängung 410 t, 2 Wellen, Durchmesser der Schrauben 1.240 mm.[473]

UC 74 lief mit der Bau-Nr. 79 am 19.10.1916 vom Stapel und wurde am 26.11.1916 in Dienst gestellt. Das Boot war im Mittelmeer eingesetzt, mit der k. u. k. Nummer U 93. Wegen Treibölmangel musste sich das Boot am 26.11.1918 in Barcelona internieren lassen, wurde am 26.3.1919 französische Beute und im Juli 1921 in Toulon abgebrochen.

UC 75 lief am 6.11.1916 vom Stapel, wurde am 6. 12.1916 in Dienst gestellt und war 1917 vor Flandern im Einsatz. Das Boot ging am 31.5.1918 in der Nordsee durch Rammstoß und Artillerie des britischen Zerstörers FAIRY verloren, es gab 19 Tote.

UC 76 lief am 25.11.1916 vom Stapel und wurde am 17.12.1916 in Dienst gestellt. Das Boot ging am 10.5.1917 bei Helgoland durch Minenexplosion im Schacht verloren, es gab 15 Tote. Nach der Hebung durch das Bergungsschiff OBERELBE am 11.7.1918 als Schulboot eingesetzt, wurde es am 13.11.1918 in Karlskrone interniert, am 1.12.1918 als britische Beute ausgeliefert und 1919–1920 in Briton Ferry abgebrochen.

UC 77 lief am 2.12.1916 vom Stapel, wurde am 29.12.1916 in Dienst gestellt und war 1917 vor Flandern im Einsatz. Das Boot ging im Juli 1918 im Kanal

Modell eines Unterseebootes der Serie „UB 60—65"

Bauwerft: A.-G. Vulcan, Hamburg — Erbaut 1916—17 — Länge 55,52 m Breite 5,76 m — Tiefgang 3,70 m — Maschinen: MAN 6 Cyl.-Viertakt-Diesel-Motore — Maschinenleistung 1100 PS über, 788 unter Wasser — Geschwindigkeit 13,3 Sm. über, 8,0 Sm. unter Wasser — Wasserverdrängung 508 To. über, 639 To. unter Wasser — Armierung: 1—10,5 S.K.L./45 — 5 Torpedorohre — Besatzung 34 Köpfe

Modell eines U-Bootes der Serie UB 60–65, Bauzeit, 1916-17 [aus: Waffe unter Wasser, Berlin 1940]

mit der gesamten Besatzung von 30 Mann verloren. Ort und Ursache sind unbekannt.

UC 78 lief am 8.12.1916 vom Stapel, wurde am 10.1.1917 in Dienst gestellt und war vor Flandern im Einsatz. Das Boot ging im Mai 1918 im Kanal mit der gesamten Besatzung von 29 Mann verloren. Ort und Ursache sind unbekannt.

UC 79 lief mit der Bau-Nr. 84 am 19.12.1916 vom Stapel, wurde am 22.1.1917 in Dienst gestellt und war vor Flandern im Einsatz. Das Boot ging im April 1918 im Kanal mit der gesamten Besatzung von 30 Mann verloren. Ort und Ursache sind unbekannt.[474]

U-Minenleger U 71, U 72, U 75 bis U 80

Die Boote waren in Hamburg 1915–1916 mit den Bau-Nrn. 55, 56, 57–62 auf Stapel gestellt worden. Die Baupreise der Nrn. 55 und 56 betrugen je 3,153 Mill., die der übrigen 3,140 Mill. Mk. Die Tauchboote des Kriegsauftrags E bzw. Typ UE gehörten zum Amtsentwurf Projekt 38. Der Einhüllentyp mit Satteltanks hatte 9 wasserdichte Abteilungen und eine Tauchtiefe von 50 m. Das Deplacement betrug über Wasser 755 t, unter Wasser 832 t. Angaben über Länge und Breite sind nicht bekannt. Der größte Tiefgang vorn betrug 4,86 m, in Höhe des Turms über dem Kiel 8,25 m. Die Höchstgeschwindigkeit bei Überwasserfahrt für U 71 und U 72 betrug 10,6 kn, unter Wasser 7,9 kn, die Überwasserfahrt für U 75 – U 80 betrug 9,9 kn, unter Wasser 7,8 kn. Die Tauchzeit wird angegeben mit 50 Sekunden ab Tauchbefehl bis Tauchtiefe 8 m über Oberkante Turm und 40 Sekunden im Schnelltauchen bei Fahrt.

Alle Boote hatten 2 Daimler-Benz-6-Zylinder Viertakt-Diesel mit 900 PSe, bei Unterwasserfahrt E-Motoren/Akkus mit 800 Pse., 2 SSW-Doppelmodyn, 2 x 112 Afag-Massezellen-Akkus. Es konnten 80–90 t Öl gebunkert werden, ausreichend für 7.880 Seemeilen Überwasserfahrt mit 7 kn, Akkukapazität für 83 Seemeilen Unterwasserfahrt mit 4 kn. Die beiden Schrauben hatten einen Durchmesser von 1,38 m. Es gab 2 Tiefenruder vorn, 2 achtern sowie 2 Heckruder, 1 Turm- u. ein Zentralsehrohr sowie ein Dingi. Die Bewaffnung bestand aus einer Uk 8,8-cm, ab 1916/17 auf U 79, ab 1918 auf U 78 und U 80 eine Sk 10,5-cm in Torpedobootslafette, auf U 72 ab 1917 je eine Tk 10,5-cm und Sk 8,8-cm in U-Bootlafette; je ein 50-cm Torpedo-Backbord-Bugrohr und Steuerbord-Heckrohr im Oberdecksaufbau sowie zwei 100-cm Unterwasser-Heckminenrohre und 38 Minen. Die etatmäßige Besatzung bestand aus 4 Offizieren und 28 Mann.

U 71 lief mit der Bau-Nr. 55 am 31.10.1915 vom Stapel und wurde am 10.12.1915 als Schulboot in Dienst gestellt. Es ist am 23.2.1919 als französische Beute ausgeliefert und 1921 in Cherbourg abgebrochen worden.

Kaiserliches Marine U-Boot UC71 [gemeinfrei]

U 72 lief am 31.10.1915 vom Stapel und wurde am 26.1.1916 in Dienst gestellt. Das Boot war im Mittelmeer eingesetzt, mit der Nummer »k. u. k.« U 72. Es ging bei der Räumung von Cattaro am 1.11.1918 verloren.

U 75 lief am 30.1.1916 vom Stapel und wurde am 26.3.1916 in Dienst gestellt. Das Boot ging am 13.12.1917 mit der gesamten Besatzung in der Nordsee durch Minentreffer verloren.

U 76 lief am 12.3.1916 vom Stapel und wurde am 11.5.1916 in Dienst gestellt. Das Boot ging am 27.1.1917 im Eismeer nach Rammung eines bewaffneten russischen Fischdampfers mit einem Toten verloren. Es wurde im September 1971 gehoben und abgebrochen.

U 79 lief am 9.4.1916 vom Stapel und wurde am 25.5.1916 in Dienst gestellt. Das Boot wurde am 21.11.1918 als französiche Beute ausgeliefert, war als VICTOR REVEILLE bis zum 29.7.1935 im Dienst und wurde danach abgebrochen.

U 80 lief mit der Bau-Nr. 62 am 22.4.1916 vom Stapel und wurde am 6. 6.1916 in Dienst gestellt. Das Boot wurde am 16.1.1919 als britische Beute ausgeliefert und 1922 in Swansea abgebrochen.[475]

U-Minenkreuzer U 117 bis U 121

Die Boote mit den Bau-Nrn. 91–95 waren vermutlich 1916 in Auftrag gegeben und in Hamburg von 1917–1918 zum Einzelpreis von 6,177 Mill. Mk. gebaut worden. Konstruiert waren sie nach dem Amtsentwurf P45 = Projekt 45, als Zweihüllentyp mit 7 wasserdichten Abteilungen und einer Tauchtiefe von 75 m. Das Deplacement über Wasser betrug 1.164 t, unter Wasser 1.512 t, die Länge über alles 81,52 m, des Druckkörpers 61,20 m, die größte Breite des Schiffskörpers 7,42 m, der größte Durchmesser des Druckkörpers 4,50 m, der größte Tiefgang vorn 4,22 m in Höhe des Turms über dem Kiel 10,16 m. Die Tauchzeit betrug 30 Sekunden ab Tauchbefehl bis 8 m über Oberkante Turm. Die Boote hatten 2 MAN-6-Zylinder Viertakt-Diesel, 2 Brown, Boveri & Cie.-Doppelmodyn bzw. zwei Doppelmodyn der Siemens-Schuckert-Werke, 2 mal 124 Afag-Massezellen-Akkus, 1 Heckruder und 2 plus 2 Tiefenruder. Die Maschinenleistung betrug 2.400 PSe, die Höchstgeschwindigkeit bei Überwasserfahrt 14,7 kn, die E.-Motorenleistung 1.200 PSe, die Höchstgeschwindigkeit bei Unterwasserfahrt 7 kn. Die Bunkerkapazität lag zwischen 95 und 217 t Öl, mit der Höchstmenge ausreichend für 13.900 Seemeilen bei 8 kn, bei Unterwasserfahrt 35 Seemeilen mit 4,5 kn. Die Bewaffnung bestand aus einer Sk 15-cm in U-Bootslafette, auf U 117 zusätzlich eine Sk 8,8-cm. Es gab 2 Turmsehrohre, 1 Zentralesehrohr, 1 Dinge. Die etatmäßige Besatzung bestand aus 4 Offizieren und 36 Mann.

U 117 lief am 10.12.1917 vom Stapel und wurde am 28.3.1918 in Dienst gestellt. Das Boot wurde am 21.11.1918 als USA-Beute ausgeliefert, zu Schaustellungen für die Siegesanleihe in atlantischen Häfen benutzt und am 21.6.1921 vor Cap Charle/Virginia von Wasserflugzeugen mit Bomben versenkt.

U 118 lief am 23.2.1918 vom Stapel und wurde am 8.5.1918 in Dienst gestellt. Das Boot wurde am 23.2.1919 als französiche Beute ausgeliefert und im Juli 1921 in Brest abgebrochen.

U 119 lief am 4.4.1918 vom Stapel und wurde am 20.6.1918 in Dienst gestellt. Das Boot ist am 24.11.1918 als französische Beute ausgeliefert worden, war unter dem Namen RENE AUDRY bis zum 7.10.1937 im Dienst und wurde danach abgebrochen.

U 120 lief am 20.6.1918 vom Stapel, wurde am 31.8.1918 in Dienst gestellt und war vorgesehen für den Mittelmeereinsatz mit der »k. u. k. Nummer U 83«. Ausgeliefert am 22.11.1918 als Italienische Beute, wurde das Boot im April 1919 in La Spezia abgebrochen.

U 121 lief am 20.9.1918 vom Stapel und war mit der »k. u. k. Nummer U 84« ebenfalls für den Mittelmeereinsatz vorgesehen. Das Boot wurde nicht mehr in Dienst gestellt, sondern fertiggestellt, am 9.3.1919 als französische Beute ausgeliefert und als Zielschiff am 1.7.1921 vor Cherbourg versenkt.[476]

Mittlere U-Boote UB 60 bis UB 65, UB 72 bis UB 74, UB 154 bis UB 169, UB 188 bis UB 205, UB 220 bis UB 249

Die Boote UB 60 – 65 mit den Bau-Nrn. 85 – 90 und UB 72 – 74 mit den Bau-Nrn. 96 – 98 waren 1916 in Hamburg auf Stapel gestellt worden, bis Nr. 90 zum Baupreis von je 3,279 Mill. Mk., bis Nr. 98 zum Baupreis von je 3,337 Mill. Mk. Der Amtsentwurf Projekt 44 war ein Zweihüllentyp mit 6 wasserdichten Abteilungen und einer Tauchtiefe von 50 Metern. Das Deplacement über Wasser betrug 508 t, unter Wasser 639 t, die Länge über alles 55,52 m, des Druckkörpers 40,10 m, die größte Breite des Schiffskörpers 5,76 m, der größte Durchmesser des Druckkörpers 3,90 m, der größte Tiefgang vorn 3,70 m, in Höhe des Turms über dem Kiel 8,25 m. Die Tauchzeit betrug 30 Sekunden ab Tauchbefehl bis 8 m über Oberkante Turm. Alle Boote hatten 6-Zylinder Viertakt-Diesel, UB 60–65, UB 72 und UB 75 MAN-Diesel, UB 73 und UB 74 Körting-Diesel. Die Leistung über Wasser betrug 1.100 PSe, unter Wasser 788 PSe; zwei Doppelmodyn, 2 x 62 Afag-Massezellen-Akkus. Die Bunkerkapazität betrug 32 bis 68 t Öl, mit der Höchstmenge ausreichend für 8.420 Seemeilen Überwasserfahrt mit 6 kn. Bei Unterwasserfahrt reichten die Akkus für 55 Seemeilen bei 4 kn. Die beiden Schrauben hatten 3 Flügel und einen Duchmesser von 1,40 m. Alle Boote hatten 4 Bug- und 1 Hecktorpedorohr 50-cm. Als Bewaffnung hatten UB 60, UB 61, UB 63 und UB 65 eine Sk 8,8-cm in U-Bootslafette, UB 62 und UB 64 ab 1918 eine Sk 10,5-cm in U-Bootslafette. Es gab 2 Ruder nebeneinander, 2 x 2 Tiefenruder mit Ruderschutzbügel, 1 Dingi an Oberdeck. Die etatmäßige Besatzung bestand aus 3 Offizieren und 31 Mann.

UB 60 lief am 14.4.1917 vom Stapel und am 6.6.1917 als Schulboot in Dienst gestellt. Es wurde am 26.11.1918 britische Beute, strandete vor der britischen Küste und wurde 1921 abgebrochen.

UB 61 lief am 28.4.1817 vom Stapel und am 23.6.1917 in Dienst gestellt. Das Boot ging am 29.11.1917 in der Nordsee nach Minentreffer mit der gesamten Besatzung von 34 Mann verloren.

UB 62 lief am 11.5.1917 vom Stapel und am 9.9.1917 in Dienst gestellt. Das Boot wurde am 21.11.1918 britische Beute und 1922 in Swansea abgebrochen.

UB 63 lief am 26.5.1917 vom Stapel und am 23.7.1917 in Dienst gestellt. Das Boot ging am 28.1.1918 in der Nordsee mit der gesamten Besatzung von 33 Mann durch Wasserbomben der britischen Fischdampfer W. S. BAILY und FORT GEORGE verloren.

UB 64 lief am 9.6.1917 vom Stapel und am 5.8.1917 in Dienst gestellt. Das Boot wurde am 21.11.1918 britische Beute und 1921 in Farcham abgebrochen.

UB 65 lief am 26.6.1917 vom Stapel und am 18.8.1917 in Dienst gestellt. Das Boot ging am 10.7.1918 südlich von Irland durch ein Explosionsunglück mit der gesamten Besatzung von 37 Mann verloren.

UB 72 lief am 30.7.1917 vom Stapel, am 9.9.1917 in Dienst gestellt und war im Mittelmeer eingesetzt. Das Boot ging am 12.5.1918 im Kanal mit der gesamten Besatzung von 34 Mann durch Torpedos des britischen U-Boots D4 verloren.

UB 73 lief am 11.8.1917 vom Stapel, am 2.9.1917 in Dienst gestellt und war im Mittelmeer im Einsatz. Das Boot wurde am 21.11.1918 französische Beute und im Juli 1921 in Brest abgebrochen.

UB 74 lief am 12.9.1917 vom Stapel, am 24.10.1917 in Dienst gestellt und war 1918 vor Flandern im Einsatz. Das Boot ging am 26.5.1918 im Kanal mit der gesamten Besatzung von 35 Mann durch Wasserbomben der britischen Yacht LORNA verloren.

U-Boote UB 88 bis UB 102

Diese Boote mit den Bau-Nrn. 104–118 sind 1917 ebenfalls in Hamburg auf Stapel gestellt worden, mit einem Baupreis je Boot von 3,654 Mill. Mk. Sie waren mit den vorhergehenden in fast allen Bereichen identisch. Die Bunkerkapazität war etwas niedriger, sie betrug 32 bis 71 t, aureichend für 7.120 Seemeilen bei 6 kn. Die Höchstgeschwindigkeit bei der Überwasserfahrt betrug 13 kn und unter Wasser 7,4 kn. Während die Boote UB 88 bis UB 99 MAN-Vulcan Diesel erhielten, bekamen UB 100–102 AEG-Diesel.

UB 88 lief am 11.12.1917 vom Stapel und wurde am 26.1.1918 in Dienst gestellt. Das Boot ist am 26.11.1918 als USA-Beute ausgeliefert und für die Siegesanleihe zur Schau gestellt worden, in den Häfen der Atlantik-, Mexikogolf-, Panama- und Westküste bis Ostgrenze. Es wurde bei Versuchen bei San Pedro/Californien am 3.1.1921 durch Artilleriefeuer des US-Zerstörers WILKES versenkt.

UB 89 lief am 22.12.1917 vom Stapel, wurde am 25.2.1918 in Dienst gestellt und ging am 21.10.1918 nach einer Kollision vor Kiel mit dem Kl. Kreuzer FRANKFURT verloren, es gab 7 Tote. Das Boot wurde am 30.10.1918 durch das Hebeschiff CYKLOP gehoben. Während der Auslieferung am 7.3.1919 trieb es ab, wurde nach Ymuiden eingebracht und 1920 in Dordrecht abgebrochen.

UB 90 lief am 12.2.1918 vom Stapel und wurde am 21.3.1918 in Dienst gestellt. Das Boot ging am 16.10.1918 in der Nordsee mit der gesamten Besatzung von 38 Mann nach Torpedotreffer des britischen U-Boots L 12 verloren.

UB 91 lief am 6.3.1918 vom Stapel und wurde am 11.4.1918 in Dienst gestellt. Das Boot wurde am 21.11.1918 britische Beute und 1921 in Briton Ferry abgebrochen.

UB 92 lief am 25.3.1918 vom Stapel, am 27.4.1918 in Dienst gestellt und am 21.11.1918 britische Beute und von 1919 bis 1920 in Bo'ness abgebrochen.

UB 93 lief am 12.4.1918 vom Stapel und am 15.5.1918 in Dienst gestellt. Das Boot wurde am 21.11.1918 britische Beute und 1922 in Rochester abgebrochen.

UB 94 lief am 26.4.1918 vom Stapel und am 1.6.1918 in Dienst gestellt. Das Boot wurde am 22.11.1918 französische Beute, war unter dem Namen TRINETE SCHILEMANS bis 24.7.1935 im Dienst und dann abgebrochen.

UB 95 lief am 10.5.1918 vom Stapel und wurde am 20.6.1918 in Dienst gestellt. Das Boot wurde am 21.11.1918 italienische Beute und im August 1919 in La Spezia abgebrochen.

UB 96 lief am 31.5.1918 vom Stapel und am 3. Juli in Dienst gestellt. Weiteres wie UB 92.

UB 97 lief am 13.6.1918 vom Stapel und am 25.6.1918 in Dienst gestellt. Ausgeliefert am 21.11.1918 wurde das Boot 1921 in Falmouth nach Strandung abgebrochen.

UB 98 lief am 1.7.1918 vom Stapel und am 8.8.1918 in Dienst gestellt. Ausgeliefert am 21.11.1918 wurde das Boot im britischen Portmadoc 1922 abgebrochen.

UB 99 lief am 29.7.1918 vom Stapel und am 4.9.1918 in Dienst gestellt. Das Boot wurde am 26.11.1918 französische Beute, war mit dem Namen CARISAN bis 24.7.1935 im Dienst und wurde dann abgebrochen.

UB 100 lief am 13.8.1918 vom Stapel und am 17.9.1918 in Dienst gestellt. Das Boot wurde am 22.11.1918 britische Beute und 1922 in Dordrecht abgebrochen.

UB 101 lief am 27.8.1918 vom Stapel und am 31.10.1918 in Dienst gestellt. Das Boot wurde am 26.11.1918 britische Beute und von 1919 bis 1920 in Felixtowe abgebrochen.

UB 102 lief am 13.9.1918 vom Stapel und am 17.10.1918 in Dienst gestellt. Das Boot wurde am 22.11.1918 italienische Beute und im Juli 1919 in La Spezia abgebrochen.

U-Boote UB 154 bis UB 169

Die Boote mit den Bau-Nrn. 119–134 waren in Hamburg 1917–1918 auf Stapel gestellt worden, der Baupreis je Boot betrug 4,301 Mill. Mk. Weiteres wie UB 60 – UB 71, nur die Höchstgeschwindigkeit unter Wasser war mit 7,5 kn etwas höher und UB 154 – UB 166 erhielten MAN-Vulcan-Diesel, UB 167 – UB 169 Körting-Diesel.

UB 154 lief am 7.10.1918 vom Stapel und am 14.12.1918 fertiggestellt. Am 9.3.1919 als französische Beute ausgeliefert, wurde das Boot im Juli 1921 in Brest abgebrochen.

UB 155 lief am 26.10.1918 vom Stapel und am 26.2.1919 fertiggestellt. Am 9.3.1919 als französische Beute ausgeliefert, erfolgte unter dem Namen JEAN CORRE die Indienststellung. Das Boot wurde am 7.10.1937 aus der Liste der französischen Kriegsschiffe gestrichen und abgebrochen.

UB 156 – UB 169 waren behelfsmäßig zu Wasser gebracht und 1919 abgebrochen worden.

Nicht mehr fertiggestellte U-Boote

UB 196–205 und UB 206–249 hatten in Hamburg die Bau-Nrn. 137–184 erhalten. Die Boote waren in den Konstruktionsdaten vergleichbar mit den zuvor gefertigten. Die bereits im Bau befindlichen UB 188 und UB 189 wurden auf den Helgen abgebrochen, ebenso UB 196 – UB 205; die Bauverträge für UB 184 – UB 195 sowie UB 206 – UB 249 sind 1919 annulliert worden.[477]

U-Kreuzer U 145 bis U 147, U 177 und U 178

Die Tauchkreuzer wurden 1917–1918 mit den Bau-Nrn. 101–103 und 177–178 in Hamburg auf Stapel gestellt. Der Amtsentwurf Projekt 46 war als Zweihüllentyp mit 7 wasserdichten Abteilungen und einer Tauchtiefe von 75 m konstruiert. Turm und Munitionsschacht waren mit einer Panzerung von 30/060 und 25 Millimeter versehen. Der Baupreis betrug je Boot 10,817 Mill. Mk. U 145 – U147 hatten ein Überwasserdeplacement von 2.173 t, unter Wasser 2.789 t; U 177 und U 178 von 2.175 t, unter Wasser 2.791 t. Bei allen betrug die größte Länge über alles 97,50 m, die des Druckkörpers 77 m, der größte Tiefgang vorn 5,36 m, in Höhe Turm über Kiel 11,2 m, die Höchstgeschwindigkeit bei Überwasserfahrt 17,5 kn, unter Wasser 8,5 kn.

U 145 – U 147 hatten eine Bunkerkapazität von 120 bis 451 t Öl, letztere Menge war ausreichend für 20.000 Seemeilen bei 6 kn, die Akkufüllung reichte für 70 Seemeilen bei 4,5 kn. Die Tauchzeit betrug 40 Sekunden ab Tauchbefehl bis 8 m Oberkante Turm. U 177 und U 178 hatten eine Bunkerkapazität von 123 t bis 467 t, letztere Menge war ausreichend für 20.700 Seemeilen bei 6 kn, Unterwasserfahrt wie vorhergehende. U 145 – U 147 hatten 2 MAN-10-Zylinder Viertakt-Diesel, U 177 und U 178 jedoch MAN-Vulcan-Diesel; alle Boote waren mit 2 AEG-Doppelmotoren, 2 x 124 Afag-Massezellen-Akkus, außerdem einem MAN-BBC-Dieseldynamo 6-Zylinder Viertakt von 450 PSe = 300 kW ausgerüstet. Die Leistung über Wasser betrug 6.000 PSe plus 450 PSe, unter Wasser 2.600 PSe. Es gab 2 Heckruder, 2 + 2 Tiefenruder mit Ruderschutzbügel, 2 Turmsehhrohre, 1 Kutter, 1 Dingi. Die Bewaffnung bestand aus 2 Sk 15-cm in U-Bootslafetten und 2 Sk 8,8-cm sowie vier 50-cm Bugtorpedorohren und 2 Heckrohren. Als Besatzung waren 6 Offizieren und 56 Mann vorgesehen sowie ein Prisenkommando mit 1 Offizier und 20 Mann.

U 145, Kommandant Kapitänleutnant Wegener, lief am 1.11.1918 vom Stapel, war zu etwa 75 % fertig und wurde 1919–1920 in Hamburg abgebrochen.

U 146 und U 147 mit den Kommandanten Oberleutnant z. S. Saltzwedel und Kapitänleutnant Hansen waren zu etwa 70 bis 75 % fertig und wurden ebenfalls 1919–1920 abgebrochen.

U 177 und U 178 wurden entweder noch vom Stapel oder behelfsmäßig zu Wasser gebracht. Auch diese Boote sind 1919–1920 abgebrochen worden.[478]

Während des Ersten Weltkriegs waren im Hamburger Werk in leitender Stellung im U-Bootbau tätig: Maschinenbaudirektor Fritz Kramer, der »wesentliche Verbesserungen« entwickelte.[479] Oberingenieur Max Ackermann als Verantwortlicher für den Entwurf der Maschinenanlagen der Torpedo- und U-Boote. Paul Hein als Leiter des Konstruktionsbüros für den U-Bootmaschinenbau. Otto Gronwold als selbstständiger Konstrukteur und Gruppenführer. Carl Kiel als Konstruktions-Ing. im U-Boot-Maschinenbau. Ingenieur Carl Schulz als Konstrukteur im U-Bootbau.[480]

Hilfskreuzer und andere Hilfsschiffe im Ersten und Zweiten Weltkrieg

Bereits vor 1900 hatten die meisten Marinen heimische Handelsdampfer als Hilfschiffe wie Truppen- und Materialtransporter eingeplant. In Deutschland bildete das Gesetz über die Kriegsleistungen vom 13.6.1873, § 23 die Grundlage. Hiernach konnte das Deutsche Reich im Kriegsfall ebenso wie über den deutschen Pferdebestand und die Eisenbahn auch über die deutsche Handelsflotte verfügen. In den Reichspostverträgen vom Juni 1885 sind von vornherein die Bedingungen wegen der Übernahme der Reichspostdampfer in den Reichsdienst für Kriegsfälle genau geregelt worden. Vor der ersten großen Bewährungsprobe standen die deutschen Großreedereien, als im Sommer 1900 in China der Boxeraufstand losbrach. Plötzlich und unerwartet waren große Truppen-Expeditionen weit über See zu entsenden. Der NDL und die Hapag, haben sofort einige Dutzend Dampfer mit über 100.000 t als Transportschiffe für Truppen, Pferde, Kohlen, Material und als Lazarettschiffe zur Verfügung gestellt und die Generalprobe glänzend bestanden. Für den ersten großen Transport der deutschen Division mussten die Dampfer so schnell gestellt werden, dass ohne besondere Auswahl von Schiffen, Führern und Besatzungen, einfach diejenigen genommen wurden, die innerhalb von 8 bis 14 Tagen aus weitesten Entfernungen in die Heimathäfen beordert werden konnten. Dort wurden sie in wenigen Tagen gelöscht, gedockt und für den jeweiligen Transportzweck umgebaut und eingerichtet. Alle diese Schiffe sind pünktlich ausgelaufen und zum vorgesehenen Zeitpunkt auf Taku-Reede eingetroffen.

Von den 3 Lazarettschiffen des deutschen Korps erhielt eines auf der Frachtfahrt nach Ostasien den Auftrag, sofort in Japan seine Ausrüstung zu beschaffen und sich unter den Befehl des deutschen Admirals zu stellen. Ein zweites wurde sehr schnell in Deutschland ausgerüstet und das dritte auf der Rede von Taku vom Transport- in ein Lazarettschiff umgewandelt. Alle 3 behielten ihre Besatzungen und erfüllten ihre Aufgaben wie vorgesehen. Die hierbei gemachten Erfahrungen konnten sofort angewandt werden, als 1904 der Aufstand in Deutsch-Südwest ausbrach und nach und nach immer größere Transporte notwendig wurden. Mit Ausnahme einer anfänglichen Pferdesendung von Argentinien auf englischen Schiffen, die sich nicht bewährte und daher nicht wiederholt wurde, sind alle Transporte durch die Dampfer der Woermann-Linie, der HAL und anderer hamburgischer Redereien von Hamburg aus nach Südwest ausgeführt worden. 1904 waren 14 Schiffe eingesetzt worden, 1905 zweiundzwanzig und 1906 zwanzig Schiffe, lediglich für Truppentransporte; außerdem im Kolonialdienst bis 1914 fünf Lazarettschiffe.[481]

Das Eiserne Kreuz in der Handelsflagge

Unter dieser Überschrift enthält ein Beitrag der Ostsee-Zeitung, datiert 6.6.1897, einige interessante Einzelheiten zum Thema Hilfskreuzer. »Man schreibt uns: ›Den Kapitänen deutscher Handelsschiffe, die Offiziere des Beurlaubtenstandes der Marine sind, ist bekanntlich durch kaiserlich Ordre vom 1. Juli 1896 die Berechtigung verliehen worden, das Eiserne Kreuz in der Handelsflagge zu führen. Wenn man bisher wenig davon gehört hat, daß von dieser Begünstigung Gebrauch gemacht worden ist, so hat das seinen Grund wohl hauptsächlich darin, daß die Zahl Derjenigen, die zur Führung dieser Flagge berchtigt sind, noch außerordentlich klein ist. Zur Zeit besitzen nur acht Kapitäne diese Berechtigung. Das kann nicht Wunder nehmen, wenn man erwägt, daß einmal die deutsche Kriegsmarine verhältnismäßig jung ist und andererseits die Kapitäne der großen Personen- und Handelsdampfer ältere Seeleute sind, die nur in seltenen Fällen dem erst in den letzten Jahren in der Zahl angewachsenen Reserve- und Seewehr-Offizierskorps angehören. Die Marine besitzt z. Z. 185 Reserve- und Seewehr-Offiziere des Seeoffizierkorps (19 Kapt.-Lieuts., 62 Lieuts. z. S. und 104 Unt.-Lieuts. z. S.) gegen 89 im Jahre 1891. In den letzten sechs Jahren hat also eine Verdoppelung stattgefunden. 4/5 dieser Offiziere sind im seemännischen Beruf thätig und zwar befinden sich unter ihnen allein 94 Schiffsoffiziere. Diese sind der eigentliche Nachwuchs der Kapitäne und bei dem anhaltenden Waschthum der deutsche Handelsflotte werden schon im Laufe der nächsten Jahre eine ganze Anzahl derselben Kapitäne geworden sein und damit die kaiserliche Berechtigung erworben haben. Zunächst dürften diejenigen Schnelldampfer mit Re-

Die schwarz-weiß-rote Flagge [aus: Taschenbuch d. Kriegsflotten 1913, XIV. Jg. 9]

serveoffizieren als Kapitäne besetzt werden, die Im Kriegsfall als Hilfskreuzer Verwendung finden werden. In Hamburg ist nur ein Kapitän der (Hamburg-Amerika-Linie) zur Führung der [...] Flagge berechtigt und Bremen besitzt gar keinen. Schiffs-Offiziere, die zugleich Reserve-Offiziere [...] sind besitzt Hamburg 39, der Norddeutsche Lloyd in Bremen 28 und bei der Dampfsch.-Ges. ›Hansa‹ 4.«

Eine detailierte Hilfskreuzer-Planung für die deutsche Flotte lässt sich erstmals in der Mobilmachungsakte der Marinestation der Nordsee für das Jahr 1893 nachweisen. Sie betraf den Schnelldampfer NORMANNIA, welcher am 21.10.1895 für 15 Tage zur Erprobung in Dienst gestellt wurde. Um die deutschen Schnelldampfer als Hilfskreuzer einsetzen zu können, wurden sie den Anforderungen der Marineverwaltung entsprechend gebaut. Durch die Anordnung der Kohlenbunker ist ein Schutz der Maschinen erzielt worden, auch die Aufstellung der Geschütze war beim Bau bereits vorgesehen und die sonstige Ausrüstung lag bereit. Für die DEUTSCHLAND [3] war beispielsweise eine Bewaffnung mit 4 Sk 15,5-cm, 2 Sk 15-cm, 2 Sk 8,8-cm, 2 Sk 5,7-cm und 14 Maschinenkanonen geplant. Die Umwandlung in Hilfskreuzer war so in wenigen Tagen zu bewerkstelligen.[482] 1914 wurden als voraussichtliche Hilfskreuzer mit mindestens 18 kn folgende vom Vulcan gebaute Passagierschiffe geführt: KRONPRINZESSIN CÄCILIE, KAISER WILHELM II. [wurde nicht ausgerüstet], KAISER WILHELM DER GROSSE, KRONPRINZ WILHELM, GEORGE WASHINGTON, PRINZ EITEL FRIEDRICH, IMPERATOR, CAP TRAFALGAR, VICTORIA LUISE und PRINCESS ALICE.

CAP TRAFALGAR [s.Bd.2], ein Passagier- u. Frachtdampfer der Hamburg-Süd AG, war im Ersten Weltkrieg am 31.8.1914 vom Kanonenboot EBER in See als HILFSKREUZER »B« ausgerüstet worden. Es wurden je eine Sk 10,5-cm vorn an Backbord und achtern an Steuerbord sowie 6 Mk 3,7-cm aufgestellt. Die Besatzung bestand aus 14 Offizieren und 305 Mann. Der Hilfskreuzer ging am 14.9.1914 um 11 Uhr 10 im Süd-Atlantik nach einem Geschützkampf mit dem britischen Hilfskreuzer CARMINIA verloren, es gab 16 Tote.[483] Über dieses Seegefecht wurde bereits am 23.9.1914 in der Hamburger Presse u.a. berichtet, »daß der Dampfer [...] nach heftigem Kampfe mit dem englischen Hilfskreuzer [...] in der Nähe der brasilianischen Küste untergegangen ist, [...] ›Cap Trafalgar‹ war das schnellste Schiff, das zwischen Europa und Argentinien fuhr.«[484] Wenig später, am 6. Oktober, ist einer Zeitungsmeldung zu entnehmen: »Ein deutscher Woermann-Dampfer ist, von Afrika kommend, in den Hafen von Burnos Aires eingelaufen. Er hat 18 Offiziere und 292 Mann von der Besatzung der ›Cap Trafalgar‹ an Bord. Einige von ihnen sind verwundet. Die Regierung hat beschlossen, die Matrosen [...] als Kriegführende zu behandeln und hat sie daher auf der Insel Martin Garcia interniert. Die Verwundeten sind in das deutsche Hospital gebracht worden.«[485]

Ebenfalls im Oktober 1914 erschien ein weiterer, etwas längerer Beitrag mit Einzelheiten, mitgeteilt u.a. auch von Augenzeugen. Danach waren 11 Offiziere und 292 Mann der Besatzung gerettet worden, unter ihnen auch Kapitän Hans Langerhans und mehrere Verwundete. Die 5 Schwerverwundeten waren: »Josè Berrogi, 22 Jahre, Schuß im linken Bein, Carlos Villegas, 20 Jahre, Schuß im rechten Arm, Paul Lomer, 37 Jahre, Schuß durch die rechte Lunge, Heinrich Endrich, 22 Jahre, Schuß im rechten Schlüsselbein und Hermann Hansen, 30 Jahre, Schuß im rechten Bein. [...]« Zwei Besatzungsmitglieder berichteten der in Buenos Aires erscheinenden Zeitung, La Prensa: »Dem Dampfer begegnete ziemlich weit von Rio de Janeiro entfernt ein Schiff, dessen Nationalität wegen unklarer Sicht nicht auszumachen war. Bald darauf fiel auch schon von dem fremden Schiff ein Schuß, der sofort erwidert wurde und es entbrannte ein heißer Kampf. Nach kurzer Zeit wurde der deutsche Dampfer unter der Wasserlinie getroffen und begann sich schnell auf die Seite zu legen. Da das Schiff nach Ansicht des Kapitäns rettungslos verloren war, gab er Befehl, es in die Luft zu sprengen. Gleich darauf verschwand es in den Wellen. Bevor der Kapitän Befehl gegeben hatte das Schiff [...] zu sprengen, hatte er vermittels Funkspruch um Hilfe gerufen, der von einem deutschen Dampfer, der sich in 10 Meilen Entfernung befand, aufgefangen wurde.« Es wurde von den beiden Matrosen noch erwähnt, »daß sie noch im letzten Augenblick beobachten konnten, wie sich das feindliche Schiff, welches anscheinend in Brand geschossen war, weil mächtige Flammen daraus gen Himmel zügelten, entfernte. Nach ihrer Ansicht müsse es vernichtet sein. […]«[486]

Unter der Überschrift »Das Weinachtsfest der Cap Trafalgar-Mannschaft«, erschien im Februar 1915 erneut ein kurzer Zeitungsbericht. »Aus Buenos Aires wird den Hamburger Nachrichten geschrieben: Den auf der Insel […] im Rio de la Plata stromaufwärts von Buenos Aires aus gelegenen und mit einem Dampfer in etwa fünfstündiger Fahrt zu erreichen untergebrachten deutschen Internierten, hat am Sonntag nach Weihnachten die deutsche Kolonie ein schönes Weihnachtsfest bereitet. […] Die Anordnung der Fahrt hatten der deutsche Kriegerverein und der deutsche Männergesangverein unternommen und allen Beteiligten sowie den mit zahlreichen Geschenken bedachten Internierten wird der Aufenthalt […] am 27. Dezember unvergesslich bleiben, trotzdem die ungeheure Hitze manchen arg mitgenommen hatte. Das Verhältnis zwischen den Matrosen und der argentinischen Besatzung ist äußerst herzlich, auch bieten die argentinischen Behörden alles auf, um den Gefangenen ihr ödes Dasein auf der völlig reizlosen Insel so erträglich wie möglich zu gestalten. Das Befinden der drei im hiesigen deutschen Hospital untergebrachten Schwerverwundeten, der Matrosen Sommer [Brustschuß], Wilke [schwere Beinverletzung] und Ravozin [Beinamputation] ist gut, sie gehen sämtlich ihrer Genesung entgegen.«[487]

KAISER WILHELM DER GROSSE [s.Bd.1], ein Schnelldampfer des NDL ist zu Beginn des Ersten Weltkrieges in Bremerhaven vom technischen Betrieb der Reederei zum HILFSKREUZER »D« umgerüstet worden. Er erhielt 6 Sk. 10,5-cm, 2 Revolverkanonen und ging einige Tage nach der Kriegserklärung unter dem Kommando von Fregattenkapitän Max Reymann und einer Besatzung von 24 Offizieren und 560 Mannschaften in See, um im Atlantik Kaperkrieg zu führen. Der Hilfskreuzer nahm am 4.8.1914 Kurs nach Norden und machte nahe Island seine erste Beute. Der große britische Fischdampfer TUBAL CAIN aus Grimsgy wurde versenkt, nachdem die Besatzung an Bord genommen war. Dann wandte sich der Hilfskreuzer nach Süden und brachte in der Nähe der Insel Ferro den von Kapstadt kommenden Passagierdampfer GALICIAN auf. An Bord befanden sich außer der Mannschaft 39 Passagiere, darunter 2 englische Offiziere, die gefangen genommen wurden. Am nächsten Morgen wurde dem englischen Dampfer mitgeteilt: »Im Hinblick auf Eure Frauen und Kinder wollen wir das Schiff nicht versenken, Sie sind entlassen. Glückliche Reise!« Am Morgen des 16.8.1914 lief der neuseländische Dampfer KAIPARA dem Hilfskreuzer über den Weg und wurde, nach Übernahme der Besatzung, versenkt. Das gleiche geschah am Nachmittag desselben Tages mit dem englischen Dampfer NYANGA. Womit die so vielversprechend begonnene kriegerische Tätigkeit des Schnelldampfers auch schon beendet war.

Am 26.8.1914 befand sich das Schiff mit den Kohlendampfern ARUCAS und BETHANIA längsseits, in der Bucht von Rio de Oro, während der deutsche Dampfer MAGDEBURG als dritter Kohlendampfer etwa 500 m weiter seewärts ankerte. Die gesamte Besatzung war seit Tagen mit der Kohlenübernahme beschäftigt. Die Bunker waren noch nicht zur Hälfte gefülllt, als gegen Mittag der englische geschützte Kreuzer HIGHFLYER in Sicht kam, der durch Scheinwerferspruch den Hilfskreuzer aufforderte, sich zu ergeben. Nach

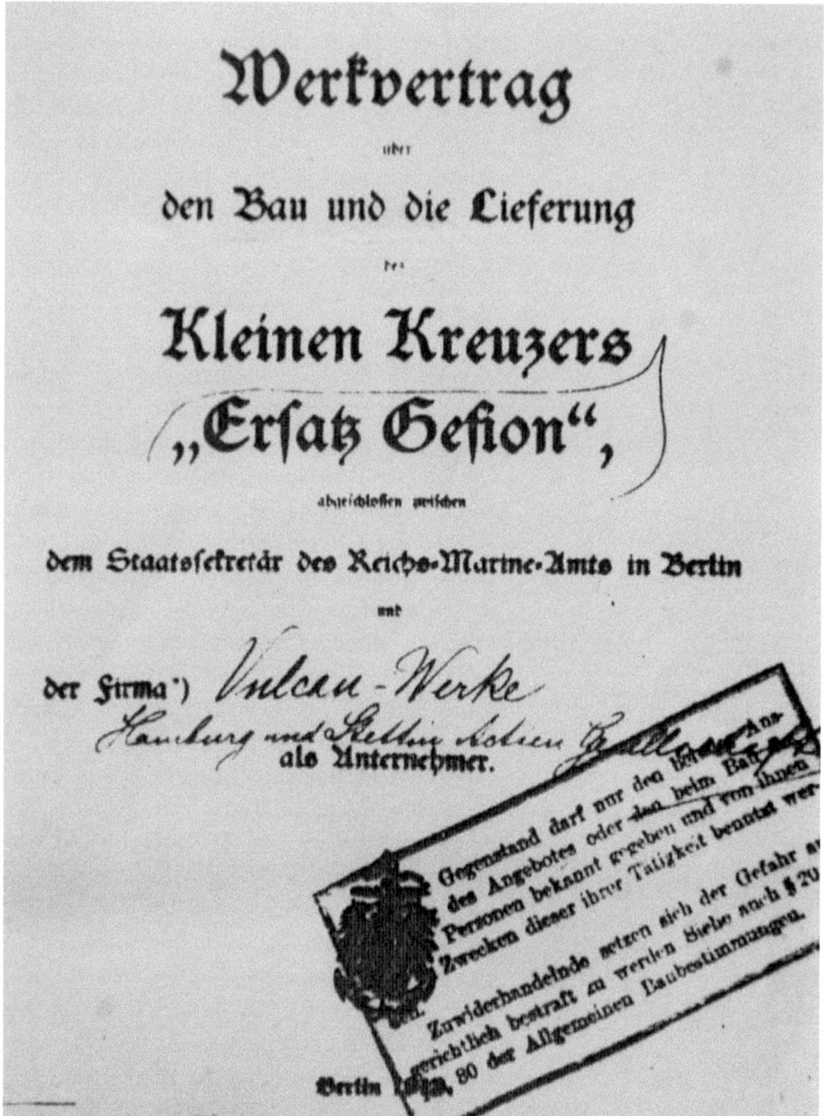
Werkvertrag
über
den Bau und die Lieferung
des
Kleinen Kreuzers
„Ersatz Gefion“,
abgeschlossen zwischen
dem Staatssekretär des Reichs-Marine-Amts in Berlin
und
der Firma*) Vulcan-Werke
Hamburg und Stettin Aktien Gesellschaft
als Unternehmer.

Gegenstand darf nur den beim ... des Angebotes oder den beim Bau ... Personen bekannt gegeben und von ihnen zu Zwecken dieser ihrer Tätigkeit benutzt werden.
Zuwiderhandelnde setzen sich der Gefahr aus gerichtlich bestraft zu werden. Siehe auch § 20 ... 80 der Allgemeinen Baubestimmungen.

Berlin

*) Vom Bewerber auszufüllen.

Werkvertrag für den Kl. Kreuzer WIESBADEN [BA-MA Freiburg]

der zweiten Aufforderung antwortete KAISER WILHELM DER GROSSE: »Deutsche Kriegsschiffe ergeben sich nicht! Ich ersuche Sie die spanische Neutralität zu achten.« Die englische Reaktion war ein erneuter Scheinwerferspruch: »Sie kohlen zum zweiten Mal in diesem Hafen, ich fordere Sie auf, sich zu ergeben, wenn nicht, werde ich das Feuer auf Sie sofort eröffnen.« KAISER WILHELM DER GROSSE: »Ich kohle zum ersten Male. Im Übrigen ist dies eine spanische Angelegenheit.« HIGHFLYER: Ergeben sie sich sofort.« KAISER WILHELM DER GROSSE: »Ich habe Ihnen nichts mehr zu sagen.« Hierauf eröffnete um 1,16 Uhr HIGHFLYER das Feuer, das der Hilfskreuzer sofort erwiderte. Der Kampf wurde geführt, während das Schiff etwa 2.000 m vor der Küste vor Anker lag, sich also innerhalb der spanischen Hoheitsgewässer befand. Um unnötige Verluste zu vermeiden, ließ der Kommandant die nicht auf den Gefechtsstationen benötigten Mannschaften und die englischen Schiffsbesatzungen auf die beiden Kohlendampfer übersteigen, die sich nach Süden zurückzogen. Inzwischen hatten die Engländer das Feuer auf eine Entfernung von etwa 9.000 m eröffnet. Er näherte sich und zog sich dann sofort zurück, als er einige Treffer erhielt. Nach etwa 1½ stündigem Gefecht kam das Feuer des Hilfskreuzers aus Munitionsmangel ins Stocken. Gleich bei Gefechtsbeginn hatte der vordere Munitionraum 2 Treffer erhalten und war vollgelaufen. Damit stand die Hälfte der gesamten Munition nicht mehr zur Verfügung. Als die Munition der beiden achteren Geschütze verschossen war, erging der Befehl zum Versenken des Schiffes. Die Lenzschieber wurden geöffnet und die schon vorher angebrachten 12 Sprengpatronen gezündet. Der deutsche Hilfskreuzer hatte insgesamt 10 Treffer erhalten, die das Schiff jedoch nicht zum Sinken gebracht hatten. Nach Feuereinstellung hatte auch der Engländer nicht mehr geschossen und sich langsam bis auf 5.600 m genähert. Als er jedoch mit einer der Revolverkanonen, die noch über Munition verfügte, beschossen wurde, begann auch der Engländer erneut mit dem Feuer. Das stellte er aber ein, als das letzte deutsche Geschütz seine Munition verschossen hatte. Der Munitionsverbrauch des englischen Kreuzer schätzte Fregattenkapitän Reymann auf 400 bis 600 Schuss. Das Trefferergebnis war also mehr als schlecht.

Als der Hilfskreuzer begann sich überzulegen, ging die Besatzung in die Boote. Der Kommandant verließ das Schiff erst, als die Bordwand bereits auf dem Grund auflag und die Masten unter Wasser waren. Drei Hurras aus den 3 Rettungsbooten brachten dem Schiff den letzten Gruß und Deutschland, Deutschland über alles erklang als Abschiedslied. Die Restbesatzung hatte außer dem Kommandanten aus 7 Offizieren, 2 Vizesteuerleuten, 72 Unteroffizieren und Mannschaften bestanden. Unter Mitnahme von 2 Verwundeten erreichten sie nach einem Marsch von 2½ Stunden das spanische Fort. Sie wurden anschließend nach Las Palmas auf den Kanarischen Inseln gebracht. Dort waren am 29.8.1914 auch die Besatzungen der vom Hilfskreuzer versenkten Schiffe sowie die bei Gefechtsbeginn ausgeschifften Mannschaften, durch den Kohlendampfer ARUCAS gelandet worden. Letztere wurden später in Kingston auf Jamaika interniert. Unter ihnen befand sich auch der Kapitän des NDL-Schiffes, Rud. Meyer, der später nach New York entlassen wurde, sowie die Offiziere, Maschinisten und Mannschaften des NDL, welche nach dem Übergang des Schiffes in den Marinedienst an Bord geblieben waren. Insgesamt hatte der Hilfskreuzer in einer Einsatzzeit von 3 Wochen 10.685 BRT versenkt.

Dem englischen Kreuzer war nach einem Augenzeugenbericht die ganze Kommandobrücke und ein Geschütz zerschossen worden, außerdem hatte er mehrere Treffer in die Maschine erhalten. Er konnte später nur mit ganz geringer Fahrt nach Gibraltar laufen, um dort zu docken. Der englische Marineminister Churchill sah sich veranlasst, die Heldentat im Parlament gebührend zur Sprache zu bringen und die Absendung einer Depesche an den Kreuzer bekanntzugeben: »Bravo, britisches Kriegsschiff! Du hast nicht nur Großbritannien einen Dienst erwiesen, sondern dem friedlichen Handel der ganzen Welt. Die deutschen Offiziere und die Besatzung scheinen ihre Pflicht erfüllt zu haben mit Menschlichkeit und Selbstbeherrschung; sie waren daher einer seemännischen Behandlung würdig!«[488]

KRONPRINZ WILHELM, [s.Bd.1], ein Doppelschraubenschnelldampfer des NDL, ging am 3.8.1914 von seinem Liegeplatz Hoboken in New York in See, um sich mit dem von Kuba kommenden Kleinen Kreuzer KARLSRUHE zu treffen. Bei den Bahamas wurden Offiziere, Mannschaften, Munition und 2 Sk 8,8-cm übernommen. Der bisherige Navigationsoffizier der KARLSRUHE, Kapitänleutnant Thierfelder, wurde Kommandant des HILFSKREUZERS »C«, dessen Besatzung aus 20 Offizieren und 483 Mannschaften bestand. Am 7.9.1914 wurde der englischen Dampfer INDIAN PRINCE als erste Beute versenkt. Die nächste war am 7. Oktober auf Höhe von Santos, der englische Passagierdampfer LA CORRENTINA. Dessen Ladung, Gefrierfleisch und Kohlen, wurde ebenso übernommen wie zwei 12-cm Geschütze, für die allerdings keine Munition vorhanden war. Dann wurden die Ventile geöffnet und der Dampfer ging auf Grund. Das dritte Opfer war am 28. d. M. der französische Segler UNION mit 3.500 Tonnen Kohle. Nach deren Übernahme wurde der Segler am 22. November versenkt. Die bis dahin auf dem Hilfskreuzer untergebrachten Passagiere und Mannschaften der aufgebrachten feindlichen Schiffe waren an das NDL-Schiff SIERRA CORDOBA abgegeben und Ende November 1914 in Montevideo gelandet worden.

In den folgenden Wochen wurden 3 französische Schiffe, die Bark ANNE DE BRETAGNE und die Dampfer BELLEVUE und MONT ANGEL sowie der englische Dampfer HEMISPHERE abgefangen. Die Bark wurde am 22.11.1914, MONT ANGEL am 4. Dezember, BELLEVUE nach Übernahme von 3.000 t Kohle, am 20. Dezember, HEMISPHERE, ebenfalls nach Übernahme von 5.600 t Kohle, am 7.1.1915 versenkt. Am 11. und 14.1.1915 wurden die englischen Dampfer POTARO und HIGHLAND BRAE gekapert. Letzterer mit 70 Pasagieren an Bord, darunter einige argentinische Familien, 13 Frauen und 5 kleine Kinder. Die aus 90 Mann bestehende Besatzung wurde zunächst an Bord des Hilfskreuzers untergebracht, dessen Gesellschaftsräume allerdings zum großen Teil als Lagerräume für Kohlen dienten, ebenso wie ein Teil des Zwischendecks. Der Passagierdampfer wurde am 30.1.1915 versenkt und ebenso am selben Tag der kleine englische Schoner WILFRED M. Am 5. Februar folgten POTARO, nachdem dessen letzte Vorräte übernommen waren, und die nach England bestimmte norwegische Viermastbark SEMATHA mit 3.700 t Weizen.

Die Passagiere und Besatzungen aller Schiffe wurden dann auf dem Bremer Rolanddampfer HOLGER eingeschifft, der sich seit Anfang Januar 1915 in der Nähe des Hilfskreuzers aufgehalten hatte. Der Dampfer landete diese und eine Anzahl Mannchaften des KRONPRINZ WILHELM, die das militärpflichtige Alter überschritten hatten, am 18. Februar in Buenos Aires. In einem damals in New York eingetroffenen Privatbrief von Bord des Hilfskreuzers heißt es u.a.: »[...] Wir hatten ein großes Aktionsfeld und haben sehr weite Reisen gemacht. Jetzt sind wir bei Nr. 11 angelangt [...] Mit der LA CORRONA haben wir den Engländern die wertvollste Fleischladung gekapert, die jemals vom La Plata verschifft wurde: 220.000 Pfund Sterling [...] Der Feind liefert uns alles, auch Kohlen in reichlicher Menge [Verbrauch von 4.550 t für 4.800 Seemeilen bei 18 kn Fahrt], so daß wir mit allem versehen sind. Neulich [18.Januar] konnten wir eine erhebende Kaiser-Geburtstagsfeier veranstalten, wozu uns verschiedenes Zubehör, wie Kinematograph mit reichhaltigem Programm, Phonograph, sowie materielle flüssige und feste Genüsse vom Feinde geliefert worden waren. [...]«

Zu den 11 bis Mitte Februar 1915 bereits versenkten Schiffen kamen im Laufe der nächsten Wochen noch einige weitere hinzu. Am 22. Februar wurde der engliche Dampfer CHASEHILL gestoppt. Dieser wurde aber nicht versenkt, sondern musste 400 Personen übernehmen, um sie an Land zu bringen. Auch wurde der Engländer mit Matratzen, Decken und Nahrunsgmittel ausgestattet. Am 23. Februar wurde der französische Dampfer GUADELUPE, am 25. März der Engländer TAMAR mit 68.000 Sack Kaffee an Bord und am 27. März der englische Dampfer COLEBY, beladen mit Mehl, versenkt. Anfang April 1915 trat Kohlen- und Proviantmangel ein, sodass der Hilfskreuzer die nordamerikanische Küste ansteuern musste. Unbemerkt von den an der Küste von Virginia kreuzenden feindlichen Kriegsschiffen erreichte er Hampton Roads und am 10. April den Hafen von Newport News in den USA. Da ein Teil der Besatzung an Beri Beri erkrankt und Ersatz nicht zu beschaffen war, ließ der Kommandant das Schiff internieren. Kapitänleunant Thierfelder erhielt das Eiserne Kreuz I. Klasse, eine große Zahl von Offizieren und Mannschaften wurde mit dem Eisernen Kreuz II. Klasse ausgezeichnet. Der Hilfskreuzer hatte in 8 Monaten 14 Schiffe mit insgesamt 55.939 BRT versenkt.[489] Am 26.4.1915 interniert wurde KRONPRINZ WILHELM von den USA am 7.4.1917 beschlagnahmt, unter dem Namen VON STEUBEN als Truppentransporter in Dienst genommen und in Boston 1923 abgebrochen.[490]

PRINZ EITEL FRIEDICH [1] [s.Bd.2], ein Passagier- und Frachtdampfer des NDL, war unter Führung des Kapitäns Carl Mundt auf der Rückreise von Yokohama nach Bremen, als er in Shanghai über den deutschen Gouverneur in Tsingtau die Mitteilung über die Mobilmachung in Deutschland erhielt. Am 1.8.1914 wurde das Schiff nach Kiautschou beordert. Hier am 2. August angekommen, erfolgte sofort nach dem Löschen der Ladung die Übernahme von Geschützen, Munition und Mannschaften von den längsseits liegenden Kanonenbooten TIGER und LUCHS. Anschließend wurde in der Werft gekohlt und die Geschütze, 4 Sk 10,5-cm, 6 Sk 8,8-cm und 12 Mk 3,7-cm eingebaut. Später wurden die noch an Bord befindlichen 300 t loses Erz zur Errichtung einer mehrere Meter dicken Panzerschicht um Maschinen und Kessel gestaut. Am 6.8.1914 ging der HILFSKREUZER unter dem Kommando des Kommandanten Thierichens vom LUCHS zusammen mit der EMDEN in See, verabschiedet von dem Gouverneur Meyer-Waldeck. Die Besatzung bestand aus 25 Offizieren und 377 Mannschaften.

Bei den anfänglichen Kreuzfahrten im Gelben Meer begegnete man nur den zu dieser Zeit noch neutralen japanischen Schiffen, die seltsamerweise sämtlich auf Heimatkurs waren. Am 9. August wurde diese Gegend verlassen und Kurs auf Pagan in der Marianengruppe genommen, wohin der Kohlendampfer MARKOMANIA bereits vorher abgesandt wurde. Das Ziel war am 12. August erreicht, wo man auf das Geschwader des Admirals Graf Spee stieß. Bereits am nächsten Tag lichtete das Geschwader die Anker und nahm Kurs auf die Marschallinseln. Der Hilfskreuzer hatte die Aufgabe erhalten, die Trossschiffe zu führen. Am Ziel angekommen, ankerten die Schiffe hier vom 19. bis zum 22. August. Es fand eine Besichtigung durch den Geschwaderchef statt und der Geschwadergeistliche hielt einen Gottesdienst ab. Die Weiterfahrt am 22. August führte zu einem anderen Atoll, welches am 26. August erreicht war. Auch auf dieser Fahrt diente PRINZ EITEL FRIEDRICH als Führer der Trossschiffe. Bei dem neuen Ankerplatz stieß der inzwischen zum Hilfskreuzer ausgerüstete russische Dampfer RJESAN, die erste Prise der EMDEN unter dem Namen CORMORAN zum Geschwader. Man kohlte, vervollständigte die Ausrüstung und am 30. August, einem Sonntag um 7 Uhr morgens, dampfte das Geschwader ab.

PRINZ EITEL FRIEDRICH [1] und CORMORAN blieben zurück. Sie waren aus dem Kreuzergeschwader mit dem Auftrag zur Handelskriegsführung entlassen worden. Die Schiffe nahmen noch Kohlen von dem Lloyddampfer MARK und verließen dann ebenfalls noch am selben Tag das Atoll, um die offene See zu erreichen. Für die beiden zunächst zusammenbleibenden Hilfskreuzer begann eine längere und vergebliche Suche nach Beute und nach den für sie bestellten Kohlenschiffen. Letztere waren von der holländischen Regierung in den niederländisch-indischen Häfen zurückgehalten worden, um die Neutralität zu waren. Am 15. September trennte man sich. PRINZ EITEL FRIEDRICH [1] ging nach Angaur auf eine der Palauinseln, wo eine große deutsche Phosphatgesellschaft eine Niederlassung hatte. Dort erfuhr man, dass im Hafen von Malakal 2.000 t japanische Kohlen liegen. Die dortige Kohlenübernahme dauerte vom 17. bis 24. September, weil das Wetter sehr schlecht war und für den Transport nur die kleinen Schiffsboote eingesetzt werden konnten. Am 24. September machte der Kreuzer seeklar und lief sofort aus, zwei Tage bevor die Japaner die Insel besetzten. Die folgende Suche nach CORMORAN verlief ergebnislos. Als das Schiff am 28. September Alexishafen auf Neuguinea erreichte, war dort nur zu erfahren, das CORMORAN am 24. September zwar eingelaufen war, sich wegen zwei näher kommenden englischen Kreuzern aber erst versteckt habe und dann in der Nacht unbemerkt ausgelaufen sei. PRINZ EITEL FRIEDRICH [1] lief sofort wieder aus und machte sich erneut auf die Suche, allerdings erfolglos.

Da inzwischen die Kohlenvorräte so weit zusammengeschmolzen waren, dass sie gerade noch ausreichten, um die Westküste von Südamerika zu erreichen, wurde beschlossen, diese Fahrt zu unternehmen. Wegen der schlechten Kohlen erreichte man die südamerikanische Küste erst am 26. Oktober. Dort stieß man durch Zufall auf das Geschwader des Grafen Spee, welches vor der Insel Mas a Fuera, zur chilenischen Fernandez-Inselgruppe gehörend, ankerte. Während der Seeschlacht von Coronel am 1. Oktober befand sich der Hilfskreuzer etwas nördlich vom Kampfplatz. Am 4. November lief er Valparaiso an. Hier wurden innerhalb von 24 Stunden die bereits vorher bestellten 2.000 t Kohle übernommen sowie eine große Menge Proviant und ausgegangene Materialien. Anschließend wurde als Geheimauftrag bis zum 29. November der Funkverkehr des Geschwaders vor Juan Fernandez vorgetäuscht.

Der anschließend wieder aufgenommene Handelskrieg brachte am 5. Dezember mit dem englischen Dampfer CHARCAS endlich die erste Beute. Die übernommene Besatzung wurde sofort in Paputo, nahe bei Valpariso, an Land gesetzt. Das nächste Opfer war der fränzösische Segler JEAN. Dessen Ladung von 3.500 t Cardiffkohle wurde inzwischen zwar dringend benötigt, konnte wegen der heftigen Dünung aber nicht an Ort und Stelle übernommen werden. Der nächste infrage kommende Ort war die etwa 1.600 Seemeilen entfernte Osterinsel. Mit dem Segler im Schlepptau dauerte die Reise vom 11. bis 23. Dezember. Am 12. Dezember war die englische Bark KIDALTON aufgebracht und versenkt worden. Die Besatzungen der beiden Segler wurden auf der Osterinsel zurückgelassen. Am 26.1.1915 kreuzte der russische Segler ISABEL BROWNE den Weg des Hilfskreuzers. Die Besatzung wurde übernommen und das Schiff versenkt. Bereits am nächsten Tag, es war Kaisers Wilhelms Geburtstag, erlitten gleich zwei Segelschiffe dieses Schicksal, der Franzose PIERRE LOTI und der Amerikaner WILLIAM P. FREYE. Letzterer wegen der für England bestimmten Getreideladung, die damit sogenannte Bannware war und zur Versenkung des Schiffes berechtigte, was am 28. Januar ausgeführt wurde. Anfangs war versucht worden, die Ladung unbrauchbar zu machen. Man hatte zuerst versucht, die Ladung über Bord zu schaufeln, musste aber bald feststellen, dass man dazu mindestens 6 Tage benötigte. Auch hatte der Kapitän erklärt, dass er aus Stabilitätsgrunden eine bestimmte Menge als Ballast an Bord behalten müsse. Auch der Plan, das Getreide durch Wässern unbrauchbar zu machen, musste aufgegeben werden. Durch Aufquellen der Weizenkörner hätte es zu einer Sprengung des Schiffskörpers kommen können.

Die in der nächsten Zeit aufgebrachten und versenkten feindlichen Handelsschiffe waren die französische Bark JACOBSEN, der englische Segler INVERCOE, der englische Dampfer MARY ADA SHORT, der französische Passagier- und Postdampfer FLORIDE und der in Ballast fahrende englische Dampfer WILLERBY. Die inzwischen etwa 350 Gefangenen und Neutralen an Bord konnten wegen der zahlreichen vor der südamerikanischen Küste kreuzenden feindlichen Kriegsschiffe nicht an Land gebracht werden. Auch war mittlerweile wieder Kohlenmangel eingetreten und die Kessel und Maschinen in einem schlechten Zustand. Daher entschloss sich der Kommandant, den nordamerikanischen Hafen Newport News anzulaufen, der am 10. März erreicht wurde. Der Hilfskreuzer hatte 11 Schiffe mit insgesamt 33.153 BRT versenkt. Wegen der geringen Maschinenleistung, die anfangs lediglich eine Höchstgeschwindigkeit von 16 kn zuließ und später nur noch knapp 13, eine große Leistung. Besonders wenn man in Rechnung stellt, dass sämtliche im Operationsgebiet kreuzenden feindlichen Kriegsschiffe erheblich schneller waren. (Jb. des NDL, 1914/15,) Der Hilfskreuzer wurde am 9.4.1915 interniert, am 7.4.1917 von den USA beschlagnahmt und als Truppentranporter DE KALB in Dienst genommen. Von der United American Line Ins. 1921 übernommen, erfolgte 1924 die Außerdienststellung und 1935 der Abbruch.

VICTORIA LUISE ex DEUTSCHLAND [3] [s.Bd.1], war als HILFSKREUZER A mit einer Besatzung von 22 Offizieren und 448 Mann sowie einer Bewaffnung von 4 Sk 10,5-cm und 4 Revolverkanonen im Ersten Weltkrieg am 3.8.1914 in Hamburg bereitgestellt worden. Wegen nicht mehr hochleistungsfähiger Kessel erfolgte bereits 5 Tage später die Abrüstung und darauf folgend die Rückgabe an die Hamburg Amerika-Linie. 1921 erhielt das Schiff den Namen HANSA und wurde 1925 beim Hamburger Vulcan abgewrackt.[491]

Sperrbrecher

Diese Schiffe waren zunächst dafür vorgesehen, vor wertvollen Schiffen in Minensperren mit dem eigenen Schiffskörper eine Bresche zu schlagen. Dabei wurde mit dem Verlust der Schiffe gerechnet. Dementsprechend zog man im Ersten Weltkrieg ab Kriegsbeginn alte Schiffe heran, deren Tiefgang durch Sandballast vergrößert wurde. Sie erhielten zunächst weder Eigenschutz noch Bewaffnung. Ab 1915 bekamen die Schiffe eine Schutzstauung aus Leerfässern, Balken und Sand, ein Spreizbaumgerät zum Nachschleppen mit einer Räumbreite von ca. 45 m, als Bewaffnung 2 Sk 8,8-cm und ab Mitte 1916 zusätzlich 2 Revolverkanonen. Ab 1917 gab es schiffbauliche Verbesserungen zur Erhöhung der Sinksicherheit. Ab 1918 wurde als Bugschutzgerät ein starrer Minenräumer in Verbindung mit einem Scheerbrett-Minenräumer zum Abweisen der geschnittenen Minen auf halber Schiffslänge mitgeführt. Die Sperrbrecher führten am Schornstein die Buchstaben SP und eine Ziffer, im Funk- und Aktenverkehr wurden sie stets mit dem ursprünglichen Namen bezeichnet.

AACHEN, ein Fracht- u. Passagierdampfer des NDL [s.Bd.1], war das einzige beim Vulcan gebaute Schiff, welches als Sperrbrecher im Ersten Weltkrieg registriert worden ist. Es wurde am 14.10.1914 mit einer Besatzung von 43/54 Mann in Dienst gestellt und hatte am 3.4.1915 die Schornsteinkennung SP 10 erhalten. Das Schiff ging am 30.7.1915 in der Ostsee bei Oestergarnsholme durch Torpedotreffer des britischen U-Boots E1 verloren, es gab fünf Tote.[492]

Kohlenschiffe 1914 bis 1919

»Bis zum Ersten Weltkrieg besaß die deutsche Flotte keine eigenen Kohlenschiffe. Die Versorgung erfolgte mit Hilfe einer großen Zahl von Kohlenleichtern und -prähmen in den Marinestützpunkten. Außerdem wurde eine Reihe größerer alter Flotteneinheiten als Hafenschiffe und Kohlenhulks aufgebraucht. Ab 1908 wurden Versuche mit Schnellbekohlungsapparaten durchgeführt. Verschiedene Modelle mit Endlos-Förderleinen wurden in gecharterte Kohlendampfer eingebaut. Diese Anlagen gestatteten die Übernahme gesackter Kohle aus einem geschleppten Kohlenschiff auf See. Zur schnelleren Bekohlung der Torpedoboote wurden Greiferanlagen erprobt. Die Ergebnisse aller Versuche befriedigten nicht, so dass entsprechende Einrichtungen für die Flotte nicht eingeführt wurden. Außerdem wurde der Adam'sche

Kohlentransportdampfer MECKLENBURG [2] Oder abwärts laufend, im Hintergrund der Vulcan [aus: Vulcan Werke Hamburg u. Stettin AG, Deutsche Verlagsges.m.b.H, Berlin 1920] v

Bekohlungsapparat [...] 1908 auch auf der Kohlenhulk SATURN ex Panzerschiff PREUßEN [1] für Torpedoboote erprobt. Mobilmachungsmäßig wurden 30 Kohlenschiffe angemietet und mit den zivilen Besatzungen übernommen. [...] Alle Schiffe erhielten eine Normausrüstung: 2.000 t Kohle, 100 t Heizöl, 200 t Kesselspeisewasser. Schiffe mit achterlicher Maschine und Brücke waren für größere Einheiten vorgesehen, größere Schiffe mit Maschinenanlagen mittschiffs und gleichmäßiger Verteilung der Laderäume auf Vor- und Achterschiff dienten zur gleichzeitigen Bekohlung mehrerer kleinerer Einheiten [Torpedoboote, M-Boote]. Analog zur Kennung der Sperrbrecher, war am Schornstein 1 m unter der Oberkante ein 1 m hohes weißes K, darunter in 30 cm Abstand die arabische Ziffer des Kohlenschiffs vorgesehen. [...] In den meisten KTB's werden die Kohlenschiffe mit ihren Zivilnamen bezeichnet. Ab August 1915 wurden neu hinzukommende Kohlenschiffe zur Kostenreduzierung militärisch besetzt, als ›Kriegskohlenschiff‹ bezeichnet und ohne Nummer geführt. Anfangs wurden hierfür noch einige Schiffe deutscher Reeder, später vor allem Embargoschiffe herangezogen.«[493]

MECKLENBURG [2] [s.Bd.2], gebaut als Frachtdampfer für den Transport von Kohle, war im Ersten Weltkrieg seit dem 21.8.1915 als requirierter Kohlentransporter mit einer Besatzung von 20–21 Mann eingesetzt. Die Rückgabe an den Eigner Hedwigshütte, James Stevenson AG, Stettin, erfolgte am 12.4.1916. Das Schiff wurde am 13.9.1919 als britische Beute ausgeliefert und 1921 abgebrochen.[494]

GERDA KUNSTMANN ex VULCAN [7] [s.Bd.1], ein Frachtdampfer der Stettiner Reederei Kunstmann, war im Ersten Weltkrieg am 8.8.1914 als Kohlenschiff 26 mit einer Besatzung von 19 Mann in Dienst gestellt und bereits am 28. September wieder reklamiert worden. 1938 in ANNA KATRIN FRITZEN umbenannt, wurde der D. im Zweiten Weltkrieg am 5.7.1942 vor der Kurischen Nehrung durch Torpedoschuss des sowjetischen U-Boots SC 320 versenkt.[495]

Etappenschiffe im Ersten Weltkrieg

Sie hatten die Aufgabe, in Übersee operierende Marineeinheiten auszurüsten und zu versorgen. Hierzu waren im Ausland bereits in Friedenszeiten Etappenstationen unter der Leitung eines Marineoffiziers vorbereitet worden. Die Etappen im Ersten Weltkrieg waren Tsingtau, China, Japan, Manila, Batavia, San Francisco, Valparaiso, La Plata, Brasilien [Rio de Janeiro], Westindien, Nordamerika [New York], Westafrika und Mittelmeer. Unter den insgesamt eingesetzten 129 D. einschließlich der Prisen befanden sich auch die Vulcan-Bauten SIERRA CORDOBAR, CREFELD, NAVARRA, PRINZESS ALICE und STEIERMARK.

SIERRA CORDOBAR, ein Passagier- und Frachtdampfer des NDL [s.Bd.2], gehörte zur Etappe La Plata, war im Oktober 1914 in Buenos Aires als Hilfsschiff für den Hilfskreuzer KRONPRINZ WILHELM ausgerüstet worden und u.a. mit einer Kohlenladung von 1.700 t, am 16. Oktober ausgelaufen. Nach dem Einsatz wurde das Schiff in Montevideo am 22. November erneut ausgerüstet und lief mit 1.600 t Kohle für DRESDEN an Bord am 18. Dezember aus. Für den dritten Einsatz und erneut für DRESDEN erfolgte die Ausrüstung in Valparaiso Ende Februar 1915 und das Auslaufen mit 1.200 t Kohle am 6. März. Das Etappenschiff wurde im März 1915 in Callao interniert, am 8. Oktober 1917 beschlagnahmt, war ab 26.4.1919 als US-Truppentransporter AP 4.036 = CALLAO eingesetzt und fuhr ab 1921 als Frachtdampfer unter dem Namen RUTH ALEXANDER. Das Schiff wurde im Zweiten Weltkrieg am 31.12.1941 bei Balik Papan, Borneo, durch japanische Fliegerbomben und Lufttorpedos versenkt.[496]

CREFELD, ein Fracht- und Passagierdampfer des NDL [s.Bd.2], gehörte zur Etappe Brasilien und war bereits als Hilfs-Lazarettschiff für das Ostasiatische Expeditionskorps erstmals am 31.8.1900 eingesetzt worden. Im Ersten Weltkrieg wurde das Schiff im August 1914 in Rio de Janeiro als Hilfsschiff für den Kleinen Kreuzer KARLSRUHE ausgerüstet. Es lief mit einer Zivielbesatzung von 54 Mann und 1.000 t Kohle nebst Proviant an Bord am 11.8.1914 aus. Nach diesem Einsatz erfolgte am 22.10.1914 in Teneriffa die Internierung. Am 21.10.1918 kam das Schiff als Entschädigung an Spanien und erhielt zunächst den Namen ESPANIA IV, der 1925 in TELDE umgeändert wurde. Das Schiff ging am 8.6.1932 bei Fernando Poo durch Strandung verloren.[497]

NAVARRA, ein Fracht- und Passagierdampfer der HAL [s.Bd.2], zur Etappe Westindien gehörend, war im Ersten Weltkrieg als Versorger für Hilfskreuzer vorgesehen. Er hatte eine Besatzung von 52 Mann und ist im August 1914 in New York für KRONPRINZ WILHELM ausgerüstet worden. Das Schiff lief mit 5.500 t Kohle an Bord am 4.9.1914 aus und wurde am 11.11.1914 in der La-Plata-Mündung in Brand gesetzt, um das Schiff nicht in die Hände des britischen Hilfskreuzers ORAMA fallen zu lassen.[498]

STEIERMARCK, ein Frachtdampfer der HAL [s.Bd.2], zur Etappe Westafrika gehörend, hatte eine Besatzung von 44 Mann und war im Ersten Weltkrieg in Lüderitzbucht im August 1914 ausgerüstet worden. Der Dampfer lief am 3. August als Begleitschiff für das Kanonenboot EBER aus. Nach diesem Einsatz wurde das Schiff am 23. August in Bahia aufgelegt, am 1.6.1917 beschlagnahmt, erhielt den brasilianischen Namen CAMAMU und ist 1959 in Brasilien abgebrochen worden.[499]

PRINZESS ALICE ex KIAUTSCHOU, ein Reichspostdampfer des NDL [s.Bd.1] und zur Etappe Manila gehörend, war ursprünglich als Hilfskreuzer vorgesehen. Wegen seines schlechten Kesselzustandes konnte das Schiff für diesen Zweck im Ersten Weltkrieg nicht eingesetzt werden und ist als Etappenschiff ausgerüstet worden. Es lief am 8.8.1914 mit Proviant, Ersatzteilen und 60 Reservisten für den Kreuzer EMDEN aus. Nach diesem Einsatz wurde das Schiff am 20. August in Cebu interniert, am 10.3.1917 von den USA beschlagnahmt und als Truppentransporter SP 2.290 / PRINCEß MATOILA eingesetzt. Als Frachter erhielt das Schiff im Januar 1922 den Namen PRESIDENT ARTHUR, hieß 1927 CYTI OF HONULULU, wurde nach einem Dockbrand am 25.8.1930 aufgelegt und im August 1933 in Osaka abgebrochen.[500]

Etappenschiffe im Zweiten Weltkrieg

In den Etappen Russland [Basis Nord], Spanien, Mittel- und Südamerika, Niederländisch-Indien, Japan, Mittelmeer und Heimat waren insgesamt 57 »Etappen-V-Schiffe« eingesetzt, darunter 2 Vulcan-Bauten.

RENDSBURG, ein Fracht-Motorschiff der HAL [s.Bd.2], gehörte zur Etappe Niederländisch-Indien und war im September 1939 in Batavia zur Ausrüstung erfasst worden. Am 10.5.1940 erfolgte die Beschlagnahme. Das Schiff erhielt den niederländischen Namen TOENDJOEK und ist am 2.3.1942 in Batavia als Blockschiff versenkt worden. 1942 gehoben und repariert, kam das Schiff als japanische TANGO MARU in Fahrt. Es wurde am 25.2.1944 in der Java-See durch einen Torpedoschuss des US-U-Boots RASHER versenkt.[501]

REGENSBURG ex TRAVE, ein Fracht-Motorschiff des NDL [s.Bd.2], gehörte zur Etappe Japan und war am 27.9.1939 als Etappen-V-Schiff übernommen worden. Die Besatzung war 51 Mann stark, die Bewaffnung ab Oktober 1941 bestand aus einer Sk 10,5-cm und zwei 2-cm Flakgeschützen. Transportiert werden konnten 2.800 t Heizöl sowie 100 t Wasser, Proviant, Ausrüstung und sonstiger Nachschub aller Art. Das Motorschiff lief am 27.9.1940 als Versorger für die Hilfskreuzer ORION und KOMET aus und kehrte am 27. Oktober nach Yokohama zurück. Vom 5.5. bis 27.6.1941 erfolgte ein Blokadebrechereinsatz Dairen – Bordeaux. Neu ausgerüstet von der Etappe Heimat, lief das Schiff am 2.2.1942 zur Versorgung des Hilfskreuzers THOR aus und erreichte nach diesem Einsatz am 7.7.1942 Yokohama. Zur Versorgung von U-Booten verließ REGENSBURG am 5.2.1943 erneut den Hafen. Das Schiff ging am 30.3.1943 in der Dänemark-Straße westlich von Island durch Selbstversenkung verloren, um nicht in die Hände des britischen Kreuzers GLASGOW zu fallen.[502]

Minenschiffe

DEUTSCHLAND [3] [s.Bd.1], ein auf der Linie Saßnitz – Trelleborg eingesetztes Eisenbahntrajektschiff, ist im Ersten Weltkrieg am 4.8.1914 als HILFSSTREUMINENDAMPFER OSTSEE in Dienst gestellt worden. Die Bewaffnung bestand aus 4 Sk 8,8-cm, zwei 5-cm Geschützen und zwei 8,8-cm Flakgeschützen, an Minen konnten 420 Stück mitgeführt werden. Das Schiff wurde am 16.11.1919 wieder an die Eisenbahn für den Einsatz ab Saßnitz zurückgegeben. Im Zweiten Weltkrieg erfolgte die Requirierung für die Kriegsmarine am 23.8.1940 im Zusammenhang mit dem Unternehmen Seelöwe. Nach Fliegerbombentreffer am 25.9.1940 in Le Havre erfolgte kein Mineneinsatz, sondern am 7. November die Außerdienststellung in Stettin und die Rückgabe an die Reichsbahn als Trajektschiff. Nach der Ausrüstung mit einem 3,7-cm Geschütz und zehn 2-cm Flakgeschützen im Dezember 1944 war das Schiff ab 20.1.1945 als Verwundetentransporter eingesetzt. Es wurde am 12.3.1946 sowjetische Beute und 1960 vermutlich abgebrochen.[503]

Interessant und bisher vermutlich unbekannt, dürfte folgende Zeitungsnotiz vom April 1912 sein. »Saßnitz, Neue Rüstungen zur See. Nicht genug, daß immer neue Kriegsschiffe ausgerüstet und gebaut werden, werden jetzt auch die hiesigen Fährschiffe kriegszweckmäßig ausgerüstet. Wir lesen darüber in der Rüg. Tagespost: ›Wie eifrig man an den maßgebenden Stellen bemüht ist, unsere Streitkräfte zu verstärken, geht daraus hervor, daß an dem vergangenen Donnerstag von der Stettiner Vulcan-Werft zurückgekehrten Fährschiff ›Deutschland‹ merkliche Veränderungen vorgenommen worden sind. Damit das Schiff bei etwaigem Ausbruch eines Krieges als Kriegsfahrzeug verwendet werden kann, hat es verstärkte Panzerplatten und einen Gefechtsturm erhalten. Außerdem sind auf dem Vordeck zwei 7,7 Zentimeter Rohrrücklaufgeschütze 96 n. A. mit Glyzerinbremse und 5 Zentimeter starken Schutzschilden, sowie auf dem Achterdeck vier Schnellfeuergeschütze aufgestellt worden. Die geschilderten Veränderungen sind natürlich nur bei genauer Besichtigung bemerkbar, so daß der Charakter des Passagierschiffes gewahrt bleibt. Wie wir hören, soll das Schwesterschiff ›Preußen‹ bei seiner demnächstigen Dockung in Stettin die gleiche Armierung erhalten.‹«[504]

PREUßEN [3] [s.Bd.1], ebenfalls eingesetzt auf der Linie Saßnitz – Trelleborg als Eisenbahntrajektschiff, war zwar am 5.8.1914 als STREUMINENDAMPFER NORDSEE mit einer Bewaffnung wie DEUTSCHLAND in Dienst gestellt worden, kam aber nicht zum Einsatz. Bereits am 15.8.1914 war das Schiff wieder zurückgegeben worden. Im Zweiter Weltkrieg war es vom 8.11.1944 bis zur Rückgabe am 5.1.1945 an den Eigner Deutsche Reichsbahn als Verwundetentransporter eingesetzt. Das Schiff ging am 21.3.1946 als Beute an die UDSSR und erhielt den Namen KRILYRON. Um 1951 erfolgte der Umbau zum Passagierschiff für den Liniendienst Vladivostok-Kamtschatka, 1975 die Außerdienststellung und Weiterverwendung als Wohnschiff für Hafenbau in der Wrangelbucht bei Vladivostok. 1980 war es in Vostochny noch vorhanden.[505]

KAISER, ein Turbinenschiff der HAL [s.Bd.2], war als Hilfsstreuminenschiff im Ersten Weltrieg im August 1914 in Dienst genommen worden. Die Besatzung hatte eine Stärke von 10 Offizieren und 200 Mann bzw. 8 Offizieren und 158 Mann zuzüglich 158 Mann Stabspersonal. Eingesetzt war das Schiff überwiegend im Verband der Vorpostenflottille Elbe. Es wurde 1919 britische Beute, am 23.9.1921 von der Hamburg Amerika-Line zurückgekauft, instandgesetzt und ab 1922 wieder in den Seebäderdienst der Nordsee eingestellt. Ab 1938 als Wohnschiff der Kriegsmarine in Hamburg, erfolgte im Zweiten Weltkrieg am 28.8.1939 die erneute Einstellung als Minenschiff mit Datum 6.9.1939. Vom 1.10.1943 bis August 1944 gehörte KAISER zum Sperrversuchskommando, danach wurde es wiederum als Minenschiff mit 180 bis 200 Minen an Bord, eingesetzt. Die Bewaffnung ab 1944 bestand aus einem Flakgeschütz 8,8-cm, einer 3,7-cm und zehn 2-cm Flakgeschützen. Das Schiff wurde 1945 in Bremerhaven britische Beute, am 22. August 1945 sowjetische Beute mit dem Namen NEKRASOW, im April 1947 polnisch mit dem Namen BENIOWSKI und 1954 abgebrochen.[506]

KÖNIGIN LUISE, ein Turbinenschiff der HAL im Seebäderdienst [s.Bd.2], war im Ers-

Eisenbahnfährschiff PREUSSEN [2]
[aus: Vulcan Werke Hamburg u. Stettin AG, Deutsche Verlagsges.m.b.H, Berlin 1920]

ten Weltkrieg als Hilfsstreuminenschiff »B« am 3.8.1914 in Dienst gestellt worden. Die Besatzung hatte eine Stärke von 5 Offizieren und 115 Mann, die Bewaffnung bestand aus 2 Revolverkanonen, an Minen konnten 180 bis 200 mitgeführt werden. Das Schiff hat seinen ersten Kriegseinsatz am 5.8.1914 in der Themsemündung nicht überstanden, es ging mit 77 Mann unter.[507] Eine erste Zeitungsmeldung berichtete in Hamburg über dieses Ereignis bereits am 9.8.1914 unter der Überschrift: »Ein verwegener Handstreich in der Themsemündung. Der allen Hamburgern wohlbekannte neue Dampfer ›Königin Luise‹, der den Sommer über den Passagierdienst zwischen Hamburg und den friesischen Inseln versehen hat, aber mit Eintritt der Mobilisierung schnell in einen Hilfskreuzer umgewandelt wurde, hat ein kühnes Wagestück vollbracht, indem er die Themse mit Minen belegte und so unmittelbar vor Englands Hauptstadt eine Gefahr für die britische Flotte schuf. Eine Wolff-Depesche sagt über dieses Ereignis: Berlin, 8. August. Ziemlich sicheren Gerüchten zufolge ist der von der kaiserlichen Marine übernommene Bäderdampfer [...] bei der Legung von Minen vor dem Kriegshafen vor der Themsemündung von einer englischen Torpedoboots-Flottille unter Führung des kleinen Kreuzers ›Amphion‹ angegriffen und zum Sinken gebracht worden. ›Amphion‹ selbst ist auf eine der [...] gelegten Minen gelaufen und gesunken. Von der englischen Besatzung sind dem Vernehmen nach 130 Mann ertrunken und 150 Mann gerettet. Von der aus 6 Offizieren und 114 Mann bestehenden Besatzung der ›Königin Luise‹ ist ebenfalls ein Teil gerettet. Unter ihnen befand sich auch der Navigationsoffizier Fölser, der frühere Kapitän des Bäderdampfers.«[508]

COBRA, ein Seebäderschiff der HAL [s.Bd.2], wurde im Zweiten Weltkrieg am 26.8.1939 als MINENSCHIFF in Dienst gestellt. Die Besatzung hatte eine wechselnde Stärke von bis zu 200 Mann. Die Bewaffnung bestand aus zwei 8,8-cm Flakgeschützen und einem 3,7-cm Geschütz. Ziemlich genau 3 Jahre nach Indienststellung, am 27.8.1942, ist das Schiff in der Schiedamer Werft Gusto von einer amerikanischen Fliegerbombe getroffen worden, wobei es 4 Tote gab. Es wurde dabei so schwer beschädigt, dass es abgewrackt werden musste.[509]

HANSESTADT DANZIG, ein Verkehrsmotorschiff des Reichsverkehrsministeriums [s.Bd.2], wurde im Zweiten Weltkrieg als MINENSCHIFF am 30.8.1939 in Dienst gestellt. Die Besatzung hatte eine Stärke von 10 Offizieren und 200 Mann. Als Bewaffnung waren 2 Flakgeschütze 8,8 cm, vier 3,7 cm und sechs 2 cm an Bord, an Minen konnten 360 Stück mitgeführt werden. Die Seeausdauer betrug 2.000 Seemeilen bei 16 kn Marschfahrt, die Höchstgeschwindigkeit 20 kn. Das Schiff ging zusammen mit PREUßEN [2] und TANNENBERG am 9. September 1941 durch Auflaufen auf eine, der Verbandsführung nicht bekanntgemachte schwedische Minensperre bei Östbygrund, verloren, es gab 9 Tote. Das Schiff wurde 1952 abgebrochen.[510]

Lazarettschiffe

Die ersten Verwundetentransporter waren 1864 im deutsch-dänischen Krieg eingesetzt worden. Kleine Segelschiffe übernahmen den Transport zwischen Sundeville und Flensburg. Die Lazarettschiffe im Ersten Weltkrieg waren schwimmende Hospitäler mit einer Trennung der Krankenräume nach Stationen, es gab einen großen OP-Raum, eine Apotheke, Laboratorien, künstliche Ventilation und Heizung. Die Hilfslazarettschiffe hingegen waren nur für die Krankenübernahme und -abgabe von Kampfschiffen gedacht. Es gab keine Trennung der Krankenräume nach Stationen, nur einen kleinen OP-Raum, keine Apotheke und Laboratorien, meist keinen Leichenraum, keine Heizung und nur natürliche Vertilation. Die Rettungsschiffe hatten die Aufgabe, Überlebende beim Untergang von Lazarett- und Hilfslazarettschiffen zu retten sowie die Rettung anderer Schiffsbrüchiger. Große Lazarettschiffe im Zweiten Weltkrieg hatten über 10.000 BRT, 400–500 Betten, 2 OP-Räume, Röntgenraum, Ohrenabteilung und eine Zahnstation. Kleine Lazarettschiffe hatten bis 5.000 BRT, soweit möglich 1 OP- und 1 Röntgenraum. Es gab zwei Lazarettschiffe mit Entgiftungsanlagen für Personen, Uniformen und Waffen, vorhanden waren Duschen, ein gasdichter Niedergang, Abwassertanks und ein Trockenraum mit einer Temperaturerhöhung bis 90° C.

Die Verwundeten-Transportschiffe [VTS] wurden im Zweiten Weltkrieg zur Räumung von Feldlazaretten u.ä. eingesetzt. Sie hatten eine große Transportkapazität, aber nur einen Behandlungsraum, größere Schiffe verfügten über einen OP-Raum. Es gab Flakwaffen, aber keinen Lazarettanstrich.[511]

SCHLESWIG, ein Fracht- und Passagierdampfer des NDL [s.Bd.1], war von der Marine erstmals von Juni bis August 1904 als Truppentransporter und Hilfslazarettschiff in Deutsch-Südwest-Afrika eingesetzt. Im Ersten Weltkrieg vom 26.8.1914 bis 28.2.1916 erneut als Lazarettschiff mit der Marinebezeichnung F. Zur Besatzung gehörten 29 Marineangehörige und 154 Mann Zivilpersonal, das Sanitätspersonal zählte 47 Mann. Es konnten 383 Kranke/Verwundete aufgenommen werden. Am 8.9.1917 gehörte das Schiff als TRANSPORTER 10 zum Sonderverband Baltische Inseln, ab April 1918 zum Sonderverband Ostsee. Das Schiff wurde am 29.7.1919 an den NDL zurückgegeben, am 18. 8. 1919 britische Beute, 1921 französisch mit dem Namen GENERAL DUCHESNE und ab 11.12.1932 in Le Seyne abgebrochen.[512]

STUTTGART, ein Fracht- und Passagierdampfer des NDL [s.Bd.2], war 1938 an die Deutsche Arbeitsfront verkauft worden, im Sommer 1939 manövermäßig zum Lazarettschiff ausgerüstet und am 23. August d. J. mit der Marinebezeichnung »C« in Dienst gestellt worden. Die Besatzung hatte eine Stärke von 297 Mann, das Sanitätspersonal zählte 138 Mann, es konnten 485 Kranke bzw. Verwundete aufgenommen werden. 1940/41 wurde die Herrichtung als Tropen-Lazarettschiff vorbereitet, mit einer Kühleinrichtung, ausreichend für 820 Mann, als Umbauzeit waren 3 Monate veranschlagt. Es ist am 9.10.1943 in Gotenhafen durch Fliegerbomben versenkt worden.[513]

Schlepper, Eisbrecher und sonstige Hilfsschiffe im Ersten und Zweiten Weltkrieg

BLEIBTREU [s.Bd.2], ein Seeschlepper der Portland Cement-Fabrik Züllchow b. Stettin, wurde im Ersten Weltkrieg am 6.8.1914 in die Hilfs-Minensuch-Division Swinemünde eingestellt, aber bereits am 3. Oktober d. J. wieder an den Eigner zurückgegeben. Ab dem 7.10.1916 diente der Dampfschlepper als HILFSSCHIFF für die seemännische Ausbildung beim Stamm der II. Seeflieger-Abteilung. Er wurde am 5.12.1918 an die Zementfabrik zurückgegeben und 1938 zum Motorschlepper umgebaut. Der Schlepper war im Zweiten Weltkrieg ab dem 27.8.1940 für das beabsichtigte Unternehmen Seelöwe vorgesehen und ging 1941 an den Eigner zurück. Er befand sich im Februar 1946 in Eckernförde, 1948 in Emden und erhielt dort 1950 den Namen DIRK SIEMERING und war 1951 noch vorhanden.[514]

BERLIN [2], ein Stettiner Eisbrecher [s.Bd.1], war im Ersten Weltkrieg ab dem 15.12.1916 der Hochseeflotte als Eisbrecher zugeteilt worden und kehrte am 13.2.1919 in seinen Heimathafen zurück. Er wurde 1934 als Seeschiff klassifiziert. Der Eisbrecher gehörte 1947 zur Seewasserstraßenverwaltung Hamburg, ohne in Dienst genommen zu werden, kam in diesem Jahr in den Besitz der Nordmeer-Reederei Hamburg und wurde nach dem Konkurs der Reederei, 1951 abgebrochen.[515]

STETTIN (3), ebenfalls ein Stettiner Eisbrecher, [s.Bd.1], gehörte im Januar 1918 zum Befehlshaber Marineartillerie Baltische Inseln und kam nach Kriegsende wieder zur IHK-Stettin.

1932 erhielt er den Namen SWINEMÜNDE. Im Zweiten Weltkrieg war das Schiff 1939 der Kriegsmarine-Dienststelle Stettin unterstellt, sollte ab August 1940 unter der Marinebezeichnung G 33 S beim Unternehmen Seelöwe eingesetzt werden und wurde im November d. J. wieder an die IHK-Stettin zurückgegeben. Der Eisbrecher ging am 26.3.1945 durch russisches Artilleriefeuer im Dammschen Strom verloren, er brannte in Höhe Stettin-Pölitz aus.[516]

ZAR MICHAEL FEODOROWITSCH [s.Bd.2], ein russischer Eisbrecher, erhielt am 21.5.1917 den Namen VOLYNEC und war am 23.8.1917 von Weißfinnen gekapert worden. Als WOLYNETZ kam das Schiff am 30.3.1918 zum Sonderverband Ostsee und wurde am 31.5.1918 entlassen, der finnische Name war: VÄINÄMÖINEN.[517] Unter dem estnischen Namen SUUR TÖLL liegt der Eisbrecher seit 1923 als Museumsschiff im Hafen von Tallin.

PREGEL, ein Königsberger Eisbrecher [s.Bd.1], wurde nach einem Umbau zum Versuchsschiff für Hohlstab-Schleppkörper ab dem 28.5.1940 als PREGEL II für das Sperrversuchs-Kommando in Dienst gestellt. Das Schiff kam am 8.6.1942 an die IHK-Königsberg zurück und wurde ab dem 24.1.1945 für Flüchtlingstransporte eingesetzt. Es gehörte ab dem 11.11.1947 als EISBRECHER 3 zum Seewasserstraßenamt Hamburg und wurde am 3.1.1951 verkauft.[518]

STEPENITZ, ein eisverstärktes Passagier- und Frachtschiff für Revierfahrt [s.Bd.1], der Stepenitzer DSG AG Stepenitz b. Stettin, war im Zweiten Weltkrieg ab dem 23.12.1941 als Verkehrsdampfer für den Marinewaffenbetrieb Stettin eingesetzt und am 29.5.1942 wieder an den Eigner zurückgegeben worden. Seit 1945 in Hamburg liegend ist das Schiff 1952 abgebrochen worden.[519]

SIMSON ex ADANA [s.Bd.2], ein Seeschlepper der Bugsier-, Reederei- u. Bergungs-AG Hamburg, gehörte im Zweiten Weltkrieg ab dem 6.9.1939 als NETZTENDER NT 14 zum Netzsperrverband I und seit dem 1.4.1942 zur Netzsperr-Gruppe Nord. Er ging am 15.4.1943 bei Groß-Wrangel im Finnbusen durch Minentreffer mit 19 Toten verloren.[520]

VICTORIA [s.Bd.1], als Passagierschiff im Inseldienst der Reederei EMS, Emden, eingesetz, war im Zweiten Weltkrieg am 26.8.1942 als MINENSUCHER M 3801 in Dienst gestellt worden. Das Schiff ging am 14.6.1944 in Le Havre bei einem Luftgroßangriff verloren.

WITTOW [s.Bd.1], ein Trajektdampfer der Rügenschen Kleinbahn Putbus, ist im Zweiten Weltkrieg am 4.9.1939 für das Artillerie-Nebenzeugamt Bug in Dienst gestellt worden und stand ab August 1940 für das Unternehmen Seelöwe bereit. Das Schiff kam später nach Rügen zurück, war um 1950 in Saßnitz, gehörte bis zur Ausmusterung zur Weißen Flotte Stralsund und befindet sich in Barth.

NEPTUN [2], ab 1919 MARIANNE [s. Bd.1], ein Passagierdampfer für Revier der Stettiner Reederei J. F. Braeunlich, diente im Zweiten Weltkrieg seit September 1944 dem in Stettin liegenden Flugzeugträger GRAF ZEPPELIN als HEIZSCHIFF. Das Schiff wurde im Oktober 1951 in Berlin mit dem Besitzer Bauer, im März 1957 in Rathenow mit dem Besitzer F. Fahlenberg geführt und ist 1961 als abgebrochen verzeichnet.[521]

Transportschiffe

Für die preußische ostasiatische Expedition 1860–1862, waren die ersten marineeigenen Transporter noch angekauft worden. In Deutschland war erstmals 1866 DER RHEIN [s.Bd. 1] als Marine-Transportdampfer zum Transport von Mannschaften entworfen, aber noch vor Fertigstellung zum Minentransporter umkonstruiert worden. Die danach zum Transport eingesetzten Schiffe waren gecharterte deutsche Handelsschiffe.

Das TRANSPORTSCHIFF PALATIA [s. Bd.1] war ein Passagier- und Frachtschiff der HAL mit einer Ladekapazität von 8.650 t bzw. einer Transportkapazität von 1846 Mann, 64 Pferden und 58 Fahrzeugen. Als Truppentransporter wurde das Schiff erstmals im August 1900 während des Boxeraufstandes in China eingesetzt. Mit dem Datum 31.8.1900 gehörte es zur 1. Gruppe der II. Staffel des Nachschub-Verbandes des Ostasiatischen Expesitionskorps. 1904 war das Schiff im Juni/Juli und Dezember in der III. und IV. Staffel im Einsatz im Zusammenhang mit dem Aufstand der Herero in Deutsch-Südwest-Afrika. PALATIA ist 1905 nach Russland verkauft worden und erhielt den Namen NIKOLAEV, der am 3.6.1917 in NARADOVOLEC geändert wurde. Das Schiff kenterte in der Newa bei Petrograd und ging am 6.6.1910 unter, wurde gehoben und 1925 in Leniengrad abgebrochen.[522] Ebenfalls im Boxeraufstand als Truppentransporter eingesetzt waren die Fracht- und Passagierdampfer AACHEN und SCHLESWIG.[523]

EISENACH ex ALDA [s. Bd. 2], ein Frachtschiff des NDL, war bereits im spanischen Bügerkrieg für die Marine als sogenannter Sonderdampfer in Charter, unter deutscher Flagge und ursprünglichem Namen eingesetzt. Im FT- und Schriftverkehr wurde der Tarnname ELISE ge-

Frachtdampfer *DONAU* [Foto: Hans Hartz, Archiv © DSM]

führt. Das Schiff wurde seit Oktober 1936 als Sonderdampfer geführt und 1939 umgebaut. Es ist im Zweiten Weltkrieg am 31.3.1941 bei Punta-Arenas von der Besatzung versenkt worden, um der Beschlagnahme zu entgehen. Gehoben im November 1941 erhielt das Schiff den costaricanischen Namen OCEANICA, wurde 1943 die portugiesische ULTRAMARINA und 1944 bis 1948 repariert. Es kam 1951 wieder in den Besitz des NDL, erhielt den Namen TRAUNSTEIN und wurde 1960 in Wilhelmshaven abgebrochen.

ERFURT [s.Bd.2], ein Frachtmotorschiff des NDL, war ebenfalls im Spanischen Bürgerkrieg als SONDERDAMPFER mit dem Tarnnamen ERIKA eingesetzt worden. Es wurde seit November 1936 erneut als SONDERDAMPFER geführt und ging im Zweiten Weltkrieg am 22.3.1944 bei Fehmarn durch Minentreffer verloren.[524]

ATTO [s.Bd.2], ein Frachtdampfer der Rolandlinie AG mit einer Ladekapazität von 6.700 t bzw. 150 Mann und 40 Pferden, war unbewaffnet und hatte eine Besatzung von 37 Mann. Der D. war am 12.1.1941 am Unternehmen Sonnenblume beteiligt und wurde am 16. April d. J. bei Kerkenah-Insel durch Einheiten der britischen Force K versenkt.[525]

BOCHUM [s.Bd 2], ein Fracht- und Passagierdampfer der HAL, war im Zweiten Weltkrieg zunächst ab dem 26.8.1939 HANDELSDAMPFER z.b.V. Hierbei handelte es sich um Schiffe, die vor Fertigstellung der mobilmachungsmäßig vorgesehenen Sperrbrecher vom 26.8.–9.11.1939 eingesetzt wurden. Es handelte sich um insgesamt 9 Hilfssperrbrecher ohne Bewaffnung und Ein- oder Umbauten mit ziviler Besatzung und je zwei Signalgasten der Marine. Ihre Aufgabe war das Aufspüren eventuell vorhandener Minensperren im Gebiet von Elbe und Jade.[526] Als TRANSPORTSCHIFF hatte BOCHUM eine Zivilbesatzung von 62 Mann sowie 10 Marineangehörige. Die Bewaffnung bestand aus zwei 3,7-cm Flakgeschützen. Die Ladefähigkeit betrug 9.500 t bzw. 900 Mann, 470 Pferde und 60 Fahrzeuge. Das Schiff war als Truppentransporter am 9.4.1940 beim Norwegen-Unternehmen eingesetzt, mit der Marinebezeichnung A 8 im August 1940 im Rahmen des geplanten Unternehmens Seelöwe und ab 8.4.1941 RESERVESCHIFF der Kriegsmarine-Dienststelle Hamburg. Die Rückgabe an den Eigner erfolgte am 22.5.1942. Brititische Beute wurde das Schiff am 22.5.1945, in sowjetische Hand kam es am 28.2.1946, erhielt den Namen GENERAL CERNAKHOVSKY und ist 1958 in der Sowjetunion abgebrochen worden.[527]

ALSTER [s.Bd.2], ein Frachtdampfer des NDL, gehörte im Zweiten Weltkrieg mit einer Ladekapazität von 12.900 t und einer Besatzung von 69 Mann als TRUPPENTRANSPORTER am 18.3.1940 zur Ausfuhrstaffel beim Unternehmen Weserübung. Er geriet am 10.4.1940 nördlich von Bodo als Prise des Zerstörers ICARUS in britische Hand, erhielt den Namen EMPIRE ENDURANCE und ist am 20.4.1941 im Atlantik durch Torpedoschuss von U 73 versenkt worden.

Fracht- u. Passagierdampfer *ANTONIO DELFINO* [aus: Die Schiffahrt im Wandel der Zeiten, 1925]

DONAU [s.Bd.2], ein Frachtdampfer des NDL, war im Zweiten Weltkrieg von der Marine am 20.9.1939 als TRUPPENTRANSPORTER unter der Marinebezeichnung »A2« eingesetzt worden. Die Besatzung hatte eine Stärke von 73 Mann, die Bewaffnung bestand aus zwei 2-cm Flakgeschützen sowie 2 MG. Bei einer Ladekapazität von 12.300 t konnten 1.200 Mann, 450 Pferde und 60 Fahrzeuge transportiert werden. Das Schiff war ab dem 11.7.1940 für das geplante Unternehmen Seelöwe vorgesehen, ab 18.8.1942 als Transporter der OT im Einsatz und unterstand im Januar 1944 dem Transportchef Norwegen. Von Oslo am 15.1.1945 mit 1.000 Soldaten, zahlreichen Pferden und Kriegsmaterial an Bord ausgelaufen, explodierten mehrerer Haftminen in der Enge von Drobak, der engsten Stelle des Oslofjordes. Durch schnelles Auflaufen auf die Steilküste südlich Drobak gelang es, das Schiff vor dem völligen Versinken zu bewahren. Fast ohne Verluste konnten Soldaten und Besatzung an Land gebracht werden. Nur die Pferde, 1.000 t Kohle und sonstiges Gut blieben zurück, da das Achterschiff sehr schnell im eisigen Fjordwasser versank. Es wurde zwar 1949 gehoben, war aber nicht mehr zu reparieren und ist 1952 abgebrochen worden.[528]

ISAR [s.Bd.2], ein Frachtdampfer des NDL, hatte eine Ladekapazität, Besatzung und Bewaffnung wie DONAU. Das Schiff war als TRUPPENTRANSPORTER mit der Marinebezeichnung A1 am 10.7.1939 übernommen worden, ab dem 11.7.1940 für das geplante Unternehmen Seelöwe vorgesehen und ab dem 7.8.1942 als Transporter der OT im Einsatz. Ab September 1942 unterstand das Schiff dem Seetransportchef Norwegen und war 1945 an der Rettung über See von Verwundeten und Flüchtlingen aus Gotenhafen und Danzig beteiligt. Es wurde am 19.8.1946 britische Beute und erhielt den Namen STANROYAL, bekam 1952 in der Türkei den Namen NECIP IPAR und wurde dort im Juni 1965 in Halic abgebrochen.[529]

Verwundeten-Transportschiffe [VTS]

Deren Aufgabe war es, Feldlazarette u. ä. bei größeren Rückzugsbewegungen zu räumen. Diese Schiffe, von denen es etwa 2 Dutzend gab, hatten Flakbewaffnung, keinen Lazarettanstrich und verfügten über große Transportkapazitäten. Es gab Behandlungsmöglichkeiten, auf größeren Schiffen auch einen Operationsraum.

STEUBEN ex GENERAL VON STEUBEN ex MÜNCHEN [s.Bd.2], ein Fracht- und Passagierdampfer des NDL, war zunächst ab dem 3.6.1940 KASERNENSCHIFF des Erprobungskommandos für Kriegsschiffneubauten in Danzig, ab dem 1.3.1944 BEISCHIFF des U-Boot-Stützpunkts Danzig, ab dem 31.7.44 VERWUNDETEN-TRANSPORTSCHIFF und ab 22.12.1944 BEISCHIFF Führer der U-Boote Ost in Danzig. Die Besatzung wird mit 335 Mann angegeben. Es wurde auf der zweiten Fahrt mit Verwundeten und Flüchtlingen von Pillau nach Swinemünde am

10.2.1945 in Höhe Stolpmünde durch das sowjetischen U-Boot S 13 torpediert. Es gab über 3.000 Tote.[530]

ANTONIO DELFINO [s.Bd.2], ein Fracht- und Passagierdampfer der Hamburg-Süd Ges., war im Zweiten Weltkrieg von der Kriegsmarine am 17.4.1940 als KASERNENSCHIFF der Kriegsmarine-Werft Kiel in Dienst gestellt worden. Das Schiff gehörte ab dem 1.2.1944 zum Admiral d. U-Boote in Gotenhafen und war ab März 1945 mit einer Besatzung von 211 Mann als VERWUNDETEN-TRANSPORTSCHIFF eingesetzt. Es wurde am 1.10.1945 britische Beute, ab 4.10.1946 TRUPPENTRANSPORTER EMPIRE HALLADALA und ging am 1. Februar 1956 zum Abbruch an Arnott Young, Dalmuir.[531]

Wohnschiffe

Im Zweiten Weltkrieg gab es GROSSE, MITTLERE und KLEINE WOHNSCHIFFE. Erstere waren Fahrgastschiffe von 8.000–20.000 BRT mit großer Bettenkapazität, Nachrichtenräumen, Schreibstuben, Schneider- und Schusterwerkstätten. MITTLERE waren Frachtschiffe von 1.000–8.000 BRT, bei denen die Laderäume zu Wohnzwecken umgebaut wurden und bei KLEINEN WOHNSCHIFFEN handelte es sich um kleine Küsten- und Hafen-Passagierschiffe, Küstenmotorschiffe, Leichter und Hulks, die zum Teil umgebaut wurden zur Schaffung begrenzter Wohnräume für kleine Verbände und kleinere Einheiten. Vom Vulcan gebaute Handelsschiffe für den genannten Zweck gab es nur zwei.

MADRID ex SIERRA NEVADA [2] [s.Bd.2], ein Fracht- und Passagierdampfer der Hamburg-Süd Ges., zählte zu den GROSSEN WOHNSCHIFFEN mit 1.329 Kabinenplätzen und hatte eine zivile Besatzung von 178 Mann. Das Schiff war ab 15.2.1941 BEI- und ZIELSCHIFF der 26. U-Flottille, ab September 1941 der 28. U-Flottille und ging am 9. Dezember d. Js. in Den Helder durch Fliegerbomben mit 12 Toten verloren.

NORDLAND [s.Bd.2], ein Passagier- und Frachtdampfer der Stettiner Reederei Rud. Christ. Gribel, gehörte zu den mittleren Wohnschiffen mit 1.000–8.000 BRT. Das Schiff mit einer zivilen Besatzung von 38 Mann verfügte über 121 Kabinenplätze. Es wurde am 25.9.1939 BEISCHIFF der U-Bootschule, im Dezember 1939 STABS-WOHNSCHIFF der U-Boot-Ausbildungs-Flottille Wesermünde, 1940 BEISCHIFF der U-Boot-Flottille Memel und 1943 der 23. U-Boot-Flottille. Das Schiff wurde im März 1946 sowjetische Beute und erhielt den Namen DERZHAVIN. Es ist 1966 zum Abbruch nach Nakskov verkauft worden und auf der Überführungsfahrt vor der norwegischen Küste gesunken.[532]

Lotzenfahrzeuge

NÜRNBERG ex HELA [s.Bd.2], ein Fracht- und Passagierdampfer der Stettiner Reederei R. C. Gribel, hatte eine Besatzung von 16 Mann und als LOTZENMUTTERSCHIFF 40 Lotsen an Bord. Die Bewaffnung bestand aus je zwei 3,7-cm und 2-cm Flakgeschützen. Es gehörte ab dem 5.5.1939 als LOTZENMUTTERSCHIFF SUND zum Sperrlotsenverband Ost und wurde am 1.8.1940 WACHTSCHIFF 2 im Bewachungsverband Ostseezugänge, war 1944 vorgesehen als Navigationsschulschiff der Navigationsschule Gotenhafen und zeitweilig auch eingesetzt als Zielschiff des Kommandos der Kleinkampfverbände. 1945 zurückgegeben an den Eigner, erfolgte 1954 der Abbruch.[533]

HIDDENSEE ex JASENITZ [s.Bd.1], ein Fracht- und Passagierdampfer für Revierfahrt des Stralsunder Eigners August Praetz, war im Ersten Weltkrieg als KRIEGSLOTSENDAMPFER OSTTIEF ab dem 15.2.1915 eingesetzt. Die Besatzung betrug 14 Mann, die Anzahl der Lotsen ist unbekannt. Der D. kam 1918 wieder an den Eigner zurück und war 1939 noch vorhanden.[534]

Der Erste Weltkrieg hatte dazu geführt, dass die Werke in Stettin und Hamburg vollständig auf den Kriegsdienst umgestellt werden mussten, um den von der Kriegsmarine gestellten Forderungen gerecht werden zu können. Neben Linienschiffen, großen und kleinen Kreuzern sowie Spezialschiffen sind vorwiegend Torpedoboote und U-Boote aller Größen gebaut worden. Letztere übrigens ausschließlich in Hamburg. Die Werke waren mit den Kriegsbauten von Kriegsbeginn bis Ende an die Grenzen ihrer Leistungsfähigkeit ausgelastet. Die Anzahl der Arbeiter und Angestellten musste ständig gesteigert werden und stieg schließlich auf über 22.000. In gleichen Schritten wurde das Areal der Werke und ihrer Werkstätten vergrößert. 1920 umfasste die Fläche 1,450 Mill. m^2, die der Werkstätten 265.000 m^2.

Der Kriegsschiffbau für das Ausland

Der Bau von Kriegschiffen für fremde Regierungen trat zwar gegen die hervorragenden Leistungen des Vulcan im Handelsschiff- und Kriegsschiffbau für Deutschland mehr in den Hintergrund, jedoch hatte die Werft auch auf diesem Gebiet ihrem Ruf entsprechende Erzeugnisse aufzuweisen. Während die Bauten für die deutsche Marine nach Plänen und Bauvorschriften des RMA ausgeführt wurden, entstanden die für fremde Marinen gebauten Schiffe überwiegend nach eigenen Entwürfen des Vulcan. Die ersten in das Ausland gelieferten Kriegsschiffe waren die beiden Torpedoboote RAKETA und SAMOPAL für russische Rechnung.[1] Die 1878/79 gebauten Boote mit den Bau-Nr. 81 und 82 mussten auf Verlangen der russischen Behörden nach Zeichnungen einer bestimmten englischen Firma gefertigt werden. Das Ergebnis war eine Geschwindigkeit von etwa 16 Knoten. Bei einer eigenen Konstruktion des Vulcan wäre ein besseres Ergebnis möglich gewesen.[2] Dass die russische Marine mit den beiden Booten sehr zufrieden war, macht folgendes Zeugnis deutlich: »Die Ausführung der beiden Torpedoboote [...] ist eine so vorzügliche, daß ich mich veranlaßt sehe, Ihnen meine besondere Anerkennung dafür auszusprechen. Berlin, den 21. Juni 1881. gez. N. Nevakhovitch Kapitain zur See, Adjutant Sr. Majestät des Kaisers von Rußland und Kaiserl. Russischer Marine-Bevollmächtigter«.[3]

Dieses Zeugnis ist insofern von Bedeutung, als dass die englische Zeitschrift The Engineer in ihrer Ausgabe vom 1.2.1884 unter »Mitteilungen aus dem Auslande« nur negativ über die von Schichau und Vulcan gelieferten Boote berichtete: »[...] Die gelieferte Ware spottete jeder Beschreibung; manche der Boote waren tatsächlich in Stücke gebrochen, als sie ihren Bestimmungsort erreichten, und der Rest steht nun zu jedem Preis zum Verkauf. [...]« Die Wirklichkeit sah so aus, dass die Boote nach einer Fahrtstrecke von 700 Seemeilen bei der Ankunft in St. Petersburg verschlossen wurden. Die am nächsten Tag durchgeführte dreistündige Probefahrt in der offenen Kronstädter Bucht ergab bei den Schichau-Booten eine Geschwindigkeit von 17½ kn. »Dieses Ergebnis und die gute Seetüchtigkeit wurden damals von den russischen Behörden so hoch geschätzt, daß Hrn. Schichau eine Prämie von 20 pCt. über den bedungenen Preis ausgezahlt wurde.«[4]

Torpedoboote und Panzerkorvetten für China

Die guten Erfolge und hohen Anerkennungen, welche der Vulcan mit den Bauten für die deutsche Marine erreicht hatte, ließen es als aussichtsreich erscheinen, bei fremden Regierungen um Aufträge nachzusuchen. Bereits 1876 hatte der Vulcan in China eine Niederlassung etabliert, die zunächst in Veröffentlichungen über das Unternehmen, die Schiffskonstruktionen und den bevorstehenden Stapellauf sowie den Zweck der Ausfallkorvette SACHSEN [1] berichtete. Bezüglich der Korvette war der Hinweis enthalten, »daß dieser Typ für China am geschaffensten sei« usw.[5]

1877 machte Direktor Stahl dem damaligen chinesischen Gesandten Liu in Berlin einen Besuch und lud ihn sowie den japanischen Gesandten Aoki zur Taufe des Panzerschiffes ein. Letzterer nahm daran teil, während der Gesandte Liu sich von drei Gesandtschaftsangehörigen vertreten ließ.[6] Die nach Peking gesandten Berichte über die neuesten deutschen Schiffe SACHSEN [1] und WÜRTTEMBEG [1] fanden das größte Interesse des sehr einflussreichen Vizekönigs Li Hung Chang. Vor allem wohl auch deshalb, weil für die nordchinesische Flotte geeignete Panzerschiffe zur Verteidigung der flachen Küsten und Hafeneinfahrten benötigt wurden. Nachdem der Gesandte Liu im nächsten Jahr durch den bisherigen zweiten Gesandten Li Fong Pao, dem früheren Arsenaldirektor in Futschau, ersetzt worden war, erhielt dieser 1879 die Weisung[7], Offerten von deutschen und englischen Werften einzuholen und gegebenenfalls abzuschließen. Im Übrigen wird der neue Gesandte im Direktionsbericht von 1899 als rechte Hand des Vizekönigs bezeichnet. Auch die folgenden Angaben sind in diesem Bericht enthalten. So wollte Dr. Kreyer, Dolmetscher und Attaché der chinesischen Gesandtschaft in Berlin, für den Vulcan eintreten, wenn eine genügende Gewähr für die Güte der Schiffe vorhanden sei. Worauf von Stosch den Gesandten aufsuchte, das entsprechende Marinematerial zur Verfügung stellte und die Zusage machte, dass die Schiffe, wenn sie beim Vulcan bestellt würden, von Baubeamten der Marine beaufsichtigt werden; auch übernahm er die Gewähr dafür, dass sie von der

Güte her den deutschen Kriegsschiffen entsprechen würden.

Schließlich, nachdem der Gesandte noch nach England gereist war, gab Dr. Kreyer den Ausschlag zwischen der englischen Firma Thames Iron Works und dem Vulcan zugunsten des Letzteren. Am 2.12.1880 erfolgte die Auftragserteilung und am 4.1.1881 der Vertragsabschluss über das Panzerschiff TING YUEN und im August kam der Auftrag für CHEN YUEN hinzu. 1883 wurde für den Geschützten Kreuzer TSI YUEN und 1885 für die beiden Panzerkreuzer KING YUEN und LAI YUEN abgeschlossen. Es folgten die Aufträge für 13 Torpedoboote, einen hochseetüchtigen Dampfbagger, einen Schwimmkran und eine kleine Yacht für den Sohn des Vizekönigs. Sie fielen in die Jahre, in welchen nach der Abwicklung des ersten Flottengründungsplanes Aufträge für größere Schiffe von der deutschen Marine nicht vergeben wurden und waren schon von daher für den Weiterbetrieb der Werft von größter Bedeutung. Im Übrigen war von der Leitung des Unternehmens im Geschäftsbericht für 1881 die Hoffnung geäußert worden, »daß bei dem weit verbreiteten Ruf des Vulcan auch von anderen Regierungen derartige Bestellungen einlaufen würden, und von der Verwaltung sei deshalb der Korvettenkapitän a.D. Jung seit Oktober [1881] mit der Vertretung des Instituts für das Ausland beauftragt worden.« In Bezug auf die von China getätigten ersten Aufträge an den Vulcan ist von Bedeutung, dass dieses Land damit erstmals seinen Bedarf an größeren Kriegsschiffen nicht mehr nur in anderen Ländern gedeckt hatte. Insgesamt waren für China allein in der Zeit des Gesandten Li Fong Pao Bauaufträge im Wert von 30 Mill. M. vom Vulcan ausgeführt worden.[8]

Während der Bau und die anschließenden Probe- und Abnahmefahrten der ersten für China gebauten Kriegsschiffe sich innerhalb der jeweiligen Zeitrahmen bewegten, gab es mit der Überführung der Schiffe nach China unerwartete Schwierigkeiten. Der sogenannte Tonking-Konflikt zwischen Frankreich und China führte dazu, dass Auslauftermine und alle im Vorfeld damit zusammenhängenden Absprachen ständig geändert wurden. Was letztlich dazu führte, dass die Überführungsreisen sehr viel später und unter deutscher Handelsflagge durchgeführt werden mussten. Über die entsprechenden Einzelheiten wird noch zu berichten sein.

Die ersten für China fertiggestellten Kriegsschiffe waren zwei Torpedoboote, mit deren Bau 1880 begonnen wurde. Sie hatten die Bau-Nrn. 99 und 102 erhalten und waren 1881 fertiggestellt worden. Sie waren so konstruiert, dass sie in 4 Teile zerlegt und per Bahn oder Schiff transportiert werden konnten.[9] Über die Probefahrten und technischen Einzelheiten berichtete die Ostsee-Zeitung in ihrer Ausgabe vom 8.7.1881: »[...] Nachdem noch vor Kurzem die auf den Werften der Gesellschaft Vulcan [...] erbaute schwere Panzercorvette WÜRTTEMBERG bei ihrer kürzlichen Abnahme ein so brillantes Resultat geliefert hat, ist von dieser fruchtbaren Stätte des Schiffs- und Maschinenbaues, der wir ein Drittel unserer Flotte verdanken, wieder ein neuer durchschlagender Beweis ihrer außerordentlichen Leistungsfähigkeit in zwei für die Chinesische Regierung erbauten Torpedo-Rapidbooten gegeben worden, wobei durch die Anwendung von ganz besonders dazu gewählten Materialien, Verbänden, Wechselwirkung von maschinellen Einrichtungen, Construction und feinsten Wasserlinien vorzügliche Resultate erlangt worden sind. Jedes dieser Torpedoboote ist 90 Fuß lang, 10 Fuß breit bei nur 10 Fuß Tiefgang und für Fischtorpedos und Spierentorpedos eingerichtet. Diese Boote sind aus Stahl gebaut, Stahlplatten und Stahlwinkel nach dem Zusammenpassen verzinkt und jedes derselben mit einer zweizylindrigen, vertikalstehenden, Compound-(Hoch- und Niederdruck-) Maschine mit Oberflächen-Kondensation versehen. Die Kessel sind nach dem Lokomotivsystem gebaut und gestatten eine Maximalspannung von zehn Atmosphären. Das Material der Maschinen ect. ist Tiegelstahl und Phosphorbronze, während die Kessel aus Feinkorneisen hergestellt und mit kupferner Feuerbuchse und messingenen Feuerrohren versehen sind. Die Boote haben im Vorsteven ein Lancirrohr für Whitehead-(Fisch-) Torpedos und am Oberdeck die Einrichtungen für zwei Spierentorpedos, welche Arrangements von der bekannten Firma Schwarzkopf in Berlin hergestellt worden sind. Am 4. Juli fanden nun an der abgesteckten Meile zwischen Swinemünde und Heringsdorf die forcirten Abnahme-Probefahrten im Beisein des chinesischen Gesandten, sowie eines hohen chinesischen Ingenieurs unter ziemlich ungünstiger Witterung, Seegang und westlichen Winden statt. Trotz des nicht günstigen Wetters, betrug die erreichte Maximal-Geschwindigkeit 18 Knoten und die Durchschnittsgeschwindigkeit auf der gemessenen Meile 17,1 Knoten. Der [...] Gesandte war außerordentliche mit den erreichten Resultaten zufrieden, nachdem man noch auf dem Haff eine volle Kraftprobe in Begleitung des MISTROY von vierstündiger Dauer abgegeben hatte und auch hier dieselben außerordentlichen Resultate erzielte, fanden die Versuche soweit ihren Abschluß. [...]«

Das zweite Boot lief am 22.7.1881, nachmittags um 4 Uhr, vom Stapel. Es blieb, als es schon zur Hälfte im Wasser war, stecken und wurde mit Tauen abgebracht.[10] Die erste Probefahrt fand am 16. August d. J. in der Strewe statt und »lieferte mit 18¼ Knoten ein glänzendes Resultat.«[11] Den am 23. August von Swinemünde aus durchgeführten weiteren Probefahrten wohnte der aus Berlin angereiste chinesische Gesandte nebst Gefolge vom Dampfer MISTROY aus bei. »Das Torpedoboot hat einen glänzenden Beweis seiner Fahrgeschwindigkeit geliefert, indem es 19 Knoten lief [...]«[12] Am 23. d. M. fand vom Vulcan aus eine dreistündige, unter vollem Dampf ausgeführte Probefahrt statt. »Das Boot lief [...] siebenmal vom Oderkrug bis zu den ersten Tonnen in der Fahrstraße hin und zurück, ohne daß die geringste Störung an Kessel oder Maschine vorgekommen wäre.«[13]

Von den anwesenden Gesandtschaftsmitgliedern unternahm ein Gesandtschaftssekretär in Begleitung eines Dolmetschers am 27.8.1881 eine Fahrt nach Gollnow, um die im Bau befindliche Bahn [Alt-]Damm–Colberg zu besichtigen. Er wünschte einen in der Ausführung befindlichen Bahnbau kennen zu lernen, da in China keine Eisenbahnen existierten, denn die einzige Strecke, von Engländern gebaut, war auf Befehl der Regierung abgebrochen worden, weil die Engländer ohne Konzession gebaut hatten. »Der Director der Bahn Damm-Colberg, Herr von Haselberg, begleitete den chinesischen Diplomaten und gab ihm bereitwillig Auskunft auf seine mit Hilfe des Dolmetschers auf alle Details sich erstreckenden und großes Interesse bezeugenden zahlreichen Fragen. Das Diner wurde in Gollnow eingenommen [...]«[14] Diese Besichtigungstour war auch für den Vulcan nicht ohne Bedeutung, gehörte doch der Lokomotiv- und Eisenbahnbau ebenfalls zu den Geschäftsfeldern des Unternehmens.

Ende August 1881 hatte der Vulcan noch immer keine Gelegenheit gehabt, »das erste für China erbaute Torpedoboot, welches in drei Teile auseinandergenommen und emballiert auf Lowries geladen zu Versenden bereit steht, nach seinem Bestimmungsorte absenden zu können. Nunmehr soll mit dem Auseinandernehmen des zweiten Torpedobootes ebenfalls begonnen und alsdann sollen beide Boote bei passender Gelegenheit versandt werden.«[15] Erst im folgenden Jahr transportierte der D. SULTAN die verpackten Boote am 18. Februar nach dem Zentral-Güterbahnhof, von wo sie per Bahn nach Hamburg gebracht wurden.[16]

Ende Juni 1888 ist der Ostsee-Zeitung bekanntgeworden, dass für China 2 größere Torpedoboote beim Vulcan bestellt sind »von solchen Dimensionen, wie sie bei der deutschen Marine jetzt als zweckentsprechendsten anerkannt sind. Diese beiden Torpedo-Dampfer sollen mit der chinesischen Korvette TING YUEN zusammen nach China befördert werden. Der chinesische Gesandte ist von Berlin hier heute Mittag eingetroffen und hat sich sofort zur weiteren Besprechung dieses neuen Auftrages [...] nach dem Vulcan begeben.«[17] Im September besuchte der Gesandte dann erneut die Werft, um die für China im Bau befindlichen Schiffe und Boote zu besichtigen. »Wie wir hören, hat derselbe noch 4 Torpedoboote, 2 größere und 2 kleinere bestellt.«[18] Über diese Boote erfahren wir am 6.5.1883: »Bei der vorgestern resp. gestern auf dem Papenwasser ausgeführten Probefahrten der vier [...] erbauten Torpedoboote legten die beiden großen [...] etwas über 15 Knoten in der Stunde zurück, wobei die Schraube 200 Umdrehungen in der Minute machte. Diese Boote werden mit zwei Steuern regiert, deren sich eines am Vorder-, eines am Hinterteil des Fahrzeuges befindet. Die beiden kleineren [...] legten 14 Knoten in der Stunde bei 100 Umdrehungen der Schraube in der Stunde zurück. Diese Boote haben nur ein Steuer.«[19] Die großen Boote hatten nach den Probefahrten im Dock des Vulcan größere Schrauben erhalten und waren am 26.5.1883 von einem Dampfer der Reederei Braeunlich wieder nach Swinemünde geschleppt worden.[20] Von dort aus fand am 31. Mai mit einem der Boote eine Probefahrt »im Beisein des chinesischen Gesandten nebst Gefolge und unter Leitung des Direktor Haack statt. Das Resultat soll ein sehr günstiges gewesen sein.«[21] Um 1883 bewegte sich der Preis für ein Torpedoboot »im Mittel auf 200.000 Mark.«[22]

Über weitere 8 »Torpedo-Yachten« enthält der »Jahresbericht der Vorsteher der Stettiner Kaufmannschaft« Angaben in der Rubrik: »Stettins Schiffbau im Jahre 1883, fertiggestellte und abgelieferte Schiffe.« Danach waren diese Boote aus verzinktem Stahl gebaut, die 4 größeren mit den Bau-Nr.: 119, 120, 125, 126 und 59,03 Brutto Reg.-Tons sowie 700 PSi; die 4 kleineren mit den Bau-Nr.: 121, 122, 127, 128 und 15,705 Brutto Reg.-Tons sowie 200 PSi, als »Rhederei« ist Kaiserl. Regierung mit »Heimathsort« China angegeben.«[23]

Anfang 1884 noch im Bau waren mit den Bau-Nrn. 137 und 138 zwei weitere »Torpedo-Yachten« für China, ebenfalls aus verzinktem Stahl hergestellt und mit 700 PSi, aber mit 64,648 Deplacement-Tonnen etwas größer als die zuvor gebauten.[24] Diese Boote waren für das Canton-Geschwader bestimmt und liefen 1886 und 1887 vom Stapel. Die Länge zwischen den Perpendikeln betrug 33,5 m, die größte Breite 3,9 m, der Tiefgang 1,5 m, das Deplacement wird mit 65 t angegeben. Die Bewaffnung bestand aus einem 4,7 cm Geschütz und 3

Überwassertorpedorohren. Die Einschraubenboote liefen mit 600 PSi 16 kn, hatten einen Bunkervorrat von 14 t Kohle und 16 Mann Besatzung.[25] Am Vormittag des 14.6.1884 wurde mit einem der größeren Torpedoboote in See eine Probefahrt unternommen. Dieselbe ergab das glänzende Resultat von 19,8 Knoten je Stunde. Die Strecke von Swinemünde nach Horst-Leuchturm ist in 58 Minuten zurückgelegt worden.[26] Über die am nächsten Tag durchgeführte Probefahrt aller Boote wurde berichtet: »Während dreistündiger Probefahrt in See zwischen Swinemünde und Horster Leuchtturm erzielten die [...] Torpedoboote erster Klasse mit voller Ausrüstung heute eine Durchschnittsgeschwindigkeit von 19,87 Knoten pro Stunde.«[27]

TING YUEN = Ewiger Friede

Diese Panzerkorvette und das Schwesterschiff CHEN YUEN waren mit Genehmigung der deutschen Marineleitung nach den Plänen der Sachsenklasse gebaut worden. Die Armierung der mit Compound-Panzer versehenen Schiffe war allerdings bedeutend stärker. Nach Abschluss des Bauvertrages im Januar 1881 wurde mit den Vorbereitungsarbeiten zu dem Schiff mit der Bau-Nr. 100, Mitte Februar d. J. begonnen und die erste Kielplatte am 31. März gelegt. Der Stapellauf fand bereits am 28. Dezember statt,[28] an dem als Gäste u.a. auch die Minister von Stosch und von Bötticher teilnahmen. Der Taufe auf den Namen TING YUEN durch den Gesandten Li Fong Pao war eine kleine religiöse Zeremonie vorgegangen, die in den Privaträumen eines der Direktoren stattfand und an der nur das Gefolge des Gesandten teilnahm. Unmittelbar nach dem Taufakt erfolgte durch Kanonenschüsse das Signal zum Ablauf, der nicht ganz ohne Zwischenfall verlief. Die Bremsketten rissen und das Schiff lief etwa 12 Fuß in die gegenüberliegende Wiese. 2 Tage später teilt die Ostsee-Zeitung hierüber mit: »[...] Das Festkommen an der Wiese [...] ist ohne irgend welchen Schaden vorübergegangen und wir bemerken dazu, daß wegen des schmalen Fahrwassers ein Festkommen der ablaufenden Schiffe hier auf dem gegenüberliegenden weichen Wiesenboden häufig stattfindet und demselben keine Bedeutung beigelegt wird, da es mit Unfällen nicht verknüpft ist.«

An dem Festessen im »Hotel de Prusse« in Stettin [dem späteren Preußenhof] nahmen etwa 90 Gäste teil. In einer längeren Rede – übersetzt von dem Gesandtschaftsdolmetscher Dr. Kreyer – machte der Gesandte einige interessante Mitteilungen, indem er u.a. sagte, »[...] das man nach langem Suchen erst in Wilhelmshaven das richtige Schiff für die chinesischen Küstengewässer gefunden habe. Aber man habe in China kein Vertrauen zu dem Land fassen können, welches einen Teil seiner Seewaffen aus dem Ausland beziehe. Wenn also bei der Bestellung dieses Panzerschiffes und der Bestellung des zweiten sich Opposition in seinem Land gezeigt habe, so hoffe er, daß seine Regierung in diesem Falle das Vollkommenste, welches vorhanden sei, geliefert erhalte, Dank der Vorarbeiten des Marineministers von Stosch und der Leistungsfähigkeit des Vulcan.« In seiner Antwort nannte der Minister den Vulcan »eine sichere Stütze der Deutschen Kriegsmarine.«[29] In der Leipziger Illustrirten Zeitung vom 4.3.1882 schreibt A. Woldt über den Stapellauf: »Der 28. Dezember 1881 war ein Ehrentag für die gesammte deutsche Industrie, denn an ihm vollzog sich auf der Werft der Stettiner Maschinenbau-Actiengesellschaft Vulcan in Bredow bei Stettin durch den Stapellauf der ersten chinesischen Panzercorvette [...] ein Sieg unserer deutschen Industrie auf dem Weltmarkt. Das stolze England, welches im Besitz der mächtigsten Flotte der Welt ist, das zur See so bedeutende Frankreich, welches auf einer seiner bedeutendsten Werften vor kaum anderthalb Jahrzehnten noch eins unserer deutschen Panzerfahrzeuge, [...] erbaut hatte, sie waren nicht im Stande gewesen, trotz ihrer anerkannten vorzüglichen Leistungen die Privatwerft des Vulcan in Stettin zu übertreffen. Der Aufschwung, den die deutsche Industrie seit jener gewaltigen nationalen Einigung [die Reichsgründung 1871] des letzten Jahrzehnts genommen hat, ist [...] ein beispiellos bedeutender geworden, und wir dürfen mit vollem Bewußtsein behaupten, daß wir in vielen Gebieten industrieller Entwicklung nicht bloß billiger, sondern auch besser arbeiten als irgendein anderes Volk der Welt. Dies gilt besonders für die Schiffbautechnik, namentlich in der Ausbildung, welche sie auf der Werft des Vulcan erreicht hat.«

Zum Täufling selbst, bzw. zum Vorbild Sachsenklasse wird mitgeteilt, dass es sich hierbei um Schlachtschiffe handelt, »welche bei uns die Bestimmung haben, zur offensiven Küstenverteidigung der Ost- und Nordsee zu dienen, daher haben sie eine ganz andere Construction als die früher gebauten schweren Panzerschiffe mit großem Tiefgang. Derartige Schiffe besitzt bis jetzt [...] keine andere Marine, und es war daher für die Chinesen, welche gleichfalls Fahrzeuge zur Verteidigung ihrer flachen Häfen und Küsten gebrauchen, eine sehr angenehme Thatsache, daß sich die Bauart [...] bei uns so gut bewährt hat. [...] Zum Schluß sei noch bemerkt, daß der Stapellauf [...] an einem nach chinesischer

Panzerkorvette TING YUEN [aus: Leipziger Illustrierte Ztg., März 1882, Originalzeichnung von H. Penner]

Auffassung glücklichen Tag, dem achten des elften Monats im siebenten Jahr der Regierung Kwangsü, stattfand. Abweichend von den bei uns sonst üblichen Ceremonien, wurde von dem Vollzieher des Taufacts, [...], eine Schale mit Wein über den Sporn [...] ausgegossen, nicht aber das Gefäß, wie bei uns, zerschellt, weil die Chinesen bei einer so feierlichen Gelegenheit eine Handlung des Zerbrechens oder Zerstörens nicht ausführen wollen. Auch hatten die Chinesen eine große Menge fere-crackers, kleine Feuerwerkskörper am Bug und Heck [...] angebracht, deren Geknatter sich während des Ablaufens [...] mit dem dumpfen Thon der gleichzeitig abgefeuerten Böllerschüsse mischte.«

Mit dem Bau der elektrischen Beleuchtung des Schiffes hatte die chinesische Gesandschaft im August 1882 den Stettiner Mechaniker und Optiker Ernst Kuhlo beauftragt. Der entsprechenden Mitteilung ist weiter zu entnehmen: »Zu der Beleuchtung sämtlicher Räume werden 240 Edison'sche Glühlampen und mehrere elektrische Dynamo-Maschinen aus der Fabrik von Schuckert in Nürnberg verwendet werden. Die [...] Anlage muß bis spätestens den 15. Oktober d. J. fertig gestellt werden,[...].«[30] Am Abend des 3.4.1883 »fand in Gegenwart eines zahlreichen Publikums auf der beim Vulcan liegenden Panzerfregatte [...] die probeweise elektrische Beleuchtung der Innenräume statt. Es arbeiteten 2 Dynamo-Maschinen [...] von denen jede 120 Edison'sche Lampen – 20 von 16 Kerzen und 100 von 8 Kerzen Lichtstärke – speist. In jeden der beiden Schiffssäle brennen 7 Lampen von je 16 Kerzen [...], nämlich ein Kronleuchter mit 3 Lampen und außerdem 4 Seitenlampen. Alle wichtigeren Schiffsräume werden durch die elektrische Beleuchtung erhellt und zwar speist jede Maschine einen Teil der [...] angebrachten Lampen. Für gewöhnlich soll nur die von einer Maschine gespeiste Hälfte der Lampen brennen; die zweite Maschine dient [...] zur Reserve. [...] Die Gesamteinrichtung [...] kostet ca. 30.000 M.«[31] Die für die Masten vorgesehenen »Recognoscirungslampen« [Scheinwerfer] auf dem vorderen mit einer Stärke von 16.000 Kerzen und auf dem hinteren mit 4.000 Kerzen Lichtstärke, waren zu diesem Zeitpunkt noch nicht eingebaut. Deren Probeleuchten einschließlich sämtlicher im Schiffsinnern angebrachten Lampen fand einige Wochen später, am Abend des 9.5.1883, am Liegeplatz in Swinemünde statt.[32]

Fertig zur Überführung nach Swinemünde war die Panzerkorvette etwa seit dem 10.4.1883, konnte die Fahrt aber wegen Niedrigwasser nicht antreten, trotzdem bereits zwei Prähme zum Heben seitwärts angebracht waren. Die damit erreichten ca. 1 Fuß reichten aber bei Weitem nicht aus. Um gänzlich unabhängig vom Wasserstand zu sein, waren aus Swinemünde noch 6 Prähme angefordert und außerdem die beiden Buganker abgenommen worden. Am 15.4.1883 begann die Fahrt unter Schlepperhilfe der 4 Dampfer: DER KAISER, NEPTUN [2], DIE DIVENOW und PRINßES ROYAL VICTORIA die Oder abwärts, durch das Haff bis zur Einfahrt in die Kaiserfahrt, wo über Nacht geankert wurde. Am folgenden Tag kam das Schiff beim Verlassen der Kaiserfahrt erstmals um 12 Uhr in der Einfahrt zur Swine fest, konnte aber sofort freigeschleppt werden, saß jedoch kurze Zeit darauf erneut auf Grund, um nunmehr erst um 15 Uhr frei zu kommen. Bei der Stelle handelte es sich um eine Untiefe, die sich nach dem vorjährigen Ausbaggern der Fahrrinne gebildet hatte und nicht gekennzeichnet war. Diese Feststellung trafen sehr schnell Sachverständige – vermutlich vom Vulcan beauftragt – die von Lotsen bestätigt wurde.[33]

Zur ersten Werftprobefahrt ging die Panzerkorvette am 10.5.1883 um 9 Uhr unter Assistenz des Dampfers LOTHAR BUCHER in See, Schiffsführer war Kapitän F. Wilke der Stettiner Reederei Ivers, die Maschinenanlage bediente ein Marinekommando. Über das Ergebnis wurde die Redaktion der Ostsee-Zeitung telefonisch von der Direktion des Vulcan und vermutlich unmittelbar vom Liegeplatz Osternothafen aus informiert, denn die folgenden Einzelheiten erschienen bereits in der Abendausgabe des 10. Mai: »An Bord befanden sich außer dem chinesischen Gesandten nebst Gefolge – darunter der zukünftige Commandant […] (Lew Pao Chin) – und das Directorium des Vulcan, auch der Contre-Admiral Livonius und der als Überführungskapitän vorgesehene Kapitän z. S. von Nostiz sowie weitere eingeladene Herren. Die Fahrten vor dem Hafen erfolgten unter der speziellen Leitung des Directors Haack und ergaben in Bezug auf die Maschinen – indizirten 6.000 Pferdekraft – und Manövrirfähigkeit ein vorzügliches Resultat und wurde eine Schnelligkeit von 14¾ Knoten auf die abgesteckte Meile erreicht. […] Das Schiff kehrte Nachmittags 5½ Uhr in den Hafen zurück.«[34]

Am 2.6.1883 ging die Korvette gegen Mittag unter Assistenz der Bugsierdampfer FRITZ und OTTO erneut in See und »dampfte am Nachmittag 1½ Uhr, von der Reede nach Eckernförde weiter zur Ausführung der letzten Probefahrt und Abnahme.« Schiffsführer war wieder Kapitän Wilke, der im Juni 1881 bereits die Korvette CAROLA nach Kiel gebracht hatte. Neben den Vulcan-Direktoren Haack und Wegener waren wieder die Herren an Bord, die bereits die Werftprobefahrt mitgemacht hatten.[35] Am Sonntag dem 3. Juni in Eckernförde angekommen, begannen die Probefahrten am Vormittag des 5. Juni. Da es in der Bucht kaum nennenswerten Schiffsverkehr gab, war eine Beeinträchtigung der Schiffahrt bei einer Absperrung kaum zu befürchten; außerdem hat dieser Teil der großen Kieler Bucht eine fast gleichmäßige Wassertiefe von etwa 20 Metern. Die Meile wurde in 3 Minuten 54 Sekunden zurückgelegt. Mit dem Resultat von 15,384 kn an der gemessenen Meile und bei 7.200 PSi war die vertraglich garantierte Geschwindigkeit von 14½ kn deutlich überboten worden. Sind von den 8 Kesseln nur die Hälfte in Betrieb, beträgt die Durchschnittsgeschwindigkeit 10–11 kn und der Kohlenverbrauch in 24 Stunden 1.300 Ztr.[36] Bereits am Nachmittag des 6. Juni wurde die Rückfahrt angetreten und Swinemünde am nächsten Morgen um 7 Uhr 30 erreicht.[37]

Die Übernahme der vier Torpedoboote I. und II. Klasse ist am 16. Juni beendet worden und die beiden dabei benutzten Dockabteilungen kamen per Schleppzug wieder zur Werft zurück.[38] Diese Nachricht bedeutet, dass die Boote II. Klasse nicht wie geplant ab Hamburg per Schiff nach China befördert worden sind. Der große Schwimmkran des Vulcan war anschließend noch damit beschäftigt, die beiden großen Anker wieder an ihren Platz zu bringen, die Geschütze einzusetzen sowie weiteres Schwergut an Bord zu heben. Seit Mitte 1883 lag TING YUEN laut Geschäftsbericht fertig in Swinemünde.

Am 23.6.1883 wurde der Ostsee-Zeitung aus Swinemünde gemeldet, »daß Kapitän zur See v. Nostitz, der auf der Fahrt nach China das Kommando über […] TING YUEN führen sollte, sowie die Maschinisten-Abteilung der deutschen Marine, die sich bereits seit einiger Zeit an Bord […] befand, von der deutschen Admiralität plötzlich abberufen worden sind.« Eine Maßnahme, die im Zusammenhang mit den Zwistigkeiten zu sehen ist, welche über die Tonkingfrage zwischen China und Frankreich ausgebrochen waren. Bis zum tatsächlichen Beginn der Überführung im Juli 1885 verging fast kein Monat, in dem von der Ostsee-Zeitung nicht mitgeteilt wurde, dass die Reise nunmehr beginnt, um wenig später widerrufen zu werden.

Am 28.6.1883: »Wie wir hören, ist für die Überführung […] der in Diensten dieser Gesellschaft stehende Capitän Voß engagirt. Capitän Voß wird noch heute von Swinemünde hier [in Stettin] erwartet, um die Bemannung von im Ganzen 90 Personen zu heuern, darunter 50 Matrosen und 4 Steuerleute. Ein Ingenieur wird zur Bewachung der Maschinen vom Vulcan beigegeben. – Eine wichtige, noch unentschiedene Frage ist, unter welcher Flagge das Schiff die Fahrt […] machen soll. Nach Beendigung der darüber schwebenden Unterhandlungen wird das Schiff in See gehen.«

Am 29. Juni: »Wie wir erfahren, ist die Erlaubnis eingetroffen, das Chinesische Panzerschiff […]

unter Deutscher Flagge […] zu überführen.« Am 5. Juli: »Gestern ist das Maschinen-Personal angemustert worden. Heute Vormittag findet die Anmusterung der Matrosen, Stewart's ect. statt, worauf die gesamte Besatzung in Stärke von etwa 200 Mann per Extra-Dampfer nach Swinemünde befördert wird. Der Proviant […] kommt am Montag per Dampfer Holsatia direct von Hamburg. Der Capitän Voß ist gestern Nachmittag behufs Übernahme des […] TING YUEN von hier [Stettin] nach Swinemünde abgereist.« In der Morgenausgabe des 6. Juli: »Wie uns mitgeteilt wird, ist die Verproviantierung […] hiesigen Firmen übertragen worden und zwar wird der größte Theil des Proviants von der Firma Setzke & Semmler geliefert, kleinere Lieferungen sind der Firma Emil Pinnow Nachfolger und mehreren anderen Firmen übertragen worden.« Das aus Hamburg der gesamte Proviant kommt, wird dahingehend richtig gestellt: »daß dieser Dampfer das von Setzke & Semmler zu liefernde Fleisch überbringt. Der Gesammt-Proviant wird am Montag mittels Extradampfers nach Swinemünde befördert.« Und in der Abendausgabe: »Die Chinesische Kriegscorvette […] wird – wie man wohl annehmen muß wegen drohender Kriegsgefahr – den Hafen von Swinemünde vorläufig nicht verlassen. Infolge einer von der Chinesischen Gesandtschaft in Berlin hier eingetroffenen Depesche wird die […] angemusterte Besatzung heute Nachmittag wieder abgemustert; ein Theil des Proviants soll in Auction zum Verkauf gestellt werden.«

Am 13. Juli: »In der National-Zeitung lesen wir: Das Gerücht, der TING YUEN solle nun doch in der nächsten Zeit überführt werden, verdankt seine Entstehung anscheinend dem Umstand, daß die Verwaltung des Stettiner Vulcan die […] angekauften Proviantvorräthe nicht alsbald weiter gegeben hat. An der Thatsache, daß man Chinesischerseits im Augenblick nicht daran denkt, das Schiff zu überführen, ist nicht zu zweifeln; man ist offenbar mißtrauisch gegen die Absichten Frankreichs bezüglich des Schiffes. Die Französische Regierung läßt, wie man Ursache hat anzunehmen, durch militärische Vergnügungsreisende jede Bewegung auf dem TING YUEN genau überwachen und soll weitgehende Anordnungen getroffen haben. […]«

Am 23. Juli: »Auf von der Chinesischen Botschaft in Berlin hier [Stettin] eingegangenen Ordre wird die Panzercorvette […] nunmehr sofort ausgerüstet und bemannt, um demnächst von Swinemünde ihre Reise nach China anzutreten. Am 24. Juli: »In Bezug auf die Thatsache, daß der TING YUEN die Reise […] unter Deutscher Handelsflagge macht, wird aus Berlin gemeldet, daß die Direction […] unmittelbar nach der Aufhebung der Vereinbarung der Admiralität mit der Chinesischen Regierung wegen der Überführung […] durch die Deutsche Marine, bei dem Deutschen Reichs-Amt des Innern um Ertheilung der Deutschen Handelsflagge […] nachgesucht hat, welche am 28. v. Mts. erfolgte […]. Die Überführung […] findet in derselben Weise durch den Vulcan statt, wie dies festgesetzt war, bevor die Ordre der Chinesischen Centralregierung das Schiff bis auf Weiteres in Deutschland zurückzuhalten, hier eintraf. TING YUEN bleibt sonach bis zur Übernahme seitens der Auftraggeberin in China, Deutsches Eigenthum.«

Am 26. Juli: »Für die in Swinemünde liegende […] Panzercorvette […] sind 90 Seeleute gemustert; das Maschinenpersonal wird vom Vulcan gestellt.« Am 30. Juli: »Die Heuer der Besatzung der […] Fregatte […] beträgt für den ersten Steuermann 450 M. monatlich, zweiten 350 M., dritten 300 M., vierten 250 M., für den ersten Bootsmann 150 M., zweiten 100 M. Der Vollmatrose erhält 75 M., der Zimmermann 120 M., die Stewards 90 M., der erste Maschinist 750 M., der zweite und dritte 600 M., der Heizer 75 M. Die Leute erhalten freie Rückfahrt und während derselben die Heuer. Beanspruchen sie aber diese freie Rückfahrt nicht, so erhalten sie als Vergütung 3 Monate Heuer, ohne genöthigt zu sein, in Chinesische Dienste zu treten. […]«

Am 5. August früh wird das Schiff von Swinemünde in See gehen. Die Fahrt wird durch den Suezcanal gehen, und soll nach der Berechnung des Capitäns bis Singapore 7 Wochen in Anspruch nehmen. Das Schiff soll dort gedockt werden.« Am 1. August wurden die Leser der Zeitung in einem etwas längeren Beitrag über den Tonkingkonflikt informiert. Die Depesche aus Paris enthält abschließend eine Information, die das Zurückhalten des Panzerschiffes durch China erklärlich macht: »Das Französische Geschwader wird, nachdem es durch die Ankunft der die Truppen bringenden Schiffe verstärkt worden, unverzüglich dazu schreiten, eine Demonstration längst der Chinesischen Küste vorzunehmen.« Am 4. August: »Wie bereits in einer Anzahl Exemplaren der gestrigen Abendnummer mitgetheilt, ist nach einer gestern Nachmittag hier eingetroffenen telegraphischen Ordre der Kaiserlichen Chinesischen Gesandtschaft […] auf's Neue die Abmusterung der Mannschaft der Panzer-Corvette […] verfügt worden; […] laut einer der Times gestern aus Hongkong zugegangenen telegraphischen Nachricht ließen die Unterhandlungen des französischen Gesandten Tricou mit China keine friedliche Lösung erwarten.«

Am 6. August: »Die […] abgemusterte Besatzung […] langte hier Sonnabend Nacht per Extradampfer FRITZ an. Die Offiziere und ca. 12 Mann blieben noch bis auf Weiteres an Bord.« Am 17. September: »Der seit längerer Zeit hier [in Stettin] wohnende Chinesische Seeoffizier, welcher designiert war nach der Überfahrt […] das Commando […] zu übernehmen, ist am Freitag [der 14. d. M.,] von dem Chinesischen Gesandten in Berlin telegraphisch dorthin berufen und beordert worden, sofort nach China abzureisen, um dort ein anderes Commando zu übernehmen. […]« Und schließlich am 8. November 1883: »[…] auf dem TING YUEN ist man augenblicklich mit der Bedeckung […] zum Schutz gegen die Winterkälte beschäftigt.«

Am 19.7.1883 hatte auf der Reede vor Swinemünde das Probeschießen stattgefunden. Hierzu liegen zwei Berichte vor, von denen einer von einem Sachverständigen verfasst und der andere von einem Teilnehmer für die Ostsee-Zeitung mit Datum 21.7.1883 geschrieben wurde, der auch Angaben zum Anschießen und zur Abnahme bei Krupp enthält: »Die Geschütze waren ebenfalls in der Krupp'schen Fabrik angeschossen und abgenommen worden. Es hatte dabei die 30½ cm Kanone bei normaler Ladung von 110 Kilogramm P. P. und 329 Kilogramm schweren Geschosse eine Anfangsgeschwindigkeit von rund 500 m und die 15 cm Kanone mit 17 Kilogramm P. P. und 51 Kilogramm schwerem Geschoß eine Anfangsgeschwindigkeit von rund 540 m. ergeben. Die 30½ cm Kanone kann demnach in der Nähe der Mündung eine schmiedeeiserne Platte von 49 cm oder zwei hintereinander stehende Platten von 29 cm durchschießen.« Man hatte also nur noch mittels Schießen auf See zu überprüfen, ob die Verbindung der Geschütze mit den Drehscheiben standhält, die Aufstellung der 15 cm Geschütze gut war und alle hydraulischen sowie mechanischen Vorrichtungen den auftretenden Belastungen standhielten.

Am genannten Tag, um 8 Uhr 30, nahm der Schlepper LOTHAR BUCHER direkt vor dem Swinemünder Hotel du Prusse den chinesischen Gesandten nebst dessen Begleitung, Direktor Haack, die Korvettenkapitäne Thomsen und Sack, den Geh. Admiralitätsrat Dietrich, die Herren Groß und Prehn der Firma Krupp, acht höhere Artillerieoffiziere aus Swinemünde und weitere Gäste an Bord. Diese wurden zu der unter Dampf liegenden Korvette gebracht, wo sie um 8 Uhr 45 an Bord gingen. Nach hissen der deutschen Handelsflagge am Topp und der chinesischen Flagge am Heck, wendete der Koloss unter Assistenz des Schleppers und passierte um 9 Uhr 15 den Leuchtturm mit langsamer Fahrt. Die Schiffsführung hatte Kapitän Voß, das artilleristische Kommando die beiden Korvettenkapitäne, die Geschützbedienungen bildeten 30 Marineangehörige unter dem Kommando von 2 Leutnants z. S. Die Gesamtleitung lag in den Händen von Direktor Haack. »Der Wind wehte scharf aus WNW und die See war ziemlich aufgeregt,« wie der Berichterstatten für die Zeitung notierte und dann fortfuhr: »Nachdem wir ca.4–5 Meilen bei 9 bis 10 kn unter Volldampf in See gefahren und zwar in der Richtung auf die Oderbank zu, wurde um 11 Uhr gefechtsklar gemacht.

Zunächst wurde aus den beiden Türmen Mitteldeck gefeuert. Vor jedem Schuß wurde die große Schiffsglocke geläutet und wir begaben uns unter Deck, sämtlich mit Baumwolle in den Ohren, denn die Erschütterung wurde als so groß bezeichnet, daß bald am Hinterdeck das Feuer abgewartet werden konnte. Zunächst wurden die großen Geschütze erst mit halber, dann mit ganzer Ladung abgefeuert – die ganze Ladung hat 100 kg Pulver pro Schuß und das Geschoß ein Gewicht von 6½ Ctr. Nach jedem Schuß wurden die Türme genau geprüft, ob an den Nieten oder sonst wo durch die starke Detonation Beschädigungen am Drehmechanismus entstanden seien, indes zeigte sich nicht der geringste Schaden, namentlich haben die Bremsvorrichtungen, welche dem Rückprall der Geschütze beim Abfeuern Widerstand leisten und die Drehscheiben festhalten sollen, vorzüglich bewährt. Auch auf die Fahrt des Schiffes hatten die Schüsse keinen Einfluß. Die Bauart desselben bewährte sich überhaupt vortrefflich, denn trotzdem die See immer unruhiger wurde und die Wellen über die Kommandobrücke spritzten, war ein Schwanken des Schiffes kaum bemerkbar. Um drei Uhr wurden zwei Salven nach Backbord aus beiden Türmen gleichzeitig abgegeben, aber auch diese furchtbare Detonation bei gleichzeitiger Explosion von 400 kg Pulver hatte auf das Schiff keinen Einfluß; es wurden nur zwei Fensterscheiben zertrümmert. Demnächst wurden die kleinen Geschütze am Vorder- und Hinterturm mit je zwei Schüssen angeschossen, deren Wirkung wir von der Kommandobrücke aus beobachteten, was von besonderem Interesse war, weil man das Geschoß auf der See genau verfolgen konnte .Auch diese Türme bewährten sich trefflich.« Der Sachverständigenbericht enthält im Wesentlichen genaue technische Angaben sowie eine Tabelle, in der die einzelnen Schüsse in nummerierter Reihenfolge eingetragen sind. Dem Versuchszweck entsprechend, verließen die Geschützbedienungen bei Abgabe der ersten Schüsse die Türme, blieben dann aber in diesen. »Die Elevationen von 2–5° werden in Wirklichkeit dadurch wesentlich geändert, daß das Schiff infolge heftig wehenden Windes stark überlag. So z.B. schlugen bei den Schüssen 13 und 14 trotz der anscheinend geringen Inklination von 2½° die Geschosse schon wenige Meter vor dem Schiff in's Wasser. Der Rücklauf betrug 300 bis 1960 mm. Bei Schuß Nr. 5 betrug der Wasserdruck für die Drehscheibenbranch nur 15 atü. Vor dem Schuß Nr. 10 wurde er auf 25 atü gebracht. Der Erfolg war Verminderung der Turmdrehung von 156 mm bei Nr. 5 auf 85 mm bei Nr. 10. Der Druck konnte bis auf 30 atü erhöht werden. Trotzdem die Schüsse 8, 9 und 10 als Salve gefeuert wurden, was einer Kraft von 12.600 Metertonnen querab entsprach, kam es zu keiner feststellbaren Kränkung. Nach jeder Lage wurden die Türme probegedreht und so die unverändert gute Funktion des Drehmechanismus festgestellt.« Aus den 15 cm Geschützen an Bug und Heck wurden 3 bzw. 2 Schuss abgegeben, was ebenfalls ohne Beanstandungen ablief. Die am Schluss festgestellten Beschädigungen bestanden lediglich aus einigen zertrümmerten Fensterscheiben und wenigen abgesprungenen Nieten und Bolzen. »Das Schiff,« so schließt der Bericht, »hat somit diese Anschießprobe in befriedigendster Weise eingehalten.« Die Übung war um 16 Uhr beendet und 2 Stunden später hatte die Korvette wieder ihren Liegeplatz im Swinemünder Hafen erreicht.

Auch die folgenden Angaben zur Schiffsbeschreibung sind dem Sachverständigenbericht entnommen. Die Hauptdimensionen des aus Eisen gebauten Schiffes sind: Länge 91 m, Breite 18,3 m, Tiefe von der Kielplatte bis Seite Oberdeck 8,336 m, Tiefgang bei voller Ausrüstung 6,1 m, Deplacement 7.500 Tonnen, Maschinenkraft 6.300 PSi, Geschwindigkeit 14,5 kn. Das Schiff hat eine 35 m unter dem Wasser befindliche und 3 m vor dem Vorsteven vortretende starke Ramme. Mittschiffs ist eine gepanzerte Kasematte von 42 m Länge. Der Panzer reicht 1,5 m unter die Wasserlinie. Die Dicke der Kasemattenpanzerung beträgt von 2,336 m über Wasser bis 0,6 m unter Wasser 355 mm, von da ab nach unten 304 bis 303 mm. Auf dem vorderen Teil der Kasematte stehen 2 in einander übergehende und so die Form einer zur Kielrichtung schräg liegenden 8 bildende Panzertürme, die Panzerung beträgt 304 mm. Zwischen den Geschütztürmen befindet sich der Kommandoturm mit einer Panzerung von 203 mm. Die Panzerplatten sind nach dem Compoundsystem von der Dillinger Hütte gefertigt worden. Nach Haack musste allerdings ein kleiner Teil aus England bezogen werden, da wegen der neuen Fabrikation hier nicht schnell genug geliefert werden konnte. Die Unterlage aus Teakholz war ebenso stark wie die davor befindliche Platte aus Stahl und Eisen. Der ungepanzerte vordere und hintere Schiffsteil ist unter der Wasserlinie mit einem 75 mm Druckpanzer versehen.

Zur Dillinger Hütte folgende Anmerkungen: Die lediglich zum Bau von Panzerschiffen zu verwendenden eisernen Panzerplatten konnten für die ersten derartigen in Deutschland gebauten Schiffe hier nicht hergestellt werden. Die dafür benötigten großen und teuren Spezialeinrichtungen waren nicht vorhanden und eine Anschaffung wegen der fehlenden Aussicht auf ausreichende Auslastung solcher Anlagen nicht möglich. Ab 1877 war das Hüttenwerk an der Saar dann für längere Zeit der einzige deutsche Lieferant von Panzerplatten; anfangs aus Schmiedeeisen, ab 1880 nach dem englischen System Wilson bzw. Ellis als Compoundplatte. Direktor Haack teilte in einem Vortrag anlässlich der 26. Hauptversammlung des VDI am 18.8.1885 in Stettin hierzu u.a. mit: »Die Dillinger Hütte hat nun nicht allein diese Übelstände [gemeint sind Lieferungsverzögerungen wegen anfänglicher Herstellungsschwierigkeiten] bei der Anfertigung der eisernen Panzerplatten überwunden, [...] sie hat auch [...] neuerdings gezeigt, daß sie die weit schwieriger herzustellenden, sogenannten Compound-Platten, in vorzüglicher Qualität und so rechtzeitig anzufertigen im Stande ist, daß dadurch bereits völlige Unabhängigkeit von England [...] erreicht wurde.« Außerdem gibt Haack die für beide Panzerschiffe verbrauchten Materialmengen an mit: »Stahlplatten 5.385.000 kg, Eisenplatten 1.020.000 kg, Stahlwinkel 2.000.000 kg, Eisenwinkel und Bulls 429.000 kg, diverses Eisen als Schmiedestück, Stabeisen, Nieteisen usw. 1.868.000 kg, zusammen 10.702.000 kg.« Weiter ist seinen Ausführungen zu entnehmen, dass die Klassifizierungs-Gesellschaften Germanischer Lloyd und Bureau Veritas in Westphalen eigene Beamte haben, »welche den auf den Eisen- und Stahlwerken angestellten Materialproben beiwohnen und über die Verwendbarkeit zum Schiff- und Schiffsmaschinenbau an Ort und Stelle entscheiden, wodurch Zeit und Transportkosten erspart werden.«

Im Sachverständigenbericht wird dann fortgefahren: »Der Schiffskörper ist nach dem Zellensystem gebaut. Er hat auf jeder Seite, außer dem vom Hintersteven zum Vordersteven reichenden Mittellängsspant, 6 Längsspanten von denen das 6. gleichzeitig Panzerträger ist. Ein bis zum ersten Zwischendeck reichendes Längsschott sowie eine Anzahl von Querschotten, Wallgängen usw. teilen den Raum unter dem Zwischendeck in 200 wasserdichte Abteilungen. Von diesen sind 24 vor und hinter der Kasematte in der Wasserlinie liegende mit Kork gefüllt. Auch der Raum über dem Zwischendeck ist durch ein System von Längs- und

Querschotten in weitere 23 wasserdichte Abteilungen geteilt, die durch wasserdichte Türen miteinander in Verbindung stehen. Die zwischen dem Zwischendeck und dem Panzerdeck innerhalb der Korkschotte liegenden Zellen sind teils zur Proviantaufnahme, insbesondere aber zur Kohlenlagerung eingerichtet. Womit sie einen weiteren Schutz bieten, daneben soll bei etwaigen Schäden, das Eindringen größerer Wassermassen verhindert werden. Das Schiff hat 2 seitliche Schlingerkiele. Die 2 getrennt aufgestellten dreizylindrigen Compoundmaschinen treiben je eine vierflügelige Bronzeschraube. Die 8 Zylinderkessel, von denen je 4 an einen der ovalen Schornsteine angeschlossen sind, liegen zu je 2 in wasserdichten Abteilungen. Die Kohlenbunker befinden sich an den Schiffsseiten. Die Schiffsführung erfolgt durch hydraulische Maschinen oder durch Handbetrieb. Die Hauptsteuerung befindet sich auf dem hinteren Aufbau, die hydraulische Maschine unterhalb des Panzerdecks in den Wellentunneln. Auf den beiden Masten befinden sich Krähennester, die mit Hotschkiss-Geschützen armiert werden können. Des weiteren sind ein Telegraph und maschinelle Einrichtungen vorhanden, um Boote ein- und auszusetzen, sowie eine Wasseraufbereitungsanlage. Für ausreichende Belüftung aller Räume sorgt eine Patentventilationsanlage.

Die Artillerie des Schiffes besteht aus vier 30,5 cm Geschützen / Kaliberlänge 25, mit einem Einzelgewicht von 32.000 kg, zwei 15 cm Geschützen / Kaliberlänge 35, mit einem jeweiligen Gewicht von 4.770 kg, zwei Bootskanonen von zusammen 200 kg und 6 Hotschkiss-Geschützen. Außerdem sind 2 Torpedorohre vorhanden und an Deck befinden sich 2 kleine Torpedoboote von 19,7 m Länge und 15½ Knoten Geschwindigkeit. Die schweren Geschütze stehen zu zweit auf einer Drehscheibe und in einem Turm. Das Drehen erfolgt per Dampfmaschine, im Notfall durch Handbetrieb. Die Drehscheibe hat eine horizontale Schleifbremse, ähnlich wie bei den Lafetten. Das Zusammenpressen der Schleifbleche erfolgt hydraulisch. Die beiden Bug- und Heckgeschütze stehen auf Mittelpivotlafetten in Stahltürmen, die gegen Schrapnell-, Gewehr- und Mitrailleusenfeuer ausreichend schützen, was auch für die schweren Türme gilt.«

CHEN YUEN = Die Wacht in der Ferne

»Stettin, 2. August [1881]. Wie wir hören, ist gestern für Rechnung der Chinesischen Regierung der Neubau einer zweiten Panzer-Corvette in gleicher Größe wie die im Bau befindliche zwischen der Gesandtschaft zu Berlin und der Direction des Vulcan zum definitiven Abschluß gekommen.«[39] Ein Jahr später, am 3.8.1882, teilt die Ostsee-Zeitung mit: »Die Arbeiten an dem bei der Werft des Vulcan liegenden Chinesischen Panzerschiffes [...] werden eifrigst gefördert. In den nächsten Tagen sollen die eisernen Masten eingesetzt werden.« Der Stapellauf der Bau-Nr. 112 fand am 28.11.1882 unter Teilnahme zahlreicher Gäste statt, zu denen auch die Minister von Kamecke, Maybach und von Bötticher gehörten. Die Taufe nahm der Marineminister von Stosch vor. Auch bei diesem Taufakt wurde wieder eine Schale geleert, statt die sonst übliche Champagnerflasche zu zerschlagen. »Die Fallbeile fielen und unter dem Kanonendonner und dem begeisterten Hurra der trotz des Regens zahlreich erschienenen Zuschauer, setzte sich der Koloß in Bewegung und tauchte majestätisch in die Fluten hinab. Die ganze kurze Feierlichkeit machte durch das präzise Ineinandergreifen der Vorgänge einen ungemein imponierenden Eindruck«, schrieb der Berichterstatter. In der Ausgabe des nächsten Tages berichtete er dann über das anschließende Festessen im Hotel de Prusse. Teilgenommen hatten über 100 Gäste, darunter die Spitzen der hiesigen Militär- und Zivilbehörden, sowie eine Anzahl hervorragender Kaufleute und Industrieller. Die üblichen Toaste brachten der chinesische Gesandte, der Vorsteher der Kaufmannschaft Geh. Kommerzienrat Brumm und der kaufmännische Direktor des Vulcan, Stahl, aus. Letzterer erwähnte u.a., dass der Gesandte, obwohl er erst seit 4 Jahren hier sei, das größte Interesse und Verständnis für Deutschland und seine Industrie bewiesen habe. Im Festsaal war ein bis in die kleinsten Details ausgeführtes Modell der Panzerkorvette ausgestellt,[40] dessen Original in einer Kostenrechnung des Stettiner Amtsgerichts mit 8 Mill. Mark beziffert ist, während für TSI YUEN 5 Mill. angegeben werden.[41]

Für die Überführungsfahrt nach Swinemünde mussten auch bei diesem Schiff zur Verminderung des Tiefgangs Prähme seitwärts angebracht werden. Da der Wasserstand günstig war, kam man mit 6 aus. Die Fahrt begann am 24.11.1883 um 9 Uhr und unter Assistenz der D. DER KAISER, PRINZEß ROYAL VIKTORIA, LOTHAR BUCHER, PIKAS und OTTO. Um 10.30 Uhr wurde Glienken passiert, um 14.30 Ziegenort und um 20.30 Uhr ist haffseitig an der Einfahrt Kaiserfahrt für die Nacht geankert worden. Um 7 Uhr am nächsten Morgen begann die Weiterfahrt, die gegen 11.30 Uhr am Vulcan-Liegeplatz bei Ostswine ohne Zwischenfall beendet war.[42] In der Nacht vom 4. auf den 5.12.1883 hatte eine Sturmflut nicht nur die Straßen Swinemündes zwei Fuß hoch unter Was-

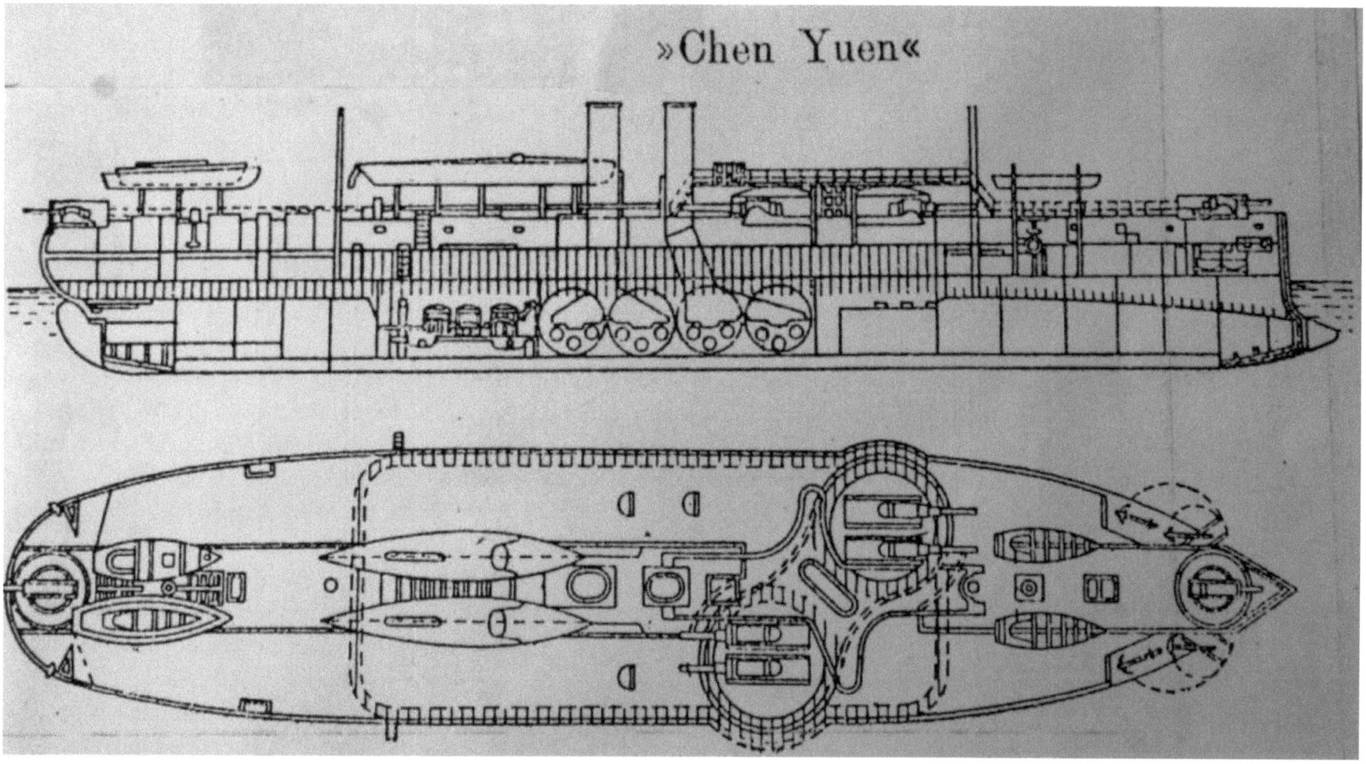

Panzerkorvette CHEN YUEN [aus: VDI Zeitschr., 27.3.1897, Bd. 41]

ser gesetzt, sondern auch den großen Schwimmkran des Vulcan, welcher die Geschütze an Bord bringen sollte, bei Ostswine auf Land geworfen. Er konnte allerdings am Vormittag wieder zu Wasser geschleppt werden, ohne Schaden genommen zu haben.[43] Die elektrische Beleuchtung auch für dieses Schiff war wieder dem Elektrotechniker Kuhlo übertragen worden, dem Stettiner Vertreter der Firmen Siemens & Halske und Deutsche Edison-Gesellschaft. Die Arbeiten waren um den 1.3.1884 bereits soweit fortgeschritten, dass die Probebeleuchtung noch für diesen Monat vorgesehen war.[44] Die Abnahmeprobefahrt, sie fand am 1.4.1884 in der Eckernförder Bucht statt, verlief in »höchst befriedigender Weise.« Mit den erreichten 14,7 kn waren die kontraktlichen Verpflichtungen erheblich übertroffen worden. Die Schießübungen wurden am nächsten Tag durchgeführt und anschließend sofort die Rückfahrt nach Swinemünde angetreten, wo man am Mittag des 3. April wieder eintraf.45 Bereits am 30. d. M. ging das Schiff erneut nach Kiel, um dort zunächst gedockt zu werden. Für diese Fahrt wird als Schiffsführer Korvettenkapitän John Meller genannt, der eigens für die Überführung aus dem aktiven Dienst – letzte Dienstellung als Hafenkapitän in Wilhelmshaven – verabschiedet worden war. Die entsprechende Kabinettsorder ist datiert vom 1.7.1884 und beinhaltet neben dem Abschied mit Pension die in Aussicht gestellte Anstellung im Zivildienst und die Erlaubnis zum Tragen der Uniform. Der zweite ebenfalls zu diesen Bedingungen verabschiedete Marineoffizier war Korvettenkapitän Sebelin, seit 1880 Adjutant des Konteradmiral Reibnitz, Kommandeur der Marineakademie Kiel. Für Sebelin war die Stellung eines Admirals der nordchinesischen Flotte vorgesehen. Der entsprechende Vertrag war mit einer Laufzeit von vorerst 3 Jahren und einem Jahresgehalt von ca. 25.000 Mark abgeschlossen worden. Für die Überführung der Schiffe erhielten die Kapitäne je 20.000 Mark. In Verbindung mit dieser Information vom 24.6.1884 waren Kapitän Voß für TING YUEN, Korvettenkapitän Meller für CHEN YUEN und der bisher in Diensten der Stettiner Reederei Ivers stehende Kapitän Arnold vorgesehen. Ebenfalls in diesen Tagen wurde mitgeteilt, dass die 3 Schiffe »voraussichtlich in nächster Zeit nach China überführt werden. Es ist bereits Seitens der Chinesischen Regierung Auftrag gegeben, die nötigen Mannschaften anzuwerben und wird [...] für den Tsi Yuen welcher sich noch an der Werft des Vulcan befindet, in den nächsten Tagen hier begonnnen werden, während für die beiden in Kiel liegenden Schiffe [...] die Anmusterung in Hamburg erfolgt.« Die Nordd. Allg. Zeitung schrieb in der Abendausgabe vom 21.6.1884 ebenso wie die Kreuz-Zeitung und übernommen von der Ostsee-Zeitung am 22. Juni: »Die Überführung der beiden [...] Panzercorvetten [...] bildete in den beiden letzten Wochen den Gegenstand von Beratungen zwischen den beteiligten Parteien und gab dieselbe [...] wiederholt zu einem Depeschenwechsel zwischen Berlin und Tintsin Anlaß. Erst gestern wurde darüber in Berlin eine längere Schlußkonferenz abgehalten, zu welcher das Direktoriumsmitglied [...] Herr Stahl, eigens dorthin gekommen war. Es handelte sich [...] vornehmlich um die Kommandofrage. [...] Chinesischerseits war bereits früher angeregt worden, daß die Überführung deutschen Marineoffizieren anvertraut werde.« Abschließend wird darauf hingewiesen, »daß es im Interesse der deutschen Schiffbauindustrie, welche infolge der chinesischen Schiffsbestellungen in Deutschland in letzter Zeit in der englischen und englischen Interessen dienenden chinesischen Presse den unqualifizierbarsten Angriffen und Verunglimpfungen ausgesetzt war, ratsam, den beiden Kriegsschiffen [...] wenigstens ein würdiges militärisches Kommando zu geben [...].«

TSI YUEN = Helfer in der Not

Das Schiff mit der Bau-Nr. 131 lief am 1.12.1883 Punkt 12 Uhr in Gegenwart eines zahlreichen Publikums glücklich vom Stapel. Der chinesische Gesandte, welcher mit seiner Gattin, den Gesandtschaftsmitgliedern und mehreren höheren chinesischen Marineoffizieren anwesend war, hielt in seiner Muttersprache die Taufrede. Ebenso wie der Stapellauf trug auch das sich daran anschließende Festessen einen rein privaten Charakter. Die hiesigen hohen Beamten und Militärs, welche dem Stapellauf – nicht als Ehrengäste, sondern als einfache Zuschauer – beigewohnt hatten, nahmen daher an dem Diner nicht teil. Außer den Gesandtschaftsmitgliedern sowie dem Aufsichtsrat und der Direktion des Vulcan waren es nur noch einige Mitglieder der deutschen Admiralität. Den ersten Toast brachte der Gesandte Li Fong Pao in deutscher Sprache auf den Deutschen Kaiser aus. Der Geh. Admiralitätsrat Krüger ließ den Erbauer, Direktor Haack, hoch leben. Den Schluss der Reden bildete ein Toast des Geh. Kommerzienrats Brumm, in welchem dieser die anwesenden Mitglieder der deutschen Admiralität feierte, »deren Unterstützung auf dem Gebiet des Panzerschiffsbaues der Vulcan hohen Dank schulde.«[46] Anfang August 1884 waren die Arbeiten soweit fortgeschritten, dass die Überführung nach Swinemünde wie geplant am 18. d. M. stattfinden konnte. An diesem Tag begann die Fahrt gegen 8 Uhr und war bereits um 13 Uhr in Swinemünde beendet. Die Werftprobefahrt fand am 19. August zur vollsten Zufriedenheit statt. Das Schiff verließ um 11,15 Uhr unter eigenem Dampf und ohne Assistenz den Swinemünder Hafen. Nach dem die Kompasse bis zur Insel Oie justiert waren, wurde ab dort bis Saßnitz unter Volldampf mit einer Geschwindigkeit von 15 kn gefahren. Ab Stubbenkammer war mit Normalfahrt die Rückreise angetreten worden, welche mit dem Einlaufen in Swinemünde um 19 Uhr beendet war.[47] Zu weiteren Ausrüstungsarbeiten lag der Kreuzer dann noch einmal für längere Zeit in der Werft. Von hier legte er zur Überführung nach Kiel, allerdings noch ohne Masten, am 22.6.1885 um 13,30 Uhr ab. Unter Assistenz der Dampfer DIE BLUME und STIER wurde Swinemünde gegen 19,30 Uhr erreicht und die Weiterfahrt nach Kiel um 23 Uhr unter der Schiffsführung von Kapitän Arnold angetreten.[48] Die offizielle Probefahrt in der Kieler Bucht ergab 16 kn bei 15 kontraktlich geforderten. Das Panzerdeck war 75 mm stark, der Panzerturm hatte 250 mm und das Deplacement wird mit 2.255 t angegeben. Das Zweischraubenschiff hatte bei voller Ausrüstung einen Tiefgang von 4,60 m und zwei getrennte Maschinen. Die Armierung bestand aus zwei 21 cm Geschützen / 35 Kaliberlänge und einem 15 cm Geschütz, drei Torpedorohren und 6 Revolverkanonen. Außerdem war ein Torpedoboot II. Klasse an Bord.[49]

Die Überführung nach China

Zwischen dem Vulcan und der chinesischen Botschaft in Berlin war ein im Januar bzw. März 1885 unterschriebener Überführungsvertrag für TING YUEN abgeschlossen worden, der auf 19 Seiten 16 Paragrafen mit zahlreichen interessanten Einzelheiten enthält. Wie dem Vorangegangenen bereits an einigen Stellen zu entnehmen ist, hatte es zwischen China und Frankreich Auseinandersetzungen gegeben, die dazu führten, dass mehrmals bereits getroffene Vorbereitungen zur Überführung wieder abgebrochen werden mussten. So berichtet die Weser-Zeitung mit Datum Kiel, 23.7.1884: »Von der chinesischen Marine. Die drei auf der Werft des Vulcan erbauten chinesischen Corvetten werden nicht früher Deutschland verlassen, als bis die zwischen Frankreich und China schwebenden Differenzen ausgeglichen sind. Infolge dessen verzögert sich auch die Überführung der Kriegsfahrzeuge nach Kiel, wo dieselben bekanntlich das Dock der kaiserlichen Werft aufsuchen sollen. [...]« Erst im Mai 1885 stand fest, dass »die unfreiwillige Hafenhaft [...] in den kommenden Wochen in Kiel ihr Ende findet, da nach Beendigung des Chinesisch-Französischen Konflicts deren Abreise bevorsteht. Weiter teilt die Weser-Ztg. in der Ausgabe vom 10. d. M. mit, »daß die Capitäne Meller [...] und Voß

[…] sich nach Berlin begeben haben, um mit dem Chinesischen Gesandten wegen des Abgangs der Schiffe und der Anmusterung der […] Mannschaften Rücksprache zu nehmen. Auch für die dritte und noch bei Stettin befindliche Corvette TSI YUEN wird die Erlösungsstunde schlagen […].«

Für das Schiff begann das Anheuern am 16.6.1885. Neben dem Kapitän und einem Schiffsarzt sowie dem Vulcan-Ingenieur A. Mielke [fand bei dem Explosionsunglück auf BRANDENBURG 1896 den Tod] als Garantie-Maschinist bestand die Mannschaft aus: 7 Steuerleuten, 26 Matrosen, je 2 Bootsleuten, Zimmerleuten, Köchen, einem Kochsgehilfen, 2 Stewards, 8 Leichtmatrosen und Schiffsjungen, einem Proviantmeister, 5 Maschinisten, 12 Maschinisten-Assistenten, 15 Heizern und 12 Kohlentrimmern. Als Monatsheuer wird angegeben: 1. Bootsmann 120 M., 2. Bootsmann 100 M., Zimmerleute, Köche, Matrosen und Heizer 75 M., Kohlentrimmer 54 M., Leichmatrosen und befahrene Schiffsjungen 45 M. bei freier Verpflegung. Nach erfolgter Ankunft in China erhalten die Mannschaften zwei Monatsheuern als Abstandsgeld. Soweit sie nicht bereit sind, in chinesische Dienste zu treten, wird die unentgeltliche Rückreise gewährt.[50] Die Lieferung von Proviant, Kohlen usw. war den Stettiner Firmen Setzke & Semmler, August Putsch, Max Weißig, Hoflieferant Jantzen und G. Weichbrodt/Pinnow Nachf. übertragen worden.[51]

Die Reise für alle drei Schiffe begann gemeinsam am 8.7.1885 mit dem Auslaufen aus dem Kieler Hafen. Am 14. verließen sie Plymouth und am 25. Gibraltar. Während TING YUEN und CHEN YUEN nach Port Said weiterliefen, wurde TSI YUEN vom Vulcan nach Malta beordert, um eine aufgetretene Unregelmäßigkeit in der Kesselspeisevorrichtung zu untersuchen und abzustellen. Zu diesem Zweck reiste ein Ingenieur von Stettin nach Malta. Das Schiff wurde dadurch 3 Wochen aufgehalten. TING YUEN und CHEN YUEN verließen zusammen am 6. August Port Said und erreichten über Suez, Aden, Colombo und Singapur am 18.9.1885 Hongkong. Hier hatte TING YUEN 2 für Kanton bestimmte, als Deckslast mitgeführte Torpedoboote 1. Kl. abzuliefern. Die Weiterfahrt zum Zielhafen Taku begann am 4. Oktober und endete am 10. d. M. CHEN YUEN war hier bereits am 3. Oktober eingelaufen.

TSI YUEN hatte Malta am 20. August verlassen, Hongkong am 25. Oktober erreicht und war im Hafen von Tuku am 31. Oktober eingelaufen. In Singapore waren einige Tage Aufenthalt nötig, da eine schadhafte Pumpenstange ausgewechselt werden musste. So weit aus einem Schreiben der Vulcan-Direktion an die Ostsee-Zeitung, veröffentlicht am 8.2.1886. Hierin enthalten sind auch die beiden folgenden Kapitänsberichte, die mit weiteren Einzelheiten schon etwas interessanter ausfallen. Aus Colombo teilte Kapitän Voß schriftlich dem Vulcan mit: »Nach dem beide Schiffe am 21. August [1885] Morgens 5½ Uhr Aden verlassen hatten, war CHEN YUEN Abends noch in Sicht, jedoch am nächsten Morgen nicht mehr zu sehen. Passirten Nachmittags um 4 Uhr den 22. Cap Guardafui, und trafen hier im Indischen Ocean trotz der späten Jahreszeit doch noch die ganze Strenge des SW Monsuns. Der Wind war leider sehr südlich, nahm bis zur Stärke 9 zu und brachte in kurzer Zeit eine furchtbare See hervor; die so hoch lief, daß das Schiff manchmal förmlich unten und oben begraben wurde. Mehrere Seen gingen quer über die Commandobrücke – das Schlingern war im Verhältnis zu der See nicht zu groß, 15-18° bei 8 Doppelschwingungen in der Minute. Gegen Morgen brach eine außergewöhnlich hohe Sturzsee über, welche den provisorischen Überbau des auf der Steuerbordseite verstauten Hochseetorpedobootes theilweise eindrückte und die starken Holzstützen auf eine Länge von circa dreißig Fuß zersplitterte. Der Überbau war natürlich mit Wasser angefüllt, und musste ich vor dem Winde laufen um denselben so gut wie möglich auszubessern. Nachdem dies geschehen, setzte ich die beiden Stagsegel und das vordere Gaffelsegel und fand, daß trotz der noch immer zunehmenden See das Schiff besser lag und nur bis zu dreizehn Grad überholte; die Maschinen arbeiteten dabei stets volle Kraft. Am Sonntag Mittag wurde das Wetter etwas besser und wenngleich der Wind noch immer mit Stärke 8-9 wehte, so wurde der Seegang doch regelmäßiger, und ich setzte den 24. das Mars- und Bramsegel. In bezug auf die Seetüchtigkeit des Schiffes hebe ich noch hervor, daß nach meiner Meinung dasselbe im Stande ist, jeden Sturm zu bestehen ohne Schaden zu nehmen, denn das Schlingern ist nicht größer als bei anderen Schiffen – ich bin überzeugt, wenn bei schwerem Wetter das Schiff mit ganz geringer Fahrt (2 – 3 Knoten) gegen die See gelegt wird, verhältnißmäßig nur wenig Wasser auf Deck kommt.«

Über die Reise des CHEN YUEN berichtet Kapitän Meller in ähnlicher Weise. Er schrieb u.a.: »Während wir am 21. August weiter in den Golf von Aden kamen, nahmen See und Brise zu und zeigte sich ein kräftiger Südwest-Monsoon, das Schiff lag wundervoll auf der See und nahm verhältnißmäßig wenig Wasser über. Am 22. Morgens nahm der Wind schnell zu mit hoher Dünung; am Abend ließ ich nur mit halber Kraft gehen, um weniger Wasser überzunehmen; in der Nacht nahm Wind und See weiter zu und wurde zum vollständigen Sturm. Ich sah mich gezwungen, beizudrehen, die Maschinen arbeiteten mit 45-48 Umdrehungen und lag das Schiff gut bei. Am 23. heftiger Südsüdwest-Sturm mit hoher See den ganzen Tag und die folgende Nacht. Am 24. gleiches Wetter, so daß ich beschloß abzuhalten. Wir steuerten einen neuen Kurs und gingen Volldampf weiter mit beigesetztem Marssegel. Der kräftige Monsoon blieb so den ganzen Tag und die folgende Nacht, in welcher die See noch höher lief, das Schiff holte bis 15 Grad nach jeder Seite über.« Taku wurde am 3. Oktober erreicht.

Die Mitteilungen des 1. Ingenieur A. Mielke über TSI YUEN, geschrieben am 16. Januar 1886 in Amoy, sind im Wesentlichen ein Zustandsbericht der Maschinenanlage und betreffen die Zeit nach der Überführung. In Amoy wurden u.a. die Zylinderdeckel abgenommen, die Federn an den Kolben nachgespannt, die Kessel gereinigt und die Zinkplatten erneuert, wobei festgestellt werden konnte, daß sich alle Kessel in »vorzüglichem Zustand befanden«. Seinen bis zum 1.2.1886 laufenden Kontrakt hatte er »auf Wunsch der chinesischen Regierung noch auf weitere 6 Monate verlängert. »[...] Die 1. Ingenieure an Bord von TING YUEN und CHEN YUEN haben [...] nicht erneuert. [...] An ihrer Stelle ist einer der an Bord functionirenden anderen Deutschen Ingenieure [...] bereits ernannt worden. [...] Gegen Ende Februar wird das Ober-Kommando über die Schiffe an den Admiral Lang übergehen, es ist dies ein englischer Seeoffizier, welcher bereits früher in Chinesischen Diensten gestanden hat. [...]« Bisher hatte diese Stellung Korvettenkapitän a.D. Sebelin inne.

Im Übrigen wurden die Leser der Ostsee-Zeitung durch eigene Mitteilungen über den Reiseverlauf regelmäßig informiert. So am 15. Juli 1886 mit der Mitteilung, dass in Plymouth die Besuche des TING YUEN vom 2. Offizier Rudolf Lender erwiedert wurden, indem er einer Einladung englischer Offiziere zum Frühstück auf der CAMBRIDGE folgte. Der 25-jährige war einige Jahre zuvor, im November 1883, kommandierender Offizier der Ehrenwache des deutschen Kronprinzenpaares bei dessen offiziellem Gegenbesuch in Spanien. Am 18. Juli ist zu erfahren: »Briefe für diese Schiffe nach Port Said müssen bis zum 30. Juli von Berlin abgeschickt werden, sie gehen über Brindisi und müssen den Vermerk: ›Care of german Consulate‹ auf der Adresse haben.« Und am 23. Oktober teilt man mit, dass der Hamburger Börsen-Halle aus Hongkong der Ausschnitt einer dort erscheinenden Englischen Zeitung zugegangen ist. Darin wird über ein Anfang Oktober1886 in Kanton veranstaltetes Bankett zu Ehren der deutschen Offiziere und der chinesischen, die die Reise mitgemacht hatten, berichtet. Besonders erwähnt wird hierbei Herr Yang Chen Chih, Sekretär der chinesischen Gesandtschaft in Berlin, der den Sonderauftrag hatte, die amtlichen Papiere beider Schiffe an die chinesische Zentralregierung zu überbringen. Neben zahlreichen Toasten auf das Deutsche Kaiserreich, die deutsche und die chinesische Flotte usw., feierte der 1. Ing. des CHEN YUEN, Blumenthal, beim Vulcan Oberingenieur der Maschinenbauabteilung, die Leistungsfähigkeit der beiden Panzerschiffe.

Da zunächst kein Schiff für den Rücktransport der Mannschaften zur Verfügung stand, konnten Abmusterung und Flaggenwechsel für CHEN YUEN erst am 18. und für TING YUEN am 29. Oktober 1886 stattfinden. Übernommen wurden alle 3 Schiffe von dem chinesischen Admiral Ting nach genauester Inspektion, wie einer der deutschen Schiffsoffiziere berichtete. Weiter teilte er mit, dass sich im Dezember 1886 auf der CHEN YUEN als Instruktoren Kapitän Meller nebst 14 weiteren Deutschen, auf der TING YUEN der frühere 1. Offizier Kapitän Schellau und etwa 20 Mann befanden. Den weitaus größten Teil, nämlich 185 Mann, brachte am 9.1.1887 der englische Dampfer HUNTINGTON nach einer Reise von 63 Tagen von Taku nach Hamburg. Die Weiterfahrt nach Stettin erfolgte mit der Eisenbahn am 10. bzw. 11. Januar.

»Die Leute sprechen sich im Allgemeinen sehr zufrieden über die Verpflegung auf den Panzerschiffen aus, klagen jedoch über die ihnen auf dem HUNTINGTON verabreichten schlechten Kost, sowie auch über die ihnen auf diesem Dampfer angewiesenen Logisräume. Außer dem Zimmermann des TING YUEN, welcher auf der Hinfahrt erkrankte und starb und in Port Said begraben wurde, sind [...] keine Verluste eingetreten.« Am 18. November 1886 sind die 3 Schiffe von dem Vizekönig Li Hung Chang eingehend inspiziert worden, der auf der Fahrt von Port Arthur nach Taku an Bord des TSI YUEN war und sich sehr zufrieden über Einrichtung und Maschine äußerte, wie der 1. Ing. des Schiffes in einem Bericht mitteilte. Der insgesamt sehr günstige Eindruck, den diese 3 Kriegsschiffe auf die verantwortlichen Chinesen gemacht hatten, wird entscheidend dazu beigetragen haben, dass der Vulcan weitere Aufträge erhielt. Außerdem war der Ingenieur A. Mielke, der als Garantie-Maschinist des TSI YUEN nach China gekommen war, für 3 Jahre der dortige Vertreter des Vulcan im Dienst der chinesischen Regierung gewesen. Auch er wird seinen Teil dazu beigetragen haben.[52]

Englischerseits gab man sich die größte Mühe, den deutschen Einfluss in China und die deutsche

Konkurrenz, besonders im Schiffbau, zu bekämpfen. Durch entsprechende Berichte wurde versucht, auch in deutschen Zeitungen den Eindruck zu erwecken, die Chinesen seinen mit den Schiffen unzufrieden. Der Vulcan reagierte öffentlich erst spät am 8.2.1886 mit einem entsprechenden Bericht in der Ostsee-Zeitung: »In der Nr. 18 der ›St. Petersburger Zeitung‹ vom 18/30. Januar d. J. lesen wir unter der Devise: ›Ein Mißerfolg der Deutschen Industrie‹ einen Correspondenz-Artikel, der uns zu nachstehender Veröffentlichung veranlaßt: Seit etwa Jahresfrist beschäftigt sich ein Theil der Englischen Presse (z.B. ›Manchester Guardian‹) in periodisch wiederkehrenden Schmähartikeln mit den gepanzerten Kriegsschiffen, welche der Vulcan für die Chinesische Regierung erbaut hat, die größten Ungeheuerlichkeiten und krassesten Unwahrheiten wurden in denselben zu Tage gefördert, und wurde in jeder nur erdenklichen Art versucht, diese Schiffe vor den Augen der ganzen Welt zu descreditiren. Ganz begreiflich ist es für einen Jeden, der die Marschroute des Englischen Egoismus im internationalen Wettbewerb kennt, daß das Erscheinen eines neuen und noch dazu Deutschen Rivalen für die Englische Schiffbau-Industrie geradezu verblüffend wirkte, und einen Sturm der Entrüstung erzeugte, welcher sich in all diesen jammervollen Artikeln breit macht. Es ist nicht zu verkennen, daß ein gewisses System in diesen journalistischen Anstrengungen liegt und wenn die Veröffentlichungen auch bei einsichtsvollen Leuten nicht verfangen, so richten sie doch Unheil genug an, und deshalb müssen wir denselben begegnen. Wir kommen deshalb der speciellen Aufforderung der ›St. Petersburger Zeitung‹ [...] vom 21. Jan./2. Februar 1886 auch in dem vorliegenden Falle nach und stellen in Beantwortung des Artikels in Nr. 18 dieses Blattes, welchem wir gleichfalls einen Englischen Ursprung zuzuschreiben geneigt sind, gern diejenigen Daten zu Veröffentlichung und Beurtheilung, welche über die Tüchtigkeit und vorzügliche Ausführung der von uns gelieferten Schiffe den besten Aufschluß geben.« Es folgen die Beschreibungen der drei Schiffe und die Berichte der Kapitäne über den Reiseverlauf. Abschließend erklärt die Direktion: »[...] Die Chinesische Regierung hat ihre Anerkennung für die vorzüglichen Leistungen des Vulcan neuerdings dadurch besthätigt, daß sie demselben zwei neue Panzerschiffe in Auftrag gegeben hat. [...] Wir würden zu dieser nochmaligen Zurückweisung der widerwärtigen Veröffentlichungen nicht geschritten sein, wenn nicht tonangebende Deutsche Blätter, wir nennen das ›Berliner Tageblatt‹, das ›Hamburger Fremdenblatt‹, die ›Kieler Zeitung‹ und die ›Frankfurter Zeitung‹, in jüngster Zeit auf demselben Gebiete, wenn auch nur durch Reproduction ähnlicher Artikel, unser Institut und seine Leistungen vor der ganzen Deutschen Nation verdächtigt und herabzuwürdigen versucht hätten. Es ist traurig genug, daß derartige Erscheinungen unserem sonst groß dastehenden Vaterlande noch anhaften, wie wird es aber möglich sein, in dem immer schärfer werdenden Wettkampfe die Deutsche Fahne hochzuhalten, wenn wir nicht den Wahlspruch auf unseren Schild erheben ›Einer für Alle, Alle für Einen.‹ So appelliren wir zum Schlusse an die ganze Deutschgesinnte Presse, unser Institut, welches seine ganze Kraft für den Deutschen Namen und die Deutschen Interessen einsetzt, in seinen rastlosen Bestrebungen zu unterstützen und gegen schamlose Angriffe, von welcher Seite sie auch kommen, in Schutz zu nehmen.«

Wie zu damaliger Zeit große Unternehmen wie der Vulcan und die Presse miteinander umgingen, macht der folgende Beitrag in der Ostsee-Zeitung vom 15. Februar 1886 unter der Überschrift »Noch ein Wort zur Abwehr des Vulcan« deutlich: »Die Redaktion der Frankfurter Zeitung hat in Nr. 40 ihres werthen Blattes die Erwartung ausgesprochen, daß wir den Vorwurf, welchen wir in unserer Abwehr gegen einige Deutsche Blätter erhoben haben, mit Bezug auf sie selbst zurücknehmen werden. Wir bedauern, der verehrlichen Redaction offen aussprechen zu müssen, daß wir dazu nach den bekannten Vorgängen keine Veranlassung haben. Es liegt keinerlei Irthum und noch viel weniger eine falsche Vorstellung von den journalistischen Gepflogenheiten und Pflichten der Deutschen Presse unserseits vor, wie die verehrliche Redaction anzunehmen geneigt ist. Thatsache ist, daß die St. Petersburger Zeitung einen geradezu skandalösen Artikel über unser Institut und seine Leistungen in die Welt gesandt hat, und das die Frankfurter Zeitung bei Wiedergabe desselben den krassen Unwahrheiten dieses Artikels den Stempel der Glaubwürdigkeit dadurch aufgedrückt hat, daß sie einleitend zu demselben wörtlich schrieb: ›Böse Nachrichten kommen aus China. Die Deutsche Petersburger Zeitung, welche nicht im Verdacht stehen kann, in böswilliger Absicht ungünstige Nachrichten über Deutsche zu verbreiten, erhält aus China die Mitteilung [...]‹ Wenn ein Deutsches Institut, welches sich des besten Rufes erfreut, und dessen hervorragende Leistungen mit Bezug auf den vorliegenden Fall durch authentische Correspondenten bereits wiederholt außer Zweifel gestellt worden sind, in irgend einer Zeitung des In- oder Auslandes verunglimpft wird, so erheischt es die journalistische Pflicht unserer guten Deutschen Presse, sich vor Veröffentlichung des incriminirenden Artikels über die Richtigkeit des Inhalts zu informiren. – Zum wenigsten darf man aber von derselben erwarten, daß bei Wiedergabe ohne vorige Information die einleitenden Worte eine Reserve nach jeder Richtung zum Ausdruck bringen. Hierin hat unseres Erachtens die Redaction der [...] gefehlt und ihre journalistische Pflicht verletzt, und diesen Punkt haben wir in unserer Abwehr auch nur allein kennzeichnen wollen. Wir bedauern dies um so mehr, weil die Redaction der[...] in dem vorliegenden Falle den journalistischen Gepflogenheiten eines Theiles der Deutschen Presse gefolgt ist, welche man weder als fair noch als patriotisch bezeichnen kann. Die Bemerkung muß uns die verehrliche Redaction aber nicht übel nehmen, und wenn wir auch bei früherer Gelegenheit gern Veranlassung genommen haben, ihr zu danken für die Art und Weise, in welcher sie die Interessen unseres Instituts vertreten, so schließt dies nicht aus, daß wir eine Abwehr loslassen, sobald durch ihre Veröffentlichungen zu irgend einer anderen Zeit unser Institut geschädigt wird. Wir geben zu bedenken, daß gegenwärtig über 5.000 Leute bei uns Brod und Arbeit finden, und das es höchst bedenklich ist, an dem guten Rufe des Vulcan, den wir mit vieler Mühe und mit großen Opfern errungen, dem Auslande gegenüber zu mäkeln. Es ist viel leichter nach dieser Richtung Mißtrauen zu säen, wie Vertrauen zu erwerben. Letzteres bedarf aber unser Institut, als das jüngste in der Marinebranche auf dem internationalen Markte mehr wie jede andere ausländische Werft, sonst werden die Aufträge fremder Regierungen, welche in den letzten Jahren über zwei Drittel unserer Produktion ausmachten, nicht mehr nach Deutschland gegeben werden, sondern Englischen oder Französischen Firmen zufallen. Mit gutem Recht haben wir deshalb auch am Schlusse unserer Abwehr an die ganze Deutschgesinnte Presse appellirt, denn die Productivität unserer Werft ist heute ein Factor auf dem wirtschaftlichem Gebiet unserer Nation, dem man die größte Unterstützung angedeihen lassen sollte.‹« Dieser Hinweis auf die überregionale Bedeutung des Unternehmens entsprach durchaus den Tatsachen. Im Geschäftsjahr 1886 bezifferte sich der Wert aller Arbeiten des Vulcan auf über 8,95 Mill. Mark, die gesamte Lohnsumme betrug etwas über 4,13 Mill. Mark und an Versicherungsprämien wurden über 50.000 Mark gezahlt. Wenn dann noch der wirtschaftliche Faktor der Zulieferer hinzugenommen wird, ist der Hinweis auf die Wirtschaftskraft des Unternehmens mehr als gerechtfertigt.

Eine Beurteilung des Vorgehens zur Schädigung deutscher Unternehmen ermöglicht uns eine Nachricht der Vossischen Zeitung aus Kiel: »Die hiesige Germania-Werft hat sich um den Bau eines gepanzerten Kreuzers beworben, andere Deutsche Werften um drei große Dampfer einer subventionirten Spanischen Gesellschaft. Hauptkoncurrent ist die Firma Elder in Glasgow, die durch den Madrider Times-Correspondenten vertreten wird. In Schiffsbaukreisen ist man überzeugt, daß die ungünstigen, absolut unwahren Gerüchte über die Chinesischen Panzer in gewissem Zusammenhage mit der bevorstehenden Vergebung der Spanischen Schiffsbauten stehen.«

Die Torpedoboote V 1 bis V 6 werden nach Griechenland verkauft

»Wie uns mitgetheilt wird, hat die Kaiserl. Admiralität sich veranlaßt gesehen, den Contract über die beim Vulcan erbauten sechs Torpedoboote aufzuheben, weil die Fertigstellung derselben trotz der bewilligten Verlängerung der Lieferzeit doch nicht bis zum neuen Termin am 1. December [1885] erfolgt ist. – Den Bemühungen der Direction ist es nun nachträglich gelungen, diese Boote an eine auswärtige Regierung zu verkaufen, nachdem die Commissarien derselben sich auf Grund der in den jüngsten Tagen stattgehabten Probefahrten überzeugt hatten, daß die Boote in allen ihren Theilen auf das Solideste ausgeführt sind. Die [...] Durchschnittsgeschwindigkeit während einer dreistündigen Fahrt bei voller Ausrüstung betrug über 19 kn.«[53] Von diesen Booten verließ das erste am 5. und das zweite am 10. Dezember die Werft »und werden die übrigen in kurzen Zwischenräumen folgen, wie der Ostee-Zeitung in der Ausgabe vom 4.12.1885 zu entnehmen ist. Und am 11. d. M. wird mitgeteilt: »Von den [...] für die Deutsche Marine erbauten sechs Torpedofahrzeugen sind bereits zwei nach Kiel übergeführt, während die übrigen vier vorläufig nach Swinemünde gebracht sind.«

Eine weiteren Meldung der Zeitung lautet: »Swinemünde, 14. Januar [1886]. Die für die Griechische Marine hier angekauften, im Vulcan erbauten Torpedoböte Nr. 12, Capitän Berndt, Nr. 15, Capitän Böhm, und Nr. 16, Capitän Böttcher, gingen heute Abend 5 Uhr nach Griechenland (Pyreus) unter Griechischer Flagge vor hier in See.« Die genannten Schiffsführer waren die Überführungskapitäne.

Die Torpedoboote 1. Klasse mit den Bau-Nr. 156 bis 161[54] waren in Querspant-Stahlbau verzinkt mit 7 wasserdichten Abteilungen zum Preis von 156.000 Mark erbaut worden. Die Länge über alles bis Hinterkante Ruder betrug 32,75 m, die Breite 3,76 m, der Tiefgang vorn 0,76 m, achtern 1,84 m.

Die Boote hatten ein Deplacement von 53 t, der Schornstein war nach Backbord versetzt. Die stehende dreizylindrige Dreifach-Expansionsmaschine leistete 590 PSi, ein Lokomotivkessel lieferte den Dampf mit 10 atü. Die Geschwindigkeit wird bei Gröner mit 17,9 kn angegeben. Die dreiflügelige Schraube hatte einen Durchmesser von 1,70 m, die Segelfläche zwölf m^2. Der Kohlenvorrat von 8,5 t reichte für 800 Seemeilen bei 10 kn Marschfahrt, für 120 Seemeilen bei 16 kn. Der Dynamo für den 67 Volt Bordstrom leistete 2,5 kW. Die Boote hatten ein Heckruder, an Deck ein Spitzgatt-Dingi und die deutschen Boote eine Besatzung von einem Offizier und 13 Mann. Die Bewaffnung bestand aus 2 Revolverkanonen, zwei 35 cm Deckstorpedorohren und einem Bugrohr auf der Steuerbordseite.[55]

Ein weiterer Auftrag aus China

Im September 1885 hatte sich die Direktion mit der Frage zu beschäftigen, ob man das Angebot der chinesischen Regierung vom 13. d. M., zwei weitere Kriegsschiffe zu liefern, annehmen solle. Denn im Juli war entschieden worden, trotz aller Bedenken die 6 Reichspostdampfer für den NDL zu bauen, und fast gleichzeitig damit hatte man den Auftrag zum Bau der Korvette IRENE übernommen. Die Baugrenzen der Werft waren damit so gut wie erreicht. Warum dieser Auftrag trotzdem übernommen wurde, macht die im Geschäftsbericht für 1885 hierzu gemachte Anmerkung deutlich: »Die angenehmen Beziehungen, welche wir seit einer Reihe von Jahren mit der chinesischen Regierung unterhalten haben, machten es uns zur Pflicht, auch dieses Geschäft anzunehmen.« Der Bericht in der Ostsee-Ztg. vom 14.4.1886 teilt dann weiter mit: »[...] auf diese Weise waren uns im Laufe von wenigen Wochen Aufträge im Gesammtbetrage von ca. M. 21.000,000 zugefallen, deren Abwickelung innerhalb 12-15 Monaten, theils in 1½ bis 2 Jahren zu erfolgen hat. [...] Verwaltungsrat und Direktion haben sodann diejenigen Maßnahmen ergriffen, welche zur geordneten Durchführung der übernommenen Verpflichtungen geboten erschien. [...] Zunächst war es erforderlich, den Erweiterungsbau der neuen Dreherei gleichzeitig mit dem Ausbau der Schiffsmaschinenmontage schon im abgelaufenen Jahr vorzunehmen, und zudem eine größere Anzahl kräftiger Arbeitsmaschinen für diese Werkstätten zu beschaffen. Für die Schiffswerft mußten gleichfalls bedeutende Anschaffungen an Maschinen gemacht, sowie drei neue Hellinge auf dem Arthursberg-Grundstück hergerichtet werden, damit die großen Subventions-Dampfer [...] aufgestellt werden konnten.« Da mehr Arbeitskräfte eingestellt werden mussten, war außerdem eine Vergrößerung in allen Abteilungen des Unternehmens notwendig.

Über den Vertragsabschluss beider Schiffe informiert die Ostsee-Zeitung unter dem 13.2.1888: »Die Nat.-Ztg. meldet unter gestrigem Datum aus Berlin: Der Chinesische Gesandte Hsue-Ching-Cheng ist nach 14tägiger Anwesenheit [...] heute früh wieder nach Paris abgereist. Die Reise geht über Dillingen, um [...] die Hüttenwerke, welche zu den noch zu erbauenden [...] Kriegsschiffen die Panzerplatten liefern, zu besichtigen. Der eigentliche Zweck der [...] nichtofficiellen Anwesenheit [...] war, um im Namen seiner Regierung mit der Direction des Vulcan den Vertrag betreffend die beiden Seitens der Chinesischen Regierung in Stettin neubestellten Schiffe, devinitiv abzuschließen. Zu diesem Behufe waren gleich nach Ankunft des Gesandten aus Paris, die Directoren [...] Stahl, Haack und Jüngermann, hier eingetroffen, zwischen welchen und dem Gesandten jener Vertrag bereits am vorletzten Sonntag zum [...] Abschluß gelangte.« Nach Vertragsabschluss suchte der Gesandte die kaiserliche Admiralität auf, »um sich die Unterstützung derselben, wie auch seiner Zeit sein Vorgänger Li-Fong-Pao, auch für die neuen Schiffsbestellungen in Stettin zu erbitten. Außer zu diesen [...] Mitteilungen ist der Berichterstatter Seitens der hiesigen Chinesischen Gesandtschaft autorisirt, auch Seitens derselben die über Seeuntüchtigkeit der in Stettin gebauten Chinesischen Kriegsschiffe in Russischen und Englischen Blättern verbreiteten Nachrichten für perfide Unwahrheiten zu erklären. Die Chinesische Regierung sei mit ihren Stettiner Kriegsschiffen höchst zufrieden und werde sich auch bei ihren weiteren Bestellungen in Deutschland durch unsaubere Praktiken ebenso wenig wie bei früheren Gelegenheiten beeinflussen lassen.«

Auch die Norddeutsche Volkszeitung äußerte sich zu diesem Thema. Im Zusammenhang mit einer Meldung der Post über den bevorstehenden Stapellauf eines der beiden Schiffe, schreibt sie in einer Dezemberausgabe des Jahres 1886: »Der Vulcan wird mit diesen beiden Schiffen [...] von seiner Leistungsfähigkeit eine neue Probe abzulegen haben, die sich als um so schwerer erweisen dürfte, als die neuen Schiffe voraussichtlich noch weit mehr als die drei abgelieferten Panzerschiffe [...] dem parteilich feindseligen Urtheile ausländischen Gegeninteressen ausgesetzt sein dürften. Der letzteren giebt es außer in England diesmal auch in Frankreich, wo man seit der Beilegung des Tonkingstreites mit China alle Anstrengungen macht, eventuelle chinesische Schiffsbestellungen von Deutschland abzulenken und für sich zu erlangen; namentlich ist es die große französische Schiffsbaugesellschaft ›Gironde‹, die nicht ohne Aussicht nach dieser Richtung hin operirt.«[56] Die Beschreibung der beiden Schiffe TING YUEN und CHEN YUEN mit den Bau-Nrn. 176 und 177 erschien in der VDI-Zeitschrift vom 8.5.1886 und enthält bezüglich des zuvor behandelten Themas, folgende redaktionelle Anmerkung: »Die Erteilung neuer Aufträge seitens der Chinesischen Regierung an die Maschinenbau-Gesellschaft Vulcan dürfte die beste Antwort auf die Angriffe englischer Blätter sein, über welche wir wiederholt berichtet haben, Z.[eitschriften] 1884 S. 412, 1885 S. 988, 1886 S. 228.«

Beide Kreuzer waren teilweise durch Gürtelpanzer, teilweise durch ein Panzerdeck geschützt. Die Länge in der Wasserlinie betrug 82,40 m, die Breite in der Wasserlinie 12,00 m, der größte Tiefgang 5,10 m und von der Kielplatte bis Seite Deck 7,57 m, das Deplacement ca. 2,900 t. Zum Bau wurden Platten und Winkel aus Stahl verwendet. Die Steven mit einem Gewicht von je 5.000 kg kamen aus Witten-Annen, ebenso die Kurbelwellenlagerböcke, 13 hohl gegossene Pleuelstangen und Kreuzköpfe mit Geradführungen. Der Doppelboden erstreckte sich über 2/3 der Schiffslänge. Der mittlere Schiffsteil mit den Maschinen-, Kessel- und Munitionsräumen hatte eine Gürtelpanzerung mit Panzerquerschotten, die Oberkante ein 40 mm starkes Panzerdeck. Der vordere und hintere Teil hatte unter Wasser nach vorne und hinten ein 75 mm starkes Panzerdeck. Der Gürtelpanzer reichte an den Seiten von 1,20 m unter Wasser bis 0,60 m über Wasser und bestand der Höhe nach aus einem Plattengang, dessen Stärke bis unter Wasser 242 mm betrug, nach unten aber bis auf 130 mm getäpert war. Die Panzerquerschotten waren durch einen 200 mm starken Panzer geschützt. Alle Panzerplatten waren nach dem Compoundsystem hergestellt und in der üblichen Weise auf Teakholzunterlagen mittels Panzerbolzen befestigt. Vor und hinter dem panzergeschützten Teil waren zwischen dem Panzer- und Zwischendeck wasserdichte Zellen, von denen die an den Außenseiten liegenden eine Korkfüllung hatten. Insgesamt befanden sich unterhalb der Wasserlinie 66 wasserdichte Abteilungen. Armiert waren die Schiffe mit je 2 Kruppgeschützen von 21 und 15 cm. Die 21 cm Geschütze standen auf einer Drehscheibe in einem Turm mit Stahlglocke und seitlichen Panzerplatten von 8" Stärke. Die 15 cm Geschütze befanden sich in seitlichen sogenannten Schwalbennestern und konnten nach vorn und achtern feuern. Die 50 Schuss Munition je Geschütz waren in besonderen Munitionskammern untergebracht. Von den 7 Hotschkiss-Geschützen hatten 2 das Kaliber 4,7 cm und fünf 3,7 cm. Die beiden Ersteren und 4 der Letzteren waren auf den Finknetzkästen aufgestellt, das fünfte 3,7 Geschütz im Krähennest. Auch für diese Geschütze waren in besonderen Kammern je 100 Schuss untergebracht. Von den 4 Torpedorohren waren 3 Überwasserrohre achtern und das vierte als Unterwasserrohr am Bug. Der über dem Geschützturm befindliche Kommandoturm war mit einer Compoundpanzerung von 6" versehen. Für die Besatzung in Stärke von 180 Mann befanden sich die Unterkünfte im Zwischendeck. Das Oberdeck lief von hinten bis zum Geschützturm glatt durch, war vorn jedoch bis auf Relinghöhe angehoben, um genügend Höhe für 2 Decks zu haben. In Höhe der Aufbauten für Maschine und Kessel waren die Boote aufgestellt. 3 werden als gewöhnliche Marineruderboote bezeichnet, 2 als Dampfboote mit Torpedoarmierung, bei denen es sich um kleine Torpedoboote handelte [s.TING YUEN]. Zum Aussetzen dieser Boote sowie für den Turm-Munitionsaufzug und für die Steueranlage waren hydraulische Vorrichtungen am Stahlmast mit Krähennest vorhanden, als Reserve befand sich auf dem Deck eine kräftige Handsteuerung. Die Proviantträume waren für einen 30- und die Frischwasserzellen für einen 10-Tagevorrat ausgelegt, außerdem war ein Destillierapparat an Bord. Für die Raumbelüftung gab es Ventilatoren, Exauster und Rootsgebläse für Dampf- und Handbetrieb. In der Beschreibung werden die Schiffe als »complett fertig ausgerüstet und mit allen auf Kriegsschiffen üblichen Einrichtungen bezeichnet.« Die beiden Schrauben wurden von 2 in jeweils gesonderten Räumen aufgestellten dreizylindrigen Expansionsmaschinen angetrieben. Den Dampf lieferten 4 in 2 getrennten Räumen aufgestellte Zylinderkessel. Die Maschinen mit 4.400 PSi, ohne künstliche Zug arbeitend, gaben den Schiffen bei einem Deplacement von 2.900 t eine Geschwindigkeit von 15¼ kn, mit künstlichem Zug wurden 16 kn erreicht. In festen Bunkern konnten 325 t Kohle aufgenommen werden. Die Kohlenräume waren um die Kessel gruppiert, wasserdicht und vermehrten die Zahl der wasserdichten Abteilungen.[57] Die Schwesterschiffe stellten eine Vereinigung von Gefechtskraft mit hoher Geschwindigkeit dar und werden als die Vorläufer in der späteren Entwicklung der Panzerkreuzer bezeichnet.[58]

Mit einem Abgesandten des chinesischen Kaisers hatte der Vulcan am 2.8.1886 sehr hohen Besuch. Nach der Besichtigung der Werft fand am Nachmittag zu Ehren des Marquis Tseng im Hotel de Prusse ein Diner statt, an dem 19 Personen teilnahmen: Der chinesische Gesandte in Berlin, Hsü

Ching Cheng, der Legationsekretär Tschu, die Direktoren des Vulcan Haack, Stahl und Jüngermann, Kommerzienrat Dr. Hugo Delbrück, Kommerzienrat Heinrich Friedr. Haker [vermutlich in seiner Eigenschaft als Obervorsteher der Stettiner Korporation der Kaufmannschaft], der Direktor der Dortmunder »Union« Kremser, die Regierungsräte v. Geldern und Lademann, die Stettiner Kaufleute Carl Greffrath und Hermann Cuntz, der Dolmetscher der chinesischen Gesandtschaft in Berlin Dr. Kreyer und die s. Zt. beim Vulcan tätigen chinesischen Ingenieure A. Tai, Kiou Ko Ngan und Tseng Tsong Jing. »Der Marquis Zseng ist ein Mann von schmächtigem Körperbau, mit intelligenten freundlichen Zügen und gewinnender Freundlichkeit, er trägt einen langen Schnurr- und Kinnbart, das Auge ist mit einer Brille bewaffnet. Bei der Unterhaltung, die der Marquis ziemlich lebhaft mit seinen Nachbarn an der Tafel führt, bedient er sich der Englischen Sprache, die er sehr geläufig spricht.«

Der zunächst das Wort ergreifende Dr. Delbrück führte in seiner längeren Rede u.a. aus: »Als wir die ersten Aufträge vom Chinesischen Reich auf Lieferung von Panzerschiffen erhielten, waren wir uns der Bedeutung wohl bewußt, welche diese Bestellung für den Vulcan hatte. China deckte bis dahin seinen Bedarf am größeren Kriegsschiffen in anderen Ländern und der Vulcan hatte die Aufgabe zu erfüllen, den Beweis zu liefern, daß Deutschland bereit und im Stande ist, in diese Concurrenz einzutreten.« Er führte des Weiteren aus, »das es galt, der hohen Empfehlung der Deutschen Admiralität Ehre zu machen, welcher allein wir wohl diese Aufträge verdanken«, und erwähnte, »welche Bedeutung es für Deutschland hat, mit diesem Reich, welches so große Export- und Importbedürfnisse besitzt, in nahe Beziehungen zu treten [...]« Direktor Stahl wies in seiner Rede insbesondere auf »die freundschaftlichen Beziehungen hin, welche sich zwischen den Vertretern des Chinesischen Reichs und dem Vulcan herausgebildet hatten.«[59] Die Stapelläufe fanden für TING YUEN am Mittag des 3.1.1887 und für LAI YUEN am 25. März statt. Die Taufe vollzog bei beiden Schiffen der Gesandte Hsü Ching Cheng. Bei Letzterer nahmen seitens der Berliner chinesischen Gesandtschaft teil: Der Gesandtschaftssekretär und Dolmetscher Dr. Kreyer, der neue deutsch-chinesische Attaché Enguang, die Attachés Wangjungni, Wangwenmo, Pan Tscheng Liè und der ärztliche Attaché Yen Pao Tseng. Als Taufrede wurde ein chinesiches Gedicht gesprochen [s. Anhang Taufreden].[60]

Am 24.6.1887 besuchte der Gesandte erneut die Werft, um beide Schiffe zu besichtigen, da für den folgenden Monat die Probefahrt und etwas später die Schiffsübergabe vorgesehen waren. Zur Probefahrt war die Teilnahme des englischen Marineoffiziers Kapitän Land angekündingt, als Bevollmächtigter des Vizekönigs Li-Hung-Tschang. Dieser sollte die Schiffe später auch in aller Form übernehmen und sie gemeinsam mit den in England erbauten zu einem Geschwader vereinigt nach China überführen. Zur Ergänzung der chinesischen Besatzungen waren jeweils deutsches bzw. englisches »Hülfsoffizier- und Maschinenpersonal angeworben worden.« Darunter befanden sich der beim Vulcan angestellte Ingenieur Ernst Blumenthal und der Maschinist Aug. Grewe von hier [Stettin], die während der Überfahrt die Leitung der Maschine hatten. Blumenthal trat nach der Überfahrt in chinesiche Dienste und war bis 1888 Chefingenieur in der chinesischen Flotte.[61] Beide erhielten 1891 »den Kaiserlich Chinesischen doppelten Drachenorden verliehen.«[62] Am 23. Juni 1887 waren etwa 285 ausgebildete chinesische Marinesoldaten als Besatzungen für die beiden Kreuzer mit dem Transportdampfer TOO-NAN der China Merchants Steam Navigation Compagny beim Vulcan eingetroffen. Darunter 4 schon seit längerem in chinesischen Diensten stehende Steuerleute. Im Übrigen war erstmals mit diesem Schiff die chinesische Flagge auf der Oder erschienen. Der Dampfer war am 6. April d. J. von China ab und zunächst nach England gegangen, um in Newcastle die Hälfte der 570 Marineangehörigen für 2 in England ebenfalls für China gebaute Panzerschiffe abzugeben.[63]

»Stettin. 6. Juli [1887]. Auf dem chinesischen Transportdampfer [...] spielte sich gestern Vormittag eine aufregende Scene ab. Der Ostsee-Zeitung ward darüber folgendes mitgetheilt: Zwei junge Leute, Schüler eines hiesigen Gymnasiums, befanden sich vorgestern gegen Abend mit einem Boot in der Nähe [...] um sich das Schiff von außen anzusehen. Vom Verdeck aus gaben ihnen zwei Chinesen durch Zeichen und Zurufe zu verstehen, daß sie in dem Boot ans Land gesetzt werden möchten. Die Schüler kamen diesem Wunsche bereitwilligst nach, nahmen die Chinesen auf und setzten sie beim Bredower Freistaden ans Land. Kurz nachdem sich die beiden Chinesen entfernt hatten, bemerkte einer der Schüler, daß ihm ein Portemonnaie mit 90 M., die er als Schulgeld für drei Schüler bezahlen sollte, abhanden gekommen war. Da er das Portemonnaie noch kurz zuvor besessen hatte, [...] kam er auf den Gedanken, einer der Chinesen hätte die Gelegenheit im Boot benutzt, ihm das Geld abzunehmen. Er machte deshalb sofort Anzeige bei der hiesigen Strompolizei, von wo heute Morgen ein Beamter sich in seiner Begleitung an Bord [...] begab. Der Kommandant [...], von dem Vorfall in Kenntnis gesetzt, ließ sofort die Mannschaften antreten, und der Schüler wurde [...] aufgefordert, die beiden Leute zu rekognosziren. Dieser suchte lange vergeblich, er mußte es aber schließlich aufgeben, den Betreffenden herauszufinden. Als er sich in Begleitung des Beamten [...] an das Fallreep begeben wollte, stürzte sich plötzlich eine große Anzahl der Chinesen, jegliche Disziplin bei Seite setzend, in namenloser Wuth auf den Schüler, und es wäre demselben [...] schlecht ergangen, wenn nicht die Offiziere und namentlich die an Bord befindlichen Deutschen Besonnenheit genug gehabt hätten, den bedrängten Schüler schnell über das Fallreep ins Boot und aus dem Bereich des Dampfers zu schaffen.«

Die Schiffsübergabe fand im Beisein des Gesandten und der chinesischen Korvettenkapitäne Lin und Kew am Donnerstag, dem 11.8.1887, unter verschiedenen religiösen Zeremonien statt.[64] Kapitän Lang war bei Ausbruch des französisch-chinesischen Konfliktes von dem Kommando der nordchinesischen Flotte zurückgetreten, was die Berufung des Fregattenkapitäns a.D. Sebelin zum Admiral der Flotte zur Folge hatte. Nach Beendigung der Auseinandersetzungen ersuchte der chinesische Vizekönig den englischen Marineoffizier dringend, seine frühere Stellung wieder einzunehmen. Neben der Übernahme der Schiffe hatte Lang auch den Auftrag, die Reise dazu zu nutzen, die chinesischen Offiziere und Mannschaften mit den Schiffen vertraut zu machen und das Fahren im Geschwaderverband zu üben. Kommandant des KING YUEN war Korvettenkapitän Lin, LAI YUEN wurde von Korvettenkapitän Kew geführt.[65]

Am 6.8.1887 lud der chinesische Transportdampfer in Swinemünde Munition, Pulver und Schießbaumwolle im Umfang von 12 Eisenbahn-Waggons.[66] Das bereits seit Juni im dortigen Pulverschuppen lagernde Pulver war mit dem D. LIVADIA aus Königsberg geliefert worden.[67] Von der Überfahrt nach China berichtete die Hallische Zeitung nach einer Nachricht vom 31.10.1887 aus Colombo: »Die Fahrt des Geschwaders durch das rothe und [...] das arabische Meer ist ohne besonderen Unfall zurückgelegt worden. Die beiden deutschen Corvetten haben sich trefflich gehalten. Der Gesundheitszustand der Mannschaft hat sich leider seit unserem letzten Bericht nicht gebessert. [...] Bis jetzt sind in jedem Hafen 2 Mann und außerdem auf See noch einige gestorben. Auf dem indischen Ocean weigerte sich die gesamte Mannschaft Hand anzulegen. Die chinesischen Offiziere mußten den Todten selbst ins Meer betten. Schon in Port Said bedrohten die Leute den ersten chinesischen Offizier aufs Ernstlichste, als an einem Abend 2 Matrosen von 24 starben, welchen er den einen 8 Tage vorher hatte prügeln lassen, was dem Manne in keiner Weise nachtheilig gewesen war.« Man erfährt weiter, »daß Ordnung, Disziplin und Leistungsfähigkeit der Mannschaft noch sehr viel zu wünschen übrig lassen, muß man damit entschuldigen, daß die Chinesen überhaupt erst seit verhältnißmäßig kurzer Zeit sich mit der europäischen Kulturarbeit vertraut gemacht haben. Aber Fortschritte lassen sich nicht verkennen. Und die hohen chinesischen Staatsbeamten, welche mit Umsicht und ruhiger Erwägung jetzt ihre Augen mehr als sonst auf Deutschland gerichtet haben und die schönsten und tüchtigsten Kriegsschiffe ihrer Marine in Stettin bauen ließen, werden ferner unablässig bestrebt sein, ihrem Staate und ihrem Volke auch in kriegerischer Beziehung diejenige Stellung unter den anderen Nationen zu erringen, welche dem großen Ostreiche gebührt.«[68]

Mitte Dezember 1888 erhielt der chinesische Gesandte die offizielle Mitteilung, dass Kaiser Cruangsu die letzten Schiffsbauten des Vulcan zum Anlass genommen hat, Ordensverleihungen vorzunehmen. Diese Auszeichnungen sollten demonstrativ die »überaus hohe Zufriedenheit der chinesischen Regierung« bekunden. Den höchsten Orden erhielt der Staatssekretär des Äußeren, Graf Herbert von Bismarck in Anerkennung der Förderung des Schiffsbaues für China sowie »für die Pflege und Erweiterung der freundschaftlichen Beziehungen zwischen China und Deutschland.« Es handelte sich um die 3. Stufe des ersten und damit höchsten Ordens des doppelten Drachen. Diese Gradstufe war nur für höchste Staatswürdenträger bestimmt. Anlässlich der Fertigstellung bzw. Ablieferung der Schiffe TING YUEN, CHEN YUEN und TSI YUEN erhielten diesen Orden auch die beiden früheren Chefs der Amiralität von Stosch und von Caprivi. Die übrigen mit den ihrer Amts- bzw. sozialen Stellung entsprechenden Gradstufen desselben Ordens [sämtlich um den Hals auf der Brust zu tragen], gleichzeitig Ausgezeichneten waren: Geh. Kommerzienrat Friedrich Alfred Krupp, Kommerzienrat Albert Schlutow [erhielt die II. Stufe]), Korvettenkapitän Geißler, die Admiralitätsräte Görris und Schulze sowie Hauptmann Knebel vom Artilleriedepot Swinemünde. Besonders hervorzuheben ist die Verleihung an die beiden Kaufleute Krupp und Schlutow. Zu damaliger Zeit widersprach es chinesischer Auffassung, einem Kaufmann, welcher Geschäfte gegen Geld ausführt oder vermittelt, über die Bezahlung hinaus noch eine besondere Anerkennung zukommen zu lassen. Wenn nun der »Sohn des Himmels« sich über derlei Bedenken hinwegsetzte, konnte das nur als ganz besondere Anerkennung Chinas für die durch die beiden Ausgezeichneten repräsentierten Unternehmen angesehen werden. In dem Schreiben des chinesischen Gesandten an den Staatssekretär, in dem er die Ordensverleihungen mitteilte, wird der »glänzende Sieg der deutschen Schiffbauindustrie« in überaus lobenden Worten hervorgehoben.

Diese Mitteilungen wurden am 18.12.1888 durch Herbert von Bismarck beantwortet. Vorgeschlagen waren die Auszeichnungen von dem Vizekönig Li Hung Chang auf Grund eines ausführlichen Berichts des Berliner Gesandten Hung Seun. Dieser hatte es nicht versäumt, auch auf die besonderen Verdienste des langjährigen Ratgebers seiner beiden Vorgänger, des Dolmetschers Dr. Carl Traugott Kreyer aufmerksam zu machen. Er wurde als einer der Haupturheber und eifriger Förderer der chinesischen Schiffsbestellungen in Deutschland bezeichnet. Auch dieser erhielt die genannte Auszeichnung mit der seinem Rang entsprechenden Gradstufe. Die Orden wurden einige Monate später durch das Auswärtige Amt zugestellt.[69]

Alle fünf Kriegsschiffe erlebten ihre Feuertaufe 1894 im chinesisch-japanischen Krieg, in der Seeschlacht vor der Yalu-Mündung am 16. September. Obwohl TING YUEN und CHEN YUEN in einem Gefecht zahlreiche Treffer erhielten, blieben sie aktionsfähig. Ausgelöst durch Granattreffer brannte es auf CHEN YUEN achtmal und auf TING YUEN viermal, ein weiteres chinesisches Schiff verbrannte vollständig. Diese Erfahrungen führten übrigens dazu, bei dem späteren Kriegsschiffbau die Verwendung von Holz fast gänzlich zu vermeiden.

Eine der Nachrichten über die ersten kriegerischen Operationen in Korea lautete: »Die Japaner kaperten ein chinesisches Avisoboot; darauf wurde das chinesische Kriegsschiff TSI YUEN beschossen, wobei 16 Mann getötet wurden, während [...] CHEN YUEN einen japanischen Kreuzer erster Klasse [...] in den Grund bohrte. [...]« Diese Meldung brachte die Vossische Zeitung mit Datum London, 20.8.1894. Bei dieser Seeschlacht diente TING YUEN als Flaggschiff des kommandierenden Admirals Ting. Die japanischen Schiffe waren den chinesischen zwar nicht an Zahl überlegen, so doch in manch anderer Hinsicht. Sie waren neuer, besser armiert und vor allem mit geschulten und wohldisziplinierten Seeleuten bemannt. Auf der Gegenseite fehlten alle diese für den Erfolg einer Seeschlacht erforderlichen Bedingungen. Bereits beim ersten Angriff der Japaner war die chinesische Schlachtordnung zerstört, ein Teil der Schiffe geflohen. Die beiden Panzerschiffe TING YUEN und CHEN YUEN haben der japanischen Flotte allein standgehalten, trotzdem sie von den Geschossen der japanischen Schiffe förmlich überschüttet wurden. Wie bedeutend der Panzerschutz war, lässt sich schon daraus erkennen, dass, obgleich sie stundenlang dem stärksten Feuer ausgesetzt waren, die Zahl der Toten und Verwundeten auf beiden Schiffen nur halb so groß war, als die auf dem japanischen Flaggschiff MATSUSHIMA. Diese Mitteilungen machte Rudolph Haack in einem Vortrag vor dem »Verein zur Förderung des Gewerbefleißes«, der in Broschürenform veröffentlicht worden ist.[70]

In dem Krieg hat, wie in damaligen Zeitungen berichtet wurde, auch ein Swinemünder einige Gelegenheiten gehabt, sich auszuzeichnen. Dieser machte u.a. auch die Schlacht am Yalufluss mit »und zeichnete sich dort durch hervorragende Tapferkeit und Unerschrockenheit aus.« Mitgeteilt wird dies in dem zu damaliger Zeit von einem Japaner herausgegebenen Werk »The Japan-China war«. Diese Verdienste fanden ihre Anerkennung und Belohnung durch die Verleihung der Pfauenfeder und des Goldenen Drachenordens. Das Schreiben, welches den Ausgezeichneten hiervon in Kenntnis setzte, hatte in deutscher Übersetzung folgenden Wortlaut: »Ausfertigung. Erlaß des Generalgouverneurs, Chefs der Landesvertheidigung, sowie der nördlichen Vorrähte c. Lihungch'ang. Die ausländischen Angestellten, welche sich in der Seeschlacht gegen die Japaner beim Tatungfluß ausgezeichnet haben, sind von mir dem Throne zu Belohnungen vorgeschlagen worden. Am 26. Tage des 9. Monats des 20. Jahres Kwang-hsü (23.10.1894) ist darauf das Allerhöchste Edikt Sr. Majestät des Kaisers von China ergangen: Albrecht wird zum Korvettenkapitän (Major der Marine) ernannt; außerdem verleihen Wir ihm die Pfauenfeder und die erste Stufe der dritten Klasse unseres Ordens (vom doppelten Drachen). Dem betreffenden Yamen zur Kenntnisnahme. Hiervon werden Sie mittels dieses Erlasses in Kenntnis gesetzt. Die Überreichung des Ordens folgt nach. Kwang-hsü, 20. Jahr 9. Monat 30. Tag (28. Oktober 1894) Siegel des Generalgouverneurs. An den Major in der Marine, Inhaber der Pfauenfeder, Oberingenieur der Tingyüau, den deutschen Reichsangehörigen Herrn Albrecht.« Dem Schreiben ist das kaiserliche Siegel, ein Empfehlungsschreiben, welches Admiral Ting kurz vor seinem Tod an die chinesische Regierung einreichte, ein diplomartiges Schriftstück und der aus schwerem Gold gefertigte Drachenorden beigefügt. Dieser zeigt in der Mitte einen wasserhellen Edelstein und ist am Band um den Hals zu tragen.[71]

Fast drei Jahre später wird erneut über Albrecht berichtet, allerdings ohne Namensnennung: »Als vor mehreren Jahren ein auf der Werft des Vulcan für die chinesische Kriegsmarine erbautes Panzerschiff nach China überführt wurde, ging ein intelligenter Schlosser von hier [Swinemünde], der auf dem Vulcan an dem Bau [...] mitgearbeitet hatte, zur Bedienung der Schiffsmaschinen mit nach China. Er trat in chinesische Militärdienste über und verblieb auf dem Panzer, der in der Schlacht bei Wei-Hai-Wei nebst verschiedenen anderen Fahrzeugen von den Japanern erobert und als Kriegsbeute fortgeführt wurde. Dieser gelernte Schlosser rückte zum Offizier auf und bekleidet gegenwärtig einen Rang, der bei uns einer Majorsstellung entspricht. Er hat von der chinesischen Regierung den Auftrag erhalten, den Bau von Panzerfahrzeugen, die augenblicklich auf englischen Werften [...] erbaut werden, zu überwachen, wobei ihm gestattet ist, in seiner Heimathstadt Swinemünde sich aufzuhalten. Von hier aus reist er von Zeit zu Zeit nach England, um sich über den Fortgang der Arbeiten [...] zu unterrichten. Was er über das Verhalten der chinesischen Besatzung auf dem von Japan in der genannten Schlacht eroberten Panzer erzählt, bestätigt frühere Berichte von der chinesischen Tapferkeit. Danach hat während der Schlacht der chinesische Kommandant keinen einzigen Schuß abgefeuert, sondern auf einem Boot sein ihm anvertrautes Schiff verlassen, der Steuermann ist von seinem Steuerruder fortgelaufen, die Maschinisten haben ihren Dienst niedergelegt, die übrige Mannschaft ist theils mit entflohen, theils hat sie sich in den unteren Schiffsräumen verkrochen, das Fahrzeug ist steuerlos umhergetrieben, während die Geschosse [...] quer durch das Schiff gingen. Er allein ist auf seinem Posten geblieben und in japanische Gefangenschaft gefallen.«[72]

Zwei Hochsee-Torpedoboote für China

Eine Mitteilung vom 6.6.1894 bezeichnet beide Boote als für den Vulcan in Auftrag erhalten.[73] Sie hatten die Buchstabenbezeichnungen »C« und »D« und waren für das Nanyang-[Südliches]Geschwader bestimmt. Als Hauptmaße werden angegeben: Länge 39,8 m, größte Breite 4,8 m, Tiefgang 2 m, Deplacement mit 120 t. Die Bewaffnung bestand aus zwei SK 3,7 cm, einem Unterwasser- und 2 Überwassertorpedorohren. Sie waren 1894 mit den Bau-Nrn.[74] 221 und 222 vom Stapel gelaufen, hatten 2 Schrauben, liefen 20 kn, die Maschinenleistung der beiden vierzylindrigen Dreifach-Expansionsmaschinen betrug 1.250 PSi.[75] Die Einschraubendampfer waren aus Stahl, nach Klinkerart und mit gewöhnlichem Spantensystem gebaut, hatten ein Deck mit 3 Aufbauten, einen steilen Bug, ein spitzes Heck und 2 Pfahlmasten. Der Wert beider Schiffe wird in einem Schreiben der Direktion an das Königliche Amtsgericht Stettin, datiert 8. August 1895, einschließlich »Maschinen, Geschützen und Torpedoeinrichtung« mit je 236.000 Mark angegeben.[76]

Am 13.6.1895 war die Bau.-Nr. 221 soweit fertiggestellt, »daß damit heute eine Probefahrt nach dem Haff unternommen werden konnte. Die beiden Torpedoboote und ebenso der auf derselben Werft im Bau begriffene Torpedojäger [FEI YING] sollen im August d. J. die Fahrt von hier nach China antreten.«[77] »Saßnitz, 29. Juni. Soeben heute Nachmittag geht hier der Stationsdampfer ›Vulcan‹ aus Stettin in Begleitung eines für die chinesische Regierung im ›Vulcan‹ in Stettin erbauten Torpedobootes [221] in den hiesigen Hafen und legte an die, noch im Bau begriffene, für den Verkehr mit Schweden bestimmte Brücke. Wie verlautet, sollen von hier aus ca. 8 Tage lang Probefahrten mit dem Torpedoboote vor der Abnahme oder auch zum Zwecke der Abnahme vorgenommen werden. Chinesische Beamte sind jedoch hier bisher noch nicht eingetroffen. Es werden noch mehrere für dieselbe Regierung erbaute Torpedoboote hier zu gleichem Zwecke erwartet. [...]«[78] Damit waren das Vulcan-Boot 222 und die beiden Schichau-Boote »A« und »B« gemeint. »Stettin, 5. Juli. Das erste [...] vom Vulcan erbaute Torpedoboot erreichte bei den in der Tromper Wiek vorgenommenen Probefahrten eine Durchschnittsgeschwindigkeit von 23,97 kn pro Stunde und legte auf der Rückfahrt nach [Stettin-]Bredow die Strecke von Saßnitz nach Swinemünde bei Südweststurm, Windstärke 7, in der außerordentlich kurzen Zeit von 1 Stunde 58 Minuten zurück. Das zweite Boot wird Ende nächster Woche seine Probefahrten vornehmen.[79]

Die Eintragung der Baunummer 221 als Schiffsname in das Schiffsregister beim Amtsgericht Stettin beantragte die Direktion am 17.7.1895. Die dazu u.a. gemachten Angaben sind: Bezeichnung des Schiffes: S 221 Gattung: Stahl-Schraubendampfer mit Maschinen von 1.200 Pferdekr. effectiv, Zeit der Erbauung: 1895 April. Am 25. Juli informierte die Direktion das Amtsgericht darüber, »daß nachträglich die Bestimmung getroffen worden ist, dem Schiff für die Überführung [...] die Bezeichnung Vulcan Nr. 221 zu geben;« auf dem miteingereichten Messbrief, ausgestellt am 29. Mai 1895, sollte die erforderliche Zusatzeintragung vorgenommen werden. Außerdem ist die Mitteilung enthalten, »daß das Schiff bis nach erfolgter Übergabe in China und Zahlung der Rest-Contract-Summe [...] Eigenthum unserer Gesellschaft verbleibt und die deutsche Flagge führt.« Das Schiffszertifikat war am 23.6.1895 ausgestellt worden und enthält u.a. die

Zwei Torpedoboote für China mit Namen gleich Bau-Nrn.: 221, 222 [aus: Vulcan Werke Hamburg u. Stettin AG, Deutsche Verlagsges. m.b.H, Berlin 1920]

Angaben: Unterscheidungs-Signal: I F H T (222 = I F H V), Schiffsname: Vulcan 221, Gattung: Torpedo-Schraubendampfer, die »Hauptmaaße«: Länge 43,58 Meter, Breite 4,86 Meter, Tiefe 2,50 Meter, Länge des Maschinenraumes 14,86 Meter. Brutto-Raumgehalt des Schiffes : 100,991 t [englisch].[80] Sämtliche vorgenanten Schreiben gelten inhaltlich auch für das Schwesterboot Vulcan Nr. 222.

Bezüglich der Überführung nach China waren keine konkreten Reisedaten zu ermitteln. Es fand sich lediglich eine kurze Notiz in der Ostsee-Zeitung vom 15.8.1895: »Die auf der Werft [...] für die chinesische Regierung erbauten beiden Torpedodampfer sollten, den getroffenen Bestimmungen gemäß, heute früh 6 Uhr von der Werft nach Swinemünde abgehen, um die Reise nach ihrem Bestimmungsort Peking anzutreten. Mit der Überführung [...] sind die Hamburger Kapitäne Zeigemeister und Jagemann beauftragt worden [...]« Von der Übergabe in China berichten 2 erhalten gebliebene Schriftstücke: »Abschrift. Shanghai den 26. November 1895. Dem Königlich Preußischen Amtsgericht [Stettin] beehre ich mich beifolgend Schiffs-Certifikate der zwei in Stettin für die chinesische Regierung gebauten und nun an dieselbe abgelieferten Torpedoboote »Vulcan N. 221/22 ganz ergebenst zu übersenden. In Vertretung des Kaiserlichen Generalkonsuls, Dr. Eiswaldt.« Über die Ablieferung der beiden Torpedoboote Mitte November an die kaiserlich chinesische Regierung war die Direktion des Vulcan »nach den uns zugegangenen Nachrichten« informiert worden, wie einem Schreiben vom 9.1.1896 zu entnehmen ist.[81]

Der Torpedo-Kreuzer FEI YING = Fliegender Adler

Dieses Schiff war in ähnlicher Konstruktion erbaut wie der 1893 für die deutsche Marine gelieferte Aviso COMET [2].[82] Die technischen Daten des Schiffes werden angegeben mit: Länge 76,2 m, Breite 8,7 m, Tiefgang 3,9 m, Deplacement 850 t. Es gab zwei Schrauben und 8 Wasserrohrkessel, Typ Yarrow[83], die Maschinenleistung betrug 5.500 PSi, die Geschwindigkeit 22,1 kn; es konnten 150 t Kohle gebunkert werden, ausreichend für 5.000 Seemeilen. Die Besatzung hatte eine Stärke von 142 Mann. Die Bewaffnung bestand aus 2 Sk 10,5 cm von Krupp, 6 Sk 4,7 cm, 4 Sk 3,7 cm sowie 3 Überwasser-Torpedorohre. Das Schiff war für das Peyang-[Nördliches]Geschwader bestimmt.[84] In einer Auflistung der »1895 in Stettin fertiggestellten und abgelieferten Schiffe« wird FEI YING u.a. als Torpedojäger mit der Bau-Nr 223, 714 BRT und 321 NRT geführt.[85] Die Taufe fand am 10.7.1895 statt, im Auftrag der chinesischen Regierung von dem Oberingenieur des Vulcan Richard Steck.[86]

Die erste Probefahrt, sie wird als vorläufige bezeichnet, führte am 20.7.1895 im Stettiner Haff nur bis zum Feuerschiff Kaiserfahrt.[87] Am Morgen des 27. Juli ging das Schiff nach Swinemünde, um von dort aus längere Probefahrten in See vorzunehmen. Die chinesische Besatzung war zu dieser Zeit noch nicht an Bord.[88] Am Mittag des folgenden Tages war FEI YING wieder bei der Werft eingetroffen. Die Probefahrten hatten »vorzügliche Resultate ergeben.« Durchgeführt wurden sie unter Teilnahme zweier höherer Beamter des

RMA, welche als Abnahmekommission für die chinesische Regierung fungierten. Das Schiff machte zunächst 4 Fahrten über die gemessene Meile in der Tromper Wieck an der Küste von Rügen und erzielte eine Maximalgeschwindigkeit von 21,82 kn, was einer Durchschnittsgeschwindigkeit von 21,28 Knoten entsprach. Im Anschluss [...] wurde eine Volldampf-Dauerfahrt vorgenommen, bei der das Schiff im Durchschnitt von 5 Stunden 20,5 kn per Stunde lief: Die Maschinen- und Kesselanlage funktionierte während sämtlicher Fahrten zur vollsten Zufriedenheit, »so daß die [...] Abnahmekommission mit diesem neuesten Erzeugnis des Vulcan auf dem Gebiete des modernen Kriegsschiffbaues außerordentlich zufrieden war.«[89]

Die Übergabe an die Vertreter der chinesischen Regierung erfolgte am 15.9.1895. Die seit einer Woche in [Stettin-]Bredow untergebrachte chinesische Besatzung ging alsbald an Bord, da »das Schiff voraussichtlich am 20. d. Mts.« die Fahrt nach Nanking antreten wird.[90] Nach dem Einschießen der Geschütze in der Swinemünder Bucht am 19. September kehrte FEI YING nochmals zur Werft zurück.[91] Diese verließ das Schiff endgültig am 30. d. M. um 10½ Uhr, traf am Nachmittag gegen 3 Uhr in Swinemünde ein und ging an die Ostmole, um dort Kohle zu bunkern sowie Granaten und Schießpulver zu übernehmen.[92] Am 1.10.1895, abends gegen 10 Uhr, lief das Schiff mit 60 Chinesen und 16 Europäern an Bord nach Kiel aus. Dort waren noch Torpedos zu übernehmen und in der Eckernförder Bucht Schießversuche mit seinen Torpedogeschützen durchzuführen. Anschließend sollte die Überführungsfahrt beginnen[93], über welche die Ostsee-Zeitung unter dem 9.11.1895 folgendes mitzuteilen weiß: »Das von der deutschen Werft Vulcan [...] gebaute Torpedoboot [...] ist in Port-Said angelangt und wird in einigen Tagen die Reise [...] fortsetzen. Es erregte nicht nur in Marinekreisen sondern bei dem gesamten dortigen Publikum großes Interesse und ist beständig von Booten mit Neugierigen umgeben. Die Presse von Kairo brachte lange Schilderungen des Schiffes, welches einen der neuesten Schiffstypen veranschaulicht und mit seiner geringen Breite und seinen vier Schornsteinen einen eigenartigen Anblick bietet.«

Einige interessante Einzelheiten enthält ein weiterer Bericht. »Aus Fochow, 10. Januar [1896] wird der W.-(eser)Z.(eitung) geschrieben: Der [...] ›Fei Ying‹ ist am 11. Dezember, nachdem er in Hongkong längere Zeit auf Ordres gewartet hatte, wohlbehalten in Foochow angekommen. Der Kreuzer hatte [...] während der Reise die Häfen Kiel, Brunsbüttel, Darthmouth, Gibraltar, Malta, Port Said, Aden, Colombo und Singapore angelaufen. In Namoi wurde das Schiff gedockt, der Boden gereinigt und dreimal mit Höveling's Patenfarbe, welche in der chinesischen Marine ausschließlich verwandt wird, gestrichen. Die Chinesen wünschten vor endgültiger Abnahme des Schiffes eine Probefahrt in chinesischen Gewässern. Diese fand am 8. Januar unter dem Kommando des Überführungskapitäns H. Krebs [...] statt, bei der eine Geschwindigkeit von 22,1 kn erzielt wurde. Die chinesische Abnahmekommission sprach dem deutschen Kapitän und dem Ingenieur ihre größte Anerkennung über das Schiff und die Leistung desselben aus und sandte gleich nach Ankunft in Foochow ein längeres Dankestelegramm an die Direktion des Vulcan. Die deutsche Besatzung wird [...] mit dem Lloyddampfer Karlsruhe, der am 30. Januar Shanghai verlassen soll, zurückgebracht. Herrn Kapitän Krebs sind von der chinesischen Regierung die verlockendsten Anerbietungen gemacht worden. Es ist sehr erfreulich und wird jedenfalls bei weiteren Neubauten unseren deutschen Schiffsbauwerften sehr zu statten kommen, daß der Kreuzer [...] solche Anerkennung in den hiesigen Marinekreisen gefunden. Die Kommandanten und Offiziere der in Ostasien stationirten fremden Kriegsschiffe haben den ›Fei Ying‹ und dessen Armirung eingehend besichtigt und sind des höchsten Lobes voll.«[94]

Ein Umbauauftrag aus Brasilien

Erste Informationen über den Umbau des brasilianischen Panzerschiffes »24 de Maio« erfuhr die Öffentlichkeit im Oktober 1895: »Von Seiten der brasilianischen Regierung ist der Werft des Vulcan der Umbau des Panzerschiffes U. de Maio (ex Aquidaban) übertragen worden.«[95] Vier Wochen später sind der Ostsee-Zeitung zu diesem Auftrag einige interessante Einzelheiten zu entnehmen. »Stettin, 14. November. Aus Rio de Janeiro, den 23. Oktober, wird der H. B.-H. berichtet: Die Sendung des Panzerfahrzeug Aquidabau nach Stettin, um in Reparatur auf der Werft des Vulcan zu gehen, wurde im Senat von dem Baron de Ladario, dem bekannten letzten Marineminister des Kaiserreichs, zum Gegenstand einer Anfrage gemacht. Der Herr Baron und Vizeadmiral bemängelte, daß das Schiff nicht einer bewährten englischen Werft übergeben worden, und meinte, man habe mit deutschem Schiffsbaumaterial üble Erfahrungen gemacht. Die Regierung hat aber einfach die günstigere Offerte vorgezogen. Armstrong forderte nämlich für die Reparatur 1.553.062 Frcs. und 7 Monate Frist, der Vulcan 1.417.075 Frcs. und vier Monate Frist. Der Senat ließ übrigens den Baron de Ladario mit seiner Anfrage gänzlich abfallen.« Für das 280 Fuß [englisch] lange Schiff war eine Grundüberholung vorgesehen, die neue Kessel und Dampfmaschinen, Bekleidung, Masten und Inneneinrichtung, einen Panzerturm, Gürtelpanzer und Panzerdeck, Torpedoausrüstung und starke Artillerie umfasste.[96] Das dieser Umfang Grundlage des Angebots war, scheint wegen der kurzen Frist zweifelhaft zu sein. Am 15.4.1896 wurde ein verstorbener Unteroffizier der brasilianischen Besatzung in Stettin beerdigt. »Der Sarg war mit der brasilianischen Flagge geschmückt; sämtliche Offiziere und Mannschaften folgten in Paradeuniform. Der Verstorbene hinterläßt in seiner Heimat eine kranke Frau und vier Kinder.«[97] Ebenfalls im April wurde bekannt, dass das Schiff beim Vulcan nicht gedockt werden kann. »Auf Ersuchen der Direktion [...] hat [...] das Reichsmarineamt gestattet, daß das Schwimmdock der kaiserlichen Werft in Kiel dem Vulcan leihweise überlassen [...] wird.«[98] Bereits am 24. d. M. war der Schleppzug mit dem Dock in Swinemünde eingetroffen und hatte am nächsten Tag die Werft erreicht.[99] Hier musste zunächst das Oderbett erheblich vertieft und zusätzlich Abteilungen des Vulcandocks hinzugenommen werden, bevor das Panzerschiff gehoben werden konnte.[100]

Eine zum Schiff gehörende Barkasse wurde mit der Bau-Nr. 239 gebaut. Sie hatte eine Compoundmaschine mit einer Leistung von 67,9 PSi erhalten.[101] Am 18.10.1896 konnte das Schiff das Schwimmdock wieder verlassen. Das Dock wurde am 24. d. M. von den D. LANGENBERG und OTTO nach Swinemünde geschleppt, wo es am nächsten Tag ankam und »bis auf Weiteres verbleiben soll.« Auch hier war zunächst ein Bassin hergestellt worden.[102] Am Schiff waren im August 1896 die Arbeiten soweit fortgeschritten, dass sie »in etwa zwei Monaten zu Ende geführt werden. Dieses Schiff geht alsdann von hier zunächst nach Newcastle, wo es seine Armirung erhält.«[103] »Einen prächtigen Anblick gewährte gestern Abend [13.9.1897] nach Eintritt der Dunkelheit, das an der Werft des Vulcan liegende brasilianische Panzerschiff [...] Das Schiff ist für festliche Zwecke mit elektrischen Illuminationskörpern versehen worden, die gestern Abend versuchsweise entzündet wurden. Zahlreiche schön gruppirte bunte Flämmchen in den verschiedensten Farben erstrahlten vom Bug des Schiffes und zogen sich dort in langen Reihen nach dem Top des Fockmastes, von dort nach dem Großmast und herunter bis zum Heck. Daneben wurden in den Toppen der Gefechtsmasten angebrachte elektrische Scheinwerfer in Thätigkeit gesetzt, wo durch die Umgebung nach allen Seiten tageshell erleuchtet wurde.«[104] Einen Tag zuvor hatten sich im Hotel de Prusse Vertreter des Vulcan und Offiziere des Panzerschiffes, welches »in den nächsten Tagen die Werft verläßt, zu einem kleinen Abschieds-Abendessen mit 12 Personen vereinigt, das einen gemütlichen Verlauf nahm und Zeugnis ablegte, von dem guten Einvernehmen, das sich zwischen den Vertretern der brasilianischen Regierung und dem Vulcan entwickelt hatte. Hoffen wir, daß dieses gute Einvernehmen unserer heimischen Industrie auch weiter von Nutzen sein werde.«[105] Am 16.9.1897, um 9 Uhr morgens, hatte das Panzerschiff unter Assistenz des Eisbrechers STETTIN und der D. OTTO und LANGENBERG die Fahrt von der Werft nach Swinemünde angetreten, wo es am Abend ankam.[106] Wenige Tage später, am 21.9.1897 um 4 Uhr nachmittags, ging das brasilianische Panzerschiff nach Newcastle in See, wo es am 26. d. M. eintraf.[107]

Drei Panzerdeckkreuzer für China

Die Auftragsvergabe dieser Schiffe ist vermutlich im Zusammenhang mit einer Reise nach China zu sehen, die 1895 von den Direktoren Carl Jüngermann und Robert Zimmermann unternommen wurde. Hierzu enthält der Geschäftsbericht für 1895 folgende Anmerkungen: »Die erhofften größeren Bestellungen von Marinebauten aus dem Auslande sind [...] bisher noch ausgeblieben. Von den Schiffswerften der ganzen Welt werden nach Beendigung des Krieges 1894 in Ostasien unausgesetzt die größten Anstrengungen gemacht, um Neubauten für die chinesische und japanische Kriegsflotte zu erlangen; dies hat auch uns die Notwendigkeit nahe gelegt, an Ort und Stelle durch tüchtige Fachleute vertreten zu sein und haben wir deshalb zur Wahrung unserer Interessen die Reise der beiden technischen Direktoren unserer Gesellschaft nach Ostasien für erforderlich gehalten; die Anwesenheit derselben im fernen Osten wird den Interessen unserer Gesellschaft gewiß förderlich sein.«[108] Eine Reise, welche bereits im September 1895 im Zusammenhang mit erforderlichen Erneuerungen bzw. Verstärkungen des Schiffsmaterials Japans und Chinas von der Weser-Zeitung erwähnt worden ist.[109]

Anlässlich der Krönungsfeierlichkeiten 1896 für Zar Nikolaus II. in Moskau war von dem chinesischen Vizekönig Li Hung Tschang, den dort anwesenden »Bevollmächtigten des Vulcan« Oberingenieur und Prokurist Justus Flohr und Oberingenieur und Leiter der Konstruktionsabteilung, Louis Schwartz, die Bestellung der 3 Kriegsschiffe aufgegeben worden.[110] Wobei davon ausgegangen werden kann, dass der eigentliche Zweck der Moskaureise der beiden Herren sicher nicht die Krönungsfeier war. Nach den Feierlichkeiten in Moskau war im Rahmen eines Deutschlandbesuchs des Vizekönigs auch ein Besuch der Vulcanwerft für den Juni 1896 vorgesehen.[111] Die offizielle Auftragserteilung der chinesischen Regierung ging der Verwaltung des Vulcan am 8.6.1896 zu.[112] Die 3 Schiffe repräsentierten einen Wert von etwa 10 Mill. Mark.[113] Nach der Allgemeinen Marine Korrespondenz sollten die Kreuzer folgende Dimensionen erhalten: »Länge in der Wasserlinie 100 m = 328 Fuß, die Breite 12,5 m = 41 Fuß, die Tiefe von der Seite des Oberdecks gemessen, 7,5 m = 24 Fuß 7 Zoll. Der Tiefgang 4,97 m = 16 Fuß 4 Zoll [mit Rücksicht auf die chinesischen Küstenverhältnisse bei Tintsin] [...] Die Lieferzeit [...] ist außerordentlich kurz bemessen. Der erste Kreuzer soll in 15 Monaten, die beiden anderen in 18 Monaten geliefert werden.«[114] »Stettin, 15. Juni. Wie uns [Ostsee-Ztg.] der Draht aus Berlin meldet, empfing der Vizekönig [...] gestern Nachmittag Herrn Direktor Stahl [...] in längerer Audienz und nahm von demselben die Einladung zum Besuche des Vulcan in freundlichster Weise entgegen. Der Vizekönig wird am Sonnabend den 20. Juni Vormittags 11 Uhr mit dem Sonderzug in Stettin eintreffen.« Vermutlich Ende April bzw. Anfang Mai 1897 waren 2 Vertreter der chinesischen Marine, der Kommandeur Lin Kok Hec und Kapitän Lin Kok Cheong, in Deutschland eingetroffen, um die auf deutschen Werften im Bau befindlichen chinesischen Kriegsschiffe zu besichtigen.[115]

1897 war der deutsche Kriegschiffbau in noch stärkerem Maß für ausländische Kriegsmarinen tätig gewesen als im Vorjahr. An fremde Kriegsmarinen waren 3 Schiffe zur Ablieferung gekommen, während sich noch 18 weitere im Bau befanden, 10 für Japan, 7 für China und eines für Brasilien. Die 3 zur Ablieferung gekommenen Schiffe waren für die brasilianische Marine bestimmt, das beim Vulcan umgebaute Panzerschiff und zwei auf der Germaniawerft gebaute Torpedokreuzer, während ein Schwesterschiff noch im Bau war. Japan hatte dem Vulcan ein Panzerschiff in Auftrag gegeben. Bei Schichau waren für Japan 8 Hochsee-Torpedoboote mit 25 kn und 4 mit 30 kn sowie ein Divisionsboot mit 28 kn 1897 im Bau. »Der deutsche Kriegsschiffsbau gewinnt von Jahr zu Jahr an Bedeutung. Die sorgsame Beachtung, welche er bei allen fremden Mächten findet und die fortgesetzte Zuweisung von Bauaufträgen durch das Ausland sind die besten Zeugnisse für seine fortschreitende Entwicklung und seine Leistungsfähigkeit.«[116]

Der Stapellauf der Bau-Nr. 236, HAI YUNG = Weites Meer, fand am Mittag des 15.9.1897 mit einem Ablaufgewicht von 1.300 t statt. »Um 11¾ Uhr traf der chinesische Gesandte in Berlin, Hsu Ching Cheng mit seinen Begleitern, dem Attachee Li Fe Shun und den Legations-Sekretären Tsching Stai und Dr. Kreyer auf der festlich geschmückten Werft ein, wo bereits die Aufsichtsräte und Direktoren des Vulcan, verschiedene geladene Herren, u.a. die Herren Polizeipräsident Dr. v. Zander, Kapitän zur See z. D. Herbig ect. sowie eine große Zuschauermenge zur Stelle waren. Der Gesandte betrat zunächst ein am Vorderteil des Schiffes an der Steuerbordseite errichtetes großes Zelt, wo in feierlicher Weise eine Tieropferung [Schwein und Hammel] vorgenommen wurde, bei welcher der Gesandte in chinesischer Sprache die Taufrede hielt, die nach einer Übersetzung des Attaches [...] ungefähr wie folgt lautet: [s. Anhang Taufreden] Wenige Minuten vor 12 Uhr bestieg der Gesandte, geleitet von Herrn Geheimen Kommerzienrat Schlutow, während die Kapelle des Pionier-Bataillons spielte, die am Vordersteven des Schiffes errichtete Tribüne, wo er den Inhalt einer Champagnerflasche gegen den Bug des Schiffes schleuderte, das sich schon nach wenigen Sekunden in Bewegung setzte und langsam und sicher von der Helling ins Wasser glitt. [...]« Anschließend fand im Hotel de Prusse das bei solchen Anlässen übliche Mittagessen statt, an welchem 35 Personen teilnahmen, unter ihnen auch die Offiziere des brasilianischen Panzerschiffes und die »hier anwesenden japanischen Ingenieure.«

Der dem Bericht über den Stapellauf angefügte Schiffsbeschreibung entnehmen wir folgende Einzelheiten: Das Schiff war aus bestem deutschen Schiffbaustahl gebaut, hatte voll ausgerüstet ein Deplacement von 2.950 t, die 2 vierzylindrigen Expansionsmaschinen leisteten 7.500 PSi für eine garantierte Höchstgeschwindigkeit von 19½ kn, den Dampf lieferten 4 Zylinderdoppelkessel mit einem Arbeitsdruck von 13 atü. Die Kesselräume konnten durch besondere Ventilationsmaschinen unter Druck gesetzt werden. Die Kohlenbunker hatten ein Fassungsvermögen von 520 t. Der Schiffskörper war durch zahlreiche Quer- und Längstschotte in eine große Zahl wasserdichte Abteilungen geteilt, die an der Bordwand liegenden Zellen waren zur Erhöhung der Schwimmfähigkeit mit Kork gefüllt. Ein sich über die ganze Schiffslänge erstreckendes Panzerdeck schützte die Maschinen- und Kesselräume. Die Bewaffnung bestand aus drei 15 cm und acht 10,5 cm Schnellfeuerkanonen Krupp'scher Konstruktion, je sechs 3,7 cm Hotschkiss- und Maximkanonen und einer 6 cm Bootskanone. Alle Geschütze standen hinter starken Stahlschilden. Die 15 cm Geschütze hatten je einen eigenen Munitionsaufzug, die 10,5 cm Geschütze vier Munitionsaufzüge. Zur 35 cm Torpedoarmierung gehörten ein Unterwasserbugrohr und zwei Breitseitrohren an Deck.

Der Kommandoturm auf der Back war durch 30 mm starke Nickelstahlplatten gepanzert. Die Telegrafen- und Sprachrohrleitungen waren durch ein Panzerrohr geschützt. Das Schiff hatte 2 Signalmasten mit je einem Krähennest, in dem sich je drei Maximkanonen befinden. Die beiden Scheinwerfer besaßen eine Leuchtkraft von 28.000 Normalkerzen. Die Besatzung hatte eine Stärke von 244 Mann, deren Unterkünfte aus »luftigen« Räumen bestanden, die ausreichend ventiliert, mit Dampfheizung und elektrischer Beleuchtung versehen waren. Die Kammerwände bestanden durchweg aus dünnem Stahlblech. Die Verwendung von Holz zu den Decks und Kammerwänden war wegen der Feuergefahr im Gefecht soweit wie möglich eingeschränkt. An Booten waren ein Dampfbeiboot und 5 Ruderboote vorhanden. Das Schiff war durchweg mit allen, den neuesten Erfahrungen entsprechenden maschinellen Hilfsmitteln versehen, sodass es allen Anforderungen, welche an ein modernes Kriegsschiff dieser Klasse gestellt werden, nach jeder Richtung entsprach. Das Ablaufgewicht betrug ca. 1.300 Tonnen.[117]

Im Januar 1898 war das Schiff im Ausbau bereits soweit fortgeschritten, dass am Nachmittag des 11. Januar die erste Maschinenprobe vorgenommen werden konnte.[118] Während die Kompassregulierung von Swinemünde aus am 14.4.1898 stattfand, sollten die Probe- bzw. Abnahmefahrten und Schießversuche im Beisein des chinesischen Gesandten von Saßnitz aus durchgeführt werden. »Wie aus Swinemünde [19.4.98] gemeldet wird, lief der [...] Kreuzer, geführt von Kapitän Schramm, gestern Nachmittag [...] von Saßnitz kommend, wieder in Swinemünder ein. Die chinesische Gesandtschaft konnte von Saßnitz aus wegen zu bewegter See nicht an Bord kommen und wird [...] hier erwartet, um [...] die Probefahrt in See mitzumachen.«[119] Die dann in der ersten Maiwoche durchgeführten Probefahrten und das Versuchsschießen bei Arkona wurden erfolgreich durchgeführt. »Aus Swinemünde vom gestrigen Tage [4.5.1898] meldet uns [der Ostsee-Ztg.] der Draht: Der [...] Kreuzer [...] ist nach beendeter Probefahrt und Gebrauch sämmtlicher Geschütze mit scharfer Munition in den Hafen zurückgekehrt und gleich darauf nach Stettin weitergedampft. Wie verlautet, ist Alles zur völligen Zufriedenheit der Chinesen ausgefallen. Das Ergebnis war, wie uns weiter berichtet wird, ein äußerst günstiges. Einem Telegramm an die Werft zufolge, entwickelten die Maschinen statt der garantirten 7.500 indizirten Pferdekräfte 8.000 und es betrug die Fahrgeschwindigkeit statt der garantirten 19,5 Knoten, 20,7 Knoten.«

Am 16.5.1898 verließ der Kreuzer das Vulcan-Schwimmdock und ging 2 Tage später in Begleitung des D. LANGENBERG nach Swinemünde, um die dort lagernde Munition an Bord zu nehmen. Die Schiffsführung war dem Kapitän des NDL, C.[arl] Woltemas, übertragen worden. Die Besatzung wurde am 14. Mai angemustert und abends an Bord gebracht. »Wie mitgeteilt wird, erhalten an monatlicher Heuer der erste Koch 150 Mark, der zweite Koch 90 M., die Oberheizer und Maschinisten-Assistenten 120 M., Bootsmann und Zimmermann 100 M., die Quartiermeister [Steuerleute] 90 M., die Heizer 75 M., die Matrosen und Trimmer 60 M. Außerdem wurden dem Bootsmann, dem Zimmermann und den Quartiermeistern bei guter Führung 25 M. für den Monat, den Matrosen 20 M. zugesichert. Nach erfolgter Übergabe des Schiffes in China erhalten außerdem die Offiziere, Maschinisten und Assistenten 1.200 M., die übrige Mannschaft 600 M. Reisevergütung, sowie jeder von ihnen 2 Monate Heuer als Abstandsgeld für Abmusterung im Auslande ausgezahlt.« Proviant und Materialien wurden von der Stettiner Firma Setzke & Semmler geliefert.[120]

Der am 11.12.1897 auf 12 Uhr mittags festgesetzte Stapellauf des zweiten chinesischen Kreuzers, bei dem die Bau-Nr. 237 den Namen HAI SHEW = Meerewige erhielt, verlief nicht so glatt wie man das sonst auf der Werft gewöhnt war. Als Vertreter der chinesischen Gesandtschaft in Berlin waren erschienen die Herren Hsu Ting Klün, der Neffe des Gesandten, Choo Kwei Sun, der Schwager des Gesandten und Fang Ming Tu, der Arzt der Gesandtschaft; ferner wohnten die Mitglieder des Aufsichtsrats des Vulcan und die Direktoren, sowie ein zahlreiches Publikum dem Stapellauf bei. Pünktlich um 12 Uhr bestiegen die Herren die am Vordersteven des Schiffes errichtete Taufkanzel, wo Herr Geheimrat Schlutow die [...] Taufrede hielt [s. Anhang Taufreden]. Nach chinesischem Brauch goss der Geheimrat den Inhalt einer mit Champagner gefüllten silbernen Schale über den scharfen Bug des Täuflings, worauf das Zeichen zum Ablauf gegeben wurde. Es währte jedoch einige Zeit, bevor man eine Bewegung an dem Schiff wahrnehmen konnte und ganz langsam, fast unmerklich rückte es von der Stelle. Als gegen 12¾ Uhr die Gäste und der größte Teil der Zuschauer die Werft verließen, hatte sich das Schiff etwa einen Meter Richtung Wasser bewegt. Wie mitgeteilt wird, ist der missglückte Stapellauf darauf zurückzuführen, das die aufgebrachte Seife gefroren war. Auch am nächsten Tag hatte sich das Schiff nur um etwa 12 m der Oder genähert, trotz Unterstützung durch Flaschenzüge. Da sich inzwischen eine große Zahl von Schiffen sowohl oberhalb wie unterhalb der Werft stauten, hob man die Schiffssperre um 2 Uhr nachmittags auf. Nach Eintritt der Dunkelheit wurde das Schiff festgelegt und bewacht. Bis gegen Mittag des 13. Dezember war das Schiff erst etwa zur Hälfte im Wasser und am 14. war es bis etwa 6 Uhr abends gelungen, es etwa zu zwei Dritteln zu Wasser zu bringen. Am 15. dann, ist der Kreuzer am Morgen um 7¾ Uhr glücklich in sein Element gebracht worden. »Das Schiff setzte sich, als man mit Flaschenzügen und hydraulischem Druckwerk beschäftigt war, es abzubringen, plötzlich in Bewegung und glitt alsdann, ohne nochmals anzuhalten, ins Wasser. Dort kam es bis zur Mitte des Fahrwassers und drehte alsdann vor dem Anker gegen die Strömung auf. Das Schiff wurde darauf nach dem unteren Theil der Werft gebracht und dort befestigt.« Was den Schiffsnamen betrifft, »so erklärte der chinesische Gesandte [...] denselben in dem an [...] Geheimrat Schlutow gerichteten Schreiben, in welchem er ihn ersucht, die Taufe zu vollziehen, wie folgt: Der Name Ihres eisernen Täuflings kommt von einem chinesischen Sprichwort, das man ungefähr übersetzen kann: Die Mutter des Meeres macht ihre Pläne, die Meeresströme des chinesischen weiblichen Neptun sind nicht vorübergehend, sondern ewig, daher in kurzer Übersetzung: Meerewig oder der Meerewige.«[121] Am 1.6.1898 lief der Kreuzer nach Swinemünde und ging von dort am 5. d. M. am Morgen um 7 Uhr, mit dem chinesischen Gesandten an Bord, zu Probefahrten in See. Er kehrte um 5½ Uhr nachmittags zurück und ging sofort weiter nach Stettin. »Die Probefahrten haben, wie uns mitgeteilt wird, ein in jeder Beziehung günstiges Resultat ergeben. Das Schiff erzielte eine Fahrgeschwindigkeit von 20,4 Knoten, während eine solche von 19 kontraktlich ausbedungen ist.«[122]

Die Überführung nach China war ab Stettin für den 15.6.1898 vorgesehen. Der größere Teil der Besatzung kam aus Bremerhaven, mit der Anheuerung der übrigen Mannschaft war ein Stettiner Heuerbaas beauftragt worden. Die Anmusterung fand am 11. Juni vor dem hiesigen Seemannsamt statt. Mit der Überführung nach China [...] war Kapitän Pollack betraut worden, bisher 1. Offizier auf dem NDL-D. FRIEDRICH DER GROSSE [s. Bd.1], der zu diesem Zweck beurlaubt worden ist. 1. Offizier wurde Kapitän Holtz aus Stettin, zuletzt auf der KALIFORNIA, und 1. Ing. der bisherige 2. Ing. Marquardt auf KAISER WILHELM DER GROSSE [s. Bd. 1], ebenfalls vom NDL beurlaubt. Da Kapitän Pollack Reserveoffizier der Marine war, hatte er das Recht, in der Kauffahrteiflagge seines Schiffes das Eiserne Kreuz zu führen. Bei der Ankunft des Kaisers in Swinemünde befand sich Kapitän Pollack noch nicht an Bord des im Hafen liegenden Kriegsschiffes, das daher nur die gewöhnliche Kauffahrerflagge gesetzt hatte. Am Sonntag Abend, als der Kaiser mit seiner Yacht aus See zurückkehrte, gewahrte er sofort auf dem chinesischen Kreuzer die Flagge mit dem Eisernen Kreuz. Der Kaiser sandte darauf einen Offizier der HOHENZOLLERN [1] an Bord des Kreuzers, um sich nach der Ursache der Flaggenauswechselung zu erkundigen.[123]

Der am 15.6.1898 von Stettin via Newcastle nach China abgegangene Kreuzer hatte Hongkong am 13. August erreicht. Der Stettiner Volks-Bote veröffentlichte am 19.10.1898 einen Bericht, der die Fahrtroute mitteilt sowie einiges über die Verhältnisse an Bord während der Überführungsfahrt: »Zur Warnung theilen Seeleute, welche hier zur Überführung des [...] Kreuzers ›Hai Shew‹ angeworben waren, ihre Erlebnisse auf der Reise mit. Die Kost war sehr schlecht. Gleich hinter England gab es nur Schwarzbrod. Dasselbe war an Bord so schlecht untergebracht, daß es theilweise verdorben und voller Maden war. Von dieser Sorte war in Stettin so viel an Bord genommen worden, daß in Shanhai noch ungefähr 20 Säcke voll verkauft wurden. Auch Mehl war in großer Menge an Bord, doch war kein Bäcker vorhanden, um daraus frisches Brod zu backen. Im Gegentheil hiervon war die Butter, welche nur bis Singapore reichte, sehr knapp. Zwei Tage lang gab es nur Syrup und dann nichts mehr, auch während der Liegezeit in Shanghai nicht. Nach einer Beschwerde der Mannschaft, daß es nicht mehr zum aushalten wäre, bewilligte der Kapitän in Shanghai jeden Morgen eine kleine Portion halbgebratenes frisches Fleisch und etwas mehr Zucker, da an Land, wie es hieß, keine Butter zu bekommen sei. Der größte Uebelstand bestand auf der Strecke von Port Said bis Colombo, wo das Trikwasser so schlecht war, daß es nur mit einem Zusatz genossen werden konnte. Zum Glück bestand die Mannschaft aus lang bewährten Kräften, sonst hätte es traurig ausgesehen, da sich kein Arzt an Bord befand. Aehnlich war es auf dem [...] Kreuzer ›Hai Yung‹. Es wird darüber berichtet: Die Speisekarte war folgende: Morgens Kaffe und Hartbrod, Mittags Salzfleisch und Pellkartoffeln, Abends Thee und Hartbrod. Während der ganzen Reise hat es nur 3 bis 4 Mal frisches Brod und 6 bis 8 Mal frisches Fleisch gegeben. Als in Colombo die Mannschaft beim Konsul zur Verklarung war, erwähnte ein Trimmer das schlechte Essen.

Eine Besserung wurde nicht erreicht, wohl aber gab es später keinen Wacheschnaps mehr. Auch ohne Unglücksfall ist es nicht abgegangen. Infolge zu schwerer Arbeit und zu großer Hitze starb der Trimmer Franz Nehring am Hitzschlag. Derselbe hatte schon zwei Tage vorher über Unwohlsein geklagt. Die den Mannschaften verabreichte Kost kann höchstens 50 Pf. pro Tag berechnet werden. Es entsteht nun die Frage, wieviel der Vulcan für die Kost bewilligt hat. Die Seeleute werden ersucht, sich in Zukunft besser vorzusehen. Die Musterolle war so ausgefertigt, daß der Kapitän das Recht hatte, bei nicht guter Führung die vom Vulcan bewilligten monatlichen Gratifikationen einzubehalten. Die Mannschaft ist mit dem Reichspostdampfer zurückbefördert worden.«

»Stettin, 12. Februar [1898]. Der Stapellauf des dritten auf der Werft des Vulcan […] erbauten Kreuzers ›Hai Shen‹ = Seeperle, ist heute Mittag 12 Uhr glücklich von Statten gegangen.« Dem Stapellauf[124] der Baunummer 238 wohnte der chinesische Gesandte Lü Hai Hwan bei sowie die Gesandtschaftsmitglieder Attachee's Kwang Ho, Lu Engchang, Chang Ti, Wu Tinghwa, Lu Suifu, den Legationsräthen Dr. Kreyer und Detring und dem Legationssekretär Tao. Ferner der Kommandierende General des 2. Armeekorps, Generalleutnant v. Langenbeck, der Regierungspräsident v. Sommerfeld, die Mitglieder des Aufsichtsrats und ein zahlreiches Publikum. Der Gesandte traf um 11 ¾ Uhr mit seinem Gefolge auf der festlich geschmückten Werft ein und begab sich sogleich in das neben dem Schiff errichtete Zelt, wo die Taufzeremonie und Opferung vorgenommen wurde, die etwa ¼ Stunde dauerte. Anschließend wurde der Gesandte durch den Geh. Kommerzienrat Dr. Delbrück auf die am Vordersteven des Schiffes errichtete Tribüne geleitet, wohin auch die übrigen Herren folgten. Direktor Zimmermann vollzog dort die Taufe, indem er eine mit Champagner gefüllte Schale über den Bug goß, worauf er das Zeichen zum Stapellauf gab. Das Schiff setzte sich in Bewegung und glitt in sein Element, wo es langsam beidrehte und seine Breitseite zeigte. Anschließend fand im Hotel de Prusse ein Festmahl mit 50 Teilnehmern statt. Erwähnenswert in diesem Zusammenhang ist, dass in dem angrenzenden kleinen Saal die prächtig ausgeführten Modelle der drei Kriegsschiffe aufgestellt waren, wie berichtet wurde.«[125]

Zu ersten Probefahrten ging der Kreuzer am 6.7.1898 nach Swinemünde ab. »Unterwegs wurde eine Regulierung der Kompasse vorgenommen.« Am nächsten Tag lief er am Nachmittag um 4 Uhr zur Probefahrt in See aus.[126] Der am 8. Juli in Swinemünde eingetroffene Gesandte begab sich nebst Gefolge am darauf folgenden Tag um 6,30 Uhr an Bord des Kreuzers, der Probefahrten und ein Versuchsschießen durchführte.[127] Die zur Überführung des Kreuzers bestimmte Mannschaft bestand aus 55 Mann als Deck- und Maschinenpersonal. Die Mannschaft war nach vorheriger ärztlicher Untersuchung am 14. Juli beim Stettiner Seemannsamt angemustert worden. Die Führung des Schiffes war dem vom NDL beurlaubten Kapitän Krebs aus Bremerhaven übertragen worden. 1. Offizier war Kapitän Kasten, 2. der Steuermann Kornand, beide aus Stettin. Die Besatzung ging am 15. Juli an Bord, die Abfahrt nach Swinemünde erfolgte am Sonntag, dem 17. Juli.[128] Dort lief der Kreuzer am 22.7.1898 aus, laut Eintrag in der Swinemünder Schiffsliste: »Hai Shen (Kreuzer), Krebs, Hongkong.« Er ging nicht wie die beiden anderen Schiffe durch den Sund, sondern benutzte den Kaiser-Wilhelm-Kanal, weil auf der Elbe noch Sprengmunition an Bord zu nehmen war.[129] Beendet war die Reise mit der Ankunft in Hongkong am 4.8.1898.[130] Im Oktober d. J. waren die 3 Kreuzer im Trockendock in Fuchow zum Bodenanstrich gedockt worden.[131]

Mit diesen 3 Kreuzern war der Bau von Schiffen für das Reich der Mitte vorerst beendet. Die Reise von Direktor Robert Zimmermann nach Schanghai, Ende des Jahres 1898, war ergebnislos verlaufen. Eine Mitteilung über diese Reise im Berliner Börsen-Courier vom 7.12.1898 hätte allerdings etwas anderes erwarten lassen, heißt es doch dort: »Herr Director Zimmermann hat sich nach China begeben, um dort einige Vereinbarungen, betr. den Bau von großen Schlachtschiffen für die chinesische Marine zu treffen. Die chinesische Regierung beabsichtigt, zwei dieser Schiffe auf dem Vulcan und drei weitere bei der englischen Firma Armstrong in Bau zu geben. […]«

Ein Panzerkreuzer für Japan

Dieses Kriegsschiff kann als Vorgänger der späteren Großen Kreuzer angesehen werden, die entstanden, weil die Seemächte danach strebten, neben dem Linienschiff größten Deplacements und einer zahlreichen schweren Artillerie einen Kreuzertyp zu schaffen, der in sich eine hohe Geschwindigkeit mit großer Kampfkraft vereinte. Am 13.5.1897 ist einem Beitrag der Ostsee-Zeitung, der sich mit Aufträgen der japanischen Marineverwaltung in Deutschland beschäftigt, zu entnehmen, »daß dem Vulcan scheinbar die Bestellung eines großen Panzerschiffes zugedacht ist.« Weiter wird mitgeteilt, dass vier Japaner, die Oberingenieure Dr. Ueno und Dr. Kojama mit

Oben;
Die fertiggestellte YAKUMO kurz vor dem Stapellauf [gemeinfrei]

Unten:
Panzerkreuzer YAKUMO [aus: STG, Jg. 1907]

den beiden Unteringenieuren Senkura und Nagato zur Baubeaufsichtigung für zwei bis drei Jahre in Deutschland eingetroffen sind. »Sie haben auch den Auftrag, die definitive Bestellung des [...] Panzerschiffs nach Anweisung der japanischen Marinebehörde auszuführen und den Bauauftrag abzuschließen.« Zum Abschluss gekommen waren die seit langem schwebenden Verhandlungen im Juli 1897. Die vereinbarte Bausumme wird mit »rund 13 Mill. Mark« beziffert.[132] Vermutlich im Zusammenhang mit dem Vertragsabschluss stand ein Kurzbesuch der japanischen Ingenieure Koyama, Oki und Upchora am 13.7.1897 beim Vulcan, die am Abend wieder nach Berlin abreisten.[133] Anfang August 1897 waren die mit der Bauaufsicht beauftragten Oberingenieure sowie die Ingenieure Nagato und Senkuva in Stettin eingetroffen und im Hotel de Prusse abgestiegen.[134] Der Stapellauf der Bau-Nr. 240 fand am Sonnabend, dem 8.7.1899 um 13,30 Uhr statt[135], den feierlichen Akt der Taufe »vollzog die Gemahlin des japanischen Gesandten Jnouye.«[136] Die mehrtägigen Probefahrten in der Ostsee »sind vorzüglich verlaufen und wurden am 30. Mai 1900 glänzend zu Ende geführt. Bei der forcierten Abnahmefahrt betrug die Durchschnittsgeschwindigkeit einundzwanzig Knoten gegenüber den kontraktlich ausbedungenen zwanzig Knoten.«[137]

Der Panzerkreuzer hatte eine Länge in der C. W. L. von 129,9 m, eine Breite in der C. W. L. von 16,66 m, einen Konstruktionstiefgang von 7,23 m und eine Verdrängung von 9.850 t. Die stehenden vierzylindrigen Dreifach-Expansionsmaschinen wirkten auf zwei Wellen mit je 8.605 PSi, sie waren nach dem System Schlick ausbalanciert, der Dampf wurde in 24 Bellevillekesseln erzeugt. Der Durchmesser der beiden Schrauben betrug je 5.300 mm, die Geschwindigkeit wird mit 21 Knoten angegeben.[138] Die Bewaffnung bestand aus 4 Sk 20,3 cm in zwei vorn und achtern aufgestellten Türmen, 12 Sk 15 cm, teils in Kasematten, teils hinter Schutzschilden, 12 Sk 7,6 cm und 4 Sk 4,7 cm sowie 5 Torpedolancierrohren. Der Kohlenvorrat betrug normal 600 und maximal 1.100 t.[139] Die Panzerung aus Krupp'schem Nickelstahl bestand aus einem sich über das ganze Schiff erstreckenden Gürtelpanzer als Seitenschutz von 178 mm mittschiffs und nach den Enden zu von 89 mm; die Zitadelle über Maschinen- und Kesselanlage hatte eine Stärke von 127 mm, die Kasematten von 152 mm und der Kommandoturm von 355 mm. Nach einer Bauzeit von 32 Monaten verließ der Kreuzer Ende Juni 1900 mit japanischer Besatzung Swinemünde und traf am 30. August in Yokohama ein. Für die gute Bauausführung wurde dem Vulcan die besondere Anerkennung der japanischen Regierung ausgesprochen, auch verzichtete sie wegen der vorzüglichen Resultate der Reise auf die vereinbarte einjährige Garantie[140] Während des russisch-japanischen Krieges hatte der Kreuzer als Aufklärungsschiff infolge seines seitlichen Panzerschutzes, der hohen Geschwindigkeit und in Verbindung mit einer gewissen artilleristischen Stärke einen hohen Wert.

Russland bestellt erstmals einen Kreuzer in Deutschland

»Stettin, 20. August [1898]. Wie bereits gestern kurz berichtet, hat das russische Marineministerium bei dem Vulcan den Bau eines Kriegsschiffes [...] bestellt. Die Baukosten betragen etwa 8 Millionen Mark. Bisher gingen derartige Aufträge nach England und Frankreich. Wenn jetzt eine deutsche Schiffswerft von der russischen Regierung mit einem solchen Auftrage betraut worden ist, so sehen wir darin eine sehr schätzenswerte Anerkennung der Leistungsfähigkeit des Vulcan und auch einen Anhalt dafür, daß die politischen Beziehungen zwischen Rußland und Deutschland wieder freundlicher geworden sind und hoffentlich bleiben. Rußland mit seinem gewaltigen Gebiet und seinen großen, noch der Erschließung harrenden Bodenschätzen bietet rührigen Unternehmern noch ein großes Feld, daß um so mehr Beachtung verdient, als die russische Regierung Handel und Industrie ihres Landes eifrig zu unterstützen und zu fördern sucht. Der Abschluß des Vertrages ist von der Firma Wossidlo & Co. in Petersburg zu Stande gebracht worden. Der seit 20 Jahren in Rußland ansässige Inhaber der Firma, welche bereits andere große Geschäfte mit der russischen Regierung vermittelt hat, z.B. für Fried. Krupp Grusonwerk, Breuer, Schumacher & Co., Ernst Schieß und andere bedeutende Industriewerke Deutschlands, Herr Hermann Wossidlo, hat seine technisch-kaufmännische Ausbildung s. Z. in Stettin erhalten. Mit der russischen Sprache und den Verhältnissen des Landes vollständig vertraut, ist er in der Lage, der heimathlichen Industrie werthvolle Dienste zu leisten.«[141]

Weitere Details enthält ein umfangreicher Beitrag in einer VDI-Zeitschrift. »Im Frühjahr 1898 wurde auf Grund eines von der russischen Regierung aufgestellten Programmes, welches hohe Anforderungen stellte, ein Wettbewerb um den Bau eines geschützten Kreuzers von rd. 6.000 t Wasserverdrängung ausgeschrieben. Hiernach sollte die Geschwindigkeit [...] als Mittel zweier 6stündiger Fahrten 23 Knoten betragen, eine normale Kohlenmenge von 720 t, eine Besatzung von 580 Mann, Proviant für 60, Wasser für 10 Tage, 76 t Maschinenvorräte und die nachstehende Artillerie und Torpedoarmierung an Bord sein: je 12 Stck. 15 cm Sk L/45 m.(it) Mun. für 2.160 Schuß, 7,5 cm Sk L/50 m. Mun. für 3.600 Schuß, 8 Stck. 4,7 cm Sk m. Mun. für 4.860 Schuß, je 2 Stck. 3,7 cm, 6,5 cm Sk Landungsgeschütze, 7 mm Maschinengewehre, sämtlich mit Munition und Zubehör; 2 Unterwasser-Breitseittorpedokanonen, 4 Überwasser-Torpedokanonen, 2 Bootstorpedokanonen. An Kohlen sollten insgesamt 1.100 t untergebracht werden. [...] An dem Wettbewerb beteiligten sich [...] die Kruppsche Germaniawerft, [...] F. Schichau und der Vulcan, daneben mehrere ausländische Werke, u.a. die Firma William Cramp & Sons in Philadelphia. Auf Grund der Angebote wurde [...] den Firmen Germania, Cramp und Vulcan die Lieferung je eines [...] Kreuzers übertragen.« Im Gegensatz zu den beiden anderen Firmen hielt der Vulcan sich bezüglich der Artillerie nicht an alle Vorgaben. Er hatte vorgeschlagen, 4 der 15 cm Geschütze paarweise in je einem Drehturm auf Poop und Back, 4 andere in Kasematten und die letzten 4 Geschütze hinter Schilden aufzustellen. Alle kleinen Geschütze sollten nur durch Schilde geschützt werden. Mit Rücksicht auf die große Menge an Munition, auf die Gewichtsvermehrung durch die Geschütztürme und Kasematten und auf die große Besatzung, ging der Vulcan bedeutend über die vorgegebene Verdrängung hinaus. Mit nunmehr 6.750 t wurde es möglich, sämtliche Ausschreibungsbedingungen zu erfüllen. Trotzdem fand dieser »Entwurf [...] solchen Beifall, daß die [...] Regierung sofort nach den Plänen des BOGATYR 4 gleiche Schiffe auf den einheimischen Werften in Bau legen ließ.« Die Hauptabmessungen waren: Länge über alles 134 m, in der Wasserlinie 132 m, zwischen den Loten 127 m, größte Breite auf Spanten 16,6, m, Seitenhöhe 10,4 m, Tiefgang 6,3 m. Die Bootsausrüstung bestand aus zwei 12,80 m langen Dampfbeibooten, einer 11,58 m langen Barkasse, einem 9,14 m langen Arbeitskutter, einem 11 m langen Motorboot, alle aus Stahl, einem 9,14 n langen Offizierskutter, einer 8,43 n langen Kommandantengig, einer 8,53 n langen Rettungsgig und 2 Jollen von 6,10 m Länge und sämtlich aus Holz. 4 Dampfdynamomaschinen von je 640 Amp. im Hilfsmaschinenraum unter dem Panzerdeck und 2 Dampfdynamos von je 320 Amp. über dem Panzerdeck lieferten den Strom zur Raumbeleuchtung, Speisung der Signal- und Kompasslaternen, der 75 cm-Scheinwerfer und zur Versorgung der übrigen elektrisch betriebenen Vorrichtungen. Die Beleuchtungsanlage umfasste 850 Lampen. Für die Befehlsübertragung waren 35 Telephone, Sprachrohre und Telegrafen bewährter deutscher Systeme eingebaut worden. Die Hochdruckdampfheizung wurde nach dem in der deutschen Marine üblichen Muster ausgeführt. Die Kesselanlage, bestehend aus 16 Normand-Wasserrohrkesseln, war in 3 Räumen untergebracht, die ringsum von Kohlenbunkern umgeben waren, der Arbeitsdruck betrug 18 atü. In den Kesselräumen waren auf jeder Schiffsseite Lenzturbinen aufgestellt, die durch Elektromotoren auf dem Panzerdeck betrieben wurden, außerdem eine Dampflenzpumpe für den normalen Betrieb. Die beiden vierzylindrigen Dreifach-Expansionsmaschinen befanden sich in einem gemeinsamen Raum ohne Mittelschott, sie waren nach Schlick ausbalanziert. Dort standen zum Lenzen 2 Zentrifugalpumpen und 3 Lenzpumpen. Die beiden Schrauben mit 3 Flügeln aus Manganbronze hatten einen Durchmesser von 4,9 m.[142] Die Krupp-Panzerung hatte auf Deck eine Stärke von 60 mm, der Kommandoturm eine solche von 150 mm und die Schilde der mittlere Artillerie 85 mm. Die maximale Bunkerkapazität betrug 1.200 t. Die Besatzung bestand aus 568 Mann.[143] Vom Stapel lief die Bau-Nr. 247 am 30.1.1901.[144] Die Vorprobefahrten bei Bornholm fanden Mitte Dezember 1901 statt. Bei der Volldampffahrt erreichte das Schiff mit einer Maschinenleistung von 20.500 PSi eine Geschwindigkeit von über 24 kn, während die

Geschützter Kreuzer BOGATYR [aus: Jb. für Deutschlands Seeintressen, Nauticus 1914]

garantierte 23 kn betrug.[145] Zu den offiziellen Probefahrten ging der Kreuzer am 9.6.1902 von der Werft nach Swinemünde. An Bord befand sich eine aus höheren Ingenieuroffizieren bestehende Kommission und eine Besatzung von 150 Mann.[146] Diese Fahrten faden am 20., 22. und 23. Juni statt. Beim Beginn jeder Fahrt wurde das Schiff auf den vertragsmäßigen Tiefgang gebracht, der achtern 6,32 m, vorne 6,30 m, also im Mittel 6,31 m betrug, was einer Verdrängung von 6.750 t entsprach. Mit diesem Tiefgang wurden zunächst die Fahrten an der gemessenen Meile der Marine bei Neukrug in der Danziger Bucht vorgenommen. Die Meile wurde viermal mit folgenden Ergebnissen durchlaufen: 1. Fahrt mit 23,34 kn und 20.365 PSi; 2. Fahrt mit 23,72 kn und 20.530 PSi; 3. Fahrt mit 23,22 kn und 19.725 PSi; 4. Fahrt mit 23,53 kn und 20.023 PSi Maschinenleistung; im Mittel mit 23,452 kn und 20.161 PSi Maschinenleistung. Nach Reinigung der Kessel wurde am 22. Juni die erste sechsstündige forcierte Kohlenmessfahrt auf tiefem Wasser von Danzig nach Bornholm vorgenommen, daran anschließend am 23. Juni die zweite gleiche Fahrt von Bornholm nach der Reede von Swinemünde. Während der Pause zwischen diesen beiden Fahrten wurden nur die Roste der Kessel von Schlacken gereinigt; andere Arbeiten an den Maschinen oder Kesseln durften nach Maßgabe des Vertrages nicht vorgenommen werden. Die Ergebnisse der Fahrten waren folgende: 1. Fahrt: 14 mm Luftdruck in den Heizräumen, 20.196 PSi Maschinenleistung, 151,6 Ulm./min, 24,9 kn Durchschnittsgeschwindigkeit, 0,646 kg Kohlenverbrauch pro PSi-st. 2. Fahrt: 15,5 mm Luftdruck in den Heizräumen, 20.343 PSi Maschinenleistung, 150,85 Uml/min, 24,21 kn Durchschnittsgeschwindigkeit, 0,655 kg Kohlenverbrauch pro PSi-st. Die im Vertrag vereinbarten Leistungen des Schiffes sind bei den Abnahmefahrten wesentlich überschritten worden, wie die nachfolgende Zusammenstellung zeigt: Geschwindigkeit lt. Vertrag 23 kn, gegen 24,15 bei den Probefahrten; Luftüberdruck lt. Vertrag 52 mm, gegen 15 mm bei den Probefahrten; Kohlenverbrauch pro PSi-st lt. Vertrag 0,91 kg, gegen 0,65 kg bei den Probefahrten.[147]

Über die russische Mannschaft unterrichten uns 2 kurze Zeitungsbeiträge. Im August 1901 wird mitgeteilt, »daß [...] drei russische Soldaten als Anstreicher bei dem im Bau begriffenen russischen Kriegsschiff beschäftigt werden. Die Betreffenden haben sogar eine Fabrikmarke, welche sie regelmäßig abgeben, und erhalten 28 Pfg. Stundenlohn. Seit dem Stapellauf [...] ist ein größeres Kommando Soldaten aus Rußland hier; während die Uebrigen wohl nur zur Überwachung des Baues hier sind, arbeiten drei Mann im Schweiße ihres Angesichts. Ein derartiger Vorgang ist ganz neu. Schließlich gibt es doch auch hier genug Arbeitskräfte.«[148] Der zweite Bericht befasst sich mit dem Brand der Schiffswert Schulz in Swinemünde am 20.9.1902, die bis auf die Kontorräume und die Eisengießerei niederbrannte. »Zuerst am Platze waren 100 Mann des russischen Panzerkreuzer Bogatyr, welche sich in hervorragender Weise an den Lösch- und Rettungsarbeiten beteiligten.«[149] Im russisch-japanischen Krieg war das Schiff an den Kreuzerfahrten, welche von Wladiwostok zur japanischen Küste unternommen wurden, beteiligt. Auch am Seegefecht bei Gotland am 2.6.1915 hatte der Geschützte Kreuzer teilgenommen, an dem auf deutscher Seite neben ALBATROß, AUGSBURG und ROON auch LÜBECK [2] beteiligt war.[150]

Vier Torpedobootszerstörer für Griechenland

NIKI, DOXA, ASPIS und VELOS waren die ersten vom Vulcan für die griechische Marine gebauten Kriegsschiffe. NIKI und DOXA werden dem

Vulcan vermutlich 1905 in Auftrag gegeben worden sein, denn sie werden im Geschäftsbericht[151] für 1906 als fertiggestellt bezeichnet, ASPIS und VELOS als noch in Arbeit befindlich.[152] Das Typschiff NIKI mit der Bau-Nr. 268 hatte 351 BRT, die 3 anderen mit den Bau-Nrn. 269, 272 und 273 je 350 BRT.[153] Das Baumaterial der Schiffe mit 3 Schornsteinen war Stahl, die Konstruktionsdaten: Länge 67 m, Breite 6,60 m, Höhe 3,75, Tiefgang 1,80 m. Die vierzylindrigen Dreifach-Expansionsmaschinen leisteten 6.800 PSi, den Dampf lieferten 4 Kessel. Der Durchmesser der beiden Schrauben betrug 2,14 m, die Geschwindigkeit 30,7 kn. Der 92 t Kohlenvorrat ausreichend für 2.000 Seemeilen bei 14 kn. Die Bewaffnung bestand aus zwei 7,6 cm und vier 5,7 cm Geschützen sowie zwei 45 cm Deckstorpedorohren.[154] Der Stapellauf fand statt: Am 30.5.1906 NIKI, am 18.7.1906 DOXA = Ruhm,[155] am 3.4.1907 ASPIS und am 8.5.1907 VELOS.[156] Die letzteren beiden waren Ende Oktober 1907 bis auf den Einbau der Geschütze fertiggestellt, deren Lieferung vom griechischen Marineministerium an eine französische Firma vergeben wurden.[157] Während ASPIS um den 10.3.1908 fertiggestellt war und die Ablieferung nach erledigter Probefahrt noch im Laufe dieses Monats erfolgen sollte, wurde ebenfalls in dieser Meldung, dass 4. Schiff als bereits im Bau befindlich bezeichnet.[158]

1908 war dem Vulcan der Auftrag zum Bau von 2 Turbinenanlagen für das schwedische Torpedoboot HUGIN übertragen worden[159], die 1910 zur Ablieferung kamen.[160] Ein weiterer Auftrag für eine Turbinenanlage war 1910 von der russischen Marineverwaltung eingegangen.[161] Die Anlage war bestimmt für den Torpedokreuzer NOWIK, der aus Spenden der »Liga zur Verstärkung der Flotte« finanziert[162] und nach Plänen des Vulcan in Russland auf der Putilow-Werft gebaut wurde.[163] Die Turbinen- und Kesselanlage war beim Vulcan entstanden und dort auch eingebaut worden. Anfang September 1913 erreichte das Schiff »vor Swinemünde bei der offiziellen Meilenfahrt mit vorschriftsmäßiger Belastung eine mittlere Geschwindigkeit von 37 kn. Die höchste gemessene Geschwindigkeit betrug 37,3 kn. Während der ganzen Fahrt zeigte sich an den Schornsteinen der durchweg mit Heizöl gefeuerten Kessel nicht die geringste Rauchentwicklung. Auch im Übrigen verlief die Fahrt, bei der trotz der enormen Geschwindigkeit die Maschinen und Kessel durchaus nicht zur Grenze ihrer Leistungsfähigkeit beansprucht wurden, ohne jede Störung und zur größten Zufriedenheit der Abnahmekommission, die sich aus einer Anzahl hoher russischer Seeoffiziere und Marinebeamten zusammensetzte.[164] Jede der beiden Maschinen leistete bei 340 Umdrehungen und 17 atü Überdruck in den Kesseln 3.900 PSi. Die Maschinen waren nach dem System Schlick ausbalanciert.[165] 1913 hatte der Rat der unter dem Protektorat des russischen Kaisers stehenden »Gesellschaft der Kriegsmarine- und Landwirtschaftstechnik« beschlossen, dem Vulcan ein »Diplom auf die große goldene Medaille für nützliche Arbeiten in Anbetracht der der Technik erwiesenen ausgezeichneten Dienste durch die Ausführung der musterhaften Maschinenanlage [...] des schnellsten Schiffes der Welt zuzuerkennen.«[166] Die russischen Torpedoboots-Zerstörer sind nach 1912-Bauplänen der deutschen Marine gebaut worden.[167]

Die Republik Uruguay lässt ihr erstes Kriegsschiff beim Vulcan bauen

Durch Vermittlung des Gesandten von Uruguay wurde der Vulcan im Dezember 1905 aufgefordert, an dem Wettbewerb für einen zu erbauenden kleinen geschützten Kreuzer teilzunehmen. Mitkonkurrenten waren 24 der größten Werften aus Deutschland, England, Frankreich, Italien, Schweden und den USA. Die Konstruktion sollte folgenden Bedingungen entsprechen: Bei einer Wasserverdrängung von 800 bis 1.000 t und einem mittleren Tiefgang von nicht über 3 m sollte der Kreuzer bei angestrengtem Kesselbetrieb 18 kn, bei natürlichem Zug 14 kn laufen. Bei 14 kn sollte die Bunkerkohle für rund 1.200 Seemeilen reichen. Für die Maschinenanlage waren 2 Dreifach-Expansionsmaschinen vorzusehen, der Dampf sollte in Zylinderkesseln mit rückkehrender Flamme erzeugt werden. Für den Panzerschutz der Maschinen- und Kesselanlage sowie der Munitionskammern war eine entsprechend starke Panzerung gegen leichtes Artillerie- und Gewehrfeuer vorgeschrieben. Die Außenhaut sollte ursprünglich mit Holz und Kupfer bekleidet werden, wovon später Abstand genommen wurde. An Geschützen wurden verlangt: zwei 12 cm und vier 7,5 cm Schnellfeuerge-

Hilfsmaschine für ASPIS: Zirkulationspumpe für die Maschine von 12.000 PSe [aus: Vulcan Werke Hamburg u. Stettin AG, Deutsche Verlagsges.m.b.H, Berlin 1920]

schütze, sechs Maschinenkanonen kleinen Kalibers und vier 7 mm Maschinengewehre. Der nach diesen Bedingungen eingereichte Entwurf des Vulcan fand zwar den vollen Beifall der republikanischen Regierung, jedoch neigte man im Laufe der Verhandlungen immer mehr einer höheren Geschwindigkeit zu. Im Sommer 1907 kam es dadurch zu einer erneuten Ausschreibung unter den beteiligten Werften. Die Geschwindigkeit war nunmehr auf 22 kn und der Aktionsradius auf mindestens 3.000 Seemeilen festgesetzt worden. Hierdurch wurde eine Vergrößerung aller Abmessungen und die Erhöhung der Verdrängung bei voller Ausrüstung auf 1.500 t erforderlich.[168] Die Auftragserteilung an den Vulcan erfolgte im Sommer 1908. Eine erste Information in dieser Richtung enthält eine kurze Meldung des Berliner Börsen-Courier vom 18.4.1908: »Nach der B. A. Hdl. Ztg. vom 21. v. Mts. hat eine aus 12 Fachleuten zusammengesetzte Kommission des Staates Uruguay, welcher die Prüfung der für den Bau eines Torpedokreuzers von ungefähr 24 der bedeutendsten europäischen und amerikanischen Werften eingereichten Pläne oblag, sich über das vom Vulcan ausgearbeitete Projekt im günstigsten Sinne ausgesprochen und es als das bei Weitem beste der Regierung empfohlen. Es ist daher mit Sicherheit anzunehmen, daß der Vulcan den Auftrag erhalten wird.« Ziemlich genau 4 Monate später, am 14. August, teilt die Zeitschrift Hansa die Auftragserteilung mit: »Der Stettiner Vulcan stand schon seit längerer Zeit durch seine Vertreter, die Herren Sievers & Co. in Montevideo mit der Regierung von Uruguay in Unterhandlung über den Bau eines Kriegsschiffes, die nun zum Abschluß gelangt ist [...]« Die endgültigen Hauptabmessungen und sonstigen technischen Angaben waren: 84,05 m Länge in der C.W.L., 81 m zwischen den Loten, 9,5 m größte Breite auf Spanten, 3,35 m mittlerer Tiefgang bei voller Ausrüstung und ca. 215 t Kohle. Die Artillerie bestand aus 2 Sk 12 cm [Skodawerke Pilsen], 4 Sk 7,5 cm [Skodawerke Pilsen], 6 Mk 3,7 cm [Original Armstrong] und 6 MG 7 mm [Original Armstrong]; die Torpedoausrüstung aus 2 für Luft- und Pulverausstoß eingerichteten Überwasserrohren und vier 45 cm Stahltorpedos neuester Bauart, die mit Heizvorrichtungen versehern waren, wodurch ihre Geschwindigkeit wesentlich erhöht wird. Von den Lagerkasten der Torpedos im Vorschiff führte nach jedem Ausstoßrohr eine Transportbahn. Die gesamte Anlage war von der Firma Whitehead in Fiume geliefert worden. Als Panzerschutz gegen Gewehr- und leichtes Artilleriefeuer waren im Bereich der Munitions-, Maschinen- und Kesselräume 17 mm Schutzplatten aus niedrigprozentigem Nickelstahl angebracht, die sich von einem Meter unter der Wasserlinie bis zum Oberdeck erstreckten. Das über diesen Räumen liegende Oberdeck war mit einer 15 mm Nickelstahlauflage versehen worden. Der auf dem Backdeck errichtete Kommandoturm hatte eine elliptischer Grundfläche mit 3.200 und 2.500 mm langen Achsen erhalten; Mantel, Boden und Decke bestanden aus starken Nickelstahlplatten. Die oberhalb des Turmes befindliche Kommandobrücke, die im Frieden als Steuerstelle benutzt wurde, war im wirkungsvollen Magnetfeld der Kompasse aus antimagnetischem Material ausgeführt. Das Material des Schiffskörpers bestand aus bestem weichem Siemens-Martin-Stahl. Die beiden leichten stählernen Pfahlmasten hatten eine Länge von 30 m über der Wasserlinie. Zwischen ihnen war die Antenne für die Funkanlage angebracht, die sich unter der hinteren Kommandobrücke auf dem Quarterdeck befand. Die Funkspruchanlage war nach dem neuen System der »tönenden Löschfunken« gebaut und sowohl an Bord wie an Land verwendbar. Die garantierten Reichweiten betrugen über See am Tage 600 km, bei Nacht 1.200 km; über flaches Land am Tage 400 km, bei Nacht 600 km. Die gesamte Anlage wurde von der Gesellschaft für drahtlose Telegraphie m b H zu Berlin ausgeführt. Die Besatzung bestand aus 8 Offizieren, 4 Deckoffizieren, 108 Unteroffizieren und Mannschaften; die etwa 20 Marineschüler erhielten an Bord ihre praktische Ausbildung. Die beiden 4-Zyl.-Dreif.-Exp.-Maschinen mit einem Gewicht von 51.790 kg, hatten eine Gesamtleistung von 8.250 PSi. Die Druck-Lauf- und Schraubenwellen bestanden aus bestem Tigelstahl. Jede der beiden Schraubenwellen trug eine dreiflügelige Schraube aus Spezial-Vulcanbronze mit einem äußeren Durchmesser von 2,90 m. Die Dampferzeugung erfolgte in 4 engrohrigen Norman-Wasserrohrkesseln in 3 durch wasserdichte Schotte getrennten Heizräumen. Die gleichgroßen Kessel hatten je 405 m² Heiz- und 6,75 m² Rostfläche, die Betriebsspannung betrug 18,5 atü Überdruck. Jeder Kessel hatte einen Speisewasser-Vorwärmer Bauart Vulcan. Die Feuertüren öffneten sich nach innen und waren wie die Aschfallklappen so eingerichtet, dass sie sich von selbst schließen, wenn ein Kesselrohr platzt und dadurch im Verbrennungsraum ein Überdruck entsteht. Die beiden Schornsteine waren länglichrund und hatten eine Höhe von 13 m über Oberkante Rost. Die Probefahrt über die abgesteckte Meile hatte bei Windstärke 6 und grober See eine mittlere Geschwindigkeit von 23,1 kn ergeben, woraus sich rechnerisch eine Geschwindigkeit von 24 kn bei ruhigem Wetter ergab. Der Aktionsradius des Kreuzers betrug 4.480 Seemeilen bei einem Kohlenvorrat von 215 t und einer Geschwindigkeit von 12,41 kn.[169] Das erste Kriegsschiff Uruguays kam mit der Bau-Nr. 302 im Geschäftsjahr 1910 zur Ablieferung.[170]

Ein Flusskanonenboot für China

In China waren um 1910 im Gebiet des Yangtse Unruhen ausgebrochen, die allmählich Handel und Gewerbe auf den wichtigen Wasserstraßen unterbanden. Die chinesische Regierung hatte sich daher entschlossen, unabhängig von dem aufgestellten Flottenprogramm mehrere Flusskanonenboote in Auftrag zu geben. Sie sollten ein erfolgreiches Vordringen in die aufständischen Gebiete auf den zum Teil sehr flachen Gewässern des Yangtse ermöglichen. Die Kieler Germaniawerft und der Stettiner Vulcan erhielten Lieferaufträge für je ein Fahrzeug.

Wegen des sehr flachen Fahrwassers sollte das vom Vulcan zu erbauende Kanonenboot einen Tiefgang von 60 cm bei einer Wasserverdrängung von 140 t nicht überschreiten. Eine mittlere Geschwindigkeit von 12 kn, gemessen während einer dreistündigen Probefahrt des voll ausgerüsteten Fahrzeugs, war zu gewährleisten. Wegen des geringen Tiefganges musste das Fahrzeug als Tunnelschraubenboot ausgeführt werden. Die durch den Tiefgang bedingte kleine Wasserverdrängung erforderte eine äußerst leichte Ausführung aller Bauteile des Schiffskörpers und der Maschinenanlage. Um der notwendigen Festigkeit zu genügen, war eine genaueste Bauausführung und die Verwendung besten Materials unerlässlich. Der Schiffskörper war dementsprechend aus bestem Schiffbaustahl erbaut. Die Außenhaut neben den Maschinen- und Kesselräumen, die Wände der Wohnhäuser sowie das Schanzkleid und der Kommandoturm bestanden zum Schutz gegen Gewehrfeuer aus 3 bis 5 mm starken Spezialstahlplatten. Die Außenwände der Wohnhäuser hatten in Schulterhöhe durch Klappen verschließbare Schießscharten. Das Schiff hatte 9 wasserdichte Abteilungen und folgende Hauptabmessungen: Länge zwischen den Loten 44,50 m, Breite über Hauptspant 7,315 m, Seitenhöhe bis Hauptdeck 1,78 m,

Doppelschrauben-Flusskanonenboot für China [Slg. Autor]

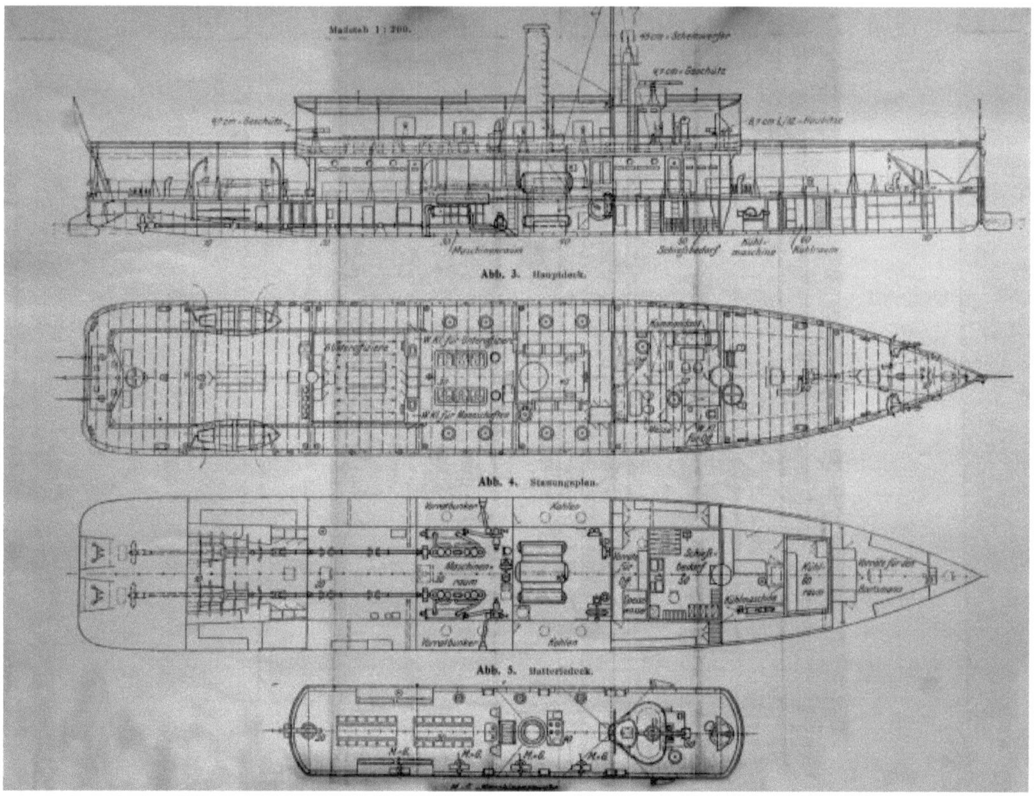

Doppelschrauben-Flusskanonenboot für China [Slg. Autor]

Tiefgang einschließlich Kiel 0,60 m. Die Maschinenanlage bestand aus 2 Dreifach-Expansionsmaschinen mit geteiltem Niederdruckzylinder, die nach Schlick ausbalanciert waren und bei normaler Umlaufzahl von 340 in der Minute je 250 PSi leisteten, bei erhöhter Umlaufzahl bis zu 350 PSi. Die beiden Schraubenwellen hatten einen Durchmesser von 86 mm. Sie waren bis zum Heck mehrfach in Abständen geteilt, die der zum Transport nach China erforderlichen Schiffsteilung entsprachen. Die Schraubentunnel waren dem Schraubenkreis angepasst, um einen möglichst hohen Wirkungsgrad der Schrauben zu erreichen, die einen Durchmesser von je 1,10 m hatten. Die Kesselanlage bestand aus einem Wasserrohrkessel der Bauart Yarrow mit 18 atü Überdruck. Der an den Kessel anschließende Schornstein hatte ab Rost gerechnet eine Höhe von 9,75 m. Die vier Kohlenbunker an den Seiten des Maschinen- und Kesselraumes fassten je 16 t. Der Kommandoturm auf dem vorderen Teil des Batteriedecks war mit einer leichten Panzerung von 5 mm Spezialstahl und Sehschlitzen versehen und stand vor dem hölzernen Mast, der mit einer hölzernen Signalrah versehen war. Auf dem hinteren Teil des Hauptdecks waren 2 leichte 4,50 m lange Boote aufgestellt. Die Bewaffnung bestand aus einer 8,7 cm Haubitze, 2 Sk 4,7 cm und 4 MG 7,9 mm, sämtlich von Skoda und auf dem Batteriedeck aufgestellt. Die gesamte Munition war in einem Vorschiffsraum untergebracht, die Beförderung nach dem Batteriedeck erfolgte mittels Aufzug. Oberhalb des Kommandoturms befand sich auf einer Plattform ein 45 cm Scheinwerfer. Die Besatzung bestand aus dem Kommandanten, 2 Offizieren, 6 Unteroffizieren und 24 Matrosen.

Am 13.5.1911 verließ das fertig ausgerüstete Boot mit der Bau-Nr. 323 und dem Namen TSIN PEI die Werft, um in einer vorläufigen Probefahrt auf der Oder Kessel- und Maschinenanlage sowie vor allem die Steuerfähigkeit zu erproben. Alle Einzelheiten arbeiteten hierbei ohne Beanstandungen. Das Schiff wurde auch mit verschiedenen Geschwindigkeiten auf der Meilenfahrt erprobt, bei welchen die vertragliche Geschwindigkeit mit 1½ kn überschritten worden ist. Anschließend wurde das Boot in der Werft aufgeschleppt, auseinandergenommen, versandfertig gemacht und auf dem Seeweg nach Shanghai transportiert. Bereits im November 1911 war dort der in einem Dock durchgeführte Zusammenbau beendet. Die einige Tage darauf verlangte Leistungsfähigkeit erfolgte in einer zufriedenstellenden Probefahrt, an der ein Regierungsvertreter teilgenommen hatte. Die Übernahme des Bootes durch die chinesische Regierung fand wenig später statt.[171]

Ein Panzerkreuzer und sechs Torpedoboote für Griechenland

Kurz vor Ausbruch des Krieges des Balkanbundes, dem auch Griechenland angehörte, am 2.10. 1912 gegen die Türkei, hatte Griechenland zur Vergrößerung seiner Marine einige Kriegsschiffe angekauft. In England einige Zerstörer, in Frankreich 2 U-Boote und in Deutschland NEA GENEA und KERAVNOS. Bei diesen beiden Schiffen handelte es sich um Große Torpedoboote, die der Vulcan ursprünglich mit den Baunummern 321 und 322 als V 5 und V 6 für die deutsche Marine 1911 bis 1912 in Bau genommen hatte. Die Freigabe zum Verkauf war durch die deutsche Marineverwaltung im Juli 1912 erfolgt. V 5 war am 29. Februar 1912 vom Stapel gelaufen, V 6 am 22. Mai, beide wurden 1927 abgebrochen.[172] Die Bewaffnung bestand aus vier 8,8 cm Geschützen, 2 MG und drei 50 cm Torpedorohren.[173] Konstruktionsdaten und sonstige Angaben s. Kapitel Kriegsschiffsbau für Deutschland – Große Torpedoboote V 1 bis V 6.

Einen bedeutenden Zuwachs erhielt die griechische Flotte durch im Ausland bestellte Neubauten. Ein noch vor dem Balkankrieg beschlossenes Beschaffungsprogramm sah den Bau eines Panzerkreuzers, 4 Zerstörer, 6 Torpedoboote und 2 U-Boote vor. Den Kreuzer, die Torpedoboote und die beiden genannten Zerstörer erhielt der Vulcan in Auftrag, den das Hamburger Echo in der Ausgabe vom 27.7.1912 so kommentiert: »[...] Die Vulcanwerke in Hamburg und Stettin haben vor zirka acht Tagen von der griechischen Regierung den Auftrag auf acht Hochseetorpedoboote erhalten. Gestern hat der Ministerrat in Athen beschlossen, der gleichen Werft den Auftrag auf einen Panzerkreuzer zu erteilen. – Aus Anlaß dieses Erfolges ist die Werft von Wilhelm II. wie folgt antelegrafiert worden: Dem ›Vulcan‹ sage ich Meinen herzlichsten, aufrichtigen Glückwunsch zu dem wohlverdienten, schönen Erfolge, auf den die gesamte deutsche Industrie mit Freude und Stolz blicken darf. – Für die Arbeiter der Vulcanwerft wird dieser ›Erfolg‹ wahrscheinlich nur eine Verschärfung des Antreibersystems und damit eine Vermehrung der Unfälle zur Folge haben. Die Industrie der Mordwerkzeuge blüht – aber nicht zum Segen der Arbeiter.«

Ganz anders dagegen die Zeitschrift Schiffbau in ihrer Ausgabe vom 14.8.1912: »Bei der Nachricht, daß dem Stettiner Vulcan nun außer dem Torpedobootsauftrag für die griechische Regierung auch der Auftrag für einen Panzerkreuzer erteilt ist, muß man aufrichtige Genugtuung empfinden. Hoffentlich ist es der Anfang einer Aera, in der sich die Tüchtigkeit unserer Kriegsschiffswerften wieder ungeschmälert durch andere Dinge durchsetzt. Zweifel an der Gleichwertigkeit ihrer Leistungen mit denen des Auslandes haben nie bestanden. Leider spielt aber das meist nicht die ausschlaggebende Rolle. Politische und namentlich kapitalistische Rücksichten beeinflussen die Entscheidung stark. Kleine oder industriell unterentwickelte Staaten sind es ja ausschließlich, die die Kriegsschiffe nicht im eigenen Lande bauen. Bei kleinen Staaten ist die Abhängigkeit von großen Finanzgruppen leicht erklärlich. Bei großen, industriell nicht genügend entwickelten Staaten wiegen die politischen Freundschaften vor. Hinzu kommt noch eine Mehrbelastung unserer Industrie durch unsere Wohlfahrts- und sozialen Gesetze, die eine gewisse Verteuerung gegenüber der Auslandskonkurrenz bewirkt. ...«

Im Verlauf des Krieges wurde erkannt, dass Griechenland nicht mit einem so kleinen Panzerschiff, wie ursprüngliche geplant war, auskommen könne. Der Vertrag mit dem Vulcan erhielt deshalb eine Änderung, nach der das Deplacement von 13.000 auf 19.500 t erhöht wurde. Das nunmehrige Großkampfschiff mit der Bau-Nr. 343 sollte den Namen SALAMIS führen[174], eine Länge in der C. W. L. von 173,5 m, eine größte Breite von 25 m und einen Konstruktionstiefgang von 7,60 m erhalten. Es waren 3 Schrauben vorgesehen, eine Leistung von 40.000 PS der AEG-Turbinen, gemischte Feuerung sowie eine Geschwindigkeit von 23 kn. Der amerikanischen Firma Bethlehem Steel Co. war die Lieferung der Panzerplatten und der Armierung übertragen worden. Als Bewaffnung waren geplant: Acht 35,6 cm Geschütze in 3 Türmen in Mittschiffsstellung, 12 Sk 15 cm in Kasematten, 12 Sk 7,6 cm und 4 MG sowie 5 Unterwassertorpedorohre. Die Panzerung des Kommandoturms hatte eine Stärke von 300 mm, die der schweren Artillerie und in der Wasserlinie von 250 mm und der mittleren Artillerie von 150 mm. Die Auftragserteilung erfolgte im Juli 1912, die Dienstbereitschaft war für 1915 vorgesehen.[175] Der Stapellauf in Hamburg, fand am 10.11.1914 in Gegenwart des griechischen Generalkonsuls und der griechischen Baubeaufsichtigungskommission statt, bei der das Schiff auf den Namen WASILEFS GEORGINES = König Georg getauft wurde.[176]

Die Arbeitseinstellung wenige Wochen später teilte das Hamburger Echo in der Ausgabe vom 2.2.1915 unter der Überschrift mit: »Der Bau des griechischen Panzerschiffes Georg I. eingestellt. Von unterrichteter Seite erfährt das ›Fremdenblatt‹, daß die Direktion der Vulcanwerft am Jahreswechsel dem in Hamburg befindlichen Präsidenten der griechischen Baubeaufsichtigungskommission, Korvettenkapitän Papalexopolus, mitgeteilt hat, der Bau [...] des Georg I. würde vom 31. Dezember ab eingestellt. Die Arbeiten [...] ruhen seither. Die Baueinstellung ist darauf zurückzuführen, daß die griechische Regierung die kontraktlich letzte fällige Rate aus besonderen Gründen nicht gezahlt hat. Die griechische Beaufsichtigungskommission, die aus Marineoffizieren bestand, ist abberufen worden. Sie hat sich seit dem 1. Januar nicht mehr auf der Werft blicken lassen. Im Zusammenhang hiermit wird aus Athen gemeldet, daß eine zweite griechische Kommission in Amerika, die die Herstellung des Panzers und der Geschütze in den Bethlehem-Werken beaufsichtigte, noch daselbst bleibt, da sie auch mit einer anderen Mission betraut ist.«

Im Sommer 1927 war mit diesem Schiffbauauftrag sogar der Völkerbund befasst. Der Berner Gesandte Griechenlands hatte am 1. Juli d. J. dem Generalsekretär eine Note überreicht, in der der Völkerbundsrat zur Regelung des Streitfalls zwischen der griechischen Regierung und dem Vulcan angerufen wird. In der Note wird eine Interpretation der Artikel 190 und 192 des Versailler Vertrages über das Verbot des Baues und der Ausfuhr von Kriegsmaterial in Deutschland gefordert. Der Generalsekretär hatte auf Antrag der griechischen Regierung diese Frage auf die Tagesordnung der Septembertagung 1927 des Völkerbundsrates gesetzt und die Note sämtlichen Mitgliedern des Völkerbundes zugehen lassen. Grundlage der Auseinandersetzung zwischen Auftraggeber und Auftragnehmer war, dass nach Beendigung des Ersten Weltkrieges die griechische Regierung vor dem deutsch-griechischen Schiedsgerichtshof die Unmöglichkeit der Aufrechterhaltung des Vertrages mit der Vulcanwerft geltend gemacht hatte. Begründung: Deutschland sei nach Artikel 190 und 192 des Versailler Vertrages der Bau und die Ausfuhr jeglichen Kriegsmaterials verboten. Der Vulcan hingegen vertrat die Auffassung, der Vertrag gelte nach wie vor, da die Botschafterkonferenz 1925 einen neuen Artikel II eingefügt hatte, der die vor dem Krieg geschlossenen Verträge von dem Ausfuhrverbot ausnahm. Was die griechische Seite in einer Note mit der Feststellung zu entkräften suchte, dass dieser Artikel ausschließlich für die Deckung des Vertrages geschaffen worden sei.[177]

Im August 1929 beschloss die Deschimag den Weiterbau des Schiffes auf der Werft AG Weser in Bremen vorzunehmen. Es blieb aber zunächst in Hamburg liegen, da weder ein Beginn für den Weiterbau ausgemacht, noch die Verhandlungen darüber mit der griechischen Regierung abgeschlossen waren.[178] Ein vorläufiger Schlussstrich war gezogen, als bekannt wurde, dass Griechenland das Schiff nicht fertig bauen lassen wird. Da das Schiedsgericht des Völkerbundes in Paris seinerzeit entschieden hatte, das Griechenland entweder das Panzerschiff fertig bauen zu lassen und abzunehmen, oder an die Bauwerft – Rechtsnachfolgerin war die Deschimag – entsprechende Entschädigungen zu zahlen hat, musste die griechische Regierung sich jetzt mit der Entschädigungszahlung befassen. Die Summe war nach den vom Schiedsgericht aufgestellten Grundsätzen von der Deschimag auf insgesamt rund 22 Mill. Reichsmark errechnet worden. Sollte das halbfertige Kriegsschiff für eine andere Marine weitergebaut werden, rechnete man mit einem Wert von 10 bis 15 Mill. RM. Bei einem abwracken reduzierte sich der Betrag auf den Schrottwert von nur noch einigen hunderttausend RM.[179]

Die 6 Torpedoboote AIGLI, THETIS, DAPHE, ALKYONI, DORIS und ARETHOUSA waren, wie bereits erwähnt, 1912 von der griechischen Marine bestellt worden. Ihre Fertigstellung erfolgte 1913 in Stettin, teilt der Geschäftsbericht für 1914 mit.[180] Die Zweischornsteinboote mit den Bau-Nr. 337, 338, 339, 340, 341, 342 und dem kleinen Deplacement von 170 t, hatten eine Länge in der C. W. L. von 45,03 m, eine Schiffsbreite in der C. W. L. von 5 m und einen Konstruktionstiefgang von 1,49 m. Die vierzylindrige Dreifach-Expansionsmaschine leistete 2.467 PSi, die Schraube mit 3 Flügeln hatte einen Durchmesser von 2,10 m und die Geschwindigkeit betrug 25,7 kn.[181] Die Bewaffnung bestand aus einem 5,7 cm Geschütz vorn und achtern, es gab 3 Torpedorohre.[182]

Im November 1913 hatte der Volks-Bote Veranlassung, kritisch über das Verhalten griechischer Matrosen zu berichten. »Griechische Matrosen halten sich gegenwärtig in Stettin auf, um die auf dem Vulcan erbauten Torpedoboote nach Griechenland zu überführen. Stettin ist eine fremdenfreundliche Stadt, aber das, was uns von den griechischen Matrosen berichtet wird, hat doch Veranlassung gegeben, sich zu den Fremden nicht allzu freundlich zu geben. Auf der Oberwiek hatte ein griechischer Matrose im offenen Hausflur ein noch schulpflichtiges Mädchen umfasst, das sich schreiend dieser Zudringlichkeit entzog. In Züllchow ist es wegen des Verkehrs der Matrosen mit Mädchen zu Schlägereien gekommen. Die Matrosen scheinen zu denken, daß man es in Deutschland so wie auf dem Balkan machen kann. Die uns von verschiedenen Seiten zugegangenen Klagen geben uns Veranlassung, den Eltern zu empfehlen, ihre Kinder gut zu beaufsichtigen.«[183]

Bei dem letzten ausländische Bauauftrag handelte es sich um 4 Zerstörer für die niederländische Marine. Die Schiffe waren zwar mit den Bau-Nr. 353 bis 356 auf Stapel gestellt worden, wurden aber nach Beginn des Weltkrieges am 10.8.1914 beschlagnahmt und als V 105 bis V 108 für die deutsche Marine fertiggestellt. Konstruktionsdaten und sonstige Einzelheiten, s. Kapitel »Kriegsschiffbau für Deutschland«. Der Auftrag wurde durch Unterkontrakt den holländischen Werften Nederlandsche Scheepsbouwmaatschappi und der Nederl. Fabrick van Werktuoigen en Spoorwegmateriel in Amsterdamm übertragen. Diese Hochsee-Torpedoboote Z 1 bis Z 4 hatten ein Deplacement von 322 t, eine Länge von 61,30 m, eine Breite von 6,20 m und einen Tiefgang von 1,90 m. Der Antrieb erfolgte durch Curtis-AEG-Vulcan Turbinen, den Dampf erzeugten Kessel mit Gemischtfeuerung, die Geschwindigkeit betrug 27 kn. Mit der Bunkerkapazität von 60 t konnten 425 Seemeilen zurückgelegt werden. Die Bewaffnung bestand aus zwei 7,5 cm Geschützen und 4 Deckstorpedorohren, davon ein Doppelrohr.[184]

Dem Geschäftsbericht für das Jahr 1913 in der Weser-Ztg. mit Datum 31.5.1914 ist bezüglich des Kriegsschiffbaues für das Ausland folgendes zu entnehmen: »[…] wurden fertiggestellt: die gesamte Maschinen- und Kesselanlage für den in Rußland gebauten Kreuzer ›Nowik‹ für die russische Marine; ein Panzerkreuzer für die hellenische Marine; vier Torpedoboote für die niederl. Marine, Schiffsturbinen und Maschinenanlagen für fünfzehn Torpedobote und einen Kreuzer für die russische Marine; sechs Föttinger-Transformatoren für drei chinesische Kreuzer, vier Föttinger-Transformatoren für zwei japanische Torpedobootszerstörer.«

Der Lokomotivbau

Die technisch herausragenden Wahrzeichen des neunzehnten Jahrhunderts waren das den atlantischen Ozean überbrückende Telegrafenkabel und die auf dem Schienenstrang dahinschnaubende Lokomotive. 20 Jahre bevor die erste Eisenbahn in Deutschland von Nürnberg nach Fürth fuhr, verschickte die Königliche Eisengießerei zu Berlin an ihre Freunde, Kunden und Gönner zum Neujahrstag des Jahres 1816 eine außergewöhnliche Glückwunschkarte. Sie bestand aus Gusseisen und zeigte in Relief-Darstellungen einige Produkte aus dem Jahr 1815. Neben Grabdenkmälern, Kruzifixen und Kanonen war ein für damalige Zeiten sensationelles Erzeugnis abgebildet: eine Lokomotive! Das war die erste in Deutschland gebaute, die im Juni 1815 gegen ein Eintrittsgeld von vier Groschen unter großem Aufsehen öffentlich vorgeführt wurde. Der Zulauf zu diesem Wunderwerk der Technik war so groß, dass sogar die zu damaliger Zeit sehr angesehene Vossische Zeitung von Staats- und gelehrten Sachen über diese Sehenswürdigkeit berichtete, die auf einer Rundbahn im Hof der Gießerei ächzend und feuerspeiend kreiste. »In der Eisengießerei ist auch der neu erfundene Dampfwagen zu sehen, der sich in eigenem Geleise ohne Pferde und mit eigener Kraft dergestalt fortbewegt, daß er eine angehängte Last von fünfzig Zentnern zu ziehen imstande ist.«

Zwei im Kessel eingebaute Dampfzylinder trieben über Querhäupter und große Schubstangen eine Welle unter dem Kessel an, auf der ein Zahnrad befestigt war. Dieses griff in eine Zahnstange neben den Schienen ein, denn man nahm an, dass die Reibung auf den glatten, eisernen Schienen nicht ausreichen würde, die Lokomotive zu bewegen und außerdem noch eine große Last zu ziehen. Diese Lokomotive war gebaut worden, um auf einer Hütte in Oberschlesien Pferde als Zugtiere von Lastenaufzügen zu ersetzen. Als sie nach mühseligem Transport in Königshütte ankam, passten ihre Räder nicht in die Spurweite der dort verlegten Gleise. Sie wurde daher nicht in Betrieb genommen und hat nie einen Zug gezogen. Ob sie jemals gearbeitet hat – möglicherweise als Dampfmaschine – ist unbekannt. Eine zweite ähnliche Maschine, von der zumindest um 1935 noch Zeichnungen vorhanden waren, ist einige Jahre später in das Saargebiet geliefert worden. Trotz langwieriger Versuche soll auch sie keine großen Erfolge erreicht haben.[1]

Erst zwanzig Jahre später erlebte Deutschland seinen ersten Eisenbahnzug. Er wurde gezogen von der in England gebauten Lokomotive ADLER und fuhr am 7. Dezember 1835 von Nürnberg nach Fürth.

Die Lokomotive war bei Stephenson gebaut worden, hatte 850 Pfund gekostet, die Fabrik-Nr. 118 und glich äußerlich den IAI Lokomotiven. Die Leistung betrug 40 PS, die Höchstgeschwindigkeit 40 km, der Raddruck einer Treibachse auf die Schiene ca. 1.500 kg und das Gesamtgewicht etwa 7.500 kg. Sie hatte einen Langkessel, Rauchkammer und Stehkessel mit Feuerbüchse. Die Dampfzylinder lagen innen zwischen den Rädern im unteren Teil der Rauchkammern. Der Dampf arbeitete noch ohne Expansion in den Zylindern. Die Steuerung war eine sogenannte Handhebelsteuerung. Der Kessel wurde durch Langhublungerpumpen gespeist, deren Bewegung vom Kreuzkopf abgeleitet wurde. Bei den Rädern waren Radreifen und Nabe aus Gusseisen, die Speichen aus Schmiedeeisen und an einem Ende mit dem Radreifen vernietet, am anderen Ende in die Nabe eingegossen, die Treibräder mit zylindrischen Laufflächen hatten keine Spurkränze.

In der Frühzeit der deutschen Eisenbahnen gab es nur eine Lokomotive als Mädchen für alles. Später dann sehr viele unterschiedliche Bauarten für

Gusseiserne Naujahrsplakette der Staatlichen Gießerei Berlin 1816. In der linken unteren Ecke ist die erste in Deutschland gebaute Lokomotive abgebildet [aus: Hundert Jahre Deutsche Eisenbahnen, o.Jz.]

die verschiedenen Zwecke: Schnell-, Personen-, Güterzug- und Rangierlokomotiven, Maschinen für ebene und gebirgige Strecken usw. Neben Unterschieden in der Bauart ist ein äußeres Merkmal ihrer Bestimmung die Achsanordnung. Je höher die Zugkraft einer Lokomotive sein soll, desto größer muss die Reibung zwischen den treibenden Rädern und den Schienen sein; und je mehr treibende Räder-Treibachsen eine Lokomotive besitzt und je größer ihr auf diesen Achsen ruhendes Gewicht, das »Reibungsgewicht« ist, desto größer wird die ausnutzbare Zugkraft. Soll diese erhöht werden, muss man also mehrere Achsen als treibende, bewegende Achsen ausbilden. Um dieses zu erreichen, wird die eigentliche Treibachse, die durch die Bewegung der Kolben in den Zylindern angetrieben wird, mit anderen Achsen »gekuppelt«, d. h. die Kraft der Kolbenbewegungen wird durch besondere Gestänge auch auf diese Achsen übertragen. Daher spricht man, um die Zugkraft einer Lokomotive zu kennzeichnen, von der Zahl der gekuppelten Achsen. Die Räder der Treib- und Kuppelachsen sind gewissermaßen die Hände, mit denen sich die Lokomotive an den Schienen entlang zieht.

Mit der Leistungsfähigkeit einer Lokomotive – sei es nun an Geschwindigkeit oder an Zugkraft – wächst naturgemäß ihr Gewicht. Um dieses möglichst gleichmäßig auf ihre ganze Länge oder möglichst günstig zur Erzielung eines ruhigen Laufs zu verteilen, ohne dabei den höchstzulässigen Achsdruck zu überschreiten, rüstet man sie noch mit Laufachsen aus. Diese haben lediglich die Aufgabe, das Eigengewicht der Maschine zu tragen. Für die Angaben über die Achsanordnung, das Lauf-, das Triebwerk und den Tender hatte der »Verein Mitteleuropäischer Eisenbahn-Verwaltungen« abgekürzte Bezeichnungen eingeführt: die Buchstaben A–F für die Zahl der Kuppelachsen, Zahlen vor und hinter diesen Buchstaben für die Laufachsen und ihre Anordnung. Die Angaben über das Triebwerk geben zunächst die Dampfart an, also Nassdampf = n, Heißdampf = h, dann die Zahl der Zylinder, der bei Verbundwirkung noch ein v angefügt wird. Die Bezeichnung für Tender ist T, vor diesem steht die Achszahl, dahinter der Fassungsraum für Wasser in Kubikmetern.

SAXONIA, die erste in Deutschland nach Plänen von Prof. Schubert in Uebigau bei Dresden 1838/39 gebaute Lokomotive. [aus: Hundert Jahre Deutsche Eisenbahnen, o. Jz.]

Die erste brauchbare deutsche Lokomotive

Sie trug den Namen SAXONIA, war 1838 von Professor Schubert vom Polytechnikum Dresden entwickelt worden und eröffnete 1839 die Strecke Leipzig–Dresden. Zunächst als BI-Lokomotive gebaut, ließ man später die hintere Laufachse fort, nur die im Personenzugdienst tätigen Lokomotiven behielten sie aus Sicherheitsgründen bei. Der Grund hierfür war ein schwerer Unfall infolge Achsbruch an einer zweiachsigen Lokomotive vor einem Personenzug in Versailles 1824. Alt war an der SAXONIA die Handhebelsteuerung wie bei den ersten Nürnberg-Fürther Maschinen. Die Schieberkästen lagen aber nicht über, sondern zwischen den Zylindern. Neu war der Regler mit außenliegender Reglerstange und außenliegenden Reglerrohren. Die tiefe Lage der Zylinder wirkte sich sehr nachteilig aus, denn bei jedem Ausbau der Achse mussten alle unter der Achse durchgehenden Triebwerkteile abgenommen werden. Die Radbremse befand sich auf dem oberen Radumfang des hinteren Treibrades. Da diese ersten Lokomotiven sich sehr schnell als zu schwach erwiesen, zog man sie bald aus dem Verkehr und verwendete sie nur noch zu untergeordneten Zwecken. Die SAXONIA war in diesem Bereich dann noch 18 Jahre im Einsatz.

Fasst man die Entwicklung der Achsanordnungen kurz zusammen, so kommt man zu dem bemerkenswerten Ergebnis einer auffallenden Gesetzmäßigkeit. Die einst mit kleinem Treibraddurchmesser geschaffene ungekuppelte Lokomotive, die anfänglich durchaus den Charakter einer Güterzuglokomotive hatte, wird unter Vergrößerung des Raddurchmessers zur Personenzuglokomotive und schließlich zur Schnellzuglokomotive. Die wieder ursprünglich als Güterzuglokomotive geschaffene, zweifach gekuppelte Lokomotive wird unter Vergrößerung ihres Treibraddurchmessers zur Personenzug- und später zur Schnellzuglokomotive. Ähnlich verlief die Entwicklung bei der dreifach gekuppelten Lokomotive. Weniger deutlich ist die Gesetzmäßigkeit aber in der vierfach gekuppelten Lokomotive, weil das Bedürfnis nach vierfacher Kupplung bei Personen- und Schnellzuglokomotiven nur an ganz wenigen Stellen hervorgetreten ist. Man braucht sich die Lokomotive nur einmal genauer anzusehen, um die Aufgaben ihrer einzelnen Teile ungefähr zu erkennen: da ist der Stehkessel, ein doppelwandiger Kasten, dessen innere Wände die sogenannte Feuerbüchse bilden; diese nimmt den Rost auf, auf dem das Feuer, die Energiequelle für die Erzeugung des Dampfes, gleichmäßig unterhalten wird. Das Wasser im Stehkessel wird am schnellsten erhitzt, denn seine Wände – die die Feuerbüchse umgeben – werden unmittelbar von den Flammen und den Wärmestrahlen getroffen. Trotzdem wird die größte Wassermenge im Langkessel – der sich an den Stehkessel anschließt – verdampft, und zwar durch die Heiz- und Rauchrohre, die zusammen etwa die zehn- bis zwölffache Heizfläche des Stehkessels besitzen. Der im Kessel erzeugte Dampf wird im Dampfdom entnommen und von hier durch eine besondere Steuerung den Zylindern zugeleitet, in denen die Kolben vor- und zurückgedrückt werden. Diese Bewegung wird durch die Treib- und Kuppelstangen auf die Räder übertragenen, Sicherheitsventile verhindern Kesselexplosionen, Messgeräte zeigen den jeweiligen Dampfdruck im Kessel an und Speisepumpen sorgen für die Auffüllung des Kessels mit neuem Wasser. Alle diese Einzelteile besaßen bereits der ADLER, SAXONIA und andere zu dieser Zeit auf den Schienen dampfenden Lokomotiven.[2]

Der Lokomotivbau als weiterer erfolgversprechender Betriebszweig

Als der Vulcan den neuen Industriezweig aufnahm und seine Tätigkeit auch auf das Transportwesen auf dem Land ausdehnte, hatte die Lokomotivindustrie bereits einen bedeutenden Vorsprung erreicht. Ausgehend von England war inzwischen auch in Deutschland eine eigene Industrie entstanden, welche anfangs von der Berliner Firma August Borsig beherrscht wurde. 1848 kam Friedrich Wöhlert hinzu und auch die Chemnitzer Maschinenbaufima Eduard Hartmann war bereits ein bekanntes Lokomotivbauunternehmen.

Einen ersten Hinweis auf den Lokomotivbau im Zusammenhang mit dem Vulcan lesen wir bereits am 6.8.1856 in der Ostsee-Ztg.: »[...] Außer den bis jetzt betriebenen Zweigen des Maschinenbaues [...] soll noch unter Anderem der Bau von Locomotiven [...] in Angriff genommen werden.« Konkret wird dann der Geschäftsbericht für das Jahr 1857, ebenfalls veröffentlicht von der vorgenannten Stettiner Zeitung, allerdings 2 Jahre später, am 23.5.1858: »[...] Neben den vollständigen Einrichtungen zum Bau von eisernen Dampfschiffen größter Dimensionen fand eine Erweiterung der Anlagen gleichzeitig dahin statt, daß der Locomotivbau und die damit zusammenhängenden Eisenbahnarbeiten in den Betrieb aufgenommen werden konnten [...] und ein lohnender Anfang gemacht« ist; gebaut worden war u.a. auch »ein Aufstellungsraum für Maschinen und zum Locomotivbau«.

Dieser Geschäftszweig war eingerichtet worden in dem Bestreben, die teilweise ungünstige Konjunktur im Schiffbau durch einen Geschäftsbereich auszugleichen, der bei der Entwicklung des Verkehrswesens und dem Ausbau der Eisenbahnen regelmäßiger zu sein schien. Eine Einschätzung, die sich in der Folgezeit als vollständig richtig erweisen sollte, auch wenn sich in den ersten Jahren kein rechter Fortschritt einstellte, denn bis 1861 konnten nur 11 Lokomotiven zur Ablieferung gebracht werden. Ab dieser Zeit nahm die Produktion bis 1874 zu, wo mit 98 Stück pro Jahr die höchste Leistung erreicht wurde. Neben den inländischen Auftraggebern gab es wiederholt auch solche aus dem Ausland mit größeren Stückzahlen. So konnte bereits im Dezember 1887 die 1.000te Lokomotive abgeliefert werden. Es war eine 3/3 gekuppelte Güterzuglokomotive für die königliche Eisenbahndirektion Altona. Wie wir noch erfahren werden, war das Unternehmen auch auf Ausstellungen stets erfolgreich vertreten.

Da einer der beiden Eigentümer des Vorgängerunternehmens, der technische Direktor des Vulcan Franz Friedrich Früchtenicht, früher bei Friedrich Wöhlert in Berlin gearbeitet hatte, wird er vermutlich über entsprechende Kenntnisse im Lokomotivbau verfügt haben. Auch der damalige kaufmännische Direktor, Franz Eduard Hermsdorf, dürfte als früherer Prokurist der Maschinenfabrik Hartmann in Chemnitz entsprechende Erfahrungen gehabt haben. Beide hatten ihren Anteil daran, dass die junge Aktiengesellschaft die Schwierigkeiten der ersten Zeit glücklich überstehen konnte, indem vor allem Hermsdorf die Lokomotivbranche nutzbringend zu entwickeln verstand. Ohne die günsti-

Stangenfräserei, Abteilung Lokomotivbau [aus: Vulkan Werke Hamburg u. Stettin AG,Deutsche Verlagsges.m.b.H, Berlin 1920]

ge Wendung in der Beschäftigung der neuen Sparte wäre es wohl kaum möglich gewesen, die Lehrjahre im Eisenschiffbau zu überstehen und diesen dem Unternehmen dauerhaft zu erhalten.[2]

Von der »Berlin–Stettiner Eisenbahn-Gesellschaft«, die ihren Betrieb 1842 eröffnet hatte, erhielt der Vulcan den ersten Bauauftrag für 3 Lokomotiven, über den uns eine Zeitungsmeldung am 10.10.1857 wie folgt informiert: »Bei der Maschinenbau-Anstalt Vulcan sind von der Stettiner Eisenbahn-Gesellschaft für die Hinterpommersche Bahn 3 große Locomotiven für Güterzüge bestellt worden.«[3] Weitere Angaben über diesen ersten Auftrag enthält der Geschäftsbericht über die am 4.6.1859 stattgefundene ordentliche Generalversammlung. Kommerzienrat Brumm konnte hier mitteilen: »In der Branche der Bauten für den Eisenbahnbedarf trat der Vulcan in Konkurrenz mit allen in diesem Geschäft bewährten Instituten, welche selbst Arbeitsmangel hatten und deshalb war ein Druck der Preise von 5–20% unvermeidlich. Bei der Ausführung der 1. Locomotive, musste deshalb schon die Deckung sämtlicher Unkosten als günstiges Resultat betrachtet werden. Dieselbe ist abgeliefert und die gemachten Probefahrten sind sehr befriedigend ausgefallen. Vier andere Lokomotiven sind im Bau und der Vollendung nahe.« Über diese Lokomotive ist der Stettiner Ostsee-Ztg. vom 21.5.1859 zu entnehmen: »Gestern wurde hier die erste in der hiesigen Maschinenbauanstalt ›Vulcan‹ erbaute Locomotive ›Bellona‹ [Fabrik-Nr.1] an die hinterpommersche Bahn abgeliefert. Die Betriebseröffnung dieser Bahn ist auf den 1. Juni [1859] festgestellt.«[4]

Im Geschäftsjahr 1859 sind 5 Lokomotiven fertiggestellt worden. Die erste Lokomotive, die Fabrik-Nr. 1, hatte den Namen BELLONA erhalten und war am 20.5.1859 geliefert worden; die Fabrik-Nr. 2 und 3 wurden mit den Namen COERLIN und Belgard ausgeliefert.[5]

Im Januar 1860 informiert eine kurze Zeitungsnotiz: »Der hiesigen Maschinenbaugesellschaft [...] ist der Bau von 6 Lokomotiven für die Berlin-Stettiner Bahn übertragen.«[6] Und im April heißt es in der Zeitung: »Besondere Aufmerksamkeit wurde der neu aufgenommenen Branche des Lokomotivbaues zugewandt, im Mai wurde die erste Lokomo-

Dreherei, Abteilung Lokomotivbau
[aus: Vulcan Werke Hamburg u. Stettin AG, Deutsche Verlagsges.m.b.H, Berlin 1920]

tive abgeliefert, und das Ergebnis war ein so günstiges, daß gegenwärtig [Fabrik-]Nr. 6 bis [Fabrik-] Nr. 11 im Bau begriffen sind.«[7]

Und im Geschäftsbericht über das Jahr 1859 wird ausgeführt: »Die Einführung einer neuen Geschäftsbranche, des Lokomotivbaues, war von unvermeidlichen Opfern begleitet. In dem unter so schwierigen Verhältnissen mit der Konkurrenz geführtem hartem Kampfe ist es jedoch gelungen, nicht nur das Terrain zu behaupten, sondern den Geschäftskreis sogar auszudehnen, und wird die Erwartung ausgesprochen, daß die getroffenen Veranstaltungen für die Folge reichlichere und lohnendere Aufträge zuführen und dadurch die bisher gebrachten Opfer ersetzt werden.«[8]

Über das Geschäftsjahr 1860 ist der Preußischen Statistik zu entnehmen, dass der Vulcan »8 Locomotiven und Tender lieferte. Die Gesellschaft widmet dem Locomotivenbau trotz der großen Conkurrenz viel Aufmerksamkeit. Von Russland gingen neuerdings erhebliche Bestellungen ein.« Dem am 7.5.1861 in der Ostsee-Ztg. veröffentlichte Jahresbericht der Vorsteher der Stettiner Kaufmannschaft bezüglich 1860 ist u.a. zu entnehmen: »[...] auch die Eisenbahnen beschränkten sich meist auf die Beschaffung des nothwendigsten Betriebsmaterials [...]«

Am 15.2.1861 teilt ein Zeitungsbericht folgendes mit: »Für die hinterpommersche Bahn ist aus der Maschinenbauanstalt Vulcan in [Stettin-] Bredow wieder eine neue Locomotive hervorgegangen. Dieselbe führt den Namen Colberg. Ihr Transport bis zum Bahnhof auf einem mit Pferden bespanntes Gefährt wird einige Tage in Anspruch nehmen, zumalderselbe noch durch starken Schneefall behindert wird. Dem Vernehmen nach wird die Locomotive unweit der Berliner Chaussee auf die Bahn gebracht werden, wodurch der Transport durch die Stadt umgangen würde.«[9] Am Nachmittag des 26.4.1861 »wurde die [...] für die Hinterpommersche Bahn erbaute Locomotive COERLIN auf einem Prahm durch den der Gesellschaft gehörigen kleinen Schr.-Dampfer [PIKAS] nach dem Bahnhof geschleppt.[10] Am 15.5.1861 [...] wurde wiederum eine [...] für die Hinterpommersche Bahn erbaute Locomotive Namens BELGARD, zu Wasser nach der Eisenbahn befördert.«[11] Ein eigener Beitrag der Ostsee-Ztg. vom 8.3.1861 zur Situation der Aktiengesellschaften in Stettin nimmt auch Bezug auf den Lokomotivbau des Vulcan. Nach dem vorhergehenden Hinweis auf den bevorstehenden Vertragsabschluss zum Bau der Vorpommerschen Bahnen und dem Weiterbau der Hinterpommerschen Bahn bis Danzig wird geschrieben: »[...] Schließlich fügen wir noch hinzu, daß die ausgedehnten Eisenbahnbauten, welche in Aussicht stehen, zu der Erwartung berechtigen, daß die Maschinenbauanstalt Vulcan, welche in letzter Zeit endlich in größere Thätigkeit gekommen ist, auf Jahre hinaus reichliche lohnende Beschäftigung haben wird.«

Auch Drehscheiben und Weichen gefertigt

Wie die Beschäftigung im Eisenbahnbau des Geschäftsjahres 1861 war, ist dem Geschäftsbericht, datiert Mai 1862, zu entnehmen. Hier heißt es: »Für Eisenbahnbau war die Beschäftigung ziemlich gut.« An anderer Stelle wird mitgeteilt, dass »eine Locomotivwerkstatt im v. J. angelegt ist. Dadurch ist man in den Stand gesetzt, 16 Locomotiven gleichzeitig in Bau zu nehmen, welche augenblicklich auch in Arbeit sind.« Weiter wird mitgeteilt, dass »bisher 27 Locomotiven«, gefertigt wurden. Da das Geschäftsjahr das Kalenderjahr war, waren somit von 1859–1861 die Fabrik-Nr. 1–27 gebaut worden. Es wird dann weiter mitgeteilt, dass sich unter den in Ausführung begriffenen Bestellungen ein großer Teil der Brücken und sonstige Arbeiten für die Vorpommersche Bahn befinden. Außerdem sind auch Drehscheiben, Weichen, Wasserstationsanlagen usw. gefertigt worden.[12] Im September 1862 hatte der Vulcan den Auftrag zur Lieferung sämtlicher Materialien für die Brückenbauarbeiten der im Bau befindlichen Mecklenburger Ostbahn erhalten.[13] Sonnabend, 15.11.[1862] »Heute wurde wieder eine für die vorpommersche Bahn bestimmte Locomotive, [Fabrik-]Nr. 24, auf einem Prahm von Bredow nach Stettin gefahren und zur Bahn gebracht.«[14]

Die beiden Lokomotiven mit den Fabrik-Nrn. 28 und 29 sind 1863 als Güterzuglokomotiven gefertigt worden.[15]

Über das Geschäftsjahr 1862 ist dem entsprechenden Bericht, vorgetragen auf der Generalversammlung am 30.4.1863, Folgendes zu entnehmen: »[...] auch die Eisenbahn-Branche stellt für die Zukunft, da viele Eisenbahnen in Ausführung kommen, stetige Aufträge in Aussicht. Die vom ›Vulcan‹ gelieferten Locomotiven erfreuen sich allgemeiner Anerkennung; da aber beim Locomotiv-Bau nur fortdauernd auf Aufträge zu rechnen ist, wenn die Maschinen zu mäßigen Preisen in verhältnismäßig kurzer Frist geliefert werden können, so werden zur Vervollständigung der Fabrikanlagen in dieser Branche noch im laufenden Jahre Neubeschaffungen von Belang vorzunehmen sein. [...] Vom Vulcan sind bisher [...] 27 Locomotiven gebaut [...] auch sind für die Mecklenburgische Eisenbahn die eisernen Brücken in Bestellung gegeben.«

Im Januar 1863 waren »fast sämtliche Maschinenfabriken seit einiger Zeit mit Aufträgen überhäuft und die tief gedrückten Kurse derjenigen, die auf Actien gegründet sind, haben infolge eine erhebliche Verbesserung erfahren. So standen z.B. Berl. Eisenb.-Bedarf-Fabr. im vorigen Jahr um diese Zeit bei 70 %, heute 97½ %, und der Vulcan, damals bei 40% und heute bei 60%. An Arbeit wird es dem Anschein nach auch in den nächsten Jahren – besonders im Locomotiv- und Eisenbahnbau – gewiß nicht fehlen. Denn in Preußen allein sind über 200 Meilen Bahnen, teils im Bau, teils zur Ausführung, gesichert, so daß man erwarten kann, daß das Preuß. Bahnnetz 1865 über 1.000 Meilen lang ist. Der Bedarf an Locomotiven steigt aber von Jahr zu Jahr, indem eine Lokomotive durchschnittlich nach 15 Jahren verbraucht ist. In Preußen gibt es gegenwärtig gegen 1.600 Locomotiven (ca. 2 per Meile Bahn), so daß zum Ersatz und wegen Ausdehnung des Betriebes, jährlich ca. 150 neue in Fahrt gesetzt werden müssen, wozu noch in den nächsten 3 Jahren für über 200 Meilen neue Bahnen ca. 400 kommen werden, was also im Ganzen für diese Zeit 800 Stück oder per Jahr ca. 280 Stück macht. Nach 15 Jahren werden also zum Ersatz für unbrauchbar gewordene (statt wie jetzt 150) 280 neue erforderlich sein und werden daher die Locomotivfabriken, wenn die Entwicklung des Eisenbahnwesens keine Hemmnisse erfährt, bis dahin ihre Leistungsfähigkeit beinahe verdoppelt haben müssen. Unsere größte Fabrik – die Borsigsche in Berlin – liefert gegenwärtig per Jahr ca. 150 neue Locomotiven, sie ist aber mit Aufträgen für das Ausland überhäuft, so daß den anderen Fabriken für das Inland ein weites Feld bleibt. Dieses Feld wird noch ausgedehnter sein, als nach den oben gegebenen Ziffern des Bedarfs an neuen Locomotiven zu schließen ist, denn sie gelten nur für die bisherige Entwicklung des Eisenbahnverkehrs. Die neuen Fracht-Tarifermäßigungen, der Einpfennigtarif für Kohlen und der Zweipfennigtarif für Getreide, Mehl, Zement ect. werden aber dem Bahnverkehr eine bisher ungekannte Ausdehnung geben und daher einen bedeutend vergrößerten Wagenpark erfordern und also einen entsprechen höheren Bedarf an Locomotiven veranlassen. Die Konkurrenz der einzelnen Linien unter einan-

der und besonders die Konkurrenz der Bahnen mit der Strom- und Küstenfahrt, sichert auch für die Zukunft weitere Erleichterung und damit weitere Ausdehnung des Verkehrs [...].«[16]

Die im Vorstehenden mitgeteilten Fakten werden der Betriebsleitung des Vulcan sicherlich ebenfalls bekannt gewesen sein und die Entscheidung mitbeeinflusst haben, die entsprechenden Anlagen zu erweitern bzw. das Betriebsgelände zu vergrößern. Der Geschäftsbericht über 1862 enthält hierzu folgende Anmerkungen: »Die vom Vulcan gelieferten Locomotiven erfreuen sich allgemeiner Anerkennung; da aber beim Locomotivbau nur fortdauernd auf Aufträge zu rechnen ist, wenn die Maschinen zu mäßigen Preisen in verhältnismäßig kurzer Frist geliefert werden können, so werden zur Vervollständigung der Fabrikanlagen in dieser Branche noch im laufenden Jahre Neubeschaffungen von Belang vorzunehmen sein.« Auch die im Bericht erwähnte Reise der beiden Direktoren und zwei Ingenieure nach England und Schottland, und der dortige Ankauf »bisher hier unbekannter Werkzeugmaschinen« ist in diesem Zusammenhang zu sehen. Außerdem wird mitgeteilt, dass bisher 27 Locomotien gebaut sind und »[...] für die Mecklenburgische Eisenbahn die eisernen Brücken in Bestellung gegeben sind.«[17]

Auch über Aufträge für die im Bau befindliche Vorpommersche Bahnstrecke liegen Mitteilungen aus damaliger Zeit vor. So wird von der Ostsee-Ztg. am 7.11.1862 mitgeteilt: »Die Eröffnung der Vorpommerschen Bahn bis Anclam ist zum 1. April, bis Greifswald zum 1. Juli und bis Stralsund zum October nächsten Jahres zu erwarten«. Am 10. November: »Morgen wird zum ersten Male mit einer Locomotive auf der Vorpommerschen Bahn eine Versuchsfahrt von Anclam nach hier [Stettin] gemacht werden. Den Winter hindurch werden dann Arbeitszüge mit Kies, Baumaterialien ect., die im nächsten Frühjahr zur Eröffnung kommenden Strecken befahren. Am meisten Schwierigkeiten verursachte auf der Strecke Stettin-Anclam die Herstellung des Planums am Schillerbach bei Löcknitz, wo mehr als 4.700 Schachtruthen Boden in den weichen Moorgrund geschüttet werden mußten, bevor die Senkungen aufhörten.«[18] Am 12. November: »Die erste Locomotiv-Probefahrt auf der Vorpommerschen Bahn, deren wir in Nr. 526 erwähnten,

Kesselschmiede, Abteilung Lokomotivbau [aus: Vulkan Werke Hamburg u. Stettin AG, Deutsche Verlagsges.m.b.H, Berlin 1920]

ist zur vollständigen Befriedigung der Theilnehmer abgelaufen. Der Zug traf gestern Nachmittag gegen 4 Uhr hier [Stettin] ein. Selbst die Strecke bei dem Schillerbach, deren Beschüttung über 47.000 Schachtruthen Erde nicht 4.700 [...], wie durch Druckfehler in Nr. [...] steht, erfordert hat, wurde ohne merkliche Senkungen zu veranlassen, passiert.«[19] Und am 15. November 1862 teilt die Neue Stettiner Zeitung mit: »Heute wurde wieder eine für die Vorpommersche Bahn bestimmte Locomotive, [Fabrik-]Nr. 24, auf einem Prahm von Bredow nach Stettin gefahren und zur Bahn gebracht.« Bei diesem Prahm dürfte es sich um einen der beiden werfteigenen Trajektdampfer gehandelt haben, die je drei Güterwagen aufnehmen konnten.

Diese Zeitungsmeldungen setzten sich auch im folgenden Jahr fort: Am 21. Februar 1863: »Anclam. Auf der Eisenbahn hat sich ein Unfall ereignet. Bei der Station Borkenfelde ist die Locomotive ANCLAM gestern mit einer Reihe Wagen zusammengefahren, deren größter Theil mit Kies beladen gewesen ist. Ein Viehwagen wurde total zertrümmert und die Locomotive erheblich beschädigt, so daß von Pasewalk eine andere gerufen werden musste.«[20] Am 4. April: »Heute wurde in der Maschinenfabrik Vulcan die für die Vorpommersche Eisenbahn gefertigte Locomotive nebst Tender, welche den Namen SEEHAUSEN und die [Fabrik-]Nummer 109 führt, auf einem Floß von Bredow nach dem Bahnhof durch den Dampfer BREDOW geschleppt.«[21] Am 28. April: »Anclam. Die Hoffnung auf Eröffnung der Eisenbahnstrecke zwischen hier und Greifswald bis zum Beginn des Herbstes dürfte schwerlich realisirt werden. In den letzten Tagen ist der Eisenbahndamm im Peenethal vom Peenedamm bis Ziethen derartig gesunken, daß es noch gar nicht abzusehen ist, wann derselbe zum Stehen kommen wird. Zu beiden Seiten des Dammes ist der Wiesenboden um mehrere Fuß hoch in die Höhe gequollen. Ein gemauerter Durchlaß, welcher eine eiserne Brücke trägt, ist um mehrere Fuß im Boden versunken. Alles dürfte eine erhebliche Verzögerung der Eröffnung herbeiführen.«[22] Am 13. September: »Stralsund. Gestern fuhren die verschiedenen Baubeamten der neuen Bahnstrecke mit einer Locomotive von Anclam bis zu dem hohen Damm bei Engelswacht. Wie wir hören, wird die Locomotive STRALSUND am 24. d. M. bis auf den Bahnhof hierselbst fahren.«[23]

Im Geschäftsjahr 1863 waren von den 17 im Bau befindlichen Lokomotiven 10 abgeliefert worden, darunter die Güterzug-Lokomotiven mit den Fabrik-Nrn. 28 und 29. In das neue Jahr waren 7 hinübergenommen worden. Weiter teilt der 1864 erstattete Geschäftsbericht mit, dass »gegenwärtig [im April] für Staats- und Privatbahnen sechzehn Locomotiven im Bau sind.« [24]

Nach der Statistik für Preußen über das Jahr 1864 – veröffentlicht 1866 – lieferte der Vulcan 38 Lokomotiven an die Besteller. In diesem und dem folgenden Jahr gingen acht 1Bn2-Schnellzuglokomotiven an die Berlin-Stettiner Bahn, gebaut mit einem Treibraddurchmesser von 1850 mm und ohne Dampfdom. Weitere 100 für die gleiche Bahn gelieferte Güterzuglokomotiven hatten einen Dampfdom,[25] außerdem die Personenzug-Lokomotiven mit den Fabrik-Nrn. 34, 35 [BIESENTHAL] und 36.[26] »Stettin, 11. Januar [1865]. Aus der Werkstatt der Maschinenbau-Gesellschaft Vulcan wurde gestern die 48. Locomotive nach dem hiesigen Bahnhof transportirt«, teilt die Ostsee-Zeitung mit.

Der Jahresbericht über das Geschäftsjahr 1864, verlesen vom Vorsitzenden der Gesellschaft in der ordentlichen Generalversammlung am 1.5.1865, teilt zum Lokomotivbau mit: »Locomotiven wurden in Auftrag genommen 58, abgeliefert 14, in dies Jahr hinübergenommen 44, hinzugekommen in Auftrag sind 2.«[27] 1866 waren im Laufe des Jahres 50 Lokomotiven bestellt und 36 abgeliefert worden. Von den Letzteren kamen auf das 2. Halbjahr 26 Stück. »Nach den vorhandenen Einrichtungen könnten pro Jahr 50 Maschinen geliefert werden.« Diese Angaben wurden von dem Vorsitzenden des Verwaltungsrates, Kommerzienrat Brumm, auf der 10. ordentlichen Generalversammlung am 24.4.1867 gemacht.[28]

Die Lokomotive BINGEN mit der Fabrik-Nr. 100 kam am 30.3.1867 zur Ablieferung. »Die aus dieser Werkstatt hervorgegangenen Locomotiven haben sich allgemeine Anerkennung erworben, so daß sich die Produktion im vergangenen Jahr auf 4 bis 5 Stück pro Monat steigerte und sind in Zukunft auch Aufträge in gleicher Ausdehnung vorhanden.«[29] Die Cn2-Güterzuglokomotive BINGEN war für die Bergisch-Märkische Bahn bestimmt.[30] »Am Freitag [6.9.1867] ist vom Vulcan die 121. Locomotive, für die Oberschlesische Bahn bestimmt, auf dem hiesigen Bahnhof [Stettin] abgeliefert.«[31] Und am 26.11.1867 folgte die ebenfalls zum Stettiner Bahnhof transportierte Lokomotive mit der Fabrik-Nr. 130 »Es ist dies eine für die Westfälische Bahn bestimmte Güter-Locomotive, die den Namen HINNENBURG führt.«[32] Insgesamt wurden 1867 neununddreißig Lokomotiven geliefert, wie dem Geschäftsbericht über 1867 zu entnehmen ist, der zum Lokomotivbau weiter ausführt: »In diesem Jahr [1868] wird infolge großer Aufträge und verbesserter Einrichtungen die Fabrikation bedeutend erhöht. Auf 1868 sind herübergekommen 21 und dazu bis heute bestellt 69 Stück Locomotiven«[33]

Montagehalle 1912, im Kran die Tender-Lokomotive T18, Betr.-Nr. Stettin 841, Gattung S 10; unten die Schnellzuglokomotive 2Ch4, Gattung S10 [aus: Zeitschr. Pommern, 1973, H. 1]

Der Lokomotivbau erreicht 89,8% Lohnanteil

Als Ergänzung hierzu aus einer Schilderung der Geschäftsresultate der industriellen Aktiengesellschaften Stettins, bezogen auf das Jahr 1868: »Der Vulcan wird in Folge starker Beschäftigung im Locomotivbau nach großen Abschreibungen eine befriedigende Dividende geben können. Für Locomotiven wird voraussichtlich bei den ausgedehnten Bahnbauten in Deutschland, Rußland ect. anhaltend [Nach-]Frage bleiben.«[34] Und der Geschäftsbericht für 1868, vorgetragen auf der Generalversammlung am 28.4.1869, macht zum Lokomotivbau diese Angaben: »Locomotiven wurden in 1868 vierundfünzig Stück abgeliefert (15 mehr als 1867); es sind ferner genügend Aufträge darauf vorhanden und hofft die Direction, wenn nicht in andern Branchen bedeutend mehr Aufträge eingehen, welche die Arbeitskräfte absorbiren, im laufenden Jahr ca. 2 Stück per Woche fertig zu stellen, wie dies in den letzten Monaten schon geschehen ist.«[35] Darunter befanden sich die Personenzuglokomotiven mit den Fabrik-Nrn. 139–153[36] und 11 Cn2-Güterzuglokomotiven für die Westfälische Bahn, 2 für die Berlin-Magdeburger-Bahn – eine davon mit dem Namen MARS – sowie 2 weitere für die Main-Weser-Bahn.[37] Auch 15 Stück 1A1n2 Schnellzuglokomotiven für die Rechte Oderufer-Bahn wurden 1868 geliefert. Sie werden als von einfacher Bauart und ohne Dampfdom geschildert.[38] Welch große Bedeutung für das Gesamtunternehmen die Sparte Lokomotivbau inzwischen erlangt hatte, machen die anteiligen Lohnkosten im Maschinen- und Lokomotivbau deutlich, die für 1967 89,8 % betrugen.[39]

1869 kamen 72 Lokomotiven zur Ablieferung[40] darunter die Fabrik-Nr. 200 mit dem Namen HOHENZOLLERN, geliefert an die Märkisch-Posener Eisenbahn. Diese 1A1n2 Personenzuglokomotive entsprach dem Baustil nach den 1Bn2 Güterzuglokomotiven, die bereits 1865 für die Niederschlesisch-Märkische Eisenbahn gebaut worden sind.[41] Der 2. April des Jahres 1869 war für die hinterpommersche Stadt Stolp von besonderer Bedeutung, traf hier doch »die erste Locomotive [ODER] mit acht Waggons auf unserem mit vielen Flaggen und Fichtenzweigen gezierten

1873/74 gebaute Güterzuglokomotive für die Thürinder Eisenbahn [aus: Hundert Jahre Deutsche Eisenbahnen, o. Jz., vermutlich 1935]

1873 gebaute Personenzuglokomotive für die Bergisch-Märkische Eisenbahnmit der Fabr.-Nr. 500 [aus: Zeitschr. Pommern, 1973, H. 1]

Bahnhofe unter Musik und Böllerschüssen ein. Der Bürgermeister begrüßte und beglückwünschte den mitgekommenen Abtheilungs-Baumeister mit herzlichen Worten und brachte einen Toast auf die Direction der Berlin-Stettiner Eisenbahn-Gesellschaft aus, welcher durch einen Toast auf den König seitens des Herrn Baumeisters erwidert wurde. Eine zahlreiche jubelnde Menschenmenge hatte alle Zugänge zum Perron des Bahnhofes besetzt. Aller Wahrscheinlichkeit nach wird die Eröffnung der Bahnstrecke Cöslin-Stolp am 3. Juni stattfinden.«[42]

Für 1870 lässt sich aus den Angaben des Geschäftsberichts eine Produktionszahl von 61 Lokomotiven errechnen und außerdem wird mitgeteilt, »für's neue Jahr sind nicht unbedeutende Aufträge [...] eingegangen, so daß ausreichende Beschäftigung vorhanden ist.«[43] Außerdem ist der Ostsee-Ztg. vom 15. April 1870 unter der Überschrift »Geschäftsresultate der Stettiner industriellen Actiengesellschaften im Jahre 1870« zu entnehmen: »Die Maschinenbau-Actiengesellschaft Vulcan hatte freilich keinen Mangel an Aufträgen für Lokomotiven, aber die besten Arbeiter waren bei den Fahnen, und überdies der Arbeitslohn gesteigert.«

Der deutsch-französische Krieg 1870/71 hatte auch auf den Vulcan Auswirkungen, wie der Schilderung der Geschäftsresultate anlässlich der ordentlichen Generalversammlung am 2.5.1872 zu entnehmen ist: »Das Etablissement war fürs Jahr 1871 mit Aufträgen für alle Werkstätten so besetzt, daß der Betrieb mit den für die Hauptbranchen mehrfach stattgehabten Erweiterungen einen bedeutenden Aufschwung gegen frühere Jahre hätte gewinnen können, wenn nicht infolge des verlängerten Kriegszustandes die Beschaffung des Materials wie der Complettirung des Arbeiter-Personals eine so ungemein schwierige gewesen wäre. Es fehlte an geübten Arbeitskräften und der aus denselben Gründen beschränkte Betrieb in den Eisen- und Kohlenwerken deckte den Bedarf an Material nur in so ungenügender Weise, daß es bei dem noch dazu gestörten und oft wochenlang unterbrochenen Eisenbahn-Verkehr unmöglich war, die Leistung des Etablissement wesentlich zu erhöhen. Locomotiven wurden in 1871 zehn Stück mehr abgeliefert als 1870, also 71 Stück. Für's neue und folgende Jahr sind so bedeutende Aufträge an Locomotiven eingegangen, daß volle Beschäftigung bis 1874 hinein vorhanden ist. Aus 1871 wurden in 1872 mit herüber genommen 92 und seit Neujahr sind noch dazu bestellt worden 102 Stück, für welche das Material zu calculirten Preisen gesichert ist«[44]

Dem Bericht über das Geschäftsjahr 1872 ist zu entnehmen, dass 78 Lokomotiven geliefert wurden sowie Abschlüsse über 141 Lokomotiven.[45] Unter den gelieferten Lokomotiven waren die Güterzuglokomotiven der Fabrik-Nrn. 387–406 für die Reichseisenbahn [Elsaß-Lothringen] sowie einige 1Bn2-Personenzuglokomotiven für die Main-Weser-Bahn.[46] Diese hatten einen überhöhten Stehkessel, einen Dampfdom und einen runden Sandstreuer. Geliefert wurde dieser Typ an die genannte Bahn bis 1876.[47] Die Thüringer Eisenbahn erhielt 1872 die letzten Exemplare einer Serie von insgesamt 35 kleinrädrigen Cn2 Güterzuglokomotiven mit den Fabrik-Nrn. 101-134, von denen die ersten bereits 1868 geliefert wurden. Bei ihnen saß der Dampfdom auf der stark überhöhten Feuerbüchse, weshalb sie, wie berichtet wird, wegen des trockenen Dampfes und ihres besseren Laufes beim Personal sehr beliebt waren.[48]

Das Fest der 500. Lokomotive

Der Verwaltungsbericht über das Jahr 1873, verlesen auf der ordentlichen Generalversammlung am 30.4.1874, teilt mit, dass 80 Lokomotiven geliefert wurden […] »sowie auch Abschlüsse auf […] die Lieferung von 151 Locomotiven.« Unter den 80 Lokomotiven, waren elf 1Bn2 Peronenzuglokomotiven mit außenliegender Allan-Steuerung und seitlich verschiebbarer Vorderachse, System Bissel, für die Bergisch-Märkische Bahn. Eine davon, die Fabrik-Nr. 500, war am 17.3.1873 fertiggestellt worden.[49] Die Personenzuglokomotive wurde im selben Jahr zur Wiener Weltausstellung geschickt und dort mit der Verdienstmedaille prämiert.[50] Die Lokomotive hatte eine Gesamtlänge von 8,35 m, zwei Trieb- und eine Laufachse, der Durchmesser der Triebräder betrug 1,53 m, der Laufräder 1 m, der Radstand vorn 1,80 m und hinten 2,60 m, der Schornstein hatte einen Durchmesser von 475/325 mm, eine Gesamthöhe von 4,275 m, das Gesamtgewicht betrug 35.250 kg.[51]

Über das »Fest der 500. Lokomotive«, wird berichtet: »Das von der Maschinenbau-Aktiengesellschaft Vulcan veranstaltete Fest der 500. Locomotive fand am Sonnabend [21.6.1873] in [Stettin-] Gotzlow vom schönsten Wetter begünstigt statt, und nahm einen in jeder Beziehung erwünschten Verlauf. Den ca. 2.000 Arbeitern irgendwie die Art vorzuschreiben, wie sie sich vergnügen sollten, darauf war allerdings verzichtet worden. Man hatte sich vielmehr damit begnügt, sie mit den erforderlichen Mitteln zu versehen, damit sich ein Jeder nach seinem Belieben mit seinen Angehörigen einen heiteren Nachmittag und Abend verschaffen konnte. Dennoch gestaltete sich eine Art Gemeinsamkeit der Feier zwischen Arbeitern auf der einen und den Beamten und Ingenieuren der Gesellschaft auf der anderen Seite, wie sie namentlich während des Mahles hervortrat, welches von den Letzteren in der halboffenen (mit passenden Emblemen und einem Miniaturbild der 500. Locomotive geschmückten) Halle des Arnd'schen Locals eingenommen wurde. Die verschiedenen während des Mahles ausgebrachten Toaste auf den Kaiser, die Gesellschaft, ihre Direktoren und Ingenieure ect. zogen von den neben der Halle im Freien sich bewegenden Arbeitern eine immer größere Zahl aufmerksame Zuhörer herbei, und als schließlich aus ihrer Mitte ein Redner auftrat, um in einfachen Worten das zwischen den Arbeitern und den Beamten der Gesellschaft herrschende gute Einvernehmen zu feiern, fand er unter den Arbeitern selbst ebenso lebhafter Zustimmung, wie seitens derer, welche die Plätze an der Festtafel einnahmen. Ein Toast des Herrn Direktor Lippelt auf die Meister, ohne deren Vermittlung das gemeinsame Wirken der Direktoren und Ingenieure mit den Arbeitern unmöglich wäre, bildete die angemessene Antwort. Nach beendeter Tafel wurde auf der anderen Seite der Oder ein Feuerwerk abgebrannt, welches einen großen Theil der Festteilnehmer in der schönen Sommernacht noch längere Zeit beisammenhielt«.[52]

Während 1874 mit 98 abgelieferten Lokomotiven die bisher höchste Leistung erreicht wurde, waren es im folgenden Jahr noch 87 Stück. Weiter heißt es in der Jubiläumsschrift des Vulcan auf Seite 100: »Dann trat jedoch eine sehr ungünstige Konjunktur ein, welche ca. 15 Jahre anhielt. Da aus finanzpolitischen Gründen vom Staate, nach der Verstaatlichung der bisherigen Privatbahnen, nur sehr wenige Locomotiven bestellt wurden, und die Locomotivfabriken Deutschlands sich gegen äußerst niedrige Preise ohne jeden Verdienst, selbst ohne Anrechnung von Regiekosten, um die Lieferungen drängten, so wurde während dieser geschäftsträchtigen Zeit vielfach mit Schaden gearbeitet.[53]

Um 1874 existierten größere Lokomotivfabriken in Elbing, Königsberg, Berlin, Hannover, Chemnitz, Kassel, München, Karlsruhe, Esslingen, Graffenstaden und Mühlhausen als Konkurrenten des Vulcan. Diese konnten zusammen jährlich mehr als 1.000 Lo-

Oben:
1875 gebaute Sekundärbahn-Lokomotive mit Friktionsrollenantrieb für die Reichseisenbahn Elsaß-Lothringen mit der Fabr.-Nr. 737
[aus: Stettiner Maschinenbau-Actien-Gesellschaft Stettin-Bredow]

Unten:
1878 gebaute Personenzuglokomotive der Serie mit den Fabr.-Nrn: 776-779 für die Westfälische Eisenbahn
[aus: Stettiner Maschinenbau-Actien-Gesellschaft. Stettin-Bredow]

1879 gebaute 2bn2-Personenzuglokomotive für die Rheinische Eisenbahngesellschaft [aus: Stettiner Maschinenbau-Actien-Gesellschaft, Stettin-Bredow]

komotiven im Wert von etwa 50 Mill. Mk. liefern. Für das älteste deutsche Lokomotiv-Bauunternehmen, August Borsig in Berlin, wird für den Zeitraum vom 1. April 1867 bis 1. April 1873 eine Gesamtzahl von 1.031 Lokomotiven angegeben, von denen 300 nach Russland und 30 nach Österreich, Holland und Java exportiert wurden.[54] Besondere Erwähnung ihrer Eigenart wegen, verdient die Lokomotive mit der Fabrik-Nr. 737, die 1875 an die Reichseisenbahn in Elsaß-Lothringen geliefert wurde, es war eine 3/3 gekuppelte Tenderlokomotive mit Friktionsrollenantrieb, System Grund.[55]

Vermutlich 1876 erhielt die Cölln-Mindener Eisenbahn zehn 1Bn2-Schnellzuglokomotiven mit einem besonders stark überhöhten Stehkessel und einem Treibraddurchmesser von 1830 mm.[56] 1878 kamen zur Auslieferung an die Kgl. Westfälische Eisenbahn mit den Fabrik-Nrn. 776–779 vier Normal-Personenzug-Lokomotiven mit 2 gek. Achsen. An Güter- und Personenzug-Lokomotiven waren in den Jahren 1863 bis 1878 die Fabrik-Nrn. 28 bis 779 ausgeliefert worden.[57] 1879 lieferte der Vulcan für die Rheinische Eisenbahngesellschaft sieben Bn2-Personenzuglokomotiven. Sie wurden auf den Strecken der Moseltal- und Eifelbahn eingesetzt. Bei diesen Maschinen wichen die Abmessungen der Zylinder und Kessel noch von den bereits vorhandenen ersten preußischen Normalien ab. Der Kesseldruck betrug nur 9 atü, der Hinterkessel hatte eine überhöhte Form. Die Kurvenläufigkeit wurde durch ein zweiachsiges Bisselgestell erzielt, der Tender war zweiachsig.[58] Ebenfalls 1879 bescheinigte der Ober-Maschinenmeister Nohl von der Rheinischen Eisenbahn dem Vulcan, »daß die [...] gelieferten Personenzug-Locomotiven mit beweglichem Vordergestell sich in jeder Hinsicht gut gehalten haben und in Bezug auf Ausführung, den von der Firma Beyer, Peacock & Co. in Manchester, hierher gelieferten ähnlichen Maschinen in keiner Weise nachstehen. Die Maschinen bewegen sich fast durchgängig in Kurven bis zu 300 m Radius und passiren dieselben mit großer Leichtigkeit. Ein Abdrehen der Räder ist selbst nach Durchlaufen von 30.000 km noch nicht nöthig gewesen. Cöln, den 17. Dezember 1879.«[59]

Die preußischen Normalisierungsbestrebungen wirkten sich natürlich auch beim Stettiner Vulcan aus. So ist bereits um 1880 bei Lieferungen an die Westfälische Eisenbahn, die 1Bn2-Personenzuglokomotive mit äußerer Allansteuerung – die spätere preußische Gattung P 2 – darunter. Die dreiachsige Cn2 Güterzuglokomotive mit ebenfalls außenliegender Steuerung, Gattung G3 gehörte zu jener Zeit ebenso zum Programm des Vulcan wie die Cn2 Tenderlokomotive mit 14 t Achslast, der späteren Gattung T 7.[60]

Eine Vulcan-Lokomotive neuerer Art auf der Gewerbeausstellung in Kolberg

»Stettin, 29. Juli. [1881] Über den Stand der Bauausführung der Alt-Damm–Colberger Eisenbahn, erhalten wir folgende Mittheilung: Nach einer unbedeutenden durch den Frost unterbrochenen Leistung am Ende v. J. sind die Erdarbeiten im März d. J. mit ca. 1.500 Mann wieder aufgenommen und, obwohl sich die Arbeiterzahl im Laufe des Sommers auf 1.000 Mann vermindert hat, doch soweit gefördert, daß ca. 70 km der 122 km langen Strecke in Erdarbeit vollständig fertig gestellt und ca. 700,000 Cubikm. bewegt sind, d. s. zwei Drittel der veranschlagten Bodenmasse. Es ist abzusehen, daß zum Oktober d.J. die Erdarbeiten beendet sein werden. Die kleinen gewölbten Brücken sind fast sämmtlich fertig, die offenen Brücken bis zu 10 m Weite ebenfalls bis auf den eisernen Überbau, der bereits aufgestellt wird. Von den größeren Brücken ist die Plönebrücke bei Alt-Damm (11,5 m weit) fertig; die Ihnabrücke bei Gollnow (22 m weit) und die Spielbachbrücke bei Papenhagen (10 m weit) sind in der Ausführung begriffen. Für die übrigen großen Brücken über die Rega bei Treptow (44 m weit), den Holzgraben bei Colberg (13 m weit) und die Persante daselbst (44 m weit) sind die Materialien abgeliefert. An Schienen sind 570 Tons (ganze Lieferung 630 Tons); an Schwellen 106.000 Stück (ganze Lieferung 142.000 Stück) theils in Alt-Damm, theils in Colberg vorhanden. Das Verlegen des Oberbaues ist bereits am 18. Juli von Alt-Damm aus begonnen. Die Bahnhofgebäude sind auf fast allen Bahnhöfen unter Dach. Die Betriebsmittel werden bis Ende d. J. sämmtlich angeliefert sein. Auch wenn hierüber keine Angaben vorliegen, so ist es nicht gänzlich abwegig anzunehmen, daß der Vulcan bei den Eisenarbeiten zumindest beteiligt war. Zwei Lcomotiven stehen im Vulcan zur Benutzung bei den Arbeitszügen fertig. Eine dritte Locomotive wird im nächsten Monat auf der Gewerbeausstellung zu Colberg ausgestellt werden. [...]« [61]

Über diese Lokomotive informiert uns einige Wochen später die Abendausgabe der Ostsee-Ztg. »Diese für die Alt-Damm-Colberger Eisenbahn bestimmt, repräsentirt nach ihrer Construktion ein neues System, das der sogenannten Tendermaschinen, d. h. Locomotiven, welche ihren Bedarf an Wasser und Brennmaterial auf den eigenen Achsen ohne einen besonders angekuppelten Wagen (Tender) mit sich führen. Als Locomotive für den secundären Betrieb charakterisirt sich diese schon durch das auf dem Kessel angebrachte Läutewerk, welches mit Anwendung von direct aus dem Kessel entnommenem Dampf in Bewegung gesetzt wird. Dieses System von Maschinen ist im Eisenbahnbetriebe noch wenig vertreten, da auf der größten Zahl der im Betrieb befindlichen secundären Bahnen alte Maschinen primärer Bahnen Verwendung finden. Die ausgestellte Locomotive zeigt in ihrer Construktion und in der technischen Ausführung die Gediegenheit, die man von einem Werke erster Klasse, zu welcher wir den Vulcan zu rechnen berechtigt sind, erwarten konnte. Besonders erregt aber die ganze Disposition und die leichte Übersicht und Handhabung aller Sicherheitsvorrichtungen der Steuerung und der Armaturen an Kessel und Maschine die Beachtung der Sachkenner. Die Wasser- und Kohlenbehälter sind so groß angelegt, daß der ganze maschinelle Apparat für 1½ Stunde Fahrt unter gewöhnlichen Betriebsverhältnissen versorgt werden kann. Größere Quantitäten verbietet der für secundäre Bahnen verhältnismäßig leichtere Unterbau des Bahnkörpers. Für die genannte Fahrzeit sind erforderlich ca. 3 Cubikmeter Wasser und 1.000 kg Kohlen und nach den vom Erbauer übernommenen contractlichen Bedingungen soll die Maschine eine Last von 4.500 Ctr. bei einer Geschwindigkeit von 30 Kilometer pro Stunde und einer Steigung von 1 zu 25, befördern. Die Ausführung der Arbeit darf in allen Theilen als mustergültig bezeichnet werden und gereicht den Leitern des Werkes, dessen Leistungen schon weit über die Grenzen Deutschlands, ja Europa's hinaus Anerkennung gefunden haben, zur Ehre.« Bei der am 2.9.1881 stattgefundenen »Verkündigung der Prämierungen« wurde der Vulcan mit der »silbernen Stadtmedaille« für die ausgestellte Lokomotive geehrt.[62] Die beiden im Werk auf Abruf stehenden 2/2 gek. Lokomotiven hatten die Fabrik-Nrn. 805 und 806, die prämierte die Fabrik-Nr. 807.[63]

Etwa zu dieser Zeit, also um 1880, gab es 11 verschiedene Bauarten von Normallokomotiven, die allen Bedürfnissen auf den preußischen Strecken genügten. Es gab daher keinen Grund, neue Gattungen zu entwickeln. Als sich jedoch zu Beginn der neunziger Jahre im preußischen Eisenbahnwesen neues Leben regte, war der Vulcan eine der ersten Lokomotivfabriken, die dem neuen Trend folgte. Eine Anzahl der am weitesten verbreitet gewesenen Typen der Preußischen Staatsbahnen wurden von ihr entworfen und erstmalig ausgeführt, so die Dn2v-Güterzuglokomotive, Gattung G71, Baujahr 1881; 1Cn2-Güterzuglokomotive, Gattung G5, Baujahr 1892; Dn2v-Güterzuglokomotive, Gattung G72, Baujahr 1894.[64]

Im Januar 1882 hatte der Vulcan einen Auftragsbestand von 50 Lokomotiven, 36 für deutsche und 14 für italienische Rechnung, von denen bis zum Jahresende 26 fertiggestellt waren.[65] Im Geschäftsbericht für 1881, vorgetragen am 26.4.1882 in der ordentlichen Generalversammlung, heißt es über die Lokomotivbranche: »Daß sie noch immer an Überproduction laborirt, und das bei den Preisen nicht einmal die Geschäftskosten gedeckt werden. Ende v. J. ging dem Vulcan der Auftrag auf 11 Personenzuglocomotiven für die ›Alta Italia‹ zu.«[66] In diesem Jahr wurde die erste für den Hofbetrieb des Vulcan bestimmte 2/2 gekuppelte Tenderlokomotive mit Zahnradübersetzung und der Fabrik-Nr. 822 gebaut. Die Kraftübertragung mittels Zahnradvorgelege auf die gekuppelte Achsen wurde mit Rücksicht auf die schwierigen Gleisverhältnisse bzw. verschiedentlich starken Steigungen im Fabrikgelände gewählt.

Eine interessante Mitteilung ist der Ostsee-Ztg. vom 27.11.1882 zu entnehmen: »Vor ungefähr 8 Tagen setzten die Herren Spohn & Reinhard [Zivilingenieure] auf dem Vulcan an einer für den Herren Eisenbahn-Bauunternehmer Lenz hier [Stettin] gebauten Locomotive eine Beleuchtung (System Sedlaczek & Wikubill) in Betrieb. Dieselbe soll zur Beleuchtung der Strecke 500 Meter vor der Maschine dienen und fährt die Locomotive bereits auf der Bahn Plau – Güstrow, welche demnächst eröffnet wird. Die gekuppelte Dynamo- und Dreizylinder-Dampfmaschine sind auf dem Lokomotivkessel aufgesattelt, während die 2.500 Normalkerzen starke Lampe vor dem Schornstein ihren Platz einnimmt.« Vermutlich war dies die erste Vulcan-Lokomotive mit Scheinwerfer.

Am 4.3.1883 wurde durch einen bereits an anderer Stelle beschriebenen Brand, die Lokomotiv-

Lokomotivverladung in Schiffe per Schwimmkran [aus: Vulcan Werke Hamburg u. Stettin AG, Deutsche Verlagsges.m.b.H, Berlin 1920]

abteilung stark in Mitleidenschaft gezogen. Zur Lokomotivproduktion in 1883 führt der Direktionsbericht am 5.5.1884 aus: »In der Locomotivbranche gelangten nur 26 Stück Locomotiven zur Ablieferung, welche Restlieferungen auf ältere Verträge repräsentiren. Neue Contracte konnten wegen des stattgehabten großen Brandes während des ganzen Jahres nicht abgeschlossen werden. Die Preise in dieser Branche erhalten sich leider andauernd auf einem so niedrigen Niveau, daß die Selbstkosten nicht gedeckt werden, und bleibt es zu bedauern, daß die Locomotiv-Branche allein die Vorzüge einer Convention entbehrt, welche unter ähnlichen Verhältnissen in anderen Industrien unter günstige und gleichzeitig praktische Lösung herbeigeführt hat. Unter den neuen Aufträgen (in 1884) waren 20 Locomotiven.«[67]

Vermutlich 1883 bzw. Anfang 1884, hatte der Vulcan für den Stettiner Bauunternehmer Carl Feuerloh für Baggerarbeiten in der Spree zwischen Charlottenburg und Spandau, besondere Eisenbahn-Kippwagen gebaut. Diese standen auf dem mit Schienen versehen Deck der Baggerprähme. Das Baggergut konnte so, ohne es umzuladen, an Land geschafft werden. Bereits bei dem ersten Einsatz der Wagen kam es zu einem folgenschweren Unfall, über den die Ostsee-Ztg. am Montag, dem 31.3.1884 berichtete: »[...] Am Sonnabend befand er [Feuerloh sen.] sich, um die Vorrichtung zu probieren, mit sieben seiner Leute auf einem Baggerprahm in der Nähe von Westend-Charlottenburg. Von den Wagen waren die drei ersten bereits beladen und in Folge davon fing der Prahm an sich vorne zu senken; dadurch geriet der letzte (unbeladene) Wagen ins Rollen, während Herr F. zwischen diesem und dem dritten beladenen Wagen stand, um weitere Anordnungen zu treffen. Der Prahm kippte um, und die darauf befindlichen Personen stürzten ins Wasser, doch gelang es ihnen, sich ans Land zu retten, mit Ausnahme des Herrn F. dessen Leiche erst nach zweistündiger Suche zwischen den Wagen eingeklemmt gefunden wurde, und zwar mit Verletzungen sowohl an der Brust wie am Kopf. [...] Der Tod des Herrn F. erregt hier in den weitesten Kreisen außerordentliche Teilnahme. Herr F. war ein self-made-man im besten Sinne des Wortes; ohne große Schulbildung gelang es ihm, seine ausgedehnten Unternehmungen stets zur allseitigen Zufriedenheit auszuführen, und während er selbst dabei ein bedeutendes Vermögen erwarb, blieb er mit seinen Arbeitern auf dem besten Fuß, indem er sie so zu behandeln wußte, dass sie kaum über verständige Forderungen hinausgingen, für deren Erfüllung er immer zur rechten Zeit sorgte. Auch wird seine allzeit bereite Mildtätigkeit gerühmt. Nicht minder beteiligte er sich an öffentlichen Unternehmungen, wie er denn auch zu den Hauptförderern des Konzert- und Vereinshauses gehörte. Über die Zukunft der im Gange befindlichen Unternehmungen des Herrn F. ist noch nichts bekannt. Von dem Umfange derselben mag eine Vorstellung geben, dass zu ihrem Betriebe eine größere Zahl Locomotiven und Waggons, Dampfschiffe, Dampfbagger und andere Baggermaschinen usw. im Werte von einigen Millionen Mark gehören.« Einiges davon stammt vermutlich aus den Werkstätten des Vulcan.

Der am 29.3.1885 veröffentlichte Direktionsbericht über das Vorjahr teilt mit, dass infolge des

Brandes 1883, in den ersten 6 Monaten des Geschäftsjahres 1884 keine Lokomotiven und in den Folgemonaten nur 23 Stück zur Ablieferung kommen konnten. Anfang 1885 waren 49 Lokomotiven in Arbeit. Im Januar 1885 wurde dem Besitzer des Trajektdampfers SULTAN, Herrn Knust, seitens der Polizeidirektion erlaubt, wieder seine Fahrten aufzunehmen. Der Dampfer holte vom Vulcan eine Lokomotive ab und beförderte sie zur Breslau-Freiburger Bahn. Er hatte dabei durch den Oder-Dunzig-Kanal zu gehen, um die »Eisbahn von der Stadt bis zur Bahn nicht zu beschädigen.«[68]

1885 kamen lt. Geschäftsbericht 52 Lokomotiven zur Ablieferung. Ebenfalls in diesem Bericht werden als Kosten »für den noch nicht ausgeführten Neubau der Lokomotiv- und Tendermontage« 200.000 Mark angegeben. Diese Neubauten waren zum Jahresende 1886 fertiggestellt.[69]

Auch 1886 konnten nur 19 Lokomotiven an die Besteller übergeben werden. Der Geschäftsbericht nennt hierfür als Gründe Betriebsstörungen in Folge diverser Neubauten und Neueinrichtungen, Störungen in der Anlieferung des Materials und »die ungewöhnlich große Bewegung [Arbeitsniederlegung/Streik] in dem Arbeiterstande«. 25 Lokomotiven befanden sich in Arbeit bzw. waren zu Beginn des neuen Jahres hinzugekommen.[70]

Das erste Tausend Lokomotiven

Im Geschäftsjahr 1887 »wurden im Ganzen 28 Locomotiven an die Besteller übergeben. [...] In Arbeit befindlich waren zu Anfang des neuen Jahres resp. sind inzwischen hinzugekommen [...] 25 Locomotiven.«[71] Unter den abgelieferten Lokomotiven befand sich auch die im Dezember fertiggestellte 1000. Lokomotive. Die 3/3 gekuppelte Güterzuglokomotive war für die Kgl. Eisenbahn-Direktion Altona bestimmt. Unter den Bestellern der ersten tausend Lokomotiven befanden sich: Die Berlin-Stettiner Bahn mit 172, die Oberschlesische Eisenbahn mit 135, die Bergisch-Märkische Bahn mit 128 und die Königlich Hannoversche Bahn mit 51 Maschinen. Ins Ausland wurden 22 Lokomotiven geliefert: Nach Oberitalien, Dänemark und Spanien. Unter der gesammten Stückzahl waren überwiegend leichte 2/3 gek. Personen- und 3/3 gek. Güterzuglokomotiven.

Der über das Geschäftsjahr 1888 erstattete Bericht über den Lokomotivbau teilt mit: »Es wurden im Ganzen 34 Locomotiven [...] abgeliefert. In dieser Branche ist im Laufe des vorigen Jahres ein erfreulicher Umschwung insofern eingetreten, als sich bei gesteigertem Bedarf die Preise allmälig gebessert haben und größere Aufträge gegen Ende des Jahres zu Preisen übernommen werden konnten, welche einen mäßigen Gewinn belassen. Es steht zu hoffen, daß der stagnirende Zustand, welcher Jahre lang nur verlustbringende Preise zuließ, durch den regelmäßigen Bedarf der Eisenbahnen in Zukunft beseitigt wird. [...] In Arbeit befindlich waren zu Anfang des neues Jahres, respective sind inzwischen hinzugekommen: [...] 96 Locomotiven [...].«[72,73]

Ab 1889 wird die Beschäftigung im Lokomotivbau als eine ziemlich regelmäßige bezeichnet. Während für den Bau der ersten tausend Lokomotiven 29 Jahre benötigt wurden, war das zweite Tausend bereits in 16 Jahren fertiggestellt worden. Bezüglich der Besteller machte sich die Verstaatlichung der Staatsbahnen deutlich bemerkbar. Von dem zweiten Tausend Lokomotiven wurden allein 741 Stück für die Kgl. Preußische Staatseisenbahn geliefert. Aber auch die Kleinbahnen kamen während dieser Zeit kräftig in Aufschwung. An das Eisenbahnbau-Unternehmen Lenz & Co. GmbH in Stettin und Berlin kamen nicht weniger als 214 Tenderlokomotiven zur Ablieferung.[74]

Die Verstaatlichungspläne der Eisenbahn sind im Zusammenhang mit der Reichsgründung 1871 zu sehen. Die damalige Reichsverfassung schien dem Reichskanzler Bismarck die Möglichkeit zu geben, seine Pläne zu verwirklichen, alle Bahnen in der Hand des Reiches zu vereinigen. Der Kanzler war sich nicht nur über die strategische und wirtschaftliche, sondern auch über die innenpolitische Bedeutung eines einheitlich geleiteten und das ganze Reich um- und erfassten Verkehrsnetzes vollkommen im Klaren. Aber die Zeit war noch nicht reif für solche rückhaltlose Einigkeit, die Reichsbahnpläne scheiterten vorerst am Widerspruch süddeutscher Kreise. Immerhin war durch die Bestimmungen der neuen Reichsverfassung zunächst eine Aufsicht des Reiches über alle Privat- und Staatsbahnen gesichert.[75]

Die Neuorganisation der Reichsbahn

Der Krieg von 1870/71 hatte die deutschen Eisenbahnen über Gebühr beansprucht, besonders im Westen und Südwesten. Der folgende ungeheure Verkehrsaufschwung war bedingt durch das Arbeitsfieber der »Gründerjahre«. Überall entstanden neue industrielle und gewerbliche Anlagen, die mit Roh- und Brennstoffen versorgt und ihre Erzeugnisse in die Absatzgebiete befördert haben wollten. Auch die bestehenden Werke und Fabriken waren mit Aufträgen überhäuft. Die an sich dringend erforderlichen Überholungsarbeiten am Oberbau waren ebenso wenig durchzuführen, wie Wagen und Lokomotiven zu erneuern und zu ergänzen. Man hatte weder die erforderlichen Arbeitskräfte noch genügend Maschinen und Rohstoffe. Besonders litten die Privatbahnen unter diesen Verhältnissen. Das Ergebnis waren Unregelmäßigkeiten sowie Verspätungen und Unfälle häuften sich. Die Bahnen verfielen immer mehr in spekulative Gründungen, die kaum noch verkehrspolitisch begründet, sondern ausschließlich von Dividenden bestimmt waren. Man kaufte fremde Linien auf, um ihren Wettbewerb auszuschalten und unterbot die Frachten der Staatsbahnen. Dieser ungesunde Konkurrenzkampf tobte am schärfsten im Ruhrgebiet, wo neben den drei Privatbahnen auch die staatliche Westfälische Bahn am Verkehr beteiligt sein wollte. Mit diesen Missständen nahm der Unwille der öffentlichen Meinung zu, der sich besonders gegen die Privatbahnen richtete. Man wies auf Süddeutschland und einige norddeutsche Länder hin, wo durch eine rechtzeitige und trotzdem vorsichtige Verstaatlichung aller Bahnen diese Missstände vermieden wurden. Nicht zuletzt auf öffentlichen Druck kam es daher 1873 in Preußen zur Einsetzung eines parlamentarischen Untersuchungsaußschusses, der in seinem Gutachten den Übergang vom gemischten zum reinen Staatsbahnsystem forderte. Etwa gleichzeitig – durch Gesetz vom 27. Juni 1873 – wurde das Reichseisenbahnamt ins Leben gerufen. Dessen Aufgabe bestand darin, für die Ausführung der gesetzlichen Bestimmungen zu sorgen und auf die Abstellung etwa auftretender Übelstände hinzuwirken. Damit hatte man die Handhabe, wenigstens in Preußen, Bismarcks Verstaatlichungspläne durchzusetzen, mit denen man um 1879 begann und die 1896 im Wesentlichen abgeschlossen waren. Die anderen Bundesstaaten folgten, soweit sie nicht schon vorher das Staatsbahnsystem übernommen hatten. Die Zeit war für die Durchführung einer so großzügigen Maßnahme, die in erster Linie eine finanzwirtschaftliche Frage war, sehr günstig. Die Länder befanden sich nach dem glücklich ausgegangenen Krieg gegen Frankreich und im Hinblick auf die französische Kriegsentschädigung von 5 Milliarden Goldmark durchweg in einer guten Finanz- und Kreditlage. Die Beschaffung der Tender und Lokomotiven war, seitdem diese ausschließlich im Inland erfolgte, von erheblicher Bedeutung für die deutsche Industrie. Solange die einzelnen Bahnen selbstständig nebeneinander bestanden, wurden die Fahrzeuge von jeder Bahn entweder bei den Werken direkt bestellt oder ausgeschrieben. Ebenso verfuhren die Staatsbahnen. Eine besondere Regelung traf die Preußische Staatsbahn. Nach der 1879 eingeführten Organisation war noch den einzelnen Eisenbahndirektionen für ihren Bereich die Beschaffung der Lokomotiven, Tender und Wagen vorbehalten. Später hatten bestimmte Eisenbahndirektionen bestimmte Fahrzeuge für den Gesamtbereich der Preußischen Staatsbahn einheitlich zu beschaffen. So wurden die Güterwagen nur von der Direktion Köln, die Personenwagen von Magdeburg und die Lokomotiven nur von Berlin bestellt. Bei der Neuorganisation der Preußischen Staatsbahn 1895 übertrug man die gesamte Fahrzeugbeschaffung und ab 1896 auch für den Bereich der Preußisch-Hessischen Eisenbahngemeinschaft der Direktion Berlin. Den Beschaffungsauftrag erhielt sie vom preußischen Minister für öffentliche Arbeiten. Mit der Errichtung des Eisenbahn-Zentralamtes in Berlin am 1. April 1907 übernahm dieses Amt die bisherigen Beschaffungsaufgaben der Direktion Berlin. Ab dem 1. April 1909 gehörte auch die »Reichseisenbahn« in Elsaß-Lothringen zum Beschaffungsbereich des Berliner Zentralamtes. Als dann durch das Gesetz vom 30. April 1920 die Ländereisenbahnen auf das Reich übergingen, verblieb die Fahrzeugbeschaffung für die einzelnen Netze zunächst noch bei den bisherigen Stellen. Allmählich wurde diese Aufgabe für den Gesamtbereich der Deutschen Reichsbahn auch an das Zentralamt Berlin, nunmehr als – Reichsbahn-Zentralamt – übertragen. Eine Ausnahmeregelung für den Lokomotivbereich bestand bis Ende 1933 für die Gruppenverwaltung Bayern und die Direktion Stuttgart. Danach war das neu gebildete Reichsbahn-Zentralamt München u.a. zuständig für Belieferung des gesamten Reichsbahngebietes mit elektrischen Lokomotiven und verschiedenen Spezialwagen. Das bisherige Reichsbahn-Zentralamt Berlin wurde aus organisatorischen Gründen am 1. Dezember 1930 in Sachgebiete aufgeteilt. Für die Versuchsfahrzeuge war nunmehr das Reichsbahn-Zentralamt für Maschinenbau und für die übrigen das »Reichsbahn-Zentralamt für Einkauf« zuständig. Für den Einkauf waren bis zum 21. Dezember 1929 noch die für Preußisch-Hessen 1905 herausgegebene Verdingungsordnung und für die anderen Länder ähnliche Bestimmungen maßgebend.[76]

Erst 1889 decken die Verkaufswerte wieder die Herstellungskosten

Zu Anfang des Jahres 1888 waren beim Vulcan in Arbeit respektive kamen neu hinzu 25 Lokomotiven und im Juli erhielt das Werk von der Eisenbahndirektion Magdeburg den Auftrag für 27 Güterzuglokomotiven. Der Geschäftsbericht für 1888 machte zum Lokomotivbau folgende Angaben: »Es wurden im ganzen 34 Locomotiven [...] abgeliefert. In dieser Branche ist im Laufe des vorigen Jahres ein erfreulicher Umschwung insofern eingetreten, als sich bei gesteigertem Bedarf die Preise allmälig gebessert haben und größere Aufträge gegen Ende des Jahres zu Preisen übernommen werden konnten, welche einen mäßigen Gewinn belassen: Es steht zu hoffen, daß der stagnierende Zustand, welcher Jahre lang nur verlustbringende Preise zuließ, durch den regelmäßigen Bedarf der Eisenbahnen in Zukunft beseitigt wird. [...] In Arbeit befindlich waren zu Anfang des neuen Jahres (1889) bzw. sind neu hinzu gekommen, 96 Lokomotiven.«[77]

Für das Geschäftsjahr 1889 teilt der Geschäftsbericht mit: »Im Locomotivbau ist die Beschäftigung eine etwas regere gewesen; die Preise waren aber wie schon seit Jahren, sehr gedrückt und trat erst gegen Ende des Geschäftsjahres eine Besserung insoweit ein, als die Herstellungskosten durch die Verkaufswerthe gedeckt werden konnten. Die neuerdings übernommenen Lieferungen werden einen mäßigen Gewinn belassen. [...] Es wurden 59 Locomotiven [...] abgeliefert. In Arbeit befindlich waren bzw. sind inzwischen hinzugekommen [...] 87 Locomotiven [...].«[78]

Für 1890 ist dem Direktionsbericht zu entnehmen: »Auch im Locomotivbau haben sich die Verhältnisse zum Besseren gewendet und dürfen wir der Hoffnung Raum geben, daß in dieser Branche wieder stabile Verhältnisse von Dauer sein werden. Länger als zehn Jahre hat der Locomotivbau darniedergelegen und waren Aufträge auf Locomotiven nur zu verlustbringenden Preisen zu erlangen; seitdem die Eisenbahn-Verwaltungen wieder regelmäßig ihren größeren Bedarf ausschreiben, haben sich die Preise allmählich aufgebessert und belassen dieselben heute den Fabrikanten wieder einen entsprechenden Nutzen.[79] »Es wurden 61 Locomotiven an die Besteller abgeliefert. [...] In Arbeit befindlich waren bezw. sind inzwischen hinzugekommen: [...] 60 Locomotiven.« [80]

1891 war das Unternehmen auch im Lokomotivbau das ganze Jahr hindurch regelmäßig beschäftigt »und haben sich die Preise der Fabrikate auf einem angemessenen Niveau erhalten. Es wurden 72 Locomotiven abgeliefert. In Arbeit befindlich waren am 31. Dezember v. J. bzw. sind [...] hinzugekommen 70 Locomotiven.«[81] 1892 wurde gleichzeitig mit der 4/4 gekuppelten Güterzuglokomotive eine andere neue Lokomotivgattung durch den Vulcan entworfen und erstmalig gebaut. Es war die 3/4gekuppelte Güterzuglokomotive mit vorderer radial verschiebbarer Adamsachse. Diese Lokomotive mit der Fabrik-Nr.1302 kam in verschiedenen Ausführungen, z.B. mit Krauß'schem Drehgestell zur Ausführung und hatte eine große Verbreitung gefunden. Sie eignete sich insbesondere zum Transport leichter Güterzüge.[82] Der Geschäftsbericht für das Jahr 1892 enthält folgende Angaben: »Im Locomotivbau war die Beschäftigung während des ganzen Jahres eine recht befriedigende und haben sich dementsprechend auch die Erträgnisse in angemessener Weise gehoben. [...] Für das laufende Jahr sind wir sowohl im Locomotivbau wie im allgemeinen Maschinenbau gut beschäftigt; es ist zu hoffen, daß die Eisenbahn-Verwaltungen mit der Erneuerung der Betriebsmittel auch weiterhin in gleichen Weise vorgehen werden, wie in den letzten Jahre. [...] Über den Betrieb im Speziellen [...] haben wir zu berichten, daß im verflossenen Jahr [...] im Locomotivbau 61 Stück [...] abgeliefert wurden. In Arbeit befindlich sind noch geblieben bezw. neu hinzugekommen: [...] 54 Locomotiven, [...].«[83]

Der Bau von Kleinbahnlokomotiven wird aufgenommen

Dem Geschäftbericht für das Jahr 1893 ist zu entnehmen: »Im Locomotivbau war die Beschäftigung nicht ganz so gut wie im vorigen Jahre; die Bestellungen der Staats-Eisenbahnen erfolgen aber seit einigen Jahren schon so regelmäßig, daß ein bestimmtes Arbeitsquantum alljährlich zu erwarten ist; die Erträgnisse [...] sind als befriedigende zu bezeichnen. Nachdem der Bau von Kleinbahnen in größerem Umfange aufgenommen worden ist, haben wir uns veranlaßt gesehen, auch in die Fabrikation der kleineren Locomotiv-Typen einzutreten und von diesen bereits eine Anzahl in Auftrag erhalten. Wir versprechen uns von diesem neuen Fabrikationszweig für die nächsten Jahre einen dem kleinen Umsatze entsprechenden Verdienst. [...] Es wurden 54 Locomotiven an die Besteller abgeliefert. In Arbeit befindlich sind noch geblieben bezw. neu hinzugekommen: 77 normalspurige und 23 schmalspurige Locomotiven [...].«[84]

Für die am 4.5.1895 eröffnete Franzburger Kreisbahn mit 1 Meter Spur, wurden bereits 1893 mit den Fabrik-Nrn. 1347-1349 die ersten B-Tenderlokomotiven, weil sie vermutlich von der Stettiner Bau- und Betreiberfirma Lenz & Co. beim Streckenbau eingesetzt werden sollten. 1894 folgten noch weitere Lokomotiven mit den Fabrik-Nrn. 1359, 1363 u. 1379. Diese Maschinen waren ohne Dom, mit einen Regleraufsatz und Ramsbotten-Sicherheitsvertil ohne Rüttelhebel. Der Was-

1894 gebaute Kleinbahn-Tenderlokomotive der Serie mit den Fabrk-Nrn. 1424-1433 für die ostdeutsche Kleinbahn-AG [aus: Stettiner Maschinenbau-Actien-Gesellschaft, Stettin-Bredow]

servorrat von etwa 1,5 cbm befand sich in Wasserkästen zwischen den Rahmen.[85]

»Waren, wie wir bereits wissen, unter den ersten 1000 Lokomotiven vorwiegend leichte 2/3 gekuppelte Personen- und 3/3 gekuppelte Güterzuglokomotiven vertreten, so machten sich später die immer mehr steigenden Ansprüche an die Verkehrsverhältnisse der Eisenbahn und insbesondere die immer höher gestellten Anforderungen an die Lokomotiven bald auch im Lokomotivbau des Vulcan bemerkbar. Mehrere Anfang der 90er Jahre vom Werk für die Preußische Staatsbahn entwickelte Typen, waren von allen größeren Firmen nachgebaut worden und führten lange Zeit zu vielen Nachbestellungen beim Vulcan. Ein Beweis für die zu dieser Zeit bereits hochentwickelte Leistungsfähigkeit der Lokomotivbau-Abteilung des Unternehmens. Vor allem ist hier die 4/4 gekuppelte Güterzugzwillingslokomotive, aus welcher später die 4/4 gekuppelte Güterzugverbund- und schließlich die 4/4 gekuppelte Güterzugheißdampflokomotive hervorging, zu nennen. Diese eroberte sich sehr bald sämtliche Linien der preußischen Staatsbahn und erlebte so viele Nachbestellungen wie keine andere Lokomotivgattung der preußischen Staatsbahn. Ein schlagender Beweis für die Vorzüglichkeit der Konstruktion und ausgezeichneten Verwendbarkeit im Betrieb. Die Gattung war 1892 vom Vulcan entworfen und von Grund auf neu konstruiert worden Die erste Ausführung für die Kgl. Eisenbahndirektion Hannover kam im Juli 1893 zur Ablieferung. Um 1907 befanden sich einige Hundert von ihnen auf den Schienen und große Nachbestellungen im Bau. 1894 wurde eine Abart dieser Maschine in der 4/4 gekuppelten Verbund-Güterzuglokomotive vom Vulcan entworfen und erstmalig zur Ausführung gebracht. Auch diese Lokomotive hatte sich besonders in Bezug auf Sparsamkeit im Kohlenverbrauch bei größter Leistungsfähigkeit hervorragend bewährt und in Preußen die weiteste Verbreitung gefunden. Im Jahre 1900 wurde eine dieser Lokomotiven auf der Pariser Weltausstellung mit der großen Goldmedaille ausgezeichnet.«[86]

Über das Geschäftsjahr 1894 teilt die Ostsee-Ztg. am 19.4.1895 u.a. mit: »Im Locomotivbau war die Beschäftigung eine ziemlich gleichmäßige, doch konnte die volle Leistungsfähigkeit der Fabrik nicht annähernd erreicht werden; die Erträgnisse waren befriedigende.« [...] Es wurden 75 größere und kleinere Lokomotiven [...] abgeliefert [...]. In Arbeit befindlich sind noch geblieben bezw. neu hinzugekommen [...] 94 größere und kleinere Lokomotiven. [...] 94 größere und kleinere blieben in Arbeit bzw. kamen bis etwa Ende März 1895 neu hinzu. In diesem Jahr waren für die Ostdeutsche Kleinbahn-Aktien Gesellschaft 10 Kleinbahn-Tenderlokomotiven mit den Fabrik-Nrn. 1424–1433 gebaut worden. Sie hatten eine Spurweite von 0,60 Meter, 3 gekuppelte Achsen, eine Heizfläche von 18,8 m^2, eine Rostfläche von 0,4 m^2, 12 atü Arbeitsdruck, ein Leergewicht von 8.035 kg und ein Betriebsgewicht von 10.680 kg.«[87]

Für den Betrieb der Randower Kleinbahn AG lieferte der Vulcan 1894 an das damalige Betreiberunternehmen Lenz & Co. GmbH Stettin 3 normalspurige Lokomotiven mit den Fabrik-Nrn. 1390-1393. Ebenfalls 1894 erhielt die Kolberger Kreisbahn eine Lokomotive mit der Fabrik-Nr. 1380, die später bei der Regenwalder Kreisbahn eingesetzt worden ist und an die Saatziger Kleinbahn ging die Fabrik-Nr. 1364.[88] Für 1895 waren von der Preußischen Staatsbahn Bauaufträge im Wert von mehreren Millionen Mark vergeben worden, worüber in einem Zeitungsbericht am 10.1.1895 berichtet wurde: »Am 1. Dezember vorigen Jahres fand bei der Direction der preußischen Staatsbahnen in Berlin die Submission auf 336 Stück Lokomotiven verschiedener Constructionen statt, welche jetzt definitiv in Bestellung gegeben sind. Zuertheilt wurden den Werken von Henschel & Sohn in Kassel für circa 4 Millionen, der Berliner Maschinenfabrik vormals L. Schwartzkopf für ca. 2 ½ Millionen, der Egestorff'schen Maschinenfabrik in Hannover für ca. 2 Millionen, dem Vulcan in Stettin, und der Union-Gießerei Königsberg für ca. 1 Millionen, während der Rest an Borsig-Berlin, Hohenzollern-Düsseldorf und Schichau in Elbing vertheilt worden ist. Die Lieferung der Lokomotiven hat bis Ende des Jahres zu erfolgen, bis zu welchem Zeitpunkt die Werke voll beschäftigt sind.«[89] Ebenfalls 1895 wurden 3 Lokomotiven geliefert, die vorgesehen waren für den Einsatz auf der eingleisigen Privatbahnstrecke von Ostrowo an der Posen-Kreuzburger Bahnlinie über Skalmirschütz, bis kurz hinter die damalige deutsch-russische Grenze, die nahe Kalisch endete. Die Bn2-Tenderlokomotiven hatten die Fabrik-Nrn. 1497–1500.[90]

Im Jahre 1895 »war die Beschäftigung wie schon in einer Reihe von Jahren in Folge der gleichmäßigen Vergebungen der Preußischen Eisenbahn-Verwaltung eine befriedigende, wenn auch die Leistungsfähigkeit nicht voll ausgeschöpft werden konnte. Die Preise der Fabrikate hielten sich in annähernd gleicher Höhe wie in den Vorjahren und beließen einen entsprechenden Gewinn. Es wurden 63 Stück größere und kleinere Lokomotiven [...] abgeliefert, [...] 63 größere und kleinere [...] waren zu Jahresbeginn in Arbeit bezw. kamen bis etwa Ende März neu hinzu«, wie dem Geschäftsbericht zu entnehmen ist.[91]

Lokomotiven für die Rü. K. B.

Der Kleinbahnbetrieb auf Rügen wurde mit den 1895 vom Vulcan gelieferten 5 zweiachsigen B-Tenderlokomotiven begonnen. Sie waren von der »Betriebs-Abteilung Stettin der Lenz & Co. GmbH« für den Betrieb der »Rügenschen Kleinbahn AG« bestellt worden. Die Lokomotiven hatten eine Spurweite von 750 mm und die Fabrik-Nr. 1488–1492 und 1494. Im folgenden Jahr kamen 2 weitere Lokomotiven mit den Fabrik-Nrn. 1560 u.1561 hinzu, die 1912 und 1913 beim Hersteller neue Kessel erhielten.[92] Zur Entstehungsgeschichte der Eisenbahnlinien auf Deutschlands größter Insel, nachstehend einige Detailangaben aus zeitgenössischer Quelle, die nicht nur für den Heimatfreund von einigem Interesse sein dürften. Gegründet wurde die »Rügensche Kleinbahnen Aktien Gesellschaft« in Bergen a. R. am 26.2.1895, für »den Bau und Betrieb von Kleinbahnen im Kreise Rügen«. Zum Gründungstermin war das Grundkapital mit 2,032 Mill. Mk in 1.047 Stammaktien a. 1.000 Mark und 985 Prioritäts-Stammaktien voll gezeichnet und 25 % des Grundkapitals bar eingezahlt worden. In den Aufsichtsrat wurden gewählt: Landrat Dr. v. Körber-Bergen, Rittergutsbesitzer von Kahlden-Neclade, Sydikus Gronow-Stralsund, Landesbaurat Drews-Stettin und Landesrat Sarnow-Stettin, zum Vorstand der Ökonomierat Holz-Putbus.[93] In Wiek lag im April 1895 hinsichtlich des Bahnbaues eine amtliche Flurkarte aus. »Neubauten zu Warenlagern der Geschäftsleute werden am hiesigen Hafen baldmöglichst aufgeführt werden. Grundflächen zu diesen Bauten läßt der Ort pachtweise ab für 1 Mk. und für 75 Pf. pro Quadratmeter, je nach Lage und Größe [...]. Man verspricht sich hier [in Wiek] durch die Bahn, namentlich für den hiesigen Hafen, einen regeren Geschäftsverkehr.«[94] Ende Mai d. J. war man mit den Vorarbeiten zum Bahnbau »von Bergen über Wittower Fähre [s.Bd.1] nach Wiek und bis Altenkirchen seit mehreren Tagen eifrig beschäftigt. Diese Arbeiten sind von genannter Fähre bis Wiek bereits fertig gestellt. [...]«[95] Der eigentliche Bahnbau begann am 1.7.1895. Dazu waren in Wittow »etwa 60 russisch-polnische Arbeiter [...] vorläufig eingetroffen. Die erste Ladung Eisenbahnschwellen [...] ist bei genannter Fähre angekommen; zwei weitere Ladungen von Königsberg sind unterwegs. [...]«[96]

Und am 11.10.1895 ist der Ostsee-Ztg. zu entnehmen: »Nach einem Vertrage, der zwischen der Rügenschen Kleinbahn-Aktien-Gesellschaft und der Firma Lenz & Co. zu Stettin vor etwa sechs Wochen abgeschlossen ist, wird den Betrieb der Kleinbahnen von Bergen [...] über Garz, Putbus und Binz nach Sellin, nach deren Fertigstellung bis zum 1. April 1910 die Gesellschaft Lenz & Co., welche die]...] Bahnen baut, übernehmen. Wird der Vertrag nicht spätestens 1 Jahr vor seinem Ablauf gekündigt, so verlängert sich das Vertragsverhältnis für ein ferneres Jahr. Macht der Fiskus von seinem durch das Kleinbahngesetz ihm eingeräumten Ankaufsrecht [...] Gebrauch, so darf die Gesellschaft Lenz & Co. keinen Schadenersatz fordern. Die Anstellung der erforderlichen Beamten hat die Betriebsführerin mit Zustimmung des Vorstandes der Aktiengesellchaft zu bewirken. Erstere hat auch für den rechtzeitigen Abschluß aller solcher Vereinbarungen mit der Verwaltung der anschließenden Staatsbahnen zu sorgen, die zur Herstellung der Anschlüsse, sowie zur gegenseitigen Übernahme der Frachtgüter erforderlich sind. Von der Betriebseröffnung ab werden alle Einnahmen der genannten Bahnen der Firma Lenz & Co. zufließen. Für die zentrale Oberleitung des Betriebes empfängt diese den zehnten Theil des Überschusses der gesammten Betriebseinnahmen über die Betriebsausgaben. Die Leitung des Betriebes hat durch einen in seinem Fach bewährten Beamten zu geschehen, den die Firma ernennt, aber für dessen Thätigkeit sie haftet. Die Firma soll in der Gestaltung des Betriebes, unbeschadet der behördlichen Aufsichtsrechte, selbständig sein, jedoch sollen die Wünsche des Aufsichtsraths wegen der Fahrplangestaltung mit berücksichtigt werden. Zur Sicherstellung der übernommenen Verpflichtungen hat die Firma Lenz & Co. in Stettin eine Kaution von 50.000 Mark hinterlegt.« Im Übrigen war der »Rü. K.G.« nach einer Mitteilung der Ostsee-Ztg. vom 22.11.1895 zu entnehmen, dass für die Kleinbahnlinien von Altefähr über Garz, Putbus und Binz nach Sellin und von Bergen über Wittower Fähre nach Altenkirchen »das Enteignungsrecht zur Entziehung und zur dauernden Beschränkung des für diese Anlagen in Anspruch zu nehmenden Grundeigenthums verliehen worden.«

Bezüglich des Geschäftsjahres 1896 teilt der Berliner-Börsen Courier, datiert, 4.5.1897, mit: »Entsprechend dem eingeschränkten Bedarf der Eisenbahnverwaltungen, war die Beschäftigung der Sparte Lokomotivbau auch 1896 ebenso wie in den Vorjahren, zwar eine gleichmäßige aber immer noch unterhalb der vollen Leistungsfähigkeit. 58 größere und kleinere Maschinen wurden abgeliefert, 107 größere und kleinere waren zum Jahresbeginn 1897 in Arbeit bzw. kamen innerhalb der folgenden drei Monate hinzu.«

Der Direktionsbericht für das Geschäftsjahr 1897 beginnt im zweiten Satz mit der Feststellung: »Unsere Hauptbranche, der Schiffbau, welche in ihren Erzeugnissen wegen der stets wachsenden Konkurrenz im In- und Auslande andauernd dem Erwerb während des abgelaufenen Jahres durch die erhöhte Beschäftigung im Lokomotivbau ganz wesentlich unterstützt. [...] In der Lokomotivbranche war die Beschäftigung eine bedeutend größere als in den Vorjahren, und wenn die Preise auch keine wesentliche Erhöhung erfuhren, so waren dieselben doch auskömmliche und auch mit einem angemessenen Nutzen verknüpft. [...] Es wurden 86 größere und kleinere Lokomotiven [...] abgeliefert. [...] In Arbeit befindlich sind noch geblieben bzw. neu hinzugekommen 77 größere und kleinere Lokomotiven«[97]

Die ersten Heißdampflokomotiven

In das letzte Jahrzehnt des 19.Jahrhunderts fällt ein nicht nur für den Lokomotivbau Deutschlands sehr bedeutsames Ereignis, die Erbauung der ersten beiden Heißdampflokomotiven der Welt. Nach Wilhelm Schmidt war Heißdampf ein Wasserdampf von mindestens 300° Temperatur, der das ursprüngliche Volumen um 25 % vermehrt und als weiteren Vorteil die Beseitigung der schädlichen Niederschläge im Zylinder bei den bei einer Kulissensteuerung noch anwendbaren geringsten wirtschaftlichen Füllungsgraden hat. Nach den Erfahrungen bei ortsfesten Dampfmaschinen betrug die Leistungserhöhung eines Kessels bei Anwendung von um 100° überhitztem Dampf im Durchschnitt 25 %, die Ersparnis an Kesselwasser im Durchschnitt 33 % und bei den Kohlen ebenfalls 25 % bei einstufiger Dampfdehnung. Bereits erste Versuche mit noch sehr verbesserungsbedürftigen Einrichtungen hatten genügend Anhaltspunkte für die Wichtigkeit der Anwendung von Heißdampf im Lokomotivbetrieb gegeben. Es ging zu diesem Zeitpunkt also nicht mehr darum, ob bei Anwendung von Heißdampf diese Vorteile zu erreichen sind. Die Frage war vielmehr, ob es möglich ist, die Lokomotive mit ihrer räumlich sehr beschränkten Kesselanlage und ihrer in Wind und Wetter, in Staub und Schnee arbeitenden Dampfmaschine so zu bauen und einzurichten, dass in einfacher Weise Heißdampf von durchschnittlich 300° dauernd und sicher erzeugt und in den Zylindern ebenso dauernd und betriebsicher verarbeitet werden kann. Der erste von Wilhelm Schmidt entwickelte brauchbare Überhitzerentwurf bestand in der Anordnung eines Überhitzers in einem weiten Flammrohr im Langkessel, der von dem Geh. Baurat Robert Garbe dem preußischen Minister der öffentlichen Arbeiten vorgelegt wurde.

»Die Genehmigung des Entwurfs führte zum Einbau [...] bei einer 2/4-gekuppelten Schnellzuglokomotive, welche nach meinen [Garbes] Angaben beim Vulcan [...] gebaut wurde, und bei einer 2/4-gekuppelten Personenlokomotive, welche Henschel & Sohn in Cassel lieferten. Die erstere Lokomotive - [Betriebs-Nr.] Hannover Nr. 74 – [Fabrik-Nr. 1643] befindet sich seit über 3 Jahren zum Teil im schwersten Schnellzugdienst der Kgl. Eisenbahndirektion Hannover [auf der 150 km langen Versuchsstrecke Hannover–Stendal]; die zweite, mit der Betriebsnummer Cassel 131, findet seit 3 Jahren im Personenzugdienst der Kgl. Eisenbahndirektion Cassel Verwendung. Nach verschiedenen Abänderungen von Einzeleinrichtungen, welche sich bei den ersten Versuchsfahrten und nach und nach im regelrechten Betrieb als notwendig ergaben, hat der fortgesetzte Betrieb inzwischen die Voraussetzung der Vorteile des Heißdampfes in solchem Umfang bestätigt, daß beide Lokomotiven heute [1902] zu den besten 2/4-gekuppelten Schnell- und Personenzuglokomotiven gehören, obgleich natürlich verschiedene, der zunächst gebauten Einrichtungen nicht so zweckmäßig ausgebildet sind, wie dies gegenwärtig geschehen kann. Die mit dem nicht genügend feuerbeständigen Langkessel-Überhitzer gemachten Erfahrungen, hatten die Erfindung eines Rauchkammer-Überhitzers in einfacher, organischer Verbindung mit dem Gesamtbau des bewährten Lokomotivkessels zur Folge. Mit diesem Rauchkammer-Überhitzer hat W. Schmidt mit einem Schlag alle Schwierigkeiten beeitigt, die dem Langkessel-Überhitzer noch anhafteten. Diese Überhitzerbauart paßt sich den Formen des Lokomotivkessels in einfachster Weise und derartig an,

1898 gebaute 2/4 gek. Schnellzuglokomotive mit Überhitzereinrichtung [Pat. Schmidt] für die Preußische Staatsbahn, erste Heißdampflokomotive der Welt mit der Fabr.-Nr. 1732. [aus: Stettiner Maschinenbau-Actien-Gesellschaft, Stettin-Bredow]

daß ihre Haltbarkeit und Betriebstüchtigkeit sofort in die Augen fiel und zur Genehmigung von weiteren 4 Heißdampflokomotiven: zwei 2/4-gekuppelten Schnellzug-Zwillings- und zwei 2/4-gekuppelte Personenzug-Tenderlokomotiven, führte.«[98] Die Lokomotive Hannover Nr. 74 hatte die Fabrik-Nr. 1643 und kam am 12.4.1898 zur Ablieferung. Seitdem hatte allein der preußische Staat – der sich 1906 in einem Vertrag mit Schmidt zur Abnahme von 1.200 Überhitzer-Lokomotiven verpflichtet hatte – bis zum Sommer 1906 über 250 Lokomotiven in Betrieb. Weitere 500 waren im Sommer im Bau.[99] Die Lokomotive von 1898 bildete den Grundstock zu der Entwicklung eines Lokomotivsystems, welches bereits nach wenigen Jahren in allen größeren Staaten verbreitet war und damit als ein Markstein in der Geschichte des Lokomotivbaues bezeichnet werden kann.[100]

Da der erste gelungene Versuch mit einem Überhitzer im Eisenbahnwesen weltweit Geschichte geschrieben hat, hierzu nachstehend einige Anmerkungen. Der Gedanke, in der Dampfmaschine getrockneten Wasserdampf zu verwenden, war nicht neu. Schon 1832 hatte man in England an ortsfesten Maschinen seine Vorteile erkannt, die Versuche aber bald wieder aufgegeben, weil es an genügend widerstandsfähigem Material für die hohen Temperaturen, an geeigneten Schmiermitteln und an wissenschaftlichen Erkenntnissen fehlte. Mehr Erfolg hatte der Elsässer Hirn mit seinen sehr sorgfältigen Heißdampfuntersuchungen. Die erzielten Temperaturen gingen aber nicht über 260 Grad hinaus, da auch hier die Frage der Schmiermittel bei höheren Wärmegraden noch nicht befriedigend gelöst war. Mit dem Aufkommen der Verbundmaschine – die erste wurde 1880 für die preußische Staatsbahn gebaut – verlor der Heißdampfgedanke vorübergehend an Bedeutung. Erst die Arbeiten von W. Schmidt ebneten der Einführung des überhitzten Dampfes den Weg.[101]

Robert Garbe berichtet 1908 folgendes: »[...] Nur wenige Fachmänner haben vor zehn Jahren die dauernde Erzeugung hocherhitzten Dampfes von 300 bis 350 Grad in dem räumlich so beschränkten Lokomotivkessel und seine betriebssichere und wirtschaftliche Verarbeitung in der Lokomotivmaschine für möglich gehalten, und heute sind bereits mehr als 2.000 Lokomotiven mit überhitztem Dampfe im Bau oder Betrieb! Trockener oder mäßig überhitzter Dampf war schon vorher bei Lokomotiven mehrfach versuchsweise angewendet worden, aber ohne nennenswerten wirtschaftlichen Erfolg. Erst durch die praktischen Erfindungen des Zivilingenieurs W. Schmidt in Cassel wurden der Anwendung hoher Überhitzung die Wege geebnet, zunächst am Ausgange der 80er Jahre im ortsfesten Dampfmaschinenbau und dann 1895 beginnend im Lokomotivbau. Es ist dabei ein besonderes Verdienst der Preußischen Staatseisenbahnverwaltung, dass sie, den Vorschlägen des Verfassers folgend, die Schmidt'schen Erfindungen zuerst bei Lokomotiven angewandt und erprobt hat. Von vornherein war sich Schmidt darüber klar, dass ein wirksamer Lokomotivkesselüberhitzer nur im engsten, einheitlichen Zusammenhang mit dem bewährten Stephenson-Kessel geschaffen werden könne, und dass er nicht durch Abgase oder eine besondere Feuerung, sondern durch einen Teil der über dem Rost entwickelten lebendigen Gase beheizt werden müsse. Auf diesem Grundgedanken sind auch alle

Schmidt'schen Überhitzer für Lokomotiven aufgebaut. Die Erfolge dieser Überhitzer für Lokomotiven haben eine große Anzahl von Überhitzerkonstruktionen veranlasst, die sich mehr oder weniger an die Grundgedanken Schmidts anlehnen. Als Heißdampf wird nach Schmidt Wasserdampf bezeichnet, der um mindestens 100 Grad über seine Sättigungstemperatur überhitzt ist.[102]

Der Konstruktion nach war der Überhitzer folgendermaßen aufgebaut: Er bestand aus einem im Langkessel eingebauten, 450 mm weiten Flammrohr, das, um die Einwirkung der Heizgase auf die Umkehrenden der in dieses Flammrohr eingebauten Überhitzerrohre zu mildern, nahe der Feuerbüchsrohrwand auf 200 mm eingezogen war. Das in die Rauchkammer hineinragende vordere Ende des Rohres war mit Schlitzen versehen, aus denen die Heizgase austreten konnten, und am Ende durch eine Rohrwand mit ringförmiger Verteilerkammer verschlossen, die durch eine Scheidewand in einen oberen und unteren halbkreisförmigen Raum geteilt war. Der Dampf trat vom Regler in die obere Kammerhälfte und von dort durch die hier angeflanschten U-förmigen Stutzen in die Überhitzerrohre, durchströmte diese im Gegenstrom zu den Heizgasen, kam nach Umkehrung nach vorn, ging wieder zurück und gelangte, hinten nochmals umbiegend, im Gleichstrom. Trotzdem bei dieser Überhitzerbauart bereits Ansätze zu dem später allgemein angewandten Rauchröhrenüberhitzer erkennbar sind, wurde zunächst von dem Flammrohrüberhitzer abgegangen. In Übereinstimmung mit Geheimrat Garbe, entschloss sich Schmidt, die Überhitzerrohre in die Rauchkammer zu verlegen. Mit dieser Überhitzerbauart versehen, bestellten die Preußischen Staatsbahnen zwei 2Bh2-Schnellzuglokomiven, von denen die eine bei Borsig und die andere beim Vulcan gebaut wurde. Letztere ging 1899 an die Königlich Preußische Eisenbahndirektion Hannover und hatte die Fabrik-Nr. 1732, eine Heizfläche von 108,94 m², eine Rostfläche von 2,27 m², einen Kesseldruck von 12 atü, ein Leergewicht von 47.500 kg und ein Betriebsgewicht von 52.500 kg.[103]

Als Brennstoff Torf und Holz aus Kostengründen

Überlegungen zur Einsparung von Brennstoff wurden schon sehr früh angestellt und brachten um 1850 die Maschinenmeister Kirchweger von der damaligen Hannoverschen Staatsbahn und Rohrbeck von der Preußischen Ostbahn fast gleichzeitig auf den Gedanken, das Speisewasser durch einen Teil der Abdampfes vorzuwärmen. Bei den von beiden verwendeten Vorrichtungen führte von den Schieberkästen oder von den verstellbaren Blasrohren hinter den Dampfzylindern ein Rohr zum Tender, in dem der ausströmende Dampf das Wasser erwärmte und dabei selbst kondensierte. Da eine Bahnverwaltung durch dieses Verfahren eine durchschnittliche Brennstoffersparnis von 7 bis 8 % ermittelt hatte, fanden die Vorwärmeinrichtungen bei etwa 900 Lokomotiven Verwendung. Wegen Verunreinigung des Speisewassers, schlecht arbeitenden Speisepumpen, wegen der hohen Wassertemperatur von 70 bis 90 Grad und der etwa ab 1860 sich verbreitenden Strahlpumpen war diese Vorrichtung um 1880 fast ganz verschwunden. Erst mit der Einführung des Heißdampfes wurde der Gedanke, das Speisewasser vorzuwärmen, erneut aufgegriffen und führte zu einer entsprechenden Vorrichtung. Der Abdampf wurde über ein Röhrenbündel geführt, das sich zwischen Kessel und Tender befand, durch die das vom Tender kommende Wasser lief und vom Dampf auf 90 bis 100 Grad erwärmt wurde. Diese Vorwärmung beschleunigte die Dampfbildung im Kessel, erhöhte die Leistungsfähigkeit der Maschine und brachte eine Ersparnis an Brennstoff von etwa 10 %.

Als Brennstoff verwendete man anfangs fast ausschließlich aus England bezogenen Koks, da es in Deutschland noch keine Kokereien gab. Die Verwendung von Steinkohle wurde nicht nur abgelehnt, sondern war für Personenzüge in Preußen sogar bis zum Beginn der sechziger Jahre des 19. Jahrhunderts verboten. Die Gründe lagen in der starken Qualmentwicklung und der damit verbundenen Belästigung der Fahrgäste, der Verunreinigung der Maschinenteile und des starken Funkenflugs. Bereits um 1840 sahen sich viele Bahnverwaltungen veranlasst, wegen der hohen Kokspreise – eine Zollermäßigung kam für viele Länder nicht infrage – zur Holzfeuerung überzugehen. Als wegen des starken Holzverbrauchs die Preise empfindlich anzogen, legten sich einige Bahnen eigene Kokereien zu. Trotzdem war der Koks immer noch viermal so teuer als Steinkohle, so dass die Bemühungen um Einführung der Steinkohlenfeuerung nicht zur Ruhe kamen. Als sich in den fünfziger Jahren des 19. Jahrhunderts der Güterzugbetrieb selbstständig zu entwickeln begann, konnten wenigstens bei den Güterzuglokomotiven Steinkohle verfeuert werden. In Ländern mit Torf- und Braunkohlevorkommen wie Südbayern, Württemberg, Oldenburg und Sachsen nutzte man lange Zeit auch diese Brennstoffe, wenn sie in der Nähe der Bahnlinien lagen. Allerdings verursachte ihre Lagerung und Mitführung nicht unbedeutende Mehrkosten. Zum Schutz gegen Feuchtigkeit mussten sie auf den Bahnhöfen in Schuppen gelagert werden und bei Torf wegen des großen Raumbedarfs für längere Fahrten besonders große, gedeckte Torftender oder außerdem noch Reservewagen, sogenannte »Torfmunitionswagen«, mitgeführt werden. In den sechziger Jahren dann war die Zeit gekommen, aus wirtschaftlichen Gründen die Koksfeuerung aufzugeben und zur Steinkohle überzugehen. Der Grund lag in der Vermehrung der Lokomotiven und der damit einhergehenden Zunahme des Brennstoffverbrauchs, der bei den Verwaltungen der Bahnen eine immer größere wirtschaftliche Rolle spielte.[104]

Die Lokomotivbranche wirkte recht günstig auf das Gesamtergebnis ein

»Die Erträgnisse des Geschäftsjahres 1898 übertreffen [...] noch wesentlich diejenigen des Vorjahres. An diesem sehr erfreulichen Ergebnisse hat die Locomotivbranche einen ganz wesentlichen Antheil. [...] Es wurden 67 [...] grössere und kleinere Locomotiven an die Besteller abgeliefert. In Arbeit befindlich sind noch geblieben bzw. neu hinzugekommen [...] 104 größere und kleinere Lokomotiven. [...] [105]

Anfang März 1899 brannte die Lokomotivwerkstatt ab. Die erforderlichen Mittel für den Wiederaufbau mit einer entsprechenden Erweiterung, wurden von der ordentlichen Generalversammlung am 13.5.1899 genehmigt. Der Rechenschaftsbericht der Direktion vom April 1900 bezeichnet das Geschäftsjahr 1899 »als ein günstiges, wenn es in seinen Erträgnissen auch hinter dem Resultat des Vorjahres etwas zurückgeblieben ist. Die Locomotivbranche hat, wie schon seit einer Reihe von Jahren, recht günstig auf das Gesamtergebnisse eingewirkt [...]. 76 größere und kleinere Locomotiven wurden [...] abgeliefert, 101 blieben in Arbeit bzw. kamen in den ersten Monaten des Jahres 1900 neu hinzu.«[106] Der Bericht über das Geschäftsjahr 1900, entnommen dem Bericht der Vorsteher der Kaufmannschaft Stettins, teilt u.a. mit: »Die Lokomotivbranche ist dank der regelmäßigen Ausschreibungen von seiten der preußischen Staatsbahnen seit einer Reihe von Jahren mit guten Aufträgen versehen. Die Erträgnisse aus dieser wichtigen Abteilung unseres Werkes haben das finanzielle Gesamtresultat des letzten Jahres recht günstig beeinflußt.«

Dem Geschäftsbericht über 1901 ist u.a. zu entnehmen: »Die Beschäftigung im Schiffbau hat im gleichen Umfange wie in den letzten Jahren nicht aufrecht erhalten werden können. [...] Unter diesen Verhältnissen ist es um so erfreulicher, daß die deutsche Marine mit der Vergrößerung der Flotte vorgehen kann und dadurch den Werften wie der Stahl- und Eisen-Industrie fortgesetzt sichere Aufträge zugeführt werden, welche auf die allgemeine Geschäftslage aufbessernd einwirken. Im Zusammenhang hiermit ist auch die gute Beschäftigung der Lokomotivfabriken von sehr günstigem Einflusse auf die wirtschaftlichen Verhältnisse [...]. An dem guten Jahresabschluß [...] ist die Lokomotivabteilung hervorragend beteiligt und ist es sehr erfreulich, daß wir durch die regelmäßigen Ausschreibungen der preußischen Staatsbahnen in den Stand gesetzt worden sind, den Betrieb derselben in vollem Umfange aufrecht zu erhalten. [...] Über den Betrieb der Fabrik haben wir [...] zu berichten, daß im verflossenen Jahr [...] fertig gestellt bezw. inzwischen abgeliefert worden sind: [...] 75 größere und kleinere Lokomotiven [...]. In Arbeit befindlich sind noch geblieben bzw. neu hinzu gekommen: [...] 78 größere und kleinere Lokomotiven.«[107]

Die glänzenden Resultate mit den ersten Heißdampfschnellzuglokomotiven veranlassten die Eisenbahndirektion Berlin, auch den Bau von entsprechenden Güterzuglokomotiven in Angriff zu nehmen. Auch hier war es wieder der Vulcan, der bahnbrechend voranging. Nach der Ausarbeitung der Entwürfe, wurde ihm 1901 der Bau von dreizehn 4/4 gekuppelten Lokomotiven übertragen, wovon die erste mit der Fabrik-Nr. 1930 am 21.1.1902 das Werk verließ. Die Maschinen waren für die Eisenbahndirektion Saarbrücken zur Beförderung schwerster Güterzüge auf der Moselbahn bestimmt. Mit diesen ersten Heißdampfgüterzuglokomotiven hat die 4/4 gekuppelte Lokomotive alle Stadien der Entwicklung zuerst beim Vulcan durchgemacht. Dass auch diese Gattung ihren Vorgängerinnen in nichts nachstand, mag die Tatsache beweisen, dass bis Ende 1906 bereits 97 Stück zur Ablieferung kamen und weitere 42 in Arbeit waren.

Auf Grund der außerordentlich großen Leistungsfähigkeit der Lokomotive, es konnten Steigungen von 1:100 mit Güterzügen von 100 bis 120 Lastachsen – 50 bis 60 beladene Güterwagen – ohne Vorspannlokomotive problemlos bewältigt werden. Dadurch steigerte sich der Bedarf an diesen Lokomotiven derart, dass von der Kgl. Eisenbahndirektion Berlin auch noch andere Fab-

1902 gebaute Tenderlokomotive, System Mallet, für Lenz u. Co., G.m.b.H, mit der Fabr.-Nr. 2008 [aus: Stettiner Maschinenbau-Actien-Gesellschaft Stettin-Bredow]

riken zum Bau derselben herangezogen werden mussten. Auch in Bezug auf die Wirtschaftlichkeit war diese Lokomotivgattung den Vorgängerinnen weit überlegen. Bereits mit den ersten Ausführungen der 4/4 Heißdampflokomotiven, die inzwischen zahlreiche Verbesserungen erfahren hatten, waren durch länger dauernde Vergleichsversuche mit 4/4 gekuppelte Verbundmaschinen folgende Ersparnisse festgestellt worden: An Wasser 12,5 %, an Kohlen 8,04 % und an Öl 8 %. Und das bei einer durchschnittlichen Mehrleistung von 10 % gegenüber der gleich schweren Verbundlokomotive, ohne im Gegensatz zu dieser die Grenze ihrer Leistungsfähigkeit erreicht zu haben. [108]

Für das Geschäftsjahr 1902 stellt der Jahresbericht fest: »Im Lokomotivbau war die Beschäftigung während des ganzen Jahres eine gute, die Ausschreibungen seitens der Preußischen Staatsbahnen erfolgten in gewohnter Weise, und war dies für die Beschäftigung aller Lokomotivfabriken wie auch für die Stahl- und Eisenindustrie von größtem Werte. Wie in den Vorjahren hat unsere Lokomotivabteilung an dem befriedigenden Ergebnisse des Jahres 1902 wiederum einen guten Anteil. [...] es wurden 71 größere und kleinere Lokomotiven an die Besteller abgeliefert. [...] In Arbeit befindlich sind Ende des Jahres noch geblieben bezw. neu hinzugekommen. [...] 46 größere Lokomotiven.«[109] Von den gelieferten Lokomotiven waren die Fabrik-Nrn. 2010 und 2030 nach Rügen gegangen, weil dort wegen des anwachsendes Verkehrs stärkere Maschinen gebraucht wurden. Wegen der scharfen Krümmungen führte man die kurvengelenkigen B+B 4 Zylinder-Verbund-Tenderlokomotiven ein, denen 1903 noch eine dritte mit der Fabrik-Nr. 2172 folgte. Diese Maschinen wurden als Gattung »nn« bezeichnet, hatten einen Dampfdruck von 12 atü, ein Leergewicht von 16.300 kg und ein Dienstgewicht von 20.800 kg.[110] 1902 erhielt auch die Franzburger Kreisbahn eine B+B-Mallet Tenderlokomotive mit der Fabrik-Nr. 2008, einer Spurweite von 1.000 mm und wurde als Gattung »ii« bezeichnet. Während bei der Gattung nn das hinten liegende Hochdruckgestell Außenrahmen besaß, war es bei der Gattung ii mit Innenrahmen versehen. Das drehbare Niederdruckgestell hatte bei beiden Gattungen Innenrahmen. Als eigenartig wird bezeichnet, dass diese Lokomotive auch bei starker Belastung einen kaum hörbaren Auspuff hatte.

Die Fabrik-Nr. 2000 wurde 1903 geliefert

In diesem Jahr wurden lt. Geschäftsbericht 62 Lokomotiven abgeliefert,[111] darunter am 13. März die Fabrik-Nr. 2000. Die 2/4 gekuppelte Schnellzugverbundlokomotive war für die KED Breslau bestimmt. Die größte Leistung während des zweiten Tausend betrug 81 Stück im Jahr 1897.[112] Ebenfalls 1903 wurden die Fabrik-Nrn. 2172 und 2173 fertiggestellt. Die erstere Lokomotive ging nach Rügen, die andere erhielt die Randower Kleinbahn AG. Über das Geschäftsjahr 1904 teilt Schiffbau Nr.16 mit, dass die Lokomotivbranche »zufriedenstellend beschäftigt« war und 66 Lokomotiven zur Ablieferung gelangten. 49 normalspurige Lokomotiven sind als noch in Arbeit befindlich bzw. neu hinzugekommen verzeichnet. Ebenfalls in dieses Jahr fällt die durchgreifende Änderung der normalen 2/4 gekuppelten Verbundschnellzuglokomotive, die unter der Bezeichnung »Entwurf Vulcan« zur Ausführung kam. Diese neue Abart erhielt eine wesentlich vergrößerte Heizfläche, einen größeren Radstand, größere Zylinder und unterschied sich gegenüber

1906 gebaute Dn2 Güterzuglokomotive für die Preuß. Eisenbahnverwaltung [aus: Stettiner Maschinenbau-Actien-Gesellschaft, Stettin-Bredow]

der alten Art äußerlich auch durch den bedeutend höher gelegten Kessel. Die Vorteile im Betrieb bestanden in der deutlich größeren Leistungsfähigkeit und dem sehr ruhigen Lauf selbst bei einer Geschwindigkeit von 100 km/h. Unter den übrigen zur Ausführung gekommenen Lokomotivtypen sind an Neukonstruktionen noch zu erwähnen: zwei 5/5 gekuppelte Tenderlokomotiven, System Hagans, vier $2x^2/2$ gekuppelte Tenderlokomotiven, System Mallet für Normalspur, eine für 1.000 mm Spur und vier für 750 mm Spur. Die kurvenbeweglichen Lokomotiven wurden sämtlich an Lenz & Co. GmbH Berlin geliefert, darunter 1902 die Lokomotive mit der Fabrik-Nr. 2008, einer Heizfläche von 34.91 m², einer Rostfläche von 073 m², einem Betriebsdruck von 12 atü, einem Leergewicht von 16.170 kg und einem Betriebsgewicht von 20.630 kg.[113]

1905 konnten 59 Lokomotiven abgeliefert werden, während 60 normalspurige im laufenden Jahr in Arbeit waren.[114] Unter den gelieferten Maschinen befanden sich mit den Fabrik-Nrn. 2119–2122 3/4 gekuppelte Güterzug-Tenderlokomotiven mit Überhitzereinrichtung Patent Schmidt. Die Heizfläche betrug 111,59 m², die Rostfläche 1,53 m², der Betriebsdruck 12 atü, das Leergewicht 46.530 kg, das Betriebsgewicht 59.290 kg und die Höchstgeschwindigkeit 60 km; mit den Fabrik-Nrn. 2134–2137 vier 2/4 gekuppelte Schnellzug-Verbundlokomotiven, deren Heizfläche mit 141, 79 m², die Rostfläche mit 2,27 m², der Kesseldruck mit 12 atü, das Leergewicht mit 47.960 kg, das Betriebsgewicht mit 53.300 kg und die Höchstgeschwindigkeit mit 100 km angegeben wird; mit den Fabrik-Nrn. 2174–2185 zwölf 4/4 gekuppelte Heißdampf-Güterzuglokomotiven, die unter Mitwirkung des Geheimen Baurats Robert Garbe gebaut wurden und deren Heizfläche mit 132,26 m², die Rostfläche mit 2,25 m², der Betriebsdruck mit 12 atü, das Leergewicht mit 49.600 kg und das Betriebsgewicht mit 55.600 kg angegeben wird. Sämtliche Lieferungen gingen an die Kgl. Preußische Eisenbahnverwaltung.[115]

Bisher in Deutschland noch nicht gebaute Typen geliefert

1906 war der Vulcan mit einer 4/4 gekuppelten Heißdampf-Güterzuglokomotive mit Rauchkammerüberhitzer Patent Schmidt auf der Mailänder internationalen Verkehrsausstellung vertreten, welche mit dem »Grand prix« ausgezeichnet wurde.[116] Nach dem Geschäftsbericht

1909 gebaute Db2-Güterzuglokomotive für die Preuß. Eisenbahnverwaltung [aus: Stettiner Maschinenbau-Actien-Gesellschaft, Stettin-Bredow]

war das Unternehmen in diesem Jahr »auch in der Lokomotiv-Abteilung ausreichend beschäftigt«, es wurden 75 Lokomotiven abgeliefert, 121 normalspurige waren noch in Arbeit bzw. neu hinzugekommen.[117] Ebenso fiel in dieses Jahr die Herstellung von 2 weiteren neuen Lokomotivtypen mit einem Kesselsystem, welches bisher in Deutschland noch nicht gebaut worden war. Es handelte sich um eine 3/3 gekuppelte Nebenbahn-Tenderlokomotive mit Brotankessel für die Deutsch-Österreichische Mannesmann-Röhrenwerke in Düsseldorf und zwei 4/4 gekuppelte Güterzug-Zwillingslokomotiven mit Brotankessel für die Kgl. Preußische Staatseisenbahn. Die Kessel hatten völlig ankerlose Feuerbuchsen aus Wasserröhren und waren äußerlich durch einen über den ganzen Kessel sich erstreckenden Dampfsammler gekennzeichnet. Bezeichnender Weise war es erneut die 4/4 gekuppelte Güterzuglokomotive, die auch in dieser neuen Ausführungsform durch den Vulcan entworfen und ausgeführt wurde. Mit dieser letzten Gattung ist die 4/4 gekuppelte Güterzuglokomotive in 4 verschiedenen Variationen zuerst durch den Vulcan erbaut worden. 1907 befand sich eine weitere Abart derselben, eine Anzahl 4/4 Heißdampflokomotiven mit Rauchröhrenüberhitzer Patent Schmidt, ebenfalls durch den Vulcan entworfen, im Bau. Als neuer Zweig des Lokomotivbaus wurde 1906 der Bau von Dampfmotorwagen für Eisenbahnen aufgenommen. Ein Exemplar wurde als Gemeinschaftsbau mit der Firma Beuchelt & Co. in Grünberg, von welcher der Wagenkasten kam, für Lenz & Co. Berlin, erbaut. Die Maschine war ein vollständig eingekapselter Dampfmotor, bei welchem alle Triebwerks- und Steuerteile in einem Ölbad liefen.[118]

Mit den ersten Heißdampfgüterzuglokomotiven hatte die 4/4 gekuppelte Maschine alle Stadien der Entwicklung zuerst beim Vulcan durchlaufen. Dass auch diese Gattung sich ihren Vorgängerinnen würdig erwies, beweist die Tatsache, dass vom Vulcan allein bis Ende 1906 bereits 97 Stück zur Ablieferung kamen und zu diesem Zeitpunkt weitere 42 in Arbeit waren. Diese Lokomotive war außerordentlich leistungsfähig. Sie konnte bei Steigungen von 1:100, Güterzüge von 100 bis 129 Lastachsen, das waren 50–60 beladene Güterwagen ohne Vorspannlokomotive mühelos befördern. Dadurch steigerte sich der Bedarf derartig, dass die Eisenbahndirektion Berlin auch noch andere Lokomotivfabriken zum Bau heranziehen musste. Auch in Bezug auf die Wirtschaftlichkeit ließ diese Lokomotivgattung ihre Vorgängerinnen weit hinter sich. Mit diesen ersten 4/4 Heißdampfgüterzuglokomotiven, an denen inzwischen mancherlei Verbesserungen vorgenommen worden waren, hatten sich durch längere Vergleichsversuche mit 4/4 gekuppelten Verbundlokomotiven folgende Ersparnisse ergeben: An Wasser 12,5 %, an Kohlen 8,04 %, an Öl 8%. Dabei leistete die Heißdampfmaschine durchschnittlich 10% mehr als die gleich schwere Verbundmaschine.

Im Übrigen waren bis 1906 alle Typen 2/2, 2/3, 2/4, 3/3, 3/4, 3/5 und 4/4 gekuppelte Lokomotiven von 8.000 bis 50.000 kg Leergewicht ohne Tender und mit Spurweiten von 600, 750, 1.000 mm und Normalspur gebaut worden. Insgesamt konnten bis Ende des Jahres 2.256 Lokomotiven und ein Dampfmotorwagen zur Ablieferung gebracht werden, deren Gesamtwert 102,5 Mill. Mk. betrug, das Gesamtleergewicht wird mit ca. 103.000 Tons angegeben und der damalige Jahresumsatz bezifferte sich auf 4,5 Mill. Mk. Jährlich konnten etwa 100 Lokomotiven geliefert werden. Der Durchschnittspreis der ersten 100 Lokomotiven betrug je Maschine 52.327 Mark bei einem Durchschnittsgewicht von 43,06 Tons, während die letzten 100 Lokomotiven, 1907 gebaut, je 64.135 Mark kosteten und ein Durchschnittsgewicht von 67,07 Tons hatten.

Geliefert wurden bis Ende 1906: 266 Schnellzuglokomotiven, 1.257 Güterzuglokomotiven, 322 Personenzuglokomotiven, 1.257 Güterzuglokomotiven und 411 Tenderlokomotiven. Davon blieben 2.211 Lokomotiven in Deutschland, 15 gingen nach Italien, 12 nach Bulgarien, 6 nach Dänemark, 5 nach China [Schantung-Bahn], 3 nach Ost-Afrika [Usambara-Bahn] und je 2 nach Russland und Spanien. Nach der Spurweite waren 2.218 Lokomotiven mit Normalspur von 1.435 mm, 57 mit Schmalspur von 1.000 mm, 59 von 750 mm, 20 von 600 mm und 2 mit Breitspur von 1.660 mm geliefert worden. Den Jahren nach waren es von 1859 bis 1869 = 238 Lokomotiven, von 1869 bis 1879 = 584, von 1889 bis 1899 = 652 und von 1899 bis 1907 = 520.[119]

Als ein weiterer Fabrikationszweig innerhalb des Lokomotivbaus war Ende 1906 der Bau von elektrischen Lokomotiven in Gemeinschaft mit der AEG-Berlin in der Planung beendet und Anfang 1907 als erstes Exemplar eine Doppellokomotive von 1.200 PS im Bau.[120] In diesem Zusammenhang dürfte von Interesse sein, dass die weltweit erste mit Strom betriebene Lokomotive in den USA gebaut wurde. »[…] In der Baldwin'schen Locomotivfabrik in Philadelphia ist die erste elektrische Locomotive ferrtiggestellt worden, welche jemals für eine mit Dampf betriebene Eisenbahn erbaut wurde. Die Locomotive hat die Grösse eines gewöhnlichen Frachtwagens, ist somit etwa 30 Fuss lang. Sie ruht auf zwei vierräderigen ›Trucks‹ und wiegt etwa 60 Tonnen. Sie soll 800 Pferdekräfte erhalten, welche einen schweren Frachtzug mit einer Geschwindigkeit von vierzig Meilen in der Stunde ziehen würde. Die Locomotive ist für Frachtverkehr bestimmt; Passagierzug-Lcomotiven sollen eine bedeutend grössere Geschwindigkeit erhalten. Die Räder sind 42 Zoll im Durchmesser gross. Für den elektrischen Motor werden nur 8 Fuss Raum auf der Locomotive gebraucht. Ein Mann wird dieselbe durch einen Apparat controliren, der dem eines gewöhnlichen Strassenbahnwaggons gleicht und nur viel grösser und stärker ist. Die Locomotive kann durch eine oberirdische Leitung gespeist werden. An ihrer Vorderseite befindet sich ein mächtiges elektrisches Suchlicht, mit dem das Geleise bei Nacht beleuchtet wird. Die neue Locomotive kostet etwa 10.000 Doll.(ar) oder ebenso viel als eine gewöhnliche.« [121]

Für das Geschäftsjahr 1907 waren im November des Vorjahres 70 Lokomotiven bestellt worden bzw. bereits in Arbeit. Darunter befanden sich zwölf 2/4 Schnellzugverbundlokomotiven, Bauart Vulcan, sechs 4/4 Heißdampflokomotiven mit Rauchkammerüberhitzer, sechsunddreißig 4/4 Heißdampflokomotiven mit Rauchröhrenüberhitzer, Patent Schmidt, und sechzehn 3/3 gekuppelte Nebenbahn-Tenderlokomotiven. Außerdem wurden Verhandlungen geführt über sieben 4/4 Güterzugzwillingslokomotiven, eine elektrische Doppellokomotive und 4 Heißdampfmotorwagen mit Überhitzer eigenen Systems, darunter je 2 für Normal- und für 750 mm Spur. »Es wurden 98 Lokomotiven an die Besteller abgeliefert […]. In Arbeit befindlich sind noch geblieben bezw. neu hinzugekommen […] 88 normalspurige Lokomotiven.«[122]

1908 kamen 104 Lokomotiven zur Ablieferung, während 72 normalspurige in Arbeit blieben.[123] In diesem Jahr brachte der Berliner Börsen-Courier folgende zwei Kurzmeldungen zum Lokomotivbau: »Das königl. Eisenbahn-Zentralamt in Berlin ist beauftragt worden, wegen Übernahme der Herstellung von weiteren Lokomotiven verschiedener Gattung für die bestehenden Bahnen mit den zur Zeit für die preußisch-hessische Staatsbahn-Verwaltung beschäftigten Werken in Verhandlung zu treten. Die Anlieferung dieser Lokomotiven soll vom 1. April bis zum 31. Mai 1909 erfolgen.« Die zweite Meldung lautet: Das königliche Eisenbahn-Zentralamt in Berlin ist beauftragt worden, wegen Übernahme der Herstellung von weiteren 570 Lokomotiven verschiedener Gattung für die bestehenden Bahnen mit den Werken, die zur Zeit für die peußsch-hessische Staatsbahnverwaltung beschäftigt sind, In Verbindung zu treten. Die Lieferung [...] soll bis zum 1. Oktober 1909 abgeschlossen sein.«[124] 1908 erhielt der Vulcan den Auftrag, für die Kgl. Preußische Eisenbahnverwaltung versuchsweise 2 Lokomotiven mit Gleichstromzylindern von Prof. Stumpft zu bauen. Ausgerüstet wurden zwei G8 Lokomotiven mit diesen Zylindern, dem später 5 weitere folgten. Eine dieser Maschinen wurde 1910 auf der Brüsseler Weltausstellung gezeigt.[125]

1909 sind nach dem Geschäftsbericht 98 Lokomotiven fertiggestellt worden, 60 weitere waren im laufenden Jahr in Arbeit bzw. sind neu hinzugekommen.[126] Vermutlich im November 1909 wurde in Sofia eine Offertverhandlung, betreffend die Lieferung von 30 Lokomotiven im veranschlagten Werte von 2,311 Mill. Franks abgehalten. An der Submission nahmen hauptsächlich deutsche und österreichische Lokomotivfabriken teil. Der größte Teil der Lieferung wurde von der Hannoverschen Lokomotivfabrik vormals Georg Egestorff erstanden; der Rest gleichfalls von einer deutschen Firma«, bei der es sich um den Vulcan gehandelt hat.[127]

Dem Geschäftsbericht für 1910 ist zu entnehmen, daß 66 Lokomotiven an die Besteller zur Ablieferung kamen und 72 im laufenden Jahr noch in Arbeit waren.[128] In diesem Jahr war ein zweimonatiger Konkurrenzbetrieb zwischen zwei Gleichstrom-Dampflokomotiven zwei Kolbenschieberlokomotiven und zwei mit Ventilsteuerung versehenen Lokomotiven durchgeführt worden. Die Versuche, von der Kgl. Preußischen Eisenbahnverwaltung durchgeführt, hatten den Zweck, vollständige Klarheit über den wirtschaftlichen Wert der drei Lokomotivkonstruktionen zu erhalten. Alle drei Lokomotivengruppen waren Güterzugmaschinen, 4/4 gekuppelt und befuhren in normalem Dienst dieselbe Strecke. Der Betrieb fand mit doppelter Besatzung Tag und Nacht unter möglichst gleichen Verhältnissen und gleicher Beanspruchung statt. Als Ergebnis wurde festgestellt, »daß die Gleichstromdampftlokomotive den geringsten Kohlenverbrauch – 19% weniger als die Kolbenschieberlokomotive und 28 1/2 % weniger als die Ventillokomotive hatte. Auch im Übrigen hatten die Gleichstromlokomotiven allen Anforderungen entsprochen und die Erwartungen in mancher Hinsicht übertroffen.«[129]

Gefertigt ohne Bauauftrag, aber in Absprache mit dem Zentralamt

Am 24.8.1910 verstarb der langjährige Leiter der Lokomotivbauabteilung, Oberingenieur Oscar Brennhausen. Nach Tätigkeiten bei der Oppeln-Tarnowitzer Bahn und in Warschau im technischen Büro der Wiener Bahn trat er am 1.11.1861 beim Vulcan ein. Brennhausen war Mitbegründer des Pommerschen Bezirksvereins des VDI und dessen Ehrenmitglied. Auf sein Wirken war zu einem guten Teil die gewaltige Entwicklung des Vulcan mit zurückzuführen.[130]

Im Januar 1911 kursierte an der Berliner Börse ein Gerücht von größeren Staatsbestellungen. Wie der Berliner Börsen-Courier hierzu weiter mitteilt, »ist der Sächsischen Maschinenfabrik vorm. Rich. Hartmann seitens der Sächsischen Regierung wie vor 2 Jahren ein Auftrag auf 30 Lokomotiven erteilt worden. Es war erwartet worden, daß der deutschen Industrie eine Bestellung von 66 Lokomotiven für Japan zufallen würde, hiervon sind indessen nur 24 in Deutschland und zwar zu sehr ungünstigen Bedingungen bestellt worden, während 24 in Amerika und 18 in England aufgegeben wurden. Die französischen Aufträge sind vollständig ausgefallen, da Frankreich seinen Bedarf in Belgien und der Schweiz gedeckt hat. Was die seit ca. 5 Monaten schwebenden deutschen Staatsaufträge anlangt, so sind solche seitens des Centralamtes noch immer nicht fest erteilt worden. Die Verbandsfabriken haben aber mit Rücksicht auf die gegenwärtige unzureichende Beschäftigung im Einverständnis mit der vorerwähnten Behörde die eventuell auf sie entfallenden Lokomotiven schon jetzt in Arbeit genommen.

Mit den für das Geschäftsjahr 1911 mitgeteilten Ablieferungen von 91 Lokomotiven und 10

Tendern, hatte der Vulcan seine damalige Produktionskapazität in etwa erreicht, während für das laufende Jahr, mit Stand etwa März 1912, 46 Lokomotiven in Auftrag bez. Arbeit waren.[131] Für 1912 teilt der Geschäftbericht mit: »Unsere seit Jahren befriedigend arbeitende Lokomotivfabrik wurde [...] einer durchgreifenden Modernisierung unterworfen, wodurch die Leistungsfähigkeit derselben nicht unerheblich gesteigert worden ist. An die Besteller abgeliefert wurden 63 Lokomotiven und 6 Tender, in Arbeit befindlich sind noch geblieben bezw. neu hinzugekommen [...] 112 Lokomotiven.«[132] Im Herbst d. J. kamen zehn 2C2h2 Personenzug-Tenderlokomotiven an die Kgl. Eisenbahn-Direktion Stettin zur Auslieferung, die für den Rügenverkehr zwischen Altefähr und Saßnitz Hafen vorgesehen waren, aber auch im Direktverkehr Rügen–Berlin eingesetzt wurden.[133]

Im Geschäftsbericht über 1913 sah sich der Vorstand veranlasst festzustellen: »Auch unsere in Stettin geführte Lokomotivfabrik hat es infolge der im vorigen Jahr durchgeführten Modernisierung verstanden, die 1913 eingetretenen, nicht unbeträchtliche Preisreduktionen zu überwinden und ein angemessenes Erträgnis zu liefern. [...] Es wurden 86 Lokomotiven an die Besteller abgeliefert. [...] In Arbeit befindlich sind noch geblieben, bzw. neu hinzugekommen: [...] 88 Lokomotiven.«[134]

In diesem Jahr erhielt der Vulcan von der Verwaltung der Greifenhagener Kreisbahn einen Auftrag zum Bau von 3 vierachsigen Tenderlokomotiven mit seitlich verschiebbaren Achsen und der Spurweite 750 mm. Der Grund für diese Bestellung war folgender. Die Bahngesellschaft hatte bereits eine Anzahl vierachsiger Mallet-Maschinen im Betrieb, die zur Beförderung der schweren Personenzüge zu den Ostseebädern dienten und der Unterstützung zweiachsiger Vorspannlokomotiven bedurften. Dieser unwirtschaftliche Betrieb machte die Beschaffung leistungsstarker Lokomotiven notwendig, die einen Zug von 140 t auf der größten Steigung von 1:60, die gleichzeitig in einer 100 m S-Kurve lag, mit 8-10 km/h befördern sollten. Der Vulcan empfahl den Bau von En2-Tenderlokomotiven und erhielt den Bauauftrag für zwei Maschinen mit der Spurweite 1.000 mm, einem Kesseldruck von 12 atü, einem Leergewicht von 22,5 und Dienstgewicht von 28,8 t. Sie waren mit Dampftrockner, System »Born« ausgerüstet, der das mitgerissene Wasser über einen Leitschaufelkranz abschleuderte. Die Maschinen waren leistungsstark genug, auch mit einem Zuggewicht von 180 t die geforderte Geschwindigkeit halten zu können. Außerdem waren sie wesentlich wirtschaftlicher in Unterhaltung und Betrieb als die bisher eingesetzten Mallet-Lokomotiven. Zeitsch.[135] Ebenfalls 1913 wurde an die Rü.K.B. – deren Betriebsführung 1910 von Lenz & Co. auf den Provinzialverband Pommern, Abt. Kleinbahnen übergegangen war –, ein Neuentwurf einer D-Tenderlokomotive geliefert. Sie hatte Heusingersteuerung mit Flachschiebern erhalten, einen Wasservorrat von 2,2 m^3, einen Dampfdruck von 12 atü, ein Leergewicht von 19.000 kg, ein Dienstgewicht von 24.000 kg und die Fabrik-Nr. 2951. Die Lokomotive wurde 1927 auf Heißdampf umgebaut. 1914 folgte ein weiteres Exemplar mit der Fabrik-Nr. 3851.[136]

Auf der Baltischen Ausstellung 1914 in Malmö war Deutschland u.a. mit insgesamt 5 Lokomotiven vertreten. 4 Lokomotiven waren mit Speisewasser-Vorwärmern und zwar mit Abdampf-Vorwärmern der Bauarten Schichau, Knorr und Vulcan ausgerüstet, eine hatte außerdem einen Abgas-Vorwärmer. In den Abdampf-Vorwärmern konnte etwa 1/6 bis 1/7 des Auspuffdampfes nutzbar gemacht werden. Nach den im praktischen Betrieb gewonnenen Erfahrungen wird eine durchschnittliche Kohlenersparnis von mindestens 10% angegeben, die sich unter günstigen Bedingungen noch steigern ließ. Auch die Grenzleistung der Lokomotiven konnte, soweit sie durch die Kesselleistung beeinflusst wurde, um mindestens 15% gesteigert werden. Als weitere Vorteile werden genannt: verringerte Unterhaltungskosten der Lokomotive, Verringerung der Gefahr des Rohrleckens, geräuschloses Arbeiten der Speisevorrichtung, Entlastung des Heizers wegen der geringeren Kohlenmenge. Auf Grund der sehr günstigen Betriebserfahrungen rüstete die preußisch-hessische Staatseisenbahn eine große Anzahl der im Betrieb befindlichen Lokomotiven mit

1912 gebaute En2-Tenderlokomotive für die Greifenhagener Kreisbahn mit der Fabrk.-Nr. 2732 [Stettiner Maschinenbau-Actien-Gesellschaft, Stettin-Bredow]

1912 gebaute 2C2h2-Personenzuglokomotive für die Preuß. Eisenbahnverwaltung mit der Betr.-Nr. Stettin 8405 [aus:Stettiner Maschinenbau-Actien-Gesellschaft, Stettin-Bredow]

Abdampf-Vorwärmern aus. Beabsichtigt war von der Bahnverwaltung, hauptsächlich Knorr- Vorwärmer und für einzelne Lokomotivgattungen Vulcan-Vorwärmer zu beschaffen.

Die vom Vulcan in Malmö ausgestellte Lokomotive mit der Betr-Nr. 1201 war die erste Schnellzuglokomotive der preußisch-hessischen Staatseisenbahn-Verwaltung, die als Drillingslokomotive nach Entwürfen des Vulcan ausgeführt wurde. Die technischen Daten der 2C3-Heißdampf-Drillings-Schnellzuglokomotive S10 mit vierachsigem 31,5 cbm-Tender waren: Spurweite 1435 mm, Laufraddurchmesser 1.000 mm, Triebraddurchmesser 1890 mm, Dampfüberdruck 14 atü, größte Länge mit Tender 20.950 mm, Leergewicht 73.940 kg, Dienstgewicht 80.320 kg und die Höchstgeschwindigkeit 110 km/h. Bei den Versuchsfahrten hatte die Lokomotive alle an sie gestellte Erwartungen erfüllt und zum Teil noch erheblich übertroffen. Mit ihr konnte z.B. ein 75 Achsen starker und 696 t [ohne Lokomotive] schwerer D-Zug im Flachland mit einer Geschwindigkeit von meistens über 100 km/st befördert werden. Der ebenfalls nach Vulcanentwürfen gebaute Tender hatte ein Fassungsvermögen von 31,5 cbm Wasser und 7 t Kohle. Die Gesamtlänge betrug 8.650 mm, die größte Höhe 3.501 mm, das Eigengewicht mit Ausrüstung 23,4 t, das Dienstgewicht 62,8 t und der größte Achsdruck 15,9 t und zeichnete sich durch eine erhebliche Gewichtersparnis aus.[137]

1914 wurde die Fabrik-Nr. 2997 an die Kolberger Kreisbahn geliefert, die Saatziger Kreisbahn erhielt mit der Fabrik-Nr. 2955 eine 1.000 mm Schmalspurlokomotive.[138] Der in Auszügen veröffentlichte Geschäftsbericht über 1914 enthält betreffend der Lokomotivproduktion keine Zahlenangaben mehr.[139] Im Dezember d. J. hatte die Direktion des Vulcan auf Anfrage mitgeteilt, »daß seit Kriegsausbruch das Lokomotiv-Exportgeschäft vollständig stillgelegt ist. Im inländischen Bedarf haben die Bestellungen der Staatsbahn-Verwaltungen erhebliche Einschränkungen erfahren. Überdies sei es nicht möglich, die durch die Kriegslage wesentlich gestiegenen Fabrikationskosten bei der Preisbewilligung voll auszugleichen. [...] Der Lokomotivenbau in Stettin ist mit Arbeiten gut besetzt; es sind für erhöhte Leistungen neue Einrichtungen getroffen worden.«[140] Die 3000. Lokomotive lieferte der Vulcan 1915, die 2Ch3-Schnellzuglokomotive ging an die Preußische Staatsbahn.[141]

Das Ende des Ersten Weltkrieges bedeutete für Deutschland die Ablieferung von 8.200 der modernsten Lokomotiven an Frankreich auf Grund des Versailler Vertrages. Dieser Verlust und die Ausmusterung zahlreicher im Krieg unbrauchbar gewordener Maschinen brachte den Lokomotivwerken eine Hochkonjunktur, an welcher der Vulcan allerdings nur in einem sehr bescheidenen Umfang beteiligt war. 1919 gingen zwanzig 2C2h2-Personenzug-Tenderlokomotiven der preußischen Bauart T 18 mit den Fabrik-Nrn. 3513–3532 an die Württembergischen Staatsbahnen.[142] Die Ausgabe des Berliner Börsen Courier vom Dienstag, dem 15.2.1921, enthielt folgende Meldung: »Ein spanischer Lokomotiv-Auftrag an Deutschland. Wie Havas meldet, hat die spanische Regierung deutschen Firmen die Lieferung von 118 Lokomotiven, die vor Ende 1921 fertiggestellt sein sollen, übertragen.« Der Vulcan lieferte zwei Stück.

Entlassungen und Arbeitszeitverkürzungen wegen schlechter Auftragslage

Während des Geschäftsjahres 1922 hatte die »Lokomotivfabrik befriedigend gearbeitet.« Weiter teilt der Geschäftsbericht mit: »Um bei der Flaute im Schiffsneubau das Halten des notwendigen Arbeitsstammes zu ermöglichen, haben wir von der Reichsbahn erhebliche Aufträge auf Reparatur von Lokomotiven und Eisenbahnwagen übernommen. Wir werden für die nahe Zukunft im besonderen Maße auf solche Arbeitsgelegenheit angewiesen sein.«[143] Am 4. November d. J. sah sich die Vulcan-Direktion dann veranlasst, den Oberpräsidenten der Provinz schriftlich über die Verkürzung der Arbeitszeit und bevorstehende Entlassungen zu unterrichten: »Infolge der gegenwärtig vorliegenden Arbeitsbestände sahen wir uns zu unserem Bedauern genötigt, von der zweiten Oktoberwoche ab die Arbeitszeit in unserem gesamten Lokomotivbau mit Lackierwerkstatt, Glaserwerkstatt, mechanische Werkstatt, Lokomotiv-Kesselbau, Neubau und Reparaturen, Lokomotiv-Tenderbau und Hammerschmiede auf 40 Stunden bei 5 Arbeitstagen zu verringern. Nachdem inzwischen keine Besserung der Arbeitslage eingetreten ist, sehen wir uns leider genötigt, vom Montag den 6. ds. Mts. ab in unserer Mechanischen Werkstatt, soweit an Teilen von Lokomotiv-Neubauten gearbeitet wird, in der Hammerschmiede des Oberhofs, im Lokomotivkessel-Neubau und in der Lokomotiv-Reparatur-Werkstatt eine weitere Einschränkung der Arbeitszeit auf 32 Stunden bei 4 Arbeitstagen und bei der Hofkolonne eine Einschränkung der Arbeitszeit auf 40 Stunden bei 5 Arbeitstagen vorzunehmen. Angesichts der Sachlage müssen wir befürchten, daß diese Einschränkung für die nächste Zukunft zu einem Dauerzustand wird und dass wir auch voraussichtlich zu unserem Bedauern gezwungen werden, Entlassungen der Belegschaft vorzunehmen.«[144]

Wie ernst die Stettiner Behörden die Arbeitsmarktlage nahmen, geht auch daraus hervor, dass man den Minister für Handel und Gewerbe in Berlin mit folgendem Schreiben einschaltete: »Betrifft: Arbeiterentlassungen auf den Vulcanwerken. Nachgang zum Erlaß vom 20.11.d.Js. O.P. 7.500. Berichterstatter: Regierungs- und Gewerberat Schumacher. Auf meinen Bericht vom 10. November d. Js. Pr-t.I 11371, den ich Euer Exellenz unter dem 21. November d. Js. – Pr.t.I 11990 – in Abschrift vorgelegt habe, ist der Herr Minister für Handel und Gewerbe zwecks Zuweisung von Aufträgen an die Vulcanwerke mit den maßgebenden Stellen im Reiche und in Preußen in Verbindung getreten. Da die Vulcanwerke mir inzwischen angezeigt haben, daß sie frühestens Anfang Januar 1923 etwa 750 Arbeiter entlassen müssen, habe ich um tunlichste Förderung der eingeleiteten Verhandlungen gebeten, damit den Notwendigkeiten der Entlassungen vorgebeugt, oder zumindest das Ausmaß der Entlassungen niedriger gehalten werden könne.«[145]

Auf Weisung des Regierungspräsidenten war der zuständige Regierungs- und Gewerberat Schumacher beauftragt worden, die Betriebs- und Arbeitsverhältnisse auf den Vulcan-Werken unter Heranziehung der Mitglieder des Betriebsausschusses [Betriebsrat] einer sorgfältigen Prüfung zu unterziehen. Das Ergebnis ist in einem längeren Bericht vom 16.12.1922 enthalten, der wie folgt beginnt: »Die Angelegenheit ist mit der Direktion der Vulcan-Werke und den Mitgliedern des Betriebsausschusses in gemeinsamer Sitzung besprochen worden.« Dann werden die z. Zt. geltenden wöchentlichen Arbeitszeiten der Betriebsabteilungen, in denen Entlassungen vorgesehen sind, aufgeführt, wobei für den Lokomotivbau 32–40 Stunden angegeben sind; es wird erwähnt, dass die Direktion inzwischen für die Kesselschmiede neue Aufträge hat einbringen können, sodaß die Arbeitszeit bei jetzigen 48 Stunden bis Mitte Januar 40 Stunden betragen und es vorläufig keine Entlassungen geben wird. Auch für die Gießerei war neue Arbeit beschafft worden, sodass die bisherige Arbeitszeit von 48 Stunden bis Ende Januar beibehalten werden konnte. »Für die Modelltischlerei, den elektrischen Betrieb, die Werkzeugmacherei und die Reparaturschlosserei hat sich die Direktion im Verlaufe der Aussprache bereit erklärt, trotz der unbestreitbaren, für die Betriebsführung sich ergebenden Schwierigkeiten zunächst eine Streckung der Arbeit durch Kürzung der Arbeitszeit auf 40 bezw. 32 Stunden vorzunehmen, sodaß [...] Arbeiterentlassungen zunächst vermieden werden. [...] Für die [...] bereits verkürzt arbeitenden Abteilungen (mechanische Werkstatt, Lokomotivbau und Hammerschmiede) widerspricht eine weitere Kürzung auf 24 Stunden wöchentlich den Wünschen der Arbeiter, die eine Herabsetzung auf 32 Stunden bereits als unterste Grenze ansehen, da der bei weiterer Kürzung sich ergebende Arbeitsverdienst der herrschenden Teuerung bei Weitem nicht gerecht wird.« Aus den vorstehend genannten 3 Abteilungen waren bereits mehrere hundert Arbeiter beim Schiffbau eingesetzt. »Trotzdem werden sich infolge des außerordentlich schlechten Beschäftigungsgrades Entlassungen leider nicht ganz vermeiden lassen. Die Direktion hat jedoch versichert, im Rahmen der Anordnung vom 12.2.1920 (R.G.Bl.S.218) bei der Entlassung auf das Alter und den Familienstand [...] jede mögliche Rücksicht nehmen zu wollen, eine Zusage, die nach dem Verlauf der Aussprache und dem von der Direktion bisher Geschehenen zu bezweifeln kein Anlaß vorliegt. Sollten dennoch bei der Entlassung [...] Härten auftreten, so können diese Arbeiter gemäß den Bestimmungen des Betriebsrätegesetzes den Schlichtungsausschuß anrufen. Auch der Versuch durch Entlassung jüngerer Arbeitskräfte aus dem Schiffbau Platz für ältere Arbeiter des Oberhofes zu schaffen, ist zugesagt. Ferner besteht Hoffnung, bis Anfang Januar den schon seit einigen Wochen in Aussicht stehenden Auftrag auf Montage von 2.100 Eisenbahnwaggons für Polen zu erhalten. Sollte der Auftrag sich verwirklichen, so würden die Arbeiterentlassungen erfreulicherweise in ganz geringen Grenzen gehalten werden können. Vollständig vermeiden ließen sie sich allerdings auch dann leider nicht, da die Waggons auf dem Werk nicht von Grund aus hergestellt, sondern nur aus den von außerhalb gelieferten Einzelteilen zusammengebaut werden sollen. Über die von mir allgemein eingeleiteten und in Aussicht genommenen weiteren Schritte zur Verhinderung des Eintritts von Arbeitslosigkeit in größerem Umfange folgt ein Bericht nach.«[146]

Nach Ende des Ersten Weltkrieges war die Leistungsfähigkeit der Lokomotivbauabteilung erheblich erweitert worden. In der Werkstatt, die sich unmittelbar an die Dreherei anschloss, konnten jährlich 300 Lokomotiven gebaut werden. Außerdem befanden sich alle für den Lokomotivbau nötigen Einrichtungen, außer denjenigen, die in der Gießerei, Kessel- und Kupferschmiede mit denen des Schiffsmaschinenbaus vereinigt waren, unter einem Dach.[147] Außer diesen produktivitätssteigernden Verbesserungen waren auch mehr Leute im Lokomotiv- u. Eisenbahnbau tätig, für 1922/23 werden etwa 800 Beschäftigte angegeben. Die entsprechenden Aufträge fehlten allerdings, wie wir dem Vorstehenden bereits entnehmen konnten. Auf der außerordentlichen Generalversammlung im November 1924 musste die Werksleitung dann mitteilen: »Lokomotivbestellungen der Reichsbahn fehlen gänzlich.«[148] Am 24.10.1924 fand die Endabnahme der Lokomotive mit der Fabrik-Nr. 3972 statt, die am darauffolgenden Tag von dem Lokomotivführer Wilhelm Hadem nach Witten überführt wurde.

[Foto Verfasser, 2000 im Historischen Museum Binz]

Am 30.6.1967 entgleiste sie in Schwarzenbeck bei Hamburg und wurde am 12.3.1968 ausgemustert. Heute befindet sie sich als Ausstellungsobjekt im Verkehrsmuseum Nürnberg.[149]

Neubestellungen werden von der Reichsbahn nicht vergeben

Auch 1925 war die Lage nicht besser geworden. Wegen der wirtschaftlichen Verhältnisse gelang es nicht, »ausreichende Aufträge zu auskömmlichen Preisen« zu bekommen, wie Hansa am 3.4.1926 dem Geschäftbericht des »Vulcan« entnimmt. Weiter wird mitgeteilt: »Im Jahre 1925 hat sich dieser Zustand weiter verschlechtert. Die Deutsche Reichsbahn hat, wie im Jahre 1924, so auch im Jahre 1925 daran festgehalten, Neubestellungen an Lokomotiven nicht zu vergeben und beabsichtigt auch noch zum mindesten im Jahre 1926 an dieser Praxis festzuhalten.« Und das zu einer Zeit, in der beispielsweise im Dezember 1923 in Stettin 18.123 Arbeitslose registriert waren, denen 196 offene Stellen gegenüberstanden und 712 Firmen verkürzte Arbeitszeiten einführen mussten, wie dem Pressebericht des öffentlichen Arbeitsnachweises der Stadt zu entnehmen ist.[150]

1925 lieferte der Vulcan für die Kleinbahn auf Rügen mit der Fabrik-Nr. 3851 eine D-Heißdampf-Tenderlokomotive mit Kolbenschieber und selbsttätigen Druckausgleicher. Die Fabrik-Nr. 3852 mit einer Spurweite von 600 mm und der Bauart D-H, wurde ebenfalls in diesem Jahr, an die Mecklenburg-Pommersche Schmalspurbahn geliefert. Die Heißdampflokomotive mit Schlepptender hatte einen Außenrahmen, Kolbenschieber, Druckausgleicher und Dampfbremse, sie leistete etwa 150 PS.[151]

Am 30.10.1926 ist einem Nachtrag der Zeitschrift Hansa Folgendes zu zu entnehmen: »Zur Lage der deutschen Werftindustrie äußern sich aus besonderem Anlaß die Vulcan-Werke [...] folgendermaßen: Die Werftindustrie in Deutschland ist durch das Verbot des Kriegsschiffbaues auf deutschen Privatwerften im Wege des Versailler Vertrages, durch die starke Einschränkung, welche der hochwertige Passagierdampferbau erfahren hat, und durch die Notlage des Lokomotivbaues, alles drei Spezialitäten des Vulcan vor dem Kriege, außerordentlich notleidend. Die Werften in Bremen und Hamburg sind spielend in der Lage, was die beiden Schiffszentren in absehbarer Zeit zu bestellen vermögen, am Platze selbst herzustellen. Über die derzeitige Beschäftigung ist zu sagen: In Stettin befinden sich noch fünf Lokomotiven für die Reichsbahn [...] in Bau.«

Der Stettiner Volks-Bote teilte am 29.1.1927 mit: »Lokomotiv-Aufträge für die Vulcan-Werke, Stettin. Wie wir hören, hat die Deutsche Reichsbahngesellschaft einen Bauauftrag von 240 Lokomotiven vergeben. Einen Teilauftrag hat [...] auch die Stettiner Vulcan-Werft erhalten, [...] selbst dieser kleine Auftrag ist ein Lichtblick für die geradezu trostlose Arbeitsmarktlage der nördlichen Vororte Stettins.« Ergänzend hierzu eine Information der Zeitschrift Hansa: »[...] die Lokomotivbauabteilung des zur Deschimag gehörenden Stettiner Vulcan ist zur Zeit noch mit dem Bau von 16 Maschinen beschäftigt. Nach Erledigung [...] soll der Lokomotivbau in Stettin stillgelegt und auf der A.G Weser, Bremen, neu aufgenommen werden.«

Es wurden über 4.000 Lokomotiven geliefert

In den zwanziger Jahren hatte der Vulcan eine Werbeschrift [ohne Jahreszahl] herausgegeben, mit Abbildungen von Lokomotiven und folgendem Text: »Die Vulkan-Werke Hamburg und Stettin bestehen aus 2 modernen Anlagen, [...]. Beide Werke bedecken heute eine Grundfläche von 1.600.000 m² und beschäftigen insgesamt 20.000 Beamte und Arbeiter. Die Hauptarbeitsgebiete, welche den Weltruhm unserer Gesellschaft begründeten, sind Schiffbau und Lokomotivbau. Mit dem Bau von Lokomotiven haben wir in Stettin [...] 1858 begonnen. 1859 wurde die erste Lokomotive, eine B 1-Güterzug-Lokomotive, für die Berlin-Stettiner Eisenbahn fertiggestellt, 1928 die letzte mit der Fabrik-Nr. 4019.«

»Hauptabnehmer unserer Lokomotiven sind die Deutsche Reichsbahn (Preußische Staatsbahn), deutsche Neben-, Klein- und Straßenbahnen, industrielle Werke und Bauunternehmungen. Außerdem haben wir größere Lokomotivlieferungen nach Afrika, Bulgarien, China, Dänemark, Rußland, Serbien, Spanien und anderen Ländern ausgeführt. Mit den jetzigen der Neuzeit entsprechenden Werkstatteinrichtungen können jährlich bis zu 300 große Lokomotiven fertiggestellt werden. Wir bauen Lokomotiven jeder Spurweite und Größe, für Haupt-, Neben-, Klein- und Straßenbahnen, sowie Sonderbauten, für industrielle Werke und Bauunternehmen, außerdem Zahnrad- und feuerlose Lokomotiven. An der technischen und wirtschaftlichen Entwicklung der Dampflokomotive sind wir hervorragend beteiligt. In unseren Konstruktionsbüros hat der Fortschritt im Lokomotivbau jederzeit eine Pflegestätte gefunden, und zahlreiche neue Bauarten sind hier entstanden, die in großer Zahl für die Preußische Staatsbahn und andere Bahnverwaltungen ausgeführt wurden. Wir rechnen zu den Lokomotivbauanstalten, die den Bau von Verbund-Lokomotiven zuerst aufnahmen.

An Neuerungen können wir außerdem verzeichnen: Den Bau der ersten Gleichstrom-Lokomotive mit Ventilsteuerung nach Professor Stumpf, den Bau von Lokomotivkesseln mit Brotan-Wasserrohrfeuerbüchse, die Einführung der Speisewasservorwärmung und des Gegenstrom-Vorwärmers Bauart Vulcan, die Einführung der Dreizylinder-Anordnung bei der Preußischen Staatseisenbahn, deren erste Anwendung bei der 2 C-Heißdampf-Schnellzug-Lokomotive, Gattung S 10^2 nach unseren Ausarbeitungen erfolgte. Auf Grund der Erfahrungen mit dieser Lokomotive wurde für Schnellzug- und auch für schwere Güterzug-Lokomotiven die Vierzylinder-Bauart zugunsten der Dreizylinder-Anordnung verlassen. Erstklassige Werkstatteinrichtungen, leistungsfähige Werkzeugmaschinen und ein Stamm geschulter Facharbeiter verbürgen die Güte unserer Erzeugnisse. Unsere Werkstätten arbeiten nach dem vom Deutschen Lokomotiv-Normen-Ausschuß aufgestellten Passungs- und Toleranz-System; der dadurch erreichte Grad an Genauigkeit ermöglicht den vollständigen Austauschbau, sodaß alle wichtigen Lokomotiv-Ersatzteile ohne Nacharbeit eingebaut werden können. Die Lage unseres Stettiner Werkes an der für große Seeschiffe befahrbaren Oder begünstigt die Lieferung von Lokomotiven an das Ausland, insbesondere an Übersee- und an Länder mit anderen Spurweiten. Der Bahntransport zum Seehafen wird vermieden, die Lokomotiven können unter Benutzung unserer Krananlagen (Tragfähigkeit bis 150 Tonnen) in unzerlegtem Zustand unmittelbar in Seeschiffe verladen werden.

Wir ergänzen diese Ausführungen durch eine Zusammenstellung unserer gesamten Erzeugnisse und nachfolgende Abbildungen einzelner Abteilungen unserer Stettiner Lokomotivbau-Werkstätten, sowie einer Reihe bemerkenswerter von uns gebauter Lokomotiven: [...] für jede Spurweite, für Heiß- und Naßdampf, für alle Brennstoffe, Schnellzug-, Personenzug- und Güterzuglokomotiven, Kleinbahn-, Feldbahn-, Straßenbahn-, Bau- und Industrie-Lokomotiven, Tenderlokomotiven, Feuerlose Lokomotiven, Zahnradlokomotiven, Kranlokomotiven, Kessel und Ersatzteile. Jährliche Erzeugung: 300 Lokomotiven. [...]

Dampfturbinen mit Stirnräder-Übersetzungs-Getriebe, Ölmaschinen nach dem Viertakt- und Zweitakt-System. Es kamen zur Anwendung: Zylinderkessel mit Kohle- und Ölfeuerung, Hochleistungs-Wasserrohrkessel mit künstlichem Zug, Dampfüberhitzer System Schmidt, natürlicher Zug, Howdens Forced Draught. Hilfsmaschinen für Bordbetrieb: Kühlwasserpumpen, Luft- und Kondensatpumpen, Kesselspeisepumpen, Duplex- und Simplexpumpen, Speisewasservorwärmer, Rudermaschinen, Asche-Ejektoren, Kesselgebläsemaschinen. Spezialeinrichtungen: Kabellege-Einrichtungen. Dampfturbinen für Elektrizitätswerke einschließlich Kondensationsanlagen, Kühlwasser-, Luft- und Kondensatpumpen, größte bisher ausgeführte Einzelleistung 20.000 Kw; Lichtturbinen. Schiffspropeller aus Bronze, Stahlguß und Gußeisen, Turbinen-Propeller aus Spezialbronze. Als Sondergebiet pflegen wir den Bau von Apparaten für Leistungsmessungen, Torsionsindikatoren, Schubmesser-Apparate, Hydraulische Leistungsbremsen. Umbau und Wiederherstellung von Schiffen, Schiffsmaschinenanlagen, Lokomotiven und Kesseln. Für Dockarbeiten stehen zur Verfügung: In Hamburg 4, in Stettin 3 Schwimmdocks mit einer gesamten Tragfähigkeit von 65.000 t. Wir übernehmen Gußlieferungen bis zu 50 t in Gußeisen, bis zu 6 t in Stahlguß, bis zu 8 t in Bronze.

Lokomotiv-Lieferungen: Nach Deutschland 2.211, Italien 15, Bulgarien 12, Dänemark 6, China [Schantung-Bahn] 5, Ost-Afrika [Usambara-Bahn] 3, Russland 2, Spanien 2; insgesamt 2.256 Lokomotiven, davon 1.820 Zwillingslokomotiven und 436 Verbundlokomotiven. Nach der Spurweite: Normalspur 1.435 mm = 2.218, Schmalspur 1.000 mm = 57, 750 mm = 59, 600 mm = 20, Breitspur 1.660 mm = 2. Nach Jahren: 1859 bis 1869 = 238, 1869 bis 1879 = 584, 1879 bis 1889 = 262, 1889 bis 1899 = 652, 1899 bis 1907 = 520; darunter waren 1820 Zwillings- und 436 Verbund-Lokomotiven.«[152]

An alter Stätte entsteht ein neues Werk

»Über die Gründungsversammlung der Stettiner Vulcan-Werft.« Eine Überschrift, mit der die Zeitung Bremer-Nachrichten, am 26.8.1938 folgendes mitteilt: »Am Freitagnachmittag fand die Gründungsversammlung der Vulcan-Werft G.m.b.H. statt. Das Grundkapital beträgt zunächst 4.550.000 RM. Im Bedarfsfall stehen weitere namhafte Mittel zur Verfügung. Die Bildung des Aufsichtsrates und Vorstandes konnte abschließend nicht vorgenommmen werden. Kaufmann Holtz-Stettin betonte, daß der nächste Schritt der Stapellauf des ersten von der neuen Werft erbauten Schiffes sein werde. Bereits heute seien verschiedene Neubauaufträge erteilt. Zum Schluß verwies Holtz auf die Verdienste des Gauleiters und Oberpräsidenten von Pommern, Schwede-Coburg, um den Wiederaufbau der Werft, durch dessen Einsatzt erst die Gründung der Gesellschaft möglich geworden sei.«

STETTINER VULKAN=WERFT AKTIENGESELLSCHAFT STETTIN GESCHÄFTSBERICHT FÜR DAS ERSTE GESCHÄFTSJAHR 1939

»Aufsichtsrat: Gerhardt Holtz, [i. Fa. Tetzlaff & Wenzel] Stettin, Vorsitzer; Hans Strauch, [Amtsleiter der DAF] Berlin, stellv. Vorsitzer; Alexander Halder, [Amtsleiter der DAF] Berlin; Kapitän Ewald Pütz, Berlin; Direktor Ernst Gödecken, Hamburg; Generaldirektot Hermann Suhle, Stettin; Stadtrechtsrat Walther Thiel, Stettin. Vorstand: Landesbaurat Bruno Mackels, Stettin, Vorsitzer; Dipl.Ing. Ernst Linder, Stettin; Werftdirektor Paul Feller, Stettin; Paul Fischer, Stettin.

Bericht des Aufsichtsrats

Der Jahresabschluss und der Geschäftsbericht für das erste Geschäftsjahr 1939 sind durch den Wirtschaftsprüfer Dr. Arthur Richter, Berlin, nach den Bestimmungen des Aktiengesetzes geprüft worden. Die darüber erstattete Prüfungsbericht hat dem Aufsichtsrat vorgelegen, die Abschlussprüfung hat nach ihrem abschließenden Ergebnis zu Beanstandungen keinen Anlass gegeben.

Der Aufsichtsrat hat in Sitzungen und Besprechungen sowie durch Berichterstattung des Vorstandes die Geschäftsführung überwacht. Er hat ferner den vom Vorstand aufgestellten Jahresabschluss und den Geschäftsbericht geprüft und gebilligt; er ist mit dem Vorschlage des Vorstandes einverstanden, den Jahresverlust von RM 424.629,12 auf neue Rechnung vorzutragen.

Stettin, im Juni 1940
Der Aufsichtsrat
Gerhard Holtz, Vorsitzer

Bericht des Vorstandes

Der vorliegende Geschäftsbericht beschließt das erste Geschäftsjahr unserer Gesellschaft, welches die Zeit vom 20. Februar 1939 bis Dezember 31. 1939 umfasst. Das Ergebnis der Bilanz sowie Gewinn und Verlustrechnung schließt aber auch die Aufwendungen ein, welche vor der Eintragung der Gesellschaft entstanden sind und durch uns von der vorher gegründeten Stettiner Vulkan G.m.b.H. übernommen worden sind sowie die Gründungskosten selbst.

Bereits bei Gründung der Gesellschaft hatten wir uns zur Aufgabe gestellt, nicht etwa durch Abziehung an anderer Stelle eingesetzter Fachkräfte ein Verlagerung der Erzeugung zu erreichen, sondern durch Mobilisierung nicht oder nicht voll eingestzter Volksgenosseneine neue Gefolgschaft selbst aufzubauen. Es kann schon heute gesagt werden, daß sich dieser Weg als durchaus gangbar erwiesen hat. Zunächst gelang es uns, durch Heranziehung älterer nicht mehr eingesetzter Arbeitskameraden, besonders aus den Reihen der Gefolgschaft der alten Vulcan-Werft, eine Stamm-Mannschaft zu bilden, welche für die übrigen Arbeitskameraden Lehrer und Vorbild wurde. Die übrigen Gefolgschaftsmitglieder stammen zum größten Teil aus den Umschulungswerkstätten, welche unsere Tochtergesellschaft, die ›Stettiner Ausbildungswerkstätten für den deutschen Schiffbau G.m.b.H.‹, in planvoller Zusammenarbeit mit der Deutschen Arbeitsfront und den zuständigen behördlichen Stellen in besonders dafür eingerichteten Werkstättten in Stettin-Frauendorf betreibt. Sie erhalten dort eine modernsten Grundsätzen entsprechende durch theoretischen Unterricht unterstützte Ausbildung und kommen dann zur weiteren Fortbildung auf die Werft. Das Ergebnis beweist, daß die Umschulung – richtig angefasst – kein Problem mehr ist, sondern eine Möglichkeit, zusätzliche Arbeitskräfte zu gewinnen und damit die Produktionskraft des deutschen Volkes zu stärken.

Sofort nach Errichtung der Gesellschaft wurde mit dem Aufbau der Werft begonnen und die dafür erforderlichen Bestellungen untergebracht. Die bereits damals sehr starke, inzwischen noch stärker gewordene Belastung des Bau- und Maschinenbaugewerbes brachte es leider mit sich, daß der Aufbau nicht so rasch voran ging, wie es geplant war. Immerhin gelang es uns – teilweise durch Einrichtung vorläufiger Betriebe – bis Ende des Berichtsjahres eine Werft zu schaffen, welche bereits einer beachtlichen Gefolgschaft Arbeitsmöglichkeiten bot. Mit Rücksicht auf die vor uns liegenden Aufgaben ist die Beschleunigung des weiteren Aufbaues unsere größte Sorge. Die dafür erforderlichen Geldmittel sind vorläufig gesichert.

Um unsere Gefolgschaft möglichste früh mit den Arbeiten am Objekt selbst vertraut zu machen, begannen wir bereits Anfang 1939 zunächst mit dem Bau einer Schute für den eigenen Betrieb und setzten die verfügbaren Kräfte außerdem möglichst weitgehend für Zwecke des Werftausbaues an. Im zweiten Quartal 1939 konnten wir dann mit dem ersten uns in Auftrag gegebenen Neubau beginnen, der sich jetzt seiner Fertigstellung nähert. Es ist uns eine besondere Genugtuung, daß wir uns bei Ausbruch des Krieges – wenn auch anfangs nur in bescheidenem Maaße – für die neuen Aufgaben zur Verfügung stellen und in steigendem Umfange Aufträge übernehmen konnten. Wir waren daher zu Jahresende voll beschäftigt und können vorläufig mit der restlosen Auslastung unseres Betriebes rechnen.

Die nationalsozialistische Ausrichtung unserer Gesellschaft ließ uns die Pflege der sozialen Belange unserer Gefolgschaft besonders angelegen sein. So ist von Anfang an dafür gesorgt worden, daß jedes Gefolgschaftsmitglied für wenig Geld ein gutes, schmackhaftes Essen bekommen kann, das sich großer Nachfrage erfreut. Beim Aufbau der einzelnen Betriebe wird auf die Schaffung freundlicher Freizeit- und Umkleideräume und entsprechende Ausgestaltung der Arbeitsplätze besonderer Wert gelegt. Eine Sportgemeinschaft sorgt für die außerbetriebliche Zusammenfassung der Gefolgschaft, und ein besonderes Gefolgschaftsamt steht dem Betriebsführer und dem Betriebsobmann für die soziale Betreuung der Gefolgschaft zur Verfügung. Selbstverständlich ist, daß wir die Frauen der eingezogen Arbeitskameraden entsprechend unterstützen und mit den Kameraden im Felde in laufender Verbindung stehen.

Von der Erkenntnis ausgehend, daß Leistung nur dann gefordert werden kann und auf die Dauer auch erreicht wird, wenn den persönlichen Belangen Rechnung getragen wird, hat der Vorstand in Beratung mit dem Vertauensrat und der DAF alle Maßnahmen getroffen, die geeignet sind, dem Gefolgsmann seinen Arbeitsplatz in der Betriebsgemeinschaft zu einer verpflichtenden Selbstverständlichkeit zu machen. Die vom Betriebsführer erlassene Betriebsordnung hat hierauf weitgehend Rücksicht genommen.

Die Gefolgschaft hat auf Anregung des Vertrauenrates sich bereit erklärt, die Restpfennige ihres Einkommens zwischen 1 und 10 Pfg. in eine Unterstützungskasse zu zahlen. Die Gesellschaft zahlt 100% dazu, so daß aus dieser Kasse in Not geratene Gefolgschaftsmitgliedern eine Beihilfe gezahlt werden kann. Außerdem haben wir in der vorliegenden Bilanz einen Betrag von RM 30.000,- zurückgestellt, welcher bei Wiederkehr normaler Verhältnisse den Grundstock für eine künftige Altersversorgung bilden soll.

Zwecks Schaffung des erforderlichen Wohraumes errichtet die ›Neue Heimat‹ in unserem Auftrag 103 Wohnungen, welche unserer Gefolgschaft zu besonders niedrigen Mieten zur Verfügung gestellt werden sollen. Wir stellten dafür eine zinsfreie Hypothek in Höhe von RM 123.600.- zur Verfügung. Leider gestatten es die dringlicheren Kriegsaufgaben nicht, die Fertigstellung dieser Häuser so zu fördern, wie wir es gern möchten. Daneben sind wir mit der Projektierung einer größeren geschlossenen Siedlung mit Gemeinschaftsanlagen, Schwimmbad usw. beschäftigt, welche aber erst später zur Ausführung kommen kann.

Am Leistungskampf der Betriebe haben wir uns noch nicht beteiligen können, da der teilweise provisorische Ausbau die hierfür notwendigen Voraussetzungen noch nicht erfüllte. Dagegen hat im Berichtsjahr eine größere Anzahl unserer Gefolgsmänner an dem Berufswettkampf teilgenommen, von denen einer als Kreisieger hervorging.

Der Aufbau des Unternehmens und die sofortige Aufnahme produktiver Arbeiten stellten hohe Anforderungen an die Leitung des Unternehmens und alle Mittarbeiter. Wir freuen uns, sagen zu können, daß wir fast überall auf große Einsatzbereitschaft gestoßen sind und Verständnis für die Besonderheit unserer Aufgaben gefunden haben. Im Laufe des Geschäftsjahres hatten wir den Tod zweier Mitarbeiter zu beklagen, die vom ersten Tag des Aufbaues an wieder ihre alten Arbeitsplätze bezogen hatten, die sie 1928 verlassen mussten. Sie hinterließen eine schmerzliche Lücke, doch ihr Vorbild wird der jüngeren Generation ein Ansporn sein.

Zur Bilanz und Gewinn- und Verlustrechnung ist noch Folgendes zu sagen: Der Zugang im Anlagevermögen besteht aus den Anlagen, Anschaffungen und Einrichtungen, die im Interesse des Aufbaues geschaffen wurden. Er wird im neuen Geschäftsjahr erhebliche Erweiterungen erfahren.

Der Posten Beteiligungen besteht aus unserem Anteil an der ›Stettiner Ausbildungswerkstätten für den deutschen Schiffbau G.m.b.H.‹, von deren RM 20.000.- betragenden Gesellschaftskapital wir DM 15.000.- besitzen. Die Roh-, Hilfs- und Betriebsstoffe umfassen unsere teils für eigene Zwecke, teils für laufende Aufträge vorhandenen Vorräte, die zu Tageswerten eingesetzt sind. Unter den halbfertigen Erzeugnissen ist in erster Linie unser Neubau Nr. 1 zu finden; daneben die am Bilanzstichtag noch nicht abgeschlossenen sonstigen Aufträge. Der Neubau ist dem Auftraggeber als Sicherung für eine geleistete Anzahlung übereignet.

Die Wertpapiere bestehen aus Steuergutscheinen, die wir in Zahlung genommen haben. Die von der Gesellschaft geleisteten Anzahlungen umfassen in erster Linie solche auf Lieferungen für den Werftaufbau, daneben aber auch solche für bei uns vorliegende Aufträge.

Die unter Einzahlungen von Aktionären auf Kapitalerhöhung ausgewiesenen RM 591.000.- stellen Vorauszahlungen vor, die von neuen Aktionären auf die unmittelbar nach dem Bilanzstichtag gemäß § 4 Abs: 2 der Satzung vom Vorstand mit Zustimmung des Aufsichtsrates durchgeführte Kapitalerhöhung geleistet wurden. Das laut der vorgenannten Satzungsbestimmung auf 5 Jahre ›genehmigte Kapital‹ in Höhe von RM 2.275.000.- ist durch diese Kapitalerhöhung mit RM 2.000.000.- in Anspruch genommen worden.

Die im Berichtsjahr gezahlten Gesamtbezüge unseres Vorstandes betragen RM 36.955.20. Der Aufsichtsrat hat gemäß den Bestimmungen der Satzung noch keine Bezüge erhalten. Wir dind Mitglied der Fachgruppe Schiffbau. Preis- und absatzregelnden Verbänden gehören wir nicht an, auch sind wir ähnliche Bindungen nicht eingegangen.

Der Verlust umfasst	
außer den Gründungskosten in Höhe von	RM 117.544.22
Abschreibungen in Höhe von	69.991.42
einer Rückstellung für Altersversorgung	30.000.00
einem Verlust vor Entstehung der Gesellschaft	36.562.65
einen Betriebs- und Anlaufverlust im Berichtsjahr	170.530.83
Wir schlagen vor, diesen Verlust von	RM 424.629.12
auf neue Rechnung vorzutragen.	

Stettin, im Mai 1940
Der Vorstand
Mackels Linder Fischer Feller

Der Niederschrift einer Beigeordnetenbesprechnung der Stadt Stettin vom 10. Oktober 1940 ist u.a. zu entnehmen, dass »die Stadt [...] durch den Ankauf des Werftgeländes, die Gründung der Vulkan-Werft A.G. ermöglicht habe.« Weiterführendes Material zur Werftgründung befindet sich im Bundesarchiv Berlin. Aus verschiedenen Gründen konnte dieses nicht ausgewertet werden.

Neue Schiffbautechnik Betonschiffbau

Zu der neuen Schiffbautechnik »Betonschiffbau« ist bei Hansa am 26.2.1921 Folgendes nachzulesen: »Eisenbetonbau nach neuen Gesichtspunkten. Am 10, Februar 1921 lief in Mescherin a. O. das erste in Pommern nach Plänen der Firma Ellmer & Co:, Stettiner Eisenbeton G.m.b.H. gebaute Eisenbetonschiff, ein von der Stettiner Portland Cement-Fabrik in Auftrag gegebener Seeleichter von 600 T., glücklich vom Stapel. – Der Leichter ist bei reger Zusammenarbeit von Eisenbetonfachmann und Schiffbauer nach ganz neuen Gesichtspunkten entworfen und erbaut worden. Denn man hat den sonst bei Betonarbeiten bisher gebräuchlichen Weg, das Bauwerk in Schalungen aufzuführen und einzustampfen, verlassen und eine Bauweise gewählt, welche die Herstellung des größten Teiles des Fahrzeuges bei Verwendung von wenigen gleichartigen Bauteilen in einheitlichen Abmessungen gestattet. Auf diese Weise war es möglich, den geraden Mittelteil des Schiffes aus den in der Werkstatt vorher fertiggestellten Einheits-Bauteilen wie Spanten, Bodenwrangen, Außenhaut, Deckbalken, Schotten, Lukenbalken u.a.m. zusammenzusetzen und ohne jegliche Schalung auszuführen. Eine solche brauchte nur angewendet zu werden beim Einbau des in gefälligen Linien entworfenen Vor- und Hinterschiffes. Angaben über die sonstigen Abmessungen und Einzelheiten des Leichters, die in technischer Hinsicht interessant und beachtenswert zugleich sind, hier aufzuführen, verbietet der Mangel an Platz. – Mit diesem Stapellauf ist ein Meisterwerk deutschen Gewerbefleißes und deutscher Geistesarbeit zum Abschluss gebracht worden. Die Not in der Beschaffung von Baustoffen (Schiffbaustahl u.a. m.) weist neue Wege im Schiffbau. So ist zu hoffen, daß auch der Bau von Fahrzeugen aus Eisenbeton sich weiterhin einbürgern wird, umsomehr, als die Kosten für den Bau und besonders Betrieb dieser Fahrzeuge nicht unerheblich zurückbleiben hinter solchen der bisher gebräuchlichen Bauart in Schiffbaustahl. Dipl.-Ing. Steinbrück (Heringsdorf).« Weitere Informationen zum Thema Eisenbetonschiffbau s. Vortrag von

Dipl.-Ing. Fr. W. Achenbach: »Grundlegende Betrachtungen zum Eisenbetonschiffbau«, 20. Bd., Jb. d. STG.

Bei Gröner finden sich ebenfalls einige Angaben zum Schiffbau aus Beton: »Der Betonschiffbau wurde während beider Weltkriege zur Verringerung des Mangels an Transportkapazität auch im militärischen Bereich herangezogen. Während des 2. Weltkrieges gingen die Initiativen zum Betonschiffbau unabhängig voneinder von militärischer (Pioniere), paramilitärischer (Organisation Todt) und ziviler Seite (R.V.M.) aus. Alle Bestrebungen wurden ab 1942 im Sonderausschuß Betonschiffbau (Leitung Dr.-Ing. Ulrich Finsterwalder) beim Reichminister für Bewaffnung und Munition zusammengefasst. Das Bauprogramm wird im Ganzen behandelt, da die Zuweisungen zu militärischen und zivilen Zwecken kurzfristig und häufig wechselten und mit Sicherheit in den Details nur unvollständig rekontruiert werden konnten.« In den Bd. 3, 6 und 7 werden Beton-Seefrachter und Güterkähne erwähnt sowie der Betontanker ULRICH FINSTERWALDER, der das einzige beim Stettiner Vulkan fertiggestellte Betonschiff war. Dessen technische Angaben sind: 2.947 BRT, 90,64 m lang, 14,72 m breit, 6,10 m Tiefgang, 1.200e PS und 10,4 kn; die Bauzeit wird angegeben mit 1942–1944. Auftraggeber war die Deutsche Seeverkehr Dr. E. Lübbert & Co. AG, Berlin. Das Schiff ging am 30.8.1944 im Achterwasser [Stettiner Haff] durch eine Fliegerbombe verloren, es wurde 1970 von polnischen Bergern abgebrochen. Bei diesem Nachtangriff auf Stettin hatte die Vulkan-Werft Großfeuer gemeldet. Bereits am 13. Mai 1944 waren fast sämtliche Werkstätten ausgebrannt. Zwei Beton-Seefrachter waren am 15.7. und 15.8.1943 auf Stapel gestellt worden, deren Bau im Februar 1945 eingestellt wurde. Das erstere Schiff ging bei Wollin verloren, das zweite wurde sowjetische Beute.

Anhang

Anlagen

Anlage 1: Die Taufreden

PREUSSEN [1]

Die Taufe der Panzer-Fregatte vollzog am 22. November 1873 die Kronprinzessin mit folgenden Worten: »Es ist Preußens eiserne Wehr, welche unser Deutsches Vaterland seine wiedergewonnene Einheit und Größe verdankt. Das erste Schiff, welches das geeinte Deutschland von Deutscher Werft in Eisen gekleidet zum Schutz Deutscher Macht in die Meere sendet, taufe ich darum auf allerhöchsten Befehl Sr. Majestät des Kaisers und Königs auf den Namen ›Preußen‹. Möge es diesem Namen Ehre machen alle Zeit und mögen trotz Sturmes und Wetters seine Fahrten stets zu glücklichem Ziel führen.« Ostsee-Ztg. 24.11.1873

TING YUEN

Der Chinesische Gesandte hielt am 28. Dezember 1881 folgende Taufrede: »An diesem glücklichem Tage, des 11. Mondes im 7. Jahre der Regierung Kwangsü stehe ich hier auf Allerhöchsten Befehl, diesem ersten gepanzerten Schlachtschiffe der Chinesischen Flotte einen Namen zu geben und es vom Stapel zu lassen. Es ist im Vertrauen auf die unübertroffene Wissenschaft und Kunst des großen Deutschen Volkes, dass der vor uns stehende stolze Eisenbau in diesem Lande ausgeführt wird; es ist im Bewußtsein der Nachahmungswürdigkeit der Kaiserlich Deutschen Marine, welche das Problem des starken Schlachtschiffes mit geringem Tiefgang so trefflich gelöst, daß die Wahl meiner Regierung auf diesen Schiffstypus fiel; es ist endlich im Glauben an die wohlbekannte und wohlerprobte Tüchtigkeit des Vulcan's, daß die Ausführung des Baues auf dieser Werft stattfindet. In Dir, o stolzes Schiff, verkörpern sich die Wünsche der größten Nation des Asiatischen Continents, welche dahin streben, nach der Wiedererlangund des inneren Friedens und Wiederherstellung der alten Grenzen des Reiches, die Mittel zu finden durch die der Ta Tsing Dynastie ihr erhabenes Erbtheil gesichert werde. Der von Natur zum friedlchen Culturleben geneigte Geist des Chinesischen Volkes findet in Deiner Bauart, welche Dich in Deiner Aufgabe begrenzt, einen neuen Beweis; denn nicht in die Ferne sollst Du den Krieg tragen und des Feindes Küste verheeren, sondern nur in den heimischen Gewässern sollen Deine gepanzerten Thürme auch dem Chinesischen Reiche diejenigen Rechte sichern, welche die unabhängigen Culturstaaten der Neuzeit sich gegenseitig zugestehen. Mögest Du immer bemannt sein mit treuen Unterthanen, deren Pflichtgefühl stark ist wie Deine ehernen Seiten. Wie die Wissenschaft dem Baumeiter lehrte Deine Linien den Gestzen der Natur anzuschmiegen, und Dich, o stolzer Coloß, in's Gleichgewicht zu bringen mit dem unstätigen Elemente, so möge auch immer die Wissenschaft die Führerin sein Deiner Befehlshaber im Kampfe mit Wind und Wellen und im Streite mit dem Feinde. Indem ich den hohen Himmel anflehe, dass Du alle die schönen Hoffnungen erfüllen mögest, welche uns heute bei dieser Gelegenheit beleben, übergebe ich Dich dem Wasser und nenne Dich auf Befehl meines Kaisers ›Ting Yuen‹«. Ostsee-Ztg. 28.12.1881

CHEN YUEN

»Marineminister von Stosch hielt am 28. November 1882 die Taufrede, welche folgenden Wortlaut hatte: ›Die Kaiserlich Chinesische Regierung hat mir die große Ehre erwiesen, mich mit dem Taufact an dieser Panzer-Corvette zu betrauen. Ich komme diesem Auftrage gern nach und wünsche, daß das Schiff seinem Verfertiger wie seinem Besitzer Ehre mache. Möge die Kraft und der Fleiß, welche der ›Vulcan‹ auf den Bau verwendet hat, sich im Durchschneiden der Fluthen, wie im Kampfe mit den Elementen und mit den Feinden bewähren, möge die Stärke des Schiffes, sowie die Größe seiner Waffen sich zeigen, wenn es gilt, dem neuen Vaterlande Schutz und Sieg zu schaffen. Wacht sollst du halten am Meere, auf dass Handel und Verkehr in China's Gewässern unter deinem Schutz sich frei und sicher entwickeln können; Wacht solltst du halten, daß dein Herr und Kaiser in seinen Meeren unbedingt herrsche und regiere. Und so taufe ich dich in dessen allerhöchstem Auftrage ›Chen Yuen‹, ›die Wacht in der Ferne‹. Fahre hin und thue deine Pflicht«. Ostsee-Ztg. 28.11.1882

TSI YUEN

»Der Chinesische Gesandte, [...] hielt am 1. Dezember 1883 in Chinesischer Sprache die Taufrede. Dieselbe hat nach der Übersetzung des Gesandtschaftssecretärs und Dolmetschers Dr. Kreyer folgenden Wortlaut: Das Flottenmaterial aller Nationen geht mit jedem Jahre größerer Vervollkommnung entgegen, und jeder kurze Zeitabschnitt hat einen bedeutenden Fortschritt in der Technik zu verzeichnen. Auch in diesem Falle, wo in drei Wintern zum dritten Male im Auftrag meines Kaisers und Herren der ›Vulcan‹ ein Panzerschiff zum Ablauf fertig gestellt hat; bewährt sich das Gesagte. Dein Panzerrücken und Dein starker Rumpf, Deine donnernden Feuerschlünde und Deine schnell dahingleitenden Torpedos machen Dich fürchterlich zum Angriff, der gestählte Panzer und Dein Geschützthurm und Deine Luken, und der starke Harnisch Deines Decks sollen Dir Kraft geben, dem Angriff des Feindes zu trotzen. Die Erfahrungen der seefahrenden Völker sind in Deiner Construction nicht unbeachtet geblieben, dem ungepanzerten Kreuzer sollst Du überlegen und würdig sein, mit den großen Panzerschiffen zusammen ins Gefecht zu gehen. Das Land Deines Herrn hat seine Cultur des Friedens; es muß aber auch seine Kriegsbereitschaft haben. Innerhalb seiner Grenzen genießt es den Schutz der Kaiserlichen Regierung, aber an seinen Meeresgrenzen bedarf es auch der Vertheidigung. Nach neueren Ideen ist dieser Eisenbau geschaffen. Das Vorzüglichste an Material und Arbeit ist darauf verwendet, und im Sinne des Spruches des Chinesischen Alterthums ›Täglich neu‹ sehen wir eine neue Kriegsmaschine vor uns, hindeutend auf neue Organisationen, die heiligen Rechte des Chinesischen Reichs zu wahren und dessen Frieden mit den Völkern der Erde zu sichern. In der Hoffnung, daß ein fähiger Führer Deine Dir innewohnende Kraft verwerthe, sei es im Flottenverbande zum Schutz des Reiches und des Volkes, sei es im Einzelkampf, wofür Du ausgestattet bist mit Stärke und Schnelligkeit, oder sei es mit den beiden großen Schiffen, die schon auf dieser Werft fertig gestellt sind, und für deren besonderen Beistandsdienst, wie Dein Name andeutet, Du bestimmt bist, und im Auftrage meiner hohen Regierung übergebe ich Dich dem beweglichem Elemente und nenne Dich, ›T c h i Y u e n‹ (›Helfer in der Noth‹)« Ostsee-Ztg. 1.12.1883

OLDENBURG

»Den Taufact vollzog am 20. Dezember 1884 der Erbgroßherzog von Oldenburg. Seine Taufrede hatte folgenden Wortlaut: In Vertretung meines Durchlauchten Vaters, des Großherzogs von Oldenburg, bin ich von Sr. Majestät dem Deutschen Kaiser beauftragt, den Taufact dieses Schiffes zu vollziehen. Wir sehen in demselben ein Product Deutschen Fleißes und Deutscher Arbeit und hoffen, daß die Mannschaft dieses Schiffes von demselben vorzüglichen Geist und der Manneszucht beseelt sein wird, die bis jetzt in unserer Marine immer geherrscht haben. Im Glück, wie im Unglück soll dieses Schiff Zeugnis ablegen von Deutschem Mannesmuth, die schönste Weihe, die wir ihm geben können, soll stets gipfeln in dem Ruf: ›Unser allverehrter Kaiser, er lebe hoch.‹ Wir wünschen ferner, dass dieses Schiff in Vereinigung mit den vier Schwesterschiffen, die ihre Pflicht bis jetzt stets gethan haben, ein Wahrer des Friedens und was Gott verhüten wolle, im Falle eines Krieges, ein schneidiges Werkzeug zur Erfüllung des Rufes seines Kaisers sei, kampfbereit und unüberwindlich, eine Burg für Deutschlands Ruhm und Ehre. So fahre denn hin, du stolzes Panzerschiff in dein Element, ich gebe dir den Namen des Landes meines Erlauchten Vaters. Wirke segensreich uns sei glücklich. Das walte Gott. Stimmen wir also ein in den Ruf: Unser allergnädigste Kaiser, er lebe hoch!« Ostsee-Ztg., 20.12.1884

LAI YUEN

»Die Taufe, in welcher das neue Schiff den Namen Lai Yuen erhielt, vollzog der chinesische Gesandte Hsü-Ching-Cheng, wobei derselbe als Taufrede ein chinesisches Gedicht sprach, dessen Sinn etwa folgender war: Macht und Ansehen des Tastingreiches breiten sich immer mehr aus, Wennschon in China großer Werth auf Kunst und Wissenschaft gelegt wird, lässt man dennoch dem Militärwesen die nöthige Aufmerksamkeit zu Theil werden. Die Kunst, Kriegsschiffe zu bauen, ist in Europa erfunden, und nachdem die kaiserlich chinesische Regierung ein Marineministerium errichtet hat, läßt dieselbe auch Schiffe bauen. Die großen Colosse vor unseren Augen, wie stolz und majestätisch liegen sie da! Jetzt ist auch das zweite Schiff fertig, beide gleich schön. Wir stellen die Schiffe unter den Schutz des Höchsten, möge Gott ihnen tausend Glück und Segen verleihen.« Weser-Ztg., 25. März 1887

IRENE

»Die von Sr. königl. Hoheit dem Prinzen Heinrich am 23. Juli 1887 gehaltene Taufrede hatte folgenden Wortlaut: ›Ein neues Kriegsschiff der kaiserlich deutschen Marine steht bereit, um seinem Elemente und damit seinem Beruf übergeben zu werden. Auf kaiserlichen Befehl soll dieses Schiff künftig die deutsche Flagge in allen Meeren zeigen, zur Wahrung aller vaterländischen Interessen und zum Siege über Deutschlands Feinde. Auf allerhöchsten Befehl soll dieses Schiff künftig einen Namen tragen, der für mich das höchste Glück in der Welt bedeutet, einen Namen, dessen erlauchte Trägerin künftig meinem königlichen Hause und auch dem See-Offizierkorps angehören wird, und es soll die Freude, die ich bei diesem Namen empfinde, einen Wiederschein finden in diesem Schiff. Auf allerhöchsten Befehl und mit den heißesten Segenswünschen der erlauchten Pathin taufe ich dieses Schiff auf den Namen I r e n e!‹« Pommersche Ztg.,24.Juli 1887

BRANDENBURG

Am 22. September 1891 vollzog der deutsche Kaiser die Taufe des Panzerschiffes Brandenburg mit folgender Rede: »Auf der Werft des Vulcan, der berühmt ist durch kunstreiche und gute Arbeit im Ausland wie im Inland, der unsre Marine mit manchem tüchtigen Schiff versehen, ist neuerdings nach dem Schiffsbauplan, den Meine Marine entworfen, ein neues Schiff entstanden, und es ist nunmehr der Moment gekommen, wo es seinem Elemente übergeben werden soll. Es soll jetzt einen Namen erhalten, dem es Ehre und Ruhm machen wird. So trage denn, du stolzes Schiff einen Namen, der in unsrer vaterländischen Geschichte ein Grund- und Eckstein ist, und den Namen eines ganzen Landes, das, im Mittelpunkt unsrer Monarchie gelegen, bewohnt ist von einem Völkchen, das, arm, treu, fest und tapfer, aufs engste verbunden ist mit dem Geschlechte der Hohenzollern und, mit dem Hohenzollern einst, sich weithin berühmt und gefürchtet gemacht hat. Vor allem war es ein Fürst Unsers Hauses, durch dessen Tatkraft Stettin gezwungen wurde, den Schlüssel zum ersten Mal zu übergeben, dem aber Feindes Neid diese Stadt noch einmal abnahm, ehe sie für immer mit Preußen vereinigt wurde. Der große Hohenzoller, dessen Panier mit dem roten Adler weithin über die Meere schwebte, hat dem Lande seinen Namen gegeben. So fahre denn hin, erbaut unter dem Schutze des roten Greifen, führe das Panier des roten Adlers in die weiten Meere, ein Sinnbild der Treue und der Tapferkeit. Ich taufe dich B r a n d e n b u r g.« Kaiserworte, Dunkmannsche Verlagsbuchhandlung, Hannover 1898

WEISSENBURG

Am 14. Dezember 1891 taufte der Kaiser abermals auf der Werft des Stettiner Vulcan ein Panzerschiff mit folgender Taufrede: »Der stattlichen Reihe von Schiffen, die Unsrer Marine angehören und die aus der alten bewährten Werft des Vulcan hervorgegangen sind, soll sich nunmehr noch ein Panzerschiff anschließen, bestimmt, mit schwerem Geschütz bewaffnet, die Flagge des Reichs nach außen zu vertreten, des Vaterlands Küsten gegen feindliche Angriffe zu schützen. Die rege Tätigkeit der Werft hat in verhältnismäßig kurzer Spanne Zeit manch hervorragendes Schiff schon in die Fluten gleiten lassen. Der heutige Tag erinnert an die Zeit, wo an einem Tage des Jahres 1874 bei Schneesturm und Unwetter das erste Panzerschiff ›Preußen‹ von der Hand Meiner Mutter unter den Augen Meines höchstseligen Herrn Vaters getauft, die Fluten berührte. Auch du sollst jetzt einen Namen tragen. Erinnern soll er an denjenigen Mann, der den Erstgeborenen dieser Werft mit zur Taufe trug. Erinnern soll der Name zugleich an jene große Zeit, wo unser geeintes deutsches Vaterland sich erhob und auf dem Schalchtfeld seine Einigkeit erstritt. Erinnern soll der Name an die Taten, die meinhochseliger Vater, dessen Angedenken einem Heros gleich in die fernste Zukunft erstahlen wird, an der Spitze des geeinten deutsche Heeres vollführt. Du sollst den Namen tragen des Tages, der weltbedeutend war für unsere Geschichte. Denn er war der Grundstein für den Bau, der mit der Kaiserkrone des Reiches endigte. Erinnern soll der Name an das Schlachtfeld, auf dem zum erstem Mal unter Führung des Kronprinzen Friedrich Wilhelm die geeintendeutschen Heere über den ritterlichen Feind die Oberhand gewannen und durch den ersten Sieg der deutschen Waffen die Sicherheit für weitere Siege fanden. Fahre hin in dein Element, und möge die Mannschaft, die dich einst besteigen wird, in dem Geist der Treue, Gottesfurcht und Tapferkeit, in Hingabe bis zum Tode ihres Eides leben, den sie ihrem Landes- und Kriegsherren schwören wird. Ich Taufe dich auf den Namen W e i ß e n b u r g.« Kaiserreden, Verlagsbuchhandlung [...] J.J. Weber, Leipzig, 1902

HOHENZOLLERN [1]

Der Kaiser hielt am 27. Juni 1892 »mit klarer, weithin vernehmbarer Stimme die folgende Taufrede: Du stehst jetzt bereit, in Dein neues Element abzugleiten. Du sollst in die Zahl der Kaiserlichen Kriegsschiffe eingereiht werden, dazu bestimmt, unsere Landesflagge zu tragen. Dein schlanker Bau, Dein leichtes Gefüge, welche nicht die drohenden Pforten und schweren Thürme zur Abwehr zeigen, die die Schiffe meiner Kriegsmarine zum Kampf und zur Abwehr gegen den Feind führen, zeigen uns an, daß Du dem Friedenswerk geweiht bist. Leicht über die Meere dahin zu fliegen, den Arbeisamen Ruhe und Erholung zu gönnen, den Kaiserlichen Kindern und der hohen Mutter des Landes Freude zu bringen, vermittelnd von Land zu Land Beziehungen anzuknüpfen, das sind Deine Aufgaben. Mehr zum Schmuck, als zur Last mögest Du Deine leichte Artillerie tragen! Doch nun gilt es, Dir einen Namen zu geben. Du sollst den Namen führen, den jene hohe, weit in den Himmel ragende Burg führt, fern im schönen Schwabenlande gelegen, Unserem Geschlecht den Namen gab. Verbunden ist damit für Mein Vaterland Jahrhundert lange Arbeit; ein Zusammenwirken mit dem Volk, leben und arbeiten für das Volk und im Kampf und Streit einherzuschreiten vor dem Volk, das ist der Inbegriff des Namens, den Du tragen sollst. Mögest Du Deinem Namen und Deiner Flagge Ehre bringen und eingedenk bleiben des Großen Kurfürsten, der zuerst uns auf den Seeweg wies, eingedenk Meiner großen Ahnen, die theils in stiller Friedensarbeit, theils in hartem Kampfe den Ruhm und die Größe unseres Vaterlandes zu wahren und zu mehren wussten. Ich taufe Dich: H o h e n z o l l e r n«! Ostsee-Ztg., 27. Juni 1892

COMET [2]

»Herr Contreadmiral von Diederichs vollzog am 15. November 1892 die Taufe mit folgender Rede: Ein Werk Deutscher Kunst, Deutschen Geistes stehst Du vor uns, zum ersten Mal geschmückt mit der Flagge, unter welcher Du im ehrenvollen Dienst unseres Kaisers fortan theilnehmen sollst an der Sicherung vaterländischen Besitzes. Die feinen Linien Deines schlanken Körpers offenbaren, daß nicht Kraft und Wucht, sondern Behändigkeit von Dir verlangt wird. Du sollst der flinke Bote sein, welcher dort, wo Schall, Licht und Blitzesfunke nicht ausreichen, die Verbindung herstellt zwischen dem Befehlshaber und seinen Untergebenen, zwischen der von Himmel und Wasser umgebenen Flotte und dem Schutz verheißenden und zu schützenden Hafen, zwischen dem einsamen Seemann und den Theuren, die er zurückgelassen. Mögest Du stets ein Träger sein kluger Entschlüsse, günstiger Nachrichten, froher Botschaften! Wichtiger wird Deine Pflicht, wenn Du als Späher der kampfbereiten Flotte vorauseilst. Deine Kraft soll ausreichen, wenn der mühsam gegen schwere Wellen gepresste Körper von heftigem Anprall in allen Fugen erbebt, denn die Sicherheit und der Kampferfolg der mächtigeren aber unbeholfeneren Genossen hängt davon ab, dass Deine Augen frühzeitig jede Geafhr entdecken, jeden Feind erkennen. Die höchste Forderung aber wird an Dich gestellt, sollte es Dir beschieden sein, des Vaterlandes Sicherheit und Ehre im Kampf auf freiem Meere zu vertheidigen. – Jene Boote, den Insekten mit todtbringendem Stachel vergleichbar, welche selbst Panzerschiffen Verderben drohen, sollst Du fernhalten und verfolgen, bevor sie der Flotte sich nähern, aufsuchen und vernichten mitten im wilden Gewühl der durch undurchdringliches Rauchgewölk im ungestümen Lauf sich windenden Schiffmassen! Mögen denn unter dem Donnern und Prasseln von Geschützen und Geschossen angesichts der von Feind und Freund rings drohenden Gefahr eines vernichtenden Stoßes die Herzen und Nerven Deiner Besatzung in lauterem Gottvertrauen standhaft bleiben und fest wie der Deutsche Stahl Deines Rumpfes und beseelt von dem Streben, die Ehren der Deutschen Waffen zu mehren, ihre Pflicht zu erfüllen gegen ihren Kaiser bis in den Tod. Dann wird – selbst wenn Du, ein beneidenswerthes Opfer voller Pflichterfüllung dahinsinkst. Dein Ruhm wird strahlen wie jenes glänzenden Gebilde am Firmament dessen Namen Du tragen sollst, dessen wurderbarer Schein, so oft er sich zeigt, die staunenden Augen der Menschheit auf sich senkt. Wie jenes Gestirn bei seinem Aufleuchten Schwache Herzen mit Furcht erzittern macht, so möge die Kühnheit Deiner Thaten abergläubischen Schreck im Feinde nähren – und wie jenes seinen hellen Schimmer weit ausbreitet über ferne Welten, so folge Dir der Glanz einer thatenreichen, ruhmvollen Laufbahn in ferne Zeiten! Mit diesem Wunsche tauf ich Dich auf Befehl Seiner Majestät des Kaisers und Königs: ›C o m e t‹ Ostsee-Ztg., 15. November 1892

HERTHA [2]

Die Taufrede am Mittwoch, dem 14. April 1897, hielt Prinz Ludwig von Bayern: »Ich befand mich in den bayerischen Alpen an der äußersten Südgrenze des deutschen Reiches, als ich am vorigen Freitag von Sr. Majestät dem Kaiser eine in den liebenswürdigsten Ausdrücken abgefaßte Einladung erhielt, dem Stapellauf dieses Schiffes beizuwohnen und zu dem Taufakt entweder meine Frau oder eine meiner Töchter mitzubringen. Die Erstere war durch Unwohlsein verhindert; so nahm ich meine zweitälteste Tochter – die älteste befindet sich in Italien – zu diesem Akte mit; also von der äußersten Süd- bis zur äußersten Nordgrenze des Reiches, von Fels zu Meer. Ich nahm mit um so größerem Dank die Einladung an, als es das erste Mal ist, daß ich dem Stapellauf eines Kriegsschiffes beiwohne und es ist mir eine große Freude, zu zeigen, welches große Interesse an dem Blühen und Gedeihen der deutschen Kriegsflotte ich nehme. Sr. Majestät der Kaiser hat befohlen, daß das Schiff einen Namen bekomme, dessen früherer Träger zuerst in den preußischen, dann in der norddeutschen und zum Schluß in der kaiserlich deuschen Marine einen guten Ruf und Namen erworben und seine Flagge in der ganzen Welt gezeigt hat. Mögest du dem Beispiel dieses ruhmreichen Schiffes folgen und in Krieg und Frieden deinem kaiserlichen Herrn und em ganzen deutschen Reiche Ehre machen, zu Schutz und Schirm eines jeden guten Deutschen dienen. Im Namen Sr. Majestät nenne ich dich ›H e r t h a‹ !« Ostsee-Ztg., 14. April 1897

HAI YUNG

Der chinesische Gesandte in Berlin, Hsu Ching Cheng, hielt am 15. September 1897 die Taufrede in chinesischer Sprache, die nach einer Übersetzung ungefähr wie folgt lautet: »Im achten Monat des 23. Regierungsjahres des Kaisers Kwang Ssü geht von den von der kaiserlich chinesischen Regierung bei der Schiffsbau-Gesellschaft ›Vulcan‹ in Auftrag gegebenen drei geschützten Kreuzern der erste seiner Vollendung entgegen. Am 19. Tage welcher viel Glück und Segen bringen möge, wird das Schiff vom Stapel gelassen vor den eingeladenen chinesischen und europäischen Gästen. Ich als beglaubigter Gesandter in Deutschland bringe hiermit Thieropfer dem höchsten Gott dar, dem ich gleichzeitig melde, daß dieser Kreuzer den Namen ›H a i Y u n g‹ bekommen hat. Ich knüpfe hieran den Wunsch, daß das Schiff stets glückliche Fahrten machen und dass Offiziere und Mannschaft sich auf ihm wohl fühlen möge.« Ostsee-Ztg., 15. September 1897

HAY CHE

Geheimrath Schlutow hielt am 11. Dezember 1897 folgende Taufrede: »Als ein Zeichen der großen Anerkennung und Zufriedenheit, welche die deutsche Industrie durch ihre Arbeiten und insbesondere der ›Vulcan‹ durch seine Schiffe in China sich erworben hat, dürfen wir es betrachten, dass Seine Exellenz der kaiserlich chinesische Gesandte in Berlin mich aufgefordert hat, als Vertreter des ›Vulcan‹ diesem neuen, für die kaiserlich chinesische Marine bestimmten Schiffe seinen Namen zu geben. Diesem für den ›Vulcan‹ so ehrenvollen Auftrage gemäß, den derselbe der gediegenen Tüchtigkeit aller bei ihm Mitwirkenden, vom ersten Beamten bis zum letzten Arbeiter verdankt, gebe ich dir, du stolzes Schiff, den von deines chinesischen Kaisers Majestät befohlenen Namen ›H a y C h e u‹; und nun fahre hin und nimm nach deutschen Brauch noch einen Segenswunsch mit auf den Weg: ›Gott geleite dich, ›Hay Cheu‹«!

Ostsee-Ztg., 11. Dezember 1897

HANSA [2]

Die Taufrede hielt am 12. März 1898 Dr. Möckeberg: »Von Sr. Majestät dem Kaiser ist mir der ehrenvolle Auftrag ertheilt worden, in Vertretung des Senats der freien und Hansestadt Hamburg an dem stattlichen Schiffe, das hier vor uns liegt, den feierlichen Taufakt zu vollziehen. Ein Hamburger Bürgermeister – hier in Stettin, einer Stadt, die Jahrhunderte lang dem Hansabunde angehört – beim Stapellauf eines deutschen Kriegsschiffes, wie sollen sich da die Gedanken nicht auf jene längst vergangene Zeit der deutschen Geschichte richten, als der Städtebund der Hansa die Seemacht Deutschlands repräsentirte, als die Schiffe der Hansa die Niederlassungen der deutschen Kaufleute an überseeischen Plätzen beschirmten, die deutschen Küsten gegen Angriffe aller Art vertheidigten und mehr als einmal für das gute Recht und die Ehre ihrer Landsleute hinauszogen, um in offener Seeschlacht den Flotten mächtiger Könige Trotz zu bieten. Damals konnten Kaiser und Reich den deutschen Kaufleuten und Seefahrern weder Hülfe noch Schutz gewähren. Der Städtebund der Hansa war allein auf die eigene Kraft angewiesen und er mußte schließlich unterliegen im ungleichen Kampfe mit den mehr und mehr erstarkenden Seemächten im Westen und im Norden Europas. Wie ganz anders liegen die Verhältnisse heute! Das neue deutsche Reich ist zu der Erkenntnis gelangt, daß es für die Wohlfahrt und das Gedeihen der gesammten Bevölkerung nothwendig ist, daß Deutschland in einer seiner Größe und Bedeutung entsprechenden Weise theilnehme an dem immer großartiger sich entwickelnden internationalen Verkehr auf der ganzen Erde, und dass eine achtunggebietende Stellung im Weltverkehr auf die Dauer sich nur behaupten lässt, wenn Deutschland auch zur See mächtig genug ist, um die Interessen seiner Angehörigen überall kräftig zu schützen und dem friedlichen Worte, wenn es sein muß, mit bewaffneter Hand den gebührenden Nachdruck zu verleihen. Auf dieser Erkenntnis, welche heute ein Gemeingut der Nation geworden ist, beruht die Nothwendigkeit einer starken deutschen Flotte. Daher begrüßen wir es mit jubelnder Zustimmung, wenn die deutsche Flotte jetzt so ausgestaltet werden soll, dass sie allen Anforderungen, die an sie gestellt werden müssen, zu jeder Zeit Gewachsen sein wird. Mit besonderer Freude aber erkennen wir Hansestädter es dankbar an, daß Sr. Majestät der Kaiser gerade in jetziger Zeit auch die Bedeutung des alten Hansabundes für die deutsche Seemacht gedacht und bestimmt haben, dass dem stattlichen Schiffe, das heute vom Stapel laufen soll, der Name ›Hansa‹ gegeben werde. So sei denn ›H a n s a‹ genannt, Du schönes, stolzes Schiff und wo immer auf Erden die deutsche Flagge von Deinem Maste wehen wird, da mache Deinem Namen Ehre! Und der allmächtige Gott halte seine schirmende Hand über Dir und allen, die mit Dir im Dienste des Vaterlandes hinausziehen! Wir aber wollen einstimmen in den Ruf, der auf diesem Schiffe vom ersten bis zum letzten Tage mit Begeisterung erschallen soll: Unser deutscher Kaiser, Se. Majestät Kaiser Wilhelm II. Hurrah!«

Ostsee-Ztg., 12. März 1898

Anlage 2: Die Arbeitsordnung

Arbeits-Ordnung

für die

Werkstätten

der

Stettiner Maschinenbau-Aktien-Gesellschaft „Vulcan."

Stettin.

Druck von F. Hessenland.

1892.

Arbeits-Ordnung.

Sämmtliche Arbeiter der Fabrik sind neben den gesetzlichen Bestimmungen der nachfolgenden Arbeitsordnung unterworfen, welche vor Eintritt in die Beschäftigung von einem Jeden durch Unterschrift anzuerkennen ist. Unter Arbeitern sind alle in den Betrieb des Werks beschäftigten Personen verstanden, welche nicht gegen feste Bezüge dauernd zur Leitung oder Beaufsichtigung des Betriebs oder einer Abtheilung desselben beauftragt oder mit höheren technischen Dienstleistungen betraut sind.

§ 1.

Jeder Arbeiter, welcher auf dem Werke in Arbeit treten will, ist gehalten, seine Legitimationspapiere, namentlich ein Abgangszeugniß seines letzten Arbeitgebers und die Quittungskarte über die zur Invaliden- und Altersversicherung gezahlten Beträge vorzulegen, sowie sich einer ärztlichen Untersuchung zu unterziehen.

§ 2.

Bei Annahme erhält jeder Arbeiter ein Exemplar dieser Arbeits-Ordnung nebst der für die Fabrik gültigen „Spritzen-Ordnung" zur Nachachtung eingehändigt, welches er bei seiner Entlassung zurückzugeben hat.

Wird dasselbe nicht oder in sehr beschmutztem Zustande zurückgegeben, so hat der Arbeiter hierfür 25 Pf. von seinem Lohne zu entrichten.

§ 3.

Mit der Annahme übernimmt der Eintretende die Verpflichtung, die ihm übertragene Arbeit mit Fleiß und Sorgfalt auszuführen, den Vortheil der Fabrik nach besten Kräften zu wahren und zu fördern und Alles zu vermeiden, was die Arbeit und Ordnung auf der Fabrik stören und derselben Nachtheil bringen könnte.

Der Arbeiter erhält dagegen den bei seiner Annahme oder später festgesetzten Tagelohn und im Falle der Uebertragung von Accordarbeit den bei Festsetzung des Accordes vereinbarten Accordlohn.

§ 4.

Das durch die Annahme begründete Dienstverhältniß kann jeder Zeit von beiden Seiten ohne vorherige Kündigung gelöst werden.

§ 5.

Die Beschäftigung der jugendlichen Arbeiter unter 16 Jahren wird nach den Bestimmungen der Gewerbe-Ordnung (siehe Anhang I.) geregelt.

Kinder unter 14 Jahren werden nicht angenommen.

§ 6.

Die Arbeiter sind verpflichtet, den Anordnungen ihrer Vorgesetzten stets Folge zu leisten.

Die Vorgesetzten der Arbeiter sind:
- die Meister bezw. Monteure,
- die Betriebs-Ingenieure,
- die Ober-Ingenieure,
- die Direktoren.

§ 7.

Alle dienstlichen Anliegen, Wünsche oder Beschwerden sind von den Arbeitern ihren nächsten Vorgesetzten vor-

zutragen. Wer sich bei dem Bescheide derselben nicht beruhigen zu können glaubt, ist berechtigt, sich weiter an die höheren Vorgesetzten zu wenden.

§ 8.

Die regelmäßige tägliche Arbeitszeit dauert:

Vormittags von 7 bis 12 Uhr und Nachmittags von $1^1/_2$ bis $6^1/_2$ Uhr.

In den Wintermonaten beginnt die Arbeitszeit auf der Schiffswerft schon Nachmittags um 1 Uhr und dauert bis zum Einbruch der Dunkelheit.

An den Tagen vor dem ersten Oster-, Pfingst-, Weihnachts- und Neujahrstage, dauert die Arbeitszeit von Vormittags 7 Uhr bis Nachmittags 1 Uhr.

Pausen zu Frühstück und Vesper finden bei diesen Arbeitszeiten nicht statt.

§ 9.

Der Arbeiter muß so zeitig an seiner Arbeitsstelle erscheinen, um mit dem Glockensignal seine Arbeit beginnen zu können.

Wer zu spät kommt, dem wird, wenn dies noch während der ersten 5 Minuten nach dem Läuten geschieht, $^1/_4$ Stunde,
nach den ersten 5 Minuten und innerhalb der ersten Viertelstunde $^1/_2$ Stunde,
nach der ersten Viertel- und innerhalb der ersten halben Stunde 1 Stunde,
nach der ersten halben und innerhalb der ersten ganzen Stunde $1^1/_2$ Stunde
von seinem Lohne abgezogen. Steht der Arbeiter in Accord, so wird der Abzug nach Verhältniß seines wöchentlichen Lohnsatzes berechnet. Ein Zuspätkommen wird überhaupt

nur Morgens zwischen 7 und 8 Uhr und Mittags 5 Minuten nach $1^1/_2$ Uhr geduldet. Später Kommende werden nicht mehr zur Arbeit zugelassen. Demjenigen, der dreimal in der Woche zu spät kommt, werden außerdem noch 50 Pf. abgezogen, gleichviel, ob der Betreffende in Accord oder Lohn steht.

§ 10.

Die Arbeiter sind verpflichtet, in dringenden Fällen auf Verlangen der Vorgesetzten auch nach Beendigung der Arbeitszeit (§ 8) weiterzuarbeiten. Ueberstunden werden, wenn kein Accordsatz vereinbart ist, nach Maßgabe des Lohnsatzes bezahlt.

Ohne Genehmigung der Vorgesetzten dürfen keine Ueberstunden gemacht werden und erfolgt in solchem Falle keine Bezahlung. Zur Arbeit an Sonn- und Festtagen sind die Arbeiter nur bezüglich derjenigen Arbeiten verpflichtet, welche nach den Bestimmungen der Gewerbe-Ordnung auch an Sonn- und Festtagen allgemein oder auf Grund besonderer Bewilligung vorgenommen werden dürfen.

§ 11.

Für Sonntags- bezw. Nachtarbeiten ist die Arbeitszeit folgende:

a) Sonntags von 7 Uhr früh bis 4 Uhr Nachmittags,

b) Nachts von $7^1/_2$ Uhr Abends bis $5^1/_2$ Uhr Morgens, mit Ausschluß der Zeit von 12 bis 1 Uhr.

Die Arbeitszeit sowohl a wie b wird für volle 10 Stunden gerechnet. Kommt jedoch der Arbeiter während dieser Zeitabschnitte zu spät, so geht er dieser Vergünstigung verloren und erhält nur die wirklich gearbeitete Zeit bezahlt.

Wird ein Arbeiter schlafend gefunden, so wird derselbe bis zur Höhe eines halben Tagelohnes, im Wiederholungsfalle bis zum ganzen Tagelohne bestraft.

§ 12.

Findet während der Sonntags- oder Nachtarbeiten eine Unterbrechung der Arbeiten statt, so ist gleich am folgenden Morgen Anzeige hiervon zu machen, und die Zeit, während welcher nicht gearbeitet werden konnte, anzugeben. Wer dies unterläßt, bekommt die Arbeitszeit nicht bezahlt.

§ 13.

Außer den in den vorstehenden §§ angegebenen Arbeitszeiten ist der Aufenthalt in den Werkstätten nur gestattet:

1. Morgens nach dem ersten Läuten,
2. fünf Minuten vor Beginn und
3. fünf Minuten nach Schluß eines jeden Arbeitsabschnittes.

Die Arbeiter sollen demnach während der Mittagszeit die Werkstätten verlassen, können sich aber während dieser Freistunden im Eßlokal aufhalten.

Zuwiderhandelnde zahlen 25 Pf. Strafe. Es werden jedoch in Ausnahmefällen die Meister unter besonderer Bewilligung der Direktion autorisirt, Arbeitern den Aufenthalt in den Werkstätten während der angegebenen Zeit zu gestatten und sind die Namen dieser Arbeiter beim Portier schriftlich aufzugeben.

§ 14.

Behufs richtiger Kontrolle der Arbeitszeit ist jedem Arbeiter eine nummerirte Marke zugetheilt. Derselbe ist verpflichtet, sich beim Eintritt und Ausgange den eingeführten Kontrolleinrichtungen zu unterwerfen. Wer dies unterläßt, zahlt beim ersten Male 50 Pf., im Wiederholungsfalle bis zur Höhe des vollen Tagelohns Strafe.

Ebenso wird bestraft, wer für andere Arbeiter die Marke aufhängt oder abnimmt, oder wer sich einer andern als der ihm eingehändigten Marke bedient.

§ 15.

Jeder Arbeiter mit Ausnahme der Zimmerleute erhält das nöthige Werkzeug nebst dazu gehörigem verschließbaren Behälter. Dasselbe wird ihm nebst einem Buch überliefert, in welchem er sich durch Unterschrift zu dem Empfange des Werkzeuges bekennt und für dessen gute Aufbewahrung wie Benutzung verpflichtet.

Für alle Werkzeuge, sowohl für die speziell zugetheilen und in seinem Werkzeugbuch eingetragenen, als auch für die von allgemeinen Werkzeugen entnommenen, ist der Arbeiter verantwortlich und muß den Neuwerth des abhanden gekommenen Stückes ersetzen; derselbe darf kein vorhandenes Werkzeug verändern oder sich neues anfertigen, ohne des Meisters Genehmigung.

§ 16.

Die zur allgemeinen Benutzung bestimmten Werkzeuge, die unter besonderer Aufsicht der Meister oder anderer Beamten stehen, müssen sogleich nach gemachtem Gebrauch in reinem Zustande abgeliefert und etwa entstandene Beschädigungen gemeldet werden. Werden diese Werkzeuge von den Arbeitern länger als bis zum Schluß der Woche gebraucht, so müssen solche doch am Sonnabend jeder Woche

an den betreffenden Ort zurückgeliefert werden, und zahlt derjenige, der diesen Anordnungen nicht Folge leistet, 50 Pf. Strafe.

Nur wenn Werkzeuge so befestigt sind, daß der Meister selbst die Rücklieferung für unthunlich hält, sind Ausnahmen gestattet.

§ 17.

Jeder der den Schrank oder Kasten eines Arbeiters erbricht, demselben ein Werkzeug entwendet, selbst wenn auch nur zum Gebrauch in der Fabrik, wird entlassen, und nach Umständen der Polizei-Behörde überliefert.

§ 18.

Die zur Arbeit erforderlichen Materialien hat sich jeder Arbeiter vom Meister anweisen und bevor er solche in Arbeit nimmt, vom Materialienverwalter verwiegen zu lassen.

Sobald der Arbeiter eine ihm übergebene Arbeit anfängt, hat er dies dem Werkstattschreiber unter Angabe, ob dieselbe in Lohn oder Accord geschieht, anzuzeigen. Ganz besonders hat er darauf zu achten, ob die von ihm zu fertigende Arbeit sich nach schon vorhandenen Stücken richten muß, und ob das ihm angewiesene Material oder die ihm zum Bearbeiten übergebenen, schon vorgearbeiteten Theile von richtigem Maß und tadelloser Beschaffenheit sind. Entdeckte Mängel müssen sofort angezeigt werden. Wer dies unterläßt, zahlt Strafe, gleichviel, ob der vorliegende Mangel oder Fehler von ihm herrührt oder nicht. Schadenersatz bleibt in jedem Falle vorbehalten. Ist aus irgend einem Grunde eine Abweichung von der

— 10 —

Zeichnung oder den ersten Bestimmungen nöthig, so darf dies nie ohne spezielle Anweisung des Meisters geschehen.

Hat der Arbeiter seine Arbeit vollendet, so muß er solche dem Meister zur Abnahme vorlegen und das übrig gebliebene Material nebst Abfällen nach Anweisung des Meisters zur Ablieferung bringen.

Dem Werkstattschreiber ist ebenfalls von der Beendigung der Arbeit Anzeige zu machen. Es wird noch besonders darauf aufmerksam gemacht, daß, um ein Verwiegen verschiedener Materialien zu ermöglichen, der Arbeiter die verschiedenen Gegenstände zum Verwiegen vorzulegen hat, bevor dieselben unter einander verbunden sind.

Alle zugetheilten und übernommenen Arbeiten müssen stets aufs Beste und ohne Widerreden ausgeführt werden.

Jede Aneignung von Materialien oder Verwendung von solchen zu Privatzwecken, sowie jede Arbeit zu eigenem Nutzen ist strengstens untersagt und wird unter gerichtliche Bestrafung gestellt. Jeder Arbeiter ist verpflichtet, über derartige Ausschreitungen sofort Anzeige zu erstatten.

§ 19.

Fahrlässige oder wohl gar muthwillige Beschädigungen an Werkzeugen, Utensilien, Maschinen, Gebäuden und Materialien, sowie unrichtige Verarbeitung der Letzteren, mag solche aus Nachlässigkeit oder Unkenntniß geschehen, müssen nach Verhältniß des verursachten Schadens ersetzt werden, zunächst durch Einbehaltung des Lohnes.

§ 20.

Das Verlassen der Fabrik darf nur um 12 Uhr Mittags und zu Feierabend geschehen; es muß Jeder,

— 11 —

der von der Arbeit weggehen oder mehrere Tage beurlaubt sein will, die spezielle Erlaubniß seines Meisters haben, bei dem er sich dieserhalb vorher zu melden hat. Die von dem Meister ertheilte Urlaubskarte hierüber ist dem Werkstattschreiber vorzuzeigen und beim Portier abzugeben.

§ 21.

Wer wegen Krankheit oder sonstiger unabwendbarer Hindernisse nicht zur Arbeit kommen kann, muß dies beim Portier vorschriftsmäßig melden lassen. Wer mehr als drei Tage ohne genügende Entschuldigung von der Arbeit wegbleibt, wird aus der Arbeiterliste gestrichen.

§ 22.

Verläßt der Arbeiter im Auftrage seines Meisters die Fabrik, um außerhalb derselben Arbeiten auszuführen, so muß er dies dem Werkstattschreiber anzeigen, von dem er einen Arbeitszettel erhält, auf welchem er sich die außerhalb gearbeitete Zeit, jedoch ohne sogenannte Laufstunden, allwöchentlich attestiren lassen muß. Dieser Schein, sowie das bei sich führende Werkzeug muß in der Expedition zur Verwiegung und Notirung, wenn er die Fabrik verläßt und wenn er in dieselbe zurückkehrt, vorgezeigt werden. Der hierüber von der Expedition ausgestellte Begleitschein ist beim Portier vorzuzeigen.

§ 23.

Zur Aufrechterhaltung der durchaus nöthigen Ordnung in den Werkstätten ist erforderlich, daß ein jeder Arbeiter seine Stelle, sowohl an den Werkzeugmaschinen, wie an den Feilbänken, jeden Abend nach Feierabend aufräumt, die in

Arbeit befindlichen Gegenstände wohlgeordnet hinlegt und sein Werkzeug verschließt, nachdem er sich überzeugt hat, daß kein Stück fehlt.

Was das Reinigen der Maschinen, Schraubstöcke, Feilbänke und Werkstätten anbetrifft, so liegt einem jeden Arbeiter ob, seine Maschine stets möglichst rein zu erhalten, dieselbe aber jedenfalls alle Sonnabend nach Vorschrift zu reinigen und zu putzen; die am Schraubstock arbeitenden Leute haben ebenfalls Sonnabends ihren Schraubstock und ihre Feilbank zu reinigen und diejenigen Gegenstände, welche unbrauchbar sind (Abfälle bei der Arbeit oder für Ausschuß erklärte Gegenstände), so zurück zu legen, daß dieselben vom Meister leicht durchgesehen und sodann von den mit Auskehren der Werkstätten beschäftigten Arbeitsleuten nach Anweisung der Meister beseitigt werden können.

§ 24.

Diejenigen Arbeitsleute, welche keine feste Beschäftigung an Werkzeug-Maschinen haben, haben die Verpflichtung, die Werkstätten nach Anleitung ihres Vorarbeiters zu kehren und zu reinigen. Es wird verlangt:

a) größte Sauberkeit und Akkuratesse;

b) daß weder Putzlappen, Holz, Leder, Eisen noch Metalle u. s. w. in den Kehricht kommen, sondern sorgfältig sortirt, an besonders dazu anzuweisenden Orten gesammelt werden;

c) daß die Hobelspäne täglich aus den betreffenden Werkstätten entfernt werden, um den Bestimmungen der Feuerversicherungs-Anstalten zu entsprechen, überhaupt dadurch mögliche Feuersgefahr zu verhüten;

d) daß sämmtliche Abfälle und Späne von Schmiedeeisen, Gußeisen, Rothguß oder Messing möglichst sorgfältig gesammelt und regelmäßig täglich abgeliefert werden; grobe Schmiedespäne, feine Schmiedespäne, Gußspäne, sowie Abfälle davon an dazu anzuweisenden Orten, Metallspäne und Abfälle in die Magazinverwaltung;

e) daß die im Laufe des Tages verbrauchten Putzlappen jeden Abend durch die zum Fortschaffen der Späne bestimmten Arbeiter gesammelt, nach den Dampfkesseln geschafft und dort durch die betreffenden Heizer verbrannt werden.

§ 25.

Besuche in den Werkstätten sind unter keinen Umständen gestattet.

In dringenden Fällen wird der Arbeiter zum Portier gerufen.

Ebenso darf der Arbeiter keine Werkstatt, Magazine, Schuppen und sonstige Fabrikräume betreten, in welchen er nicht beschäftigt oder von seinem Vorgesetzten hinbeordert ist.

§ 26.

Das Taback- und Zigarrenrauchen ist verboten. Ungebührliches Benehmen gegen Vorgesetzte und Mitarbeiter, Raufereien, ingleichen das Einschmuggeln von geistigen Getränken, das Uebersteigen der Fabrik-Einfriedigungen wird mit sofortiger Entlassung bestraft.

Ist bei Streitigkeiten der Eine oder der Andere verletzt worden, so hat derjenige, welcher die Verletzung verschuldet hat, zu gewärtigen, daß er zum Ersatze für die

Kur- und Arzneikosten und den im Fall der Arbeitsunfähigkeit des Verletzten ausfallenden Arbeitslohn angehalten wird.

§ 27.

Flaschen, Krüge, blecherne Kannen oder sonstige Gefäße müssen beim Verlassen der Fabrik ohne Korken oder Deckel umgekehrt und frei, nicht in Taschen versteckt, beim Portier vorbeigetragen werden, bei 25 Pf. Strafe.

Die den Arbeitern gehörigen Laternen dürfen bei Strafe von 50 Pf. nicht mit in die Werkstätten genommen werden, sondern müssen beim Portier an den dazu von ihm angewiesenen Orten verbleiben.

§ 28.

Den Arbeitern wird besonders zur Pflicht gemacht, mit Feuer und Licht vorsichtig umzugehen und namentlich die Beleuchtungseinrichtungen sorgfältig zu behandeln.

Außer den dafür bestimmten Leuten darf sich Niemand an den Gasleitungen beziehungsweise an den elektrischen Leitungen oder an deren Lampen, Apparaten und Maschinen beschäftigen.

§ 29.

Ein Arbeiter, welcher im Betriebe einen Unfall beziehungsweise eine Verletzung erlitten, hat hiervon, auch wenn eine Arbeitsunterbrechung dadurch nicht sofort bedingt ist, seinem Vorgesetzten sowie in der Portierstube Anzeige zu erstatten, und über den Sachverhalt Auskunft zu ertheilen.

§ 30.

Jeder Arbeiter erhält seinen Lohn in halbmonatlichen Fristen baar ausgezahlt.

Die Zahlung erfolgt am dritten Arbeitstage nach dem 15. bezw. nach dem letzten Tage jeden Monats.

Soweit Accordarbeiten zur Zeit der Aufstellung der Lohnlisten noch nicht erledigt oder abgerechnet sind, wird der festgesetzte Tagelohn der Lohnzahlung zu Grunde gelegt und vorbehaltlich der spätern Abrechnung nach Erledigung und Abrechnung der Accordarbeiten ausgezahlt.

Tritt ein Arbeiter freiwillig aus seiner Beschäftigung aus, oder wird derselbe wegen Zuwiderhandlung gegen die Arbeits-Ordnung entlassen, so verliert derselbe sein Anrecht an dem Ueberverdienst für die noch nicht beendigten Accordarbeiten.

§ 31.

Es ist Sache jedes Arbeiters, sofort bei der Lohnzahlung sich zu überzeugen, daß er den berechneten Lohnbetrag richtig erhalten hat. Die Behauptung, zu wenig erhalten zu haben, kann nicht berücksichtigt werden, wenn nicht sofort unter den Augen der auszahlenden Beamten das Geld nachgezählt und Einspruch erhoben wird. Einsprüche gegen die Richtigkeit des berechneten Lohnes müssen, Krankheitsfälle ausgenommen, spätestens innerhalb drei Tagen nach der Auslöhnung in dem Lohnbüreau erhoben werden. Spätere Ansprüche werden nicht berücksichtigt.

§ 32.

Die Zuwiderhandlungen gegen diese Arbeitsordnung und etwaige zur Ergänzung derselben erlassene Spezialordnungen werden mit Geldstrafen bestraft.

Die Geldstrafen dürfen jedoch die Hälfte des durchschnittlichen Tagesarbeitsverdienstes des Bestraften und bei Thätlichkeiten gegen Mitarbeiter, bei Verstößen gegen die guten Sitten, sowie gegen die zur Aufrechthaltung der Ordnung des Betriebs, zur Sicherung eines gefahrlosen Betriebs oder zur Durchführung der Bestimmnngen der Gewerbeordnung erlassenen Vorschriften den vollen Betrag des durchschnittlichen Tagesarbeitsverdienstes nicht überschreiten. Die Verpflichtnng zur Zahlung einer Geldstrafe wird durch etwaige Entlassung nicht aufgehoben.

Die Festsetzung der Strafen erfolgt durch den Betriebsführer. In Beschwerdefällen entscheidet die Direktion.

Die Geldstrafen werden durch Lohnabzug eingezogen und fließen, soweit dieselben nicht Sachbeschädigung betreffen, in die Betriebs- (Fabrik-) Krankenkasse des Werks.

Die vorstehende Fabrik-Ordnung tritt mit dem 15. März 1892 in Kraft.

Bredow, den 15. Februar 1892.

Die Direktion

der Stettiner Maschinenbau-Aktien-Gesellschaft „Vulcan."

Anhang I.

Auszug aus der Reichs-Gewerbe-Ordnung.

§ 122.

Das Arbeitsverhältniß zwischen den Gesellen oder Gehülfen und ihren Arbeitgebern kann, wenn nicht ein Anderes verabredet ist, durch eine jedem Theile freistehende, vierzehn Tage vorher erklärte Aufkündigung gelöst werden. Werden andere Aufkündigungsfristen vereinbart, so müssen sie für beide Theile gleich sein. Vereinbarungen, welche dieser Bestimmung zuwider laufen, sind nichtig.

§ 123.

Vor Ablauf der vertragsmäßigen Zeit und ohne Aufkündigung können Gesellen und Gehülfen entlassen werden:

1. wenn sie bei Abschluß des Arbeitsvertrages den Arbeitgeber durch Vorzeigung falscher oder verfälschter Arbeitsbücher oder Zeugnisse hintergangen oder ihn über das Bestehen eines anderen, sie gleichzeitig verpflichtenden Arbeitsverhältnisses in einen Irrthum versetzt haben;
2. wenn sie eines Diebstahls, einer Entwendung, einer Unterschlagung, eines Betruges oder eines liederlichen Lebenswandels sich schuldig machen;

3. wenn sie die Arbeit unbefugt verlassen haben oder sonst den nach dem Arbeitsvertrage ihnen obliegenden Verpflichtungen nachzukommen beharrlich verweigern;
4. wenn sie der Verwarnung ungeachtet mit Feuer und Licht unvorsichtig umgehen;
5. wenn sie sich Thätlichkeiten oder grobe Beleidigungen gegen den Arbeitgeber oder seine Vertreter oder gegen die Familienangehörigen des Arbeitgebers oder seiner Vertreter zu Schulden kommen lassen;
6. wenn sie einer vorsätzlichen und rechtswidrigen Sachbeschädigung zum Nachtheile des Arbeitgebers oder eines Mitarbeiters sich schuldig machen;
7. wenn sie Familienangehörige des Arbeitgebers oder seiner Vertreter oder Mitarbeiter zu Handlungen verleiten oder zu verleiten versuchen oder mit Familienangehörigen des Arbeitgebers oder seiner Vertreter Handlungen begehen, welche wider die Gesetze oder die guten Sitten verstoßen;
8. wenn sie zur Fortsetzung der Arbeit unfähig oder mit einer abschreckenden Krankheit behaftet sind.

In den unter Nr. 1 bis 7 gedachten Fällen ist die Entlassung nicht mehr zulässig, wenn die zu Grunde liegenden Thatsachen dem Arbeitgeber länger als eine Woche bekannt sind.

Inwiefern in den unter Nr. 8 gedachten Fällen dem Entlassenen ein Anspruch auf Entschädigung zustehe, ist nach dem Inhalt des Vertrages und nach den allgemeinen gesetzlichen Vorschriften zu beurtheilen.

§ 124.

Vor Ablauf der vertragsmäßigen Zeit und ohne Aufkündigung können Gesellen und Gehülfen die Arbeit verlassen:

1. wenn sie zur Fortsetzung der Arbeit unfähig werden;
2. wenn der Arbeitgeber oder seine Vertreter sich Thätlichkeiten oder grobe Beleidigungen gegen die Arbeiter oder gegen ihre Familienangehörigen zu Schulden kommen lassen;
3. wenn der Arbeitgeber oder seine Vertreter oder Familienangehörige derselben die Arbeiter oder deren Familienangehörige zu Handlungen verleiten oder zu verleiten versuchen oder mit den Familienangehörigen der Arbeiter Handlungen begehen, welche wider die Gesetze oder die guten Sitten laufen;
4. wenn der Arbeitgeber den Arbeitern den schuldigen Lohn nicht in der bedungenen Weise auszahlt, bei Stücklohn nicht für ihre ausreichende Beschäftigung sorgt, oder wenn er sich widerrechtlicher Uebervortheilungen gegen sie schuldig macht;
5. wenn bei Fortsetzung der Arbeit das Leben oder die Gesundheit der Arbeiter einer erweislichen Gefahr ausgesetzt sein würde, welche bei Eingehung des Arbeitsvertrages nicht zu erkennen war.

In den unter Nr. 2 gedachten Fällen ist der Austritt aus der Arbeit nicht mehr zulässig, wenn die zu Grunde liegenden Thatsachen dem Arbeiter länger als eine Woche bekannt sind.

§ 124 a.

Außer den in §§ 123 und 124 bezeichneten Fällen kann jeder der beiden Theile aus wichtigen Gründen vor Ablauf der vertragsmäßigen Zeit und ohne Innehaltung einer Kündigungsfrist die Aufhebung des Arbeitsverhältnisses verlangen, wenn dasselbe mindestens auf vier Wochen oder wenn eine längere als vierzehntägige Kündigungsfrist vereinbart ist.

§ 124 b.

Hat ein Geselle oder Gehülfe rechtswidrig die Arbeit verlassen, so kann der Arbeitgeber als Entschädigung für den Tag des Vertragsbruchs und jeden folgenden Tag der vertragsmäßigen oder gesetzlichen Arbeitszeit, höchstens aber für eine Woche, den Betrag des ortsüblichen Tagelohnes (§ 8 des Krankenversicherungsgesetzes vom 15. Juni 1883, Reichsgesetzbl. S. 73) fordern. Diese Forderung ist an den Nachweis eines Schadens nicht gebunden. Durch ihre Geltendmachung wird der Anspruch auf Erfüllung des Vertrages und auf weiteren Schadenersatz ausgeschlossen. Dasselbe Recht steht dem Gesellen oder Gehülfen gegen den Arbeitgeber zu, wenn er von diesem vor rechtmäßiger Beendigung des Arbeitsverhältnisses entlassen worden ist.

§ 135.

Kinder unter dreizehn Jahren dürfen in Fabriken nicht beschäftigt werden. Kinder über dreizehn Jahren dürfen in Fabriken nur beschäftigt werden, wenn sie nicht mehr zum Besuche der Volksschule verpflichtet sind.

Die Beschäftigung von Kindern unter vierzehn Jahren darf die Dauer von sechs Stunden täglich nicht überschreiten.

Junge Leute zwischen vierzehn und sechszehn Jahren dürfen in Fabriken nicht länger als zehn Stunden täglich beschäftigt werden.

§ 136.

Die Arbeitsstunden der jugendlichen Arbeiter dürfen nicht vor fünfeinhalb Uhr Morgens beginnen und nicht über achteinhalb Uhr Abends dauern. Zwischen den Arbeitsstunden müssen an jedem Arbeitstage regelmäßige Pausen gewährt werden. Für jugendliche Arbeiter, welche nur sechs Stunden täglich beschäftigt werden, muß die Pause mindestens eine halbe Stunde betragen. Den übrigen jugendlichen Arbeitern muß mindestens Mittags eine einstündige, sowie Vormittags und Nachmittags je eine halbstündige Pause gewährt werden.

Während der Pausen darf den jugendlichen Arbeitern eine Beschäftigung in dem Fabrikbetriebe überhaupt nicht und der Aufenthalt in den Arbeitsräumen nur dann gestattet werden, wenn in denselben diejenigen Theile des Betriebes, in welchen jugendliche Arbeiter beschäftigt sind, für die Zeit der Pausen völlig eingestellt werden oder wenn der Aufenthalt im Freien nicht thunlich und andere geeignete Aufenthaltsräume ohne unverhältnißmäßige Schwierigkeiten nicht beschafft werden können.

An Sonn- und Festtagen, sowie während der von dem ordentlichen Seelsorger für den Katechumenen- und Konfirmanden-, Beicht- und Kommunionunterricht bestimmten Stunden dürfen jugendliche Arbeiter nicht beschäftigt werden.

Anhang II.

Spritzen-Ordnung.

Die Aufseher über die Hofarbeiter haben dafür zu sorgen, daß die Spritzen und deren Zubehör stets in Ordnung und an den dafür bezeichneten Orten aufbewahrt und zum Gebrauch bereit sind. Die Schlüssel zu den Spritzenhäusern müssen deutlich bezeichnet in den Portierstuben aufbewahrt werden.

In den ersten Tagen eines jeden Monats sollen im Beisein der Betriebs-Ingenieure Spritzenproben abgehalten werden: diese Proben werden vorher angesagt und haben sich hierbei die Betriebs-Ingenieure zu überzeugen, ob die Spritzen vollständig in Ordnung sind. Werden hierbei Mängel gefunden, so ist sofort durch den Betriebs-Ingenieur die Reparatur zu veranlassen. Nach Abstellung der Mängel ist eine neue Probe vorzunehmen.

Im Winter bei Frostwetter werden die Proben bis zum Eintritt von Thauwetter ausgesetzt.

Zur Bedienung der Spritzen wird die Mannschaft folgendermaßen bestimmt:

1. die Hofaufseher,
2. für jede Spritze ein Zimmermann und ein Seemann als Rohrführer,

3. für jede Spritze ein kundiger Maschinenbauer, um kleine Unordnungen an den Spritzen sofort zu beseitigen,
4. werden 70 der zunächst der Fabrik wohnenden Arbeiter aller Klassen monatlich abwechselnd bestimmt,
5. drei Werkmeister.

Die ad 2, 3, 4 und 5 aufgeführten Personen bilden die Feuerwache für die Dauer eines Monats, die Hofaufseher gehören andauernd dazu.

In der letzten Woche eines jeden Monats werden unter Zustimmung der Betriebs-Ingenieure diejenigen Personen ausgewählt, welche für den nächsten Monat die Feuerwache bilden und werden die Namen derselben durch Anschlag an der Portierstube bekannt gemacht.

Die neue Mannschaft tritt mit dem ersten jeden Monats, Mittags 12 Uhr, in Verpflichtung.

Abgesehen davon, daß wir wohl mit Vertrauen annehmen können, daß bei einem Brandunglück in der Fabrik selbst, alle Arbeiter, Meister und Ingenieure ungesäumt auf dem Platze sein werden, bestimmen wir, daß die für die Feuerwache bezeichneten Personen auch außer der Arbeitszeit, bei Tag oder Nacht, sofort nach der Fabrik zu kommen haben, sobald in Ober-Bredow und Züllchow Feuerlärm entsteht, mit Ausnahme derjenigen, in deren Wohnung oder nächster Nähe Feuer ausgebrochen sein sollte.

Die zur Feuerwache bestimmten Leute erhalten für die Dienstleistung, wenn zur Brandstätte ausgerückt wird, eine Bezahlung nach Maaßgabe ihres Lohnes. Eingehende Prämien werden gleichfalls unter die Feuerwache vertheilt;

Anlage 3:

Das Statut der Betriebs-(Fabrik)Krankenkasse

— 24 —

die Ausbleibenden zahlen eine Strafe von Mark 1,50 zu Gunsten der Krankenkasse.

Bei einem Brande in der Fabrik, außer der Arbeitszeit, ist von den Wächtern sofort Alarm zu blasen und die Direktion zu benachrichtigen; das Thor der Fabrik ist geschlossen zu halten und dürfen nur die Arbeiter der Fabrik zugelassen werden. Die Wächter haben, mit Hülfe der Kutscher oder sonst anwesenden Arbeitern mit den vorhandenen Handspritzen, Extincteuren und Eimern zu versuchen, das Feuer in seinen Anfängen zu ersticken oder wenigstens nieder zu halten, bis weitere Hülfe kommt; die zunächst eintreffenden Hülfsmannschaften haben die Spritzen aus den Spritzenhäusern in die Nähe des brennenden Gebäudes zu bringen, jedoch so, daß dieselben möglichst nahe an der Oder, oder an den Hähnen der Wasserleitung stehen.

Bei dem ersten Feuerruf in der Fabrik müssen die Pumpwerke auf der Werft, wenn solche nicht in Betrieb sein sollten, sofort in Gang gesetzt werden, damit überall Wasser hingeschafft werden kann, wo es nöthig ist.

Für die Bedienung der Dampfspritze ist eine besondere Colonne bestimmt, welche dieselbe nach einer Spezial-Anweisung zu bedienen hat.

Bredow, den 15. Februar 1892.

Die Direktion
der Stettiner Maschinenbau-Aktien-Gesellschaft
„Vulcan."

Statut

der

Betriebs-(Fabrik-)Krankenkasse

der

Stettiner Maschinenbau-Actien-Gesellschaft

„Vulcan"

in

Bredow bei Stettin.

Stettin.
Druck von F. Hessenland.
1892.

Statut
der
Krankenkasse des „Vulcan".

Auf Grund der §§ 23, 36, 60 des Krankenversicherungsgesetzes in der Fassung des Gesetzes vom 10. April 1892 wird für die **Betriebs- (Fabrik-) Krankenkasse der Stettiner Maschinenbau-Actien-Gesellschaft „Vulcan"** in Bredow auf Beschluß der General-Versammlung vom 18. October 1892 das nachstehende revidirte Kassenstatut erlassen. Dasselbe tritt vom 1. Januar 1893 ab an die Stelle des bisherigen Kassen-Statuts vom 18. October 1884.

Name und Sitz der Kasse.

§ 1.

Die Stettiner Maschinenbau - Actien - Gesellschaft „Vulcan" zu Bredow bei Stettin errichtet auf Grund des § 60 des Krankenversicherungsgesetzes in der Fassung des Gesetzes vom 10. April 1892 für die in ihrer Fabrik zu Bredow beschäftigten Personen, nachdem dieselben durch Vertreter gehört worden sind, eine Krankenkasse, welche den Namen führt: **Krankenkasse der Stettiner Maschinenbau-Actien-Gesellschaft „Vulcan"** und welche ihren Sitz zu Bredow hat.

Mitgliedschaft.

§ 2.

Alle in genannter Fabrik gegen Gehalt oder Lohn beschäftigten Personen gehören mit dem Tage des Eintritts in die Beschäftigung kraft Gesetzes als versicherungspflichtige Mitglieder der Kasse an, sofern die Beschäftigung

nicht der Natur nach eine vorübergehende oder durch den Arbeitsvertrag im Voraus auf eine geringere Zeitdauer als eine Woche beschränkt ist. Dieselben erhalten spätestens am ersten Löhnungstage nach ihrem Eintritt ein Exemplar dieses Statuts ausgehändigt.

Befreit von diesem Zwange sind:

a) Betriebs-Beamte, Werkmeister und Techniker, deren Arbeitsverdienst oder Gehalt $6^2/_3$ Mark für den Arbeitstag, oder sofern Lohn oder Gehalt nach größeren Zeitabschnitten bemessen ist, 2000 Mark für das Jahr gerechnet, übersteigt, sowie solche Handlungsgehülfen und Lehrlinge, für welche die im Artikel 60 des Handels-Gesetz-Buches bezeichneten Rechte weder aufgehoben noch beschränkt sind;

b) diejenigen Personen, welche den Nachweis erbringen, daß sie Mitglieder einer den Anforderungen des § 75 des Kranken-Versicherungs-Gesetzes genügenden Hülfskasse sind. Als Gehalt oder Lohn gelten auch Tantièmen und Naturalbezüge.

§ 3.

Diejenigen versicherungspflichtigen Personen, welche von der Verpflichtung, der Kasse anzugehören, wegen ihrer Betheiligung an einer dem § 75 genügenden Hülfskasse befreit sind (vergleiche § 2), sind berechtigt, der Kasse durch Anmeldung freiwillig beizutreten.

§ 4.

Alle übrigen im Betriebe der Gesellschaft beschäftigten nicht versicherungspflichtigen Personen können der Kasse durch schriftliche oder mündliche Anmeldung bei dem Kassenvorstande als freiwillige Mitglieder beitreten, sofern ihr jährliches Gesammt-Einkommen 2000 Mark nicht übersteigt; sie erhalten aber keinen Anspruch auf Unterstützung für die Dauer einer bereits zur Zeit der Anmeldung eingetretenen Erkrankung. Der Kassenvorstand kann den Gesundheitszustand solcher Personen ärztlich untersuchen lassen, und die Aufnahme ablehnen, wenn die Untersuchung eine bereits bestehende Krankheit ergiebt. Ergiebt die Untersuchung zwar keine bereits eingetretene Erkrankung, aber einen nicht normalen Gesundheitszustand, so wird der Anspruch auf Kranken-Unterstützung erst nach Ablauf von 6 Wochen von der bewirkten Anmeldung ab erworben

Für die zum Beitritt berechtigten Personen beginnt die Mitgliedschaft mit dem Tage des Eingangs der schriftlichen oder mündlichen Anmeldung; sofern aber der Kassenvorstand binnen 3 Tagen nach dem Eingehen der Anmeldung erklärt, daß er die Aufnahme von dem Ergebniß einer ärztlichen Untersuchung abhängig machen will, oder sofern die Aufnahme an die Erfüllung anderer Bedingungen geknüpft ist, beginnt die Mitgliedschaft einer nicht versicherungspflichtigen Person erst mit dem Tage, an welchem derselben die Entscheidung des Kassen-Vorstandes zugestellt wird.

Ergeht eine Entscheidung nicht binnen 2 Wochen nach Eingang der Anmeldung, so gilt die Aufnahme als bewirkt.

Freiwillig beitretende Personen erhalten vom Vorstande spätestens am ersten Löhnungstage nach dem Beginn der Mitgliedschaft eine Bescheinigung über dieselbe mit einem Exemplar dieses Statuts.

§ 5.

Versicherungspflichtigen Personen, welche im Betriebe verbleiben, ist der Austritt mit Schluß des Rechnungsjahres gestattet, wenn sie denselben mindestens drei Monat vorher bei dem Vorstande beantragen und vor dem Austritt nachweisen, daß sie Mitglieder einer den Anforderungen des § 75 des Reichsgesetzes genügenden Hülfskasse geworden sind.

Der Austritt nicht versicherungspflichtiger Personen, das ist der freiwilligen Mitglieder, kann nach vorangegan-

gener Anzeige bei dem Vorstande der Kasse jederzeit erfolgen; er erfolgt ohne weiteres, wenn die Beiträge an zwei auf einander folgenden Terminen nicht gezahlt worden sind, desgleichen, wenn die Betreffenden aus dem Betriebe ausscheiden.

Ist ein Mitglied beim Ausscheiden aus dem Betriebe erkrankt, so hat dasselbe Anrecht auf Fortbezug der Krankenunterstützung bis zum Ablauf der in § 11 festgesetzten Zeit, und gilt dies sowohl für versicherungspflichtige wie freiwillige Mitglieder.

Diejenigen Mitglieder, welche während ihrer Militairpflicht oder bei Ausübung ihrer militairischen Uebungen erkranken oder sterben, haben keinen Anspruch an die Kasse.

§ 6.

Kassenmitglieder, welche aus der die Mitgliedschaft begründenden Beschäftigung ausscheiden, das sind also versicherungspflichtige Mitglieder, und nicht zu einer Beschäftigung übergehen, vermöge welcher sie Mitglieder einer Orts-, Betriebs- (Fabrik-), Bau-, Innungs- oder Knappschafts-Kranken-Kasse werden, bleiben solange freiwillige Mitglieder, als sie sich im Gebiete des Deutschen Reiches aufhalten, wenn sie ihre dahin gehende Absicht binnen einer Woche dem Kassenvorstande anzeigen; jedoch mit der Einschränkung, daß sie weder Kassenämter bekleiden noch Stimmrechte ausüben dürfen. Die Zahlung der vollen Kassenbeiträge (vergl. § 22) zum ersten Fälligkeitstermine ist der ausdrücklichen Anzeige gleich zu erachten, sofern der Fälligkeitstermin innerhalb der für die letztere vorgeschriebenen einwöchentlichen Frist liegt. Für solche Mitglieder erhöhen sich somit die statutenmäßigen Beiträge um 50 % der bisher gezahlten, indem nach § 27 des Gesetzes für solche der Beitragsantheil des bisherigen Arbeitgebers fortfällt.

Personen, welche dieses Anrecht auf die Fortdauer der Mitgliedschaft besitzen, verlieren dasselbe:

1. wenn die Beiträge an zwei aufeinanderfolgenden Zahlungsterminen nicht geleistet werden;
2. wenn sie ihren Wohnsitz außerhalb des Gebietes des Deutschen Reiches nehmen.

§ 7.

Mitgliedern, welche in Folge eintretender Erwerbslosigkeit aus der Kasse ausscheiden und sich im Gebiete des Deutschen Reiches aufhalten, verbleibt für ihre Person der Anspruch auf Kranken-Unterstützung und Sterbegeld in solchen Unterstützungs-Fällen, welche während der Erwerbslosigkeit und innerhalb eines Zeitraums von 3 Wochen nach dem Ausscheiden aus der Kasse eintreten, wenn diese Personen vor ihrem Ausscheiden mindestens 3 Wochen ununterbrochen einer auf Grund des Kranken-Versicherungs-Gesetzes errichteten Kranken-Kasse angehört haben.

In Fällen dieser Art wird die Kranken-Unterstützung und das Sterbegeld nur in Höhe der gesetzlichen Mindestleistungen gewährt. (§ 28 des Kranken-Versicherungs-Gesetzes.)

§ 8.

Mitgliedern, welche die Kasse durch eine mit dem Verlust der bürgerlichen Ehrenrechte bedrohte strafbare Handlung geschädigt haben, wird für die Dauer von 12 Monaten seit Begehung der Strafthat ein Krankengeld nicht gewährt.

§ 9.

Alle auf Grund des § 4 beigetretenen Mitglieder sind erst nach sechswöchentlicher Mitgliedschaft zu den Unterstützungen der Kasse berechtigt.

Alle der Kasse beitretenden Personen haben erst nach einer sechsmonatlichen Mitgliedschaft Anrecht auf diejenigen Unterstützungen der Kasse, welche die in § 20 des Kranken-Versicherungs-Gesetzes festgesetzte Mindestleistung übersteigen.

Kassenleistungen.

§ 10.

Im Falle der Erkrankung resp. Verletzung eines Mitgliedes gewährt die Kasse:

1. von Beginn der Krankheit ab freie ärztliche Behandlung, Arznei, sowie Brillen, Bruchbänder und ähnliche Heilmittel;
2. im Falle der Erwerbsunfähigkeit vom dritten Tage nach dem Tage der Erkrankung ab für jeden Arbeitstag ein Krankengeld in Höhe der Hälfte seines Tagelohnes, Sonntage jedoch ausgeschlossen;
3. Im Falle die Erwerbsunfähigkeit ohne Unterbrechung länger als vier Wochen dauert, vom Beginn der fünften Woche ab für jeden Arbeitstag ein Krankengeld in Höhe von zwei Dritteln seines Tagelohnes, Sonntage jedoch ausgeschlossen;

Tritt während einer Erkrankung eine allgemeine Veränderung in den Lohn- resp. Gehalts-Sätzen ein, so bleibt dieselbe für die Dauer der Krankheit außer Berücksichtigung. Als Grundlage für die Berechnung des Tagelohnes des erkrankten Mitgliedes gilt der zehnstündige Lohnsatz pro Arbeitstag, soweit dieser 4 Mark für den Arbeitstag nicht überschreitet.

Für alle nach § 4 des Statuts der Kasse beigetretenen Mitglieder dient als Tagelohn der 25. Theil ihres Monats-Einkommens, jedoch nicht mehr als 4 Mark pro Arbeitstag.

Das Krankengeld ist wöchentlich postnumerando bei dem Rechnungs- und Kassenführer in den bekannt zu gebenden Stunden am üblichen Lohntage gegen Quittung in Empfang zu nehmen.

§ 11.

Die in § 10 festgesetzte Kranken-Unterstützung läuft 26 Wochen. Jedoch sollen Mitglieder, welche 5 Jahre ununterbrochen oder 8 Jahre zu verschiedenen Zeiten der Kasse angehört haben, beziehungsweise bei der Gesellschaft „Vulcan" beschäftigt gewesen sind, die Krankenunterstützung 39 Wochen und diejenigen, welche 8 Jahre ununterbrochen oder 12 und mehr Jahre zu verschiedenen Zeiten bei der Gesellschaft „Vulcan" beschäftigt gewesen sind, die Krankenunterstützung 52 Wochen erhalten.

§ 12.

Der Vorstand kann an Stelle der im § 10 genannten Krankenunterstützung freie Kur und Verpflegung in einem Krankenhause gewähren, und zwar:

1. für diejenigen Mitglieder, welche verheirathet sind, oder eine eigene Haushaltung haben, oder Mitglieder der Haushaltung ihrer Familie sind, mit ihrer Zustimmung; unabhängig von derselben aber dann, wenn die Art der Krankheit Anforderungen an die Behandlung oder Verpflegung stellt, welchen in der Familie des Erkrankten nicht genügt werden kann, oder wenn die Krankheit eine ansteckende ist, oder wenn der Erkrankte wiederholt den im § 18 erwähnten Vorschriften zuwider gehandelt hat, oder wenn dessen Zustand oder Verhalten eine fortgesetzte Beobachtung erfordert;
2. für sonstige Erkrankte unbedingt.

Die Kosten der Ueberführung in das Krankenhaus trägt in allen Fällen die Kasse.

Hat der in einem Krankenhause Untergebrachte Angehörige, deren Unterhalt er bisher aus seinem Arbeitsverdienst bestritten hat, so ist neben der freien Kur- und Verpflegung die Hälfte des in dem § 10 als Krankengeld festgesetzten Betrages für diese Angehörigen zu zahlen und zwar für die Zeitdauer der Krankenunterstützung gemäß § 11.

Die Zahlung kann unmittelbar an die Angehörigen erfolgen

§ 13.

Mitglieder, welche die Krankheit sich selbst zugezogen haben, und zwar durch Vorsätzlichkeit, schuldhafte Betheiligung an Raufhändeln, Trunkfälligkeit oder geschlechtliche Ausschweifung, erhalten für diese Krankheit kein Krankengeld.

Hat das Mitglied aber Angehörige, deren Unterhalt bisher aus seinem Arbeitsverdienste bestritten wurde, so erhalten diese die Hälfte des festgesetzten Krankengeldes, aber längstens bis auf die Dauer von 13 Wochen.

§ 14.

Einem Mitgliede, welches gleichzeitig anderweitig gegen Krankheit versichert ist, wird das Krankengeld soweit gekürzt, als dasselbe zusammen mit dem aus anderweiter Versicherung bezogenen Krankengelde den vollen Betrag seines durchschnittlichen Tagelohnes übersteigen würde.

Die Mitglieder sind bei Vermeidung einer Ordnungs-Strafe bie zu zwanzig Mark verpflichtet, andere von ihnen eingegangene Versicherungs-Verhältnisse, aus welchen ihnen Ansprüche auf Krankenunterstützung zustehen, sofern sie zur Zeit des Eintritts in die Kasse bereits bestanden, binnen einer Woche nach dem Eintritt, sofern sie später abgeschlossen werden, binnen einer Woche nach dem Abschluß dem Kassen-Vorstande anzuzeigen.

§ 15.

Stirbt ein Mitglied, so gewährt die Kasse in Gemäßheit des § 85 II des Gesetzes wie bisher 90 Mark als Sterbegeld; für jugendliche Arbeiter, das sind solche unter 16 Jahren, jedoch nur die Hälfte.

Das Sterbegeld erhalten gegen Beibringung einer standesamtlichen Bescheinigung die Hinterbliebenen zum Zwecke der Beerdigung des Verstorbenen. Erfolgt die Beerdigung durch die Kasse, so ist ein etwaiger Ueberschuß dem hinterbliebenen Ehegatten, in Ermangelung eines solchen den nächsten Erben auszuzahlen. Sind solche Personen nicht vorhanden, so verbleibt der Ueberschuß der Kasse.

Verstirbt ein als Mitglied der Kasse Erkrankter nach Beendigung der Krankenunterstützung, so ist das Sterbegeld zu gewähren, wenn die Erwerbsunfähigkeit bis zum Tode fortgedauert hat und der Tod in Folge derselben Krankheit vor Ablauf eines Jahres nach Beendigung der Krankenunterstützung eingetreten ist.

Anzeige der Krankheit und Verhaltungsmaßregeln für den Kranken.

§ 16.

Jede Erkrankung ist dem Kassen- und Rechnungsführer innerhalb der üblichen Geschäftszeit sofort, jedenfalls innerhalb der ersten 24 Stunden, anzumelden.

Ueber diese Anmeldung wird eine Bescheinigung (Krankenschein) ausgestellt, welche als Legitimationsschein beim Kassenarzte dient. Das Datum des Krankenscheines soll stets als Tag der Erkrankung angesehen werden, und für den Beginn der Kassenleistungen (§ 10) maßgebend sein. Ist Gefahr im Verzuge, so ist der Arzt berechtigt, auch ohne einen solchen Schein die Behandlung zu übernehmen.

§ 17.

Jedes Mitglied ist verpflichtet, sich im Krankheitsfalle von einem der ihm bekannt zu gebenden Kassenärzte behandeln zu lassen und die verordnete Medizin und sonstige Heilmittel dort zu entnehmen, wo ihm die Anweisung gegeben wurde.

Jedem Mitgliede bleibt es jedoch überlassen, auf eigene Kosten zu seiner Behandlung sich eines andern Arztes zu bedienen, oder die Medikamente und Heilmittel anderweitig zu beziehen.

Mit Genehmigung des Vorstandes können zur Behandlung des Erkrankten auf Kosten der Kasse auch andere Aerzte (Spezialisten) herbeigezogen werden.

Jedes erkrankte Mitglied, welches sich von einem anderen als dem Kassenarzt behandeln läßt, untersteht der Kontrole des Kassenarztes.

Die Fortdauer der Erkrankung und der damit verbundenen Erwerbsunfähigkeit ist von sämmtlichen Erkrankten bei jedesmaliger Erhebung des Krankengeldes durch Bescheinigung des Kassenarztes dem Kassen- und Rechnungsführer nachzuweisen. Nur gegen Beibringung dieser Bescheinigung des Kassenarztes auf den Krankenscheinen erfolgt die Auszahlung des Krankengeldes. Auch hat der Kassenarzt schließlich den Wiedereintritt der Erwerbsfähigkeit auf dem Krankenschein zu bescheinigen.

Die im § 12 vorgesehene Kur und Verpflegung erfolgt in dem von der Kasse bestimmten Krankenhause.

§ 18.

Kranke, deren Zustand es ohne Nachtheil gestattet, sind verpflichtet, den Arzt selbst zu besuchen.

Kranke, denen der Genuß der frischen Luft vom Arzt verordnet wird, haben sich genau nach den Anordnungen desselben und übereinstimmend mit den Anweisungen des Krankenscheins zu verhalten.

Unterbleibt die sofortige (§ 16) Anzeige der Erkrankung, bezw. der weitere Nachweis der Erwerbsunfähigkeit in der vorgeschriebenen Weise, oder ist das erkrankte Mitglied während der Dauer seiner Krankheit in Restaurationslokalen oder bei andern als häuslichen Verrichtungen angetroffen worden, oder hat es sich der vom Vorstande angeordneten Kontrole zu entziehen gesucht, oder den Anordnungen des behandelnden Arztes oder den Vorschriften dieses Statuts entgegen gehandelt, so ist der Vorstand der Kasse berechtigt, den Betreffenden in jedem einzelnen Falle in eine Ordnungsstrafe bis zu 20 Mark zu nehmen.

Dieselbe Befugniß steht dem Vorstande der Kasse zu, wenn sich der Erkrankte nicht innerhalb 24 Stunden nach Ausstellung des Krankenscheines in ärztliche Behandlung begiebt.

Die Namen der als erkrankt gemeldeten Mitglieder werden mittelst Anschlag an den Portierlogen von dem Kassen- und Rechnungsführer wöchentlich bekannt gemacht. Mittheilungen über statutenwidriges Verhalten derselben sind bei dem Rechnungs- und Kassenführer oder einem Vorstandsmitgliede zu machen.

Beiträge, Eintrittsgeld und sonstige Zuwendungen.

§ 19.

Die zum Beitritt zu dieser Kasse verpflichteten Mitglieder haben als Beitrag $1\frac{1}{2}\%$ ihres Arbeitsverdienstes, soweit dieser während einer Arbeits- oder Accordperiode durchschnittlich 4 Mark pro Arbeitstag nicht überschreitet, zu zahlen. Zu diesem Zweck hat die Gesellschaft „Vulcan" bei allen Gehalts- und Lohnzahlungen für jede Mark Verdienst $1\frac{1}{2}$ Pfg. für die von den Versicherten zu leistenden Beiträge, sowie die etwaigen Eintrittsgelder abzuziehen und an die Krankenkasse abzuführen.

Bruchtheile von einem halben Pfennig und darüber sollen bei diesen Beiträgen für voll, unter einem halben Pfennig nicht gerechnet werden. Gleichzeitig hat hierzu die Gesellschaft „Vulcan" für jedes versicherungspflichtige Mitglied die Hälfte seines Beitrages aus eigenen Mitteln an die Kasse abzuführen.

Alle der Kasse freiwillig beigetretenen nicht versicherungspflichtigen Mitglieder zahlen als Beitrag 50% mehr wie die Versicherungspflichtigen, d. i. $2\frac{1}{4}\%$ von ihrem Monatseinkommen, soweit dieses 4 Mark für den Arbeitstag nicht übersteigt, und haben dieselben ihre Beiträge

stets zu den gleichen Terminen und an den gleichen Tagen, an welchen die Lohnzahlungen in der Fabrik stattfinden, an die Kasse abzuführen.

Im Falle der Erwerbsunfähigkeit werden für die Dauer der Krankenunterstützung Beiträge nicht entrichtet. Die Mitgliedschaft dauert während des Bezuges von Krankenunterstützung fort.

§ 20.

Das Eintrittsgeld zur Kasse beträgt die Hälfte des Tagelohnsatzes.

Von Kassenmitgliedern, welche nachweisen, daß sie bereits einer gesetzlich zulässigen Krankenkasse angehört, oder Beiträge zur Gemeinde-Krankenversicherung geleistet haben, und welche ferner nachweisen, daß zwischen dem Austritte aus jenen Kassen und dem Eintritt in diese Kasse nicht mehr als dreizehn Wochen liegen, wird kein Beitrittsgeld erhoben.

Kassenmitglieder, welche aus der Beschäftigung, vermöge welcher sie der Kasse angehörten, behufs Erfüllung ihrer Dienstpflicht im Heere oder in der Marine ausgeschieden sind und nach Erfüllung der Dienstpflicht in eine Beschäftigung zurückkehren, vermöge welcher sie der Kasse wieder angehören, erwerben mit dem Zeitpunkt des Wiedereintritts in die Kasse das Recht auf die vollen statutenmäßigen Unterstützungen derselben und können zur Zahlung eines neuen Eintrittsgeldes nicht verpflichtet werden.

§ 21.

Die vor Errichtung der Betriebs- (Fabrik-) Krankenkasse der alten Arbeiter-Krankenkasse zugeflossenen Ordnungsstrafen wegen Uebertretung der Fabrik-Ordnung sollen wie bisher der Kasse der Gesellschaft zufließen, mit der Maßgabe, daß daraus die Entschädigung für die Kranken-Kontrole (§ 30 Ziffer 6) bestritten, ein etwaiger Rest aber am Ende des Jahres der Kranken-Kasse zugeführt werden soll.

Besondere Bestimmungen für die Mitglieder außerhalb des Betriebes.

§ 22.

Für alle auf Grund des § 6 dieses Statuts vorhandenen Mitglieder gelten folgende besondere Bestimmungen:

1. Die Beiträge sind kostenfrei an die Kasse und zwar stets zu den gleichen Terminen und an den gleichen Tagen, an welchen die Lohnzahlungen in der Fabrik stattfinden, abzuführen;
2. Die Höhe derselben beträgt $2^1/_4$ % ihres Arbeitsverdienstes des letzten Monats, vor Austritt aus dem Dienst der Gesellschaft, soweit dieser Verdienst 4 Mark pro Arbeitstag nicht überschreitet. War die Arbeitsdauer eine kürzere, so ist aus dieser durch den Vorstand der Betrag zu ermitteln;
3. Arznei, freie ärztliche Behandlung und Heilmittel werden nicht gewährt, sobald das Mitglied seinen Wohnsitz außerhalb des Wirkungskreises der Kassenärzte hat, dafür erhöht sich das Krankengeld um die Hälfte unter Zugrundelegung der gesetzlichen Mindestleistung. Die Höhe des Krankengeldes richtet sich nach dem Tagelohn (s. § 10) des Mitgliedes vor Abgang aus dem Dienst der Gesellschaft;
4. Die Krankenunterstützung wird nicht wöchentlich, sondern erst mit Beendigung der Krankheit nach Beibringung einer beglaubigten Bescheinigung des behandelnden Arztes über Art, Verlauf und Dauer der Krankheit, sowie Angabe des Tages der wiedererlangten Erwerbsfähigkeit gewährt. Der Vorstand der Kasse soll berechtigt sein, auch weitere Beweismittel als Kontrole zu verlangen, wenn solche nothwendig erscheinen.

Der Vorstand kann in einzelnen Fällen auch während der Krankheit des Mitgliedes schon Abschlagszahlungen auf das Krankengeld machen, wenn es hinreichend motivirt erscheint. Die Zusendung des Krankengeldes geschieht auf Kosten und Gefahr des Empfängers.

Verwendung der Beiträge, Reservefonds, Fehlbetrag.

§ 23.

Die von der Kasse erhobenen Beiträge dürfen nur zur Bestreitung der statutgemäßen Krankenunterstützung, sowie zur Zahlung des Sterbegeldes und zur Ansammlung und Ergänzung des Reservefonds verwendet werden. Zu anderen Zwecken dürfen für die Kasse weder Beiträge erhoben, noch aus derselben Verwendung gemacht werden.

Alle aus der Verwaltung der Kasse entstehenden Unkosten hat die Gesellschaft „Vulcan“ zu tragen.

§ 24.

Zur Erreichung der dauernden Leistungsfähigkeit der Kasse ist ein Reservefonds zu bilden. So lange der Reservefonds nicht den Betrag von der durchschnittlichen Jahresausgabe der letzten drei Jahre der Kasse erreicht hat, ist demselben mindestens ein Zehntel des Jahresbetrages der Kassenbeiträge der Kasse zuzuführen.

Hat der Reservefonds das Doppelte dieses Mindestbetrages erreicht, so ist eine weitere Erhöhung desselben nicht zulässig.

§ 25.

Ergiebt sich aus den Jahresabschlüssen der Kasse, daß die Einnahmen derselben zur Zahlung der laufenden Unterstützungen, sowie zur vorschriftsmäßigen Ansammlung oder Ergänzung des Reservefonds nicht ausreichen, so hat der Vorstand die Beiträge nach Maßgabe der in § 33 und 65 Absatz 3 des Reichsgesetzes vom 15. Juni 1883 gegebenen

Bestimmungen zu erhöhen, resp. die Leistungen der Kasse bis auf die gesetzlichen Mindestleistungen zu erniedrigen. Ergeben die Jahresabschlüsse der Kasse, daß nach Ansammlung des Reservefonds auf seine zulässige Höhe die Einnahmen die Ausgaben überschreiten, so hat die Generalversammlung zu beschließen, in welcher Weise die Leistungen der Kasse zu erhöhen, beziehungsweise zu erweitern, oder die Beiträge zu ermäßigen sind.

Vorstand.

§ 26.

Die gerichtliche und außergerichtliche Vertretung der Kasse geschieht durch den Vorstand, dem gleichzeitig nach Maßgabe des Statuts die Führung der laufenden Kassenverwaltung obliegt, die Vertretung erstreckt sich auf diejenigen Geschäfte und Rechtshandlungen, für welche nach dem Gesetz eine Specialvollmacht erforderlich ist.

Der Vorsitzende des Vorstandes, beziehungsweise dessen Stellvertreter ist ermächtigt, die Kasse nach außen zu vertreten; die Rechnungs- und Kassenführung geschieht durch den Rechnungs- und Kassenführer unter Verantwortlichkeit und auf Kosten der Gesellschaft „Vulcan“.

Der Rechnungs- und Kassenführer wird von der Geschaft „Vulcan“ ernannt. Derselbe führt die Protokolle in den Sitzungen des Vorstandes und in den Generalversammlungen.

§ 27.

Der Vorstand besteht aus der Vertretung der Gesellschaft „Vulcan“ und zehn durch die General-Versammlung ohne Mitwirkung der Firma zu erwählenden Kassenmitgliedern als Beisitzer, wovon unter Berücksichtigung der verschiedenen Beschäftigungsbranchen fünf der Schiffswerft und fünf der Maschinenfabrik angehören müssen. Die Wahl derselben erfolgt durch die im Dezember eines

jeden Jahres abzuhaltende ordentliche Generalversammlung, und treten die Gewählten am 1. Januar des folgenden Jahres ihr Amt an.

Bis zum Eintritt derselben haben die Ausscheidenden ihr Amt weiter zu führen. Die Wahl der Beisitzer ist geheim und erfolgt durch verdeckte Stimmzettel in der Weise, daß jeder Wählende so viele Namen aufschreibt wie Vorstands-Mitglieder zu wählen sind.

Gewählt sind diejenigen, welche die meisten Stimmen erhalten. Bei Stimmengleichheit entscheidet das vom Vorsitzenden zu ziehende Loos. Stimmen, welche auf nicht Wählbare fallen, oder die Gewählten nicht deutlich bezeichnen, werden nicht mitgezählt.

Wählbar ist jedes dispositionsfähige Kassenmitglied, welches im Besitze der bürgerlichen Ehrenrechte sich befindet und das 28. Lebensjahr zurückgelegt hat.

Jeder Beisitzer wird auf ein Jahr gewählt, ausscheidende Beisitzer sind wieder wählbar.

Scheiden mehr wie drei Beisitzer vor Ablauf ihrer Amtsdauer aus, so muß alsbald eine Generalversammlung zur Ersatzwahl für alle ausgeschiedenen Beisitzer berufen und für den Rest der Amtsdauer Ersatzmänner gewählt werden.

§ 28.

Den Vorsitz in den Sitzungen des Vorstandes der Krankenkasse und in den Generalversammlungen behält sich der Vorstand der Stettiner Maschinenbau-Actien-Gesellschaft „Vulcan“ vor. In der Regel führt den Vorsitz ein Director, in Behinderungsfällen ein dazu von der Direction bestimmter Beamter der Gesellschaft.

Der Name des Vorsitzenden, bezw. dessen Stellvertreters, sowie aller Beisitzer des Vorstandes sind nach erfolgtem Zusammentritt desselben der Aufsichtsbehörde binnen einer Woche anzuzeigen. Dasselbe hat bei jeder Veränderung in der Zusammensetzung des Vorstandes zu geschehen.

Zur Legitimation des Vorstandes und seines Vorsitzenden, bezw. Stellvertreters bei allen Rechtsgeschäften genügt die Bescheinigung der Aufsichtsbehörde, daß die darin bezeichneten Personen den Vorstand zur Zeit bilden.

§ 29.

Die Sitzungen des Vorstandes geschehen auf Einladung des Vorsitzenden, bezw. seines Stellvertreters, sobald es derselbe für nöthig erachtet oder binnen zehn Tagen, wenn fünf Beisitzer des Vorstandes es verlangen. Die Berufung des Vorstandes erfolgt durch Circulair.

In der Regel ist alle Monate eine Sitzung zu halten. Der Vorsitzende stellt die Tagesordnung fest und leitet die Versammlung. Ueber die Beschlüsse derselben ist ein Protokoll zu führen.

Die Versammlung ist beschlußfähig, wenn zwei Drittel der Stimmen, also zehn Stimmen, vertreten sind. Die Beschlüsse werden mit Stimmenmehrheit gefaßt, bei Stimmengleichheit entscheidet die Stimme des Vorsitzenden.

Jeder Beisitzer im Vorstande hat bei den Abstimmungen eine Stimme, die Vertretung der Gesellschaft „Vulcan" aber in Summa nur fünf Stimmen.

Sollte sich jemals das Verhältniß der von der Firma gezahlten Beiträge zu den gesammten Beiträgen auf Grund der Bestimmungen des § 38 Abs. 2 des Gesetzes derart ändern, daß dadurch eine ausführbare Vermehrung der Stimmberechtigung der Kassenmitglieder bedingt wird, so ist bei der nächsten Wahl die Anzahl der erwählten Beisitzer entsprechend zu vermehren.

§ 30.

Dem Vorstande liegt im Besonderen ob:

1. alle gesetzlich erforderlichen Meldungen über die Bewegung des Mitgliederbestandes bei der von der Aufsichtsbehörde bezeichneten Stelle durch den Kassen- und Rechnungsführer zu veranlassen,

2. alle von der Aufsichtsbehörde geforderten Zusammenstellungen und Nachweise aufzustellen,
3. die Jahresrechnungen aufzumachen und der Generalversammlung mit einem kurzen Verwaltungsbericht zur Richtigsprechung vorzulegen,
4. darauf zu achten, daß die Bücher und Skripturen sowie die Kasse in guter Verwahrung und gehöriger Ordnung sich befinden,
5. die Bestimmungen des § 40 des Krankenversicherungsgesetzes bezüglich der Vermögensverwaltung der Kasse gewissenhaft zu beachten,
6. Aufsicht über die erkrankt gemeldeten Mitglieder zu führen, zu welchem Zwecke der Reihe nach wöchentlich je einer der 10 Beisitzer des Vorstandes besonders zu deputiren sind. Für die ihnen daraus entstandene Versäumniß sind sie bis zur Höhe ihres Lohnes aus der Gesellschafts-Kasse unter Berücksichtigung der in § 21 gegebenen Bestimmung zu entschädigen,
7. die Wahl und Anstellung der Kassen-Aerzte und Abkommen mit Apothekern und sonstigen Lieferanten,
8. die Leitung der Wahl der Vertreter für die Generalversammlung, wozu 3 Mitglieder deputirt werden können.

Die Mitglieder des Vorstandes haften der Kasse für pflichtmäßige Verwaltung, wie Vormünder ihren Mündeln. Verträge werden Namens der Kasse von dem Vorsitzenden des Vorstandes und zwei Beisitzern vollzogen. Gerichtliche Zustellungen an den Vorstand der Kasse müssen an die Direction der Gesellschaft „Vulcan" gerichtet werden.

Generalversammlung.

§ 31.

Ordentliche General-Versammlungen finden statt:

1. im Dezember jeden Jahres zur Vornahme der Wahl

des Revisions-Ausschusses und der erforderlichen Wahlen für den Vorstand.

2. im März jeden Jahres zur Beschlußfassung über die Abnahme der Jahresrechnung.

Außerordentliche Generalversammlungen sind zu berufen, sobald der Vorsitzende oder der Vorstand es für nothwendig erachtet, oder wenn die Aufsichtsbehörde es verlangt.

§ 32.

Der Vorsitzende des Vorstandes beziehungsweise dessen Stellvertreter hat acht Tage vor der im Dezember stattfindenden Generalversammlung die Mitglieder der Kasse zu einer Wahl der Vertreter für die Generalversammlung durch Anschlag in derselben Weise, wie sonstige Bekanntmachungen an das Personal des Betriebes erfolgen, aufzufordern. Zwecks Vornahme der Wahl werden sämmtliche Kassenmitglieder in Abtheilungen von je 50 Personen eingetheilt und ist für jede dieser Abtheilungen ein Vertreter zur Generalversammlung zu wählen.

Ist die Gesammtzahl der Kassenmitglieder nicht durch 50 theilbar, so ist für die überschießende Zahl, wenn dieselbe 25 oder mehr beträgt, ein weiterer Vertreter zu wählen. Die Gesammtzahl der zu wählenden Vertreter ist in dem Anschlage, welcher drei Tage vor dem Wahltermin zu erlassen ist, anzugeben.

Wahlberechtigt und wählbar ist jedes großjährige und im Besitz der bürgerlichen Ehrenrechte sich befindende Mitglied, mit Ausschluß derjenigen, welche der Kasse auf Grund des § 6 angehören.

Jedes anwesende wahlberechtigte Mitglied hat eine Stimme und ist die Wahlversammlung bei jeder Anzahl anwesender Stimmen beschlußfähig.

Maßgebend für die Anzahl der Kassenmitglieder, nach welcher die Anzahl der Vertreter zu bestimmen ist, ist der Mitgliederbestand am letzten Lohntage.

Die Wahl erfolgt nach demselben Modus, wie im § 27 für die Wahl der Vorstandsmitglieder bestimmt ist, in geheimer Abstimmung.

Ueber die Wahlverhandlung ist ein Protokoll zu führen.

Die Funktionsdauer eines Vertreters ist ein Jahr.

§ 33.

Die General-Versammlung besteht aus den nach den Bestimmungen des § 32 gewählten Vertretern und der Vertretung der Gesellschaft „Vulcan“.

§ 34.

Die Einladung zur General-Versammlung hat unter Bekanntmachung der gewählten Vertreter und unter Angabe der Tagesordnung spätestens drei Tage vor derselben durch den Vorsitzenden bezw. dessen Stellvertreter oder durch die Aufsichtsbehörde zu erfolgen. Die Bekanntmachung ist als ordnungsmäßig zu betrachten, wenn sie in derselben Weise wie sonstige Bekanntmachungen der Gesellschaft „Vulcan“ an das Personal durch Anschlag erfolgt.

Die ordnungsmäßig erfolgte Bekanntmachung ist in der General-Versammlung durch zwei anwesende Mitglieder zu Protokoll zu erklären.

Gleichzeitig mit der zu erlassenden Bekanntmachung ist der Aufsichtsbehörde davon Kenntniß zu geben.

Die General-Versammlung ist bei jeder Anzahl anwesender Vertreter beschlußfähig. Die Leitung derselben steht dem Vorsitzenden resp. dessen Stellvertreter zu.

Jeder anwesende Vertreter hat bei Abstimmungen eine Stimme, die Vertretung der Gesellschaft „Vulcan“ auf je 100 versicherungspflichtige Kassenmitglieder ebenfalls eine Stimme. Vertretung abwesender Mitglieder ist nicht zuläßig.

Alle Beschlüsse sind mit Stimmenmehrheit zu fassen; bei Stimmengleichheit entscheidet die Stimme des Vorsitzenden.

§ 35.

Der General-Versammlung steht die Beschlußfassung über alle Angelegenheiten zu, deren Wahrnehmung nach den Bestimmungen des Gesetzes und dieses Statuts nicht dem Vorstande obliegen. Sie wählt die Kassenmitglieder des Vorstandes und ernennt aus ihrer Mitte drei Personen, welche die Prüfung der Kasse, der Bücher und des Jahresabschlusses vorzunehmen haben. Insbesondere hat sie außer der Richtigsprechung der Jahresrechnung Beschluß zu fassen:

1. über Auflösung der Kasse auf Antrag der Gesellschaft „Vulcan";
2. über Abänderung des Statuts.

Beschlüsse über Auflösung der Kasse sind mit mindestens 2/3 Mehrheit aller abgegebenen Stimmen zu fassen.

Alle Wahlen erfolgen mit relativer Stimmenmehrheit.

Jahresrechnung und Prüfung derselben.

§ 36.

Mit Ende jeden Kalenderjahres sind die Bücher und Rechnungen der Kasse zu schließen.

Der Jahresrechnung ist ein Vermögensnachweis am Ende des Rechnungsjahres beizufügen. In dem Vermögensnachweis sind die einzelnen Vermögensposten getrennt aufzuführen, ebenso auch die schwebenden Ansprüche an die Kasse. Streitige Forderungen sind in der Höhe der angemeldeten Summen einzusetzen.

Die Jahresrechnung und der Vermögensnachweis sind zu vervielfältigen und der Aufsichtsbehörde mitzutheilen, desgleichen sind dieselben in üblicher Weise durch Anschlag auf der Werft und in der Maschinen-Abtheilung den Mitgliedern bekannt zu geben; außerdem soll jeder Beisitzer des Vorstandes 10 Exemplare zur Vertheilung in den Betrieben erhalten.

§ 37.

Der zur Prüfung der Jahresrechnung von der General-Versammlung erwählte Ausschuß hat die Rechnungen und Bücher, sowie den Kassenbestand am Ende des Rechnungsjahres zu prüfen und über den Befund dieser Prüfung zu den Akten der Kasse Bericht zu erstatten, welcher Bericht der General-Versammlung zur Kenntniß zu bringen ist.

Wird die Abnahme der Jahresrechnung von der General-Versammlung verweigert, so hat der Vorstand der Aufsichtsbehörde unverzüglich Anzeige zu machen.

Die Aufsichtsbehörde wird alsdann nach Prüfung der Sachlage das Weitere veranlassen.

Allgemeine Bestimmungen.

§ 38.

Streitigkeiten, welche zwischen der Kasse und ihren Mitgliedern über die Verpflichtung zur Leistung oder Einzahlung von Beiträgen oder über Unterstützungsansprüche entstehen, werden von der Aufsichtsbehörde entschieden.

Gegen deren Entscheidung findet binnen vier Wochen nach Zustellung derselben die Berufung auf den Rechtsweg mittelst Erhebung der Klage statt. Die Entscheidung ist vorläufig vollstreckbar, soweit es sich um Streitigkeiten handelt, welche Unterstützungsansprüche betreffen.

Streitigkeiten zwischen der Gesellschaft „Vulcan" und den von ihr beschäftigten Personen über Berechnung und Anrechnung der Beiträge der letzteren werden in Gemäßheit des § 120a der Gewerbeordnung entschieden.

§ 39.

Forderungen eines Mitgliedes an die Kasse auf Grund dieses Statuts können mit rechtlicher Wirkung weder verpfändet noch übertragen, noch gepfändet und dürfen nur auf geschuldete Beiträge sowie auf durch den Vorstand festgesetzte Strafen aufgerechnet werden.

§ 40.

Steht dem aus der Kasse unterstützten Mitgliede ein gesetzlicher Entschädigungsanspruch gegen Dritte zu, so geht dieser Anspruch in Höhe der geleisteten Unterstützungen auf die Kasse über, wobei die in § 10 Ziffer 1 geleistete Unterstützung gleich ¹/₄ des dem unterstützten Mitgliede zukommenden Tagelohnes (vergl. § 10 dieses Statuts) gerechnet wird.

Abänderung des Statuts.

§ 41.

Anträge auf Abänderung dieses Statuts können nur vom Vorstande der Kasse bei der Generalversammlung eingebracht werden; dieselben sind aber spätestens 8 (acht) Wochen vor der Generalversammlung beim Vorstande einzureichen; für die im Dezember resp. im März stattfindenden ordentlichen Generalversammlungen würden der 15. Oktober resp. 15. Januar die äußersten Termine für die Einreichung sein.

Die Generalversammlung hat darüber zu beschließen, und gelten die Anträge als angenommen, wenn mindestens ³/₄ aller abgegebenen Stimmen sich dafür entschieden haben. Alle Abänderungen bedürfen zu ihrer Gültigkeit der Genehmigung der höheren Verwaltungsbehörde.

Auflösung der Kasse.

§ 42.

Die Auflösung und Schließung der Kasse erfolgt unter den im § 68 des Gesetzes gegebenen Voraussetzungen und Bestimmungen.

§ 43.

Die Aufsicht über die Kasse wird unter Oberaufsicht des Königlichen Regierungs-Präsidenten zu Stettin durch den Königlichen Landrath des Randower Kreises als Vorsitzenden des Kreis-Ausschusses wahrgenommen, und haben

auch an diese Behörde alle Mittheilungen des Kassen-Vorstandes zu gehen, welche das Gesetz vorschreibt.

Einführungsbestimmung.

§ 44.

Vorstehendes Statut ist von der Stettiner Maschinenbau-Actien-Gesellschaft „Vulcan“ nach Anhörung der in ihrer Fabrik zu Bredow beschäftigten Personen aufgestellt worden und tritt am 1. Januar 1893 in Kraft.

Bredow bei Stettin, den 18. Oktober 1892.

Direction

der Stettiner Maschinenbau-Actien-Gesellschaft „Vulcan“.

(gez.) **C. Jüngermann.** (gez.) **H. J. Stahl.**

Stettin, den 28. November 1892.

Das vorstehende, revidirte Statut der Betriebs-(Fabrik-) Krankenkasse der Stettiner Maschinenbau-Actien-Gesellschaft „Vulcan“ in Bredow bei Stettin vom 18. Oktober 1892 wird auf Grund der §§ 24/64 des Krankenversicherungs-Gesetzes vom 15. Juni 1883 in der Fassung des Gesetzes vom 10. April 1892 (Reichsgesetzblatt Seite 379/417 genehmigt.

Namens des Bezirks-Ausschusses:

Der Vorsitzende.

(L. S.) J. V.

(gez.) **von Schwartz.**

Anlage 4: Die Verwaltungsratsmitglieder, gesetzlich ab 1884

Aufsichtsrat [in chronologischer Reihenfolge]

Gutike, Paul, Fabrikbesitzer, Stettin, Alterspräsident 1856–1857

Wellmann, Gustav, Fabrikbesitzer, Stettin, Vorsitzender 1856–Juli 1858

Hindersin, Ludwig, Bankdirektor, Stettin, stellv. Vorsitzender 1856–1858, †28.4.1877 Stettin

Brumm, Conrad Ferdinand, Reeder, Stettin, 1856–1885, stellv. Vorsitzenden 1956–März 1858, Vorsitzender bis 16.5.1885, *6.12.1816, †16.5.1885 Stettin

Euchel, August, Bankier, Stadtrat, Stettin, 1856–1857

Schlutow, Johann Wilhelm [Vater], Reeder, Stettin, 1856–27.4.1867, *1809, †8.10.1881 Stettin

Metzenthin, Carl Ludwig Friedrich, Fabrikbesitzer, Stettin, 1856–1876, †24.9.1976 Glyon, Schweiz

Siemens, Werner von, Dr., Fabrikant, Berlin 1856–29.4.1865, *1816–†1892

Stolting, Heinrich, Kaufmann, Stettin, 1857–29.4.1865, *Stralsund 20.3.1814, †6.11.1884 Stettin

Karkutsch, Ferd. Aug. Ludwig, Kaufmann, Stettin, 1857–7.5.1862, †27.9.1891 Stettin

Schillow, Friedrich, Reeder, Stettin, stellv. Vorsitzender 1858–1864, *1794, †9.8.1864

Grawitz, Adolph Heinr. Georg, Kaufmann, Stettin, 1858–1875

Rahm, Joh. Heinr. Emil, Geh. Kommerzienrat, Kaufmann, Stettin, stellv. Vorsitzenden 1862, Vorsitzender Juni 1868–1882, *1804, †20.5.1882 Stettin

Schneppe, August, Kaufmann, Stettin, 1864–1887

Delbrück, Hugo, Dr. phil., Fabrikdirektor, Stettin, 1965–1900, stellv. Vorsitzender 30.4.1886–1900, *1825, †Stettin 1900

Haker, Heinr. Friedr., Kaufmann, Stettin, stellv. Vorsitzender 1901–†1908 Stettin

Schlutow, Albert Heinr. Wilh., Dr. jur. h. c. [Sohn], Geh. Kommerzienrat, Bankier, Stettin, 1868–1909, stellv. Vorsitzender 1883, Vorsitzender 1886–†1909, Mitglied des Preuß. Herrenhauses seit 1897, *15.1.1838, †18.9.1909 Stettin

Greffrath, Carl, Kaufmann, Stettin, 1875–1906

Gadebusch, Otto, Ferdinand, Kaufmann, Stadtrat in Stettin, 1870–†1884, *1820, †10.8.1884 Stettin

Meister, Louis, Kaufmann, Stadtältester Stettin,1883–†10.5.1896

Kreich, Theodor, Kaufmann, Brauereibesitzer, langjähriger Stadtverordneter u. Schriftführer der Stettiner Stadtverordneten-Versaml., 1885–†1890, *1818, †22.6.1890

Cuntz, Hermann, Kaufmann, Stettin, 1886–† Stettin 12.5.1893

Tresselt, Julius, Kaufmann, Stettin, 1887–1905

Lenz, Franz, Geh. Kommerzienrat, Kaufmann, Berlin, 1891–1925

Abel, Rudolf Oscar, Geh. Kommerzienrat, Bankier, Stettin, 3.6.1893–12.6.1916, stellv. Vorsitzender 1913–†12.6.1916 Stettin

Fürstenberg, Carl [Vater], Bankier, Berlin, 1897–1927, stellv. Vorsitzender 1910, Vorsitzender 1913–1927

Rathenau, Emil, Dr. phil., Dr.-Ing. h. c., Generaldirektor, Berlin, 1901–1915

Delbrück, Victor, Dr. jur., Stettin, 1905–†1907 Stettin

Stahl, Herm. Josef, Dr.-Ing. h. c., Düsseldorf, 1906–†16.4.1927 Stettin

Ballin, Albert, Dr.-Ing. h. c., Generaldirektor, Hamburg, 1907–17.5.1917

Krogmann, Richard C., Kaufmann, Hamburg, 1908–1924

Schwabach, Paul von, Dr. phil., Bankier, Berlin, 1909–1927, stellv. Vorsitzender 1917–1927

Manasse, Georg, Dr. h. c., Kaufmann, Reeder, Stettin, 1910–†12.9.1923 Stettin

Hollmann, Friedr. von, Admiral, Staatssekretär a.D., Berlin, 1910–†31.1.1912

Kunstmann, Wilhelm, Reeder, Stettin, 1910–1926

Flohr, Justus Emil Friedr., Geh. Baurat, Dr.-Ing. h. c., Bad Pyrmont, 1921–1925

Toepffer, Hermann, Dr., Unterstaatssekretär a.D., Stettin, 1922–1923

Böger, M., Generaldirektor, Hamburg, 1922–1924

Quandt, G., Fabrikbesitzer, Neu-Babelsberg, 1924–1925

Fürstenberg, Hans [Sohn], Bankier, Berlin, 1923–1927

Koeppel, Wilhelm, Dr. jur., Berlin, 1924–1927

Tewaag, C., Dr., Bankdirektor, Stettin, 1924–1927

Hinz, K., Betriebratsmitglied, Hamburg, 1925–1926

Steinweg, H., Betriebsratsmitglied, Stettin, 1925–1927

Deschimag 1926–1930

Mit den Werken: AG Weser Bremen, Frerichswerft Einswarden, Werk Vulcan Hamburg, Werk Vulcan Stettin [in chronologischer Reihenfolge]

Schröder, Johann Friedr., Bankier, Bremen, 1926–1930 Vorsitzender

Buff, C., Dr., Bürgermeister, Bremen, 1926–1930 stellv. Vorsitzender

Drawe, R., Prof. Dr.-Ing., Charlottenburg, 1926–1930
Dubbers, August, Konsul, Bremen; 1926–1930
Fürstenberg, Hans, Bankdirektor, Berlin, 1926–1930
Hartwig, C. G., Bankdirektor, Bremen, 1926–1927
Kautz, Georg, Präsident, Dr. jur., Berlin, 1926–1930
Hinke, Friedrich, Generalkonsul, Berlin, 1926–1928
Krogmann, Richard, C., Dr.-Ing., Hamburg, 1926–1929
Millington-Hermann, Paul, Dr., Bankdirektor, Berlin, 1926–1930
Petersen, Gustav, Dr., Hamburg, 1926–1930
Schmidt-Branden, Paul, Bankdirektor, Berlin, 1926–1930
Schwabach, Paul von, Bankier, Berlin, 1926–1929
Ehlers, A., Betriebsratsmitglied, Bremen, 1926–1928
Schwarz, O., Betriebsratsmitglied, Bremen, 1926–1928
Bock, Otto, Hamburg, 1926–1929
Fischer, Otto Christian, Dr., Direktor, Berlin, 1927–1930
Kunstmann, Arthur, Reeder, Stettin, 1927–1930
Stuck, Robert, Bankdirektor, Bremen, 1927–1930
Bodenheimer, Siegmund, Bankier, Berlin, 1927–1930
Bonte, Moritz, Bankdirektor, Berlin, 1928–1930
Jörger, Carl, Bankier, Berlin, 1928–1930
Dietze, Max, Betriebsratsmitglied, Bremen, 1928–1930
Goettke, Georg, Betriebsratsmitglied, Bremen, 1928–1929
Hübner, Erich, Betriebsratsmitglied, Bremen, 1929–1930

Anlage 5: Die Mitglieder des Vorstandes bzw. der Direktion [in chronologischer Reihenfolge]

Früchtenicht, Franz Friedr. Dietrich, Schiffbaumeister, techn. Direktor ab 1857, *2.2.1821 Hamburg, †1864 Bredow b. Stettin
Brock, Franz Wilh., Schiffbaumeister, kaufm. Direktor 1857–1858
Hermsdorf, Franz Eduard, Ing., kaufm. Direktor 1859–1872, *1826, †29.5.1872 Stettin
Koppen, Julius, Maschinenbau-Ing., Obering., techn. Direktor 1872–1876
Lippelt, Adolph, kaufm. Direktor 1872–1876.
Huffnagel, Gustaf, Prokurist, stellv. kaufm. Direktor ab 1.9.1872–?
Oppelt, Robert, Prokurist, stellv. Direktor ab 1.9.1872–?
Haack, Rudolph Carl Otto, [Vater], Schiffbaumeister, Klg. Baurat, Eintritt 1856 bei Früchtenicht & Brock, Schiffbaudirektor 30.4.1874–1887. Sein größter Verdienst liegt zweifellos darin begründet, dass er gegen alle Bedenken die Aufgabe übernahm, erstmals auf einer deutschen Werft ein Panzerschiff zu bauen und dieses 1876 zur vollen Zufriedenheit der Kaiserlichen Marine abzuliefern, ein Wendepunkt nicht nur in der Geschichte des Vulcan, sondern auch in der gesamten deutschen Industrie. In der Folgezeit wurden nicht nur für deutsche Kriegsschiffbauten die deutschen Werften bevorzugt, auch die deutschen Reedereien folgten allmählich diesem Beispiel. Die Ausführung dieser Neubauten aber lag zum großen Teil in den Händen von Rudoph Haack, welcher so den jungen deutschen Schiffbau der höchsten Vollendung entgegenführte. Außz.: EK 1870/71, Ehrenmitgliedschaft in der STG. *17.10.1833 Wolgast, †12.12.1909 Eberswalde.
Wegner, Julius, Ingenieur, techn. Direktor 1877–1885.
Stahl, Hermann Josef [Vater], Dipl.-Ing., Kgl. Preuß. Kommerzienrat, Dr.-Ing. h. c., kaufm. Direktor 1877–1905, führte den Vulcan aus sehr schwierigen finanziellen Verhältnissen zu einer glänzenden Entwicklung empor, musste 1884 ein sehr gutes Angebot der Hapag ablehnen, der Aufsichtsrat hatte eine Vertragsauflösung nicht genehmigt, eine Drahtanfrage aus Hamburg lautete: »Wenn Gehaltssumme auf 45.000 Mark festgesetzt würde, wäre dann Arrangement möglich oder stellen Sie Forderung«, Antwort am 12. März d. Js.: »... dieser Übertritt hätte aber von mir in gewisser Weise erzwungen werden müssen. Gegen solche gewaltsame Trennung von Verhältnissen sträubt sich jedoch mein Charakter, weil ich davon durchdrungen bin, daß keine guten Früchte daraus erwachsen.« Ein Ausscheiden unter Zahlung einer kontraktlichen Konventionalstrafe wäre möglich gewesen. Auch ein Versuch des Reeders Adolf Woermann blieb 1885 erfolglos. H. J. Stahl konnte am 27.12.1926 seine fünfzigjährige Zugehörigkeit zum Vulcan begehen, davon 29 Jahre als Vorstandsmitglied und 21 Jahre als Aufsichtsratsmitglied. *23.10. 1839 Düsseldorf, †16.4.1927.
Jüngermann, Carl, war in England ausgebildet worden und erfreute sich in der technischen Welt eines bedeutenden Rufes als Ingenieur für Schiffsmaschinenbau, der bisherige Direktor der AG Germania in Gaarden bei Kiel trat als Nachfolger von Direktor Wegner 1885 ein, schied zum Jahresende 1897 aus, um als Vertreter des Vulcan in Berlin seinen Wohnsitz zu nehmen.
Zimmermann, Robert, Kgl. Baurat, Schiffbaudirektor in Stettin 15.7.1895–1909, Vorstandsvorsitzender in Hamburg ab Juli 1909–5.1.1912, hatte das Verdienst der neuzeitlichen Ausgestaltung des Stettiner Werkes, insbesondere die Anlage der neuen Hellinge, unter seiner Leitung wurden *KAISER WILHELM DER GROSSE*, DEUTSCHLAND [3], KAISER WILHELM II [2] und KRONPRINZESSIN CECILIE gebaut, auch war Zimmermann an den grundlegenden Vorbereitungsarbeiten für das Hamburger Werk beteiligt. *1851 Hamm/Westf., †5.1.1912.

Flohr, Justus Emil Friedr., Kgl. Preuß. Baurat, Dr.-Ing. h.c., nach Absolvierung des Technikums Mittweida Eintritt als Schlosser im Februar 1878, im Zeichensaal ab Herbst d. Js. bis 1880, nach einer zwischenzeitlichen dreijährigen Tätigkeit in Schottland, Erster Konstrukteur 1883, Obering. 1889, stellv. Maschinenbaudirektor 1892-Juni 1897, Maschinenbaudirektor 1.7.1898–1909, Vorsitzender des Direktoriums 1909–31.12.1920; Prof. Dr. Bauer hat in einem Nachruf das Lebenswerk dieses genialen Technikers u.a. mit der Entwicklung der Dampfkolbenmaschine für den Schiffsantrieb bis zu den größten Abmessungen und zur höchsten Vollendung bezeichnet. *KAISER WILHELM DER GROSSE* begründete seinen Ruhm, es folgten eine Reihe von Schwesterschiffen, die fast alle Träger des »Blauen Bandes« wurden, die Maschinen der deutschen und fast aller ausländischen Kriegsschiffe, vom Linienschiff bis zum Torpedoboot, trugen den Stempel seines großen Ingenieurskönnens.« *4.6.1855 Hamburg, †3.6.1933 Bad Pyrmont.

Bauer, Johann Nathanael Gustav, Prof. Dr.-phil. Dr.-Ing. h.c., Eintritt auf Empfehlung von Dr. Wiegand, Generaldirektor des NDL, am 1.12.1895, Obering. u. stellv. Maschinenbaudirektor ab 1.1.1906, Maschinenbaudirektor in Hamburg ab Juli 1909–1926, Ltd. Maschinenbaudirektor der Deschimag u. Vorstandsmitglied ab Ende 1926–1945, in der Zeit bis Ende 1941 bei den Vulcanwerken und der Deschimag, war Prof. Dr. Bauer für Entwurf u. Konstruktion von ca. 150 Dampfkolbenmaschinen von insgesamt 700.000 PSi, 160 Turbinenanlagen von 3,5 Mill. WPS u. etwa 200 Dieselmaschinenanlagen von insgesamt 300.000 EPS verantwortlich. Hinzu kommen außerdem die Maschinenanlagen für nicht weniger als 400 Kriegsschiffe aller Klassen.

Anlage 6: Die Ingenieure und Kaufleute in Führungspositionen (in alphabetischer Reihenfolge)

Ackermann, Max, Ing., Eintritt 1907, Bürochef in Hamburg für den Großkriegsschiff-Maschinenbau Ausland, 1914–1918 verantwortlich für den Entwurf der Maschinenanlagen der T- u. U-Boote, nach dem Krieg Leitung der Maschinenbau-Direktionsbüros als verantwortlicher Assistent des Maschinenbaudirektors bis 1929, Betriebsführer der Deschimag-Niederlassung Hamburg, *1875, †2.8.1938 Bad Pyrmont

Avé-Lalement, Hans, Kaufmann, Eintritt als Prokurist in Stettin 1912, wechselte nach Hamburg 1913, dort tätig bis Ende 1922, †4.5.1945

Bandtke, Hugo, Schiffbau-Dipl.-Ing., Betriebsingenieur in Stettin 1925–1928

Beeck, Otto, Ing., Konstrukteur, Vorsteher des Büros für Kriegsmaschinenbau in Stettin 1918–1924

Behn, Theodor, Dipl.-Ing., Abt.-Chef in Hamburg 1914

Blumenthal, Ernst, gelernter Schiffsmaschinenbauer, 1887–1888 Chef-Ing. der chinesischen Flotte, trat als Betriebs-Ing. 1888 ein, verantwortlich für den Einbau der maschinellen Einrichtungen an Bord der Kriegs- u. Handelsschiffe, wechselte 1893 zur Hapag als Leiter der maschinentechnischen Abt., *1855 Magdeburg, †17.4.1920

Brennhausen, Oscar, (Vater), Maschinenbau-Ing., Eintritt 1.11.1861, Obering. u. Leiter der Lokomotivbau-Abt. 1872–1910, Mitbegründer u. Ehrenmitglied des Pom. Bezirksvereins des VDI; *18.4.1839 Königsberg/Ostpr., †24.8.1910 Stettin.

Brose, Walter, Ing., Leiter des Konstruktionsbüros für Ölmasch. in Hamburg, 1925–1928.

Bublitz, Gustav, Kaufmann, Prokurist der kaufm. Abteilung, 1852–31.3.1897

Burchard, H., Schiffsmaschinenbau-Ing., Eintritt 1872, Obering. vor 1906

Cornehls, Otto, Maschinenbau-Ing., Eintritt 1889 in das Konstruktionsbüro, von 1893–1895 Kaiserliche Werft Danzig als technischer Hilfsarbeiter in der Funktion eines Marinebaumeisters, Rückkehr zum Vulcan als Bürochef, als Obering. Leiter der Maschinenfabrik, hatte maßgeblichen Anteil an der maschinellen Ausgestaltung der Schnelldampfer, wie *KAISER WILHELM DER GROSSE* usw., wechselte 1902 als Direktor zur Reiherstieg-Werft in Hamburg; *28.5.1862 Hamburg, †2.4.1932

Dentler, Heiner, Ing., in Hamburg Bürochef Schiffsmaschinenbau 1914–1916?

Drossel, August, Schiffbaumeister, Eintritt als Leiter des Schnürbodens 1885, stellv. Büroleiter des Kalkulationsbüros 1889, Büroleiter bis zum Ruhestand 1.12.1912; * 1.7.1845 Zingst, †1.2.1917

Eggers, Dr.-Ing. h. c. Julius, technischer Leiter der Vulcanwerft 1895–1901, † 15.4.1929 Hamburg

Ehrlich, Alexander, Schiffbau-Ing., Bürochef in Stettin 1914–1918

Erler, L., Prokurist der kaufm. Abteilung, im Amt 1906– ?

Fregin, Fritz, Dipl-Ing., Prokurist, Bürovorsteher Kriegsschiffbau in Stettin 1914–1918

Föttinger, Prof. Dr.-Ing. Hermann, Eintritt als Chefkonstrukteur 1904, Leiter der Turbinen- u. Versuchsabteilung, 1909–1924 Professor an der TH Danzig, lehrte ab 1924 an der TH Berlin,*9.2.1877 Nürnberg, †25.4.1945 Berlin

Gronwald, Otto, nach Schlosserlehre und Tätigkeit im Torpedodepot in Wilhelmshaven, Eintritt als Schiffbautechniker 1892, ging als Ingenieur 1897 zur AG Weser, wechselte nach kurzer Zeit zur Kaiserlichen Werft Wilhelmshaven zurück, 1899 von dort nach Berlin in das RMA als technischer Hilfsarbeiter abgeordnet, schied dort 1901 aus u. trat in das Konstruktionsbüro des Vulcan ein, wurde 1911 nach Hamburg versetzt, in die Stellung eines selbstständigen Konstrukteurs und Gruppenführers, während des Ersten Weltkrieges im U-Bootbau tätig, *26.3.1859 Tauroschel/Ostpr., †12.7.1920 Sensburg/Ostpr.

Haack, Otto (Sohn), Schiffbau-Ing., Betriebsingenieur 1890–28.2.1900, wechselte als Inspektor zum Germ. Lloyd in Stettin; *1.11.1861 Stettin, †26.5.1934 Stettin

Hein, Paul, Schiffsmaschinenbau-Ing., Eintritt 1904, nach Hamburg versetzt, Leiter des umfangreichen Konstruktionsbüros für U-Bootsmaschinenbau 1914–1918, danach bis zu seinem Tod als Betriebsleiter tätig, *29.9.1878 Kiel, †12.6.1930

Heitmann, Ludwig, Ing., Betriebsing., Betriebschef in Stettin 1910–1918

Hildebrand, Max, Maschinenbau-Ing. in Stettin 1909, Obering. bis 1928

Hoffert, G., Obering. u. Leiter der Formerei in Stettin –1912

Holldorf, F., Eintritt 1863, Bürovorsteher 1903

Jacob, Oskar, Betriebsing. in Stettin 1914–1928 ?

Jappe, Friedrich, Schiffbau-Ing., Bürochef der Kriegsschiffbau-Abt. in Hamburg 1914–1918

Jochmann, Ernst, Maschinenbau-Ing., eingetreten in Stettin 1907, unter *Dr. Föttingers* Leitung Chefkontrukteur im Schiffsturbinenbau, wurde 1909 Nachfolger von Dr. Föttinger als Oberingenieur der Maschinenbau-Abt. der Werke Stettin u. Hamburg, ausgeschieden 1920, *29.8.1877 Görlitz, †28.8.1959

Kaegler, H., Maschinenbau-Ing., langjährig tätiger Obering. bis 1876

Kaerger, Alfred, Patentingenieur, trat um 1915 als Konstrukteur in Hamburg ein, Gruppenführer im Dampfmaschinen- u. Ölmaschinenbau, Leiter der Patentabteilung, in dieser Stellung 1927 von der Deschimag übernommen u. fünf Jahre nächster Mitarbeiter von Prof. Dr. G. Bauer, wechselte am 3.3.1932 in das Heereswaffenamt, *12.6.1884 Berlin, †22.2.1934 Charlottenburg

Kasten, Max, Schiffbau-Ing., Stettin 1910 ?, Chef d. Kriegsschiffbauabteilung in Hamburg 1914–1918

Kell, W., Schiffbau-Ing., 1910, Chef des Konstruktionsbüros für T-Bootsmaschinenbau in Stettin 1914–1918, 1928 ?

Keuffel, August, Schiffsmaschinenbau-Ing., Eintritt als Konstrukteur 1895, Chef des Konstruktionsbüros für Handelsschiffsmaschinen 1897, entwarf die ersten Vierfach-Expansionsmaschinen für die Reichspostdampfer der Klasse *FRIEDRICH DER GROSSE*, folgte 1899 einem Ruf der A. G. Weser, *17.2.1864 Braunschweig, †6.12.1926 Bremen.

Koppen, Julius, Oberingenieur 1872

Kuschel, W. Schiffbau-Ing. 1910?, Obering., Schiffbau-Abteilungsvorstand in Stettin 1914–1918

Kühn, Richard, Schiffbau-Dipl.-Ing., Obering. u. Prokurist in Stettin 1915–1916

Lippold, Friedrich, Schiffbau-Ing., 1910?, Schiffbau-Obering. in Hamburg 1914–1928

Loeben, F. v., Maschinenbau-Ing., 1872, Obering. vor 1906

Mahnke, F. Prokurist d. kaufm. Abteilung vor 1906

Mainzer, Bruno, Betriebsing. in Hamburg 1913

Matthiessen, Paul, Schiffbau-Betriebsing. in Hamburg 1910

Meier, Bruno, Schiffbau-Ing., 1915, 1916, Schiffbau-Obering. in Hamburg 1925– ?

Meyer, Friedrich, Schiffbau-Ing., Eintritt als Techniker für ein Jahr 1895, erneuter Eintritt als Betriebsing. 1898–9.12.1908, Ausz.: Königl. Preuß. Kronenorden IV. Kl., *20.10.1870 Danzig, †19.12.1908.

Möller, W., Hamburg 1910, Obering. im Reparaturbetrieb in Stettin 1914–1918

Offinsky, Bürochef in Hamburg um 1912

Paysen, Hans, Ing., Bürochef in Stettin 1923 - 1928

Potyka, Ernst, Schiffbau-Ing., Praktikum vor Studiumbeginn beim Vulcan, Betriebsing. in Stettin ab Januar 1913, während des Krieges in der Reparaturabteilung Kriegsschiffbau; *10.5.1866 Gleiwitz, †23.4.1918 Stettin

Rohte, Rudolf, Maschinenbau-Ing., erste Anstellung im Maschinenkonstruktionsbüro um 1888, wechselte 1890 für ein Jahr nach England zur Erweiterung seiner Fachkenntnisse, anschließend erneut ein Jahr beim Vulcan, ab 1892 Leiter der Maschinenfabrik *Shorten & Easton* in Breslau, ab Januar 1897 Konstrukteur im maschinentechnischen Büro der AG Weser, erneuter Eintritt beim Vulcan 1899, später Vorsteher der Konstruktions-Abt. für Kriegsschiffsmaschinenbau in Stettin, in Hamburg ab September 1911, *21.2.1862 Leipzig, †11.9.1912

Schlüter, Christian, Betriebsing., Leiter des Büros für maschinelle Einrichtungen in Stettin 1899, wird noch 1911 erwähnt

Schneider, Rudolf, Dipl.-Ing., Bürochef im Handelsschiff-Maschinenbau 1914–1918, Betriebsing. in Stettin 1928

Schulz, R., Maschinenbau-Obering. vor 1906

Spannhake, Wilhelm, Dipl.-Ing. Maschinenbau, Eintritt als Konstrukteur 9.1.1905, dann Büro- u. Abt.- Chef, Obering. bis März 1921, *13.1.1881 Fulda.

Spetzler, F., Maschinenbau-Obering. vor 1906

Steck, Richard, Schiffbaumeister, Eintritt in das Konstruktionsbüro 1.9.1871, Obering. im Werftbetrieb, Prokura Sommern 1893, tätig bis 1905, Ausz.: Kronenorden IV. Kl., Roter Adlerorden IV. Kl., Ritterkreuz des Sächs. Albrechtsordens II.Kl., Russ. Stanislausorden III. Kl., Chinesischer Drachenorden III. Kl.; *28.3.1846 Demmin, †20.3.1905 Stettin

Stiller, F., Schiffbau-Obering. vor 1906

Süss, Peter Ludwig, Betriebsing. in Stettin 1920–1928

Täge, Adolf, Schiffbau-Ing., 1910, Oberingenieur in Stettin 1914–1918

Thiel, Reinhold, Eintritt als 14-jähriger Schiffbaulehrling 1897, Obermeister und Leiter des Schnürbodens in der Stellung eines Betriebsingenieurs, nach Stillegung des Stettiner Werkes bei Schichau in Königsberg, später beim Hamburger Vulcan; *24.3.1883 Stettin, † November 1940 Bremen

Topp, Carl, Schiffbaumeister, Baurat, arbeitete einige Jahre bis 1871 im Eisenschiffbau auf mehreren Werften in Philadelphia, nach dem Besuch der Gewerbe-Akademie in Berlin bis 1873, Eintritt in den Vulcan, rückte bis zum Obering. auf, wurde Leiter der

Maschinenfabrik, wechselte 1889 nach Danzig als Schiffbaudirektor zur neu aufzubauenden Schichau-Werft, * 3.4.1846 Demmin, †12.5.1928 Stralsund

Trappen, Carl, Prokurist in Stettin 1912– ?

Trähndorf, Paul, Betriebsing., 1901–1906

Unger, F., Maschinenbau-Obering. vor 1906

Voges, Hans, Betriebsing. in Stettin 1910

Vollbett, O. D., Ing., Betriebschef des Reparaturbetriebes in Hamburg 1928

Wagner, Dr.phil. Dr-Ing. h. c. Rudolf, Eintritt als Konstrukteur 1900 nach Studienende in Zürich, war anfänglich überwiegend mit der Durchkonstruktion von Dampfmaschinen für Handelsschiffs- u. große Schnelldampferanlagen beauftragt, »entwickelte den nach ihm benannten Wagner-Contra-Propeller, Prokurist in Stettin 1912, schied Anfang des 1. Weltkrieges aus, *23.2.1872 Kaiserslautern, †15.2. 935 Hamburg

Wälde, Rudolf, Dipl.-Ing., Prokurist im Deschimag Werk Vulcan Hamburg 1925–1928

Werner, C., Obering. in der Maschinenbau-Abt. vor 1906

Anlage 7: Die Ingenieure, Meister, Beamten, Angestellten und Betriebsärzte (in alphabetischer Reihenfolge)

Abraham, Johannes, Schiffbau-Ing., zwischen 1880 u. 1888 u.a. auch beim Vulcan tätig, †24.5.1914

Ady, Beamter, 1858–1864

Baumann, Carl, Schiffbau-Ing. in Hamburg 1915, 1916

Becker, Richard, Schiffsmaschinenbau-Ing. in Stettin 1927

Berendt, Max, Schiffsmaschinenbau-Ing, Konstrukteur 1876–1878,*16.9.1850 Danzig, † 20.11.1923 Hamburg.

Beetz, Meister in der Schmiede um 1906

Blümcke, Dr.-Ing. h. c. Richard, um 1875–1888, † 4.6.1926

Bodenmüller, Albert, Ingenieur, 1911

Brennhausen, Curt (Sohn), Dipl.-Ing., im Konstruktionsbüro f. Schiffs- u. Landturbinen in Stettin 1910–1914, *12.11.1880 Stettin, † 6.11.1929 Berlin

Dietze, Ernst, Schiffbau-Ing., Stettin 1915

Fimmen, Hermann, Schiffbau-Ing., Stettin 1913

Flach, Meister in d. Abt. Schiffbau in Stettin um 1912

Fuss, Robert, Schiffbau-Ing., Eintritt als Konstrukteur 1885, wechselte 1895 zur Germaniawerft in Kiel als Chef des Konstruktionsbüros; *10.6.1856 Lübben, †25.7.1902.

Gottschalk, Arthur, Dipl.-Ing., Eintritt in das Konstruktionsbüro f. Kriegsschiffbau in Stettin 1910, Abt. f. ausländischen Kriegsschiffbau in Hamburg 1.10.1911, mit Kriegsbeginn in der Abt. U-Bootbau 1914–1918; *15.3.1884 Forsthaus Schweizut, Kr. Labiau/Ostpr., †21.10.1918 Hamburg.

Gründer, Meister in der Schmiede um 1905

Hagans, Christian, Maschinenbaumeister, hatte bei Früchtenicht & Brock gearbeitet, vermutlich von 1851–1856.

Heberrer, Franz, Maschinenbau-Ing., Eintritt 1886, bis zu seinem Tod ununterbrochen als Konstrukteur in der Stettiner Maschinenbau-Abt. tätig, galt als erfahrener und gewandter Rohrplanbauer, *12.11.1852 Preußisch-Stargard, †5.10.1916.

Heinemann, Ing., Dockkonstrukteur in Hamburg um 1912

Heyn, Meister in der Schiffbauabteilung im Werk Hamburg 1913

Herzog, Formermeister, 1906

Hilges, Verwalter der Betriebskrankenkasse 1869

Jahn, Gottlieb, Dipl.-Ing. Maschinenbau, 1902 bis 1907

Kopp, Ingenieur in Hamburg 1911

Kroebel, Richard, ein praktisches Jahr vor Studienbeginn um 1887

Kucharski, Walter, Ingenieur, 1917–1926 Hamburg

Lau, Kupferschmiedemeister, um 1900

Lex, Karl, Schiffbau-Ing., 1899–1905

Leucke, Dr. phil. Otto, Dipl.-Ing., Hamburg 1914–1915

Liencke, Barnim, Dipl.-Ing., Stettin 1917

Markwart, Theodor, Maschinenbau-Dipl.-Ing., kam von der Maschinenfabrik Hartmann in Chemnitz, Eintritt 1869, im Konstruktionsbüro f. Schiffsmaschinenbau bis Sept. 1878, † 6.6.1909 Stettin

Meyer, Josef Lambert, Schiffbaumeister, Eintritt nach Ausbildungsende als Schiffbau-Ing. am 25.1.1870, 1870 bis 21.3.1872 sowohl im Konstruktionsbüro auch im praktischen Schiffbau tätig, war in die Planungen des Panzerschiffs *PREUßEN* eingebunden, nahm mehrfach an Besprechungen in Berlin mit dem RMA teil, gründete am 12.5. 872 die bekannte Meyer-Werft in Papenburg als Eisenschiffswerft, Eisengießerei und Maschinenfabrik; *15.6.1846 Papenburg, †30.3.1920.

Merz, Ernst, Maschinenbau-Ing., Eintritt in das Konstruktionsbüro f. Schiffsmaschinenbau in Stettin 1.10.1908, bis 30.6.1910 im Konstruktionsbüro für Dampfturbinenbau; * 30.9.1886 Dresden, †29.5.1912 Stettin ?

Milde, Fritz, Schiffbau-Ing., im technischen Büro 1895–1899, wechselte zur Schiffsvermessungsbehörde beim Kgl. Hauptzollamt Stettin; * 12.11.1866 Berlin, †14.1.1917 Stettin.

Moje, Meister in Hamburg um 1912

Müller, Meister in der Schmiede um 1905

Pagel, Carl, Schiffbau-Ing., der spätere Generaldirektor des Germ. Lloyd, Prof. Dr.-Ing. h. c., trat 1891 ein, wechselte 1901 als Obering. zu F. *Schichau,* Danzig, *3.4.1866 Althof b. Doberan, †8.11.1925.

Peuß, Carl Otto, Schiffbau-Ing., um 1890, †April 1909

Radmann, J., Ingenieur, praktische Ausbildung beim Vulcan während d. Studiums a.D. TH Berlin, war vorrübergehend beim Vulcan als Ing. tätig, *24.6.1867 Stettin, †18.3.1911 Hamburg

Rahn, F. W., Schiffbau-Ing., 1899

Rothe, Rud., Schiffsmaschinenbau-Ing., 1899

Saßmann, Friedrich, Schiffbau-Ing. in Stettin 1910

Schirokauer, Felix, Dipl.-Ing. Schiffbau, Eintritt um 1910 in Stettin, in Hamburg bis 1916, während des Ersten Weltkriegs von den Vulcanwerken abgeordnet zum Germ. Lloyd, hatte dort an der Ausarbeitung der Schottkurven für die dem Vulcan in Auftrag gegebenen Schiffe mitzuwirken, wechselte 1916 zum Germ. Lloyd, *24.1.1883 Köben, Kr. Steinau, †24.4.1954

Schlüter, Chr., Maschinenbau-Ing., in Stettin 1910

Smitt, Erik, Schiffbau-Ing., in Stettin 1910

Steiner, F., Schiffbau-Ing. in Stettin 1912

Steinike, Karl, Maschinen- u. Schiffbau-Ing., der spätere Schiffbaubaudirektor der Germaniawerft war beim Vulcan tätig ab dem 1.4.1882 bis Weihnachten 1884, *19.9.1859 Düsseldorf, †11.9.1929

Stellter, Friedrich, Schiffbau-Ing., im Büro u. Betrieb 1.1.1892–Jan.1899, *29.9.1866 Gr. Mischen bei Königsberg/Ostpr., †30.10.1935 Kiel

Stielau, Richard, Schiffsmaschinenbau-Ing. in Hamburg 1912

Stiller, Ingenieur, 1872

Stöwer, Willy, Ing., vermutlich Schiffbau, Marinemaler, um 1885; *22.5.1864 Wolgast, †31.5.1931 Berlin-Tegel

Strebel, Carlos, Schiffsmaschienbau-Ing., 1899

Walter, Hellmuth, Dipl.-Ing., Konstrukteur für Turbinen in Hamburg 1913–1930

Wuth, Carl, Ingenieur, 1872

Zenke, Oskar, Beamter, Oktober 1893

Ziem, Georg, Ingenieur, Stettin 1916

Zühlsdorf, Meister in Hamburg um 1912

Werkärzte

Steinbrück, Sanitätsrat Dr. med. Friedrich Wilh. Emil, seit 1875 Arzt in Züllchow b. Stettin, leitender Arzt d. Johanniter-Krankenhauses in Züllchow 1883-1908, Mitgl. d. Ärztekammer Pommerns, Kriegsteilnehmer 1870/71, Roter Adlerordnen IV. Kl., seit 1890 wohnh. in Bollinken b. Züllchow, *11.5.1849 Brüsewitz b. Stargard i. Pom.

Ivers, Dr. med., um 1900

Schleich, Dr. med. Carl Ludwig, Augenarzt, * 3.5.1823, †24.1.1907

Die Ärzte sind bei Bedarf aus ihren Praxen in das Werk gerufen worden.

Anlage 8: Die Neubautenliste der Marineschiffe mit den Bau-Nrn. 21 bis 630

Die Namen der beim Vulcan gebauten Schiffe sind im Text *kursiv* geschrieben. Die sich wiederholenden Schiffsnamen sind in [ ] gesetzt durchnummeriert. Ein f. hinter der Seitenzahl bedeutet weitere Informationen auf den Folgeseiten, ff. steht für mehr als zwei Seiten in Folge. U-Boote wurden nur im Werk Hamburg gebaut. Soweit bekannt, sind die Hamburger Bau-Nrn. mit Hbg. angegeben. ∞ = nicht fertiggestellt, ∞∞ = nicht mehr auf Stapel.

Bau-Nr.	Name, Gattung	Bauzeit	Auftraggeber
21	Greif, Bugsierdampfer Rd.	1860	Kgl. Preuß. Regierung
22	Oder, Bugsierdampfer Rd.	1861	Kgl. Preuß. Regierung
23	Swine, Bugsierdampfer Rd.	1861	Kgl. Preuß. Regierung
40	Pommerania, Postdampfer / Aviso Rd.	1863-64	Kgl. Preuß. Regierung
55	Der Rhein, Transportdampfer	1867	Kgl. Preuß. Marine
57	Schwimmkran	1868-69	Kgl. Preuß. Marine
62	Pfeil, Bugsierdampfer Rd.	1870	Kg. Preuß. Marine
64	Reglitz, Bugsierdampfer Rd.	1871	Kgl. Preuß. Reg. Stettin
65	Vulcan [3] , Transportdampfer	1872	Kgl. Preuß. Gewehrfabrik Spandau
66	Preußen [1], Panzerfregatte	1871-76	Kaiserl. Deutsche Marine
68	Notus, Torpedodampfer	1873-74	Kaiserl. Deutsche Marine
69	Zephyr, Torpedodampfer	1873-74	Kaiserl. Deutsche Marine
71	Rival, Torpedodampfer	1873-74	Kaiserl. Deutsche Marine
72	Leipzig [1], Gedeckte Korvette	1874-77	Kaiserl. Deutsche Marine
73	Prinz Adalbert, Gedeckte Korvette	1875-77	Kaiserl. Deutsche Marine
74	Sachsen [1], Panzerkorvette	1873-74	Kaiserl. Deutsche Marine
77	Stosch, Gedeckte Korvette	1875-76	Kaiserl. Deutsche Marine
78	Württemberg [1] Panzer-Ausfallkorvette	1876-81	Kaiserl. Deutsche Marine
81	Raketa, Torpedoboot	1878-79	Kaiserl. Russische Marine
82	Samopal, Torpedoboot	1878-79	Kaiserl. Russische Marine
83	Stein, Gedeckte Korvette	1878-80	Kaiserl. Deutsche Marine
87	Carola	1879-81	Kaiserl. Deutsche Marine
88	Olga	1879-81	Kaiserl. Deutsche Marine
99	Torpedoyacht	1880-81	Kaiserl. Chin. Regierung
100	Ting Yuen, Panzerkorvette	1881-83	Kaiserl. Chin. Regierung
102	Torpedoyacht	1881-83	Kaiserl. Chin. Regierung
112	Chen Yuen, Panzerkorvette	1881-83	Kaiserl. Chin. Regierung
113	Lustyacht	1882	Kaiserl. Chin. Regierung
119-122	Torpedoboote	1883	Kaiserl. Chin. Regierung
125-128	Torpedoboote	1883	Kaiserl. Chin. Regierung
131	Tsi Yuen, Panzerkorvette	1883-85	Kaiserl. Chin. Regierung
132	Oldenburg, Panzerkorvette	1883-85	Kaiserl. Deutsche Marine
133	Tau Hai, Dampfbagger	1883	Kaiserl. Chin. Regierung
137-139	V1-V10, Torpedoboote	1884	Kaiserl. Deutsche Marine
156-161	V11-V16, Torpedoboote	1885	Kaiserl. Deutsche Marine
165	Marinebarkasse	1885	Kaiserl. Deutsche Marine
166	Ponton, armiert mit Revolverkanonen	1886	Kgl. Ing.-Comitee Berlin
174	Ellerbeck, Stationsdampfer	1885	Marinewerft Kiel
175	Irene, Kleiner Kreuzer	1886-88	Kaiserl. Deutsche Marine

Bau-Nr.	Name, Gattung	Bauzeit	Auftraggeber
176	King Yuen, Panzerkorvette	1886-87	Kaiserl. Chin. Regierung
177	Lai Yuen, Panzerkorvette	1886-87	Kaiserl. Chin. Regierung
178	Radaune, Verkehrsboot	1886	Kaiserl. Deutsche Marine
198	Brandenburg, Linienschiff	1890-93	Kaiserl. Deutsche Marine
199	Weißenburg, Linienschiff	1890-94	Kaiserl. Deutsche Marine
202	Hohenzollern [1], Kaiserl. Yacht / Aviso	1891-93	Kaiserl. Deutsche Marine
203	Comet [2], Aviso	1890-93	Kaiserl. Deutsche Marine
221	Vulcan 221 [6], Torpedoboot	1894-96	Kaiserl. Chin. Regierung
222	Vulcan 222 [7], Torpedoboot	1994-95	Kaiserl. Chin. Regierung
223	Fei Ying, Torpedojäger	1894-95	Kaiserl. Chin. Regierung
233	Hertha [2], Großer Kreuzer	1895-96	Kaiserl. Deutsche Marine
235	Hansa [2], Großer Kreuzer	1896-98	Kaiserl. Deutsche Marine
236	Hai Jung, Kleiner Kreuzer	1897-98	Kaiserl. Chin. Regierung
237	Hai Shew, Kleiner Kreuzer	1897-98	Kaiserl. Chin. Regierung
238	Hai Sheu, Kleiner Kreuzer	1897-98	Kaiserl. Chin. Regierung
239	Dampfbeiboot	1897	Brasilianische Marine
240	Yakumo, Panzerkreuzer	1899-00	Kaiserl. Japanische Marine
247	Bogatyr, Geschützter Kreuzer	1900-02	Kaiserl. Rus. Regierung
248	Mecklenburg [1], Linienschiff	1900-03	Kaiserl. Deutsche Marine
256	Preußen [3], Linienschiff	1902-05	Kaiserl. Deutsche Marine
257	Eber, Kanonenboot	1902-03	Kaiserl. Deutsche Marine
258	Hamburg [2], Kleiner Kreuzer	1902-04	Kaiserl. Deutsche Marine
260	Lübeck [2], Kleiner Kreuzer	1903-05	Kaiserl. Deutsche Marine
262	Pommern, Linienschiff	1904-07	Kaiserl. Deutsche Marine
268	Niki, Torpedojäger	1905-06	Griechische Regierung
269	Doxa, Torpedojäger	1905-05	Griechische Regierung
270	Stettin [4], Kleiner Kreuzer	1906-07	Kaiserl. Deutsche Marine
272	Aspis, Torpedojäger	1906-08	Griechische Regierung
273	Velos, Torpedojäger	1906-08	Griechische Regierung
274-285	V 150 – V 161, Torpedoboote	1907-08	Kaiserl. Deutsche Marine
287	Rheinland [1], Linienschiff	1907-10	Kaiserl. Deutsche Marine
288	Mainz, Kleiner Kreuzer	1907-09	Kaiserl. Deutsche Marine
289-291	V 162 – V 164, Torpedoboote	1908-09	Kaiserl. Deutsche Marine
295-300	V 180 – V 185, Torpedoboote	1909-10	Kaiserl. Deutsche Marine
302	Uruguay, Kleiner Kreuzer	1908-10	Regierung von Uruguay
304-309	V 186 – V 191, Große Torpedoboote	1910-11	Kaiserl. Deutsche Marine
310 Hbg. 1	Friedrich der Große [2], Linienschiff	1910-15	Kaiserl. Deutsche Marine
312	Breslau, Kleiner Kreuzer	1910-12	Kaiserl. Deutsche Marine
317-320	V 1 – V 6, Große Torpedoboote	1911-13	Kaiserl. Deutsche Marine
321	Nea Genea, Zerstörer	1911-12	Griechische Regierung
322	Geravnos, Zerstörer	1911-12	Griechische Regierung
323	Tsin Pei, Flusskanonenboot	1910-11	Kaiserl. Chin. Regierung
325 Hbg. 4	Großer Kurfürst, Linienschiff	1911-14	Kaiserl. Deutsche Marine
335-336	V 5 – V 6, Große Torpedoboote	1911-13	Kaiserl. Deutsche Marine
337	Aigli, Großes Torpedoboot	1912-13	Griechische Regierung
338	Thetis, Großes Torpedoboot	1912-13	Griechische Regierung
339	Daphni, Großes Torpedoboot	1912-13	Griechische Regierung

Bau-Nr.	Name, Gattung	Bauzeit	Auftraggeber
340	Alkyoni, Großes Torpedoboot	1912-13	Griechische Regierung
341	Doris, Großes Torpedoboot	1912-13	Griechische Regierung
342	Arethousa, Großes Torpeboboot	1912-13	Griechische Regierung
343	Salamis, Schlachtschiff	1912-13	Griechische Regierung
346-351	V 25 – V 30, Große Torpedoboote	1913 ∞	Kaiserl. Deutsche Marine
352	Hohenzollern [2], Kaiserl. Yacht / Aviso	1913-14	Kaiserl. Deutsche Marine
353-356	V 105 – V 108 / Z 1-Z 4, Torpedoboote	1913	Niederländische Regierung
357	Wiesbaden [1], Kleiner Kreuzer	1914-15	Kaiserl. Deutsche Marine
370,371,373	V 69, V 71, V 72, Große Torpedoboote	1913-15	Kaiserl. Deutsche Marine
374,375,379	V 73, V 74, V 78, Große Torpedoboote	1914-16	Kaiserl. Deutsche Marine
381-383	V 80 – V 82, Große Torpedoboote	1914-16	Kaiserl. Deutsche Marine
384-385	V 99 – V 100, Zerstörer	1914-16	Kaiserl. Deutsche Marine
Hbg. 11-18	V 67, V 68, V 70, V 75 – V 77, V 79,	1914-15	Kaiserl. Deutsche Marine
	V 83, V 84, Große Torpedoboote	1914-16	Kaiserl. Deutsche Marine
Hbg. 19	Württemberg [2], Linienschiff	1915 ∞	Kaiserl. Deutsche Marine
Hbg. 20-44	A 1 – A 25, Torpedoboote	1914-15	Kaiserl. Deutsche Marine
422	Brummer, Minenkreuzer	1915-16	Kaiserl. Deutsche Marine
423	Bremse, Minenkreuzer	1915-16	Kaiserl. Deutsche Marine
Hbg. 63	Ersatz York, Großer Kreuzer	∞ ∞	Kaiserl. Deutsche Marine
433	Wiesbaden [2], Kleiner Kreuzer	1915 ∞	Kaiserl. Deutsche Marine
434	Rostock, Kleiner Kreuzer	1915 ∞	Kaiserl. Deutsche Marine
456-458	V 116 – V 118, Große Torpedoboote	1917 ∞	Kaiserl. Deutsche Marine
470-475	V 125 – V 130, Große Torpedoboote	1916-18	Kaiserl. Deutsche Marine
476-487	A 56 – A 67, Torpedoboote	1916-17	Kaiserl. Deutsche Marine
Hbg. 99-100	V 140, V 141, Torpedoboote	1917 ∞	Kaiserl. Deutsche Marine
514-516	A 80 – A 82, Torpedoboote	1917-18	Kaiserl. Deutsche Marine
535-540	A 86 – A 91, Torpedoboote	1917-18	Kaiserl. Deutsche Marine
541-548	V 158 – V 165, Große Torpedoboote	1917 ∞	Kaiserl. Deutsche Marine
567-574	V 170 – V 177, Divisionstorpedoboote	1918 ∞	Kaiserl. Deutsche Marine
575-592	A 96 – A 113, Torpedoboote	1918 ∞	Kaiserl. Deutsche Marine
623-630	V 203 – V 210, Divisionstorpedoboote	∞ ∞	Kaiserl. Deutsche Marine
45-54	UC 1 – UC 10, Kl. Küsten U-Minenleger	1914-15	Kaiserl. Deutsche Marine
55	U 71, U-Minenleger	1914-15	Kaiserl. Deutsche Marine
56	U 76, U-Minenleger	1915-16	Kaiserl. Deutsche Marine
57-62	U 75 – U 80, U-Minenleger	1915-16	Kaiserl. Deutsche Marine
64-72	UC 25 – UC 33. U-Minenleger	1915-16	Kaiserl. Deutsche Marine
73-78	UC 40 – UC 45, U-Minenleger	1915-16	Kaiserl. Deutsche Marine
79-84	UC 74 – UC 79, U-Minenleger	1916-17	Kaiserl. Deutsche Marine
85-90	UB 60 – UB 65, Mittlere U-Boote	1916-17	Kaiserl. Deutsche Marine
91-95	U 117 – U 121, U-Minenkreuzer	1916-18	Kaiserl. Deutsche Marine
96-98	UB 72 – UB 74, Mittlere U-Boote	1916-17	Kaiserl. Deutsche Marine
101-103	U 145 – U 147, U-Kreuzer	1917 ∞	Kaiserl. Deutsche Marine
104-118	UB 88 – UB 102, Mittlere U-Boote	1917-18	Kaiserl. Deutsche Marine
119-134	UB 154 – UB 169, Mittlere U-Boote	1917-18	Kaiserl. Deutsche Marine
135-136	U 177 – U 178, U-Kreuzer	1918 ∞	Kaiserl. Deutsche Marine
137-184	UB 188 – UB 205, Mittlere U-Boote	1918 ∞	Kaiserl. Deutsche Marine

Personenregister

Einschließlich Firmennamen, sofern es sich um Personennamen handelt.

Anmerkungen

Der Kriegsschiffbau für Deutschland

1 Radunz, Karl: 100 Jahre Dampfschiffahrt 1807–1907, Rostock 1907
2 Ebenda
3 Schmidt, Ferdinand: Preußens Geschichte in Wort und Bild, Bd. VII, Leipzig 1880
4 50 Jahre Schiffbau 1857 – 1907, zum 50jährigen Bestehen der Stettiner Maschinenbau Actien Gesellschaft »Vulcan« Stettin-Bredow, zusammengestellt von G. Lehmann-Felskowski, 29. Januar 1907
5 Valentin, Veit: Geschichte der deutschen Revolution 1848 – 49, 2. Bd.
6 Röhr, Albert: Deutsche Marinechronik 1974, Oldenburg u. Hamburg
7 Wislicenus, Georg: Deutschlands Seemacht sonst und jetzt, Leipzig 1901, im Folgenden stets: Deutschlands Seemacht, Leipzig 1901
8 Ostsee-Zeitung und Börsen-Nachrichten der Ostsee, 6.9.1888, 24.6.1843, im Folgenden stets: Ostsee-Ztg. u. das jeweilige Datum
9 Ostsee-Ztg. 26.6.1843; Jahrbuch der Deutschen Marine für 1874, Kiel 1874; Deutschlands Seemacht, Leipzig 1901; Die Schiffbauindustrie in Deutschland und im Auslande, Berlin 1902
10 Ostsee-Ztg., 6.9.1888
11 Ebenda, 10.2., 7.4.1851, 11.3.1853
12 Ebenda, 19.11.1850
13 Ebenda, 10.2., 7.4. 1851
14 Ebenda, 26.1., 7.4.1851, 13.9.1853
15 Ebenda, 11.3.1853
16 Jb. der Dt. Marine 1874; Weser-Ztg. 21.3.60; Ostsee-Ztg.5.1.,18.5.,13.8., 14.8., 15.8.1860
17 Ebenda
18 Jb. d. Dt. Marine für 1874, 1. Jg. Kiel 1874
19 Jahresbericht der Vorsteher der Stettiner Kaufmannschaft pro 1857
20 Ostsee-Ztg., 9.5.1858
21 Neue Stettiner Ztg., 8.3.1862
22 Ostsee-Ztg.
23 Werner, R.: Das Buch von der Deutschen Flotte, Bielefeld u. Leipzig
24 Weltumsegelung der Gazelle mit Vermessungsaufgaben
25 Jb. d. Dt. Marine f. 1874, Kiel 1874
26 Ostsee-Ztg., 15.10.1860
27 Konstruktionsdaten für gebaute und projektierte Handelsschiffe
28 Ostsee-Ztg.
29 Ebenda
30 Jb. der Dt. Marine für 1874
31 Der Weltverkehr u. seine Mittel, Leipzig
32 Konstruktionsdaten für gebaute und projektierte Handelsschiffe
33 Ebenda
34 Ebenda
35 Der Weltverkehr u. seine Mittel, Leipzig 1892; s. auch: Gröner, Erich: Die dt. Kriegsschiffe1815-1945, Bd. 6, 1989
36 Ostsee-Ztg.
37 Ebenda; Jb. d. Dt. Marine f. 1874
38 Konteradmiral a.D., Gadow, Reinhold: Geschichte der deutschen Marine, Frankfurt/M. 1936
39 Tesdorpf, H., Korvetten-Kapitän z. D., Bibliothekar an der Marine-Akademie und Schule: Geschichte der kaiserlich Deutschen Marine, Leipzig 1914
39 Konstruktionsdaten für gebaute und projektierte Handelsschiffe
40 Jb. der Dt. Marine für 1874; Jb. d. Deutschen Flottenvereins 1900; Gröner, Erich: Die Deutschen Kriegsschiffe 1815 – 1945, Bd. 3, 1985
41 Ostsee-Ztg., 29.4.1869
42 Jahrbuch der Deutschen Marine für 1874
43 Konstruktionsdaten für gebaute und projektierte Handelsschiffe
44 Gröner, Erich: Die deutschen Kriegsschiffe 1815-1945, Bd.1, 1998
45 Ostsee-Ztg., 31.3.1864
46 Ebenda, 18.1.1868
47 Jb. d. Deutschen Marine f. 1874, Kiel 1874
48 Gröner, Erich: Die deutschen Kriegsschiffe 1815–1945, Bd. 6, 1998; Konstruktionsdaten f. gebaute u. projektierte Handelsschiffe
49 Gröner, Erich: Die deutschen Kriegsschiffe 1815–1945, Bd. 1, 1998
50 Ostsee-Ztg., 8.7.1871; Jb. d. Dt. Marine f. 1874, Kiel 1847
51 Jb. d. Deutschen Marine f. 1874
52 Ostsee-Ztg., 8.6.1885
53 »50 Jahre vom Hydrographischen Bureau zum Deutschen Departement 1861-1911, herausgegeben vom RMA, Berlin 1911
54 Ostsee-Ztg., 20.4., 29.4.1869
55 Deutscher Schiffbau 1908; Rudloff, J.: Die Entwicklung d. schwimmenden Materials der deutschen Marine; Jb. d. Dt. Marine f. 1874, Kiel 1874
56 Gröner, Erich: Die dt. Kriegsschiffe 1815–1945, Bd. 1 1998
57 Ostsee-Ztg., 2.9.1873
58 Brommy, Rudolf, Heinrich v. Littow: Die Marine, 1878 neu bearbeitet von Ferdinand von Kronenfels

59 Gröner, Erich: Die deutschen Kriegsschiffe 1815–1945 Bd. 1, 1998
60 Ostsee-Ztg., 22.1.1870
61 Ebenda, 28.4.1868
62 Jb. d. Dt. Marine f. 1874, Kiel 1874
63 Ostsee-Ztg., 24.6.1870
64 Ebenda, 35,1872
65 Jb. d. Dt. Marine: Verzeichniß d. schwimmenden Materials S. M. Kriegs-Marine
66 Ostsee-Ztg., 29.7.1871
67 Eilers Rolf, Kiedel, Klaus Peter: Meyer Werft [...] 1795–1988
68 BA–MA Freiburg RM3–10160
69 Schiffbau Nr.17, S. 727, 14.6.1905
70 Ostsee-Ztg., 30.8.1871
71 Ebenda, 19.6.1873
72 Ebenda, 21.11.1873
73 Ebenda, 29.4.1862
74 Jb. d. Dt. Marine f. 1874, Kiel 1874; 50 Jahre Schiffbau 1857–1907, Jubiläumsschrift des Vulcan
75 Ostsee-Ztg., 23.11., 24.11.1873
76 Gröner, Erich:Die deutschen Kriegsschiffe 1815–1945, Bd. 1, 1998; Jb. d. STB 1910, Bd. 11
77 Tesdorpf, A.: Geschichte d. Kaiserlich Dt. Kriegsmarine [...], Kiel u. Leipzig 1889
78 Ebenda
79 Gadow, Reinhard: Geschichte der deutschen Marine, Frankfurt/M 1936
80 Ostsee-Ztg., 26.7.1874
81 Ebenda, 30.4.1873
82 Ebenda
83 Jb. d. Dt. Marine f. 1874, Kiel 1874
84 Ostsee-Ztg., 29.10.1873
85 Ebenda, 15.6.1874
86 Konstruktionsdaten für gebaute und projektierte Handelsschiffe
87 Verzeichniß der deutschen Kriegsschiffe zu Ende des Jahres 1875
88 Brommy, Rudolf, Heinrich v. Littow: Die Marine, 1778 neu bearbeitet von Ferdinand von Kronenfels
89 Jb. d. Dt. Flotten-Vereins 1900, Stand 1.10.1899
90 Gröner, Erich: Die dt Kriegsschiffe 1815–1945, Bd. 2, 1999, Bd. 6, 1989
91 Ostsee-Ztg., 16.7.1874
92 Konstruktionsdaten für gebaute und projektierte Handelsschiffe
93 Der Weltverkehr u. s. Mittel, Leipzig 1892
94 Gröner, Erich: Die dt. Kriegsschiffe 1815–1945, Bd. 2, 1999, Bd. 6, 1989
95 Jb. d. Dt. Marine f. 1874, Kiel 1874
96 Konstruktionsdaten f. gebaute und projektierte Handelsschiffe
97 Gröner, Erich: Die deutschen Kriegsschiffe 1815–1945, Bd. 2, 1999, Bd. 6. 1989
98 Ebenda
99 Ebenda
100 Das Buch von der Deutschen Flotte, 1893
101 Ostsee-Ztg.
102 Ebenda, 29.10.1852
103 Ebenda, 25.10,1854
104 Ebenda
105 Ebenda
106 Ebenda
107 Das Buch von der Deutschen Flotte, 1893
108 Ostsee-Ztg., 22.3.1869
109 Ebenda
110 Vortrag: 4.3.1874, VDI Jahrbuch 1875
111 VDI Jahrbuch Bd. 19
112 Jahrbuch der Deutschen Marine für 1874
113 30.4.1874
114 Hansa, Deutsche Nautische Zeitschrift in Hamburg, 10.10.1875, im Folgenden stets: Hansa und das jeweilige Datum
115 Jb. d. Dt. Marine für 1874; Verzeichnis des chwimmenden Flotten-Materials S.M. Kriegs-Marine
116 Leitfaden für den Unterricht im Schiffbau, Berlin, 1902
117 Ebenda ; Ostsee-Ztg., 30.4.1874; Hansa, Nr. 21, 17.10.1875; Gröner, Erich: Die dt. Kriegsschiffe 1815–1945 Bd. 1, 1998
118 Jahrbuch der Deutschen Marine, 1874
119 Geschichte der Kaiserlich Deutschen Kriegs-Marine, 1888
120 Jahrbuch der Deutschen Marine f. 1874
121 Geschichte der Kaiserlich Deutschen Kriegs-Marine, 1888
122 Gröner, Erich: Die dt. Kriegsschiffe 1815–1945, Bd. 1, 1998
123 Ebenda
124 Rudloff, J.: Entwicklung des schwimmenden Flottenmaterials S. M. Kriegs-Marine
125 Jahrbuch der Deutschen Marine f. 1874
126 50 Jahre Schiffbau 1857–1907, Jubiläumsschrift des Vulcans
127 Leitfaden für den Unterricht im Schiffbau, Berlin, 1902
128 Gröner, Erich: Die dt. Kriegsschiffe 1815–1945 Bd. 1, 1998
129 Geschichte der Kaiserlich Deutschen Kriegs-Marine, 1888
130 Gröner, Erich: Die dt. Kriegsschiffe 1815–1945, Bd. 1, 1998
131 Zeitschrift des VDI, 11.7.1896; Werner, Reinhold: Das Buch von der Deutschen Flotte, Bielefeld u. Leipzig, 1893
132 Jahrbuch d. Deutschen Marine f. 1874
133 Deutscher Schiffbau 1908; Leitfaden für den Unterricht im Schiffbau; Graf Reventlow: Die deutsche Flotte, Zweibrücken, 1901
134 Gröner, Erich: Die dt. Kriegsschiffe 1815–1945, Bd. 1, 1998
135 Taschenbuch der Kriegsflotten, 1914/15, München 1914
136 Leitfaden für den Unterricht im Schiffbau
137 Gröner, Erich: Die dt. Kriegsschiffe 1815–1945, Bd. 1, 1998
138 Jahrbuch f. Deutschlands Seeinteressen, Nauticus, 11. Jg. 1912; Die deutschen Kriegsflotten, 1913
139 Taschenbuch der Kriegsflotten
140 Deutschlands Seemacht, Leipzig 1902
141 Die deutsche Flotte
142 Ostsee-Ztg., 18.1.1883
143 Das Buch von der Deutschen Flotte
144 Ostsee-Ztg. 23.12.1874
145 Ebenda, 9.10.1885
146 Ebenda, 18.11.1885
147 Gröner, Erich: Die dt. Kriegsschiffe 1815–1945, Bd. 1, 1998

148 VDI Zeitschrift, Bd. 29, 24.1.1885
149 Leitfaden f. d. Unterricht im Schiffbau, Berlin, 1902
150 Weser-Ztg., 17.11.1885
151 Die deutsche Flotte
152 Gröner, Erich: Die dt. Kriegschiffe 1815–1945, Bd. 1, 1998
153 Busley, C.: Unsere Flotte, in: VDI Jb., Bd. 40, 8.8.1896; Chefkonstrukteur der kaiserlichen Marine, Dietrich, A.: Entwicklung der Entwürfe u. d. Baues der Schiffe der deutschen Kriegsmarine in: VDI Bd. XXXX, 11.7.1906; 50 Jahre Schiffbau 1857–1907 […], Jubiläumsschrift des Vulcan; Panzerplatten und ihre Herstellung, in: Hansa, Jg. 51, 5.11.1914; Marinebaurat Evers, H.: Leitfaden für den Unterricht an der Marineschule
154 Bericht über Stettins Handel, Industrie u. Schiffart, nebst einer Übersicht über ihre Wirksamkeit, erstattet v. den Vorstehern der Kaufmannschaft zu Stettin, im Folgenden stets: Bericht der Kaufmannschaft zu Stettin und das jeweilige Jahr
155 Die deutsche Flotte
156 Geschichte der Kaiserlich Deutschen Kriegs-Marine, Kiel u. Leipzig, 1889
157 Das Buch der Erfindungen, Leipzig 1892
158 Leitfaden für den Unterricht im Schiffbau, Berlin 1902; Die dt. Flotte, Nauticus 1899
159 Gröner, Erich: Die dt. Kriegsschiffe 1815–1945, Bd. 1, 1998
160 Die deutsche Flotte; Leitfaden für den Unterricht im Schiffbau, Berlin 1902; Gröner, Erich: Die dt. Kriegsschiffe 1815–1936, München-Berlin 1937
161 Ebenda
162 Geschichte der Kaiserlich Deutschen Kriegs-Marine, Kiel, Leipzig 1889
163 Gröner, Erich: Die dt. Kriegsschiffe 1815–1936, München-Berlin 1937; s.a.: Gröner, Erich: Die dt. Kriegsschiffe …, Bd. 1, 1998
163 Ostsee-Ztg., 1.5.1891
164 Gröner, Erich: Die dt. Kriegsschiffe 1815–1936, München-Berlin 1937; s.a.: Gröner, Erich: Die dt. Kriegsschiffe …, Bd. 1, 1998
165 Das Buch von der Deutschen Flotte
166 Deutschlands Seemacht, Leipzig 1902
167 Deutscher Schiffbau 1908: Die Entwicklung des schwimmenden Materials der deutschen Marine
168 Ostsee-Ztg., 20.4.1882
169 Deutschlands Seemacht, Leipzig 1902
170 Ebenda; Taschenbuch der Kriegsflotten 1905; Gröner, Erich: Die deutschen Kriegsschiffe 1815–1945, Bd. 1, 1998
171 Leitfaden f. den Unterricht im Schiffbau, Berlin 1902; Das Buch der Erfindungen, Gewerbe und Industrie, Bd. 7
172 Ostsee-Ztg., 19.7.1881
173 Ebenda, 21.7.1881
174 Ebenda, 20.7.1881
175 Geschichte der Kaiserlich Deutschen Kriegsmarine, Kiel u. Leipzig 1889
176 Gröner, Erich: Die dt. Kriegschiffe 1815–1945, Bd. 1, 1998
178 Leitfaden f. den Unterricht im Schiffbau, Berlin 1902
179 Ostsee-Ztg., 2.8.1885
180 Ebenda, 5.9.1881
181 Ebenda, 6.9.1881
182 Ebenda, 27.8.1881
183 Geschichte der Kaiserlich Deutschen Kriegs-Marine, Kiel u. Leipzig 1889
184 Gröner, Erich: Die dt. Kriegsschiffe 1815–1945, Bd. 1, 1998
185 Taschenbuch der Kriegsflotten 1905
186 Sonder-Abdruck aus Glasers Annalen für Gewerbe und Bauwesen 1881, Bd. IX., Heft 5
187 Maritime Ausstellung in Hamburg
188 Ostsee-Ztg.
189 Deutschlands Seemacht, Leipzig 1902
190 Ebenda; Die deutsche Flotte
191 VDI Bd. XXXX, 12.6.1897
192 Ostsee-Ztg; Leitfaden f. den Unterricht im Schiffbau, Berlin 1902
193 Ostsee-Ztg.
194 Ostsee-Ztg., 3.9.1884
195 Ebenda, 4.8.1884
196 Jb. d. STG, 20. Bd. 1919
197 Ostsee-Ztg., 20.3.1885
198 Ebenda, 10.7.1885
199 Ebenda, 23.7.1885
200 Ebenda, 24.7.1885
201 Gröner, Erich: Die dt. Kriegsschiffe 1815–1945, Bd. 2, 1999
202 Ostsee-Ztg., 5.2.1884
203 Ebenda, 22.3.1886
204 Ebenda, 23.7., 24.7.1887
205 Norddeutsche Allgemeine Ztg., 2.1888
206 Leitfaden f. d. Unterricht im Schiffbau, Berlin 1902; Deutschlands Seemacht, Leipzig 1902; VDI Bd. 41, 20.2.1897
207 Jahrbuch der STG, Bd. 18
208 Gröning, Erich: Die dt. Kriegschiffe 1815–1945, Bd. 1, 1998
209 Ostsee-Zg., 14.4.1886
210 Weser-Ztg., 23.6.1885; Gröning, E.: Die dt. Kriegsschiffe 1815–1945, Bd.1, 1999
211 Ebenda, Bd. 6, 1989; Bericht d. Kaufmannschaft Stettins, Januar 1886
212 Pommersche Ztg., 16.4.1887
213 Gröner, Erich: Die dt. Kriegsschiffe 1815–1945, Bd. 1, 1998
214 Pommersche Ztg., 13.7.1887
215 Gröner, Erich: Die dt. Kriegsschiffe 1815–1945, Bd. 1, 1998
216 Pommersche Ztg., 30.7.1887
217 Ostsee-Ztg., 12.5.1889
218 Ebenda, 2.10.1889
219 Ebenda, 14.10.1889
220 Deutscher Schiffbau 1908; 50 Jahre Schiffbau 1857–1907 […] Jubiläumsschrift des Vulcan; Deutschlands Seemacht, Leipzig 1902; Die Deutsche Flotte
221 Ostsee-Ztg., 21.7.1871
222 Ebenda, 22.9.1891
223 Ebenda, 14.9., 22.9., 26.9., 27.9., 29.9., 30.10., 7.11.1893
224 Weser-Ztg., 26.11.1893
225 50 Jahre Schiffbau 1857–1907 […], Jubiläumsschrift des Vulcan; VDI Bd. 41, 20.2.1897; Jb. d. Dt. Flottenvereins 1900
226 Ebenda
227 Gröner, Erich: Die dt. Kriegsschiffe 1815–1945, Bd. 1, 1998
228 Ostsee-Ztg., 17.2., 19.2.1894

229 Ebenda, 20.2.1894
230 Ebenda, 22.2.1894
231 Weser-Ztg., 10.3.1894
232 Ostsee-Ztg., 17.6.1896; Stralsundische Ztg., 19.6.1896; Stettiner Volksbote, 1.– 20.6.1896
233 Stettiner Volksbote, Organ für die Interessen d. Arbeiter, im Folgenden stets: Volksbote und das jeweilige Datum
234 Ostsee-Ztg., 15.12.1891
235 Ebenda, Abend-Ausgabe 15.6., 16.6.94
236 Ebenda, 14.7.1894
237 Ebenda, 30.7.1894
238 Deutschlands Seemacht, Leipzig 1901
239 Gröner, Erich: Die dt. Kriegsschiffe 1815–1945, Bd. 1, 1998
240 Ostsee-Ztg.
241 Ebenda, 1890
242 Ebenda, 15.11.1892, 15.2.1894; Weser-Ztg., 16.11.1892
243 Deutschlands Seemacht, Leipzig 1901; Leitfaden f, d. Unterricht im Schiffbau, Berlin 1902
244 Gröner, Erich: Die dt. Kriegsschiffe 1815–1945, Bd. 1, 1998
245 Ostsee-Ztg., 2.6., 3.6., 9.12., 16.12.90
246 Ebenda, 7.5.1894
247 Ebenda, 18.3.1891
248 Ebenda, 23.7.1896
249 Ebenda, 21.6., 27.6., 28.6., 1892
250 Ebenda, 30. 3., 1.4.–5.4.1893
251 Ebenda, 6.4., 8.4.,15.4.1893
252 Ebenda, 23.5.1893
253 VDI-Zeitschrift Nr. 18, 4.5.1895; Leitfaden f. d. Unterricht im Schiffbau, Berlin 1902; Gröner, Erich: Die dt. Kriegsschiffe 1815–1945, Bd. 6, 1998
254 Zeitschrift d. VDI, Nr. 8, 4.5.95, Bd.39
255 Gröner, Erich: Die dt. Kriegsschiffe 1815–1945, Bd. 6,1988
256 Ostsee-Ztg., 16.9.1895; Berliner Börsen Courier / BBC 15.10.1895
257 Ostsee-Ztg., 1.3.1892
258 Volksbote, 24.11.1896
259 50 Jahre Schiffbau 1857–1807 [...], Jubiläumsschrift des Vulcan
260 Ostsee-Ztg., 12.4., 14.4.1897
261 Ebenda, 24.4.1898
262 Ebenda, 12.6., 18.6.1898
263 Ebenda, 3.6., 6.6.1898
264 50 Jahre Schiffbau 1857–1907 [...]. Jubiläumsschrift des Vulcan
265 Nauticus 1899
266 Ostsee-Ztg., 13.4., 14.4.1897; Jb. d. STG, Bd. 8, 1907; VDI Zeitschrift 11.7., 8.8,1896; Nauticus 1901; Taschenbuch der Kriegsflotten 1905; Leitfaden für d. Unterricht im Schiffbau, Berlin 1902; Gröner, Erich: Die dt. Kriegsschiffe 1815–1945, Bd. 1, 1998
267 Ostsee-Ztg., 28.4.1896; Volksbote 24.4.1896
268 Ostsee-Ztg., 9.11.1896
269 Gröner, Erich: Die dt. Kriegsschiffe 1815–1945, Bd. 1, 1998
270 Ostsee-Ztg., 12.3.1898
271 Ebenda, 14.11., 15.11., 19.11., 21.11.1898
272 Volksbote, 9.3.1897, 7.11.1898; Ostsee-Ztg., 6.3.1897; Gröner, Erich: Die dt. Kriegsschiffe 1815–1945, Bd. 1, 1998
273 Deutscher Schiffbau 1908
274 Schiffbau, Jg. 6, Nr.19, 12.7.1905
275 VDI Zeitschrift, Bd. 40, Nr. 32, 8.8.1896
276 Jahrbuch der STG 1932
277 Nauticus Mai 1913
278 Volksbote, 4.10.1901; Jb. d. STG, Bd.8
279 Ebenda, 4.10.1901
280 Ebenda
281 Hansa, 16.11.1901
282 Schiffbau IV. Jg., 23.5.1903
283 Gröner, Erich: Die dt. Kriegsschiffe 1815–1945, Bd. 1, 1998
284 Taschenb. d. Kriegsflotten, 14. Jg. 1913
285 Gröner, Erich: Die dt. Kriegsschiffe 1815–1945, Bd. 1, 1998; Leitfaden f. d. Unterricht im Schiffbau, Berlin 1902; 50 Jahre Schiffbau 1857–1907 [...], Jubiläumsschrift des Vulcan; Taschenbuch der Kriegsflotten, Jg. 14, 1813
286 Bericht der Kaufmannschaft zu Stettin f. 1902
187 Taschenbuch der Kriegsflotten, 1913
288 Hansa, 1.8.1904
289 Taschenbuch der Kriegsflotten, 1914; Nauticus 1912,1913; Gröner, Erich: Die dt. Kriegsschiffe 1815–1945, Bd. 1, 1998; 50 Jahre Schiffbau 1857–1907 [...], Jubiläumsschrift des Vulcan
290 Nauticus 1912
291 Bericht der Kaufmannschaft zu Stettin für 1902
292 Taschenbuch der Kriegsflotten, 1914/15
293 Gröner, Erich: Die dt. Kriegsschiffe 1815–1945, Bd. 1, 1998
294 Volksbote, 2.11.1903; Hansa,7.11.1913
295 Gröner, Erich: Die dt. Kriegsschiffe 1815–1945, Bd. 1, 1998
296 Taschenbuch der Kriegsflotten, 1914/15
297 50 Jahre Schiffbau 1857–1907 [...], Jubiläumsschrift des Vulcan; Jb. der STG, Bd. 1907; Nauticus 1913; Gröner, Erich: Die dt. Kriegsschiffe 1815–1945, Bd. 1, 1998; Bauer, G.: Der Schiffsmaschinenbau, Bd. 1,1923
298 Nauticus 1913
299 Bericht der Kaufmannschaft zu Stettin für 1902
300 Taschenbuch d. Kriegsflotten 1914/15
301 Hansa, 13,6,1903
302 Gröner, Erich: Die dt. Kriegsschiffe 1815–1945, Bd. 1, 1998
303 Taschenbuch d. Kriegsflotten 1914/15
304 Gröner, Erich: Die dt. Kriegsschiffe 1815–1945, Bd. 1, 1998
305 Taschenbuch d. Kriegsflotten 1914/15
306 Gröner, Erich: Die dt. Kriegsschiffe 1815–1945, Bd. 1, 1998
307 Radunz, Karl: 100 Jahre Schiffbau 1807–1907, Rostock 1907
308 BA-MA Freiburg, RM3-836
309 Ebenda
310 Ebenda
311 Nauticus 1912
312 BA-MA Freiburg, RM3
313 Nauticus 1912
314 Taschenbuch d. Kriegsflotten 1914/15
315 Bericht der Kaufmannschaft zu Stettin für 1905
316 Gröner, Erich: Die dt. Kriegsschiffe 1815–1945, Bd. 1, 1998
317 Dt. Schiffbau 1908; Hansa, 4.6.1904
318 Nauticus 1911; Taschenbuch der Kriegsflotten 1918

319 Volksbote, 15.3.1905
320 VDI Zeitschrift, 22.12.1905, Bd. 50
321 Gröner, Erich: Die dt. Kriegsschiffe 1815–1945, Bd. 1, 1998
322 Hansa, 30.11.1929
323 Bericht der Kaufmannschaft zu Stettin für 1906; BA-MA Freiburg, RMA3/514
324 Hansa, 9.12.1905
325 BA-MA Freiburg RMA3/514
326 Gröner, Erich: Die dt. Kriegsschiffe 1815–1945, Bd. 1, 1998
327 Ebenda
328 Nauticus 1908
329 Hansa, 21.9.1907
330 Gröner, Erich: Die dt. Kriegsschiffe 1815–1945, Bd. 1, 1998
331 BA-MA Freiburg, RMA3/2111
332 Nauticus 1912
333 Taschenbuch der Kriegsflotten 1914/15
334 Gröner, Erich: Die dt. Kriegsschiffe 1815–1945, Bd. 1, 1998
335 Nauticus 1907
336 Taschenbuch der Kriegsflotten 1914
337 VDI Zeitschrift 12.10.1907, Bd. 51; Nauticus 1908
338 Treichel, Fritz: Kriegsschiffe, die pommersche Namen tragen, in: Zeitschrift Pommern IV. Jahrgang, Heft 1, 1971
339 Gröner, Erich: Die dt. Kriegsschiffe 1815–1945, Bd. 1, 1998
340 Bericht der Kaufmannschaft zu Stettin für 1907/08
341 Nauticus 1908
342 Jahrbuch der STG, Bd. 26, 1925
343 Gröner, Erich: Die dt. Kriegsschiffe 1815–1945, Bd. 2, 1999
344 Schiffbau, Nr. 11, 13.3.1907
345 Gröner, Erich: Die dt. Kriegsschiffe 1815–1945, Bd. 2, 1999
346 VDI Zeitschrift, 17.8.1907, Bd. 51
347 Gröner, Erich: Die dt. Kriegsschiffe 1815–1945, Bd. 2, 1999
348 Nauticus 1910
349 Deutscher Schiffbau 1908
350 Gröner, Erich: Die dt. Kriegsschiffe 1815–1945, Bd. 2, 1999
351 Bericht der Kaufmannschaft zu Stettin für 1908
352 Taschenbuch d. Kriegsflotten 1914/15
353 Hansa,3.10.1908, 45. Jahrgang
354 Taschenbuch d. Kriegsflotten 1914/15
355 Nauticus 1911
356 Gröner, Erich: Die dt. Kriegsschiffe 1815–1945, Bd. 1, 1998
357 Taschenbuch d. Kriegsflotten 1914/15
358 Die deutsche Kriegsflotte 1913
359 Busch, Fritz Otto, Ramlow, Dr. Gerhard: Deutsche Seekriegs-Geschichte, Gütersloh 1940
360 Gröner, Erich: Die dt. Kriegschiffe 1815–1945, Bd. 1, 1998
361 Ebenda
362 BB-C, 14.5.1910
363 Volksbote, 4.10.1907; VDI Zeitschrift, 12.10.1907, Bd. 51
364 Bericht d. Kaufmannschaft z. Stettin für 1908
365 Taschenbuch d. Kriegsflotten 1914/15
366 Jahrbuch der STG 1936
367 Nauticus 1910
368 Ebenda, 1909
369 Ebenda, 1910; VDI Zeitschrift, 18.9.1909, Bd. 53
370 Gröner, Erich: Die dt. Kriegsschiffe 1815–1945, Bd. 1, 1998
371 Taschenbuch d. Kriegsflotten 1914/15
372 Gröner, Erich: Die dt. Kriegsschiffe 1815–1945, Bd. 1, 1998
373 Nauticus 1909
374 Gröner, Erich: Die dt. Kriegsschiffe 1815–1945, Bd. 1, 1998
375 Jahrbuch der STG, Bd. 26, 1925
376 Gröner, Erich: Die dt. Kriegsschiffe 1815–1945, Bd. 2, 1999
377 Ebenda
378 Nauticus 1910
379 Gröner, Erich: Die dt. Kriegsschiffe 1815–1945, Bd. 2, 1999
380 Nauticus 1910
381 Taschenbuch d. Kriegsflotten 1914/15
382 Bericht der Kaufmannschaft zu Stettin für 1910
383 Nauticus 1911
384 Ebenda, 1913
385 Gröner, Erich: Die dt. Kriegsschiffe 1815–1945, Bd. 1, 1998
386 Taschenbuch d. Kriegsflotten 1914/15
387 Jahrbuch der STG, Bd. 1936
388 Gröner, Erich: Die dt. Kriegsschiffe 1815–1945, Bd. 1, 1998; Hamburger Echo, 2.4.1911
389 Hansa, 13.5.1911
390 Hamburger Echo, 23.4.1912
391 Ebenda, 17.3., 23.4.1912
392 Ebenda, 18.9.1912
393 Ebenda, 22.9.1912
394 Jahrbuch der STG, 1915
395 Nauticus 1913
396 Taschenbuch d. Kriegsflotten 1914/15
397 Gröner, Erich: Die dt. Kriegsschiffe 1815–1945, Bd. 1, 1998
398 BB-C, 9.3.1913
399 Ebenda, 2.5.1913; Nauticus 1912
400 Nauticus 1911
401 Gröner, Erich: Die dt. Kriegsschiffe 1915–1945, Bd. 2, 1999; Schiffbau Nr. 21, 14.8.1912
402 Nauticus 1913
403 Ebenda, 1914
404 Hamburger Echo, 28.5.1913
405 Ebenda, 16.7.1914
406-422 BA-MA Freiburg, RM3/376
423-426 BA-MA Freiburg, RM3/381
427 BA-MA Freiburg, RM3/379
428 Bauer, Dr. Gustav: Der Schiffsmaschinenbau, Bd. 1, 1923
429 Taschenbuch der Kriegsflotten, 1918
430 Gröner, Erich: Die dt. Kriegsschiffe 1815–1945, Bd. 2, 1999
431 BB-C, 30.4.1914
432 Ebenda, 30.4.1915
433-436 BA-MA Freiburg, RM3/406
437-439 BA-MA Freiburg, RM3/407
440 Hansa, 14.6.1919
441 Bauer, Dr. Gustav: Der Schiffsmaschinenbau, Bd. 1, 1923
442 Gröner, Erich: Die dt. Kriegsschiffe 1815 – 1945, Bd. 1, 1998
443 Nauticus 1914; Die dt. Kriegsschiffe 1913, Berlin
444 Gröner, Erich: Die dt. Kriegsschiffe 1815–1945, Bd. 6, 1989
445 Volksbote
446 Nauticus 1913, 1914
447 Gröner, Erich: Die dt. Kriegsschiffe 1815–1945, Bd. 2, 1998

448 Ebenda
449 Ebenda
450 Ebenda
451 Ebenda
452 Ebenda
453 Hansa, 4.6.1927
454 Gröner, Erich: Die dt. Kriegsschiffe 1815–1945, Bd. 2, 1999
455-457 Ebenda, Bd. 1, 1998
458 BA-MA Freiburg, RM3/2020
459 Gröner, Erich: Die dt, Kriegsschiffe 1815–1945, Bd. 1, 1998
460 Ebenda, Bd. 1, 1998
461-469 Ebenda, Bd. 2, 1999
470 VDI Zeitschrift Nr. 47, 20.11.1937, Bd. 82, Nr. 5, 29.1.1938; Jb. d. STG, Bd. 31
471 Gröner, Erich: Die dt. Kriegsschiffe 1815–1945, Bd. 3, 1985
472 Ebenda
473 Bauer, Dr. Gustav: Der Schiffsmaschinenbau, Bd. 1, 1923
474 Gröner, Erich: Die dt. Kriegsschiffe 1815–1945, Bd. 3, 1985
475-478 Ebenda
479 Jahrbuch der STG, Bd. 26, 1925
480 Ebenda, 1921, Bd. 22
481 Hamburger Beiträge, 2.9.1903, Nr 172; Gröner; Erich: Die dt. Kriegsschiffe 1815–1945, Bd. 5, 1988
482 Hamburger Beiträge, 2.9.1903; Taschenbuch der Kriegsflotten 1914/15, Kriegsausgabe
483 Gröner, Erich: Die dt. Kriegsschiffe 1815–1945, Bd. 3, 1985
484 Hamburger Echo, 23.9.1914
485 Ebenda, 4.10.1914
486 Hamburger Echo, 28.10.1914
487 Ebenda, 17.2.1915
488 Gröner, Erich: Die dt. Kriegsschiffe 1815–1945, Bd. 3, 1985; Jb. d. NDL 1914/15; Hamburger Echo, 6.10.1914
489 Jahrbuch des NDL, 1914/15
490 Gröner, Erich: Die dt. Kriegsschiffe 1815–1945, Bd. 3, 1985
491 Ebenda
492 Ebenda
493–502 Ebenda, Bd. 4, 1986
503 Ebenda, Bd. 3, 1985
504 Volksbote, 4.4.1912
505 Gröner, Erich: Die dt. Kriegsschiffe 1815–1945, Bd. 3, 1985
506 Ebenda, Bd. 3, 1985; Hansa, 3.6.1922
507 Ebenda, Bd. 3, 1985
508 Hamburger Echo, 9.8., 29.9.1914
509 Gröner, Erich: Die dt. Kriegsschiffe 1815–1945, Bd. 3, 1985
510 Ebenda
511-513 Ebenda, Bd. 5, 1988
514-519 Ebenda, Bd. 6, 1989
520 Ebenda, Bd. 3, 1985
521 Ebenda, Bd. 8/2 1993
522 Ebenda, Bd. 7, 1990
523 Ebenda, Bd. 3, 1985, Bd. 5, 1988
524 Ebenda, Bd. 7, 1990
525 Ebenda, Bd. 7, 1990
526 Ebenda, Bd. 3, 1985
527 Ebenda, Bd. 7, 1990
528 Ebenda, Bd. 7, 1990; s . a.: Thiel, Reinhold: Die Geschichte d. NDL [...] Bd. IV., 2004
529 Gröner, Erich: Die dt. Kriegsschiffe 1815–1945, Bd. 7, 1990
530-534 Ebenda, Bd. 5, 1988

Der Kriegsschiffbau für das Ausland

1 Jahrbuch d. Dt. Flottenvereins, 1902
2 VDI Zeitschrift, Nr. 21, 24.5.1884
3 Sonderabdruck aus Glasers Annalen für Gewerbe u. Bauwesen H. 5, 1881, Bd. IX
4 VDI Zeitschrift, Nr. 21, 24.5. 1884, Bd. 28
5 BA-MA Freiburg, RM3/10160
6 50 Jahre Schiffbau 1857–1907 [...], Jubiläumsschrift des Vulcan
7 Ebenda
8 Direktionsbericht an Marine-Kommission
9 Ostsee-Ztg., 6.7.1881
10 Ebenda, 23.7.1881
11 Ebenda, 17.8.1881
12 Ebenda, 26.8.1881
13 Ebenda, 26.8.1881
14 Ebenda, 29.8.1881
15 Ebenda, 27.8.1881
16 Ebenda, 15. u. 19. 1882
17 Ebenda, 24.6.1882
18 Ebenda, 24.9.1882
19 Ebenda
20 Ebenda, 25.5.1883
21 Ebenda, 1.6.1883
22 Weser-Ztg, 23.11.1883
23 Bericht der Kaufmannschaft zu Stettin für 1883
24 Ebenda
25 Jahrbuch d. Dt. Flotten-Vereins, 1902
26 Ostsee-Ztg, 16.6.1884
27 Ebenda, 15.6.1884
28 Ebenda, 28.12.1881
29 Ebenda, 29.12.1881
30 Ebenda, 12.8.1882
31 Ebenda, 3.4.1883
32 Ebenda, 9.5.1883
33 Ebenda, 13.4., – 17.4., 19.4.1883
34 Ebenda, 11.5.1883
35 Ebenda, 4.6.1883
36 Ostsee-Ztg., 6.6., 30.7.1883
37 Ebenda, 6.6., 7.6.1883
38 Ebenda, 18.6.1883
39 Ebenda, 2.8.1881
40 Ebenda, 28.11.1882
41 Landesarchiv Greifswald: Rep. 77, Nr. 1933 Stettin
42 Ostsee-Ztg., 24.11., 26.11.1883
43 Ebenda, 6.12.1883
44 Ebenda, 1.3.1884
45 Ebenda, 2.4., 3.4.1884

46 Ebenda, 1.12., 2.12. 1883
47 Ebenda, 1.12., 2.12.1883
48 Ebenda, 23.6.1885
49 entfällt
50 Ebenda, 18.6.1885
51 Ebenda, 17.6.1885
52 Ebenda, 27.3. 1894
53 Ebenda, 17.12.1885
54 Bericht der Kaufmannschaft zu Stettin für 1885
55 Gröner, Erich: Die dt. Kriegsschiffe 1815–1945, Bd. 2, 1999
56 Norddeutsche Ztg., 22.12.1886
57 VDI Zeitschrift, 8.5.1886, Bd. 30; Ostsee-Zg., 8.3.1886
58 50 Jahre Schiffbau 1857–1907 […], Jubiläumsschrift des Vulcan
59 Ostsee-Ztg., 3.8.86
60 Weser-Ztg., 25.3.1887
61 Jahrbuch der STG, Bde. 21, 28
62 Ostsee-Ztg., 13.5.1891
63 Pommersche Ztg., 26.5.1887
64 Ebenda, 6.7.1887
65 Ebenda, 11.8.1887
66 Ebenda, 24.6.1887
67 Ebenda, 9.8.1887
68 Ebenda, 28.11.1887
69 Ostsee-Ztg., 27.12.1888
70 Hansa, 9.5.1896; Weser-Ztg., 8.9.1894
71 Ostsee-Ztg., 9.5.1895
72 Ebenda, 5.1.1898
73 Ebenda
74 Ebenda, 20.1.1895
75 Jahrbuch d. Dt. Flotten-Vereins, 1902
76 Landesarchiv Greifswald, Rep. 77, Nr. 1306 Stettin
77 Ostsee-Ztg., 13.6.1895
78 Ebenda
79 Ebenda
80 Landesarchiv Greifswald, Rep. 77, Nr. 1306 Stettin
81 Ebenda
82 50 Jahre Schiffbau 1857–1907 […], Jubiläumsschrift des Vulcan
83 VDI Zeitschrift 8.8.1898, Bd. 40
84 Jb. d. Dt. Flotten-Vereins 1902, Std. September 1901
85 Ostsee-Ztg., 20.2.1895
86 Ebenda, 10.7.1895
87 Ebenda, 20.7.1895
88 Ebenda
89 Ebenda, 6.9.18
90 Ebenda, 15.9.1895
91 Ebenda, 19.9.1895
92 Ebenda, 30.9., 1.10.1895
93 Ebenda, 30.9., 2.10.1895
94 Ebenda, 22.2.1896
95 Ebenda, 15.101895
96 Ebenda, 17.6.1896, 30.12.1897
97 Volksbote, 16.4.1896
98 Ebenda, 20.4.1896
99 Ostsee-Ztg., 25.4.1896
100 Volksbote, 6.5.1896
101 Bauer, Dr. Gustav: Der Schiffsmaschinenbau, Bd. 1, Berlin 1923
102 Ostsee-Ztg., 19.10., 24.10.1896
103 Ebenda, 5.8.1897
104 Ebenda, 14.9.1897
105 Ebenda, 14.9.1897
106 Ebenda, 16.9., 17.9.1897
107 Ebenda, 27.9.1897
108 Ebenda, 24.4.1896
109 Ebenda, 25.9.1895
110 Stralsundische Ztg., 196.1896
111 Ebenda, 12.5.1896
112 Ostsee-Ztg., 9.6.1896
113 Ebenda, 15.6.1896
114 Ebenda, 18.6.1896
115 Ebenda, 4.5.1897
116 Ebenda, 20.12.1897
117 Ebenda, 15.9.1897; Jb. d. Deutschen Flotten-Vereins, 1902
118 Ostsee-Ztg., 12.1.1898
119 Ostsee-Zg.
120 Ebenda, 16.5.1898
121 Ebenda, 11.12.–15.12.1897
122 Ebenda, 1.6., 6.6., 7.6., 9.6.1898
123 Ebenda, 16.8.1898
124 Ebenda, 11.1.1897
125 Ebenda, 12.2.1898
126 Ebenda, 8.7.1898
127 Ebenda, 14.7.1898
128 Ebenda, 14.7.1898
129 Ebenda, 23.7.1898
130 Ebenda, 16.8.1898
131 Hansa, 19.8.1899
132 Ostsee-Ztg., 28.7.1897
133 Ebenda, 13.7.1897
134 Ebenda, 3.8.1897
135 Ebenda, 8.7.1897
136 BB-C; 8.7.1899
137 Ebenda, 31.5.1900
138 Bauer, Dr. Gustav: Der Schiffs-Maschinenbau, Bd. 1, Berlin 1923
139 Nauticus, Jahrgang 1907
140 50 Jahre Schiffbau 1857–1907, […] Jubiläumsschrift den Vulcan; Jb. d. STG, 1907, Bd. 8
141 Ostsee-Ztg., 20.8.1898
142 VDI Zeitschrift 22.11.1902
143 Taschenbuch d. Kriegsflotten 1914/15
144 Hansa, 2.21901
145 Volksbote, 16.12.1901
146 Ebenda, 10.6.1902
147 VDI Zeitschrift, 22.11.1902, Bd. 46
148 Volksbote, 15.8.1901
149 Ebenda, 24.9.1902
150 Ebenda, 9.7.1915
151 BB-C, 4.5.1907
152 Hansa, 8.5.1907
153 Bericht der Kaufmannschaft zu Stettin für 1906 und 1907

154 Bauer, Dr. Gustav: Der Schiffsmaschinenbau Bd. 1., Berlin 1923; Taschenbuch d. Kriegsflotten, 1914/15; Bericht der Kaufmannschaft z. Stettin, 1906 u. 1907
155 Bericht der Kaufmannschaft zu Stettin für 1906
156 Ebenda, 1907
157 Volksbote, 2.11.1907
158 BB-C, 11.3.1908
159 Ebenda, 15.5.1909
160 Ebenda, 3.5.1911
161 Ebenda, 3.5.1911
162 Taschenbuch d. Kriegsflotten 14. Jg. 1913
163 Nauticus, 1912
164 Hamburger Echo, 6.9.1913; Taschenbuch d. Kriegsflotten, 1913/14; Schiffbau Nr. 21, 14.8.1912
165 Bauer, Dr. Gustav: Der Schiffsmaschinenbau, Bd. 1, Berlin 1913
166 Hansa, 20.12.1913
167 Gröner, Erich: Die dt. Kriegsschiffe 1815–1945, Bd. 2, 1999
168 VDI Zeitschrift 7.1.1911, Bd. 55
169 Ebenda, 14.1.1911, Bd. 55; Nauticus 1914; Bauer, Dr. Gustav: Der Schiffsmaschinenbau, Bd. 1, Berlin 1923
170 Ostsee-Ztg. 3.5.1911
171 VDI Zeitschrift 19.4.1913, Bd. 27
172 Bauer, Dr. Gustav: Der Schiffsmaschinenbau, Bd. 1, Berlin 1923
173 entfällt
174 Nauticus 1913
175 Taschenbuch d. Kriegsflotten 1914/15
176 Hamburger Echo, 11.11.1914
177 Weser-Ztg., 3.7.1927
178 Hansa, 24.8.1929
179 Ebenda, 16.11.1929
180 BB-C, 30.5.1914
181 Bauer, Dr. Gustav: Der Schiffsmaschi-nenbau, Bd. 1. Berlin 1923
182 Taschenbuch d. Kriegsflotten 1914/15
183 Volksbote, 7.11.1913

Der Lokomotivbau

1 Hundert Jahre Deutsche Eisenbahn, o. Jz.
2 50 Schiffbau 1857–1907, [...], Jubiläumsschrift des Vulcan
3 Ostsee-Ztg., 5.6. 1859
4 Ebenda, 5.6.1859
5 Ebenda, 20.5.1859
6 Ebenda, 25.1.1860
7 Ebenda, 14.4.1860
8 Ebenda, 30.6.1860
9 Neue Stettiner Zeitung
10 Ostsee-Ztg
11 Ebenda
12 Jahrbuch der Deutschen Marine für 1862
13 Ostsee-Ztg., 25.9.1862
14 Neue Stettiner Zeitung
15 50 Jahre Schiffbau 1857–1907, [...], Jubiläumsschrift des Vulcan
16 Ostsee-Ztg., 29.4.1863
17 Ebenda, 1.5.1863
18 Ebenda, 11.11.1862
19 Ebenda, 13.1.1862
20 Ebenda, 22.2.1863
21 Neue Stettiner Ztg., 20.4.1863
22 Ostsee-Ztg., 1.5.1863
23 Ebenda, 16.9.1861
24 Ebenda, 3.5.1864
25 Zeitschrift Pommern, XI. Jg., Heft 1, 1973
26 50 Jahre Schiffbau 1857–1907, [...], Jubiläumsschrift des Vulcan
27 Ostsee-Ztg., 1.5.1866
28 Ebenda, 25.4.1867
29 Ebenda, 29.3.1867
30 Zeitschrift Pommern, XI. Jg., Heft 1, 1973
31 Ostsee-Ztg., 10.9.1867
32 Ebenda, 17.11.1867
33 Ebenda, 28.4.1868; Zeitschrift Pommern, XI. Jg., Heft 1, 1973
34 Ostsee-Ztg., 29.4.1869
35 Ebenda, 28.4.1869
36 50 Jahre Schiffbau 1857–1907, [...], Jubiläumsschrift des Vulcan
37 Zeitschrift Pommern, XI. Jg., Heft 1, 1973
38 Ebenda
39 Schiffbau, Zeitschrift für die gesamte Industrie auf schiffbautechnischen und Verwandten Gebieten, Nr. 17, 14.6.1905, im Folgenden stets: Schiffbau und das jeweilige Datum
40 Ostsee-Ztg.,28.4.1870
41 Zeitschrift Pommern, XI. Jg., Heft 1, 1873
42 Stolper Intelligenz Blatt; Ostsee-Ztg., 6.4.1869
43 Ostsee-Ztg., 24.4.1871
44 Ebenda, 3,5,1872
45 Ebenda, 30.4.1873
46 50 Jahre Schiffbau 1857–1907, [...], Jubiläumsschrift des Vulcan
47 Zeitschrift Pommern, XI. Jg., Heft 1, 1973
48 Ebenda
49 Ostsee-Ztg., 18.3.1873
50 50 Jahre Schiffbau 1857–1907, [...], Jubiläumsschrift des Vulcan
51 Jahrbuch des VDI, Bd. 18, Jahuar 1874
52 Ostsee-Ztg., 23.6.1873
53 50 Jahre Schiffbau 1857–1907, [...] Jubiläumsschrift des Vulcan
54 Preußische Statistik für 1876
55 50 Jahre Schiffbau 1857–1907, [...] Jubiläumsschrift des Vulcan
56 Zeitschrift Pommern, XI. Jg., Heft 1, 1973
57 50 Jahre Schiffbau 1857–1907, [...] Jubiläumsschrift des Vulcan
58 Zeitschrift Pommern, XI. Jg., Heft 1, 1973
59 Sonderabdruck aus Glaesers Annalen, für Gewerbe u. Bauwesen, 1881, Bd. IX., Heft 5
60 Zeitschrift Pommern, XI. Jg., Heft, 1, 1973
61 Ostsee-Ztg. 30.7.1881
62 Ebenda, 2.9.81,
63 50 Jahre Schiffbau 1857–1907, [...], Jubiläumsschrift des Vulcan
64 Zeitschrift Pommern, XI. Jg., Heft 1., 1873
65 Ostsee-Ztg., 19.1.1882
66 Ebenda, 26.4.1882
67 Ebenda, 5.5.1884
68 Ebenda, 24.1.1885

69 Ebenda, 14.4.1886
70 Bericht über Stettins Handel, Industrie und Schiffahrt im Jahre 1883 nebst einer Über-Sicht über ihre Wirksamkeit, erstattet von Vorstehern der Kaufmannschaft zu Stettin, im Folgenden stets: Bericht der Vorsteher der Kaufmannschaft zu Stettin und die entsprechende Jahreszahl
71 Ostsee-Ztg., 20.4.1888
72 Bericht der Kaufmannschaft zu Stettin für 1889
73 Ostsee-Ztg., 24.4.1890
74 50 Jahre Schiffbau 1857–1907 [...], Jubiläumsschrift des Vulcan
75 Hundert Jahre Deutsche Eisenbahnen, o. Jz., vermutlich 1935
76 Ebenda
77 Ostsee-Ztg., 25.4.1889
78 Ebenda, 24.4.1890
79 Bericht der Vorsteher der Kaufmannschaft für 1890
80 Ostsee-Ztg., 20.4.1891
81 Ebenda, 21.4.1892
82 50 Jahre Schiffbau 1857–1907 [...], Jubiläumsschrift des Vulcan
83 Ostsee-Ztg., 18.5.1893
84 Ostsee-Ztg., 7.5.1894
85 Böttcher, Werner: Kleinbahn-Berichte, 5. Jg., Nr. 33, 1964
86 50 Jahre Schiffbau 1857–1907 [...], Jubiläumsschrift des Vulcan
87 Ebenda
88 Böttcher, Werner: Kleinbahn-Berichte, Heft 9
89 Weser-Ztg
90 Zeitschrift Pommern, 1973, Heft 9
91 Ostsee-Ztg., 24.4.1896
92 Böttcher, Werner: Kleinbahn-Berichte, Nr. 33, 1964
93 Ostsee-Ztg., 27.2.95
94 Ebenda, 21.4.1895
95 Ebenda, 31.5.1895
96 Ebenda, 2.7.1895
97 Ebenda, 25.4.1898
98 VDI Zeitschrift Nr. 5, 1.2.1902, Bd. 46
99 Jahrbuch der STG, 1907
100 Hundert Jahre Deutsche Eisenbahn, o. Jz., vermutlich 1935
101 Ebenda
102 Handbuch des Eisenbahnwesens, Bd. 1, Berlin 1908
103 50 Jahre Schiffbau 1915–1945 [...], Jubiläumsschrift des Vulcan
104 Hundert Jahre Deutsche Eisenbahn, o.Jz., vermutlich 1935
105 BB-C, 28.4.1899
106 Ostsee-Ztg., 13.3.1890
107 Bericht der Kaufmannschaft zu Stettin für 1901
108 50 Jahre Schiffbau 1857–1907 [...], Jubiläumsschrift des Vulcan
109 Schiffbau, 23.5.1903, 4. Jahrgang
110 Böttcher, Werner: Kleinbahn-Berichte, Nr. 33, 5. Jahrgang, 1964
111 Hansa, Deutsche Nautische Zeitschrift, Hamburg, 7,5,1904, im Folgenden stets: Hansa und das jeweilige Datum
112 50 Jahre Schiffbau 1857–1907 [...], Jubiläumsschrift des Vulcan
113 Ebenda
114 Schiffbau, 9.5.1906, 8. Jahrgang
115 50 Jahre Schiffbau 1857–1907 [...], Jubiläumsschrift des Vulcan
116 Ebenda
117 BB-C, 4.5.1907
118 50 Jahre Schiffbau 1857–1907 [...], Jubiläumsschrift des Vulcan
119 Ebenda
120 Ebenda
121 BB-C, 28.6.1896
122 Handbuch der deutschen AG, 1908, Bibliothek des Instituts für Weltwirtschaft, Kiel
123 BB-C, 11.5.1909
124 Ebenda, 7.7., 11.9.1908
125 Zeitschrift Pommern, Heft 1, 1973
126 BB-C, 14.5.1910
127 Ebenda, 6.3.1910
128 Ebenda, 3.5.1911
129 Jahrbuch der STG 1910, 11. Jahrgang
130 VDI Zeitschrift, 8.10.1910, Bd. 54
131 BB-C, 16.4.1912
132 Ebenda, 2.5.1913
133 Zeitschrift Pommern, Heft 1., 1973
134 Weser-Ztg., 31.5.1914
135 Zeitschrift Pommern, Heft 1, 1973
136 Böttcher, Werner: Kleinbahn-Berichte, Nr. 33, 5. Jahrgang, 1964
137 VDI Bd. 59
138 Böttchers Kleine Eisenbahnschriften, H. 9
139 BB-C, 9.4.1915
140 Schiffbau, 9.12.1914
141 Zeitschrift Pommern, Heft 1, 1973
142 Ebenda
143 Hansa, 26.4.1923
144 Landesarchiv Greifswald, Rep. 60 Nr. 2030 Stettin
145 Ebenda
146 Ebenda
147 Jb. d. Hafenbautechnischen Ges., 5./6. Bd., 1922/23
148 Hansa, 6.12.1924
149 Die Pommersche Ztg., 22.2.2003
150 Volksbote. 9.1.1924
151 Kleinbahnberichte, Februar 1964
152 Verkehrsmuseum Nürnberg, Verkehrsarchiv

Impressum

1. Auflage 2017

ISBN 978-3-95494-140-7
www.edition-falkenberg.de

Quellen- und Literaturverzeichnis

Ungedruckte Quellen

a/ Bundesarchiv /Militärarchiv Freiburg, Einzelheiten s. Anmerkungen

b/ Landesarchiv Greifswald: Arbeits-Ordnung, Statut der Betriebs-Krankenkasse, Einzelheiten s. Anmerkungen

c/ Sonstiges: Betr. Abbildungen, Zeichnungen, Pläne usw.
Sammlungen: Verfasser, R. Thiel, E. Wendt, Archiv D. Kirchner, Einzelheiten s. Bildunterschriften

Gedruckte Quellen

a/ Periodika, Zeitungen, Zeitschriften, s. a. Anmerkungen
Berichte über Stettins Handel, Industrie u. Schiffahrt [...] erstattet von den Vorstehern der Kaufmannschaft zu Stettin
Hansa, Deutsche Nautische Zeitschrift, Hamburg
Pommern, Zeitschrift für Kunst – Kultur – Volkstum
VDI Zeitschrift des Vereins Deutscher Ingenieure
Schiffbau, Zeitschrift für die gesamte Industrie auf schiffbautechnischen und verwandten Gebieten
Überal, Zeitschrift des Deutschen Flotten-Vereins
Berliner Börsen-Courier
Die Pommersche Zeitung, Mitteilungsblatt der Pommerschen Landsmannschaft
Hamburger Echo
Neue Stettiner Zeitung
Ostsee-Zeitung und Börsennachrichten der Ostsee
Stettiner Volksbote, Organ für die Interessen der Arbeiter
Stolper Intelligenz Blatt
Stralsundische Zeitung
Weser-Zeitung

b/ Geschäftsberichte
Vulcan Hamburg u. Stettin AG

c/ Fest- u. Werbeschriften
Vulcan Stettin AG

Literaturverzeichnis

Bauer, Gustav, Prof., Dr., Dr.: Der Schiffsmaschinenbau, 1. Bd., München u. Berlin 1923

Busch, F., O., Korvettenkapitän d. R., Ramlow, Gerhard, Dr.: Deutsche Seekriegsgeschichte
Gütersloh 1940

Gadow, Reinhold, Konteradmiral a.D.: Geschichte der deutschen Marine, Frankfurt/M. 1936

Gröner, Erich: Die deutschen Kriegsschiffe 1815 – 1936, München–Berlin 1937

Gröner, Erich: Die deutschen Kriegsschiffe 1815 – 1945, begründet von E. Gröner, fortgeführt von Dieter Jung u. Martin Maass, Bd. 1 – 8

Höver, Otto: Deutsche Seegeschichte, Potsdam 1942

Hundert Jahre Deutsche Eisenbahnen, o. Jz., vermutlich 1935

Liersemann, Heinrich, Kapitänleutnant a.D.: Klar zum Gefecht, Berlin 1915

Lützow, Friedrich, Konteradmiral: Seekrieg u. Seemacht, Berlin 1941

von Mantey, Eberhard, Dr. h c., Vizeadmiral a.D.: Unsere Kriegsmarine, Berlin 1926/1934

Neuenburg, Otto, Reznicek, Eugen Frhr. von: Schwarze Gesellen

Reventlow, Ernst Graf zu, Kapitänleutnant a.D.: Die deutsche Flotte, Zweibrücken 1901

Reventlow, Ernst Graf zu, Kapitänleutnant a.D.: Deutschland zur See, Leipzig 1914

Scheer, Admiral: Deutschlands Hochseeflotte im Weltkrieg, Berlin 1937

Schoen, Walter von: Auf Kaperkurs, Berlin 1934

Tesdorpf, A., Korvetten-Kapitän z. D. u. Bibliothekar a.D. Marine-Akamedie u. Schule: Geschichte der kaiserlich Deutschen Kriegsmarine [...] Kiel u. Leipzig 1889

Werner, Reinhold, Kontreadmiral a.D.: Das Buch von der Deutschen Flotte, Bielefeld u. Leipzig 1893

Wiedemeyer, Gerhard: Waffe unter Wasser, Berlin 1941

Wislicenus, Georg: Deutschlands Seemacht sonst und jetzt, Leipzig 1901

Bildnachweis

Die mangelnde Qualität einiger Abbildungen ist auf den schlechten Zustand der Originalvorlagen zurückzuführen. Trotz größter Sorgfalt und intensiver Recherche konnten die Urheber des Bildmaterials in einigen, wenigen Fällen nicht ermittelt werden. Es wird gegebenenfalls um Nachricht an den Verlag oder den Herausgeber gebeten.

Umschlag vorn: S.M.S. POMMERN im Gefecht, Slg. Verfasser
Umschlag hinten: Kreuzer STETTIN, Slg. Verfasser

Hinweise:
Bei den technischen Daten aus dem »Journal« [sämtliche gebauten Handelsschiffe von 1852 bis 1912, Bibliothek der Hochschule für Nautik in Bremen] wurden die Originaltexte wiedergegeben. Die Namen der vom Vulcan gebauten Schiffe sind *KURSIV* und in GROSSBUCHSTABEN geschrieben. Die Arbeits-Ordnung und das Statut der Betriebs-[Fabrik-] Krankenkasse sind von der ersten bis zur letzten Seite in diesem Band enthalten.

Der Autor

Der Autor Manfred H. Höft wurde 1935 in [Stettin-]Altdamm, Kreis Randow geboren. Seine schriftstellerische Tätigkeit begann Anfang der 1980er Jahre mit heimatkundlichen und zeitgeschichtlichen Beiträgen in der wöchentlich erscheinenden Zeitung *Die pommersche Zeitung.* 1990 kam im Eigenverlag die Altdammer Stadtchronik *Zwischen Wald und See* heraus, im Umfang von 550 Seiten und 250 Abbildungen. 1998 begann der Autor mit der Materialsammlung über eine Werft, die am Ufer der Oder in Bredow bei Stettin 1851 gegründet wurde. In etwa acht Jahren füllten sich achtzig Ordner. Daraus entstand in drei Bänden die Unternehmens-Monographie *Der Vulcan in Stettin und Hamburg*.

Die Spenderliste

der Mitglieder der Ortsgruppen Bremen und Bremerhaven der Pommerschen Landsmannschaft, LV Bremen

Spender	Heimatort	Spender	Heimatort
Breger, Käthe	Unterfelde, Kr. Goldap	Roes, Thea	
Buttke, Helene		Rosenow, Christel	Lages, Kr. Regenwalde
Dachmann, Ilse	Stettin-Frauendorf	Schlawin, Hannelore	Brutzen, Kr. Regenwalde
Davidowski, Ursula		Schlawin, Herbert	Dünnow, Kr. Stolp
Dippold, Ilse	Penkun	Schneider, Ruth	
Greyer, Ingrid		Schreiber, Klara	
Höppken, Gerda	Dölitz, Kr. Pyritz	Schreiber, Willi	
Höppken, Heino	Bad Zwischenahn	Soleikis, Inge	
Jolitz, Christel	Naugard	Soleikis, John	
Köllner, Käthe	Neubuckow	Springer, Käthe	Stettin-Augustwalde
Kopischke, Erika		Springer, Alfred	Stettin-Augustwalde
Kopischke, Horst		Thiel, Reinhold	Stettin
Lopatecki, Margarete	Schloppe	Timm, Günter	Ziegenort, Kr. Ückermünde
Lösking, Helga		Venske, Frida	
Mundt, Elsbeth	Rummelsburg	Wilhelm, Gertrud	
Petereit, I.		Wilm, Karl-Heinz	Stettin-Augustwalde
Pufahl, Hertha	Schönberg	Wolf, Edith	Marsdorf, Kr. Naugard
Punzet, Kathrin	Stettin		

Maritime Neuheiten

Exzellente
Bremer Forschung

Gotthilf Hempel, Irmtraut Hempel,
Anna-Katharina Hornidge (Hrsg.)

Klüger nutzen – besser schützen

Bremer Forschung an tropischen Küsten

160 Seiten
Taschenbuch, Format 14 x 20 cm
12,90 Euro
ISBN 978-3-95494-134-6

Wir träumen von einsamen Stränden, bunten Korallen und fröhlichen Menschen. Bremer Forscher schauen genauer hin: In über dreißig, reich illustrierten Aufsätzen berichten sie in diesem Lesebuch anschaulich von ihren Forschungsarbeiten an tropischen Küsten. Sie beschreiben die biologischen Prozesse in den Lebensgemeinschaften der Korallenriffe und Mangrovenwälder, die Entstehung von Inseln und ihre Gefährdung durch Klimawandel und Meeresspiegelanstieg, sie erklären die Wolkentürme in der Südsee und analysieren den kulturellen Wandel in Fischerdörfern und Riesenstädten. Begeistert reden sie von Haien, Seegurken und Mikroben. Grundlegende Erkenntnisse werden verknüpft mit praktischer Anwendung, wenn es darum geht, die Naturschätze nachhaltig zu nutzen und die Lebensräume vor Zerstörung zu schützen.

Das Land Bremen mit seinem breiten Spektrum an meereswissenschaftlichen Instituten einschließlich dem Leibniz-Zentrum für marine Tropenforschung ist zum deutschen Mittelpunkt dieser Arbeiten geworden.

Maritime Unterhaltung

Hans Suckau

New York – New York

Hafen meiner Träume

440 Seiten, 20 Abbildungen
Taschenbuch, Format 14 x 22 cm
16,90 Euro
ISBN 978-3-95494-117-9

Weitere Titel von Hans Suckau in der Edition Falkenberg

Tetje Bollermann

Als Moses in der Heringsfahrt
128 Seiten, 12,90 Euro
ISBN 978-3-95494-084-4

Untergang der Linienfahrt

Auf Trampfahrt über den Nordatlantik und zu den »Großen Seen«
184 Seiten, 14,90 Euro
ISBN 978-3-95494-085-1

Auf Trampfahrt in die Levante

Grenzenlos ist die Liebe der Matrosen
284 Seiten, 16,90 Euro
ISBN 978-3-95494-086-8

De Zwarte Jan

Die alten Seelenverkäufer und das Meer
172 Seiten, 14,90 Euro
ISBN 978-3-95494-087-5

Maritime Neuheiten

Klaus Auf dem Garten

Dampfer Welle

Ein Schiff im Dienste von Bremens Seehafengeltung

ca. 300 Seiten, ca. 300 Abbildungen
Hardcover, Format 21,5 x 28 cm
ISBN 978-3-95494-132-2

Natürlich ist die WELLE nicht einfach ein »alter, kleiner Dampfer«. Das Schiff stand bis 1920 im Dienst des bremischen Bauamtes für die Weserkorrektion und ist der letzte von einer Bremer Werft erbaute Dampfer. Er steht für die staatlichen Anstrengungen, Bremens Seehafenstellung zu schaffen und zu erhalten. Das Buch befasst sich mit dem technisch-praktischen, ökonomischen und politischen Problem, wie Bremen als Seehafen und Übersee-Handelsstadt bestehen konnte und kann. Heute bemüht sich der Verein »Dampfer WELLE e.V.« um die Erhaltung des Technik-Denkmals, dessen Geschichte und die von ihm geleitete Rekonstruktion des Schiffes ebenfalls entsprechend ausführlich behandelt wird.

Peter Wetjen

175 Jahre Bremer Wassersport

256 Seiten, zahlr. Abbildungen
Hardcover, Format 16,5 x 23,5 cm
19,90 Euro
ISBN 978-3-95494-133-9

Die Leichtigkeit des Ruderns, oder ist es die Leichtigkeit des Seins? Ich rudere, also bin ich. Oder muss es heißen: Ich bin, also rudere ich? Man könnte bei dieser philosophischen Frage um den Sinn des Wassersports an sich ins Grübeln kommen.
Seit über 175 Jahren gibt es den Wassersport in Bremen. Der Autor Peter Wetjen hat zu dem Thema umfassend recheriert und legt nunmehr mit dem Buch eine umfassende Geschichte des Bremer Wassersports vor.

Bremer Preis für Heimatforschung der Wittheit zu Bremen Gewinner 2017

Erster Weltkrieg in Bremen

Lars U. Scholl (Hrsg.)

Bremen u. d. Erste Weltkrieg

Kriegsalltag in der Hansestadt

Jb. der Wittheit zu Bremen 2012/2013

240 Seiten, 102 Abbildungen
Hardcover, Format 17 x 24 cm
24,90 Euro
ISBN 978-3-95494-045-5

Am Beispiel Bremens werden in acht Kapiteln die Auswirkungen des Krieges auf die sogenannte Heimatfront untersucht. Wie gestaltete sich der Schulunterricht für die hungernden Schüler? Welche Auswirkungen hatte die Seeblockade? Welchen Herausforderungen mussten sich die Frauen stellen, die nicht nur »Liebesgaben« sammelten oder Kleider nähten, sondern auch den im Felde stehenden Ehemännern Trost und Zuwendung spenden sollten, obwohl sie mit ihren Kräften am Ende waren? Gab es wirklich Frauen, die Lebensmittel verschwendeten und deshalb die »gefährlichsten Feindinnen unserer Soldaten im Felde« waren? Musste »die deutsche Hausfrau den Krieg gewinnen«?
Zu all diesen Themen werden im vorliegenden Jahrbuch erste Antworten gegeben.

Diethelm Knauf, Armin & Rüdiger Ritter

Mit Fotoapparat und Infanteriegewehr

Der Bremer Eugen Ritter: Bilder eines deutschen Lebens

mit Multimedia-DVD
176 Seiten, 286 Abbildungen
Hardcover, Format 16,5 x 23,5 cm
19,90 Euro
ISBN 978-3-95494-046-2

20 Fotoalben mit ca. 1600 Fotos, Zeichnungen, Gemälde, Objekte wie selbst gebasteltes Spielzeug, Medaillen und Orden, dazu mehrere Tagebücher, drei Stunden Schmalfilme und ein Erinnerungsband mit dem Titel »Kriegstagebuch«: Das ist der Nachlass des Bremer Kaufmannssohns Eugen Ritter, der den Zeitraum zwischen den letzten Jahrzehnten des 19. Jahrhunderts und 1973 umfasst. Ein Bremer Fotoalbum also erzählt deutsche Geschichte, zeigt die Kontinuität in den milieubedingten Mentalitäten vom Kaiserreich über die frühen Jahre der Weimarer Republik bis in die 1930er Jahre auf.

Maritime Neuheiten

Silke M. Zacharias (Hrsg.)

Eine Walfangreise auf der WALTER RAU 1938/39

160 Seiten, 138 Abbildungen
Taschenbuch, Format 17 x 22 cm
16,90 Euro
ISBN 978-3-95494-116-2

»Die Leser sollen sich mit Opas Tagebuch in die Zeit zurückversetzen, sich gedanklich auf das Schiff begeben, sechs Monate einen Alltag erleben, in dem es in erster Linie um Walfang, aber auch um Kameradschaft und Zeitgeschichte geht. Mein Opa schildert ungefiltert und ungeschönt das blutige Handwerk auf einem Walfangschiff, wie es damals gang und gäbe war. War das zu der Zeit noch gesellschaftlich akzeptiert, soll die Rückschau auf diese Zeit aus heutiger Sicht den Leser dafür einnehmen, welche beeindruckenden Tiere Wale sind und dass es sich lohnt, für ihren Fortbestand zu kämpfen.«

Das Buch enthält außer den Tagebuchaufzeichnungen des Großvaters auch 138 bisher unveröffentlichte Fotografien, die überaus eindrucksvoll die – überaus blutige und heute verpönte – Arbeit auf einem Walfangschiff zeigen.